U0901292

中国国家标准汇编

2007年修订-11

中国标准出版社　编

中国标准出版社

北京

图书在版编目（CIP）数据

中国国家标准汇编：2007年修订．11/中国标准出版社编．—北京：中国标准出版社，2008

ISBN 978-7-5066-4955-1

Ⅰ.中…　Ⅱ.中…　Ⅲ.国家标准-汇编-中国-2007
Ⅳ.T-652.1

中国版本图书馆CIP数据核字（2008）第101063号

中国标准出版社出版发行
北京复兴门外三里河北街16号
邮政编码：100045
网址 www.spc.net.cn
电话：68523946　68517548
中国标准出版社秦皇岛印刷厂印刷
各地新华书店经销

*

开本 880×1230　1/16　印张 39.75　字数 1 170 千字
2008年7月第一版　2008年7月第一次印刷

*

定价 202.00 元

ISBN 978-7-5066-4955-1

出 版 说 明

1.《中国国家标准汇编》是一部大型综合性国家标准全集，自1983年起，按国家标准顺序号以精装本、平装本两种装帧形式陆续分册汇编出版。《汇编》在一定程度上反映了我国建国以来标准化事业发展的基本情况和主要成就，是各级标准化管理机构，工矿企事业单位，农林牧副渔系统，科研、设计、教学等部门必不可少的工具书。

2. 由于标准的动态性，每年有相当数量的国家标准被修订，这些国家标准的修订信息无法在已出版的《汇编》中得到反映。为此，自1995年起，新增出版在上一年度被修订的国家标准的汇编本。

3. 修订的国家标准汇编本的正书名、版本形式、装帧形式与《中国国家标准汇编》相同，视篇幅分设若干册，但不占总的分册号，仅在封面和书脊上注明"2007年修订-1,-2,-3,……"等字样，作为对《中国国家标准汇编》的补充。读者配套购买则可收齐前一年新制定和修订的全部国家标准。

4. 修订的国家标准汇编本的各分册中的标准，仍按顺序号由小到大排列(不连续)；如有遗漏的，均在当年最后一分册中补齐。

5. 2007年制修订国家标准1 410项，全部收入在《中国国家标准汇编》第352～367分册和2007年修订-1～修订-23分册中。本分册为"2007年修订-11"，收入新制修订的国家标准39项。

中国标准出版社

2008年6月

目　　录

ICS 77.150.30
H 62

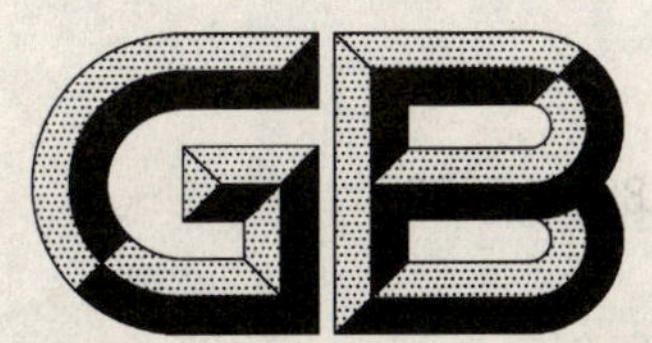

中华人民共和国国家标准

GB/T 8894—2007
代替 GB/T 8893—1988、GB/T 8894—1988

铜及铜合金波导管

Copper and copper-alloy waveguide tube

2007-10-25 发布 2008-04-01 实施

中华人民共和国国家质量监督检验检疫总局
中国国家标准化管理委员会
发布

前　言

本标准代替 GB/T 8893—1988《矩形和方形铜及铜合金波导管》、GB/T 8894—1988《圆形铜合金波导管》。

本标准是参照 ASTM B 372:97(2003)《铜及铜合金矩形波导管》和 DIN 47302:80《铜合金高频波导管》而修订的。

本标准与 GB/T 8893—1988 和 GB/T 8894—1988 相比，主要有如下变动：

——圆形波导管增加了 C580、C495 和 C430 三种型号，并增加了相应技术要求。

——扁矩形波导管增加了 F84 和 F100 两种型号，并增加了相应技术要求。

——矩形波导管增加了 R500 一种型号，并增加了相应技术要求。

——波导管的外形尺寸及其允许偏差的精度等级由Ⅰ级、Ⅱ级、Ⅲ级变为Ⅰ级和Ⅱ级。精度比原标准略有提高。

本标准由中国有色金属工业协会提出。

本标准由全国有色金属标准化技术委员会归口。

本标准由沈阳铜兴产业有限公司负责起草。

本标准由浙江星鹏铜材集团有限公司参加起草。

本标准主要起草人：白常厚、刘刚、王丽、刘关强、韩淑敏、董艳霞、王艳杰、郑晓飞。

本标准所代替标准的历次版本发布情况为：

——GB/T 8893—1988

——GB/T 8894—1988

铜及铜合金波导管

1 范围

本标准规定了铜及铜合金波导管的要求、试验方法、检验规则和标志、包装、运输、贮存及合同内容等。

本标准适用于电子、电讯工业部门制造无线电设备及电讯器材用的拉制圆形、矩形、扁矩形和方形铜及铜合金波导管。

2 规范性引用文件

下列文件中的条款通过本标准的引用而成为本标准的条款。凡是注日期的引用文件，其随后所有的修改单(不包括勘误的内容)或修订版均不适用于本标准，然而，鼓励根据本标准达成协议的各方研究是否可使用这些文件的最新版本。凡是不注日期的引用文件，其最新版本适用于本标准。

GB/T 1031 表面粗糙度 参数及其数值

GB/T 5121(所有部分) 铜及铜合金化学分析方法

GB/T 5231 加工铜及铜合金化学成分和产品形状

GB/T 8888 重有色金属加工产品的包装、标志、运输和贮存

GB/T 10567.2 铜及铜合金加工材残余应力检验方法 氨熏法

GB/T 16866 铜及铜合金无缝管材外形尺寸及允许偏差

YS/T 335 电真空器件用无氧铜含氧量金相检验法

3 术语

下列术语和定义适用于本标准。

3.1

偏心率 eccentricity

在任一截面最大壁厚与最小壁厚之差的一半。

4 要求

4.1 产品分类

4.1.1 牌号、状态和规格。

波导管的牌号、状态和规格应符合表1的规定。

表 1 波导管的牌号、状态和规格

牌号	供应状态	规格/mm				
		圆形(内径 d)	矩(方)形			
			矩形 $a/b\approx2$	中等扁矩形 $a/b\approx4$	扁矩形 $a/b\approx8$	方形 $a/b=1$
T2 TU1 H62 H96	硬(Y)	3.581～149	4.775×2.388～165.1×82.55	22.85×5～165.1×41.3	22.86×5～109.2×13.1	15×15～48×48
注：经双方协商，可供其他规格的管材，具体要求应在合同中注明。						

4.2 标记示例

产品标记按产品名称、牌号、精度、规格和标准编号的顺序表示。标记示例如下：

用 H96 制造的内径为 ϕ32.54 mm、外径为 ϕ36.60 mmⅡ级圆形波导管，标记为：

波导管 H96Ⅱ级 ϕ32.54×ϕ36.60 GB/T 8894—2007

用 TU1 制造的内孔尺寸为 22.86 mm×10.16 mm 精度为Ⅰ级波导管标记为：

矩形波导管 TU1Ⅰ级 22.86×10.16 GB/T 8894—2007

用 H96 制造的内孔尺寸为 19.50 mm×19.50 mm 精度为Ⅱ级方形波导管标记为：

方形波导管 TU1Ⅱ级 19.50×19.50 GB/T 8894—2007

4.3 化学成分

管材的化学成分应符合 GB/T 5231 的规定。

4.4 尺寸及其允许偏差

4.4.1 圆形波导管的尺寸及其允许偏差应符合表 2 的规定。

圆形波导管截面示意图见图 1。

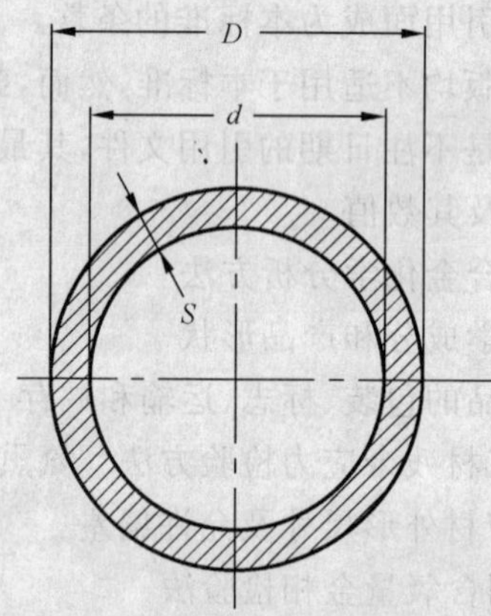

图 1 圆形波导管截面示意图

表 2 圆形波导管尺寸及其允许偏差

单位为毫米

型号	内径尺寸			名义壁厚	外径尺寸		
	d	允许偏差±		S	D	允许偏差±	
		Ⅰ级	Ⅱ级			Ⅰ级	Ⅱ级
C580	3.581	0.008	0.020	0.510	4.601	0.050	0.060
C495	4.369	0.008	0.020	0.510	5.389	0.050	0.060
C430	4.775	0.008	0.020	0.510	5.795	0.050	0.060
C380	5.563	0.008	0.020	0.510	6.583	0.050	0.060
C330	6.350	0.008	0.020	0.510	7.370	0.050	0.060
C290	7.137	0.008	0.030	0.760	8.657	0.050	0.070
C255	8.331	0.008	0.030	0.760	9.851	0.050	0.070
C220	9.525	0.010	0.030	0.760	11.045	0.050	0.070
C190	11.13	0.010	0.04	1.015	13.16	0.050	0.08
C165	12.70	0.013	0.04	1.015	14.73	0.055	0.08
C140	15.09	0.015	0.05	1.015	17.12	0.055	0.08
C120	17.48	0.017	0.05	1.270	20.02	0.065	0.09

表 2(续)

单位为毫米

型号	内径尺寸			名义壁厚	外径尺寸		
	d	允许偏差±		*S*	*D*	允许偏差±	
		Ⅰ级	Ⅱ级			Ⅰ级	Ⅱ级
C104	20.24	0.020	0.05	1.270	22.78	0.065	0.09
C89	23.83	0.024	0.06	1.65	27.13	0.065	0.10
C76	27.79	0.028	0.06	1.65	31.09	0.065	0.10
C65	32.54	0.033	0.07	2.03	36.60	0.080	0.12
C56	38.10	0.038	0.07	2.03	42.16	0.080	0.12
C48	44.45	0.044	0.08	2.54	49.53	0.080	0.14
C40	51.99	0.050	0.08	2.54	57.07	0.095	0.15
C35	61.04	0.06	0.09	3.30	67.64	0.095	0.16
C30	71.42	0.07	0.11	3.30	78.02	0.095	0.16
C25	83.62	0.08	0.14	3.30	90.22	0.11	0.18
C22	97.87	0.10	0.16	3.30	104.47	0.11	0.18
C18	114.58	0.11	0.18	3.30	121.18	0.13	0.20
C16	134.11	0.11	0.21	3.30	140.71	0.15	0.23
—	32.00	0.033	0.07	2.0	36.00	0.080	0.12
—	35.50	0.038	0.07	2.0	39.50	0.080	0.12
—	41.00	0.044	0.09	2.0	45.00	0.080	0.16
—	54.00	0.050	0.10	2.0	58.00	0.095	0.16
—	65.00	0.060	0.12	2.5	70.00	0.095	0.17
—	69.00	0.060	0.12	2.5	74.00	0.095	0.17
—	73.00	0.070	0.13	2.5	78.00	0.095	0.17
—	100.00	0.100	0.16	3.0	106.00	0.110	0.18
—	149.00	0.160	0.26	4.0	157.00	0.180	0.30

4.4.2 矩形波导管的尺寸及其允许偏差应符合表 3、表 4、表 5 的规定。

矩形波导管截面示意图见图 2。

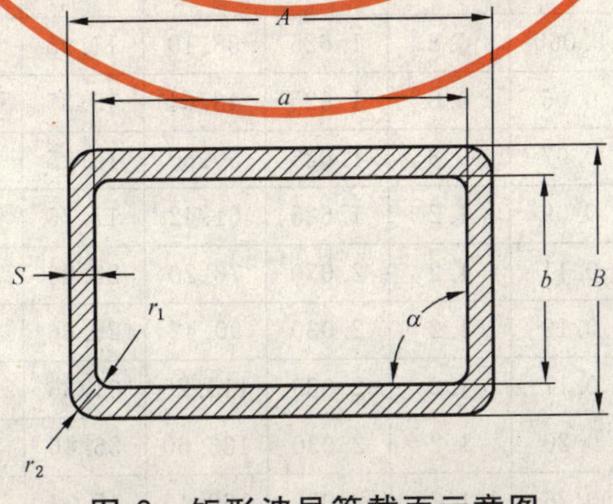

图 2 矩形波导管截面示意图

表 3　矩形波导管尺寸及其允许偏差

单位为毫米

型号	内孔尺寸					壁厚 S	外缘尺寸					
	基本尺寸		允许偏差±		r_1		基本尺寸		允许偏差±		r_2	
	a	b	Ⅰ级	Ⅱ级	≤		A	B	Ⅰ级	Ⅱ级	≥	≤
R500	4.775	2.388	0.020	0.030	0.3	1.015	6.81	4.42	0.05	0.08	0.5	1.0
R400	5.690	2.845	0.020	0.030	0.3	1.015	7.72	4.88	0.05	0.08	0.5	1.0
R320	7.112	3.556	0.020	0.030	0.4	1.015	9.14	5.59	0.05	0.08	0.5	1.0
R260	8.636	4.318	0.020	0.030	0.4	1.015	10.67	6.35	0.05	0.08	0.5	1.0
R220	10.67	4.318	0.021	0.030	0.4	1.015	12.70	6.35	0.05	0.08	0.5	1.0
R180	12.95	6.477	0.026	0.040	0.4	1.015	14.98	8.51	0.05	0.08	0.5	1.0
R140	15.80	7.899	0.031	0.040	0.4	1.015	17.83	9.93	0.05	0.08	0.5	1.0
R120	19.05	9.525	0.038	0.050	0.8	1.270	21.59	12.07	0.05	0.08	0.65	1.15
R100	22.86	10.16	0.046	0.06	0.8	1.270	25.40	12.70	0.05	0.08	0.65	1.15
R84	28.50	12.62	0.057	0.08	0.8	1.625	31.75	15.87	0.05	0.10	0.8	1.3
R70	34.85	15.8	0.070	0.10	0.8	1.625	38.10	19.05	0.08	0.14	0.8	1.3
R58	40.39	20.19	0.081	0.11	0.8	1.625	43.64	23.44	0.08	0.14	0.8	1.3
R48	47.55	22.15	0.095	0.13	0.8	1.625	50.80	25.4	0.10	0.15	0.8	1.3
R40	58.17	29.08	0.12	0.16	1.2	1.625	61.42	32.33	0.12	0.18	0.8	1.3
R32	72.14	34.04	0.14	0.19	1.2	2.03	76.20	38.1	0.14	0.20	1.0	1.5
R26	86.36	43.18	0.17	0.24	1.2	2.03	90.42	47.24	0.17	0.25	1.0	1.5
R22	109.22	54.61	0.22	0.31	1.2	2.03	113.28	58.67	0.20	0.32	1.0	1.5
R16	129.54	64.77	0.26	0.38	1.2	2.03	133.6	68.83	0.20	0.35	1.0	1.5
R14	165.10	82.55	0.33	0.47	1.2	2.03	169.16	86.61	0.20	0.40	1.0	1.5
—	58.00	25.00	0.12	0.18	0.8	2	62.00	29.00	0.12	0.18	1.0	1.5

表 4　中等扁矩形波导管尺寸及其允许偏差

单位为毫米

型号	内孔尺寸					壁厚 S	外缘尺寸					
	基本尺寸		允许偏差±		r_1		基本尺寸		允许偏差±		r_2	
	a	b	Ⅰ级	Ⅱ级	≤		A	B	Ⅰ级	Ⅱ级	≥	≤
M100	22.85	5.000	0.023	0.030	0.8	1.27	25.39	7.54	0.050	0.08	0.65	1.15
M84	28.50	5.000	0.028	0.040	0.8	1.625	31.75	8.25	0.057	0.10	0.8	1.3
M70	34.85	8.700	0.035	0.060	0.8	1.625	38.10	11.95	0.070	0.14	0.8	1.3
M58	40.39	10.10	0.04	0.06	0.8	1.625	43.64	13.35	0.08	0.14	0.8	1.3
M48	47.55	11.90	0.048	0.07	0.8	1.625	50.80	15.15	0.10	0.15	0.8	1.3
M40	58.17	14.50	0.058	0.09	1.2	1.625	61.42	17.75	0.12	0.18	0.8	1.3
M32	72.14	18.00	0.072	0.11	1.2	2.030	76.20	22.06	0.14	0.20	1.0	1.5
M26	86.36	21.60	0.086	0.12	1.2	2.030	90.42	25.66	0.17	0.25	1.0	1.5
M22	109.22	27.30	0.11	0.17	1.2	2.030	113.28	31.36	0.22	0.33	1.0	1.5
M18	129.54	32.40	0.13	0.20	1.2	2.030	133.60	36.46	0.26	0.38	1.0	1.5
M14	165.10	41.30	0.17	0.26	1.2	2.030	169.16	45.36	0.34	0.47	1.0	1.5

表 5　扁矩形波导管尺寸及其允许偏差　　单位为毫米

型号	内孔尺寸					壁厚 S	外缘尺寸					
	基本尺寸		允许偏差±		r_1		基本尺寸		允许偏差±		r_2	
	a	b	Ⅰ级	Ⅱ级	≤		A	B	Ⅰ级	Ⅱ级	≥	≤
F100	22.86	5.00	0.02	0.04	0.8	1	24.86	7.00	0.05	0.1	0.65	1.15
F84	28.50	5.00	0.03	0.06	0.8	1.5	31.50	8.00	0.06	0.12	0.8	1.3
F70	34.85	5.00	0.035	0.06	0.8	1.625	38.10	8.25	0.07	0.14	0.8	1.3
F58	40.39	5.00	0.04	0.06	0.8	1.625	43.64	8.25	0.08	0.14	0.8	1.3
F48	47.55	5.70	0.05	0.08	0.8	1.625	50.80	8.95	0.10	0.15	0.8	1.3
F40	58.17	7.00	0.06	0.09	1.2	1.625	61.42	10.25	0.12	0.18	0.8	1.3
F32	72.14	8.60	0.07	0.11	1.2	2.03	76.2	12.66	0.14	0.20	1.0	1.5
F26	86.36	10.40	0.09	0.14	1.2	2.03	90.42	14.46	0.17	0.25	1.0	1.5
F22	109.22	13.10	0.11	0.16	1.2	2.03	113.28	17.16	0.22	0.33	1.0	1.5
—	58	10.00	0.06	0.09	1.2	2	62	14	0.12	0.18	1.0	1.5

4.4.3　方形波导管的尺寸及其允许偏差应符合表 6 的规定。

方形波导管截面示意图见图 3。

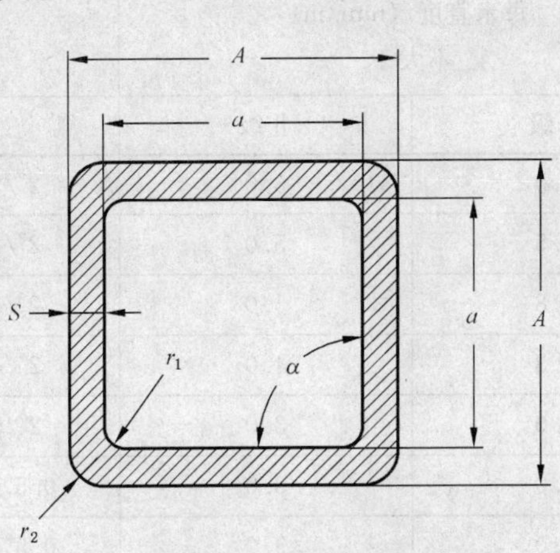

图 3　方形波导管截面示意图

表 6　方形波导管尺寸及其允许偏差　　单位为毫米

型号	内孔尺寸				壁厚 S	外缘尺寸				
	基本尺寸	允许偏差±		r_1		基本尺寸	允许偏差±		r_2	
	a	Ⅰ级	Ⅱ级	≤		A	Ⅰ级	Ⅱ级	≥	≤
Q130	15.00	0.030	0.05	0.4	1.270	17.54	0.050	0.08	0.5	1
Q115	17.00	0.034	0.06	0.4	1.270	19.54	0.050	0.08	0.65	1.15
Q100	19.50	0.039	0.06	0.8	1.625	22.75	0.050	0.08	0.8	1.3
Q23	23.00	0.046	0.07	0.8	1.625	26.25	0.050	0.08	0.8	1.3
Q70	26.00	0.052	0.08	0.8	1.625	29.25	0.052	0.08	0.8	1.3
Q70	28.00	0.056	0.08	0.8	1.625	31.25	0.056	0.09	0.8	1.3
Q65	30.00	0.060	0.09	0.8	2.03	34.06	0.060	0.09	1.0	1.5

表 6(续)

单位为毫米

型号	内孔尺寸				壁厚 S	外缘尺寸				
	基本尺寸	允许偏差±		r_1		基本尺寸	允许偏差±		r_2	
	a	Ⅰ级	Ⅱ级	≤		A	Ⅰ级	Ⅱ级	≥	≤
Q61	32.00	0.064	0.10	0.8	2.03	36.06	0.064	0.10	1.0	1.5
Q54	36.00	0.072	0.11	0.8	2.03	40.06	0.072	0.10	1.0	1.5
Q49	40.00	0.080	0.12	0.8	2.03	44.06	0.080	0.12	1.0	1.5
Q41	48.00	0.096	0.15	0.8	2.03	52.06	0.096	0.15	1.0	1.5
—	50.00	0.10	0.15	0.8	2.03	54.06	0.10	0.15	1.0	1.5

4.4.4 波导管长度分为定尺、倍尺和不定尺三种。

不定尺长度为 1 m～4 m。每批可交付重量不大于 15%、长度小于 0.5 m 的短管。定尺或倍尺长度应在不定尺范围内，并在合同中注明，否则按不定尺长度供货。波导管的定尺或倍尺长度的允许偏差为＋10 mm。倍尺长度应加入锯切分段时的锯切量，每一锯切量为 5 mm。

4.4.5 扭拧度和直度

4.4.5.1 矩形、方形波导管的扭拧度和直度应符合表 7 的规定。

表 7 矩(方)形波导管直度和扭拧度

管材内孔宽度 a/mm	每米直度/(mm/m) 不大于		在规定长度上，管材扭拧度 不大于	
	Ⅰ级	Ⅱ级	Ⅰ级	Ⅱ级
4.775	4.0	5.0	2°/285 mm	3°/285 mm
5.69	3.5	5.0	2°/285 mm	3°/285 mm
7.112	2.8	5.0	2°/355 mm	3°/355 mm
8.636	2.3	4.0	2°/431 mm	3°/431 mm
10.67	2.0	3.0	2°/533 mm	3°/533 mm
12.95	2.0	3.0	0.5°/129 mm	1°/129 mm
15.8	2.0	3.0	0.5°/158 mm	1°/158 mm
19.05	2.0	3.0	0.5°/190 mm	1°/190 mm
22.86	2.0	3.0	0.5°/228 mm	1°/228 mm
28.55	2.0	3.0	0.5°/285 mm	1°/285 mm
34.85	2.0	3.0	0.5°/348 mm	1°/348 mm
40.39	2.0	3.0	0.5°/403 mm	1°/403 mm
47.55	2.0	3.0	0.5°/475 mm	1°/475 mm
58.17	2.0	3.4	0.5°/581 mm	1°/581 mm
72.14	2.0	3.4	0.5°/721 mm	1°/721 mm
86.36	2.0	3.4	0.5°/863 mm	1°/863 mm
109.22	2.0	3.6	0.5°/1 000 mm	1°/1 000 mm
129.54	2.0	5.0	0.5°/1 000 mm	1°/1 000 mm

表 7(续)

管材内孔宽度 a/mm	每米直度/(mm/m) 不大于		在规定长度上，管材扭拧度 不大于	
	Ⅰ级	Ⅱ级	Ⅰ级	Ⅱ级
165.1	2.0	5.0	0.5°/1 000 mm	1°/1 000 mm
15	2.0	3.0	0.5°/150 mm	1°/150 mm
17	2.0	3.0	0.5°/170 mm	1°/170 mm
19.5	2.0	3.0	0.5°/195 mm	1°/195 mm
23	2.0	3.0	0.5°/230 mm	1°/230 mm
26	2.0	3.0	0.5°/260 mm	1°/260 mm
28	2.0	3.0	0.5°/280 mm	1°/280 mm
30	2.0	3.0	0.5°/300 mm	1°/300 mm
32	2.0	3.0	0.5°/320 mm	1°/320 mm
36	2.0	3.0	0.5°/360 mm	1°/360 mm
40	2.0	3.0	0.5°/400 mm	1°/400 mm
48	2.0	3.0	0.5°/480 mm	1°/480 mm
50	2.0	3.0	0.5°/500 mm	1°/500 mm

4.4.5.2　圆形波导管的圆度：Ⅰ级精度管材的圆度不大于管材直径允许偏差之半；Ⅱ级精度管材的圆度不大于管材直径允许偏差。

4.4.5.3　圆形波导管的直度：Ⅰ级精度管材的直度每米不大于 1 mm；Ⅱ级精度的管材的直度每米不大于 3 mm。

4.4.6　矩形和方形波导管的垂直度为 $\alpha=90°\pm0.5°$。

经供需双方协商，可供应垂直度 $\alpha=90°\pm0.25°$ 或更高精度的管材。

4.4.7　偏心率：波导管的偏心率应不大于名义壁厚的 10%。

4.4.8　切斜：波导管端部应锯切平整，但允许有轻微的毛刺，切口在不使管材长度超出其允许偏差的条件下，切斜不应大于 3 mm。

4.5　氧含量金相检验

TU1 无氧铜波导管的氧含量应符合 YS/T 335 中的规定，符合标准图片 1、2、3 级为合格。

4.6　内应力

用 H62 制造的波导管应进行消除内应力处理，此检验项目供方可不检验，但必须保证。

4.7　表面质量

4.7.1　管材内表面应光滑、清洁，不应有裂纹、毛刺、起皮、气孔、凹坑、划伤和跳车痕迹等缺陷存在。

4.7.2　内径(矩形的宽边或正方形边长)基本尺寸大于 100 mm 的管材，其内表面的粗糙度(Ra)应不大于 1.6 μm；内径(矩形的宽边或正方形边长)小于和等于 100 mm 的管材内表面的粗糙度(Ra)应不大于 0.8 μm。

经供需双方协商，可供应内表面粗糙度(Ra)为 0.4 μm 的管材。

注：供方可不进行内表面粗糙度检验，但必须保证。

4.7.3　管材的外表面不应有裂纹、起皮，不允许有检查修理后引起外径超差的折叠、气泡、划道、凹坑、碰伤和压入物等缺陷存在。

纵向拉痕、因拉制而引起的表面麻面、氧化色和变红不作报废依据。

5 试验方法

5.1 化学成分的仲裁分析方法

管材的化学成分仲裁分析方法按 GB/T 5121 的规定进行。

5.2 尺寸测量方法

5.2.1 产品的外形尺寸应用相应精度的测量工具进行测量。

5.2.2 直度的测量方法：把管材平行放在平台上，用 1 m 长的钢板尺靠在所测管材的凹面上用塞尺或其他工具测量管和钢板之间的最大距离。

5.2.3 扭拧度的测量方法按 GB/T 16866 附录 A 的规定进行。

5.3 氧含量金相检验方法

无氧铜管的氧含量金相检验按 YS/T 335 的规定进行。

5.4 内应力检验方法

管材内应力检验按 GB/T 10567.2 的规定进行。

5.5 表面质量检查方法

5.5.1 用目视检查管材的外表面。

5.5.2 将管材对着日光灯用目视逐根检查其内表面。

5.5.3 内表面粗糙度的检验应用相应精度的表面粗糙度仪器按 GB/T 1031 标准规定测量 *Ra* 值。

6 检验规则

6.1 检查和验收

6.1.1 管材应由供方技术监督部门进行检验，保证产品质量符合本标准或订货合同的规定，并填写质量证明书。

6.1.2 需方对收到的产品按本标准的规定进行检验。检验结果与本标准及订货合同的规定不符时，应以书面形式向供方提出，由供需双方协商解决。属于表面质量及尺寸偏差的异议，应在收到产品之日起一个月内提出。如需仲裁，仲裁取样应由供需双方共同进行。

6.2 组批

管材应成批提交，每批应由同一牌号和规格组成。每批重量应不大于 2 000 kg。

6.3 检验项目

6.3.1 每批产品应进行化学成分、外形尺寸偏差和表面质量的检验。

6.3.2 无氧铜管材每批应进行氧含量的金相检验。

6.3.3 需方有要求时，H62 管材应进行内应力检验。

6.4 取样

产品取样应符合表 8 的规定。

表 8 产品取样的规定

检验项目	取样规定	要求的章条号	试验方法的章条号
化学成分	供方每炉(需方每批)取一个试样	4.3	5.1
外形尺寸偏差	逐根检查	4.4	5.2
表面质量		4.7	5.5
内表面粗糙度	每批任取二根，每根取一个试样	4.7	5.5.3
氧含量金相检验		4.5	5.3
内应力		4.6	5.4

6.5 检验结果的判定

6.5.1 化学成分不合格时，判该批产品不合格。

6.5.2 氧含量金相检验、内应力检验的试验结果不合格时，应从该批管材中另取双倍数量的试样进行重复试验，重复试验结果全部合格，则判整批管材合格。若重复试验结果仍有试样不合格，则判该批管材不合格，或由供方逐根检验，合格者交货。

6.5.3 管材外形尺寸偏差和表面质量检验不合格时，判该根不合格。

6.5.4 当出现其他缺陷时，该批管材由供需双方协商解决。

7 标志、包装、运输、贮存和质量证明书

产品的标志、包装、运输、贮存和质量证明书应符合 GB/T 8888 的规定。

8 订货单(或合同)内容

订购本标准所列材料的订货单(或合同)内应包括下列内容：

a) 产品名称；

b) 牌号；

c) 状态；

d) 尺寸规格；

e) 重量或根数；

f) 尺寸精度；

g) 内应力检验；

h) 内表面粗糙度；

i) 本标准编号；

j) 其他。

ICS 81.080
Q 40

中华人民共和国国家标准

GB/T 8931—2007
代替 GB/T 8931—1988

耐火材料　抗渣性试验方法

Refractories—Determination of slag resistance

2007-04-18 发布　　　　2007-10-01 实施

中华人民共和国国家质量监督检验检疫总局
中国国家标准化管理委员会　发布

前言

本标准代替 GB/T 8931—1988《耐火材料抗渣性试验方法》。

本标准与上一版的主要变化是：

——增加术语和定义；

——保留“回转渣蚀法”；

——整合 YB/T 117—1997《高炉用耐火材料抗渣性试验方法》，并定名为“静止试样浸渣通气法”；

——增加较广泛使用的“静态坩埚法”；

——增加全新的“转动试样浸渣通气法”。

本标准由全国耐火材料标准化技术委员会提出并归口。

本标准起草单位：中钢集团洛阳耐火材料研究院、武汉钢铁(集团)公司。

本标准主要起草人：郑祥华、邹明金、彭西高、宋木森、谢毕强、潘晓博。

本标准所代替标准的历次版本发布情况为：

——GB/T 8931—1988。

耐火材料　抗渣性试验方法

1　范围

本标准规定了耐火材料抗渣性试验方法的术语和定义、原理、设备、试样制备、试验程序、结果评价、试验误差及试验报告。

本标准适用于耐火材料的抗渣性评价。

2　规范性引用文件

下列文件中的条款通过本标准的引用而成为本标准的条款。凡是注日期的引用文件，其随后所有的修改单(不包括勘误的内容)或修订版均不适用于本标准，然而，鼓励根据本标准达成协议的各方研究是否可使用这些文件的最新版本。凡是不注日期的引用文件，其最新版本适用于本标准。

GB/T 7321　定形耐火制品试样制备方法

GB/T 7322　耐火材料耐火度试验方法(GB/T 7322—1997,idt ISO 528:1983)

GB/T 8170　数值修约规定

YB/T 5202.1　不定形耐火材料试样制备方法　第1部分:耐火浇注料

JJG-141　工作用贵金属热电偶

3　术语和定义

本标准采用下列术语和定义。

3.1

抗渣性　slag resistance

耐火材料在高温下抵抗熔渣渗透、侵蚀和冲刷的能力。

3.2

侵蚀面　corroded surface

试样与炉渣发生反应，导致试样剖面腐蚀、变形和破坏的部分。见图1。

3.3

渗透面　penetrated surface

试样与炉渣发生反应，导致试样剖面出现明显的被炉渣浸润(含侵蚀)的斑痕部分。见图1。

3.4

侵蚀深度　corroded depth

以与炉渣接触的试样原表面为起点，试样剖面被侵蚀的长度。单位为毫米(mm)。

3.5

渗透深度　penetrated depth

以与炉渣接触的试样原表面为起点，试样剖面被渗透(含侵蚀)的长度。单位为毫米(mm)。

3.6

侵蚀面积百分率　percentage of corroded area

试样剖面被炉渣侵蚀的面积与试样剖面总面积之比的百分率。

3.7

渗透面积百分率　percentage of penetrated area

试样剖面被炉渣渗透的面积(含侵蚀面积)与试样剖面总面积之比的百分率。

3.8

试样渣蚀率　slag corrosion rate of test sample

在高温流动的渣液中，试样被炉渣熔蚀的质量分数。

注：“剖面”一词仅适用于剖开后的坩埚试样剖面(平面部分)。

单位为毫米

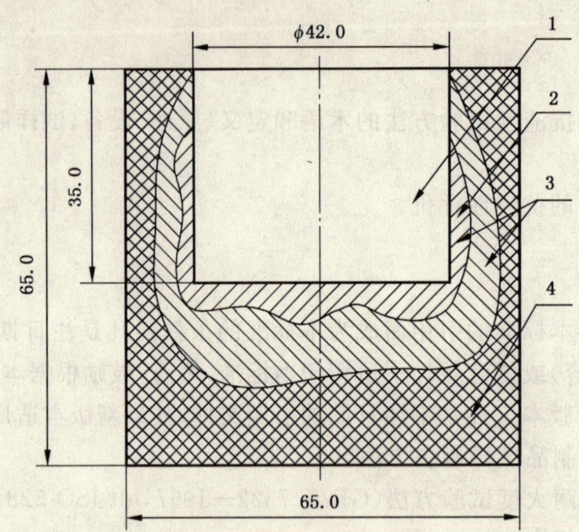

1——坩埚凹面；

2——侵蚀面；

3——渗透面；

4——剖面。

图1　试验后的坩埚试样剖面图

4　静态坩埚法——方法1

本方法更适用于各种炉渣对耐火材料抗渣侵蚀性能比较试验。

4.1　原理

将耐火材料试样制成坩埚状，坩埚内装有炉渣，置于炉内，高温下炉渣与坩埚试样发生反应。以炉渣对试样剖面的侵蚀量(深度、面积及面积百分率)和渗透量(深度、面积及面积百分率)评价材料抗渣性的优劣。

4.2　设备和材料

4.2.1　天平

分度值不大于0.01 g。

4.2.2　游标卡尺

分度值0.02 mm。

4.2.3　电热干燥箱

使用温度，室温～300℃。

4.2.4　渣侵蚀及渗透测量装置

测量装置应能精确测量试样被炉渣侵蚀量和渗透量的大小，并能提供试样试验前后的图片加以说明。建议采用装有测量软件的计算机、扫描仪及彩色打印机。

4.2.5　试验炉

电炉或其他类型的炉子，应能满足4.4.5～4.4.6的要求，最高使用温度不低于1650℃，炉膛内最大温差应≤10℃，保温期间，装样区温度波动应≤10℃。

4.2.6　热电偶及温度测量装置

热电偶应符合JJG-141的规定并能满足炉子升温、控温的要求。

4.2.7 **炉渣**

所采用的炉渣，应与试验材料在使用条件下所遇到的渣的成分相一致，或由委托方提供。所用炉渣均应粉碎至 0.1 mm 以下，并混合均匀。

如果炉渣的熔融温度难以确定，可以按照 GB/T 7322 进行炉渣耐火度试验，以此作为炉渣开始熔融的参考温度。

4.3 **试样制备**

4.3.1 定形制品可按 GB/T 7321 确定试样制取部位；不定形耐火材料可按 YB/T 5202.1 制成规定尺寸的试样。

4.3.2 试样应制成长×宽×高分别为 70 mm×70 mm×(65～70) mm 的长方体或直径70 mm×(65～70) mm的圆柱体，尺寸偏差不得大于 0.5 mm，沿试样成型方向，在试样顶面的中心，钻取内径 40 mm～42 mm，深度 35 mm±2.0 mm 的坩埚，坩埚的内壁和底部应磨平，内部不允许有裂缝。

4.3.3 同一试验温度需用 2 个试样，也可根据需要协商确定。

4.4 **试验程序**

4.4.1 坩埚试样和炉渣应在试验前于 110℃±5℃干燥 2 h。

4.4.2 用游标卡尺测量坩埚孔直径和深度，精确到 0.5 mm。

4.4.3 称取 2 份等量的炉渣(约为 70 g)填满坩埚试样(如有必要可将炉渣捣实)。

4.4.4 将装好渣的坩埚试样逐个放入炉膛的均温区，每只坩埚试样底部垫有同材质的约 30 mm 厚的垫板，垫板上铺有高温垫砂；也可将坩埚试样置于较大的坩埚中，以防止熔融的炉渣穿透坩埚底部而损坏炉子。每个坩埚试样之间的距离约为 20 mm。

4.4.5 按 50℃间隔选择试验温度或根据需要来选择试验温度。按(5～10)℃/min 速率升至比炉渣熔融温度低 50℃～100℃时，再按(1～2)℃/min 速率升温，直到试验温度。

4.4.6 根据炉渣的性质或根据需要来确定保温时间(通常为 3 h)。

4.4.7 保温结束后，坩埚试样随炉自然冷却至室温。

4.4.8 沿坩埚的轴线方向对称切开。

4.5 **结果的测量和评定**

在坩埚试样剖面上，用彩笔标记 65 mm×65 mm 的区域作为测量区的总面积 S(不包括坩埚凹面的面积)。测量坩埚试样剖面被炉渣侵蚀量及渗透量的大小。

4.5.1 计算机测绘

在坩埚试样剖面上，沿侵蚀面和渗透面的边，用彩笔分别画出侵蚀面和渗透面的边线，将坩埚试样剖面的图像扫描到计算机，由计算机计算出坩埚试样剖面被炉渣侵蚀和渗透的深度(两侧和底面)、面积及侵蚀面积百分率和渗透面积百分率。

4.5.2 手工计算

在坩埚试样剖面上，沿侵蚀面和渗透面的边，用彩笔分别画出侵蚀面和渗透面的边线，用求积法分别计算出坩埚试样剖面的总面积、被炉渣侵蚀和渗透的深度(两侧和底面)、侵蚀面积、渗透面积及侵蚀面积百分率和渗透面积百分率。按式(1)计算侵蚀面积百分率 C：

$$C = 100C_1/S \quad \cdots\cdots(1)$$

式中：

S——坩埚试样剖面的总面积，单位为平方毫米 (mm^2)；

C_1——坩埚试样剖面被侵蚀的面积，单位为平方毫米 (mm^2)。

按式(2)计算渗透面积百分率 P：

$$P = 100P_1/S \quad \cdots\cdots(2)$$

式中：

S——坩埚试样剖面的总面积，单位为平方毫米 (mm^2)；

P_1——坩埚试样剖面被渗透的面积,单位为平方毫米(mm^2)。

4.5.3 如果需要,可将试验后画有侵蚀面和渗透面边线的坩埚试样剖面照相,并描述坩埚试样被炉渣侵蚀和渗透的情况。

4.5.4 试验结果按 GB/T 8170 修约至整数。

注:试验结束后,如发现坩埚试样剖面已严重开裂或碎裂,相关参数已无法测量,应在试验报告中注明。

4.6 试验误差

计算机测绘两次重复测量的偏差应≤5%;手工计算两次重复测量的偏差应≤10%;手工计算和计算机测绘的偏差应≤10%。

4.7 试验报告的特定内容

本方法的试验报告中,应提供以下特定内容:

试样和坩埚的尺寸;试验温度和保温时间;炉渣成分;侵蚀和渗透的深度;侵蚀面积和渗透面积;侵蚀面积和渗透面积的百分率及相关图片。

5 静止试样浸渣通气法——方法 2

本方法更适合于高炉用耐火材料抗渣性试验。

5.1 原理

将试样置于动态的渣液中,经一定时间后,测定试样试验前后质量变化率。

5.2 设备和材料

5.2.1 试验炉及通气系统结构如图 2 所示,应能满足下列要求:

a) 试验炉的炉膛直径≥100 mm,恒温区高度≥250 mm;

b) 最高使用温度不低于 1 600℃,保温时,恒温区温度波动≤10℃。

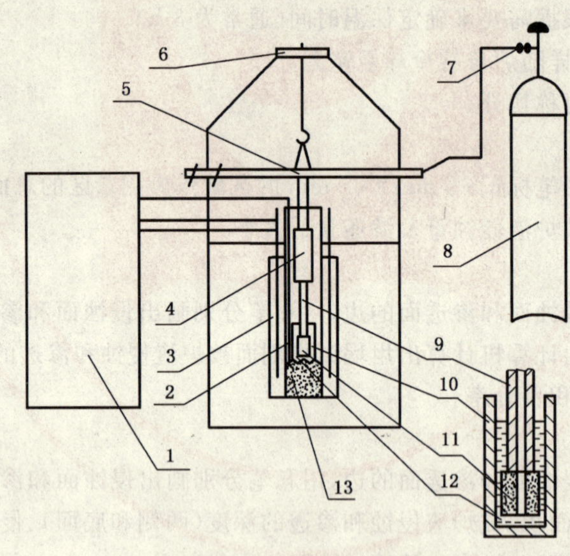

1——温度控制仪;
2——铂-铑热电偶;
3——硅钼棒;
4——平衡重锤;
5——通气软管;
6——支架;
7——流量计;
8——氮气瓶;
9——刚玉连接管;
10——刚玉坩埚;
11——试样;
12——炉渣;
13——刚玉管。

图 2 静止试样浸渣通气法试验装置示意图

5.2.2　热电偶及温度测量控制装置

热电偶应符合 JJG-141 的规定并应能满足炉子升温控温的要求。

5.2.3　天平

分度值不大于 0.05 g。

5.2.4　氮气

纯度≥99.95%。

5.2.5　转子流量计

满足 5.4.4 的要求,分度值 0.1L/min。

5.2.6　游标卡尺

分度值 0.02 mm。

5.2.7　电热燥箱

使用温度:室温～300℃。

5.2.8　刚玉坩埚

内径≥64 mm,高度≥120 mm。

5.2.9　刚玉连接管

外径 10 mm,长 200 mm。

5.2.10　炉渣

试验用炉渣由委托方提供或双方协商确定,应破碎至 5 mm 以下,并于 110℃±5℃烘干备用。

如果炉渣的熔融温度难以确定,可以按照 GB/T 7322 进行炉渣耐火度试验,以此作为炉渣开始熔融的参考温度。

5.3　试样制备

5.3.1　定形制品可按 GB/T 7321 确定试样制取部位;不定形耐火材料可按 YB/T 5202 制备成规定尺寸的试样。

5.3.2　试样应制成 ϕ(30±1mm)、高 40 mm±1 mm 的圆柱体,试样的两端面与试样轴线垂直,在试样两端面分别钻有 ϕ10 mm×15 mm 和 ϕ8 mm×25 mm 的孔,如图 3 所示。制备好的试样在 110℃±5℃烘干备用。

5.3.3　同一个试验一般需用 2 个试样,也可根据需要协商确定。

单位为毫米

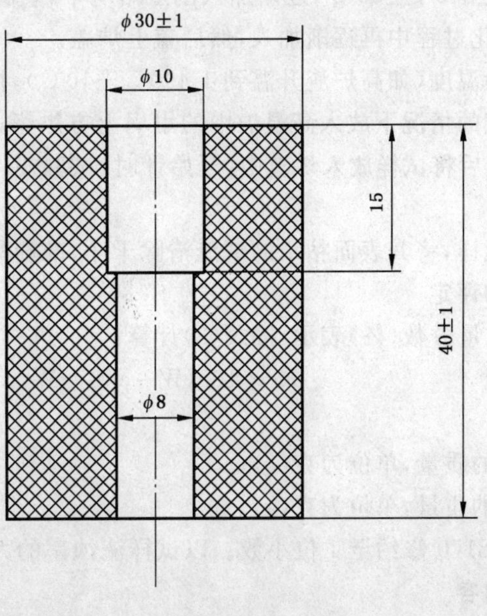

图 3　试样剖面图

5.4 试验程序

5.4.1 准确称量干燥试样的质量 W,然后将试样与刚玉管用磷酸泥浆粘接牢固并烘干,如图 4 示,防止漏气。调整试样连接装置的长度,使试样插入炉渣中距坩埚底约 20 mm。

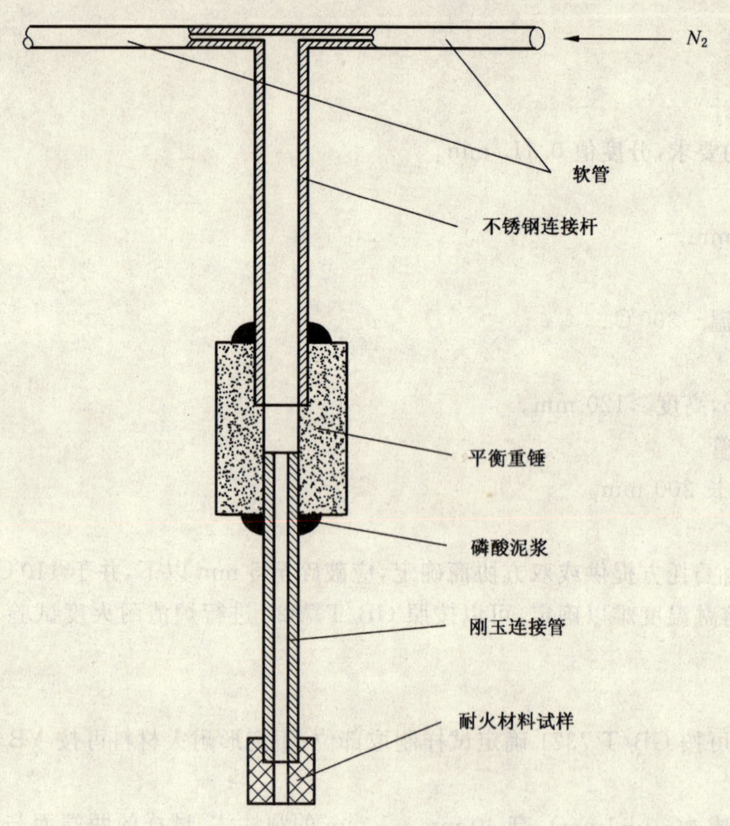

图 4 试样与吊杆联接图

注:如有其他装置能满足上述试样升降、浸渣及通气的要求也可以使用。

5.4.2 称取烘干的炉渣 850 g±50 g,逐渐加入刚玉坩埚中,装满为止,然后将坩埚置于炉膛中心均温区。未装完的炉渣在融化过程中再逐渐加入,然后盖上炉盖。

5.4.3 将炉温升到试验温度(如高炉渣升温到 1 490℃±10℃),待全部炉渣熔化后,保温 10 mim。

5.4.4 将试样在通氮气的情况下放入高温炉中的坩埚上方烘烤,当试样温度接近融渣温度时,调整氮气流量到 0.5 L/min,然后将试样放入炉渣中,开始计时,试验 40 min,取出试样,立即将试样放入水中冷却。

5.4.5 冷却后的干燥试样,将其表面粘结的炉渣清除干净,准确称量试验后试样的质量 W_1。

5.5 试验结果的计算和评定

试样渣蚀率 R,以质量分数(%)表示,按式(3)计算:

$$R = 100(W - W_1)/W \qquad (3)$$

式中:

W——试验前试样的质量,单位为克(g);

W_1——试验后试样的质量,单位为克(g)。

试验结果按 GB/T 8170 修约至 1 位小数。以试样渣蚀率的大小评价试样抗渣性的优劣。

5.6 试验报告的特定内容

本方法的试验报告中,应提供以下特定内容:

炉渣的来源及组成；试验温度和保温时间；试样渣蚀率的单值及其平均值。

6 转动试样浸渣通气法——方法3

本方法较适宜于高温下，熔融的动态炉渣对耐火材料的冲刷、侵蚀性试验（如炼钢用耐火材料）。

6.1 原理

在通氮气搅动的熔融炉渣中，试样按规定的速度正反转动。经一定的时间后，测定试样被炉渣侵蚀的深度和面积。

6.2 设备和材料

6.2.1 试验设备如图5所示，应能满足下列要求：

a) 试验炉炉膛直径≥250 mm，深度≥200 mm，恒温区直径≥140 mm；

b) 最高使用温度不低于1 700℃，保温时恒温区温度波动≤10℃；

c) 应能满足试验时升温、保温、通气、转速的相关要求。

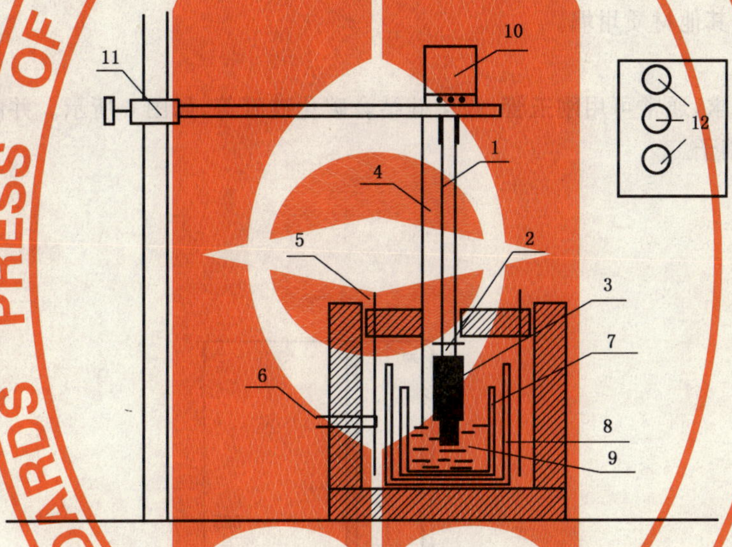

1——试样联接管；
2——试样联接销；
3——试样；
4——通气管；
5——发热体；
6——热电偶；
7——盛渣坩埚；
8——保护坩埚；
9——炉渣；
10——电机；
11——升降机构；
12——控制系统（温度、转速、氮气流量）。

图5 转动试样浸渣通气法试验装置示意图

6.2.2 热电偶及温度测量控制装置

热电偶应符合JJG-141的规定并应能满足炉子升温控温的要求。

6.2.3 天平

分度值不大于0.05 g。

6.2.4 氮气

纯度≥99.95%。

6.2.5 转速测量装置

可测量与显示每分钟转速(r/min),测量误差≤0.1%。

6.2.6 转子流量计

应能满足6.4.8的要求,分度值0.1 L/min。

6.2.7 游标卡尺

分度值0.02 mm。

6.2.8 电热燥箱

使用温度范围,室温~300℃。

6.2.9 盛渣坩埚

应能满足试验的要求,即在试验条件下,能经受动态炉渣的侵蚀而不漏渣。通常可用刚玉、钼、氧化镁、氧化锆或铂金等材料制成的坩埚。其内径≥80 mm,高度≥120 mm。

6.2.10 保护坩埚

应能经受住炉渣的侵蚀,且有较好的抗热震性和热传导性。其内径比盛渣坩埚大20 mm,通常用带涂层的石墨坩埚或其他材质坩埚。

6.2.11 试样联接管

应能满足试验要求,通常可用刚玉管、氮化硅结合碳化硅管等,如图6所示。并配有一直径10 mm、长34 mm的同材质销子。

单位为毫米

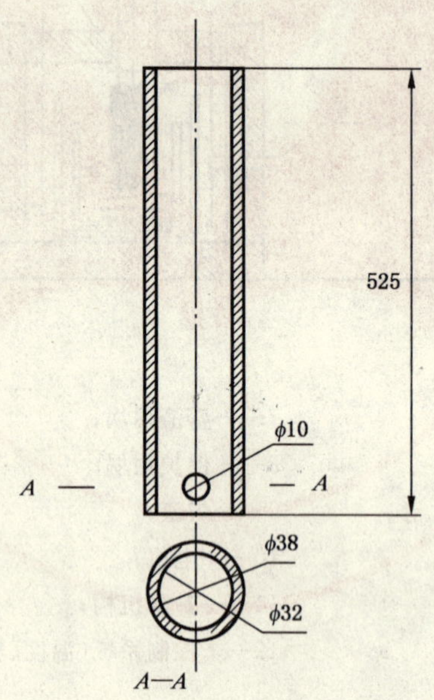

图6 试样联接管剖面图

6.2.12 通气管

应能满足试验要求,通常用刚玉管、氧化镁管等,其外径8 mm,内径3 mm,长500 mm~600 mm。

6.2.13 加渣器

如图7所示,由可上下移动的加渣管及漏斗组成。加渣管应由耐高温且抗热震性和耐磨性均较好的材料制造,如氮化硅结合碳化硅管等。

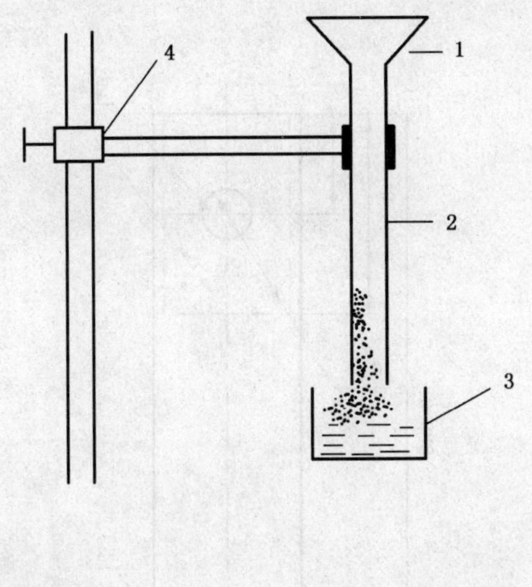

1——漏斗；
2——耐高温管；
3——炉内盛渣坩埚；
4——升降机构。

图 7　加渣器结构示意图

6.2.14　渣侵蚀测量装置

测量装置应能精确测量试样被炉渣侵蚀量的大小，并能提供试样试验前后的图片加以说明。建议采用装有测量软件的计算机、扫描仪及彩色打印机。

6.2.15　炉渣

所采用的炉渣，应与试样在使用条件下所遇到的渣相一致，由委托方提供或人工配制，应粉碎至5 mm以下，并于110℃±5℃烘干备用。

6.3　试样制备

6.3.1　定形制品可按GB/T 7321确定试样制取部位；不定形耐火材料可按YB/T 5202.1制备成规定尺寸的试样。

6.3.2　试样先制成(200～230) mm×30 mm×30 mm的长方体，再将连接端(与刚玉管的连接部分)磨成直径28 mm～31.5 mm的圆柱体，并钻有一直径10 mm的插销孔，孔的中心线应与试样两底面平行，如图8所示。制好的试样应于110℃±5℃下烘干。

6.3.3　试样数量为1个，也可协商确定。

6.4　试验程序

6.4.1　精确测量试样浸渣端的尺寸，精确到0.1 mm。

6.4.2　称取烘干的炉渣约800 g，加入到盛渣坩埚中，使渣面与坩埚口相平。装满炉渣的坩埚平稳放入垫有刚玉砂或电熔镁砂的保护坩埚中，再将保护坩埚放置在炉膛均温区内铺有垫砂(刚玉砂或电熔镁砂)的高温垫板上。

6.4.3　将试样装在联接管上，插入销子，再将通气管装在通气孔上，使试样与通气管尽可能平行且呈垂直状态，并使通气管的出气口比试样下端面短约15 mm。再检查通气系统和转动系统是否能满足试验要求。

6.4.4　转动机架，使试样对准炉内坩埚中心，徐徐下降至坩埚正上方约10 mm处，试转动试样并仔细调节，确定试样浸入炉渣的准确位置，以确保试验时试样能在坩埚内自由转动。然后将试样上升，离开炉口，盖好炉盖。

6.4.5　测量加渣器加渣时的正确位置，以便炉渣能准确投入到坩埚内。

单位为毫米

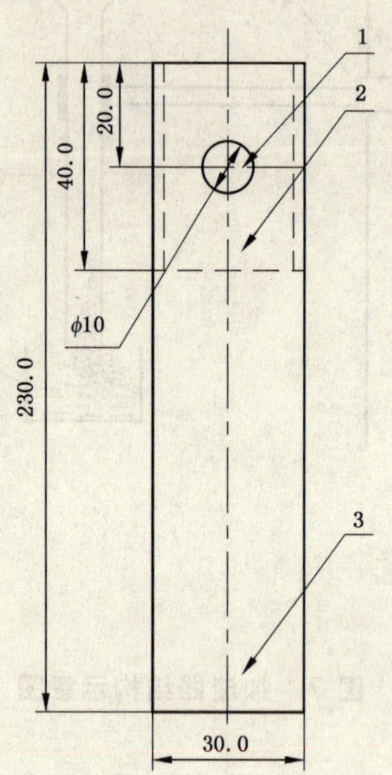

1——插销孔；

2——联接端；

3——浸渣端。

图 8 试样示意图

6.4.6 按(4～6)℃/min 升温到比试验温度低 100℃，然后再按(1～2)℃/min 升至试验温度。

6.4.7 观察或借助探丝确定炉渣是否熔化，待炉渣大部分熔化，用加渣器分次往坩埚内加入炉渣，并使全部熔化的渣液深度保持在约 80 mm，保温 5 min～10 min。与此同时，将试样转到炉口上方烘烤，按要求通入氮气，徐徐地逐次将试样下降至坩埚上方，待试样温度接近炉渣温度时，再把试样浸入炉渣中，使试样下端面距坩埚底面 15 mm～20 mm，并开始计时。

6.4.8 启动电机，按(20～25) r/min 转动试样，每隔 5 min 进行正、反转调整；并视渣液情况调节氮气流量在 0.4 L/min～0.5 L/min，以使渣液保持有连续气泡逸出但不激烈沸腾状态；打开冷却水，以保护轴承。

6.4.9 试验期间，炉温波动不应超过±10℃，并随时静听气泡在炉渣中发出的声音。试样浸渣30 min，结束试验。

6.4.10 逐次并缓慢地提起试样到炉口冷却。当试样提升至渣面以上时，加大通气量，以冲掉通气管口的渣液。

6.4.11 将试样从联接管上卸下，小心地去掉表面的残余炉渣；以距试样浸渣端面 40 mm 的长度及侵蚀较严重的两个面作为测量面，用比试样色差大的彩笔涂抹，以便扫描时能清晰辨认试样的大小。

6.5 结果的测量和评定

6.5.1 分次将试样两个较严重的侵蚀面的图形扫描到计算机，由计算机分别计算出试样两个侵蚀面被炉渣侵蚀的深度、面积及百分率。

6.5.2 试验结果按 GB/T 8170 修约至整数。

6.5.3 如有需要，可将原试样及试验后试样的两个侵蚀面照相，并描述被炉渣侵蚀的情况。

6.6 试验误差

对同一试样 2 次重复测量，侵蚀面积百分率的偏差应小于 10%。

6.7 试验报告的特定内容

本方法的试验报告中，应提供以下特定内容：

炉渣成分及来源；试样尺寸；试样转速及通气量；浸渣时间及试验温度；二个侵蚀面的侵蚀深度、面积及其百分率和相关图片。

7 回转渣蚀法——方法 4

本方法较适宜于高温下，熔融的动态炉渣对耐火材料的渗透、冲刷性试验（如炼钢用耐火材料）。

7.1 原理

用试样组成断面呈多边形的试验镶板，作为回转圆筒炉内衬。加热到试验温度，并按规定时间承受炉渣的侵蚀与冲刷作用。测量试验前后试样的厚度变化，以比较其抗渣性优劣。

7.2 设备和材料

7.2.1 试验炉

试验炉如图 9 所示，应能满足 7.4.3 的要求。

7.2.1.1 炉体

由圆筒形金属外壳和隔热层组成，两端装有堵头砖。堵头砖的材质应与试样及所选定的炉渣的化学性质相适应，试验时不应有严重损坏，其尺寸应与炉体相匹配，中心为圆孔，圆孔大小应保证在试样（内衬）上能形成一个渣池，并方便加渣、出渣及观察炉内情况。

7.2.1.2 传动机构

能使炉体以(3～5)r/min 的速率回转，并能倾斜 90°倒渣。

7.2.2 加热装置

应能以大约 500℃/h 的速率将试样加热到规定温度。一般可选用液化石油气-氧气或丙烷-氧气燃烧。无论使用何种可燃气体，都应按规定采取相应的安全防护措施，防止气体泄漏。

图 9 试验炉

7.2.3 测温装置

应能连续测量试验炉内衬中间部位或渣液表面的温度。一般可采用红外测温仪测温，光学高温计辅助测量温度。

7.2.4 长柄钢钳

7.2.5 游标卡尺

分度值 0.02 mm。

7.2.6 炉渣

所采用的炉渣，应与试样在使用条件下所遇到的渣相一致，破碎至 5 mm 以下，制成一定形状(通常为圆柱体)的渣块，以便用钢钳，经堵头砖圆孔送入炉内。

注：成型渣块加入的结合剂应不影响炉渣的性质。

7.3 试样制备

7.3.1 不定形耐火材料先按 YB/T 5202.1 制备成规定尺寸的试样。

7.3.2 将试样制成如图 10 所示的棱柱体，并将原砖面作为渣蚀面。

7.3.3 每组试样应为 3 块。

单位为毫米

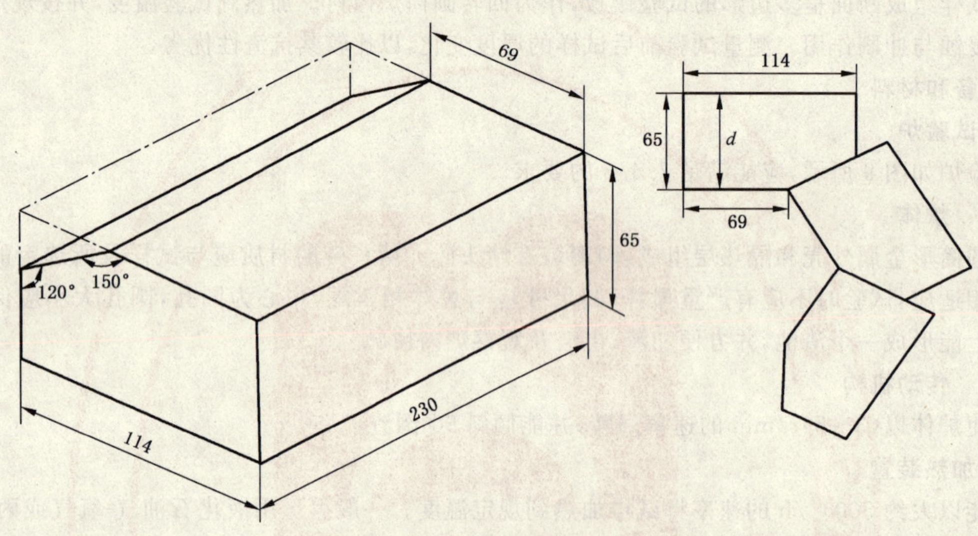

图 10 试样的制备与组装

7.4 试验程序

7.4.1 试验前试样厚度的测量

每块试样的厚度(图 10 中的 d)应沿 230 mm 长度方向，在其中心及中心两侧 75 mm 处各测量一次，精确至 0.1 mm，计算其平均值。

7.4.2 试样的组装

每组的 3 块试样应相互连接放置组成镶板，如图 10 所示，注明每组的中心试样，砌筑时如有必要，可用试样粉末加入合适的结合剂作为胶泥，填充砖缝。每炉至少安放 2 组试样形成一个多边中空棱柱体，每块试样的外(冷)面用耐热涂料标记。将该棱柱体放在炉壳中的堵头砖上(两者应同心)，周围充填隔热材料，棱柱体上再放置一块堵头砖，顶上覆盖纤维毡，最后用盖板压紧固定。

7.4.3 加热及加渣

让炉体处于水平位置回转，并以大约 500℃/h 的速率升温到规定温度，保温 30 min，加渣1 000 g，再升温到试验温度，使其形成 10 mm 深的渣池(若未形成，再加渣 500 g，当发现漏渣严重，不能形成渣池时，试验应重做)，保温 1 h。迅速将炉体倾斜 90°倒渣，同时应保持加热和回转，尽可能把渣倒净。

倒完渣，炉体复位后再加渣 500 g，在试验温度下保温 1 h，炉体再倾斜 90°倒渣。这个过程反复进行，通常持续 5 h～50 h(取决于侵蚀深度，约 10 mm)。试验结束后，炉体倾斜状态下自然冷却。

注：抗渣性悬殊的材料不宜在同一炉内作比较试验。

7.4.4 试验后试样的处理

冷却后，从炉内取出试验镶板，拆开后，在试样中心沿 230 mm 长度方向垂直于渣蚀面切开。如果镶板试样已被炉渣严重侵蚀至无法完整拆开或拆开时已断(碎)裂等情况，应在试验报告中说明。

7.5 结果计算

沿切开后的试样 230 mm 长度方向，在中心 150 mm 区间内，每隔 15 mm 测量一次试样的厚度(精确至 0.1 mm),计算其平均值。

测量厚度时,如果有明显的残渣附着在试样上,应去掉,但要特别精心区分反应层与附着层。

根据试验前、后试样的厚度,计算平均侵蚀深度,以毫米表示。

注:也可用其他测量装置(如装有测量软件的计算机)测绘试样被炉渣侵蚀的厚度及其平均值并提供相关图片。

7.6 试验报告的特定内容

本方法的试验报告中,应提供以下特定内容:

炉渣的组成及其总用量;试验温度和持续时间;炉体回转速率(r/min);每块试样及一组试样平均侵蚀深度(特别注明每 3 块一组的中心试样);描述试验后试样典型外观,包括反应层厚度、侵蚀特征或图片等。

8 试验报告

试验报告应至少包括以下项目:

a) 委托单位;

b) 样品名称;

c) 采用标准(即 GB/T 8931—2007 的某一方法);

d) 各方法所要求报告的特定内容;

e) 试验人员;

f) 试验日期。

ICS 85-10
Y 30

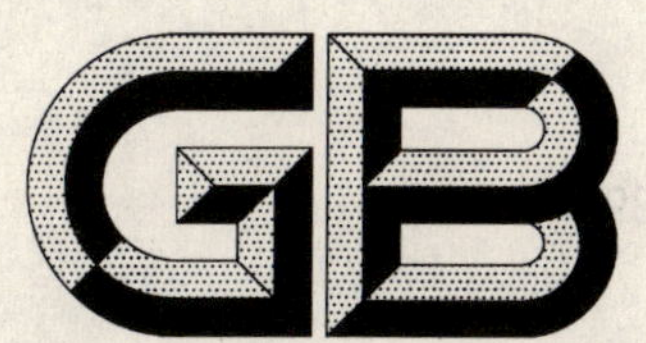

中华人民共和国国家标准

GB/T 8941—2007
代替 GB/T 8941.1—1988,GB/T 8941.2—1988,GB/T 8941.3—1988

纸和纸板 镜面光泽度的测定(20° 45° 75°)

Paper and board—Measurement of specular gloss(20° 45° 75°)

2007-12-05 发布　　　　2008-09-01 实施

中华人民共和国国家质量监督检验检疫总局
中国国家标准化管理委员会　发布

前　言

本标准是对 GB/T 8941.1—1988《纸和纸板镜面光泽度的测定(20°)》、GB/T 8941.2—1988《纸和纸板镜面光泽度的测定(45°)》和 GB/T 8941.3—1988《纸和纸板镜面光泽度的测定(75°)》的整合修订。

本标准代替 GB/T 8941.1—1988、GB/T 8941.2—1988 和 GB/T 8941.3—1988。

本标准的主要变化如下:

——本标准增加了第 2 章“规范性引用文件”。

——本标准中 20°测定方法修改采用 ISO 8254-3:2004《纸和纸板的镜面光泽度的测定　第 3 部分:20°会聚光束光泽度　TAPPI 法》。与 ISO 8254-3:2004 的区别在于:取消了标准中的第 6 章、第 11 章及 5.2.1、5.2.4 和参考文献部分。

——本标准中 45°测定方法与 GB/T 8941.2—1988 区别是:试样制备中将切取 10 张试样修改为切取 5 张试样。如需要两面测定,应切取 10 张试样。第 9 章中要求每张试样测定 4 个方向光泽度值修改为测定 2 个方向光泽度值。

——本标准中 75°测定方法修改采用了 ISO 8254-1:1999《纸和纸板的镜面光泽度的测定　第 1 部分:75°会聚光束光泽度　TAPPI 法》。与 ISO 8254-1:1999 的区别在于:取消了标准中的前言、引言、第 6 章以及 5.2.1、5.2.4,并将第 9 章中要求每张试样测定 4 个方向光泽度值修改为测定 2 个方向光泽度值。

本标准的附录 A、附录 B、附录 C 为规范性附录,附录 D、附录 E 为资料性附录。

本标准由中国轻工业联合会提出。

本标准由全国造纸工业标准化技术委员会归口。

本标准起草单位:中国制浆造纸研究院。

本标准主要起草人:马忻、王振。

本标准所代替标准的历次版本发布情况为:

——GB/T 8941.1—1988、GB/T 8941.2—1988、GB/T 8941.3—1988。

本标准委托全国造纸工业标准化技术委员会负责解释。

纸和纸板　镜面光泽度的测定
（20°　45°　75°）

1　范围

本标准规定了以20°、45°、75°光泽度仪测定纸和纸板镜面光泽度的方法。

20°光泽度测定法主要适用于铸涂纸、蜡光纸等高光泽度的纸和纸板，也适用于高印刷光泽度的纸和纸板印样。不适用于光泽度较低的涂布或未涂布的纸和纸板。

45°光泽度测定法主要适用于测定铝箔纸、真空镀铝纸等金属复合的纸和纸板。

75°光泽度测定法主要适用于涂布纸及纸板，也可用于未涂布纸及纸板或低印刷光泽度的纸及纸板印样，试样的颜色和漫反射比的差别对测定光泽度的影响不大。

2　规范性引用文件

下列文件中的条款通过本标准的引用而成为本标准的条款。凡是注日期的引用文件，其随后所有的修改单（不包括勘误的内容）或修订版均不适用于本标准，然而，鼓励根据本标准达成协议的各方研究是否可使用这些文件的最新版本。凡是不注日期的引用文件，其最新版本适用于本标准。

GB/T 450　纸和纸板试样的采取（GB/T 450—2002，eqv ISO 186:1994）

GB/T 10739　纸、纸板和纸浆试样处理和试验的标准大气条件（GB/T 10739—2002，eqv ISO 187:1990）

3　术语和定义

下列术语和定义适用于本标准。

3.1

光泽度　gloss

物体表面方向性选择反射的性质，这一性质决定了呈现在物体表面所能见到的强反射光或物体镜像的程度。

3.2

定向反射　regular reflection；镜面反射　specular reflection

遵循几何光学定律，没有漫射的反射。

3.3

漫反射　diffuse reflection

宏观范围内，没有定向反射的反射。

3.4

镜面光泽度　specular gloss

试样表面以镜面反射角反射到规定孔径内的光通量与相同条件下标准镜面的反射光通量之比，以百分数表示。

4　原理

用光电检测器测定与法线成一定角度（20°、45°、75°）入射到试样表面，并从试样表面与法线成相应角度（20°、45°、75°）反射到规定孔径内的光，其结果显示在仪器上。

5 仪器

5.1 光学系统

5.1.1 20°光泽度测定仪光学系统的技术要求见附录 A，光学系统由光源、透镜、试样压板和光电器件组成，主要器件的位置和相对尺寸见图 A.1。

5.1.2 45°光泽度测定仪光学系统的技术要求见附录 B，光学系统由光源、透镜、试样压板和光电器件组成，主要器件的位置和相对尺寸见图 B.1。

5.1.3 75°光泽度测定仪光学系统的技术要求见附录 C，光学系统由光源、透镜、试样压板和光电器件组成，主要器件的位置和相对尺寸见图 C.1

5.2 光泽度标准

5.2.1 20°光泽度标准

具有平整、洁净和抛光表面，在 587.6 nm 处的折光指数为 1.540 的黑玻璃。通过菲涅尔(Fesnel)公式给出光泽度值为 100 个光泽度单位。理论上镜面光泽度的标准是理想的、完全反射的平镜面，其光泽度值定为 2 199 个光泽度单位。

5.2.1.1 高光泽度标准

洁净的抛光黑玻璃板，由其在 587.6 nm 波长下测量的折光指数来计算 20°镜面反射。

如折光指数不是 1.540，则光泽度值由下式计算：

$$G=100\times K \quad\cdots\cdots(1)$$

式中：

$$K(n,\alpha)=\frac{\left[\dfrac{n^2\cos\alpha-(n^2-\sin^2\alpha)^{1/2}}{n^2\cos\alpha+(n^2-\sin^2\alpha)^{1/2}}\right]^2+\left[\dfrac{(n^2-\sin^2\alpha)^{1/2}-\cos\alpha}{(n^2-\sin^2\alpha)^{1/2}+\cos\alpha}\right]^2}{\left[\dfrac{1.540^2\cos\alpha-(1.540^2-\sin^2\alpha)^{1/2}}{1.540^2\cos\alpha+(1.540^2-\sin^2\alpha)^{1/2}}\right]^2+\left[\dfrac{(1.540^2-\sin^2\alpha)^{1/2}-\cos\alpha}{(1.540^2-\sin^2\alpha)^{1/2}+\cos\alpha}\right]^2} \quad\cdots\cdots(2)$$

式中：

n——玻璃的折光指数；

α——入射角度。

当 $\alpha=20°$时，等式简化为：

$$K=10.994\left\{\left[\frac{0.939\,7n^2-(n^2-0.117)^{1/2}}{0.939\,7n^2+(n^2-0.117)^{1/2}}\right]^2+\left[\frac{(n^2-0.117)^{1/2}-0.939\,7}{(n^2-0.117)^{1/2}+0.939\,7}\right]^2\right\} \quad\cdots\cdots(3)$$

注：如已知折光指数，折光指数每偏离标准值(1.540)0.001 时，则光泽度值可从 100.0 中增加或减去 0.29 的一个相应值来计算。例如，折光指数 $n=1.523$ 的玻璃，其给定的光泽度值 G 为：

$$G=100-\frac{0.29(1.540-n)}{0.001}=290n-346.60=95.1 \quad\cdots\cdots(4)$$

5.2.1.2 中光泽度标准

具有平整的表面、与所测试的纸张有相近的反射通量分布，中心区域的光泽度均匀，且可稳定放在测量位置的陶瓷板。由权威实验室在符合 5.1.1 的仪器上用高光泽度标准作为比对进行校准。

注 1：光泽度标准板不用时应放在密闭的盒内，保持清洁，防止其表面受到污染或损伤。切勿将标准板的工作面朝下放置，以免脏污或磨损。手持标准板时，应握在标准板边缘，以免手上的油汗沾污标准板的工作表面。标准板可浸在热水和淡洗涤液(不能用肥皂水)中，用软毛刷轻轻刷洗。然后用近 65℃的热水冲洗，漂清洗涤液，最后用蒸馏水漂洗干净，放在约 70℃烘箱中烘干。高光泽度标准板可用不掉毛的脱脂擦镜纸或其他吸收性材料轻轻擦净，但中光泽度标准板不宜擦拭。

注 2：几年之后，高光泽度标准板表面的折光指数会逐渐降低，光泽度值也会随之发生变化。因此建议每隔一年由上级计量部门检定一次，最好重新抛光表面以恢复其原状。

5.2.2 45°光泽度标准

光泽度标准表面是一个全部内反射 45°的直角三棱镜的斜边面，该表面衬在阳极氧化铝板上。三棱镜的尺寸是 25 mm×25 mm×35.3 mm，用硬冕玻璃制成，折光指数为 1.50～1.52。在 25 mm 距离内，能吸收可见光 1.5%～2.0%，且其镜面反射率因数应在 80%～90%。光泽度标准应定期由上级计量部门标定。

5.2.3 75°光泽度标准

具有平整、洁净和抛光表面，在 589.26 nm 处的折光指数为 1.540 的黑玻璃。通过菲涅尔(Fesnel)公式给出光泽度值为 100 个光泽度单位。理论上镜面光泽度的标准是理想的、完全反射的平镜面，其光泽度值定为 3 844 个光泽度单位。

5.2.3.1 高光泽度标准

洁净的抛光黑玻璃板，由其在 589.26 nm 波长下测量的折光指数来计算 75°镜面反射。

符合 5.2.1.1。

注：如已知折光指数，若折光指数每偏离标准值(1.540)0.001 时，则光泽度值可从 100.0 中增加或减去 0.065 的一个相应值来计算。例如，折光指数 $n=1.523$ 的黑玻璃，其给定的光泽度值按式(4)计算，得出 $G=98.9$。

5.2.3.2 中光泽度标准

见 5.2.1.2。

5.3 零光泽度标准

由黑色天鹅绒衬里的空阱或其他适宜的黑阱构成。

6 试样制备

6.1 按 GB/T 450 规定取样，并按 GB/T 10739 进行试样的处理和测定。

6.2 避开水印、斑点及可见纸病，在抽取的样品上沿纸页横幅均匀切取 100 mm×100 mm 试样 5 张。如需要两面测定，则应切取 10 张试样，并标明正反面。试样应保持清洁，不应用手接触测试面。

7 仪器校准

7.1 接通电源，预热到规定时间。

7.2 选择测试角度。

7.3 换上零光泽度标准(5.3)，调节读数至零。

7.4 标准值校准

7.4.1 20°和 75°测试时，取下零光泽度标准(5.3)用高光泽度标准(5.2.1.1)校准仪器，将读数调节到标准板的标定值。然后换上中光泽度标准(5.2.1.2)读出光泽度值，该读数应与标准板的标定值接近。如果相差超过 1 个光泽度单位，应检查仪器的几何特性、光谱特性和光度计特性，或者重新检查两标准板的标定值。

7.4.2 45°测试时，取下零光泽度标准(5.3)，用 45°光泽度标准(5.2.2)将仪器读数校准到标定值。

8 试验步骤

8.1 仪器校准后，将试样待测面对着测试孔，纵向和横向各测定一次，然后换一张试样测定同一面，直至测完 5 张试样；如需两面的光泽度，则另取 5 张试样按上述相同的步骤测试另一面的值。

8.2 每一面取纵向和横向的平均值作为光泽度测定结果，以百分数表示，修约至整数。如需两面的光泽度则分别计算 5 片试样正面和反面光泽度的平均值，或根据需要计算其标准偏差和变异系数。

注：在测定过程中，可用标准板和黑筒多次校准仪器。当测定结束后，应再校准一次，以确保仪器始终校准无误。

9 精确度

9.1 20°光泽度

暂无可用数据。

9.2 45°光泽度

用符合本标准的仪器测定均匀试样时，其测定结果的再现性在 2 个光泽度单位以内。

9.3 75°光泽度

表 1 所列的是至少 25 个实验室对 5 个试样纵向的测定结果，每个结果均基于 10 次测定，每次均测定正、反面。

表 1 光泽度测定结果的精确度

样品编号	平均值	重复性	再现性
1	84.2	1.4	2.1
2	72.9	4.6	4.9
3	48.6	2.0	3.1
4	42.7	2.2	3.0
5	28.6	2.1	2.7

10 试验报告

试验报告应包括以下项目：

a） 本标准编号并注明所采用的角度；

b） 试样的标志和说明；

c） 报告光泽度测定结果的平均值，或分别报告正面和反面的光泽度平均值；

d） 根据需要，报告测定结果的标准偏差和变异系数；

e） 偏离本标准的任何试验条件。

附 录 A
（规范性附录）
纸和纸板镜面光泽度（20°）仪光学系统技术要求

A.1 20°光泽度仪光学系统

见图 A.1，由光源、透镜、光源视场光阑、接收孔组成。

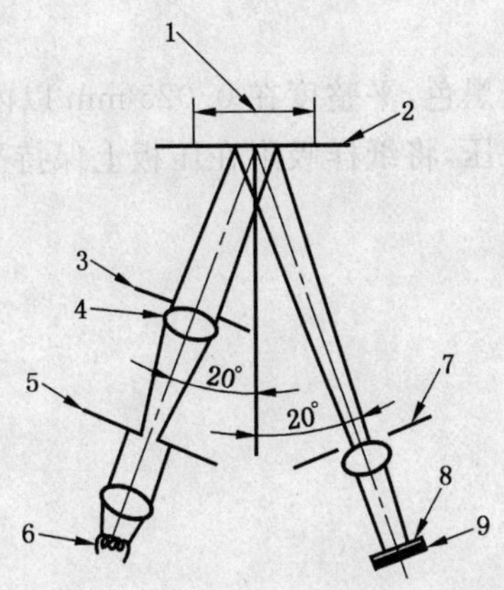

1——试样上的照明区域；
2——试样压板；
3——孔径光阑；
4——光源物镜；
5——光源视场光阑；
6——灯；
7——圆形接收孔；
8——滤光片；
9——光电器件。

图 A.1 20°光泽度仪光学系统示意图

A.2 主要光学零件尺寸和相对位置

光源灯到照明透镜的距离为 92 mm。照明透镜的通光直径为 37 mm，焦距为 63 mm，照明透镜到试样中心的距离为 70 mm。测试孔直径应大于 25 mm。接收孔直径为 11 mm，接收孔到试样中心的距离为 126 mm。接收透镜的焦距为 47 mm，接收孔到光电器件的距离为 79 mm。

A.3 几何条件

入射光束的轴线对试样法线的角度为 20.0°±0.1°，接收器的轴线应与入射光束轴线的镜面图像相符，偏差为±0.1°。当在试样位置放上抛光玻璃或其他平面镜时，在接收孔的中心便形成光源视场光阑的像。

接收孔呈圆形，其直径对于试样照明面积中心的张角为 5.00°±0.04°。

A.4 减少杂散光

仪器内部涂无光黑漆，灯泡、透镜、光电器件和仪器内部均应保持干净无尘。

A.5 光谱条件

色温 2 850 K±100 K 的白炽灯光源，光源、光电器件以及滤光镜的组合应确保给出的光谱灵敏度接近 CIE 光谱发光效率函数。

A.6 光电器件

光电器件和显示电路将通过接收器视场光阑的光通量变换成为数字量显示，在整个范围内转换精度应在全量程的±0.2%以内。

A.7 试样压板或真空压板

压板表面应无明显条纹，呈无光黑色，平整度在 0.025 mm 以内。压板在压紧试样的同时可以打开吸气开关，使压板和试样之间形成负压，将纸样吸附在压板上保持平整。

附 录 B
（规范性附录）
纸和纸板镜面光泽度(45°)仪光学系统技术要求

B.1 45°光泽度仪光学系统

见图B.1，由稳定电源供电的3 W磨砂灯泡发出的光，照在一个孔径为1.5 mm的光阑上，光阑处于透镜的焦点位置。所产生的平行光束投射在试样表面并发生反射，入射角和反射角都为45°±0.5°。反射光通过第二透镜聚焦，在接收光阑孔上形成入射光阑孔的影像，光束射在光电池上。

透镜采用消色差双合粘合透镜，其相对孔径应不超过 $f/3$。

光电池与接收光栅的距离应足够远，因为光照点的直径约为19 mm。

B.2 试样压板或真空压板

将试样压紧在测试孔上，需要时可以打开吸气开关使压板和试样之间形成负压，将试样吸附在压板上保持平整。试样压板用于真空吸附试样时，当吸板将一片厚薄均匀的塑料膜(如0.08 mm的光学级聚酯膜)定位后，在受光窗口形成的影像与标准板形成的影像在位置和尺寸上不应有差异。

1——反射表面；
2——光电池；
3——接收光阑孔，直径1.5 mm；
4——磨砂灯泡；
5——黄铜灯罩；
6——入射光阑，直径1.5 mm；
7——透镜；
8——全反射三棱镜。

图 B.1 45°光泽度仪光学系统示意图

附 录 C
（规范性附录）
纸和纸板镜面光泽度(75°)仪光学系统技术要求

C.1 75°光泽度仪光学系统

见图 C.1，光线从光源出发，经过聚光镜和矩形孔径（矩形光源视场光阑）的几何中心。光阑用于限制灯丝，使之成为有效光源，光线通过光源物镜和矩形孔径的几何中心到达试样。轴光线与试样平面的交点称为测试面中心（不必与测试孔的几何中心重合）。将一块平面镜放到试样位置，轴光线被平面镜反射并且通过接收孔的中心，光源物镜将光源孔径成像在接收孔上，将测试面中心到接收孔距离 d 作为确定其他尺寸的基数。关键尺寸是入射角度和接收孔的位置和直径。

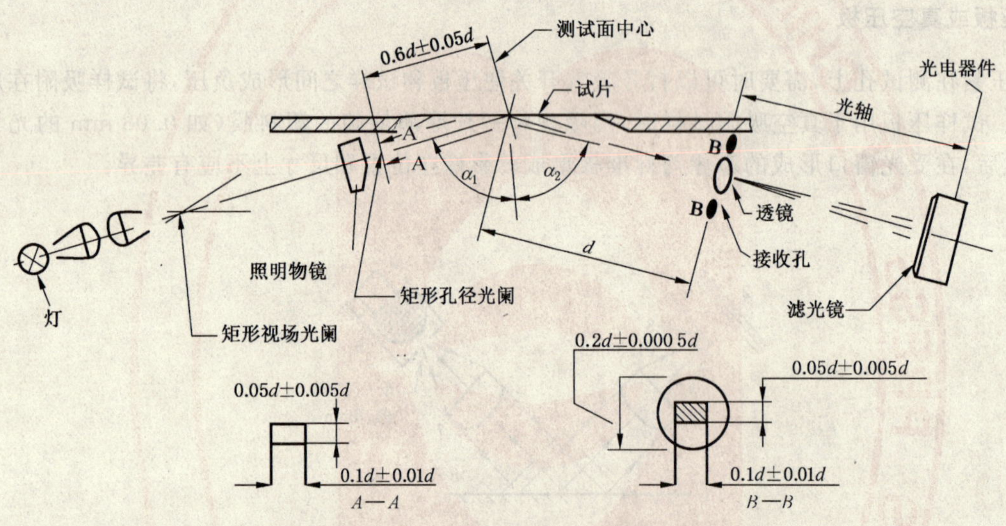

图 C.1 75°光泽度仪光学系统示意图

C.2 光电器件

紧靠接收孔的正透镜将试样表面成像在光电器件上，为了使经过不同路径进入接收孔的光线得到均匀接收，光电器件前面应装一块毛玻璃，使试样成像在毛玻璃上，光电器件接收毛玻璃的散射光，使进入接收孔的杂散光都被内壁吸收消除。

C.3 入射角及反射角

光束轴对试样的入射角为 $\xi_1=75°\pm0.1°$。镜面反射光束轴对试样的反射角通常为 $\xi_2=\xi_1+0.1°$，即 $|\xi_1-\xi_2|\leqslant0.1°$。

C.4 接收孔

接收孔直径为 $0.200d\pm0.005d$，边缘厚度小于 $0.005d$。当试样是前面反射的平面镜时，傍轴光线被镜面反射后应垂直通过接收孔的中心，允差 $0.004d$。

C.5 光源孔径的位置和尺寸

光源孔径成像在接收孔平面上，（沿光轴方向）位置误差允许在 $0.04d$ 以内，矩形像的尺寸为

(0.1d±0.005d)×(0.05d±0.005d)，短边平行于入射平面。

C.6 光源孔径内光的均匀性

光源孔径内的光应均匀分布。

C.7 矩形孔径光阑的位置和尺寸

矩形孔经光阑垂直于光束轴，离测试面中心 0.6d±0.1d。光阑尺寸为(0.1d±0.01d)×(0.05d±0.005d)，短边平行于入射平面，入射光束应不受其他光阑的限制。

C.8 孔径光阑内光的均匀性

要求与光源孔径相同。

C.9 光谱条件

色温 2 850 K±100 K 的白炽灯光源，用滤光镜校正光电器件的光谱特性，两者组合的光谱响应应符合 CIE 光谱的光效率函数。

C.10 光电器件

光电器件和显示电路将接收的光通量转换成数字量显示，在整个范围内转换精度应在全量程的±0.2%，即 0.2 光泽度单位以内。

C.11 试样压板或真空压板

试样压板将试样压紧在测试孔上，需要时可以打开吸气开关使压板和试样之间形成负压，将纸样吸附在压板上保持平整。当试样是一片厚度均匀的软塑料薄膜(例如厚度 0.08 mm 的光学级聚酯薄膜)时，打开吸气开关，在接收孔上可以看到灯丝的像，与前面提到的黑玻璃标准板产生的灯丝像比较，两者在位置和尺寸上不应有差异。

附　录　D
（资料性附录）
本标准章节编号与国际标准章节编号对照表

表 D.1 给出了本标准章节编号与国际标准章节编号的对照表。

表 D.1

<table>
<tr><th>本标准章条编号</th><th>对应国际标准 ISO 8254-1:1999(E)章条编号</th><th>对应国际标准 ISO 8254-3:2004(E)章条编号</th></tr>
<tr><td>1</td><td>1</td><td>1</td></tr>
<tr><td>2</td><td>2</td><td>2</td></tr>
<tr><td>3</td><td>3</td><td>3</td></tr>
<tr><td>4</td><td>4</td><td>4</td></tr>
<tr><td>5</td><td>5</td><td>5</td></tr>
<tr><td>5.1</td><td>5.1</td><td>5.1</td></tr>
<tr><td>5.2</td><td>5.2</td><td>5.2</td></tr>
<tr><td>5.3</td><td>5.3</td><td>5.3</td></tr>
<tr><td>6</td><td>7</td><td>7</td></tr>
<tr><td>7</td><td>8</td><td>8</td></tr>
<tr><td>7.1</td><td rowspan="3">8.1</td><td rowspan="3">8.1</td></tr>
<tr><td>7.2</td></tr>
<tr><td>7.3</td></tr>
<tr><td>7.4</td><td>8.2 和 8.3</td><td>8.2 和 8.3</td></tr>
<tr><td>8</td><td>9</td><td>9 和 10</td></tr>
<tr><td>9</td><td>—</td><td>—</td></tr>
<tr><td>9.1</td><td>—</td><td>11</td></tr>
<tr><td>9.2</td><td>—</td><td>—</td></tr>
<tr><td>9.3</td><td>10</td><td>—</td></tr>
<tr><td>10</td><td>11</td><td>12</td></tr>
<tr><td>附录 A</td><td>—</td><td>附录 A</td></tr>
<tr><td>附录 B</td><td>—</td><td>—</td></tr>
<tr><td>附录 C</td><td>附录 A</td><td>—</td></tr>
<tr><td>附录 D</td><td>—</td><td>—</td></tr>
<tr><td>附录 E</td><td>—</td><td>—</td></tr>
</table>

附　录　E
（资料性附录）
本标准与国际标准的技术性差异及其原因

表 E.1 中给出了本标准与 ISO 8254 的技术性差异及其原因的一览表。

表 E.1

本标准章条编号	技术性差异	原　　因
1	将 ISO 8254-1 和 ISO 8254-3 的范围合并。	本次修改标准要求合并到一起。
2	将国际标准转化为与之相对应的国家标准。	以适合我国国情。
5	去掉工作标准。	高光泽度标准和中光泽度标准能够满足仪器的校准。
8.2	将国际标准中测定 4 个方向改为 2 个方向。	为本标准测试方法统一，经过验证 4 个方向与 2 个方向其测试结果一致。

ICS 13.100
C 70

中华人民共和国国家标准

GB 8959—2007
代替 GB 8959—1988

铸造防尘技术规程

Dust control code for foundry

2007-06-26 发布　　2008-02-01 实施

中华人民共和国国家质量监督检验检疫总局
中国国家标准化管理委员会　发布

前言

本标准除第1、2、3章外，其余为强制性条款。

本标准代替GB 8959—1988《铸造防尘技术规程》。

本标准与GB 8959—1988相比主要变化如下：

——主体结构按照铸造工艺流程编排，方便使用和相应条文查找；

——增加了术语定义；

——增加大容量熔化电炉通风除尘的排烟罩型及其排风量；

——取消了一些不能满足除尘相关标准要求的除尘器，增加能够满足相关标准要求的新型除尘器；

——补充了树脂砂工艺中使用的新设备的除尘措施和除尘排风量等参数；

——增加了屋顶通风机；

——取消了已经淘汰的石灰石砂工艺的相关条款及其参数；

——取消了原标准中的附录D和附录E；

——增加了防尘工作在铸造生产管理中地位的条款；

——在编写格式和表述规则上按GB/T 1.1—2000《标准化工作导则　第1部分：标准的结构和编写规则》的要求对原标准作了较大修改。

本标准附录A、附录B、附录C为资料性附录。

本标准由国家安全生产监督管理总局提出并归口。

本标准起草单位：机械工业第六设计研究院。

本标准主要起草人：刘筑雄、张家平、张清宽、宋高举、刘新江、高洪澜、张本平、李怀明。

本标准于1988年11月首次发布，2006年第一次修订。

铸造防尘技术规程

1 范围

本标准规定了:铸造防尘的总则、工艺措施、建筑措施、设备措施以及其他措施;炉窑、铸造原材料处理、造型、制芯、落砂、清理精整的防尘、除尘措施;通风除尘系统技术措施及防尘工作的管理和监督。

本标准适用于铸钢、铸铁、有色金属铸造车间的新建、改建、扩建建设项目和技术改造、技术引进项目的设计和管理。现有铸造车间也应遵照本标准执行。生产铸造设备和为铸造车间服务的企事业单位也应遵照本标准执行。

2 规范性引用文件

下列文件中的条款通过本标准的引用而成为本标准的条款。凡是注日期的引用文件,其后所有的修改单(不包括勘误的内容)或修改版均不适用于本标准,然而,鼓励根据本标准达成协议的各方研究是否可使用这些文件的最新版本。凡是不注日期的引用文件,其最新版本适用于本标准。

GB 9078 工业炉窑大气污染物排放标准

GB 16297—1996 大气污染物综合排放标准

GB 50019 采暖通风与空气调节设计规范

GB 50243 通风与空调工程施工质量验收规范

中华人民共和国职业病防治法

中华人民共和国安全生产法

3 术语

本标准采用下列术语定义。

3.1

铸造 founding

将熔融金属浇注、射压或吸入铸型型腔中,凝固后成为一定形状和性能的铸件。

3.2

清理 fettling

铸件落砂后的全部清理精整工作。初步清理包括清除铸件上粘附的型砂,清除芯砂和芯骨,切除或打掉浇冒口等。二次清理包括铲除飞边、毛刺和多余的金属和打磨表面。

3.3

熔炼 melting

将金属材料在炉内加热熔化,由固态变到熔融状态的过程。

3.4

砂再生 sand reclamation

铸件落砂后为恢复砂子的原始性能而进行的一系列操作。

3.5

屋顶通风机 power roof ventilator

安装在屋顶上,以其防风雨围挡物兼作外壳的,用于将室内污浊气体排至室外的专用轴流式或离心式通风机。

3.6

除尘　dust removal

捕集，分离含尘气流中的粉尘等固体粒子的技术。

3.7

粉尘　dust

由自然力或机械力产生的，能够散放或悬浮于空气或气流中的固态微小颗粒。

3.8

除尘系统　dust removing system

由局部排风罩、风管、通风机和除尘器等组成的，用以捕集、输送和净化含尘空气的机械排风系统。

4　总则

4.1　为了贯彻执行《中华人民共和国安全生产法》和《中华人民共和国职业病防治法》，保证铸造企业建设项目的设计符合安全生产和职业卫生要求，控制铸造车间生产过程中的粉尘污染危害，改善劳动条件，保障职工的身体健康，保护环境，促进安全生产发展。

4.2　铸造防尘应首先从工艺和设备上采取措施，应采用不产生或少产生粉尘污染的工艺和设备。

4.3　凡产生粉尘污染的工艺过程和铸造设备，均应设防尘设施，凡排至室外的空气中含尘浓度超过国家或当地排放标准时均应设除尘装置。

4.4　铸造车间建设项目设计时，应积极采取行之有效的综合防护措施，防止粉尘对工作场所的污染，对于生产过程中尚不能完全消除的粉尘污染，亦应采取综合预防、治理和强化管理措施。

4.5　除尘系统的尾气不宜直接向车间内排放，当除尘系统尾气不得不向车间内排放时，应满足有关规定。

4.6　铸造车间内各工作场所的粉尘浓度应符合国家相关标准的规定。

5　防尘的工艺措施

5.1　工艺布置

5.1.1　工艺设备和生产流程的布局应根据生产纲领、金属种类、工艺水平、厂区场地和厂房条件等结合防尘技术综合考虑，均应设计合理的除尘系统。

5.1.2　污染较小的造型和制芯工部在集中采暖地区应布置在非采暖季节最小频率风向的下风侧，在非集中采暖地区应位于全年最小频率风向的下风侧。

5.1.3　砂处理和清理等工部宜用轻质材料或实体墙等设施和车间其他工部隔开，大型铸造工厂的砂处理、清理工部可布置在单独的厂房内。

5.1.4　浇注区应布置在车间通风良好的位置。

5.1.5　合箱、落砂、开箱、清砂、打磨、切割、焊补等工序宜固定作业工位或场地，便于采取防尘措施。

5.1.6　大批量生产的清理工作台连续成排布置时，应将各工作台面分隔开。

5.1.7　在布置工艺设备时，应为除尘系统的工艺流程(包括除尘罩位置、风管敷设、平台位置、除尘器设置、粉尘集中处理或污泥清除等)的合理布局提供必要的平面位置和立体空间等条件。

5.1.8　工艺设备的运行控制，应与除尘系统的运行联锁控制，应确保通风除尘设备先于工艺设备提前运行和滞后于工艺设备停止运行。

5.2　工艺设备

5.2.1　凡产生粉尘污染的定型设备(如混砂机、筛砂机、带式输送机、抛丸喷丸清理设备等)，制造厂应配制密闭罩；非标设备在设计时应附有防尘设施。铸造工艺设备的排风量见附录A。

5.2.2　炉料准备的称量、送料及加料应采用机械化装置。

5.2.3　散粒状干物料输送宜采取密闭化、管道化、机械化和自动化措施，减少转运点和缩短输送距离。

不宜采用人工装卸或抓斗。

5.2.4 输送散粒状干物料的带式输送机应设密闭罩。

5.2.4.1 带式输送机用作倾斜输送时，根据物料种类、粉尘特性及防尘要求，应不超过其最大允许倾角。

5.2.4.2 带式输送机应设置头部清扫器(当采用磁选皮带轮时，应附有磁选清扫器)及空段清扫器。

5.2.4.3 卸料落差大于1.0 m时，应采用倾斜溜管向下部带式输送机卸料，受料点设密闭导料槽。

5.2.5 砂准备及砂处理生产应半密闭化或密闭化、机械化。

5.2.6 大量的粉状辅料宜采用密闭性较好的集装箱(袋)或料罐车运输，采用气力输送到铸造车间料仓内。袋装粉料的包装应具有良好的密闭性和强度，拆包、倒包应在有通风除尘措施的专用设备上进行。

5.2.7 散粒状干物料料仓应密闭，并设料位指示器及仓顶无动力除尘器。

5.2.8 黏土砂混砂工艺不宜采用扬尘大的爬式翻斗加料机和外置式箱式定量器，宜采用带称量装置的密闭混砂机。

5.2.9 批量生产时，应采用生产线作业。

5.3 工艺方法

5.3.1 宜采用溃散性好、粉尘危害性小的砂型生产工艺。在采用新工艺、新材料时应防止产生新的污染。

5.3.2 冲天炉熔炼不应加萤石。有色金属的熔炼宜采用无毒或低毒添加剂。

5.3.3 应改进各种加热炉窑的结构、提高燃料品质和改善燃烧方法，减少烟尘散发量。

5.3.4 回用热砂应进行降温除灰处理，根据生产率的高低，采用不同类型的冷却装置。

5.3.5 铸型落砂后的旧砂宜通过密闭振动给料、磁选，经由配置密闭排风罩的带式输送机运送。

5.4 工艺操作

5.4.1 应选用附着杂质较少的炉料，并宜经过预处理。金属炉料宜存放在避雨处，焦炭宜经过筛选。

5.4.2 在工艺允许的条件下，宜采用湿法作业。

5.4.3 砂型合箱时，不应采用T型管接压缩空气或用压缩空气直接吹扫砂型表面砂粒、浮尘的方法。必要时应在特设的带通风的小室内进行，并应作好操作人员的个体防护。应采用移动式或集中式真空吸尘装置。

5.4.4 铸型排气孔应通畅，浇注时一氧化碳应引出点燃。

5.4.5 手工落砂时，铸件温度宜在50℃以下，不宜采用压缩空气清铲。

5.4.6 铸件的表面清理，不宜采用干喷砂作业。

5.4.7 落砂、打磨、切割等操作条件较差的场合，宜采用机械手遥控隔离操作。

6 防尘的建筑措施

6.1 厂房位置与朝向

6.1.1 在集中采暖地区，铸造车间应位于其他建筑物的非采暖季节最小频率风向的上风侧，在非集中采暖地区，其应位于全年最小频率风向的上风侧。

6.1.2 厂房主要迎风面应与夏季风向频率最多的两个象限的中心线垂直或接近垂直，即与厂房纵轴成60°～90°。

6.1.3 平面布置呈L型、或Π型、或Ш型的厂房，其开口部分应位于夏季主导风向的迎风面，而各翼的纵轴与主导风向呈0°～45°夹角范围之内。

6.1.4 厂房主要朝向宜南北向。

6.2 厂房平面布置

6.2.1 厂房平面形式应在满足生产纲领和工艺流程的前提下同时结合建筑、结构形式和通风、降温、防尘、除尘等要求综合考虑。

中、小型铸造厂房采用矩形平面布置时，不宜超过三跨，且宜将清理工部与其他工部隔开。

在有良好通风防尘、除尘措施的情况下，铸造车间也可采用多跨矩形厂房。

6.2.2 当厂房为Π、Ш形时，其两翼之间以及和其他建筑物之间的距离应符合自然通风要求。

6.2.3 铸造车间四周应有一定的绿化地带。

6.3 厂房竖向设计

6.3.1 铸造厂房除设计有局部通风装置外，还应利用天窗、屋顶通风器或设置屋顶通风机进行全面通风。铸造厂房的天窗应防雨。

排风天窗宜布置在热源的上方。

熔化、浇注区应设避风天窗或屋顶通风器。落砂、清理区宜设避风天窗或屋顶通风器。

6.3.2 挡风板与天窗之间以及作为避风天窗的多跨厂房相邻天窗的端部均应封闭，并沿天窗长度方向每隔 50 m～60 m 距离设置横隔板。

6.3.3 拱形屋架的高低跨不宜采用横向天窗；大量产生烟尘的工部以及风沙、寒冷、积雪地区不宜采用下沉式天窗；产生余热、烟尘的工部，不宜采用通风屋脊。

6.3.4 有桥式吊车的边跨，宜在适当高度位置设置能启动的窗扇，位于多尘、高温区的桥式吊车操作室应密闭、隔热，并采取通风、空调措施。

6.3.5 屋顶通风机的设置原则：对于砂处理工部、熔炼工部、落砂区域、浇注区域的上部屋顶宜增大屋顶风机的布置密度，其他区域均匀布置。应注意屋顶通风机的振动对屋盖结构体系安全的影响。

6.3.6 对屋顶风机的控制宜根据工艺布置分区域控制。

6.3.7 采用屋顶通风机进行全面通风的铸造车间，其高侧窗宜密闭。

7 防尘的设备措施

7.1 防尘密闭原则

7.1.1 所有破碎、筛分、混辗、清理等设备均应采取密闭或半密闭措施。

7.1.2 应根据不同的粉尘污染情况，分别采取局部密闭罩、整体密闭罩或密闭室等不同的密闭方式。

7.1.3 密闭装置应符合便于操作、拆卸、检修、结构牢固、轻便、组合严密与安全等原则，不应由于振动或受料块冲击而丧失其严密性。

7.1.4 密闭罩宜采用凹槽结构。

7.2 设备运动部位的密闭

7.2.1 两设备之间处于动态连接时，宜采用柔性材料密封连接。

7.2.2 由于设备的转动、振动或摆动所产生的粉尘污染宜采用设备整体密闭罩或密闭室。

7.3 其他部位的密闭

7.3.1 检查门应能关闭严密，不漏风。

7.3.2 对水平面上需要经常打开的盖板宜采用凹槽结构的砂封盖板。

7.3.3 落砂机下部带式输送机受料段在落差大于 2 m 时，宜加密托辊或改用托板，并采用双层密闭排风罩。

8 防尘的其他措施

8.1 湿法作业与真空清扫

8.1.1 在工艺允许的条件下、产生粉尘的作业区宜采取地面洒水措施，物料在装卸、转运、破碎、筛分等过程中的粉尘污染宜采用喷水雾降尘。

采用喷水降尘时应符合下列各点：

a) 宜在水中添加湿润剂；

b) 喷嘴喷水雾的方向宜与物料流动方向平行或呈一定角度；

c) 布置喷嘴时应注意防止水滴被吸入排风系统，也不应溅到工艺设备的运转部位；

d) 喷嘴与物料层上表面的距离不宜小于 300 mm。射流宽度不应大于物料输送时所处空间位置的最大宽度；

e) 排风罩和喷嘴之间应装设橡皮挡帘；

f) 喷嘴的最远供水点水压应按喷嘴形式确定；

g) 喷水雾系统的水阀宜与生产设备的运行实行连锁控制。

8.1.2 喷蒸汽降尘适用于焦炭、煤以及旧砂的破碎和输送设备的粉尘散发点处。蒸汽可用 100 kPa 以下的饱和蒸汽。

采用喷蒸汽降尘时应注意下列各点：

a) 蒸汽喷管可用圆形或矩形环状管、马蹄形分叉管或直管，在管路末端最低处设疏水器；

b) 蒸汽支管上需设阀门，并在靠近喷管入口处安装压力表，在管路末端最低处设疏水器；

c) 蒸汽阀门宜与工艺设备或输送机控制系统实行连锁。

8.1.3 清除沉积在地面、墙面、设备、管道、建筑构件上和地沟内的积尘宜定期采用真空清扫。

8.1.4 在面积大、积尘多的情况下宜采用集中式真空清扫系统。

8.2 个体防护

8.2.1 铸造生产过程中的下列操作应按照国家的有关规定采取必要的个体防护装备措施：

a) 采用直接式炉内排烟方式的炼钢电炉炉前操作时；

b) 进入铁(钢)水包铸锭坑和电弧炉内进行热修作业时；

c) 在粉尘污染严重的环境中作业时；

d) 浇注作业过程中没有采取局部排烟措施时。

8.2.2 所使用的各类个体防护装备应符合国家的有关标准。

9 炉窑的除尘措施

9.1 炼钢电炉

9.1.1 炼钢电弧炉的排烟净化方式应根据冶炼工艺、工艺布置、炉型、容量、厂房条件、水源情况、安全防护、职业卫生、环境保护、节能要求及维护管理水平等条件具体分析和综合考虑来决定。

9.1.2 排烟宜采用下列方式：

a) 炉外排烟

上部对开式伞形罩、电极环形罩、吹吸罩：适于 5 t 及其以下的电弧炉。

炉盖排烟罩、钳形排烟罩：适于 10 t 及其以下的电弧炉。

以上排烟方式适用于炉盖上无加料孔的电弧炉，炉门均应设排烟罩。

大密闭罩、移动式密闭罩：适于要求冶炼全过程均能控制烟尘、环境要求高、机械化自动化程度较高的电弧炉。

b) 炉内排烟

脱开式炉内排烟：适于 10 t 及其以下的电弧炉。

c) 炉内外结合排烟：适于 10 t 及其以下的电弧炉。

d) 屋顶排烟：适于要求冶炼全过程均能控制烟尘，环境要求高的电弧炉，宜与炉内或炉内外排烟方式结合采用。

e) 导流式排烟罩＋屋顶排烟：适于 30 t 及以下电弧炉。

f) 内排烟＋屋顶排烟：适于 20 t 及以上电弧炉。

g) 炉侧连续装料兼炉侧(内)排烟＋屋顶排烟：适于大型电炉。

9.1.3 通风除尘系统的设计参数应按冶炼氧化期最大烟气量考虑。排风量宜按不同冶炼期进行调整，宜采取节能的变风量措施。

9.1.4　炉外排烟方式的通风除尘系统，当烟气温度低于120℃时，可不设冷却装置。但采用炉盖排烟罩时，应采用水冷罩或耐热钢罩。

9.1.5　炉内排烟方式的通风除尘系统，应设冷却装置（水冷炉顶排烟罩、水冷风管、风冷风管或其他冷却器等）。

9.1.6　电弧炉的烟气净化设备应采用满足相应标准要求的除尘设备。

9.1.7　炉内或炉内外结合的排烟除尘系统应采取防爆措施。

9.1.8　通风除尘系统应有防止过高烟气温度或灼热颗粒直接进入袋式除尘器措施，当有结露可能时应采取预防措施。

9.2　冲天炉

9.2.1　冲天炉的烟尘净化方式应根据炉型、燃料种类、加料口开敞情况、水源条件、安全防护、职业卫生、环境保护、节能要求及维护管理等条件进行具体分析和综合考虑。

9.2.2　烟尘净化宜采用机械排烟净化设备：如袋式除尘器、电除尘器、高效旋风除尘器、滤筒式除尘器等，除尘器的粉尘排放浓度应符合大气排放标准要求。机械通风除尘系统宜采用二级除尘系统。

9.2.3　冲天炉在熔炼阶段通风除尘系统应采取烟气冷却措施：如水冷套管、水冷旋风除尘器、风冷风管、风冷冷却器以及其他冷却器等。当环境质量标准要求高时，应考虑打炉阶段的烟气净化。

9.2.4　冲天炉的设计排风量按炉子鼓风量乘以1.05～1.10系数与加料口进风量之和考虑。加料口的入口风速宜按1.0 m/s～1.2 m/s计算。

9.2.5　冲天炉的烟气处理可不设脱硫装置。

9.3　有色金属熔炼炉

9.3.1　熔铜、熔锌、熔镁、熔巴氏合金的坩锅炉、感应电炉（工频、中频）、电阻炉、反射炉均应设通风除尘系统。熔铝炉只需设排风装置。

9.3.2　有色金属熔炼炉的排风应按炉型、工艺操作及排烟要求采用固定式或回转升降式排风罩、对开式排风罩、炉口侧吸罩、炉口环形罩和整体密闭罩等。在工艺条件允许时，应采用后三种形式罩型。

9.3.3　各种排风罩的排风量应根据冶炼有色金属的种类、炉型及排烟罩形式决定。

9.3.4　在熔炼时，如烟气中有回收价值的粉尘，应予回收。烟气中含有氧化锌时，应采用袋式除尘器。含有氯化锌或其他易潮解的粉尘时，如采用袋式除尘器，则应采用防水防油滤料，并有保温或加热措施。

9.3.5　当熔炼有色金属添加氟化物、氯盐或硫磺作覆盖熔剂时，产生腐蚀性烟气，通风净化系统应采取防腐蚀措施。

9.4　其他窑炉

9.4.1　烘干炉、退火炉、热处理炉等宜采用燃气为燃料或用电加热。若采用天然气为燃料时，应有排烟措施；若用煤作燃料时，应采取机械化加煤和“明火反烧”等措施，并应设通风除尘系统，烟气中硫含量超标时，应设脱硫设施。

9.4.2　原砂烘干用的平板干燥炉、立式干燥炉、卧式滚筒干燥炉、振动沸腾烘砂炉、三回程滚筒烘砂装置等均应设通风除尘系统，并应考虑防止结露、粘袋堵塞的措施。

9.4.3　烘模炉装料口应设排风罩，罩口风速0.5 m/s～0.7 m/s。砂芯烘干炉的炉门应设排风罩，排风量按罩口风速0.7 m/s计算。

9.4.4　熔模铸造的熔蜡炉、焙烧炉应设通风柜或在装出料口设排风罩，应按蜡料种类确定罩口风速。

9.4.5　铁（钢）水包烘炉、塞杆烘炉等应设排风装置。沥青加热炉应设排风净化系统。

9.4.6　用于黑色金属熔炼的感应电炉应设置通风系统。

10　铸造原材料处理的除尘措施

10.1　破碎与辗磨处理

10.1.1　颚式破碎机上部：当直接给料落差小于1.0 m时，可只做密闭罩而不排风；如用溜管或格栅给料，落差大于或等于1.0 m时，加料口应设置排风密闭罩。

颚式破碎机下部排料至带式输送机：当上部有排风，且下部落差小于1.0 m时，下部可只做密闭罩而不排风；不论上部有无排风，当下部落差大于或等于1.0 m时，下部应设置排风密闭罩。

10.1.2 双辊破碎机给料口和卸料口均应密闭排风，当给料落差小于1.0 m时，密闭较严的小型辊式破碎机，上部可不排风而只在下部排风。

10.1.3 不可逆锤式破碎机加料口应加以密闭，并设置密封阀，卸料口应设置排风密闭罩，并在加料口和卸料口的密闭罩上设置自然循环风管。

10.1.4 球磨机的旋转滚筒应设在全密闭罩内。当用带式输送机向球磨机内给料时，在装料口和球磨机本体之间均应排风，其中2/3的风量由本体排出，1/3由装料口排出。

10.1.5 制备煤粉、黏土粉的轮辗机应设置排风密闭围罩。

10.2 筛选分离处理

10.2.1 平底振动筛上部宜密闭排风，排风量可按罩子开口风速不小于1.0 m/s计算。上部不能密闭时，则可按筛子上方设置排风罩，四周并用橡皮帘封闭，此时排风量应增大一倍。

用于焦炭的平底振动筛可采用密闭小室。

平底振动筛用以处理带有水蒸汽的热旧砂时，排风量应比冷砂增加40%。

10.2.2 滚筒筛和滚筒破碎筛应整体密闭并排风，排风量应按开口风速为滚筒筛的圆周速度的1.50倍计算。若开口面积不易确定时，可按筛子大端断面积2 300 $m^3/(h \cdot m^2)$计算。

10.2.3 电磁振动筛上部应密闭，本体可不排风，其加料口及卸料口应排风。

10.3 冷却处理

10.3.1 冷却提升机，应采用高效旋风除尘器或袋式除尘器等除尘效率较高的除尘器。

10.3.2 沸腾冷却器和双盘搅拌冷却器的排风量可比其鼓风量大15%～20%计算。在选择除尘设备和布置除尘管道时应采取防止结露和堵塞的措施。

10.4 型砂、芯砂处理

10.4.1 黏土砂处理

10.4.1.1 采用辗轮式或摆轮式混砂机制备型砂及芯砂时，宜将定量装置密闭在本体围罩内并排风。

10.4.1.2 辗轮式或摆轮式混砂机密闭围罩的排风量宜按下列情况分别计算：

a) 密封较好时，宜按开口处风速0.8 m/s～1.0 m/s计算；

b) 混制粉尘较多的干型背砂时，排风量应为上述的1.30～1.40倍；

c) 配备冷却鼓风机的混砂机，排风量为鼓风量的1.25～1.30倍；

d) 在辗混过程中散发有可燃性溶剂蒸气时，混砂机的最小排风量应不低于稀释到该溶剂爆炸下限的25%以下所需的风量，通风设备应采用防爆型，并有可靠的电气安全接地。

10.4.1.3 不同型砂工艺具有不同的粉尘起始浓度，在混砂机除尘设备的选用时应予以考虑。

10.4.1.4 混砂机密封围罩的排风口应使排风气流方向与辗轮转动方向一致，并远离粉料卸料口，否则应在排风口与卸料口之间装设隔板。

10.4.2 树脂砂连续混砂装置出砂口应设机械排风除尘装置。

10.4.3 旧砂砂再生

10.4.3.1 热法树脂砂再生装置的排风量宜为冷却鼓风量的1.25～1.30倍。

10.4.3.2 树脂砂再生装置应设置密闭罩或半密闭罩，集中采用袋式或滤筒式除尘器除尘。

10.5 物料的输送及卸料处理

10.5.1 采用带式输送机、斗式提升机、螺旋输送机等机械化设备输送铸造用砂时，均应设通风除尘系统，当砂中水的质量分数大于2.5%且较均匀时，可不设排风。

10.5.2 采用带式输送机输送散粒状干物料时应采取下列措施：

a) 在转运点、末端卸料点应设置局部密闭罩或容积式排风罩；

b) 当符合5.2.4.3的情况时，应加大排风量；

c) 在转运点分散的情况下，宜采用袋式除尘机组；

d) 采用犁式刮板向多斗料仓卸料，当卸料刮板与局部密闭罩风管阀门连锁时，排风量可按卸料点再加上其他各点的漏风量（按全开的15%～20%计算）来计算；无连锁时，排风量可按各点全开总和计算。当采用自动启闭侧吸罩时，排风量可只按卸料点计算。

10.5.3 采用斗式提升机提升新、旧砂时，应按照下述原则设排风点：

a) 输送常温物料（t<50℃），提升高度h<10 m时，应在下部排风；h≥10 m，上、下部均应排风；

b) 输送热物料（t=50℃～150℃）时，上、下部均应排风；

c) 输送高温物料（t>150℃）时，应在上部排风；

d) 上述多情况输送物料时，上、下部均应排风。

10.5.4 密闭的螺旋输送机，当给料落差大于1 m时，受料点应设排风罩，其排风量应能消除正压。在输送粉料时，排风口风速应不大于2.0 m/s。

10.5.5 消除物料下落时所产生的正压，应采取降低落差、或减小溜管倾斜角、或增设溜管隔流装置、或增设转角溜管、或加大密闭罩容积，或多种方法同时采用等。

10.5.6 消除下部受料带式输送机的正压可采取下列措施：

a) 连通式——将下部正压区和上部负压区相连形成连通管；

b) 缓冲箱——将导料槽空间增高以形成缓冲；

c) 迷宫式挡板——加长导料槽缓冲箱，并在其中设置迷宫挡板。

10.6 物料储存

10.6.1 采用螺旋输送机向密闭料仓送料时，泄压和除尘可采用下列方法：

a) 在料仓顶盖上设置装有滤料（袋）的排气孔；

b) 送入多粉尘热物料时，可在自然排风管内加设高压静电尘源控制设施。此时，管内气流速度应小于3.0 m/s。

10.6.2 采用气力输送直接向料仓送料时，应采取措施减小料仓内气体的周期性瞬时正压对除尘器滤料的影响。

10.6.3 气力输送的尾气处理宜采用多个料仓共用除尘器方式进行集中除尘，当各料仓排风口阀门与多个料仓物料进口闸板联锁时，风量的计算可按可能同时加料料仓的排风量与非同时加料料仓排风量的15%～20%之和确定；或者利用料仓内的周期性正压进行无动力除尘，或者每个料仓均设除尘器，排风集中排向室外。

10.6.4 料仓应严密不漏风。

10.6.5 铸造材料（型砂、焦炭、黏土等）在运输、转卸和露天储存过程中应采取防止扬尘的措施。

11 造型制芯的除尘措施

11.1 造型及制芯

11.1.1 采用壳芯、挤芯、热芯盒、冷芯盒等工艺制芯，均应设排风罩。

11.1.1.1 壳芯机应在其上部设排风罩，罩下沿加橡皮帘，排风量按罩口风速1.8 m/s计算。

11.1.1.2 单工位热芯盒射芯机在取芯处设侧面排风罩；二工位热芯盒射芯机应在第Ⅰ、Ⅱ位（两处）上方设排风罩。排风量可按罩口风速1.5 m/s计算。多工位热芯盒射芯机宜把各芯盒沿轨道进行密闭排风，排风量按两端开口风速0.7 m/s～1.0 m/s计算。

11.1.1.3 挤芯机应在挤出砂芯的加热部位上方设排风罩，排风量按开口风速0.7 m/s计算。

11.1.1.4 冷芯盒制芯应对射砂、吹气硬化、空气清洗、开盒取芯等整个过程排风，排风量可按罩口风速0.75 m/s～1.0 m/s计算。

11.2 型、芯组装及运送

11.2.1 采用油类、合脂粘结剂或树脂砂的工艺，用输送机运送热砂型或砂芯时，应在输送机上设排风罩，排风量可按罩的两端开口及不严密缝隙处的风速 1.0 m/s 计算；当输送热芯盒砂芯时，应在悬挂输送机不小于 10 min 行程的区间段内加设排风罩。

11.2.2 砂芯采用热装配时，应在其装配辊道上设排风罩，排风量可按开口风速 0.7 m/s 计算，或按每米辊道 1 250 m^3/h 计算。

11.3 型、芯修整及喷涂

11.3.1 砂芯修磨应设通风除尘系统，净化前粗颗粒应先经沉降箱去除。排风量可按每毫米磨轮直径 3 m^3/h～6 m^3/h 计算。

手轮式磨芯机应在磨轮上部设置随其移动的排风罩；

转轮式磨芯机应在磨轮旁设侧面排风罩；

磨轮固定，砂芯移动的磨芯装置应在机床的磨轮旁设排风罩。

11.3.2 有挥发性有害物的喷涂作业，小砂芯应设排风柜，排风量可按开口风速 1.0 m/s 计算。较大砂芯应设前部开口的排风小室，排风量可按开口风速 0.5 m/s～0.8 m/s 计算。

11.4 有害气体处理

11.4.1 制芯、造型、烘干、输送及热装配过程中散发的有害气体，当排放浓度超标时应净化排至室外，可采用洗涤、吸附等方法净化。

11.4.2 采用三乙胺硬化的冷芯盒应对废气进行净化并排向室外。

12 落砂的除尘措施

12.1 固定落砂区域

12.1.1 落砂区域在厂房内应单独设定；手工除芯也应固定集中场地，并以隔墙与造型制芯工部分开。

12.1.2 固定落砂区域均应设除砂间或防尘帘屏，并设排风罩。

12.1.3 对个别特大铸件需就地开箱落砂时，可采取铸型浇水湿法落砂和喷水雾降尘，并加强个体防护。

12.2 落砂机

12.2.1 振动落砂机排风罩宜采用下列类型：

a) 在自动化程度较高的生产线上，落砂机宜采用固定式密闭罩或围罩。排风量可按开口风速 0.6 m/s～1.0 m/s 计算。

b) 大于 7.5 t，落砂时间较长的落砂机，宜采用固定式半密闭罩或移动式密闭罩。排风量可按每平方米格子板面积 1 200 m^3/h～3 000 m^3/h 计算，大吨位落砂机取小值。落砂完成后宜延迟 1 min～2 min 开启移动罩。单件小批量生产的落砂机宜用固定式或顶盖移动式半封闭罩，排风量可按开口风速 0.8 m/s～1.0 m/s 计算。

c) 小于或等于 7.5 t 的落砂机，宜用半封闭罩或侧吸罩。半封闭罩可按开口风速 0.5 m/s～0.8 m/s计算排风量。

d) 工艺操作上要求自由度大的中小型落砂机可用吹吸式通风罩。

e) 砂箱高度低于 200 mm，铸件温度低于 200℃的落砂机可采用底抽风罩。排风量可按每平方米格子板面积 2 000 m^3/h～4 500 m^3/h 计算。铸件温度在 100℃以下的湿型砂取低值，温度较高的干型砂取高值。

12.2.2 滚筒落砂机应在铸件出口处及旧砂卸料口设排风罩。铸件入口处如落差较大，亦应设排风罩，排风量可按落差大小确定。

12.2.3 型芯落砂机宜用移动式密闭罩。当铸件温度较低且吊车不脱钩作业时，可用侧吸罩或半密闭罩。

12.2.4 落砂机采用侧吸罩时，下部砂斗宜排风，排风量可按每平方米格子板面积 750 m^3/h 计算。此风量可从侧吸罩的排风量中扣除。

12.3 落砂地沟

12.3.1 落砂地沟内应设置通风装置。

a) 旧砂输送机不能密闭排风时，可采用地沟全面排风，排风气流流向宜与输送机移进方向一致。排风量按地沟断面风速 0.5 m/s～0.8 m/s 计算。

b) 输送机械有密闭排风时，全面排风量可按 a)中的计算结果减去输送机的排风量。

c) 采用鳞板输送高温落砂铸件时，全面排风量可按消除余热进行计算。

d) 在固定操作工位宜设局部送风。

13 清理、精整的除尘措施

13.1 清理

13.1.1 清理滚筒应密闭良好并应排风。带空心轴的清理滚筒，排风量可按空心轴孔风速 20 m/s～23 m/s计算；不带空心轴的非标准滚筒，宜在滚筒外设全密闭排风罩。

13.1.2 喷丸清理室，室体排风量可按与气流垂直的断面风速 0.2 m/s～0.5 m/s 计算。大型喷丸室和铸件的表面清理取低值，小型喷丸室和用作铸件粗清理取高值。

13.1.3 抛丸清理室室体排风量，当每个抛头抛丸量≤140 kg/min 时，可按抛头数计算。第一个抛头取值 3 500 m^3/h，其他每个抛头取值 2 500 m^3/h。对于连续式抛丸室，其两端不能完全密闭时，可按抛头数计算的排风量附加 30%的漏风量；间断工作的抛丸室附加 15%的漏风量。当每个抛头抛丸量大于 140 kg/min 时，可按有关公式计算。

13.1.4 喷抛联合清理室室体排风量可按喷丸室计算。

13.1.5 铸件的表面清理不宜采用喷砂工艺。若采用喷砂工艺，则喷砂室室体气流组织宜采取上进下排，或一侧进风、对侧排风，排风量可按与气流垂直的断面风速 0.3 m/s～0.7 m/s 计算。小型喷砂室取高值，大型取低值。人员进入喷砂室作业时应采取个体防护措施。

13.1.6 喷、抛丸清理丸砂分离系统应与室体的通风除尘系统分开。

13.2 精整

13.2.1 固定砂轮机的排风量可按每毫米砂轮直径 2.0 m^3/h～4.0 m^3/h 计算。磨削机(线)的排风量可按每毫米砂轮直径 4.0 m^3/h～7.0 m^3/h 计算。负荷较小的砂轮机的通风除尘，如实验室、化验室等用的砂轮机，宜采用自带除尘装置的砂轮机。

13.2.2 位于批量生产线上的悬挂砂轮机，可采用集尘小室，小室开口风速应不小于 0.8 m/s。

13.2.3 清理工作台宜设侧面排风罩，排风量可按罩口风速 1.0 m/s～1.3 m/s 计算。

13.2.4 等离子切割应采取局部排风和个体防护。

13.2.5 用氧气-乙炔焰、碳弧气刨等方法切割铸钢件飞边毛刺和浇冒口，可采用下面为地坑排风的地面格子板，当铸件的浇冒口或飞边毛刺的高度离格子板不超过 1m 时，板面风速宜取 1.0 m/s～1.2 m/s，切割合金钢件取大值，切割碳钢件取小值，地坑内应储水，当被切割铸件浇冒口高度超过 1 m 时宜用移动式排风罩。

13.2.6 小铸件焊补宜用焊接工作台。工作台的下部和上部均应排风，罩口断面风速可取 0.75 m/s。大铸件焊补区域应全面通风。

14 通风除尘系统

14.1 系统和管路

14.1.1 系统划分原则是应便于管理运行、节能和安全生产：同时工作、粉尘性质相同，可合用一个通风除尘系统；同时工作、粉尘性质不同，但允许不同粉尘混合回收或粉尘无回收价值时，也可合用一个通风除尘系统；不同粉尘混合后有燃烧或爆炸危险，以及不同湿度、温度的含尘气体混合后可能结露时，则不得合用一个通风除尘系统。

14.1.2 除尘系统应采用自动控制，提高除尘系统的管理水平。以保证除尘系统的安全、正常运转，减少除尘系统的空转能耗和事故率。

14.1.3 落砂机罩与落砂机砂斗下部不同时使用的通风除尘系统宜分开。移动式密闭罩与落砂机应联动控制。

14.1.4 除尘设备的布置宜相对集中，并应考虑卸灰、运灰及检修的方便。

14.1.5 除尘管路的设计应符合以下规定：

a) 通风除尘系统各环路应进行压力损失平衡计算。各环路压力损失的相对差额不宜超过10%。

b) 风管宜明设。当地下敷设时，应将风管设在地沟内，地沟应设置方便检修。仅当利用地沟降尘时，方可不另设风管，但应有清理积尘的措施。

c) 管道内的风速应使所输送的粉尘不致沉积。垂直风管宜取 14 m/s～20 m/s，水平风管宜取 16 m/s～25 m/s。

d) 在寒冷或严寒地区，风管内含尘气体湿度较高时，风管应采取防冻、防腐措施。

e) 为防止堵塞，风管的直径不宜小于下列数值：

排送细粉尘　　80 mm

排送较粗粉尘　　100 mm

排送粗颗粒　　130 mm

f) 除尘风管设计应与地面成适度夹角。当设置水平管道时，应在适当位置设置清扫孔，以利清除积尘，防止管道堵塞。

g) 除尘管道应设密闭清扫孔。

h) 为便于除尘系统的测试，设计中应在除尘器的进出口处设测试孔，测试孔的位置应选在气流稳定的直管段。

i) 当排气烟囱可能产生沉积物、凝结水或其他液体时，底部应设排水孔和清灰孔。

j) 通风管路应设置安全接地。

14.2 通风机

14.2.1 除尘通风机的选择应满足 GB 50019 的相关规定。

14.2.2 除尘系统应采用离心式通风机，通风机宜设在除尘器之后。

14.2.3 当含尘空气含湿量较大时，通风机应采取防止水蒸气凝结和凝结水排出措施。

14.2.4 需多次调节风量的通风机，应加设调速变频器或液力耦合器。

14.2.5 通风机噪声或振动超标时应采取降噪或隔振措施。

14.3 除尘设备

14.3.1 应根据国家排放标准，粉尘的起始浓度、分散度、密度、工况比电阻、亲水性、黏性、毒性、爆炸性以及气体温度、湿度、化学成分等物理化学特性和设备投资、占用空间、运行费用、维护操作安装等因素合理选用除尘设备及其过滤材料。铸造工艺设备粉尘起始含量见附录C，分散度见附录B。

14.3.2 落砂机、散粒状干物料输送设备、破碎设备、振动筛、磨芯机等宜采用袋式除尘器。

14.3.3 砂轮机可用袋式除尘机组。

14.3.4 物料可直接落入的设备、装置，如拆包机、料仓、带式输送机转运点、混砂机等，宜将袋式除尘机(组)直接安装在设备上。

14.3.5 滚筒筛、多角筛、冷却提升机、清理滚筒、喷砂室、喷(抛)丸室，可用袋式除尘器。

14.3.6 采用干式除尘器当含尘气体湿度较高可能结露时，应保温或保温并加热。在严寒地区，处理含湿量较高的含尘气体时，除尘器不宜布置在室外，否则应采取防止结冻的措施。

14.3.7 袋式除尘器，当含尘气体温度超过 120℃时，应采用耐高温的滤料；含尘气体湿度较高时，应采用防水性能好的滤料；含尘气体具有腐蚀性时，应采用耐酸碱的防腐蚀性滤料；含尘气体易燃易爆时，应采用防静电滤料。

14.3.8 袋式除尘器的选用宜采用性能较好的脉冲喷吹清灰的袋式除尘器、脉冲滤筒除尘器，过滤风速为0.8 m/min～1.5 m/min。

14.4 卸灰与排灰

14.4.1 除尘器的各类卸灰阀应密闭良好，防止漏风。

14.4.2 从除尘器卸下的干灰应及时搬运、处置，宜采取密闭运输、润湿、粒化、成型等措施。干灰应妥善处置。

14.4.3 大型袋式除尘器卸灰宜采用负压气力输送或用刮板输送机和斗式提升机将灰输送至储灰仓，并与除尘器下的卸灰阀联锁控制。

14.4.4 储灰仓下应设卸灰阀、加湿机以防止卸灰时二次扬尘。储灰仓上设置无灰斗小型袋式除尘器。

14.5 系统的维护

14.5.1 通风除尘系统每半年应至少检测一次排放粉尘浓度、风量、风压和电机的输入功率，检查是否符合原设计的要求，如不符合，应检修、调整。

14.5.2 通风机应经常处于良好的工作状态，运转应平稳，壳体无破损，叶轮完好，机内不积尘、积水，电机工作正常。发现故障应及时排除。

14.5.3 除尘器灰斗内粉尘堆积高度不应超过灰斗高度的2/3。

14.5.4 除尘器压缩空气清灰系统的储气罐、油水分离器应每天放水一次。

14.5.5 除尘器的外壳不应破损。

14.5.6 根据管道的积尘情况每年应清理1～3次。

14.5.7 通风除尘管道的强度和严密性应符合GB 50243的规定。

14.5.8 排风罩不得任意拆除或丢弃，如有破损应及时修复。

14.5.9 当排风罩达不到防尘要求，应检查原因，及时排除故障。

14.5.10 为防止撞坏排风罩，必要时可增设保护围挡。

15 防尘工作的管理与监督

15.1 管理

15.1.1 通风除尘设备应与工艺设备同等管理和考核，并纳入安全生产统一管理。

15.1.2 应根据通风除尘系统设备的多少和复杂程度建立与此相适应的管理及专业维修组织，并制定切实可行的维护制度。

15.1.3 应制定必要的规章制度，包括防尘工作责任制、值班人员守则、操作规程、运行记录、故障报告、计划预修、建立通风除尘系统技术档案及防尘工作奖惩制度等。各项防尘工作均应有专人管理并认真贯彻执行。

15.1.4 实行防尘设备各级岗位人员负责制，生产设备的通风除尘系统应指定人员负责运行操作。

15.1.5 应建立场地区域清扫制度，由各生产岗位人员或专人分设备、分地段负责。

15.1.6 应建立接触粉尘工作人员的定期健康检查制度，并建立健康监护档案。

15.2 检测与监督

15.2.1 应配备必要的粉尘测试仪器及相应的测试人员。

15.2.2 每半年至少测定一次各工作地区粉尘含量以及各通风除尘系统的风量、风压、除尘效率、粉尘排放量等，并记入技术档案。发现不符合卫生标准或排放标准时，应检查原因，采取措施解决。

15.2.3 通风除尘系统应和生产设备同时投入运行。

15.2.4 除尘系统的自动检测探头应定期维护和校准。

15.2.5 应有专人监督检查通风除尘设备的运行操作、计划预修及备品备件的准备，发现问题应按责任制解决。

15.3　培训与上岗

15.3.1　应对接触粉尘的各类人员定期进行防尘、除尘安全生产教育和考核。

15.3.2　通风除尘设备的操作、维修、检测、监督人员应接受专业培训在取得相应资格后，方可上岗。

附　录　A
（资料性附录）
铸造工艺设备排风量

表 A.1　铸造工艺设备排风量

序号	工艺设备名称	型号及规格	排风罩类型	排风量(L)/(m^3/h)	说　明
一、	电弧炉				
1	0.5 t	装料量 0.75 t	炉盖排烟罩	6 000～9 000	包括炉门罩排风量
			钳式侧吸罩	9 000～13 000	包括炉门罩排风量
2	1 t	装料量 3 t	炉顶弯管管内排烟	1 200	烟气温度:1 200℃
3	1.5 t	装料量 2 t	炉盖排烟罩	12 000～17 000	
			钳式侧吸罩	18 000～23 000	
4	3 t	装料量 4 t	炉盖排烟罩	20 000～25 000	
			钳式侧吸罩	30 000～40 000	
		装料量 6 t	炉顶弯管管内排烟	10 790	烟气温度:1 200℃
5	2×4 t	装料量 8 t～9 t	大密闭罩(全封闭罩)	24 460～58 200	
6	5 t		炉内排烟	3 945	烟气温度:980℃
			炉内排烟	4 300	烟气温度:1 060℃
			炉内排烟	3 930	烟气温度:1 200℃
			移动式密闭罩	6 000	
		装料量 7 t	炉盖排烟罩	30 000～36 000	
			钳式侧吸罩	40 000～55 000	
		装料量 18 t	半封闭罩	74 000	罩尺寸:10.5×6.4×6.8
		装料量 10 t	半封闭罩	85 000	罩尺寸:11.5×5.2×7.2
		装料量 14 t～15 t	大密闭罩(全封闭罩)	57 200～107 000	
7	8 t		炉顶弯管管内排烟	23 710	烟气温度:1 250℃
8	9 t	装料量 19 t	半封闭罩	94 400	罩尺寸:8.2×5.6×10.5

表 A.1（续）

序号	工艺设备名称	型号及规格	排风罩类型	排风量(L)/(m³/h)	说　明
9	10 t		炉盖排烟罩	40 000～50 000	
			钳式侧吸罩	55 000～68 000	
			炉顶弯管管内排烟	27 000	烟气温度:1 200℃
	2×10 t	装料量 16 t～18 t	大密闭罩(全封闭罩)	14 7000	
10	15 t	装料量 18 t	炉顶弯管管内排烟	15 600	烟气温度:1 500℃
			炉盖排烟罩	55 000～60 000	
11	20 t	装料量 44 t	炉内排烟	16 000	
			半封闭罩	24 2000	罩尺寸:13.5×12.7×10.9
	AC20	AC—交流	导流＋屋顶排烟	330 000	
			大密闭罩	24 2000	
12	25 t		炉顶弯管管内排烟	27 000	烟气温度:1 200℃
13	30 t	装料量 36 t	半封闭罩	255 000	罩尺寸:12.5×15.5×10.7
			半封闭罩	200 000	罩尺寸:12×9.6×12
			大密闭罩(全封闭罩)	255 000	罩尺寸:12.5×15.5×10.7
	DC UHP30	DC—直流,UHP—超高功率	屋顶＋炉内排烟	613 000	有增压风机
	AC30	AC—交流	导流＋屋顶排烟	440 000	
			炉内排烟	200 000	
	4×30 t	装料量 40 t	大密闭罩(全封闭罩)	218 000	罩尺寸:18.78×12.3×11.18
14	AC 2×35		屋顶排烟	450 000	另有内排烟系统
	40 t	装料量 50 t	半封闭罩	200 000	罩尺寸:14×11.6×11.5
			半封闭罩	318 000	罩尺寸:15.5×13.1×13.1
			大密闭罩(全封闭罩)	238 720	罩尺寸:11×9.1×8.5
	超高功率 40		全封闭罩＋第四孔炉内直排	215 000	
15	AC UHP40		炉内＋半封闭罩排烟	200 000	

表 A.1(续)

序号	工艺设备名称	型号及规格	排风罩类型	排风量(L)/(m³/h)	说　明
16	50 t	装料量 70 t	半封闭罩	38 4000	罩尺寸:16.5×19.7×15.5
			半封闭罩	430 000	罩尺寸:15×16×12
			半封闭罩	370 000	罩尺寸:11.8×15.6×11.7
			炉顶弯管管内排烟	129 000	烟气温度:1 400℃
			大密闭罩(全封闭罩)	280 000	排烟量指标:5 600 $m^3/(t \cdot h)$
			大密闭罩(全封闭罩)	300 000	排烟量指标:6 000 $m^3/(t \cdot h)$
	AC 50		大密闭罩	370 000	
17	AC UHP50	AC—交流,UHP—超高功率	屋顶+炉内+半封闭罩排烟	584 000	有增压风机
	2×50 t	装料量 62 t~70 t	大密闭罩(全封闭罩)	425 000	罩尺寸:11.8×15.6×11.7
	60 t		半封闭罩	289 000	罩尺寸:10.4×16.5×19.5
			大密闭罩(全封闭罩)	289 000	罩尺寸:10.4×16.5×19.5
	2×60 t		大密闭罩(全封闭罩)	289 000	罩尺寸:12.2×11.0×9.5
	2×60 t		大密闭罩(全封闭罩)	126 000~151 200	排烟量指标:(2 100~2 520) $m^3/(t \cdot h)$
	DC UHP60	DC—直流,UHP—超高功率	屋顶+炉内排烟	968 000	有增压风机
			屋顶+炉内排烟	1 070 000	无增压风机
			屋顶+炉内排烟	763 000	
			屋顶+炉内排烟	760 000	有增压风机
18	70 t		炉顶弯管管内排烟	133 000	烟气温度:1 500℃
19	AC UHP70	AC—交流,UHP—超高功率	屋顶+炉内排烟	900 000	电炉区建筑密闭,无增压风机
	DC UHP70	DC—直流,UHP—超高功率	屋顶+炉内排烟	1 200 000	
	AC UHP70	AC—交流,UHP—超高功率	屋顶+炉内排烟	1 040 000	电炉区建筑密闭,有增压风机
20	AC 75	AC—交流	屋顶	507 000	
21	80 t	装料量 90 t	半封闭罩	420 000	罩尺寸:15×15×12
	AC 80		大密闭罩	420 000	
	AC UHP80	AC—交流,UHP—超高功率	屋顶+炉内排烟	1 050 000	有废钢预热
	DC UHP80	DC—直流,UHP—超高功率	屋顶+炉内排烟	1 130 000	顶罩 20 m×16 m,电炉区建筑密闭用覆膜滤料,有增压风机

表 A.1（续）

序号	工艺设备名称	型号及规格	排风罩类型	排风量(L)/(m³/h)		说　　明
22	85 t		半封闭罩	318 000		罩尺寸:20.3×17×15.7
			大密闭罩(全封闭罩)	300 000		
23	90 t	装料量 100 t	炉顶弯管管内排烟	117 000		烟气温度:1 500℃
			半封闭罩	540 000		罩尺寸:17.2×16×13.7
	DC UHP90	DC—直流,UHP—超高功率	屋顶+炉内+半封闭罩排烟	1 010 000		无增压风机
	AC UHP90	AC—交流,UHP—超高功率	炉内+半封闭罩排烟	550 000		
24	100 t		炉顶弯管管内排烟	332 000		烟气温度:1 250℃
			半封闭罩	540 000		罩尺寸:19.8×17.8×16.9
			大密闭罩(全封闭罩)	550 000		排烟量指标:5 500 m³/(t·h)
	DC UHP100	DC—直流,UHP—超高功率	屋顶+炉内排烟	900 000		有增压风机
			屋顶+炉内+半封闭罩排烟	967 000		
			屋顶+炉内+半封闭罩排烟	1 050 000		无增压风机
			屋顶+炉内+半封闭罩排烟	1 230 000		竖炉废钢预热,有增压风机
25	125 t		半封闭罩	765 000		
	2×125 t		大密闭罩(全封闭罩)	1 530 000		两炉共用
26	128 t		大密闭罩(全封闭罩)	378 000～486 000		排烟量指标:(2 100～2 520)m³/(t·h)
27	150 t		半封闭罩	935 000		罩尺寸:16.8×17.1×13.7
			大密闭罩(全封闭罩)	276 000		罩尺寸:16.7×17.0×13.8
	DC UHP150	DC—直流,UHP—超高功率	屋顶+炉内+半封闭罩排烟	1 500 000		
二、	冲天炉			加料口封闭	加料口敞开	
	熔化率	加料口尺寸		标准状态风量		
1	1 t/h	900 mm×580 mm	加料口下部抽风	1 760	4 020	加料口敞开的排风量系按开口风速为1.2 m/s计算。
2	2 t/h	2 100 mm×800 mm		2 640	9 900	
3	3 t/h	2 500 mm×1 000 mm		3 780	14 580	
4	5 t/h	2 600 mm×1 100 mm		5 310	17 670	

表 A.1（续）

序号	工艺设备名称	型号及规格	排风罩类型	排风量(L)/(m^3/h)		说　　明
5	7 t/h	2 800 mm×1 300 mm	加料口下部抽风	7 560	23 280	加料口敞开的排风量系按开口风速为1.2 m/s计算。
6	10 t/h	3 000 mm×1 560 mm		15 120	35 340	
7	15 t/h	3 000 mm×1 600 mm		15 780	36 520	
8	1 t/h		加料口敞开且加料口上部抽风	6 000		
9	2 t/h			8 000～10 000		
10	3 t/h			12 000～15 000		
11	5 t/h			20 000～25 000		
12	7 t/h			30 000～35 000		
13	10 t/h			45 000～50 000		
14	15 t/h			70 000～75 000		
15	20 t/h			95 000～100 000		
三、	惯性振动落砂机					台面尺寸
1		5 t	移动式密闭罩	7 500		2 000 mm×1 250 mm
2		10 t(2×5 t)	移动式密闭罩	11 000		2×(2 000 mm×1 250 mm)
3		7.5 t	移动式密闭罩	9 500		1 896 mm×1 368 mm
4		10 t	移动式密闭罩	15 000		3 000 mm×1 900 mm
5		12.5 t	移动式密闭罩	18 000		3 000 mm×2 000 mm
6		15 t(2×7.5 t)	移动式密闭罩	18 000		2×(1 896 mm×1 368 mm)
7		20 t(4×5 t)	移动式密闭罩	20 000		4×(2 000 mm×1 250 mm)
8		25 t(2×12.5 t)	移动式密闭罩	24 000		2×(3 000 mm×2 000 mm)
9		30 t(6×5 t)	移动式密闭罩	30 000		6×(2 000 mm×1 250 mm)

表 A.1（续）

序号	工艺设备名称	型号及规格	排风罩类型	排风量(*L*)/(m^3/h)		说　明
10		40 t(4×10 t)	移动式密闭罩	41 000		4×(3 000 mm×1 900 mm)
11		50 t(4×12.5 t)	移动式密闭罩	48 000		4×(3 000 mm×2 000 mm)
12		60 t(4×15 t)	移动式密闭罩	75 000		4×(3 480 mm×2 980 mm)
13		两台 L1210 并联	半密闭侧吸罩	38 500		2×(3 000 mm×2 200 mm) 2 200 mm 长度方向并联
14		两台 L1215 并联	半密闭侧吸罩	49 500		2×(3 500 mm×2 500 mm) 2 500 mm 长度方向并联
四、	落砂机	有效负荷/t		落砂温度		台面尺寸
				≥200℃	＜200℃	
1		1	侧吸罩	20 000	16 000	1 600 mm×1 000 mm
2		1.5	侧吸罩	25 000	20 000	1 010 mm×1 010 mm
3		2.5	侧吸罩	33 000	28 000	1 600 mm×1 600 mm
4		3	侧吸罩	37 000	30 000	2 000 mm×1 864 mm
5		5	侧吸罩	37 500	32 000	2 000 mm×1 250 mm
6		7.5	侧吸罩	45 000	36 000	1 896 mm×1 368 mm
7		10	侧吸罩	60 000	48 000	3 000 mm×1 900 mm
8		15	侧吸罩	85 000	68 000	3 480 mm×2 980 mm
				按每平方米格子板 750		
五、	滚筒落砂机					
1	L32 系列滚筒冷却落砂机					滚筒直径/mm
		L3216	设 备 密 闭	11 000		800
		L3218	设 备 密 闭	13 000		1 000
		L3221	设 备 密 闭	18 000		1 200
		L3231	设 备 密 闭	28 000		1 400

表 A.1（续）

序号	工艺设备名称	型号及规格	排风罩类型	排风量(L)/(m^3/h)		说　明
2	L31 系列滚筒冷却落砂机	L3122	设 备 密 闭	18 000～20 000		2 200
		L3218	设 备 密 闭	22 000～25 000		2 600
六、	振动落砂机(生产线上用)					
	L25 系列振动输送落砂机		按开口风速(0.8～1.0)m/s 计算			有效荷载　台面尺寸
1		L2505	局部密闭罩	10 000		0.5 t　3 000 mm×800 mm
2		L251A	局部密闭罩	14 000		0.6 t　4 000 mm×900 mm
3		L252A	局部密闭罩	17 500		0.7 t　4 000 mm×1 200 mm
4		L253	局部密闭罩	25 800		0.8 t　5 000 mm×1 500 mm
5		L254	局部密闭罩	35 000		0.9 t　6 000 mm×1 800 mm
七、	L415 型风动型芯落砂机		移动式密闭罩 侧吸罩上部砂斗 侧吸罩下部砂斗	5 500 11 000 8 000		
八、	Y34 系列振动输送机	槽体宽度/mm	设备密闭			能力/(m^3/h)
1		300	密 闭 罩	2 000		15～20
2		450	密 闭 罩	2 000		20～40
3		600	密 闭 罩	2 500		40～70
4		800	密 闭 罩	3 000		70～100
九、	振动给料机	槽体宽度/mm		落 砂 温 度		
				<50℃	<150℃	
1		200	密 闭 罩	600～1 000	900～1 300	振动给料机设备密闭
2		300	密 闭 罩	800～1 300	1 000～1 600	
3		400	密 闭 罩	1 400～1 500	1 800～2 000	
4		500	密 闭 罩	1 500	2 000	
5		700	密 闭 罩	1 700～1 900	2 300～2 500	

表 A.1（续）

序号	工艺设备名称	型号及规格		排风罩类型	排风量(L)/(m^3/h)		说　明
十、	双辊破碎机	辊直径×辊长度			破碎机上部	破碎机下部	
1		ϕ200 mm×125 mm		密 闭 罩		1 400	
2		ϕ360 mm×300 mm		密 闭 罩	600～800	1 000	
3		ϕ610 mm×400 mm		密 闭 罩	1 000～1 500	1 300	
4		ϕ750 mm×500 mm		密 闭 罩	1 500～2 000	1 600	
十一、	颚式破碎机				经格筛给料	经溜管给料	
1		（1）上部（加料口）		密 闭 罩			
		150 mm×250 mm		密 闭 罩	500	600～800	
		250 mm×350 mm		密 闭 罩	700	800～1 000	
		250 mm×400 mm		密 闭 罩	800	1 000～1 200	
		400 mm×600 mm		密 闭 罩	1 000	1 200～1 500	
		600 mm×900 mm		密 闭 罩	1 200	1 500～2 000	
		900 mm×1 200 mm		密 闭 罩	1 500	2 000～2 500	
2		（2）下部（受料皮带）					
	皮带宽度/mm	溜管角度(α)	物料落差/m		L_1	L_2	
	500	45°	1.0	密 闭 罩	50	750	当上部无排风时为 L_1+L_2；当上部有排风时为 L_2
			1.5		50	850	
			2.0		100	1 000	
			2.5		100	1 200	
			3.0		150	1 300	
	500	50°	1.0	密 闭 罩	50	850	
			1.5		100	1 000	
			2.0		150	1 200	
			2.5		150	1 300	
			3.0		200	1 400	

表 A.1（续）

序号	工艺设备名称	型号及规格		排风罩类型	排风量(L)/(m^3/h)		说　　明
2	650	45°	1.0	密闭罩	100	850	当上部无排风时为 L_1+L_2； 当上部有排风时为 L_2
			1.5		100	1 000	
			2.0		150	1 200	
			2.5		200	1 300	
			3.0		250	1 500	
	650	50°	1.0	密闭罩	100	1 000	
			1.5		150	1 200	
			2.0		200	1 300	
			2.5		250	1 500	
			3.0		300	1 700	
	800	45°	1.0	密闭罩	150	900	当上部无排风时为 L_1+L_2； 当上部有排风时为 L_2
			1.5		200	1 100	
			2.0		250	1 200	
			2.5		300	1 400	
			3.0		400	1 500	
	800	50°	1.0	密闭罩	150	1 000	
			1.5		250	1 200	
			2.0		300	1 400	
			2.5		400	1 600	
			3.0		500	1 800	
十二、	带式输送机转运处	皮带机宽度/mm					
1		400		局部密闭罩	1 000		落差<1 m
		500		局部密闭罩	1 500		

表 A.1（续）

<table>
<tr><th>序号</th><th>工艺设备名称</th><th>型号及规格</th><th>排风罩类型</th><th colspan="2">排风量(L)/(m^3/h)</th><th>说　明</th></tr>
<tr><td rowspan="2">1</td><td rowspan="2"></td><td>650</td><td>局部密闭罩</td><td colspan="2">2 000</td><td rowspan="2">落差<1 m</td></tr>
<tr><td>800</td><td>局部密闭罩</td><td colspan="2">2 500</td></tr>
<tr><td rowspan="5">2</td><td rowspan="5"></td><td>400</td><td>容积式密闭罩</td><td colspan="2">800</td><td rowspan="5"></td></tr>
<tr><td>500</td><td>容积式密闭罩</td><td colspan="2">1 000</td></tr>
<tr><td>650</td><td>容积式密闭罩</td><td colspan="2">1 300</td></tr>
<tr><td>800</td><td>容积式密闭罩</td><td colspan="2">1 500</td></tr>
<tr><td>1 000</td><td>容积式密闭罩</td><td colspan="2">1 900</td></tr>
<tr><td rowspan="3">3</td><td>上部皮带机用溜管给料至下部带式输送机</td><td></td><td>导料槽密闭排风罩附加系数</td><td colspan="2">每米宽皮带 1 900，乘以下列附加系数</td><td>落差<1 m</td></tr>
<tr><td></td><td>物料落差高度/m</td><td colspan="3">1.0 1.5 2.0 2.5 3.0 3.5 4.0</td><td></td></tr>
<tr><td></td><td>系　数</td><td colspan="3">1.0 1.2 1.4 1.5 1.7 1.8 1.9</td><td></td></tr>
<tr><td rowspan="4">4</td><td>带式输送机末端卸料口</td><td>皮带机宽度/mm</td><td></td><td colspan="2"></td><td rowspan="4"></td></tr>
<tr><td></td><td>400</td><td>局部密闭罩</td><td colspan="2">1 000</td></tr>
<tr><td></td><td>500</td><td>局部密闭罩</td><td colspan="2">1 500</td></tr>
<tr><td></td><td>650</td><td>局部密闭罩</td><td colspan="2">2 000</td></tr>
<tr><td rowspan="5">5</td><td>带式输送机向斗提机转运点</td><td>皮带机宽度/mm</td><td></td><td>无 磁 选</td><td>有 磁 选</td><td rowspan="5"></td></tr>
<tr><td></td><td>400</td><td>局部密闭罩</td><td>950</td><td>1 100</td></tr>
<tr><td></td><td>500</td><td>局部密闭罩</td><td>1 200</td><td>1 400</td></tr>
<tr><td></td><td>650</td><td>局部密闭罩</td><td>1 500</td><td>1 800</td></tr>
<tr><td></td><td>800</td><td>局部密闭罩</td><td>1 900</td><td>2 300</td></tr>
<tr><td rowspan="2">6</td><td>犁式卸料刮板</td><td>皮带机宽度/mm</td><td></td><td>单面卸料</td><td>双面卸料</td><td rowspan="2"></td></tr>
<tr><td></td><td>400</td><td>自动启闭侧吸罩</td><td>800</td><td>2×800</td></tr>
</table>

表 A.1（续）

序号	工艺设备名称	型号及规格	排风罩类型	排风量(L)/(m³/h)		说　明
				单面卸料	双面卸料	
6	犁式卸料刮板	皮带机宽度/mm				
		500	自动启闭侧吸罩	1 000	2×1 000	
		650	自动启闭侧吸罩	1 500	2×1 500	
		800	自动启闭侧吸罩	2 000	2×2 000	
		650	自动启闭侧吸罩	1 000	2×1 000	
十三、	斗式提升机					
1		D-160	设备密闭	600		按运输物料温度提升高度分别采用上部、下部及上、下部排风三种情况。其他型号的提升机可按提升能力，参考此风量
2		D-250	设备密闭	1 000		
3		D-350	设备密闭	1 400		
4		D-450	设备密闭	1 900		
十四、	S42 系列滚筒破碎筛					生产能力/(t/h)
1		S4220	设备密闭	3 000		20
2		S4240	设备密闭	4 500		40
3		S4270	设备密闭	6 500		70
4		S42100	设备密闭	9 500		100
5		S42140	设备密闭	13 000		140
十五、	振动破碎再生机					生产能力(FAT 或仿 FAT)/(t/h)
1			密闭罩	1 500+500		10
2			密闭罩	2 000+500		15
3			密闭罩	2 500+500		20
十六、	破碎机					生产能力(仿日式)/(t/h)
1		S524 Ⅰ	设备密闭	4 000		5
2		S528 Ⅰ	设备密闭	5 000		10
3		S5216 Ⅰ	设备密闭	7 000		20

表 A.1(续)

序号	工艺设备名称	型号及规格	排风罩类型	排风量(L)/(m^3/h)	说　明
十七、	S45 系列直线振动筛				生产能力/(t/h)
1		S456	设备密闭	1 000	6～10
2		S457	设备密闭	1 600	12～20
3		S458	设备密闭	2 300	24～40
4		S459	设备密闭	3 500	40～70
5		S4510	设备密闭	5 000	70～100
十八、	S41 系列精细六角筛				生产能力/(t/h)
1		S4120	设备密闭	2 000	20
2		S4170	设备密闭	6 000	70
3		S4180	设备密闭	8 400	90
十九、	磁选滚筒				生产能力/(t/h)
1		S524Ⅱ	设备密闭	1 000	10
2		S528Ⅱ	设备密闭	1 500	15
3		S5216Ⅱ	设备密闭	2 000	20
二十、	机械摩擦再生机				生产能力/(t/h)
1			设备密闭	2 000	15
2			设备密闭	3 000	20
二十一、	离心再生机				生产能力/(t/h)
1		S524ⅣB	设备密闭	4 000	5
2		S528ⅣB	设备密闭	6 000	10
3		S5216ⅣB	设备密闭	7 000～8 000	20
4		CRGA 系列粘土砂再生机	设备密闭	7 000	15～20
二十二、	风选机				生产能力/(t/h)
1			设备密闭	5 000	15

表 A.1（续）

序号	工艺设备名称	型号及规格		排风罩类型	排风量(L)/(m^3/h)	说　明
2				设备密闭	6 000	20
二十三、	振动沸腾冷却装置					生产能力/(m^3/h)
1		S8620		设备密闭	5 730	20
2		S8640		设备密闭	10 850	40
3		S8670		设备密闭	14 328	70
4		S8680		设备密闭	17 100	80
5		S86100		设备密闭	22 000	100
6		S86140		设备密闭	28 000	140
7		S86200		设备密闭	40 000	200
二十四、	冷却提升机					
1		AS15		设备密闭	7 500	
2		AS25		设备密闭	10 000	
3		AS35		设备密闭	15 000	
4		AS50		设备密闭	20 000	
5		AS80		设备密闭	25 000	
6		AS120		设备密闭	30 000	
二十五、	双盘搅拌冷却器					
1	RFD 系列双盘搅拌冷却器		回转半径/mm			生产能力/(m^3/h)
(1)		RFD450	1 800	密闭围罩	13 000	45
(2)		RFD600	2 000	密闭围罩	16 000	60
(3)		RFD850	2 100	密闭围罩	19 000	80
(4)		RFD1100	2 200	密闭围罩	20 000	120
(5)		RFD1300	2 600	密闭围罩	30 000	135

表 A.1（续）

序号	工艺设备名称	型号及规格		排风罩类型	排风量(L)/(m^3/h)	说　明
(6)		RFD1600	2 800	密闭围罩	32 000	160
(7)		RFD1900	3 000	密闭围罩	35 000	180
(8)		RFD12300	3 200	密闭围罩	40 000	250
2	S83 系列双盘搅拌冷却器					生产能力/(t/h)
(1)		S8340A		密闭围罩	11 900	40
(2)		S8380A		密闭围罩	7 000/20 100	80(配合鼓风机造型)
(3)		S83120A		密闭围罩	27 450	120
二十六、	振动沸腾烘砂装置			设备密闭	按冷却鼓风量的 115%计算	
二十七、	三回程烘砂装置					
1		S622		密闭罩	8 000	
2		S623		密闭罩	10 000	
3		S625		密闭罩	11 000	
二十八、	圆盘给料机	圆盘直径/mm				
1		400		整体密闭罩	500～700	
2		500		整体密闭罩	600～800	
3		600		整体密闭罩	700～1 000	
4		800		整体密闭罩	800～1 300	
5		1 000		整体密闭罩	1 000～14 000	
6		1 300		整体密闭罩	1 300～1 700	
7		1 500		整体密闭罩	1 500～2 000	
8		2 000		整体密闭罩	2 000～2 500	
9		2 500		整体密闭罩	2 800	

表 A.1(续)

序号	工艺设备名称	型号及规格	排风罩类型	排风量(L)/(m^3/h)	说　明
二十九、	手工拆线倒包机	卸料口尺寸：800 mm×700 mm	局部密闭罩	1 600	黏土、膨润土用
三十、	倒包机				黏土、膨润土用
1	手工拆线倒包机		局部密闭罩	2 000	
2	低压沸腾输送倒包机		帆布折叠式密闭罩	1 100	
三十一、	碾轮式混砂机				除尘风量应视布置方式而定
1		S1110	密闭围罩	800	
2		S114B	密闭围罩	1 200	
3		S1118	密闭围罩	1 500	
4		S1120A	密闭围罩	2 000	
5		S1125B	密闭围罩	2 500	
三十二、	碾轮转子式混砂机				除尘风量应视布置方式而定
1		S1318	密闭围罩	1 500	
2		S1320	密闭围罩	2 000	
三十三、	转子式混砂机				除尘风量应视布置方式而定
1		S1418C	密闭围罩	1 000	
2		S1420C	密闭围罩	1 000	
三十四、	行星式转子混砂机				除尘风量应视布置方式而定
1		S1620	密闭围罩	2 000	
2		S1625	密闭围罩	2 500	
三十五、	S18 系列强力混砂机				除尘风量应视布置方式而定
1		S1822	密闭围罩	2 000	
2		S1825	密闭围罩	3 000	

表 A.1(续)

序号	工艺设备名称	型号及规格	排风罩类型	排风量(L)/(m^3/h)	说　明
三十六、壳芯机					加热板尺寸
1		Z935 壳芯机	伞形罩 1 000 mm×900 mm	4 860	600 mm×500 mm
2		Z955 壳芯机	伞形罩 930 mm×930 mm	4 670	530 mm×530 mm
3		Z956A 壳芯机	伞形罩 1 000 mm×800 mm	4 320	600 mm×400 mm
4		Z957 壳芯机	伞形罩 1 100 mm×1 050 mm	6 250	700 mm×650 mm
5		Z959 壳芯机	伞形罩 1 250 mm×1 150 mm	7 750	850 mm×750 mm
6		KW3B-1 壳芯机	伞形罩 700 mm×680 mm	2 570	300 mm×280 mm
7		KW5B-1 壳芯机	伞形罩 900 mm×820 mm	4 000	500 mm×420 mm
8		KW7A-1 壳芯机	伞形罩 1 100 mm×1 040 mm	6 000	700 mm×640 mm
9		K87 型壳芯机	伞形罩 800 mm×1 200 mm	6 000	
三十七、射芯机					
1	热芯盒射芯机	Z861 型	伞形罩 550 mm×400 mm	1 200	
2	热芯盒射芯机	ZZ863 型	伞形罩 580 mm×500 mm	1 600	
3	热芯盒射芯机	ZZ866 型	伞形罩 550 mm×680 mm	2 000	
4	热芯盒射芯机	ZZ8612 型	伞形罩 750 mm×600 mm	2 500	
5	热芯盒射芯机	ZZ8612A 型	伞形罩 600 mm×750 mm	2 500	
6	型热芯盒射芯机	Z8612B	伞形罩 700 mm×700 mm	2 650	
7	热芯盒射芯机	ZZ8625 型	伞形罩 1 050 mm×825 mm	4 700	
8	二工位热芯盒射芯机	Z8612F 型	伞形罩 800 mm×650 mm 2 个	2×2 800	
9	二工位热芯盒射芯机	2ZZ8612 型	伞形罩 900 mm×700 mm 2 个	2×3 400	
10	二工热芯盒射芯机	2ZZ8625 型	伞形罩 800 mm×1 000 mm 2 个	2×3 500	
11	二工热芯盒射芯机	2ZZ8625A 型	伞形罩 10 500 mm×820 mm 2 个	2×4 650	
12	二工热芯盒射芯机	2ZZ8640 型	伞形罩 900 mm×1 250 mm 2 个	2×6 000	

表 A.1（续）

序号	工艺设备名称	型号及规格	排风罩类型	排风量$(L)/(m^3/h)$	说　明
13	二工热芯盒射芯机	2ZZ8640A 型	伞形罩 1 300 mm×1 000 mm 2 个	2×7 000	
14	二工热芯盒射芯机	Z8640B 型	伞形罩 1 350 mm×1 050 mm 2 个	2×7 650	
15	二工热芯盒射芯机	2ZZ8663 型	伞形罩 1 360 mm×1 180 mm 2 个	2×8 665	
16	二工热芯盒射芯机	2ZZ86100 型	伞形罩 1 300 mm×1 550 mm 2 个	2×10 000	
17	四工位热芯盒射芯机	4ZZ8612 型	伞形罩 700 mm×550 mm 4 个	4×2 000	
三十八、清理滚筒					
1		Q116	设备密闭	600～800	滚筒尺寸：ϕ600 mm×1 000 mm
2		Q118	设备密闭	1 320	滚筒尺寸：ϕ800 mm×1 550 mm
3		Q168	设备密闭	1 500	滚筒尺寸： 800（对角）×（2 000～3 000）mm
4		滚筒直径/mm	设备密闭		
		600	设备密闭	700	
		750	设备密闭	1 100	
		900	设备密闭	1 600	
		1 100	设备密闭	2 250	
		1 200	设备密闭	2 900	
		1 500	设备密闭	4 700	
		1 800	设备密闭	6 600	
三十九、抛丸清理滚筒					
1		Q3110	设备密闭	800	
2		Q3110 Ⅰ	设备密闭	1 000	
3		Q3110A	设备密闭	2 000	
4		Q3113	设备密闭	2 000	

表 A.1(续)

序号	工艺设备名称	型号及规格	排风罩类型	排风量(L)/(m^3/h)	说　明
5		Q3113A	设备密闭	1 400	
6		Q3113C Q3113D	设备密闭	2 800	
7		Q3313	设备密闭	6 440	滚筒尺寸:ϕ1 300 mm×1 200 mm
8		Q6112	设备密闭	2 500～3 000	滚筒尺寸:ϕ1 200 mm
9		Q6116	设备密闭	13 200	滚筒尺寸:ϕ1 600 mm
四十、	履带式抛丸清理机				
1		Q326 Q326A Q326B	设备密闭	2 200	
2		Q327	设备密闭	1 800	
3		Q328A	设备密闭	1 800	
4		Q329	设备密闭	3 000	
5		Q3210C	设备密闭	3 500	
6		Q3210D	设备密闭	4 500	
7		Q3211A	设备密闭	5 300	
四十一、	履带式连续抛丸清理机				
1		Q623	设备密闭	3 600	
2		QL-5R	设备密闭	1 800	
3		QL-5M	设备密闭	1 800	
4		QL-6M	设备密闭	4 800	
5		QL-7M	设备密闭	4 900～5 870	
四十二、	Q35系列台车式抛丸清理机				清理工件
1		Q3512	设备密闭	2 400	600 mm×250 mm×250 mm
2		Q3525	设备密闭	6 200	1 000 mm×500 mm×250 mm

表 A.1（续）

序号	工艺设备名称	型号及规格	排风罩类型	排风量(L)/(m³/h)	说　明
四十三、	Q36 系列台车式抛丸清理机				
		Q365	设备密闭	13 200	
		Q3610	设备密闭	24 000	
		Q3620	设备密闭	21 000	
		Q3630	设备密闭	23 000	
四十四、	Q37 系列吊钩式抛喷丸清理机				
1		Q376	设备密闭	2 000	
2		Q378	设备密闭	6 000	
3		Q3710	设备密闭	9 000	
4		Q3720	设备密闭	15 000	
5		Q3750	设备密闭	22 400	
6		Q37100	设备密闭	26 000	
四十五、	悬链式抛丸清理机				
1		Q382	设备密闭	15 000	双行程
2		Q383 Q383C	设备密闭	12 484	双行程
3		Q384A	设备密闭	24 500	双行程
4		Q384B Q384C	设备密闭	26 500	双行程
5		Q385	设备密闭	23 600	双行程
6		Q388	设备密闭	18 000	单行程
7		Q3810	设备密闭	25 850	单行程
四十六、	Q42 系列步进式抛丸清理机				清理工件
1		Q422	设备密闭	10 000	ϕ900 mm×1 200 mm
2		Q422A	设备密闭	12 000	ϕ800 mm×1 500 mm

表 A.1（续）

序号	工艺设备名称	型号及规格	排风罩类型	排风量(L)/(m^3/h)	说　明
3		Q422B	设备密闭	13 000	ϕ1 600 mm×1 500 mm
4		Q422C	设备密闭	13 000	ϕ800 mm×1 500 mm
5		Q423	设备密闭	13 000	ϕ1 000 mm×1 500 mm
6		Q425	设备密闭	15 000	ϕ1 000 mm×1 500 mm
四十七、吊钩悬链集放式抛丸清理机					
1		Q582	设备密闭	11 000	
2		Q585	设备密闭	10 000	
3		Q588	设备密闭	15 000	
4		Q5810A	设备密闭	22 500	
5		Q5810H	设备密闭	30 000	
四十八、台车式抛喷丸清理机					
1		Q765	设备密闭	30 000	
2		Q7610A	设备密闭	30 000	
3		Q7620	设备密闭	25 000	
4		Q7630A	设备密闭	28 800	
5		Q7630B	设备密闭	31 750	
6		Q7630C	设备密闭	31 750	
四十九、辊道（通过式）抛丸清理机					
1		Q6908	设备密闭	8 500	
2		Q6912	设备密闭	17 560	
3		Q6915	设备密闭	17 560	
4		Q6920	设备密闭	19 550	

表 A.1（续）

序号	工艺设备名称	型号及规格	排风罩类型	排风量(L)/(m^3/h)	说　明
5		Q6925	设备密闭	27 758	
6		Q6930	设备密闭	28 050	
7		Q6940	设备密闭	38 000	
8		Q6945	设备密闭	42 000	
五十、	喷砂室			按室体断面风速计算	操作人员在室外
1	铸件的初清理	喷砂室容积/m^3			
		<8	设备密闭	(0.7～0.6)m/s	
		8～20	设备密闭	(0.6～0.5)m/s	
		21～50	设备密闭	(0.5～0.4)m/s	
		>50	设备密闭	(0.4～0.3)m/s	
2	铸件的表面清理及锻件、焊	喷砂室容积/m^3			
		≤20	设备密闭	(0.5～0.4)m/s	
		>20	设备密闭	(0.4～0.3)m/s	
3	大型喷砂室	吹嘴直径/mm			
		6	设备密闭	6 000	
		8	设备密闭	8 000	
		10	设备密闭	10 000	
		12	设备密闭	14 000	
		14	设备密闭	18 000	
		15	设备密闭	23 000	
		16	设备密闭	30 000	
4	喷砂室的斗式提升机		设备密闭	800	小型喷砂室，当提升机与分离器在一起时，只在分离器上排风
5	喷砂室的分离器		设备密闭	1 700	

表 A.1(续)

序号	工艺设备名称	型号及规格	排风罩类型	排风量(L)/(m^3/h)	说　明
五十一、	Q_{PF}-X 型喷砂机				
		Q_{PF}-X 1.2×0.7	设备密闭	1 300	
		Q_{PF}-X 2×1	设备密闭	2 600	
五十二、	喷丸室			按室体断面风速计算	
1	铸件的表面清理及锻件、焊接件的清理	喷丸室容积/m^3			
		<8	设备密闭	(0.30～0.25)m/s	
		8～20	设备密闭	(0.25～0.20)m/s	
		21～100	设备密闭	(0.20～0.15)m/s	
		>100	设备密闭	(0.15～0.12)m/s	
2	铸件的初清理	喷丸室容积/m^3			
		<8	设备密闭	(0.50～0.40)m/s	
		8～20	设备密闭	(0.40～0.35)m/s	
		21～100	设备密闭	(0.35～0.30)m/s	
		>100	设备密闭	(0.30～0.25)m/s	
五十三、	抛丸清理室		设备密闭	按抛头数量计算第一抛头为 3 500,以后每个为 2 500。当每个抛头的抛丸量大于 140 kg/min 时可按下式计算:$L=a_1a_2(VN)^{1/2}\times60$,其中 a_1 为不同形式抛丸设备的系数,a_2 为不同清理对象的系数,V 为清理室容积以立方米为单位,N 为全机抛丸器总功率以千瓦为单位。	a_1——台车式、转台式:2.5～3.5; 吊挂式:3.4～4.0; 通过式:3.5～5.0; 滚筒式、履带式:5.5～7.7 a_2——去氧化皮:1.0; 去粘砂:1.2

表 A.1（续）

序号	工艺设备名称	型号及规格		排风罩类型	排风量(L)/(m^3/h)	说　明
		直径/mm	厚度/mm			
五十四、	双头固定砂轮机	300	50	局部排风罩	2×800	
		400	60	局部排风罩	2×800	
		500	75	局部排风罩	2×1 100	
		600	100	局部排风罩	2×1 300	
		700	125	局部排风罩	2×1 600	
		800	150	局部排风罩	2×2 000	
五十五、	悬挂砂轮机			集尘小室	5 000	生产线上用
五十六、	清理转台	直径/mm				
1		1 500		侧面排风罩	5 400	
2		2 000		侧面排风罩	7 200	
五十七、	清理工作台	工作面尺寸 2 m×0.7 m		侧面排风罩	6 780	与袋式除尘器结合成一体
五十八、	切割地坑			地坑格子板下排风	按格子板面风速 1.0 m/s～1.2 m/s 计算	

注 1：本表所列风量为在规范操作和额定工况条件下对现场通风除尘系统风量实测结果的汇总。使用过程中应根据工艺实际情况进行相应的校核。

注 2：电炉除尘风量是在允许超载范围内、规范操作的情况下现场实测所得。与备注条件相符的，可采用本表所列风量，在工艺资料不全的情况下，可根据本表所列风量进行估算。

注 3：本表所列落砂机除尘风量是在规范操作和罩型正常使用的情况下的除尘风量，且横向干扰气流小于 0.5 m/s。

注 4：定型铸造设备所配套的除尘设备应按工程实际情况加以校核。

注 5：说明栏中罩尺寸未标注单位的数值单位均为米(m)。

附　录　B
（资料性附录）
铸造工艺设备粉尘质量粒径分布

表 B.1　铸造工艺设备粉尘质量粒径分布

序号	工艺设备	粉尘类别	粉尘真密度/ (t/m^3)	粉尘质量粒径分布/%									
				<3 μm	(3～5) μm	(5～10) μm	(10～20) μm	(20～30) μm	(30～40) μm	(40～50) μm	(50～60) μm	>60 μm	中位径 d_{50} μm
1	混砂机(S114)	干型砂	2.141 4	39.7	5.1	6.7	7.0	4.0	2.8	2.2	1.5	31.0	8.6
2	混砂机(S116)	铸钢背砂	2.299 5	34.2	7.8	10.5	10.7	5.8	4.0	2.7	2.1	22.0	8.6
3	混砂机(SZ124,不鼓风)	湿型砂	2.131 0	26.8	6.2	9.8	9.5	5.7	4.4	2.9	2.3	32.4	17.0
4	落砂机(2×L128)	干型砂	2.552 7	45.3	8.7	15.8	15.6	7.8	4.1	1.6	0.7	0.4	4.0
5	落砂机(2×10 t)	干型砂	2.640 4	39.2	7.0	17.4	20.9	8.0	3.5	1.6	0.9	1.5	6.1
6	落砂机(6×L128)	干型砂	2.637 7	26.1	13.7	19.1	17.8	7.8	4.5	2.7	1.9	6.4	7.3
7	落砂机(6×L128)	流态砂	2.416 5	28.8	8.4	15.3	26.3	16.6	4.2	0.4	0	0	9.1
9	Q118 清理滚筒	氧化皮,砂	2.403 5	12.2	1.5	2.3	2.8	1.6	1.2	0.8	0.8	76.8	100
10	八角清理滚筒	氧化皮,砂	2.756 3	0.4	0.5	1.5	3.1	2.7	2.8	2.3	2.2	84.5	>100
11	323 半自动抛丸机	氧化皮,砂	2.625 8	3.8	1.1	2.1	3.0	1.8	1.5	1.4	1.1	84.2	>100
12	37206 抛头连续抛丸机	氧化皮,砂	2.853 7	5.0	2.7	5.3	7.9	5.0	4.4	3.2	3.0	63.5	>100
13	7 抛头强力抛丸室室体	氧化皮,砂	2.574 6	29.2	1.8	6.2	9.5	7.3	6.5	6.5	6.2	26.8	24.0
14	7 抛头强力抛丸室铁丸风选器	氧化皮,砂	2.768 2	8.1	3.3	5.8	7.3	4.8	3.7	3.0	2.9	31.1	>100
15	抛丸室提升机上部	氧化皮,砂	2.737 5	2.9	3.2	8.2	13.9	10.4	7.9	5.3	5.0	42.7	45.0

表 B.1（续）

序号	工艺设备	粉尘类别	粉尘真密度/(t/m³)	粉尘质量粒径分布/%									
				<3 μm	(3～5) μm	(5～10) μm	(10～20) μm	(20～30) μm	(30～40) μm	(40～50) μm	(50～60) μm	>60 μm	中位径 d_{50} μm
16	φ1 500 多角筛	干型旧砂	2.682 9	28.7	9.0	13.3	13.1	7.1	4.8	3.0	2.5	18.5	9.6
17	80 t/h 冷却提升机	湿型旧砂	2.354 8	1.9	0.3	0.4	0.2	0.3	0.2	0.1	0.1	96.5	>100
18	30 t/h 沸腾冷却器	湿型旧砂	2.536 4	24.0	2.0	3.0	3.0	2.8	1.2	1.0	1.2	61.8	>100
19	45 t/h 沸腾冷却器	湿型旧砂	1.903 7	17.0	2.9	3.9	4.1	2.3	1.8	1.8	1.2	65.0	>100
20	冷却除灰箱	湿型旧砂	2.278 8	20.2	1.6	2.2	2.4	1.6	1.4	0.8	0.8	69.0	>100
21	D350 旧砂斗式提升机	干型旧砂	2.670 7	22.4	7.5	11.1	12.0	6.8	5.1	3.2	2.9	29.0	17.0
22	B=600 旧砂皮带调头	干型旧砂	2.644 4	31.2	4.1	6.6	6.2	3.8	2.7	1.9	1.5	42.0	24.0
23	低压输送，离心分离器之后	粘土	2.056 6	63.0	3.0	4.0	4.0	2.0	1.5	0.9	0.8	20.8	<1.0
24	热风冲天炉	二氧化硅，焦炭粉			<5 27.0	5.0	5.0	3.0		20.0		40.0	
25	冷风冲天炉	二氧化硅，焦炭粉			0	3.0	1.5	7.5		8.0		80.0	
26	电弧炉(熔化期)	氧化铁等		<0.1 μm	(0.1～0.5) μm	(0.5～1.0) μm	(1.0～5.0) μm	(5.0～10) μm	(10～20) μm	>20 μm			
					2.0	27.0	48.0	7.0	5.0	11.0			
27	电弧炉(吹氧期)	氧化铁等		48.0	28.0	10.0	6.0	8.0					

附 录 C
(资料性附录)
铸造工艺设备粉尘起始含量

表 C.1 铸造工艺设备粉尘起始含量

序号	工艺设备	粉尘类别	起始含量/(mg/m³)		说明
			最高	平均	
1	混砂机	干型砂	7 500	2 600	来料旧砂较湿
	混砂机	湿型背砂	50	40	
	混砂机	湿型砂	850	700	
	SZ124 混砂机	湿型砂	7 800	4 900	不鼓风,旧砂回用率及周转率较高
2	滚筒落砂机	湿型砂	8 400	4 100	
3	振动落砂机				
	上部排风	湿型砂	510	350	5 t以下流水线上落砂机
	底抽风	湿型砂	18 000	12 000	砂箱很低,冷铸件开箱
	吹吸式	湿型砂	2 700	1 900	铸件温度约800℃～900℃
	移动密闭罩	干型砂	14 000	6 000	
	半封闭罩	干型砂	3 200	1 700	
	侧吸罩	湿型砂	—	370	
	低侧吸罩	湿型砂	—	17 000	
4	4I I 双头风动型芯落砂机(移动密闭罩)	湿型砂	1 400	1 300	
5	双头砂轮机	铁末、砂	2 000	1 200	
6	悬挂砂轮机(小室排风)	铁末、砂	170	120	
7	清理滚筒	氧化皮、砂	191 000	48 000	
		砂	317 000	300 000	铸件内带砂芯,为提高清理速度,把细砂也抽走
8	抛丸清理滚筒	铁末、砂		2 400	二次清理,自带小旋风除尘器之前
	抛丸清理滚筒	铁末、砂		37 000	一次清理,自带小旋风除尘器之后
9	半自动抛丸机	铁末、砂	26 000	2 600	
10	抛丸室				
	室体	氧化皮、砂	4 800	3 000	一次清理(预清理)
	室体	氧化皮、砂	1 400	1 100	二次清理(表面清理)
	提升机(上部排风)	氧化皮、砂		3 800	二次清理
	提升机(下部排风)	氧化皮、砂	1 000	570	二次清理
	铁丸风选	氧化皮、砂	32 000	20 000	二次清理
	地坑电磁振动筛	氧化皮、砂		420	二次清理
11	喷丸室				
	室体	氧化皮、砂	33 000	18 000	一次清理
	室体	氧化皮、砂	890	790	二次清理
	铁丸风选	氧化皮、砂		47 000	二次清理
	提升机(上部排风)	氧化皮、砂		18 000	二次清理
	提升机(下部排风)	氧化皮、砂		490	二次清理

表 C.1（续）

序号	工艺设备	粉尘类别	起始含量/(mg/m³)		说　　明
			最高	平均	
12	滚筒筛 滚筒筛	干型旧砂 湿型旧砂	60 000 2 800	31 000 1 800	
13	冷却提升机	湿型砂	40 000	15 000	
14	沸腾冷却器	湿型砂	56 000	29 000	
15	增湿器	湿型砂		15 000	湿度大，水蒸汽体积分数为 9.8%
16	冷却除灰箱	湿型砂	22 000	21 000	
17	犁式卸料刮板 整体密闭罩 整体密闭罩 双侧吸罩	 湿型砂 干型旧砂 干型旧砂	 280 4 500 4 500	 270 4 200 3 500	
18	斗式提升机（上部排风）	干型旧砂		13 000	
19	斗式提升机卸料点（斜伞形罩）	壳芯树脂砂		1 100	
20	皮带掉头	干型旧砂	5 700	2 100	
21	转盘式磨芯机	树脂砂		3 500	
22	磨芯机	树脂砂		12 000	
23	电弧炉（炉内排烟） （炉外排烟）	氧化铁等	16 000 4 800	9 000 1 500	
24	冲天炉	二氧化碳、焦炭粉	25 000	5 000	

注：起始含量系指排风罩接管中的粉尘含量；平均值为几次测定值的平均；最高值是几次测定中出现的最高值；含量值均指标准态时的值。

ICS 67.220.10
X 66

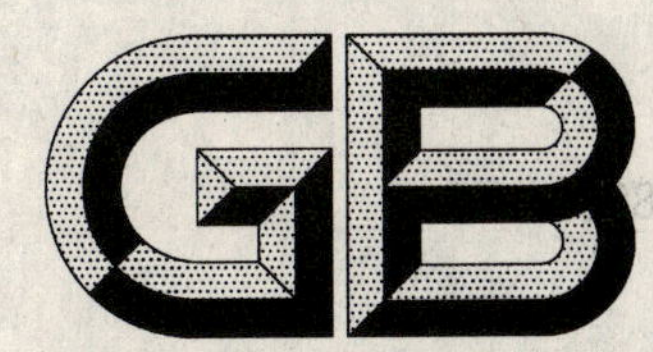

中华人民共和国国家标准

GB/T 8967—2007
代替 GB/T 8967—2000

谷氨酸钠（味精）

Monosodium L-glutamate

2007-02-02 发布 2007-12-01 实施

中华人民共和国国家质量监督检验检疫总局
中国国家标准化管理委员会 发布

前　言

本标准非等效于日本《食品添加物公定书》第七版中的“谷氨酸钠”标准。本标准整合了 QB 1500—1992《味精》的有关内容，是对 GB/T 8967—2000《谷氨酸钠(99%味精)》的修订。

本标准自实施之日起，代替 GB/T 8967—2000，QB 1500—1992 自行废止。

本标准与 GB/T 8967—2000 相比主要变化如下：

——标准名称改为谷氨酸钠(味精)；

——对谷氨酸钠(味精)、加盐味精和增鲜味精进行了定义；

——对谷氨酸钠(味精)进行了产品分类；

——卫生要求执行相应的味精卫生标准，在本标准中不再作要求；

——氯化物分析方法：增加铬酸钾指示剂法(适用于添加食用盐的氯化物)；

——硫酸盐目视比浊法，味精、增鲜味精与加盐味精在细节上有不同；

——增加增鲜味精中三种增鲜剂的测定方法。

本标准的附录 A 为规范性附录，附录 B 为资料性附录。

本标准由全国食品工业标准化技术委员会工业发酵分技术委员会提出并归口。

本标准起草单位：中国食品发酵工业研究院、丰原股份生化有限公司、杭州西湖味精集团有限公司、浙江蜜蜂集团有限公司、沈阳红梅企业集团有限责任公司、河北梅花味精集团有限公司。

本标准主要起草人：张蔚、常珠侠、程长平、龚旭明、石中科、刘森芝。

本标准所代替标准的历次版本发布情况为：

——GB 8967—1988，GB/T 8967—2000。

谷氨酸钠(味精)

1 范围

本标准规定了谷氨酸钠(味精)的术语和定义、产品分类、要求、分析方法、检验规则和标志、包装、运输、贮存。

本标准适用于谷氨酸钠(味精)。

2 规范性引用文件

下列文件中的条款通过本标准的引用而成为本标准的条款。凡是注日期的引用文件,其随后所有的修改单(不包括勘误的内容)或修订版均不适用于本标准,然而,鼓励根据本标准达成协议的各方研究是否可使用这些文件的最新版本。凡是不注日期的引用文件,其最新版本适用于本标准。

GB/T 191 包装储运图示标志(GB/T 191—2000,eqv ISO 780:1997)

GB/T 601 标准滴定溶液的制备

GB/T 602—2002 化学试剂 杂质测定用标准溶液的制备(ISO 6353-1:1982,NEQ)

GB 2720 味精卫生标准

GB/T 5009.43 味精卫生标准的分析方法

GB/T 6682—1992 分析实验室用水规格和试验方法(neq ISO 3696:1987)

GB 7718 预包装食品标签通则

JJF 1070 定量包装商品净含量计量检验规则

QB/T 3798 食品添加剂 呈味核苷酸二钠

QB/T 3799 食品添加剂 5'-鸟苷酸二钠

国家质量监督检验检疫总局令[2005]第75号 定量包装商品计量监督管理办法

3 化学名称、分子式、结构式、相对分子质量

3.1 化学名称:L-谷氨酸一钠一水化物(L-α-氨基戊二酸一钠一水化物)。

3.2 分子式:$C_5H_8NNaO_4 \cdot H_2O$。

3.3 相对分子质量:187.13。

3.4 结构式:

$$\mathrm{NaOOC{-}CH_2{-}CH_2{-}\underset{\displaystyle NH_2}{\underset{|}{\overset{\displaystyle H}{\overset{|}{C}}}}{-}COOH \cdot H_2O}$$

4 术语和定义

下列术语和定义适用于本标准。

4.1

谷氨酸钠 monosodium L-glutamate(MSG)

味精

以淀粉质、糖质为原料,经微生物(谷氨酸棒杆菌等)发酵,提取、中和、结晶精制而成的谷氨酸钠含量等于或大于99.0%、具有特殊鲜味的白色结晶或粉末。

4.2

加盐味精 salted monosodium L-glutamate

在谷氨酸钠(味精)中,定量添加了精制盐的均匀混合物。

4.3

增鲜味精 special delicious monosodium L-glutamate

在谷氨酸钠(味精)中,定量添加了核苷酸二钠[5'-鸟苷酸二钠(GMP)、5'-肌苷酸二钠(IMP)或呈味核苷酸二钠(IMP+GMP)]等增鲜剂,其鲜味度超过混合前的谷氨酸钠(味精)。

5 产品分类

按加入成分分为三类。

5.1 味精。

5.2 加盐味精。

5.3 增鲜味精。

6 要求

6.1 原辅料要求

应符合相应产品标准、卫生标准的要求。对大米“不完整粒”和“碎米”不作要求。

6.2 感官要求

无色至白色结晶状颗粒或粉末,易溶于水,无肉眼可见杂质。具有特殊鲜味,无异味。

6.3 理化要求

6.3.1 谷氨酸钠(味精)

谷氨酸钠(味精)应符合表1的要求。

表1 谷氨酸钠(味精)理化要求

项目		指标
谷氨酸钠/(%)	≥	99.0
透光率/(%)	≥	98
比旋光度$[\alpha]_D^{20}$/(°)		+24.9~+25.3
氯化物(以Cl^-计)/(%)	≤	0.1
pH		6.7~7.5
干燥失重/(%)	≤	0.5
铁/(mg/kg)	≤	5
硫酸盐(以SO_4^{2-}计)/(%)	≤	0.05

6.3.2 加盐味精

加盐味精应符合表2的要求。

表2 加盐味精理化要求

项目		指标
谷氨酸钠/(%)	≥	80.0
透光率/(%)	≥	89
食用盐(以NaCl计)/(%)	<	20
干燥失重/(%)	≤	1.0

表 2(续)

项 目		指 标
铁/(mg/kg)	≤	10
硫酸盐(以 SO_4^{2-} 计)/(%)	≤	0.5
注：加盐味精需用 99%的味精加盐。		

6.3.3 增鲜味精

增鲜味精应符合表 3 的要求。

表 3 增鲜味精理化要求

项 目		指 标		
		添加 5'-鸟苷酸二钠(GMP)	添加呈味核苷酸二钠	添加 5'-肌苷酸二钠(IMP)
谷氨酸钠/(%)	≥	97.0		
呈味核苷酸二钠/(%)	≥	1.08	1.5	2.5
透光率/(%)	≥	98		
干燥失重/(%)	≤	0.5		
铁/(mg/kg)	≤	5		
硫酸盐(以 SO_4^{2-} 计)/(%)	≤	0.05		
注：增鲜味精需用 99%的味精增鲜。				

6.4 卫生要求

卫生要求应符合 GB 2720 要求。

6.5 净含量

净含量按国家质量监督检验检疫总局令[2005]第 75 号执行。

7 分析方法

本标准中所用的水，在未注明其他要求时，均指符合 GB/T 6682—1992 中要求的水。

本标准中所用的试剂，在未注明规格时，均指分析纯(AR)。若有特殊要求应另作明确规定。

本标准所用溶液在未注明用何种溶剂配制时，均指水溶液。

7.1 外观

称取试样约 10 g，肉眼观察、嗅闻并品尝其滋味，作出判断，做好记录。

7.2 鉴别试验

按附录 B 进行。

7.3 谷氨酸钠含量

7.3.1 高氯酸非水溶液滴定法

7.3.1.1 原理

在乙酸存在下，用高氯酸标准溶液滴定样品中的谷氨酸钠，以电位滴定法确定其终点，或以 α-萘酚苯基甲醇为指示剂，滴定溶液至绿色为其终点。

7.3.1.2 仪器

7.3.1.2.1 自动电位滴定仪(精度±5 mV)。

7.3.1.2.2 酸度计。

7.3.1.2.3 磁力搅拌器。

7.3.1.3 试剂和溶液

7.3.1.3.1 高氯酸标准滴定溶液[$c(HClO_4)=0.1$ mol/L]：按 GB/T 601 配制与标定。

7.3.1.3.2　乙酸。

7.3.1.3.3　甲酸。

7.3.1.3.4　α-萘酚苯基甲醇-乙酸指示液(2g/L):称取 0.1 g α-萘酚苯基甲醇,用乙酸(7.3.1.3.2)溶解并稀释至 50 mL。

7.3.1.4　分析步骤

7.3.1.4.1　电位滴定法

按仪器使用说明书处理电极和校正电位滴定仪。用小烧杯称取试样 0.15 g,精确至 0.000 1 g,加甲酸(7.3.1.3.3)3 mL,搅拌,直至完全溶解,再加乙酸(7.3.1.3.2)30 mL,摇匀。将盛有试液的小烧杯置于电磁搅拌器上,插入电极,搅拌,从滴定管中陆续滴加高氯酸标准滴定溶液(7.3.1.3.1),分别记录电位(或 pH)和消耗高氯酸标准滴定溶液的体积;滴定至终点前,每次滴加 0.05 mL 高氯酸标准滴定溶液并记录电位(或 pH)和消耗高氯酸标准滴定溶液的体积,超过突跃点后,继续滴加高氯酸标准滴定溶液至电位(或 pH)无明显变化为止。以电位 E(或 pH)为纵坐标,以滴定时消耗高氯酸标准滴定溶液的体积 v 为横坐标,绘制 E-v 滴定曲线,以该曲线的转折点(突跃点)为其滴定终点。

7.3.1.4.2　指示剂法

称取试样 0.15 g (精确至 0.000 1 g) 于三角瓶内,加甲酸(7.3.1.3.3)3 mL,搅拌,直至完全溶解,再加乙酸(7.3.1.3.2)30 mL、α-萘酚苯基甲醇-乙酸指示液(7.3.1.3.4)10 滴,用高氯酸标准滴定溶液(7.3.1.3.1)滴定试样液,当颜色变绿即为滴定终点,记录消耗高氯酸标准滴定溶液的体积(V_1)。同时做空白试验,记录消耗高氯酸标准滴定溶液的体积(V_0)。

7.3.1.4.3　高氯酸溶液浓度的校正

若滴定试样与标定高氯酸标准溶液时温度之差超过 10℃时,则应重新标定高氯酸标准溶液的浓度;若不超过 10℃,则按式(1)加以校正。

$$c_1 = \frac{c_0}{1 + 0.001\,1 \times (t_1 - t_0)} \qquad \cdots\cdots (1)$$

式中:

c_1——滴定试样时高氯酸溶液的浓度,单位为摩尔每升(mol/L);

c_0——标定时高氯酸溶液的浓度,单位为摩尔每升(mol/L);

0.001 1——乙酸的膨胀系数;

t_1——滴定试样时高氯酸溶液的温度,单位为摄氏度(℃);

t_0——标定时高氯酸溶液的温度,单位为摄氏度(℃)。

7.3.1.5　计算

样品中谷氨酸钠含量按式(2)计算:

$$X_1 = \frac{0.093\,57 \times (V_1 - V_0) \times c}{m} \times 100 \qquad \cdots\cdots (2)$$

式中:

X_1——样品中谷氨酸钠含量,单位为%;

0.093 57——1.00 mL 高氯酸标准溶液[$c(HClO_4)$=1.000 mol/L]相当于谷氨酸钠($C_5H_8NNaO_4 \cdot H_2O$)的质量,单位为克(g);

V_1——试样消耗高氯酸标准滴定溶液的体积,单位为毫升(mL);

V_0——空白消耗高氯酸标准滴定溶液的体积,单位为毫升(mL);

c——高氯酸标准滴定溶液的浓度,单位为摩尔每升(mol/L);

m——试样质量,单位为克(g)。

计算结果保留至小数点后第一位。

7.3.1.6　允许差

同一试样测试结果,相对平均偏差不得超过 0.3%。

7.3.2 旋光法

7.3.2.1 原理

谷氨酸钠分子结构中含有一个不对称碳原子，具有光学活性，能使偏振光面旋转一定角度，因此可用旋光仪测定旋光度，根据旋光度换算谷氨酸钠的含量。

7.3.2.2 仪器

旋光仪(精度±0.01°)备有钠光灯(钠光谱 D 线 589.3 nm)。

7.3.2.3 试剂

盐酸。

7.3.2.4 分析步骤

称取试样 10 g(精确至 0.000 1 g)，加少量水溶解并转移至 100 mL 容量瓶中，加盐酸 20 mL，混匀并冷却至 20℃，定容并摇匀。

于 20℃，用标准旋光角校正仪器；将上述试液置于旋光管中(不得有气泡)，观测其旋光度，同时记录旋光管中试样液的温度。

7.3.2.5 计算

样品中谷氨酸钠含量按式(3)计算，其数值以%表示。

$$X_2 = \frac{\frac{\alpha}{L \times c}}{25.16 + 0.047(20 - t)} \times 100 \quad \cdots\cdots\cdots\cdots\cdots\cdots(3)$$

式中：

X_2——样品中谷氨酸钠含量，%；

α——实测试样液的旋光度，单位为度(°)；

L——旋光管长度(液层厚度)，单位为分米(dm)；

c——1 mL 试样液中含谷氨酸钠的质量，单位为克每毫升(g/mL)；

25.16——谷氨酸钠的比旋光度$[\alpha]_D^{20}$，单位为度(°)；

0.047——温度校正系数；

t——测定时试液的温度，单位为摄氏度(℃)。

计算结果保留至小数点后第一位。

7.3.2.6 允许差

同一样品测定结果，相对平均偏差不得超过 0.3%。

7.4 透光率

7.4.1 仪器

721 型分光光度计。

7.4.2 分析步骤

称取试样 10 g(精确至 0.1 g)，加水溶解，定容至 100 mL，摇匀；用 1 cm 比色皿，以水为空白对照，在波长 430 nm 下测定试样液的透光率，记录读数。

7.4.3 允许差

同一样品两次测试结果的绝对差值，不得超过算术平均值的 0.2%。

7.5 比旋光度

7.5.1 原理

同 7.3.2.1。

7.5.2 仪器

同 7.3.2.2。

7.5.3 试剂

同 7.3.2.3。

7.5.4 分析步骤

同7.3.2.4。

7.5.5 计算

7.5.5.1 若采用钠光谱 D 线，1 dm 旋光管，在样液温度20℃测定时，可直接读数。

7.5.5.2 在样液温度 t℃测定时，样品的比旋光度按式(4)计算：

$$X_3=[\alpha]_D^t-0.047(20-t) \qquad (4)$$

式中：

X_3——样品的比旋光度，单位为度(°)；

$[\alpha]_D^t$——在 t℃时试样液的比旋光度，单位为度(°)；

t——测定样液的温度，单位为摄氏度(℃)；

0.047——温度校正系数。

计算结果保留至小数点后第一位。

7.5.6 允许差

同一样品两次测定，绝对值之差不得超过0.02%。

7.6 氯化物

7.6.1 比浊法(适于微量氯化物)

7.6.1.1 原理

试样溶液中含有的微量氯离子与硝酸银生成氯化银沉淀，其浊度与标准氯离子产生的氯化银比较，进行目视比浊。

7.6.1.2 试剂和溶液

7.6.1.2.1 硝酸

7.6.1.2.2 氯化物标准溶液(1 mL溶液含有0.1 mg氯)

按GB/T 602配制。

7.6.1.2.3 10%(体积分数)硝酸溶液

量取1体积硝酸(7.6.1.2.1)，注入9体积水中。

7.6.1.2.4 硝酸银标准溶液[$c(AgNO_3)$=0.1 mol/L]

按GB/T 601配制与标定。

7.6.1.3 分析步骤

称取试样10 g，精确至0.1 g，加水溶解并定容至100 mL，摇匀。

吸取试样液10.00 mL于一支50 mL钠氏比色管中，加水13 mL，摇匀；准确吸取氯化物标准溶液(7.6.1.2.2)10.00 mL于另一支50 mL钠氏比色管中，加水13 mL，摇匀，同时向上述两管各加硝酸溶液(7.6.1.2.3)和硝酸银标准溶液(7.6.1.2.4)各1 mL，立即摇匀，于暗处放置5 min后，取出，立即进行目视比浊。

若样品管浊度不高于标准管浊度，则氯化物含量≤0.1%。

7.6.2 铬酸钾指示剂法(适于添加食用盐的氯化钠)

7.6.2.1 原理

以铬酸钾作指示剂，用硝酸银标准滴定溶液滴定试样液中的氯化钠，根据硝酸银标准滴定溶液的消耗量，计算出样品中氯化钠的含量。

7.6.2.2 试剂和溶液

7.6.2.2.1 硝酸银标准溶液[$c(AgNO_3)$=0.1 mol/L]

同7.6.1.2.4。

7.6.2.2.2 铬酸钾指示液：称取铬酸钾5g，加95mL水溶解，滴加硝酸银标准溶液(7.6.2.2.1)直至生成红色沉淀为止，放置过夜。过滤，收集滤液备用。

7.6.2.3 分析步骤

称取试样 10 g,精确至 0.000 1 g,加水溶解并定容至 100 mL,摇匀。

吸取上述制备的试样液 5.00 mL 于锥形瓶中,加水 40 mL、铬酸钾指示液(7.6.2.2.2)1 mL,以 0.1 mol/L硝酸银标准滴定溶液滴定试样液,直至砖红色为其终点.同时做空白试验。

7.6.2.4 计算

样品的氯化钠的含量按式(5)计算,其数值以%表示。

$$X_4 = \frac{(V - V_0) \times c \times 0.058\ 44 \times 100}{m \times 5} \times 100 \quad \cdots\cdots\cdots\cdots(5)$$

式中:

X_4——样品中氯化钠的含量,%;

V——试样消耗硝酸银标准滴定溶液的体积,单位为毫升(mL);

V_0——空白消耗硝酸银标准滴定溶液的体积,单位为毫升(mL);

c——硝酸银标准滴定溶液的浓度,单位为摩尔每升(mol/L);

0.058 44——1.00 mL 硝酸银标准滴定溶液[$c(AgNO_3)_4$=1.000 mol/L]相当于以克表示的氯化钠的质量,单位为克(g);

100——试样定容的总体积,单位为毫升(mL);

m——样品质量,单位为克(g);

5——测定时,吸取试样液的体积。

计算结果保留至小数点后第一位。

7.6.2.5 允许差

同一试样测试结果,相对平均偏差不得超过 2%。

7.7 pH 值

7.7.1 原理

将指示电极和参比电极浸入被测溶液构成原电极,在一定温度下,原电池的电动势与溶液的 pH 呈直线关系,通过测量原电池的电动势即可得出溶液的 pH。

7.7.2 仪器

pH 计(酸度计):精度±0.02 pH。

7.7.3 试剂和溶液

磷酸盐标准缓冲溶液(pH 值 6.86):称取预先于 120℃烘干 2 h 的磷酸二氢钾(KH_2PO_4)3.40 g 和磷酸氢二钠(Na_2HPO_4)3.55 g,加入不含二氧化碳的水溶解并定容至 1 000 mL,摇匀。

7.7.4 分析步骤

用磷酸盐标准缓冲液,在 25℃下,校正 pH 计的 pH 为 6.86,定位,用水冲洗电极。

称取试样 5 g,精确至 0.1 g,加入不含二氧化碳的水溶解并定容至 50 mL,摇匀,作为试样液。用试样液洗涤电极,然后将电极插入试样液中,调整 pH 计温度补偿旋钮至 25℃,测定试样液的 pH。重复操作,直至 pH 读数稳定 1 min,记录结果。

测定结果准确至小数点后第一位。

7.7.5 允许差

同一样品两次测定,绝对值之差不得超过 0.05 pH。

7.8 干燥失重

7.8.1 原理

用干燥法测定失去的易挥发性物质的质量,以百分含量表示。

7.8.2 第一法 常规法

7.8.2.1 仪器

7.8.2.1.1 电热干燥箱:温控 98℃±1℃。

7.8.2.1.2 称量瓶:50 mm×30 mm。

7.8.2.1.3 干燥器:变色硅胶。

7.8.2.1.4 分析天平:感量 0.1 mg。

7.8.2.2 分析步骤

用烘至恒重的称量瓶称取试样 5 g,精确至 0.000 1 g,置于 98℃±1℃电热干燥箱中,烘干 5 h,取出,加盖,放入干燥器中,冷却至室温(30 min),称量。

7.8.2.3 计算

样品的干燥失重按式(6)计算,其数值以%表示。

$$X_5 = \frac{m_1 - m_2}{m_1 - m} \times 100 \qquad \cdots\cdots(6)$$

式中:

X_5——样品的干燥失重,%;

m——称量瓶的质量,单位为克(g);

m_1——干燥前称量瓶和试样的质量,单位为克(g);

m_2——干燥后称量瓶和试样的质量,单位为克(g)。

计算结果保留至小数点后第一位。

7.8.2.4 允许差

同一样品测定结果,相对平均偏差不得超过 10%。

7.8.3 第二法 快速法

7.8.3.1 仪器

7.8.3.1.1 电热干燥箱

温控 103℃±2℃。

7.8.3.1.2 称量瓶、干燥器、分析天平

同 7.8.2.1.2~7.8.2.1.4。

7.8.3.2 分析步骤

用烘至恒重的称量瓶称取试样 5 g,精确至 0.000 1 g,置于 103℃±2℃电热干燥箱中,烘干 2 h,取出,加盖,放入干燥器中,冷却至室温(30 min),称量。

7.8.3.3 计算

同 7.8.2.3。

7.8.3.4 允许差

同 7.8.2.4。

7.9 铁

7.9.1 原理

在酸性条件下,样液中的铁离子与硫氰酸铵作用,其颜色深浅与铁离子的浓度成正比,可以进行比色测定。

7.9.2 仪器

具塞比色管:50 mL。

7.9.3 试剂和溶液

7.9.3.1 硝酸

7.9.3.2 1+1 硝酸溶液:量取 1 体积硝酸(7.9.3.1),注入 1 体积水中。

7.9.3.3 硫氰酸铵

7.9.3.4 硫氰酸铵溶液(150 g/L):称取硫氰酸铵(7.9.3.3)15.0 g,用水溶解并定容至 100 mL。

7.9.3.5 铁标准溶液Ⅰ(含铁 0.1 g/L):按 GB/T 602 配制。

7.9.3.6 铁标准溶液Ⅱ(含铁 0.01 g/L):吸取铁标准溶液Ⅰ(7.9.3.5)10 mL,加水稀释至 100 mL。

7.9.4 分析步骤

称取试样 1 g 于比色管中,精确至 0.1 g,加水 10 mL 溶解,再加硝酸溶液(7.9.3.2)2 mL,摇匀。准确吸取铁标准溶液Ⅱ(7.9.3.6)0.5 mL 于另一支比色管中,加水 9.5 mL 及硝酸溶液(7.9.3.2)2 mL,摇匀。将上述两管同时置于沸水浴中煮沸 20 min,取出,冷却至室温,同时向各管加入硫氰酸铵溶液(7.9.3.4)10.00 mL,补加水至 25 mL 刻度,摇匀,进行目视比色。

若试样管溶液颜色不高于标准管溶液的颜色,则含铁量≤5 mg/kg。

7.10 硫酸盐

7.10.1 原理

样液中微量的硫酸根与氯化钡作用,生成白色硫酸钡沉淀,与标准浊度比较定量。

7.10.2 仪器

7.10.2.1 具塞比色管:50 mL。

7.10.2.2 烧杯:50 mL。

7.10.3 试剂和溶液

7.10.3.1 10%盐酸溶液(体积分数):量取 1 体积盐酸,注入 9 体积水中。

7.10.3.2 50 g/L 氯化钡溶液:称取 5.0g 氯化钡,用水溶解并稀释至定容至 100 mL。

7.10.3.3 1.0 g/L 硫酸盐标准溶液Ⅰ:称取无水硫酸钠 1.480 g,按 GB/T 602—2002 中 4.28 配制。

7.10.3.4 0.1 g/L 硫酸盐标准溶液Ⅱ:按 GB/T 602—2002 中 4.28 配制。

7.10.4 分析步骤

7.10.4.1 味精、增鲜味精

称取试样 0.5 g 于 50 mL 具塞比色管中,精确至 0.01 g。加水 18 mL 溶解,再加盐酸溶液(7.10.3.1)2 mL,摇动混匀;准确吸取硫酸盐标准溶液Ⅱ(7.10.3.4)2.50 mL,置于另一支 50 mL 具塞比色管中,加水 15.5 mL、盐酸溶液(7.10.3.1)2 mL,摇动混匀。同时向上述两管各加氯化钡(7.10.3.2)5.00 mL,摇匀,于暗处放置 10 min 后,取出,进行目视比浊。

若试样管溶液的浊度不高于标准管溶液的浊度,则硫酸盐含量≤0.05%。

7.10.4.2 加盐味精

称取试样 0.5 g 于 50 mL 具塞比色管中,精确至 0.01 g。加水 18 mL 溶解,再加盐酸溶液(7.10.3.1)2 mL,摇动混匀;准确吸取硫酸盐标准溶液Ⅰ(7.10.3.3)2.50 mL,置于另一支 50 mL 具塞比色管中,加水 15.5 mL、盐酸溶液(7.10.3.1)2 mL,摇动混匀。同时向上述两管各加氯化钡(7.10.3.2)5.00 mL,摇匀,于暗处放置 10 min 后,取出,进行目视比浊。

若试样管溶液的浊度不高于标准管溶液的浊度,则硫酸盐含量≤0.5%。

7.11 5'-鸟苷酸二钠

按 QB/T 3799 的方法测定。

7.12 呈味核苷酸二钠

按 QB/T 3798 的方法测定。

7.13 5'-肌苷酸二钠

7.13.1 仪器

紫外分光光度计。

7.13.2 试剂

盐酸(0.01 mol/L)。

7.13.3 分析步骤

精确称取试样 0.5 g(准确至 0.000 1 g),用水溶解并稀释定容至 500 mL,吸取 5 mL,用 0.01 mol/L(7.13.2)盐酸溶液稀释并定容至 250 mL,作为试液备用。

将试液注入 10 mm 石英比色杯中，以 0.01 mol/L(7.13.2)盐酸溶液作空白，于紫外分光光度计 250 nm 处测定吸光度。

7.13.4 计算

5'-肌苷酸二钠(IMP)的含量按式(7)计算，其数值以%表示。

$$X_6 = \frac{A \times 25\,000}{310 \times m_3 \times (1 - m_4)} \times 100 \quad \cdots\cdots(7)$$

式中：

X_6——5'-肌苷酸二钠的含量，%；

A——在 250 nm 波长下测得试液的吸光度；

310——5'-肌苷酸二钠溶液的百分吸收系数；

m_3——试样质量，单位为克(g)；

m_4——试样的干燥失重，单位为克(g)。

7.13.5 允许差

同一试样两次测定值之差，不得超过 1%。

7.14 卫生要求

按 GB/T 5009.43 方法测定。

7.15 净含量

按 JJF 1070 检验。

8 检验规则

8.1 组批

凡同一生产厂名、同一产品名称、同一规格、同一商标及批号，并具有同样质量合格证的产品为一批。

8.2 取样

按表 4 抽取样本。

表 4 样品抽样表

批量范围/箱	抽取样本数/箱	抽取单位包装数/袋
<100	4	1
100～250	6	1
251～500	10	1
>500	20	1

8.3 取样量及取样方法

每批抽取总样品量为 500 g，若按表 4 抽取的样品量不足时，可按比例适当加取。抽样后，迅速将其混匀，用四分法缩分后，分别装入两个干燥、洁净的容器中，贴上标签，注明：样品名称，生产厂名、商标、生产日期(批号)、取样日期、地点和取样人姓名。1 份送化验室进行检验，另 1 份封存 3 个月备查。

8.4 出厂检验

8.4.1 产品出厂前，按本标准规定逐批进行检验。

8.4.2 出厂检验项目

8.4.2.1 谷氨酸钠(味精)：包装、净含量、谷氨酸钠含量、透光率、比旋光度、干燥失重、铁、硫酸盐。

8.4.2.2 加盐味精：包装、净含量、谷氨酸钠含量、食用盐、透光率、干燥失重、铁、硫酸盐。

8.4.2.3 增鲜味精：包装、净含量、谷氨酸钠含量、透光率、核苷酸钠含量、干燥失重、铁、硫酸盐。

8.5 型式检验

型式检验为本标准中各种产品分别的感官、理化、卫生要求中的全部项目。产品在一般情况下，型式检验每季度一次，遇有下列情况之一时，亦应进行型式检验：

a） 原辅材料有较大变化时；

b） 更改关键工艺或设备；

c） 新试制的产品或正常生产的产品停产 3 个月后，重新恢复生产时；

d） 出厂检验与上次型式检验结果有较大差异时；

e） 国家质量监督检验机构按有关规定需要抽检时。

8.6 判定规则

8.6.1 当检验结果中有一项检验项目不合格时，应重新自同批产品中抽取两倍量样本进行复验，以复验结果为准。如仍有一项不合格，则判整批产品为不合格品。

8.6.2 当供需双方对产品质量发生异议时，由双方协商选定仲裁单位，按本标准进行复验。

9 标志、包装、运输和贮存

9.1 标志

9.1.1 产品的外包装标志宜符合 GB/T 191 的要求。

9.1.2 外包装物上应有明显的标识。标识内容应包括产品名称、厂名、厂址、净含量、生产日期（批号）等。

9.1.3 预包装产品包装按 GB 7718 规定标注，加盐味精包装上需标注谷氨酸钠具体含量。

9.2 包装

9.2.1 产品内包装材料需符合食品包装材料的卫生要求。

9.2.2 包装要求：内包装封口严密，不得透气，外包装不得受到污染。

9.3 运输和贮存

9.3.1 产品在运输过程中应轻拿轻放，严防污染、雨淋和曝晒。

9.3.2 运输工具应清洁、无毒、无污染。严禁与有毒、有害、有腐蚀性的物质混装混运。

9.3.3 产品贮存在阴凉、干燥、通风无污染的环境下，不应露天堆放。

附 录 A
(规范性附录)
半成品 L-谷氨酸(麸酸)质量要求

A.1 术语和定义

下列术语和定义适用于本附录。

A.1.1

L-谷氨酸(麸酸) L-glutamic acid

以淀粉质、糖质为原料,经微生物(谷氨酸棒杆菌等)发酵、提纯而制得的带有特征酸味的结晶或结晶性粉末。

A.2 要求

A.2.1 原料要求

应符合相应产品标准要求。对大米“不完整粒”和“碎米”不作要求。

A.2.2 外观及感官要求

白色、浅黄色(淀粉、大米等为原料)或棕黄色(糖蜜为原料)的结晶或结晶性粉末,略有特征酸味,无异味。

A.2.3 理化要求

应符合表 A.1 的规定。

表 A.1 L-谷氨酸(麸酸)理化要求

项 目		优等品	合格品[a]
L-谷氨酸(麸酸)含量/(%)	≥	97	95
比旋光度$[\alpha]_D^{20}$/(°)	≥	31.0	30.3
透光率/(%)	≥	40	30
硫酸盐(SO_4^{-2})/(%)	≤	0.35	
a 糖蜜原料半成品。			

A.3 分析方法

A.3.1 L-谷氨酸含量

A.3.1.1 旋光法

A.3.1.1.1 原理

同 7.3.2.1。

A.3.1.1.2 仪器

同 7.3.2.2。

A.3.1.1.3 试剂

同 7.3.2.3。

A.3.1.1.4 分析步骤

a) 试样液的制备:称取试样 10 g,精确至 0.000 1 g,加水 20 mL,边搅拌边加入盐酸 16.5 mL,样品全部溶解后移入 100 mL 容量瓶中,待溶液冷却至约 20℃时,定容并充分混匀。滤纸过滤,待用。

若试样液颜色较深，可加入活性炭 0.1 g(最多可加入 0.3 g)，搅拌脱色过滤，弃去前 5 mL 滤液，收集其余滤液，待用。

b) 测定：同 7.3.2.4。

A.3.1.1.5 计算

样品中 L-谷氨酸的含量按式(A.1)计算，其数值以%表示。

$$X_{A1}=\frac{\frac{\alpha}{L\times c}}{32.00+0.06(20-t)}\times 100 \quad \cdots\cdots(A.1)$$

式中：

X_{A1}——样品中谷氨酸的含量，%；

α——实测试液的旋光度，单位为度(°)；

L——旋光管长度(即液层厚度)，单位为分米(dm)；

c——1 mL 试样中谷氨酸的含量，单位为克每毫升(g/mL)；

32.00——谷氨酸的比旋光度$[\alpha]_D^{20}$，单位为度(°)；

t——测定时试样液的温度，单位为摄氏度(℃)；

0.06——温度校正系数。

计算结果精确至小数点后一位。

A.3.1.1.6 允许差

同 7.3.2.6。

A.3.1.2 中和滴定法

A.3.1.2.1 原理

谷氨酸具有两个酸性的羧基(—COOH)和一个碱性的氨基($—NH_2$)，可以用碱液滴定其中一个—COOH基，以消耗碱的量间接求得谷氨酸含量。

A.3.1.2.2 仪器

自动电位滴定仪。

A.3.1.2.3 试剂和溶液

a) 氢氧化钠标准溶液Ⅰ[c(NaOH)=0.1 mol/L]：按 GB/T 601 配制和标定；

b) 氢氧化钠标准溶液Ⅱ[c(NaOH)=0.05 mol/L]：将氢氧化钠标准溶液Ⅰ[A.3.1.2.3a)]准确稀释 1 倍。

A.3.1.2.4 分析步骤

a) 按仪器使用说明书处理电极和校正自动电位滴定仪；

b) 粗称样品 10 g，研细，待用；

c) 准确称取试样 0.25 g，精确至 0.000 1 g，置于 100 mL 烧杯中，加水 70 mL，加热使之全部溶解，冷却至室温，用氢氧化钠标准溶液Ⅱ[A.3.1.2.3b)]进行电位滴定，终点 pH 值控制在 7.0，记录消耗氢氧化钠标准溶液的体积(V)；

d) 同时做空白试验，记录消耗氢氧化钠标准溶液[A.3.1.2.3b)]的体积(V_0)。

A.3.1.2.5 计算

样品中 L-谷氨酸含量按式(A.2)计算，其数值以%表示。

$$X_{A2}=\frac{0.147\,1\times c\times(V-V_0)}{m}\times 100 \quad \cdots\cdots(A.2)$$

式中：

X_{A2}——样品中谷氨酸含量，%；

V——试液消耗氢氧化钠标准溶液的体积，单位为毫升(mL)；

V_0——空白消耗氢氧化钠标准溶液的体积，单位为毫升(mL)；

c——1.00 mL 氢氧化钠标准溶液[$c(NaOH)=1.000$ mol/L]相当于 L-谷氨酸($C_5H_9NO_4$)的质量,单位为克(g);

m——样品质量,单位为克(g)。

计算结果精确至小数点后一位。

A.3.1.2.6 允许差

同 7.3.1.6。

A.3.2 比旋光度

A.3.2.1 吸取试液[A.3.1.1.4a)],按 7.5 进行测定。

A.3.2.2 分析结果的表述

若采用钠光谱 D 线,1 dm 旋光管,在 20℃(液温)测定时,可直接读数;试液温度为 t℃时,则须按式(A.3)换算:

$$X_{A3}=[\alpha]_D^t-0.06(20-t)\times 100 \qquad \text{(A.3)}$$

式中:

X_{A3}——样品的比旋光度$[\alpha]_D^{20}$,单位为度(°);

$[\alpha]_D^t$——在 t℃时试液的比旋光度,单位为度(°);

t——测定时试液的温度,单位为摄氏度(℃);

0.06——温度校正系数。

计算结果精确至小数点后第一位。

A.3.2.3 允许差

同一样品两次测定,绝对值之差不得超过 0.02%。

A.3.3 透光率

A.3.3.1 仪器

分光光度计:精度±0.5%。

A.3.3.2 试剂

a) 盐酸;

b) 盐酸溶液[$c(HCl)=2$ mol/L]:量取盐酸[A.3.3.2a)]16.5 mL,注入 100 mL 水中,摇匀。

A.3.3.3 分析步骤

称取试样 5 g,精确至 0.1 g,用盐酸溶液[A.3.3.2b)]溶解并定容至 100 mL,摇匀,作为试液,用试样液冲洗比色皿,并用 1 cm 比色皿以同批盐酸溶液[A.3.3.2b)] 调零点,在波长 590 nm 处,测定其透光率。

A.3.3.4 允许差

同 7.4.3。

A.3.4 硫酸盐

A.3.4.1 原理

同 7.10.1。

A.3.4.2 试剂和溶液

同 7.10.3。

A.3.4.3 分析步骤

吸取试样液[A.3.1.1.4a)]1.00 mL,加 17mL 水、2mL 盐酸[10%(体积分数)],作为样品管;吸取 3.50 mL 硫酸盐标准溶液,加 14.5 mL 水、2 mL 盐酸[10%(体积分数)],作为标准对照管,以下按 7.10.4 进行测定。

若样品管浊度不高于标准管浊度,即硫酸盐含量≤0.35%。

附 录 B
（资料性附录）
谷氨酸钠的鉴别试验

B.1 氨基酸的确认

B.1.1 原理

在加热情况下，试样液中的氨基酸与茚三酮反应，生成紫色化合物。

B.1.2 试剂和溶液

1 g/L 茚三酮溶液：称取茚三酮 0.1 g，精确至 0.01 g，加水溶解，稀释至 100 mL。

B.1.3 分析步骤

B.1.3.1 称取试样 0.1 g，精确至 0.01 g，加水溶解并稀释至 100 mL；

B.1.3.2 吸取 5.0 mL 试样液（B.1.3.1），加入茚三酮溶液（B.1.2）1.0 mL，混匀，于水浴中加热 3 min，取出，观测。

若最终溶液呈现紫色，则确认为氨基酸。

B.2 钠盐的确认

B.2.1 原理

钠盐在无色或蓝色火焰中燃烧，呈黄色火焰。

B.2.2 试剂

盐酸。

B.2.3 器具

铂针（一端镶入玻璃棒中）：直径 0.8 mm，长 20 mm。

本生灯。

B.2.4 鉴别步骤

取少量试样（约 0.5 g），加 1 mL 盐酸（B.2.1）溶解，将铂针尖端插入试液内约 5 mm。然后，把铂针平放在本生灯的无色或蓝色火焰中燃烧。

若呈现黄色火焰，并持续约 4 s，则确认是钠盐。

ICS 71.040
G 04

中华人民共和国国家标准

GB/T 9008—2007
代替 GB/T 9008—1988

液相色谱法术语 柱色谱法和平面色谱法

Terms of liquid chromatography—Column chromatography and planar chromatography

2007-08-13 发布　　2008-02-01 实施

中华人民共和国国家质量监督检验检疫总局
中国国家标准化管理委员会　发布

前言

本标准代替 GB/T 9008—1988《液相色谱法术语　柱液相色谱法和平面色谱法》。

本标准与 GB/T 9008—1988 相比主要变化如下：

——删除了 1988 年版标准的超临界流体色谱法、微粒柱、填充毛细管柱、微径柱、火焰离子化检测器(FID)、微处理机、薄壳型填充剂、停留进样、符号(见 1988 年版标准的 3.6.2、4.7.1、4.7.2、4.7.4、4.16.8、4.22、5.2.2、7.28、第 8 章)。

——增加了超高压液相色谱法(UPLC)、反相高效液相色谱法(RHPLC)、反相离子对色谱法、色谱仪、离子色谱仪、多维色谱仪、液相色谱-质谱联用仪、薄层色谱仪、多用色谱仪、柱入口、柱出口、分离柱、光电二极管阵列检测器、蒸发光散射检测器、质谱检测器、无孔型填充剂、相比、峰容量(见本版标准的 3.6.1.1、3.6.2、3.6.7.1、4.1、4.1.1.2、4.1.1.3、4.1.1.4、4.1.2、4.1.3、4.7.1、4.7.2、4.7.4、4.16.8、4.16.11、4.16.12、5.2.2、6.19、7.39)。

——修订了 1988 年版标准的标准名称、范围、规范性引用文件、亲和色谱法、离子交换色谱法、离子色谱法、液相色谱仪、凝胶渗透色谱仪、预柱、保护柱、浓缩柱、柱后反应器、固定相、流动相、脱气(见本版标准的封面、第 1 章、第 2 章、3.6.4、3.6.5、3.6.5.1、4.1.1、4.1.1.1、4.8、4.8.1、4.8.3、4.20、5.1、5.6、7.36)。

本标准的附录 A 为资料性附录。

本标准由中国石油和化学工业协会提出。

本标准由全国化学标准化技术委员会(SAC/TC 63)归口。

本标准由中化化工标准化研究所负责起草。

本标准主要起草人：梅建、陈莉平、王晓兵。

本标准于 1988 年 4 月首次发布。

液相色谱法术语
柱色谱法和平面色谱法

1 范围

本标准界定了液相色谱法——柱色谱法和平面色谱法术语及有关符号。

本标准适用于涉及液相色谱法术语的各级标准、技术文件、书刊的编写。本标准不适用于电泳及其有关的术语。

2 规范性引用文件

下列文件中的条款通过本标准的引用而成为本标准的条款。凡是注日期的引用文件，其随后所有的修改单(不包括勘误的内容)或修订版均不适用于本标准，然而，鼓励根据本标准达成协议的各方研究是否可使用这些文件的最新版本。凡是不注日期的引用文件，其最新版本适用于本标准。

GB/T 4946　气相色谱法术语

JJG 705　液相色谱仪

3 一般术语　general terms

3.1

液相色谱法(LC)　liquid chromatography

用液体作为流动相的色谱法。

注：中文术语后圆括号内的英文大写正楷字母表示该术语的英文缩写词，下同。

3.2

液-液色谱法(LLC)　liquid-liquid chromatography

将固定液涂渍在载体上作为固定相的液相色谱法。

3.3

液-固色谱法(LSC)　liquid-solid chromatography

用固体(一般指吸附剂)作为固定相的液相色谱法。

3.4

正相液相色谱法　normal phase liquid chromatography

固定相的极性较流动相的极性强的液相色谱法。

3.5

反相液相色谱法(RPLC)　reversed phase liquid chromatography

固定相的极性较流动相的极性弱的液相色谱法。

3.6

柱液相色谱法　liquid column chromatography

在柱管内进行组分分离的液相色谱法。

注：本标准中柱色谱法仅含柱液相色谱法，其他相同。

3.6.1

高效液相色谱法(HPLC)　high performance liquid chromatography

具有高分离效能的柱液相色谱法。

3.6.1.1

超高压液相色谱法(UPLC)　ultrahigh pressure liquid chromatography

与传统高效液相色谱法(HPLC)相比,在更高操作压力下进行分离分析的液相色谱法。

3.6.2

反相高效液相色谱法(RHPLC)　reversed phase high performance liquid chromatography

由非极性固定相和极性流动相组成的体系,用来分析能溶于极性或弱极性溶剂中的有机物的液相色谱法。

3.6.3

体积排除色谱法(SEC)　size exclusion chromatography

用化学惰性的多孔性物质作为固定相,试样组分按分子体积(严格来讲是流体力学体积)进行分离的液相色谱法。

3.6.3.1

凝胶过滤色谱法　gel filtration chromatography

水或水溶液作为流动相的体积排除色谱法。

3.6.3.2

凝胶渗透色谱法(GPC)　gel permeation chromatography

有机溶剂作为流动相的体积排除色谱法。

3.6.4

亲和色谱法　affinity chromatography

利用某待分离物质和固定相连接的配位体之间存在特殊选择性实现混合物中该物质高选择性分离的色谱法。

3.6.5

离子交换色谱法(IEC)　ion exchange chromatography

以静电交换作用分离离子型化合物的液相色谱法。

3.6.5.1

离子色谱法　ion chromatography

根据离子性化合物与固定相表面离子性功能基团之间的电荷相互作用来进行离子性化合物分离和分析的色谱法。

3.6.6

离子抑制色谱法　ion suppression chromatography

通过调节流动相的 pH 值来抑制试样组分的电离,以分离离子型化合物的液相色谱法。

3.6.7

离子对色谱法　ion pair chromatography

用形成离子对化合物进行分离的液相色谱法。

3.6.7.1

反相离子对色谱法　reversed phase ion pair chromatography

用适当的离子对试剂与被测离子结合,生成具有一定疏水性的中性离子对化合物,用反相分配色谱进行分离的色谱法。

3.6.8

疏水作用色谱法　hydrophobic interaction chromatography

用适度疏水性的固定相,含盐的水溶液作为流动相,及疏水作为分离生物大分子化合物的液相色谱法。

3.6.9

制备液相色谱法　preparative liquid chromatography

用处理较大量试样的色谱系统,通过分离、切割和收集组分,以提纯化合物的液相色谱法。

3.7

平面色谱法　planar chromatography

在平面介质上进行组分分离的色谱法。

3.7.1

纸色谱法　paper chromatography

用纸作为固定相或载体的平面色谱法。

3.7.1.1

环形纸色谱法　circular paper chromatography

采用圆形纸,流动相由纸中心向四周移动的纸色谱法。

3.7.2

薄层色谱法(TLC)　thin layer chromatography

载板上涂布或烧结一薄层物质作为固定相,并具有高分离效能的平面色谱法。

3.7.2.1

高效薄层色谱法(HPTLC)　high performance thin layer chromatography

用高分离效能薄层板的色谱法。

3.7.2.2

浸渍薄层色谱法　impregnated thin layer chromatography

用浸渍在薄层板上的有机或无机物质作为固定相的薄层色谱法。

3.7.2.3

凝胶薄层色谱法　gel thin layer chromatography

用溶胀的凝胶作为固定相的薄层色谱法。

3.7.2.4

离子交换薄层色谱法　ion exchange thin layer chromatography

用离子交换剂作为固定相的薄层色谱法。

3.7.2.5

制备薄层色谱法　preparative thin layer chromatography

在载板上增加薄层的厚度,使其能处理较大量试样,以提纯化合物的薄层色谱法。

3.7.2.6

薄层棒色谱法　thin layer rod chromatography

在石英棒或石英管外壁上涂布一薄层物质作为固定相的薄层色谱法。

4　仪器　apparatus

4.1

色谱仪　chromatograph

应用色谱法对物质进行定性、定量分析,及研究物质的物理、化学特性的仪器。

4.1.1

液相色谱仪　liquid chromatograph

用液体作为流动相,由输液系统、进样器、色谱柱(柱温箱)检测器和数据记录处理装置等部分组成的分析仪器。

[JJG 705]

4.1.1.1

凝胶渗透色谱仪　gel permeation chromatograph

流动相为有机溶剂，固定相是化学惰性的多孔物质(如凝胶)的色谱仪。

4.1.1.2

离子色谱仪　ion chromatograph

对阳离子和阴离子混合物进行分离和检测的色谱仪。

4.1.1.3

多维色谱仪　multidimentionnal chromatograph

由两种或两种以上的色谱仪组合起来的具有分离复杂样品中多组分功能的色谱仪。

4.1.1.4

液相色谱-质谱联用仪　liquid chromatograph-mass spectrometer

具有高分离能力的液相色谱与可提供丰富结构信息的质谱仪组合联机使用的分析仪器。

4.1.2

薄层色谱仪　thin layer chromatograph

用载板上涂布或烧结一薄层物质作为固定相的平面色谱法。

4.1.3

多用色谱仪　unified chromatograph

可以单独进行气相色谱、超临界流体色谱和微柱液相色谱操作，或在一次色谱分析中改变流动相对同一种或两种以上类型色谱分析的色谱仪。

4.2

涂布器　spreader

将固定相及黏合剂等制成的浆状物均匀地涂布成薄层板或棒的装置。

4.3

点样器　sample applicator

能定量地将试样加在纸、薄层板或棒上的器件。

4.4

进样器　sample injector

能定量地将试样注入色谱系统的器件或装置。

4.5

储液器　reservoir

液相色谱仪中存储流动相的容器。

4.6

流分收集器　fraction collector

按色谱峰流出的信号或时间间隔收集流出液的装置。

4.7

(色谱)柱　(chromatographic) column

内有固定相用以分离混合组分的柱管。

注：术语和英文名称中圆括号内的字表示可省略的字，下同。

4.7.1

柱入口　column inlet

流动相引入柱的端口。

4.7.2

柱出口　column outlet

流动相退出柱的端口。

4.7.3

空心柱(开管柱) open tubular column

内壁有固定相的开口的毛细管柱。

4.7.4

分离柱　separating column

完成溶质分离的柱管。

4.7.5

混合柱　mixed column

填充有两种或两种以上混合固定相的色谱柱。

4.7.6

组合柱　coupled column

串联或并联不同性能的固定相的色谱柱。

4.8

预柱　pre-column

置于泵和进样器之间预处理流动相的一个柱管。

4.8.1

保护柱　guard column

放置在进样器和分离柱之间的防护柱。

4.8.2

预饱和柱　presaturation column

使流动相在进入色谱柱前被固定液饱和,以防止色谱柱内固定液流失而具有较高固定液含量的预柱。

4.8.3

浓缩柱　concentrating column

在分离柱上洗脱之前为了收集稀释样品而在循环进样器管线内放置的一个小柱。

4.9

抑制柱　suppressed column

离子色谱法中,利用离子交换反应抑制色谱柱后流出液中的高电导率离子的柱管。

4.10

薄层板　thin layer plate

涂布有固定相薄层的载板。

4.10.1

浓缩区薄层板　concentrating zone thin layer plate

前段涂布惰性物质,后段涂布固定相的薄层板。

4.10.2

荧光薄层板　fluorescence thin layer plate

涂布的固定相薄层中加有荧光物质的薄层板。

4.10.3

反相薄层板　reversed phase thin layer plate

用非极性物质浸渍或用非极性的化学键合相涂布的薄层板。

4.10.4

梯度薄层板　gradient thin layer plate

用两种不同极性的固定相,其比例在单一方向上呈梯度变化而涂布成的薄层板。

4.10.5

烧结板　sintered plate

将固定相烧结在载板上,供反复使用的薄层板。

4.11

展开室　development chamber

平面色谱法中展开时使用的容器。

4.11.1

夹层(展开)室　sandwich (development) chamber

用薄层板作为室的一壁,未涂布的玻璃板为另一壁。二边用垫片密封,组成体积很小的展开室。

4.12

往复泵　reciprocating pump

用电动机驱动活塞在液缸内作往复运动,从而输送流动相的部件。

4.13

注射泵　syringe pump

用电动机驱动,液缸内活塞以一定的速率向前推进,从而输送流动相的部件。

4.14

气动泵　pneumatic pump

用气体作动力驱动活塞输送流动相的部件。

4.15

蠕动泵　peristaltic pump

用挤压富有弹性的软管的方式,从而输送流动相的部件。

4.16

检测器　detector

能检测色谱柱流出组分及其量的变化的部件。

4.16.1

微分检测器　differential detector

将化合物定量地转化为可测的物理信号的部件。

4.16.2

积分检测器　integral detector

响应值取决于组分累积量的检测器。

4.16.3

总体性能检测器　bulk property detector

响应值取决于流出液某些物理性质的总变化的检测器。

4.16.4

溶质性能检测器　solute property detector

响应值取决于流出液中组分的物理或化学特性的检测器。

4.16.5

(示差)折光率检测器　(differential) refractive index detector

利用流出液和流动相之间折光率的差异而产生电信号的检测器。

4.16.6

荧光检测器　fluorescence detector

利用组分在光源激发下发射荧光而产生电信号的检测器。

4.16.7

紫外-可见光检测器　ultraviolet-visible detector

利用组分在紫外-可见光的波长范围内有特征吸收而产生电信号的检测器。

4.16.8

光电二极管阵列检测器　photodiode array detector

利用光电二极管阵列(或 CCD 阵列,硅靶摄像管等)作为检测元件的检测器。

4.16.9

电化学检测器　electrochemical detector

通过色谱柱流出物的电化学过程而产生电信号的检测器。

4.16.10

(激光)光散射检测器　(laser) light scattering detector

利用激光器作光源,测量高分子溶液散射光强度的电信号的一种分子量检测器。

4.16.11

蒸发光散射检测器　evaporative light-scattering detector

基于溶质的光散射性质设计的检测器。

4.16.12

质谱检测器　mass spectrometry detector

采用不同的离子化方式,将待测物电离形成带电离子,然后按照质荷比值分离、检测的检测器。

4.17

光密度计　densitometer

利用一定波长和强度的光束照射在纸或薄层板上展开的斑点,以测量透射或反射光强度变化的器件。

4.17.1

薄层扫描仪　thin layer scanner

在平面色谱法中,对展开的斑点进行扫描测量的光密度计。

4.18

柱后反应器　post-column reactor

对色谱柱流出组分进行化学反应提高检测器灵敏度的器件。

4.19

体积标记器　volume marker

在体积排除色谱法中,标记淋洗体积的记录或计数的器件。

4.20

记录器　recorder

记录由检测系统所产生的随时间变化的电信号的仪器。

4.21

积分仪　integrator

按时间累积检测系统所产生电信号的仪器。

5　固定相和流动相　stationary phase and mobile phase

5.1

固定相　stationary phase

色谱柱内、薄层板、薄层棒或纸上(包括纸本身)不移动的、起分离作用的高沸点的液体。

5.1.1

固定液　stationary liquid

固定相的组成部分,指涂渍在载体表面起分离作用的物质。

5.1.2

载体　support

负载固定液的惰性固体物质。

5.2

柱填充剂　column packing

用于填充色谱柱的粒状固定相。

5.2.1

化学键合相填充剂　chemically bonded phase packing

用化学反应在载体表面键合特定基团的填充剂。

5.2.2

无孔型填充剂　non-porous packing

在惰性核表面有一均匀多孔薄层的填充剂。

5.2.3

多孔型填充剂　porous packing

颗粒表面的孔延伸到颗粒内部的填充剂。

5.2.4

吸附剂　adsorbent

具有吸附活性并用于色谱分离的固体物质。

5.2.5

离子交换剂　ion exchanger

一种具有可交换离子的聚合电解质，能参与溶液中离子的交换作用而不改变本身一般物理特性。

5.3

基体　matrix

负载亲和配位体或其他活性基团的固体物质。

5.4

载板　support plate

负载固定相薄层的平面介质(一般为玻璃、金属或塑料板)。

5.5

黏合剂　binder

使固定相或载体粘附在载板上的添加物。

5.6

流动相　mobile phase

沿着平面或经过柱洗脱样品组分的液体。

5.6.1

洗脱(淋洗)剂　eluent

在柱液相色谱法中用作流动相的液体。

注：括号内的词系在体积排除色谱法中使用的术语，下同。

5.6.2

展开剂　developer

在平面色谱法中用作流动相的液体。

5.6.3

等水溶剂　isohydric solvent

在液固色谱法中，调配一定含水量的、不引起吸附剂活性变化的流动相。

5.6.4

改性剂 modifier

加入流动相中能改变分离性能的少量的试剂或溶剂。

5.7

显色剂 color (developing) agent

在纸或薄层板上使组分产生颜色的试剂。

6 色谱参数 chromatographic parameter

6.1

死时间 (t_M) dead time

不被固定相滞留的组分,从进样到出现峰最大值所需的时间(参见附录A中图A.1)。

单位为分(min)。

[GB/T 4946]

6.2

保留时间(t_R) retention time

组分从进样到出现峰最大值所需的时间(参见附录A中图A.1)。

单位为分(min)。

[GB/T 4946]

6.2.1

调整保留时间 (t'_R) adjusted retention time

减去死时间的保留时间,可由式(1)表示(参见附录A中图A.1)。

$$t'_R = t_R - t_M \quad \cdots\cdots (1)$$

式中:

t_R——保留时间,单位为分(min);

t_M——死时间,单位为分(min)。

[GB/T 4946]

6.3

死体积 (V_M) dead volume

不被固定相滞留的组分,从进样到出现峰最大值所需的流动相的体积,可由式(2)表示。

$$V_M = t_M \times F_c \quad \cdots\cdots (2)$$

式中:

t_M——死时间,单位为分(min);

F_c——校正到柱温下流动相体积流量,单位为毫升每分(mL/min)。

[GB/T 4946]

6.3.1

流动相流量(F_c) flow rate of mobile phase

在色谱柱出口的温度和压力下测得并校正到柱温时的流动相的体积流量。

单位为毫升每分(mL/min)。

[GB/T 4946]

6.4

保留体积 (V_R) retention volume

组分从进样到出现峰最大值所需的流动相的体积,可由式(3)表示。

$$V_R = t_R \times F_c \quad \cdots\cdots (3)$$

式中：

t_R——保留时间，单位为分(min)；

F_c——校正到柱温下流动相体积流量，单位为毫升每分(mL/min)。

[GB/T 4946]

6.4.1

调整保留体积 (V'_R) adjusted retention volume

减去死体积的保留体积，可由式(4)表示。

$$V'_R = V_R - V_M \qquad (4)$$

式中：

V_R——保留体积，单位为毫升(mL)；

V_M——死体积，单位为毫升(mL)。

[GB/T 4946]

6.5

粒间体积(V_0) interstitial volume

色谱柱填充剂颗粒间隙中流动相所占有的体积。

单位为毫升(mL)。

6.6

(多孔填充剂的)孔体积(V_p) pore volume(of porous packing)

色谱柱中多孔填充剂的所有孔洞中流动相所占有的体积。

单位为毫升(mL)。

6.7

柱外体积 (V_{ext}) extra-column volume

从进样系统到检测器之间色谱柱以外的液路部分中流动相所占有的体积。

单位为毫升(mL)。

6.8

液相总体积 (V_{tol}) total liquid volume

粒间体积、孔体积和柱外体积之和，可由式(5)表示。

$$V_{tol} = V_0 + V_p + V_{ext} \qquad (5)$$

式中：

V_0——粒间体积，单位为毫升(mL)；

V_P——(多孔填充剂的)孔体积，单位为毫升(mL)；

V_{ext}——柱外体积，单位为毫升(mL)。

6.9

洗脱(淋洗)体积 (V_e) elution volume

从进样开始计算的通过色谱柱的实际淋洗剂体积。

单位为毫升(mL)。

6.10

流体体积 (V_h) hydrodynamic volume

每摩尔的高分子化合物在溶液中运动时所占有的体积。其与高分子化合物的相对分子质量和特性黏数的乘积成正比，可由式(6)表示。

$$V_h \propto [\eta] \times M \qquad (6)$$

式中：

M——相对分子质量；

［η］——特性黏数。

流体体积（V_h）单位为毫升(mL)。

6.11

相对保留值（$r_{i,s}$） relative retention value

在相同操作条件下，组分除以参比组分的调整保留值，可由式(7)表示。

$$r_{i,s} = \frac{t'_{R(i)}}{t'_{R(s)}} = \frac{V'_{R(i)}}{V'_{R(s)}} \qquad \cdots\cdots(7)$$

式中：

$t'_{R(i)}$——组分 i 的调整保留时间，单位为分(min)；

$t'_{R(s)}$——参比组分的调整保留时间，单位为分(min)；

$V'_{R(i)}$——组分 i 的调整保留体积，单位为毫升(mL)；

$V'_{R(s)}$——参比组分的调整保留体积，单位为毫升(mL)。

6.12

分离因子（α） separation factor

在相同操作条件下，二个相邻组分的调整保留值之比，可由式(8)表示。

$$\alpha = \frac{t'_{R(2)}}{t'_{R(1)}} = \frac{V'_{R(2)}}{V'_{R(1)}} \qquad \cdots\cdots(8)$$

6.13

流动相前沿 mobile phase front

由于毛细管作用，流动相沿纸或薄层板移动的前沿，一般是平行于流动相液面的直线(参见附录 A 中图 A.2)。

6.14

流动相迁移距离（d_m） mobile phase migration distance

原点至流动相前沿之间的距离(参见附录 A 中图 A.2)。

单位为毫米(mm)。

6.15

溶质迁移距离(d_s) solute migration distance

原点至溶质斑点中心之间的距离(参见附录 A 中图 A.2)。

单位为毫米(mm)。

6.16

比移值(R_f) R_f value

平面色谱法中，溶质迁移距离除以流动相迁移距离，可由式(9)表示。

$$R_f = \frac{d_s}{d_m} \qquad \cdots\cdots(9)$$

式中：

d_s——溶质迁移距离，单位为毫米(mm)；

d_m——流动相迁移距离，单位为毫米(mm)。

6.16.1

高比移值(R_{hf}) high R_f value

比移值乘以 100 的值，可由式(10)表示。

$$R_{hf} = R_f \times 100 \qquad \cdots\cdots(10)$$

6.16.2

相对比移值($R_{i,s}$) relative R_f value

组分除以参比物质的比移值，可由式(11)表示。

$$R_{i,s}=\frac{R_{f(i)}}{R_{f(s)}} \qquad \cdots\cdots(11)$$

式中：

$R_{f(i)}$——组分 i 的比移值；

$R_{f(s)}$——参比物质的比移值。

6.17

比移值保留常数值(R_M)　R_M value

与化合物的 R_f 值有关，表示化合物结构与色谱行为之间的关系，可由式(12)表示。

$$R_M=\log\left(\frac{1}{R_f}-1\right) \qquad \cdots\cdots(12)$$

式中：

R_f——比移值。

6.18

分配系数(K)　partition coefficient

在平衡状态时，组分在固定液中的质量浓度除以组分在流动相中的质量浓度，可由式(13)表示。

$$K=\frac{c_L}{c_m} \qquad \cdots\cdots(13)$$

式中：

c_L——组分在固定液中的质量浓度，单位为克每毫升(g/mL)；

c_m——组分在流动相中的质量浓度，单位为克每毫升(g/mL)。

[GB/T 4946]

6.19

相比(β)　phase ratio

色谱柱内固定相体积除以流动向体积，可由式(14)表示。

$$\beta=\frac{V_L}{V_m} \qquad \cdots\cdots(14)$$

式中：

V_L——柱内固定液的体积，单位为毫升(mL)；

V_m——柱内流动相的体积，单位为毫升(mL)。

6.20

容量因子(k')　capacity factor

在平衡状态时，组分在固定液中的质量除以组分在流动相中的质量，可由式(15)表示。

$$k'=K\frac{V_L}{V_m}=\frac{K}{\beta}=\frac{t'_R}{t_M} \qquad \cdots\cdots(15)$$

式中：

K——分配系数；

V_L——柱内固定液的体积，单位为毫升(mL)；

V_m——柱内流动相的体积，单位为毫升(mL)；

t'_R——调整保留时间，单位为分(min)；

t_M——死时间，单位为分(min)；

β——相比。

[GB/T 4946]

6.21

板效能　plate efficiency

薄层板在色谱分离过程中由动力学因素所决定的分离效能。通常用理论板数、理论板高或板数每秒表示。

6.22

柱效 column efficiency

色谱柱在色谱分离过程中主要由动力学因素所决定的分离效能。通常用理论板数、理论板高或有效板数表示。

[GB/T 4946]

6.22.1

理论板数(n) number of theoretical plate

表示柱效能的物理量,可由式(16)表示。

$$n = 5.54\left(\frac{t_R}{w_{h/2}}\right)^2 = 16\left(\frac{t_R}{w}\right)^2 \qquad (16)$$

式中:

t_R——保留时间,单位为分(min);

w——峰宽,单位为毫米(mm),或以时间表示,单位为分(min);

$w_{h/2}$——半高峰宽,单位为毫米(mm),或以时间表示,单位为分(min)。

[GB/T 4946]

6.22.2

有效板数(n_{eff}) number of effective plate

减去死时间后表示柱效能的物理量,可由式(17)表示。

$$n_{eff} = 5.54\left(\frac{t'_R}{w_{h/2}}\right)^2 = 16\left(\frac{t'_R}{w}\right)^2 \qquad (17)$$

t'_R——调整保留时间,单位为分(min);

w——峰宽,单位为分(min);

$w_{h/2}$——半高峰宽,单位为分(min)。

[GB/T 4946]

6.22.3

理论板高(H) height equivalent to a theoretical plate

单位理论板的长度。柱长除以理论板数,可由式(18)表示。

$$H = \frac{L}{n} \qquad (18)$$

式中:

L——柱长,单位为毫米(mm);

n——理论板数。

[GB/T 4946]

6.22.4

折合板高(r_h) reduced plate height

折合成固定相单位粒径的理论板高,可由式(19)表示。

$$r_h = \frac{H}{d_p} \qquad (19)$$

式中:

H——理论板高,单位为毫米(mm);

d_p——柱内固体颗粒的平均直径,单位为毫米(mm)。

6.23

分离度(I)　resolution

两个相邻色谱峰的分离程度，以两个组分保留时间之差除以其平均峰宽值，可由式(20)表示(参见附录A中图A.3)。

$$I = 2\left(\frac{t_{R_2} - t_{R_1}}{w_1 + w_2}\right) \quad \cdots\cdots(20)$$

式中：

t_R——保留时间，单位为分(min)；

w_1、w_2——两个相邻色谱峰的峰宽，单位为分(min)。

6.24

响应值　response

组分通过检测器所产生的信号。

[GB/T 4946]

6.24.1

相对响应值(s)　relative response

单位量物质除以单位量参比物质的响应值，可由式(21)或式(22)表示。

$$s_m = \frac{A_i/m_i}{A_s/m_s} \quad \cdots\cdots(21)$$

$$s_V = \frac{A_i/V_i}{A_s/V_s} \quad \cdots\cdots(22)$$

式中：

s_m——相对质量响应值；

s_V——相对体积响应值；

A_i——组分 i 的峰面积，单位为平方厘米(cm^2)；

A_s——参比物质的峰面积，单位为平方厘米(cm^2)；

m_i——组分 i 的质量，单位为克(g)；

m_s——参比物质的质量，单位为克(g)；

V_i——组分 i 的体积，单位为毫升(mL)；

V_s——参比物质的体积，单位为毫升(mL)。

[GB/T 4946]

6.25

校正因子(f)　correction factor

相对响应值的倒数，它与峰面积的乘积正比于物质的量。

[GB/T 4946]

6.26

灵敏度(S)　sensitivity

通过检测器的物质量变化 ΔQ 时，响应信号的变化率。用响应信号的变量(ΔE)除以物质量的变量(ΔQ)表示，见式(23)。

$$S = \frac{\Delta E}{\Delta Q} \quad \cdots\cdots(23)$$

式中：

ΔE——响应信号的变量；

ΔQ——物质量的变量。

6.27

检测限(D)　detectability

随单位体积的流动相或在单位时间内进入检测器的组分所产生的信号等于基线噪声二倍时的量。用二倍基线噪声除以灵敏度表示，见式(24)。

$$D = \frac{2N}{S} \qquad \cdots\cdots(24)$$

式中：

N——基线噪声，单位为毫伏(mV)；

S——灵敏度，单位为毫伏毫升每毫克(mV・mL/mg)，或毫伏毫升每毫升(mV・mL/mL)(浓度型检测器)；安秒每克(A・s/g) 或毫伏秒每克(mV・s/g)(质量型检测器)。

[GB/T 4946]

6.28

线性范围　linear range

检测信号与被检测物质的量呈线性关系的浓度和质量范围。

6.29

流动相平均线速($\bar{u}$)　mean linear velocity of mobile phase

流动相沿色谱柱轴向移动的平均速度，可由式(25)表示。

$$\bar{u} = \frac{L}{t_M} \qquad \cdots\cdots(25)$$

式中：

L——柱长，单位为厘米(cm)；

t_M——死时间，单位为秒(s)。

6.30

折合流动相速度校正系数(v)　reduced mobile phase velocity

对流动相平均线速进行校正。经校正后，可以使折合板高的计算与固定相的粒径无关，可由式(26)表示。

$$v = \frac{\bar{u} d_p}{D_M} \qquad \cdots\cdots(26)$$

式中：

$\bar{u}$——流动相平均线速，单位为厘米每秒(cm/s)；

d_p——柱内固体颗粒的平均直径，单位为厘米(cm)；

D_M——组分在流动相中的扩散数。单位为平方厘米每秒(cm^2/s)。

6.31

液相载荷量　liquid phase loading

在填充柱中，固定液与固定相(包括固定液和载体)的相对量，用质量分数表示。

6.32

离子交换容量　ion exchange capacity

单位质量或体积的离子交换剂中含有可交换的离子的毫摩尔数。

6.33

负载容量　loading capacity

在柱效能下降不超过 10% 的情况下色谱柱的最大进样量。

6.34

渗透极限 permeability limit

在体积排除色谱法中，柱上能够进行分离的高分子化合物最低相对分子质量值。

注：早期资料中此术语与排除极限($V_{h\,max}$) exclusion limit 同义。

6.35

排除极限($V_{h\,max}$) exclusion limit

在体积排除色谱法中，柱上能够进行分离的高分子化合物最高相对分子质量值。

6.36

拖尾因子(T) tailing factor

在峰高5%的峰宽除以峰极大至前伸沿之间二倍距离，可由式(27)表示(参见附录A中图A.4)。

$$T = \frac{w_{h/0.05}}{2d_L} \qquad (27)$$

式中：

$w_{h/0.05}$——0.05峰高处的峰宽，单位为厘米(cm)；

d_L——峰极大至前伸沿之间的距离，单位为厘米(cm)。

6.37

柱外效应 extra-column effect

从进样系统到检测器之间色谱柱以外的液路部分，由于进样方式、柱后扩散等因素对柱效能所产生影响。

6.38

管壁效应 wall effect

组分在流动相内移动的过程中，由于色谱柱中央和边缘部分的流速不一致所产生的径向扩散的影响。

6.39

间隔臂效应 spacer arm effect

配位体与基体之间连接的间隔臂分子的间隔长度，对配位体与大分子之间的亲和力所产生的影响。

6.40

边缘效应 edge effect

当使用混合溶剂时，由于同一组分在纸或薄层板的中部与两边缘移动速度不同，致使其 R_f 值不同的现象。

7 色谱图及其他 chromatogram and others

7.1

色谱图 chromatogram

色谱柱流出物通过检测器系统时所产生的响应信号对时间或流动相流出体积的曲线图，或者通过适当方法观察到的纸色谱或薄层色谱斑点、谱带的分布图。

7.2

(色谱)峰 (chromatographic) peak

色谱柱流出组分通过检测器系统时所产生的响应信号的微分曲线。

7.2.1

峰底 peak base

从峰的起点与终点之间连接的直线(参见附录A中图A.1中的CD)。

7.2.2

峰高(h)　peak height

从峰最大值到峰底的距离(参见附录A中图A.1中的BE)。

7.2.3

峰宽(w)　peak width

在峰两侧拐点(参见附录A中图A.1中的F,G)处所作切线与峰底相交两点间的距离(参见附录A中图A.1中的KL)。

7.2.4

半高峰宽($w_{h/2}$)　peak width at half height

通过峰高的中点作平行于峰底的直线,此直线与峰两侧相交两点之间的距离(参见附录A中图A.1中的HJ)。

7.2.5

峰面积(A)　peak area

峰与峰底之间的面积(参见附录A中图A.1中的$CHEJD$组成的面积)。

7.2.6

拖尾峰　tailing peak

后沿较前沿平缓的不对称的峰。

7.2.7

前伸峰　leading peak

前沿较后沿平缓的不对称的峰。

7.2.8

假峰　ghost peak

并非由试样所产生的峰。

7.3

原点　origin

纸或薄层板上滴加试样部位的中心点(参见附录A中图A.2)。

7.4

斑点　spot

平面色谱法中,组分在展开和显谱后呈现近似圆形或椭圆形的区域(参见附录A中图A.2)。

7.5

色区　zone

在色谱柱、纸或薄层板上被分离组分所占有的区域。

7.5.1

色区拖尾　zone tailing

由于物理、化学等作用的影响,一种组分在展开后形成的慧星形状斑点。

7.5.2

复斑　multiple spot

一种组分展开后形成的二个或多个清晰斑点。

7.6

基线　baseline

在正常操作条件下,仅有流动相通过检测器系统时所产生的响应信号的曲线。

7.6.1

基线漂移　baseline drift

基线随时间定向的缓慢变化。

7.6.2

基线噪声（*N*）　baseline noise

由于各种原因所引起的基线波动。

7.7

斑点定位法　localization of spot

利用显色剂或其他化学、物理、生物等方法确定每个组分在纸或薄层板上的位置的方法。

7.8

放射自显影法　autoradiography

利用化合物含放射性同位素，展开后以感光胶片或计数装置确定其在纸或薄层板上位置的方法。

7.9

生物自显影法　bioautography

利用抗生素组分的活性，展开后以细菌培养出现抑菌圈而确定其在纸或薄层板上位置的方法。

7.10

原位定量　in situ quantitation

试样经展开后，组分不用转移或洗脱，直接在纸或薄层板上进行定量测定。

7.11

归一法　normalization method

试样中全部组分都显示出色谱峰时，测量的全部峰值，经相应的校正因子校准并归一后，计算每个组分的体积分数的方法。

7.12

内标法　internal standard method

在已知量的试样中加入能与所有组分完全分离的已知量的内标物质，用相应的校正因子校准待测组分的峰值并与内标物质的峰值进行比较，求出待测组分的体积分数的方法。

7.13

外标法　external standard method

在相同的操作条件下，分别将等量的试样和含待测组分的标准试样进行色谱分析，比较试样与标准试样中待测组分的峰值，求出待测组分的体积分数的方法。

7.14

叠加法　addition method

测量试样中待测组分及一邻近组分的峰值后，在已知量的试样中加入一定量的待测组分，再测量此两组分的峰值，求出待测组分的体积分数的方法。

7.15

（分离作用的）校准函数或校准曲线　calibration function or curve (of separation)

在色谱柱的理想工作条件下，用数学函数或曲线形式表示的单分散高分子的分子参数（例如相对分子质量，特性黏数，流体力学体积等）与其保留体积之间的关系。

7.16

普适校准（曲线、函数）　universal calibration (curve, function)

在体积排除色谱法中，用流体力学体积作为分子参数的分离校准曲线或函数。

7.17

谱带扩展(加宽)　band broadening

由于纵向扩散、传质阻力等因素的影响,使组分在色谱柱内移动的过程中谱带宽度增加的现象。

7.18

加宽校正　broadening correction

在体积排除色谱法中,对谱带加宽引起的误差进行的校正。

7.19

加宽校正因子　broadening correction factor

对色谱峰的加宽进行校正的数值因子。

7.20

溶剂强度参数(ε^0)　solvent strength parameter

以溶剂作为流动相时,在选定的吸附剂上的洗脱能力的大小,相当于每一单位面积的吸附剂表面上溶剂的吸附能力。

7.21

洗脱序列　eluotropic series

根据溶剂强度参数由小到大排列的顺序。

7.22

洗脱(淋洗)　elution

流动相携带组分在色谱柱内向前移动并流出色谱柱的过程。

7.22.1

等度洗脱　isocratic elution

用单一的或一定组成的流动相连续洗脱的过程。

7.22.2

梯度洗脱　gradient elution

间断地或连续地改变流动相的组成或其他操作条件,从而改变其色谱洗脱能力的过程。

7.22.2.1

(线性)溶剂强度梯度　(linear) solvent strength gradient

流动相中溶剂强度参数较强或较弱的组分的体积百分数随时间或洗脱体积呈线性的变化。

7.22.3

(再)循环洗脱　recycling elution

色谱柱流出组分,经过再循环装置又送入色谱柱进行再分离,以增加分离程度的洗脱过程。

7.23

程序溶剂　programmed solvent

按照预定程序连续地或分阶地改变流动相组成的一种方法。

7.24

程序压力　programmed pressure

按照预定程序连续地或分阶地增加操作系统压力的一种方法。

7.25

程序流速　programmed flow

按照预定程序连续地或分阶地改变流动相移动速度的一种方法。

7.26

展开　development

流动相携带组分在纸或薄层板上向前移动,从而使组分得到分离的过程。

7.26.1

上行展开　ascending development

流动相沿纸或薄层板的下端不断地向上移动的展开过程。

7.26.2

下行展开　descending development

流动相沿纸或薄层板的上端不断地向下移动的展开过程。

7.26.3

双向展开　two dimensional development

将试样滴加在方形的纸或薄层板的一角，流动相沿纸或薄层板的一个方向展开，然后再沿垂直方向作第二次的展开过程。

7.26.4

环形展开　circular development

流动相由纸或薄层板的圆心不断地向四周移动的展开过程。

7.26.5

离心展开　centrifugal development

通过离心力，加速流动相由纸或薄层板的圆心不断地向四周移动的展开过程。

7.26.6

向心展开　centripetal development

流动相由圆形的纸或薄层板的四周不断地向圆心移动的展开过程。

7.26.7

径向展开　radial development

薄层色谱法中，将原点处附近的固定相部分刮去，使流动相只能通过原点附近的较窄部分不断地向前移动，流动相前沿呈弧形的展开过程。

7.26.8

连续展开　continuous development

流动相移动到纸或薄层板的预定位置并不断地除去，能够连续进行的展开过程。

7.26.9

多次展开　multiple development

流动相移动到纸或薄层板的预定位置后，除去流动相，再用同一流动相或不同的流动相，再沿此方向多次重复的展开过程。

7.26.10

分步展开　stepwise development

用两种或两种以上不同组成的流动相沿薄层板先后各自移动一定距离的展开过程。

7.26.11

梯度展开　gradient development

间断地或连续地改变流动相组成或其他操作条件的展开过程。

7.27

匀浆填充　slurry packing

用适当的溶剂将填充剂配制成匀浆悬浮液，然后在高压下填充色谱柱的方法。

7.28

阀进样　valve injection

试样的计量管连接在输送流动相的进样阀的旁路上，通过阀的切换，使流动相通过计量管注入试样的进样操作。

7.29

柱上富集　on-column enrichment

试样通过色谱柱时，使痕量组分在色谱柱上逐渐地增加的一种分离技术。

7.30

柱上检测　on-column detection

利用高灵敏检测技术，对毛细管柱中固定相末端的流出组分直接进行检测，以减少毛细管柱与检测器之间的柱外效应。

7.31

流出液　eluant

在色谱过程中，通过色谱柱后流出的液体。

7.32

柱寿命　column life

色谱柱保持在一定的柱效能条件下使用的期限。

7.33

柱流失　column bleeding

固定液随流动相流出柱外的现象。

7.34

显谱　visualization

纸和薄层板经展开以后，用适当方法显示色谱图的一系列操作过程。

7.35

活化　activation

在一定的温度条件下，加热处理吸附剂使其具有适度活性的过程。

7.36

脱气　degassing

除去流动相前或流动相中溶解气体的操作。

7.37

反冲　backflushing

在一些组分洗脱以后，将流动相反向通过色谱柱，使某些组分向相反方向移动的操作。

7.38

沟流　channeling

色谱柱填充层出现开裂的漕沟，使携带组分的流动相顺着漕沟移动，而不能与固定相充分有效接触的现象。

7.39

峰容量　peak capacity

色谱条件一定时，在指定的时间内，能够在色谱柱中流出的满足分离度要求的等高色谱峰的个数。

汉语拼音索引

B

C

D

F

G

H

J

K

L

T

W

X

Y

Z

英 文 索 引

A

B

C

D

E

F

G

M

N

O

P

R

S

T

U

V

附 录 A
（资料性附录）
色 谱 图

液相色谱法——柱色谱法和平面色谱法的色谱图见图 A.1～图 A.4。

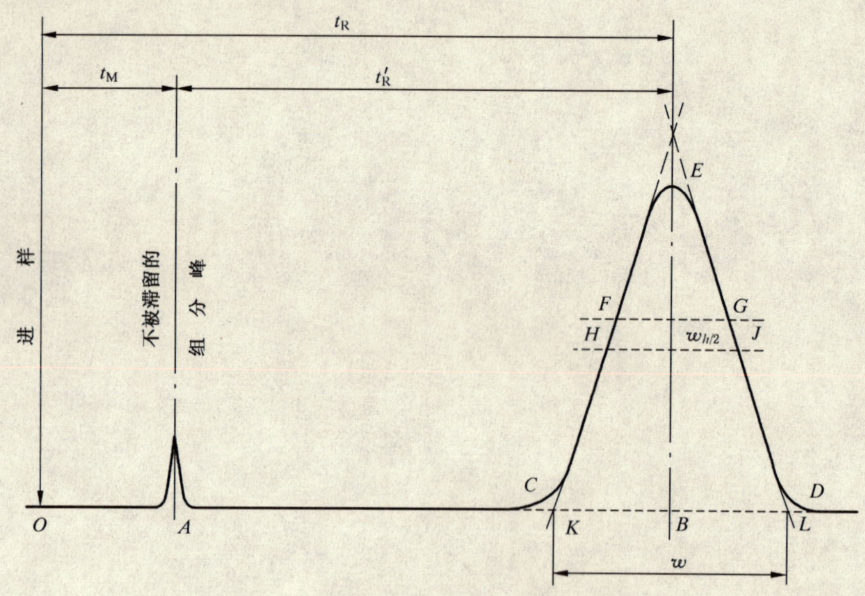

图 A.1

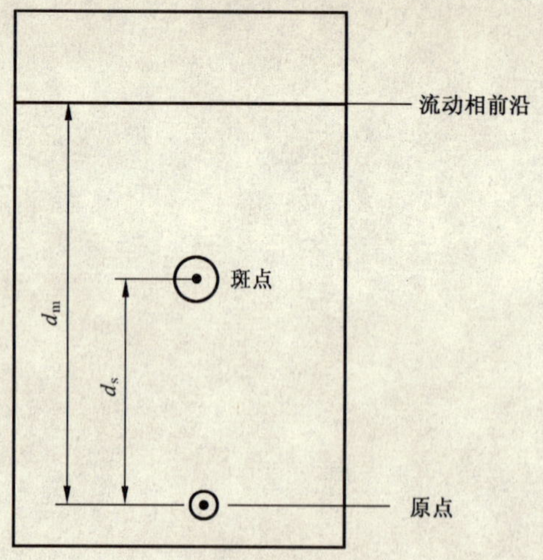

图 A.2

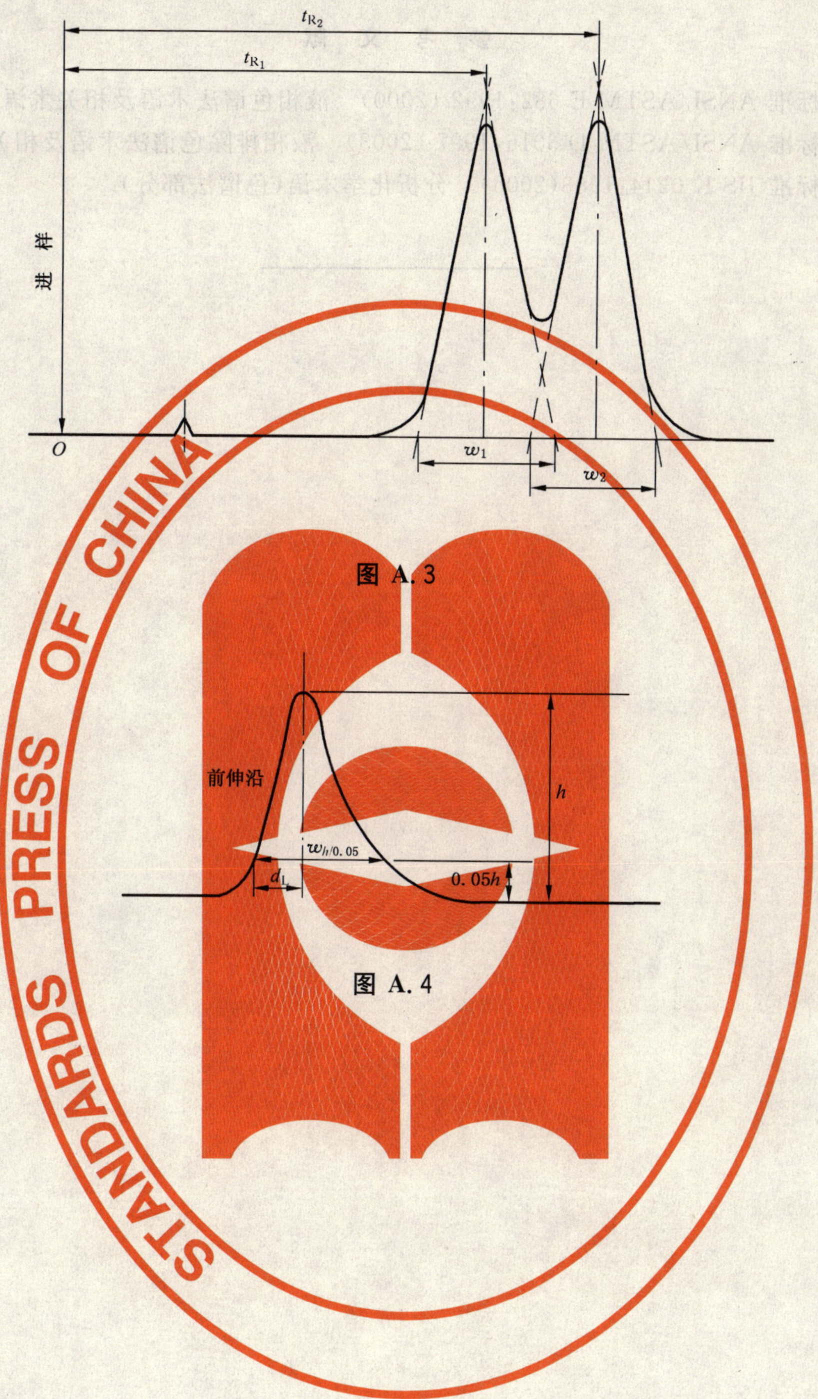

图 A.3

图 A.4

参 考 文 献

［1］ 美国标准 ANSI/ASTM E 682:1992 (2000) 液相色谱法术语及相关术语.

［2］ 美国标准 ANSI/ASTM D 3016:1997 (2003) 液相排除色谱法术语及相关术语.

［3］ 日本标准 JIS K 0214:1983(2005) 分析化学术语(色谱法部分).

ICS 91.100.01
Q 04

中华人民共和国国家标准

GB/T 9086—2007
代替 GB/T 9086—1988,GB/T 9087—1988

用于色度和光度测量的标准白板

The white standard plate for colorimetry and photometry

2007-07-23 发布　　　　2008-02-01 实施

中华人民共和国国家质量监督检验检疫总局
中国国家标准化管理委员会　发布

前　言

本标准代替 GB/T 9086—1988《用于色度和光度测量的陶瓷标准白板》和 GB/T 9087—1988《用于色度和光度测量的粉体标准白板》。

本标准与 GB/T 9086—1988 和 GB/T 9087—1988 相比主要变化如下：

——把用于色度和光度测量的陶瓷标准白板和用于色度和光度测量的粉体标准白板整合成一个标准。

——标准白板的尺寸改为“圆形直径不小于 25 mm，厚度不小于 6 mm”、“方形标准白板的边长不小于 45 mm，厚度不小于 6 mm”。

——删除了附录 A“粉体标准白板的制作和操作步骤”。

本标准由中国建筑材料工业协会提出。

本标准由全国白度标准样品标准化技术工作组（WG5）归口。

本标准负责起草单位：建筑材料工业技术监督研究中心。

本标准参加起草单位：北京康光仪器有限公司、中国计量科学研究院、北京奥博泰科技有限公司、北京光学仪器厂、北京辰泰克仪器技术有限公司、山东省平度市滑石矿业有限公司、辽宁艾海滑石有限公司、北京兴光测色仪器公司、辽宁仪表研究所、上海劲佳科学仪器有限公司。

本标准主要起草人：王桓、袁勃信、于忠章、王峰、齐颖、张亚茹、周悦放、李春业。

本标准委托建筑材料工业技术监督研究中心负责解释。

本标准所代替标准历次版本发布情况为：

——GB/T 9086—1988；

——GB/T 9087—1988。

用于色度和光度测量的标准白板

1 范围

本标准规定了用于色度和光度测量的标准白板的术语和定义、分类、技术要求、仪器和测量、证书与标志以及包装、运输和贮存。

本标准适用范围是用于色度和光度测量的标准白板。

2 规范性引用文件

下列文件中的条款通过本标准的引用而成为本标准的条款。凡是注日期的引用文件,其随后所有的修改单(不包括勘误的内容)或修订版均不适用于本标准,然而,鼓励根据本标准达成协议的各方研究是否可使用这些文件的最新版本。凡是不注日期的引用文件,其最新版本适用于本标准。

GB/T 3978 标准照明体及照明观测条件

GB/T 3979 物体色的测量方法

3 术语和定义

下列术语和定义适用于本标准。

3.1

完全反射漫射体(PRD) perfect reflecting diffuser

整个可见光波段的光谱反射比都为1,亮度分布与方向无关的理想均匀漫射体。

3.2

光谱反射比 $\rho(\lambda)$ spectral reflectance

在波长为λ(nm)的光照射下,样品在2π范围内的反射通量之比。

3.3

陶瓷标准白板 the white ceramic standard plate

专门为国家白度实物标准生产的陶瓷白板。陶瓷标准白板分为无光泽和有光泽的两种。有光泽的陶瓷标准白板,其表面的镜面反射较强,使用和标定条件必须相同。无光泽的陶瓷标准白板其表面的漫反射性能接近氧化镁和(或)硫酸钡漫反射标准白板。

3.4

粉体标准白板 the white powdered ceramic standard plate

专门为国家白度实物标准生产的粉体白板。粉体标准白板是用粉体材料氧化镁、硫酸钡、聚四氟乙烯等压制而成。

4 分类

4.1 按制作材料分为两类:

a) 陶瓷标准白板由表面为白色的陶瓷材料制成;

b) 粉体标准白板由氧化镁、硫酸钡、聚四氟乙烯等粉体压制。

4.2 按形状分为两种:

a) 圆形标准白板:直径不小于25 mm,厚度不小于6 mm;

b) 方形标准白板:边长不小于45 mm,厚度不小于6 mm。

5 要求

色度和光度的测量以完全反射漫射体为标准。通常通过样品和标准白板对比来进行。测量时应使用已知光谱反射比和三刺激值的标准白板。

5.1 外观

5.1.1 表面平整、无裂纹、无污点和无影响使用性能的划痕。

5.1.2 压制的粉体标准白板在垂直和倒挂的情况下,粉体标准白板应无粉屑掉落。

5.2 理化性能

5.2.1 物理性能

陶瓷标准白板用水、乙醇或丙酮清洗后,经过干燥可恢复其光学性能。正常使用条件下不易损伤或破碎。

5.2.2 化学稳定性

在一般情况下,标准白板的光学性能应不受大气中温度、湿度和辐射的影响而改变。

5.3 光学性能

5.3.1 光谱反射比

在可见光波段,波长在 400 nm 以上的陶瓷标准白板光谱反射比应在 80%以上。粉体标准白板的光谱反射比在 95.0%以上。

5.3.2 中性

在可见光波段,波长在 400 nm 以上的光谱反射比差值的极值不超过 15%。

5.3.3 方向均匀性

在规定的照明观测条件下,标准白板中间部位任意方向的光谱反射比的差值不应大于 0.5%。

6 仪器和测量

6.1 仪器和照明观测条件

6.1.1 本标准规定光谱反射比的测量应使用光谱光度计,并应满足以下条件:

a) 波长范围 380 nm~780 nm;

b) 光谱光度计的光谱半带宽度应在 5.0 nm 以内;

c) 光度最大允许误差 0.5%;

d) 波长最大允许误差 0.5 nm。

6.1.2 照明和探测的光学几何条件

按 GB/T 3978,规定无光泽的陶瓷标准白板采用 0/d 或者 d/0 两种。有光泽的陶瓷标准白板采用 0/d 条件,消光。

6.2 光谱反射比的测量和三刺激值的 X、Y、Z 的计算

6.2.1 光谱反射比的测量按照 GB/T 3979 规定进行。

6.2.2 测量波长范围为 380 nm~780 nm,波长间隔 5 nm 或 10 nm。

6.2.3 三刺激值的 X、Y、Z 的计算按照 GB/T 3979 规定进行。

7 证书与标志

7.1 符合本标准规定的标准白板应有国家授权单位出具的证书。

7.2 证书至少应列出 2°C 照明体和 10°D_{65} 照明体的三刺激值 X、Y、Z。

7.3 符合本标准规定的标准白板应注明专用标志 GSBA67 编号、批号、测试日期、测试条件和贮存期。

8 包装、运输和贮存

8.1 包装

包装必须有 GSBA67 标志，附有证书和使用说明书，并采取防震、防划伤措施。

8.2 运输

运输过程中应防止受潮和冲撞。

8.3 贮存

标准白板应在干燥器中避光保存。

ICS 59.080.30
W 43

中华人民共和国国家标准

GB/T 9127—2007
代替 GB/T 9127—1988

柞蚕丝织物

Tussah silk fabrics

2007-09-05 发布 2008-02-01 实施

中华人民共和国国家质量监督检验检疫总局
中国国家标准化管理委员会 发布

前 言

本标准代替 GB/T 9127—1988《柞蚕丝织物》。

本标准与 GB/T 9127—1988 相比，主要变化如下：

——增加了柞蚕丝织物应符合国家有关纺织品强制性标准的有关要求（本版的 4.4）；

——增加了纤维含量偏差的考核项目（本版的 4.5）；

——增加了色差的考核项目（本版的 4.6）；

——提高了色牢度的指标水平，增加了耐水色牢度指标项目（1988 年版中的 4.2，本版中的 4.5）；

——改变了断裂强力指标的设置方法，采用绝对值法（1988 年版中的 4.1，本版的 4.5）；

——将缩水率改为水洗尺寸变化率（1988 年版中的 4.1，本版的 4.5）；

——外观疵点评定采用评分制，与相关标准协调；

——规定了成包前绸匹的实测回潮率。

本标准的附录 A 是资料性附录。

本标准由中国纺织工业协会提出。

本标准由全国纺织品标准化技术委员会丝绸分会归口。

本标准起草单位：辽宁丝绸检验所、辽宁出入境检验检疫局。

本标准主要起草人：刘明义、张德聪、姜爽、郭雅琳、崔勇。

本标准所代替标准的历次版本发布情况为：

——GB/T 9127—1988。

柞 蚕 丝 织 物

1 范围

本标准规定了柞蚕丝织物的要求、试验方法、检验规则、包装和标志。

本标准适用于评定各类服用的练白、染色、印花和色织纯柞蚕丝织物及经丝以柞蚕丝为主要原料与其他纱线交织丝织物的品质。

本标准不适用于评定以特种工艺柞蚕丝为原料的柞蚕丝织物的品质。

2 规范性引用文件

下列文件中的条款通过本标准的引用而成为本标准的条款。凡是注日期的引用文件,其随后所有的修改单(不包括勘误的内容)或修订版均不适用于本标准,然而,鼓励根据本标准达成协议的各方研究是否可使用这些文件的最新版本。凡是不注日期的引用文件,其最新版本适用于本标准。

GB 250 评定变色用灰色样卡(GB 250—1995,idt ISO 105-A02:1993)

GB 5296.4 消费品使用说明 纺织品和服装使用说明

GB/T 8170 数值修约规则

GB/T 15552 丝织物试验方法和检验规则

GB 18401 国家纺织产品基本安全技术规范

3 术语和定义

下列术语和定义适用于本标准。

3.1

特种工艺柞蚕丝

由柞蚕茧或柞蚕挽手纺制而成的具有特殊风格的粗纤度柞蚕丝。

3.2

柞蚕疙瘩丝

在缫丝时,人为地在丝条上捻入不规则的粗细条或疙瘩的柞蚕丝。

4 要求

4.1 柞蚕丝织物的要求包括密度偏差率、质量偏差率、断裂强力、纤维含量偏差、水洗尺寸变化率、色牢度等内在质量和色差(与标样对比)、幅宽偏差率、外观疵点等外观质量。

4.2 柞蚕丝织物评等以匹为单位。质量偏差率、断裂强力、纤维含量偏差、水洗尺寸变化率、色牢度按批评等。密度偏差率、外观质量按匹评等。

4.3 柞蚕丝织物的品质由各项技术指标中最低等级评定,分为优等品、一等品、二等品、三等品,低于三等品的为等外品。

4.4 柞蚕丝织物应符合国家有关纺织品强制性标准的有关要求。

4.5 柞蚕丝织物的内在质量分等规定见表1。

表1 内在质量分等规定

项目			优等品	一等品	二等品	三等品
密度偏差率/%			−3.0及以上	−3.1～−5.0	−5.1～−8.0	−8.0以下
质量偏差率/%	普通织物		−4.0及以上	−4.1～−5.0	−5.0以下	
	柞蚕疙瘩丝织物		−5.0及以上	−5.1～−7.0	−7.0以下	
断裂强力/N ≥			200			
纤维含量偏差[a]（绝对百分比）/%	纯柞蚕丝织物		0			
	交织织物		±5.0			
水洗尺寸变化率/%	经向		−3.0及以上	−3.1～−5.0	−5.1～−8.0	−8.0以下
	纬向		−2.0及以上	−2.1～−3.0	−3.1～−6.0	−6.0以下
色牢度/级 ≥	耐水 耐汗渍 耐熨烫	变色	4	3—4		
		沾色	3—4	3		
	耐洗	变色	4	3—4	3	
		沾色	3—4	3	2—3	
	耐干摩擦		4	3—4	3	
	耐光		3—4	3		

a 当一种纤维含量明示值不超过10%时，其实际含量应不低于明示值的70%。

4.6 柞蚕丝织物的外观质量的评定

4.6.1 幅宽偏差率和色差分等规定见表2。

表2 幅宽偏差率和色差分等规定

项目	优等品	一等品	二等品	三等品
幅宽偏差率/%	±2.0	±3.0	超过±3.0	
色差(与标样对比)/级 ≥	4	3—4		3

4.6.2 柞蚕丝织物外观疵点评定

4.6.2.1 柞蚕丝织物外观疵点采用有限度的累计评分法。

4.6.2.2 外观疵点的评分限度

a) 幅宽114 cm及以内：

优等品 每7 m允许1分；

一等品 每4 m及以内允许1分；

二等品 每4 m及以内允许1分以上～2分；

三等品 每4 m及以内允许2分以上～4分；

等外品 每4 m及以内4分以上。

b) 幅宽114 cm以上：

优等品 每6 m允许1分；

一等品 每3 m及以内允许1分；

二等品 每3 m及以内允许1分以上～2分；

三等品 每3 m及以内允许2分以上～4分；

等外品 每3 m及以内4分以上。

4.6.2.3 外观散布性疵点的评定见表3。

表3 外观散布性疵点评定表

疵点类别	疵点程度	等　级	说　明
经　柳	普　通	二　等	程度确定： (1) 对照标样； (2) 对照 GB 250,3—4 级为普通,3 级及以下为明显。
	明　显	三　等	
色泽深浅	普　通	二等	对照 GB 250,3—4 级及以下为普通,2—3 级及以下为明显。
	明　显	三等	
	边色深浅距边 1 cm～2 cm 明显	二等	
纬　斜	3%～4%	二等	—
	4%以上	三　等	
撬　小	普　通	二等	(1) 绸面发麻稍有水花为普通； (2) 绸面起水花且手感疲软为明显。
	明　显	三　等	

4.6.2.4 外观局部性疵点评分见表4。

表4 外观局部性疵点评分表

疵点类别			疵点长度	评分	限度
经向疵点	线　状		(1) 5 cm～30 cm,连续性每 30 cm (2) 宽急经 20 cm～100 cm,连续性每 50 cm～100 cm	1	三等
	条　状		3 cm～20 cm,连续性每 20 cm	1	等外
纬向疵点	线　状		(1) 半幅以上 (2) 坍纬 1 cm 以上	1	三等
	条　状		3 cm 至半幅	1	三等
			半幅以上	2	等外
	纬档	普　通	宽 15 cm 及以内,连续性每 15 cm	1	三等
		明　显	宽 15 cm 及以内,连续性每 15 cm	2	等外
破　损			(1) 1 cm 及以内,连续性每 1 cm (2) 破边每 1 cm～10 cm	1	等外
斑　渍		普　通	1 cm～10 cm,连续性每 10cm	1	三等
		明　显	0.3 cm～4 cm	2	等外
边不良			每 100 cm	1	二等
小疵点			每 4 只及以内	1	三等
印花疵		普　通	经向每 33 cm 及以内	1	二等
		明　显	经向每 33 cm 及以内	2	三等

4.6.3 疵点类别名称说明

4.6.3.1 线状：疵点沿经向或纬向延伸,宽度不超过 0.2 cm。

4.6.3.2 条状：疵点沿经向或纬向延伸,宽度在 0.2 cm 以上。

4.6.3.3 斑渍：宽度在 0.2 cm 以上的渍。

4.6.3.4 纬档：两梭以上的纬向横档状疵点。

4.6.3.5 小疵点：不足评分起点的局部性疵点。

4.6.4 外观局部性疵点评定说明

4.6.4.1 疵点长度按经向或纬向的最大长度量计，并按程度较重的方向评定。

4.6.4.2 除破损外，距边 1 cm 及以内的疵点按边不良评定。

4.6.4.3 柞蚕疙瘩丝织物中不影响绸面外观的小疵点不计。

4.6.4.4 重叠存在的疵点，按程度较重的一项评定。

4.6.4.5 两条及以上经向或纬向线状疵点，分布宽度在 10 cm 及以内按一条量计，以各疵点起讫点最大长度量计。

4.6.4.6 一项疵点已达到降等限度，而同时存在其他疵点，应以已降等等级的起点分数加其他疵点的评分数作为该匹绸的总评分数。

4.7 开剪拼匹和标疵放尺

4.7.1 柞蚕丝织物中局部性严重疵点允许开剪拼匹或标疵放尺，但在同一批中二者只能采用一种。

4.7.2 优、一等品中不允许存在下列疵点，并应在工厂内剪除：

a) 破洞和蛛网；
b) 4 cm 以上明显的斑渍；
c) 严重的夹梭档、拆毛档、开河档和错纬档；
d) 其他类似的严重疵点。

4.7.3 开剪拼匹：

a) 匹长 25 m～40 m 允许二段拼匹，40 m 以上允许三段拼匹，开剪拼匹的最短段长不短于 5 m。
b) 开剪拼匹各段的幅宽、色泽、花型、等级应一致。

4.7.4 标疵放尺：

a) 绸匹平均每 10 m 及以内允许标疵一次，每次标疵放尺 20 cm，标疵疵点经向长度在 30 cm 及以内允许标疵一次，超过 30 cm 的连续性疵点允许连续标疵，局部性疵点标疵间距不小于 4 m。
b) 标疵疵点不再累计评分，超过允许标疵次数的绸匹不允许再标疵，仍累计评定，逐级降等。

5 试验方法

柞蚕丝织物的试验方法按 GB/T 15552 执行。

6 检验规则

柞蚕丝织物的检验规则按 GB/T 15552 执行。

7 包装

7.1 包装分类

柞蚕丝织物包装根据用户要求分为卷筒、卷板及折叠三类。

7.2 包装材料

7.2.1 卷筒用纸管为内径 3.0 cm～3.5 cm 的机制管。纸管要圆整、挺直。

7.2.2 卷板用双瓦楞纸板。卷板的宽度为 15 cm，长度根据柞蚕丝织物的幅宽或对折后的宽度决定。

7.2.3 包装用纸箱采用高强度牛皮纸制成的双瓦楞叠盖式纸箱。要求坚韧、牢固、整洁，并涂防潮剂。

7.3 包装要求

7.3.1 匹与匹之间色差不得低于 GB 250 中 4 级。

7.3.2 卷筒、卷板包装的内外层边的相对位移不大于 2 cm。

7.3.3 绸匹外包装采用纸箱时，纸箱内应加衬塑料内衬袋或拖蜡防潮纸，用胶带封口。纸箱外用塑料打包带和铁皮轧扣箍紧打箱。

7.3.4 包装应牢固、防潮，便于仓贮及运输。

7.3.5 绸匹成包时，每匹实测回潮率不高于 13%。

8 标志

8.1 柞蚕丝织物标志应明确、清晰、耐久、便于识别。

8.2 每匹或每段丝织物两端距绸边 3 cm 以内、幅边 10 cm 以内盖一检验章及等级标记。每匹或每段丝织物应吊标签一张，内容按 GB 5296.4 规定，包括产品名称、主要规格（幅宽，经、纬密度，平方米质量）、长度、原料名称及纤维含量百分率、等级、执行标准编号、检验合格证、生产企业名称和地址。

8.3 每箱（件）应附装箱单。

8.4 纸箱（布包）刷唛要正确、整齐、清晰。纸箱唛头内容包括合同号、箱号、品名、品号、花色号、幅宽、等级、匹数、毛重、净重及运输标志、生产厂名、地址。

8.5 每批产品出厂应附品质检验结果单。

9 其他

对柞蚕丝织物的规格、品质、包装和标志另有特殊要求者，供需双方可另订协议。

附 录 A
（资料性附录）
外观疵点类别说明

A.1 经向疵点

经柳、筘柳、色柳、浆柳、宽经、急经、多少捻、分经路、叉绞路、倒断头、断把吊、错把吊、夹起、煞星、掉股、综穿错、筘穿错、缺经、断通丝、了机宽急经、夹断头、碎糙、直皱印、拖皱印、渍经。

A.2 纬向疵点

松紧档、粗细纬、缩纬、宽急纬、碎明丝、断花档、罗纹档、毛纬、多少捻、拆毛档、开关档、撬小档、通绞档、接头档、脱抱档、撬档、皱档、顺纡档、色纬档、错花、破纸版、带纬、糙纬、断纬、叠纬、坍纬、综框多少起、抛纸版、错纹版、错纬、跳梭、轧梭痕、横折印、渍纬。

A.3 破损

破洞、蛛网、披裂、拔伤、破边、织补痕、杂物织进。

A.4 斑渍

色渍、锈渍、油污渍、霉渍、洗渍、蜡渍、水渍、皂渍、白雾、搭开、溜色、漏浆、反丝、裂开、白皱印。

A.5 边不良

宽急边、木耳边、吐边、卷边、粗细边、边糙、边整修不净。

A.6 印花疵

搭脱、塞煞、叠版印、框子印、刮刀印、色点、绢网印、眼圈、泡、重版、套歪、露白、砂眼、粗细茎、双茎、拖版、回浆印、刷浆印、化开、糊开、色皱印、花痕、涂料脱落、渗进、跳版深浅、台版印、野花、弯曲、雕色不清、涂料复色不清、爆脱。

A.7 其他

撬小、纬斜、松板印、鸡爪印、吊攀印、轧皱印、轧光印、轴皱印、色泽深浅（包括色花、地色深浅、前后深浅、头尾深浅、左右深浅、白花带色、花印花、深度不良）、纤维损伤（包括灰伤、擦毛、擦白、梭打毛、梭打白、经毛纬毛、筘白、自动幅撑轧伤）。

A.8 上述各类疵点中，有些疵点可能是共同的，应根据实际出现的形态决定其所属类别。

A.9 如绸面出现本标准中未列入的疵点，可根据形态按类似疵点评定。

ICS 23.040.60
J 15

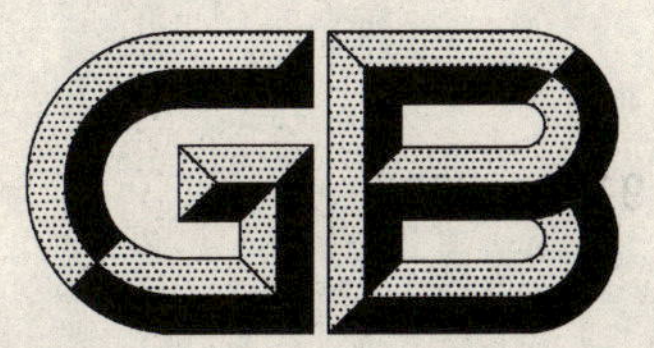

中华人民共和国国家标准

GB/T 9130—2007
代替 GB/T 9130—1988

钢制管法兰用金属环垫　技术条件

Specification of metallic ring-joint gaskets for steel pipe flanges

2007-11-05 发布　　2008-02-01 实施

中华人民共和国国家质量监督检验检疫总局
中国国家标准化管理委员会　发布

前言

本标准选择采用了 ISO 7483:1991《ISO 7005 中法兰使用的垫片尺寸》中第 4 章“金属环连接垫片”的如下内容:

——金属环垫的材料及其产品的推荐最大硬度值;

——金属环垫的标志方法和要求。

本标准代替 GB/T 9130—1988《钢制管法兰连接用金属环垫　技术条件》。

本标准与 GB/T 9130—1988 相比主要变化如下:

——标准名称修改为“钢制管法兰用金属环垫　技术条件”;

——增加了金属环垫材料代号;

——增加了金属环垫部分常用材料及其推荐最高使用温度;

——完善了标准的结构,如增加了第 2 章、第 3 章、第 5 章、第 6 章和第 7 章的技术内容。

本标准由中国机械工业联合会提出。

本标准由全国管路附件标准化技术委员会归口。

本标准负责起草单位:中机生产力促进中心、慈溪市恒立密封材料有限公司、浙江国泰密封材料股份有限公司。

本标准参加起草单位:慈溪密封行业协会。

本标准主要起草人:李俊英、孙锦龙、邱宽横、吴益民、徐绍焕、冯峰、朱小平、章佳红、顾晓锋。

本标准于 1988 年首次发布。

钢制管法兰用金属环垫　技术条件

1　范围

本标准规定了钢制管法兰用金属环垫的范围，型式，要求，检验方法，检验规则及标志、包装和贮运。

本标准适用于公称尺寸 DN15～DN900，公称压力 PN20～PN420 的环连接密封面钢制管法兰用金属环垫。

2　规范性引用文件

下列文件中的条款通过本标准的引用而成为本标准的条款。凡是注日期的引用文件，其随后所有的修改单（不包括勘误的内容）或修订版均不适用于本标准，然而，鼓励根据本标准达成协议的各方研究是否可使用这些文件的最新版本。凡是不注日期的引用文件，其最新版本适用于本标准。

GB/T 230.1　金属洛氏硬度试验　第 1 部分：试验方法（A、B、C、D、E、F、G、H、K、N、T 标尺）（GB/T 230.1—2004，ISO 6508-1：1999，MOD）

GB/T 231.1　金属布氏硬度试验　第 1 部分：试验方法（GB/T 231.1—2002，eqv ISO 6506-1：1999）

GB/T 699　优质碳素结构钢

GB/T 1220　不锈钢棒

GB/T 6060.2　表面粗糙度比较样块　磨、车、镗、铣、插及刨加工表面

GB/T 9128　钢制管法兰用金属环垫　尺寸

3　金属环垫的型式

金属环垫按截面形状分为八角形环（简称八角垫）和椭圆形环（简称椭圆垫），见图 1，尺寸名称及代号见表 4。

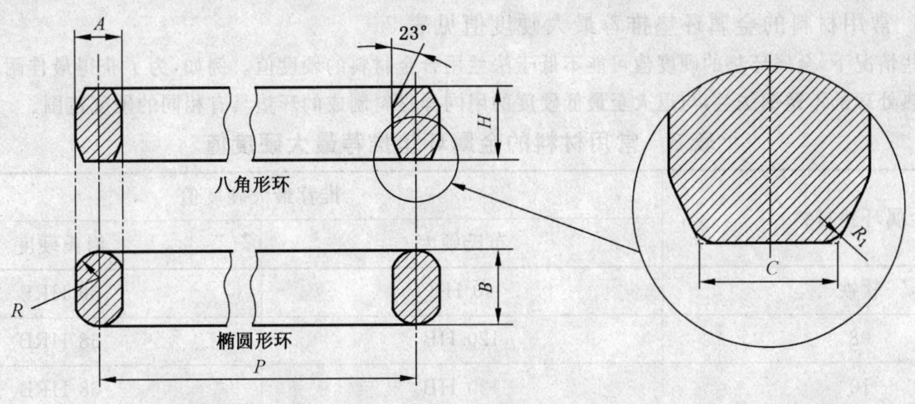

$R = A/2$；

$R_1 = 1.6\ \text{mm}(A \leqslant 22.3\ \text{mm})$；

$R_1 = 2.4\ \text{mm}(A > 22.3\ \text{mm})$。

图 1

4 要求

4.1 材料

金属环垫坯料的化学成分应符合相应标准的规定，其中软铁的化学成分(%)应符合表2的规定。常用材料的牌号、代号、推荐最高使用温度和执行标准见表1。根据供需双方协商，允许采用表1之外的其他材料，其性能应符合相关标准要求。

表1 金属材料的牌号、代号、推荐最高使用温度和执行标准

材料牌号	材料代号	推荐最高使用温度/℃	执行标准
软铁	*D*	450	—
08	08	425	GB/T 699
10	10	425	GB/T 699
4%～6%铬 0.5%钼	F5	450	ASTM A182A/A182M
0Cr13	410S	540	GB/T 1220
00Cr19Ni10	304L	450	GB/T 1220
00Cr17Ni14Mo2	316L	450	GB/T 1220
0Cr17Ni12Mo2	316	700	GB/T 1220
0Cr18Ni9	304	700	GB/T 1220
0Cr18Ni10Ti	321	700	GB/T 1220
0Cr18Ni11Nb	347	600	GB/T 1220
注：F5 标识仅表示 ASTM A182A/A182M:2005 规定的化学成分要求。			

表2 软铁化学成分 %

C	Si	Mn	P	S
<0.05	<0.40	<0.60	<0.035	<0.04

4.2 金属环垫的硬度一般应低于法兰材料，以确保紧密连接。不锈钢合金法兰用金属环垫的硬度值由供需双方协商确定。同一金属环垫的硬度应均匀，其极差不得超过10 HB，测试各点的硬度不得超过表3的规定。常用材料的金属环垫推荐最大硬度值见表3。

注：在某些情况下，金属环垫的硬度值可能不低于法兰用合金材料的硬度值。例如，为了获得最佳耐腐蚀性状态而进行热处理的不锈钢法兰，与退火至最低硬度的用同样材料制成的环垫具有相同的硬度范围。

表3 常用材料的金属环垫推荐最大硬度值

金属环垫材料	推荐最大硬度值	
	布氏硬度	洛氏硬度
软铁	90 HB	56 HRB
08	120 HB	68 HRB
10	120 HB	68 HRB
4%～6%铬 0.5%钼	130 HB	72 HRB
0Cr13	140 HB	82.5 HRB
00Cr19Ni10	160 HB	83 HRB
00Cr17Ni14Mo2	150 HB	83 HRB

表 3(续)

金属环垫材料	推荐最大硬度值	
	布氏硬度	洛氏硬度
0Cr17Ni12Mo2	160 HB	83 HRB
0Cr18Ni9	160 HB	83 HRB
0Cr18Ni10Ti	160 HB	83 HRB
0Cr18Ni11Nb	160 HB	83 HRB

4.3 金属环垫的尺寸应符合 GB/T 9128 及有关标准的规定,尺寸偏差应符合表 4 的规定。

表 4 金属环垫的尺寸极限偏差 单位为毫米

尺寸名称	代 号	极限偏差
节 径	P	±0.18
环 宽	A	±0.20
环 高	H 或 B	±0.40[a]
环平面宽度	C	±0.20
角度 23°		±0.5
圆角半径	R_1	±0.4

a 只要环垫的任意两点高度偏差不超过 0.4 mm,金属环垫高度(H 或 B)的极限偏差可为 +1.2 mm。

4.4 金属环垫的密封面(八角垫的斜面、椭圆垫的圆弧面)不得有划痕、磕痕、裂纹和凹坑,表面粗糙度不大于 $Ra1.6\ \mu m$。

4.5 对用易锈材料(如软铁、08 钢、10 钢、0Cr13)制成的环垫在加工、检验后均应进行防锈处理。

4.6 金属环垫不允许拼接。

4.7 每个金属环垫外侧应有标记。标记可包括以下全部或部分内容或按需方规定。所做的标记不应损坏金属环垫的接触表面,也不应使金属环垫产生有害变形。

a) 制造组织名称或商标;

b) 垫片环号,如 R20;

c) 材料代号,如 304。

5 检验方法

5.1 布氏硬度按 GB/T 231.1、洛氏硬度按 GB/T 230.1 的规定。沿圆周方向等弧测量 4 处,取算术平均值为测量结果。

5.2 节径测量用精度为 0.02 mm 的专用游标卡尺,取等弧 3 处测量值的算术平均值为测量结果,准确到小数点后二位;环高、环宽、环平面宽度用精度为 0.02 mm 的游标卡尺,取等弧 3 处测量值的算术平均值为测量结果,准确到小数点后二位。角度用精度为 2′的万用角度尺测量,取等弧 3 处测量值的算术平均值为测量结果,准确到分。

5.3 金属环垫的外观质量用目视检查。表面粗糙度用表面粗糙度样块(GB/T 6060.2)进行比较测定。

6 检验规则

6.1 金属环垫需经制造组织质量检验部门按本标准检验合格,并签发质量合格证后方可交付。

6.2 检验分出厂检验和型式检验。

6.3 金属环垫出厂检验项目为 4.2、4.3 的节径、环宽、环高、环平面宽、角度和 4.4;型式检验项目为

4.2～4.4。

6.4 有下列情况之一时应进行型式检验：

a) 新产品试验；

b) 产品转型；

c) 正式生产后在结构、材料、工艺上有较大改进，可能影响产品性能；

d) 正常生产满1年；

e) 停产3个月以后恢复生产；

f) 质量监督机构或顾客提出型式检验要求。

6.5 抽样及判定规则

6.5.1 金属环垫的样品应在生产现场或顾客仓库随机抽取。

6.5.2 用于硬度测试的金属环垫应按相同炉号、热处理批次的坯料或产品分批；其余按相同材料、规格的产品分批。

6.5.3 出厂检验以每100个产品为一批，每批抽5个(不足100个抽3个，不足5个应全检)按6.3进行测量；任何一项如有1个样品不符合本标准规定，则取加倍数量的金属环垫对该项进行复检，如仍有1个样品不符合本标准规定，则该批产品需全检。外观质量应全检。

6.5.4 型式检验以每100个产品为一批，每批抽5个样品按6.3逐项检查。任何一项如有1个样品不符合本标准规定，则取加倍数量的金属环垫对该项进行复检，如仍有1个样品不符合本标准规定，则判定该批产品为不合格品或型式检验不合格。

7 标志、包装、贮运

7.1 标志

金属环垫的包装箱上应注明：

a) 产品名称；

b) 制造组织名称或商标；

c) 产品型号或标记；

d) 毛重、净重；

e) 制造日期或生产批号。

7.2 包装

7.2.1 金属环垫的包装应保证在贮存和运输过程中不致损坏或遗失。

7.2.2 包装箱上应附有装箱单，其上应提供以下信息：

a) 产品名称；

b) 制造组织名称或商标；

c) 产品规格；

d) 产品数量；

e) 制造日期。

7.2.3 包装箱内应附有产品合格证，其上应注明：

a) 批号；

b) 产品名称；

c) 产品规格；

d) 执行标准编号；

e) 检验员姓名或代号；

f) 检验日期。

7.3 贮运

7.3.1 金属环垫应贮存在清洁、干燥的仓库内，严禁受潮、雨淋，不能和有腐蚀性的化学物品混贮。

7.3.2 金属环垫在运输过程中应防止磕碰、雨淋或受潮。

ICS 87.040
G 50

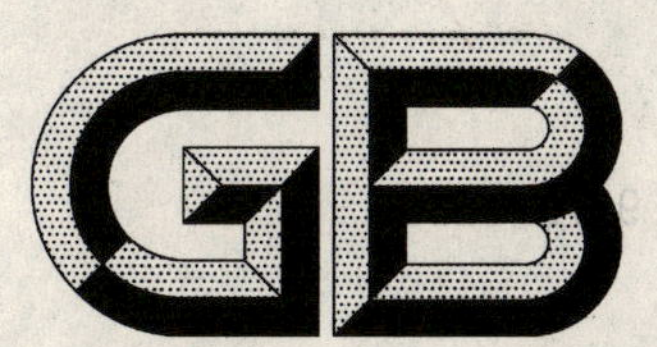

中华人民共和国国家标准

GB/T 9272—2007
代替 GB/T 9272—1988

色漆和清漆　通过测量干涂层密度测定涂料的不挥发物体积分数

Paints and varnishes—Determination of percentage volume of non-volatile matter by measuring the density of a dried coating

(ISO 3233:1998,MOD)

2007-09-11 发布　　2008-04-01 实施

中华人民共和国国家质量监督检验检疫总局
中国国家标准化管理委员会　发布

前 言

本标准修改采用 ISO 3233:1998《色漆和清漆　通过测量干涂层密度测定涂料的不挥发物体积分数》(英文版)。

本标准在采用国际标准时进行了修改,这些技术性差异用垂直单线标识在它们所涉及条款的页边空白处。在附录 B 中给出了技术性差异及其原因的一览表以供参考。ISO 3233:1998 中有关技术勘误的内容(ISO 3233:1998/cor 1:1999)已包括在本标准中,这些勘误内容用垂直双线标识在它们所涉及的条款的页边空白处。

本标准与 ISO 3233:1998 相比,主要技术差异为:

——5.8 删去了空气干燥箱要测定空气流速的内容;

——5.9～5.11 增加了用圆片涂漆甩平时的一些附件;

——7.2.2 增加了适用于某些涂料的用圆片涂漆后的甩平操作;

——7.5、第 8 章增加了用圆片涂漆后采用甩平操作时涂料不挥发物质量分数的测定方法;

——第 10 章 f)增加了应在报告中注明是否采用甩平操作的内容;

——删除了国际标准的前言和引言。

本标准代替 GB/T 9272—1988《液态涂料内不挥发分容量的测定》。

本标准与 GB/T 9272—1988 的主要技术差异为:

——第 1 章规定在测定色漆、清漆及相关产品中不挥发物体积分数的同时还能获得干涂层的密度值;

——5.1 规定仅使用单盘天平的改型,不再使用双盘天平,去掉了用双盘天平进行测量时的一些附件;

——在 5.2 中增加了板片、带尖端的板片、玻璃板片等受漆器类型;

——在 5.4 中改变了浸渍用烧杯的尺寸,要根据受漆器的大小来选择;

——在 7.2 中规定在用受漆器涂漆时根据涂料状况的不同增加了刷涂、刮涂等方法;

——7.2.4 改变了用受漆器涂漆后的干燥条件,要根据涂料的类型来选择;

——第 7 章操作步骤有所改动,第 8 章计算公式改变。

本标准的附录 A 为规范性附录,附录 B 为资料性附录。

本标准由中国石油和化学工业协会提出。

本标准由全国涂料和颜料标准化技术委员会归口。

本标准起草单位:中国化工建设总公司常州涂料化工研究院。

本标准主要起草人:彭菊芳。

本标准于 1988 年首次发布,本次为第一次修订。

本标准委托全国涂料和颜料标准化技术委员会负责解释。

色漆和清漆　通过测量干涂层密度测定涂料的不挥发物体积分数

1　范围

本标准是关于色漆、清漆及相关产品取样与试验的系列标准之一。

本标准规定了一种通过测量任何规定温度范围以及干燥或固化时间内所得到的干涂层的密度，从而测定色漆、清漆及相关产品中不挥发物体积分数的方法。

本方法不适用于超过临界颜料体积浓度配制的色漆。

2　规范性引用文件

下列文件中的条款通过本标准的引用而成为本标准的条款。凡是注日期的引用文件，其随后所有的修改单(不包括勘误的内容)或修订版均不适用于本标准，然而，鼓励根据本标准达成协议的各方研究是否可使用这些文件的最新版本。凡是不注日期的引用文件，其最新版本适用于本标准。

GB/T 1725—2007　色漆、清漆和塑料　不挥发物含量的测定(ISO 3251:2003,IDT)

GB/T 3186—2006　色漆、清漆和色漆与清漆用原材料　取样(ISO 15528:2000,IDT)

GB/T 6750—2007　色漆和清漆　密度的测定　比重瓶法(ISO 2811-1:1997,IDT)

GB/T 20777—2006　色漆和清漆　试样的检查和制备(ISO 1513:1992,IDT)

ISO 2811-2:1997　色漆和清漆　密度的测定　第2部分:浸没体(测锤)法

ISO 2811-3:1997　色漆和清漆　密度的测定　第3部分:振荡法

ISO 2811-4:1997　色漆和清漆　密度的测定　第4部分:压力杯法

3　术语和定义

本标准使用下列术语和定义:

3.1

不挥发物体积　volume of non-volatile matter

受试产品在规定温度下，以均匀且规定的厚度固化或干燥规定时间后所得到的剩余物的体积。

4　原理

将受漆器(圆片或板片)在空气及水(或其他已知密度的适宜液体)中称重，用受试产品涂覆，干燥后再在空气及相同液体中称重。根据这些测量值，就能计算出干涂层的质量、体积和密度。通过测定液体涂料密度(GB/T 6750—2007)，不挥发物的质量以及干涂层的密度，就可计算不挥发物的体积。

5　仪器和材料

普通实验室仪器和下列仪器设备和材料:

5.1　分析天平，精确到0.1 mg。

单盘型的天平是非常方便的，一种有用的改型是用如图1中所示的标准配衡附件来代替天平盘。

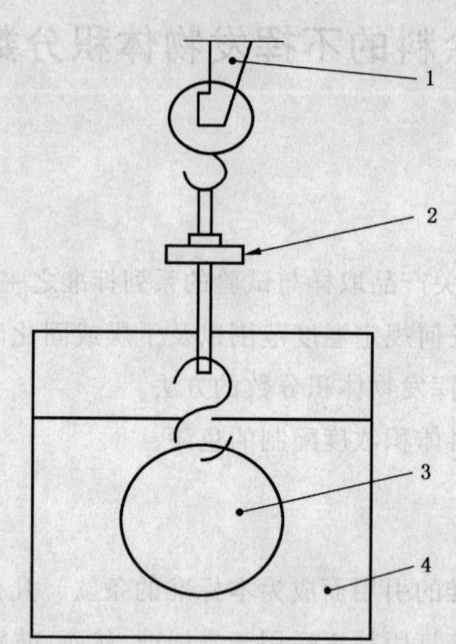

1——天平臂；

2——标准配衡附件；

3——圆片；

4——浸渍液体。

图 1　特制的天平支架

5.2　受漆器

受漆器(圆片或板片)的选择取决于待测涂料的类型。圆片最好应用于低黏度的色漆以及稀释到喷涂黏度的色漆。板片可以应用于触变性涂料或其他能用刮漆刀刮涂的涂料或使用浸涂法施工的色漆。

5.2.1　圆片：直径约为 60 mm，厚度约为 0.7 mm，距边缘 2～3 mm 处有一小孔。

注：一般认为不锈钢圆片是令人满意的，但其缺点是其密度比一般液体涂料大得多。轻质材料的圆片，包括塑料(如聚对苯二甲酸乙二醇酯)也可使用，只要其在与液体涂料所含有的溶剂接触时体积不变，且在必须进行的加热及干燥过程中体积也不变即可。

5.2.2　板片：尺寸是(75±5)mm×(120±5)mm，在板片纵轴上距短边 2 mm～3 mm 处有一小孔。一种带尖端的板片可用于采用浸涂法施工的涂料(见图 2)。

玻璃板片由于其很平也可以使用。然而，因在玻璃上很难开孔，因此如使用玻璃板片，最好用一根细金属丝制成的镫形件或吊架(见图 3)将其悬挂。由于表面张力的影响，金属丝直径不应超过 0.3 mm。

注：这种尺寸的板片可能难以放进天平箱内，可以使用更小的板片，只要涂漆面积不小于 5 600 mm^2 即可。

5.3　吊钩：用于在称量过程中将受漆器吊挂在天平上。由于表面张力的影响，金属丝直径不应超过 0.3 mm。

注：一根长为(30～40)mm 的镍铬(80:20)金属丝是适宜的。

单位为毫米

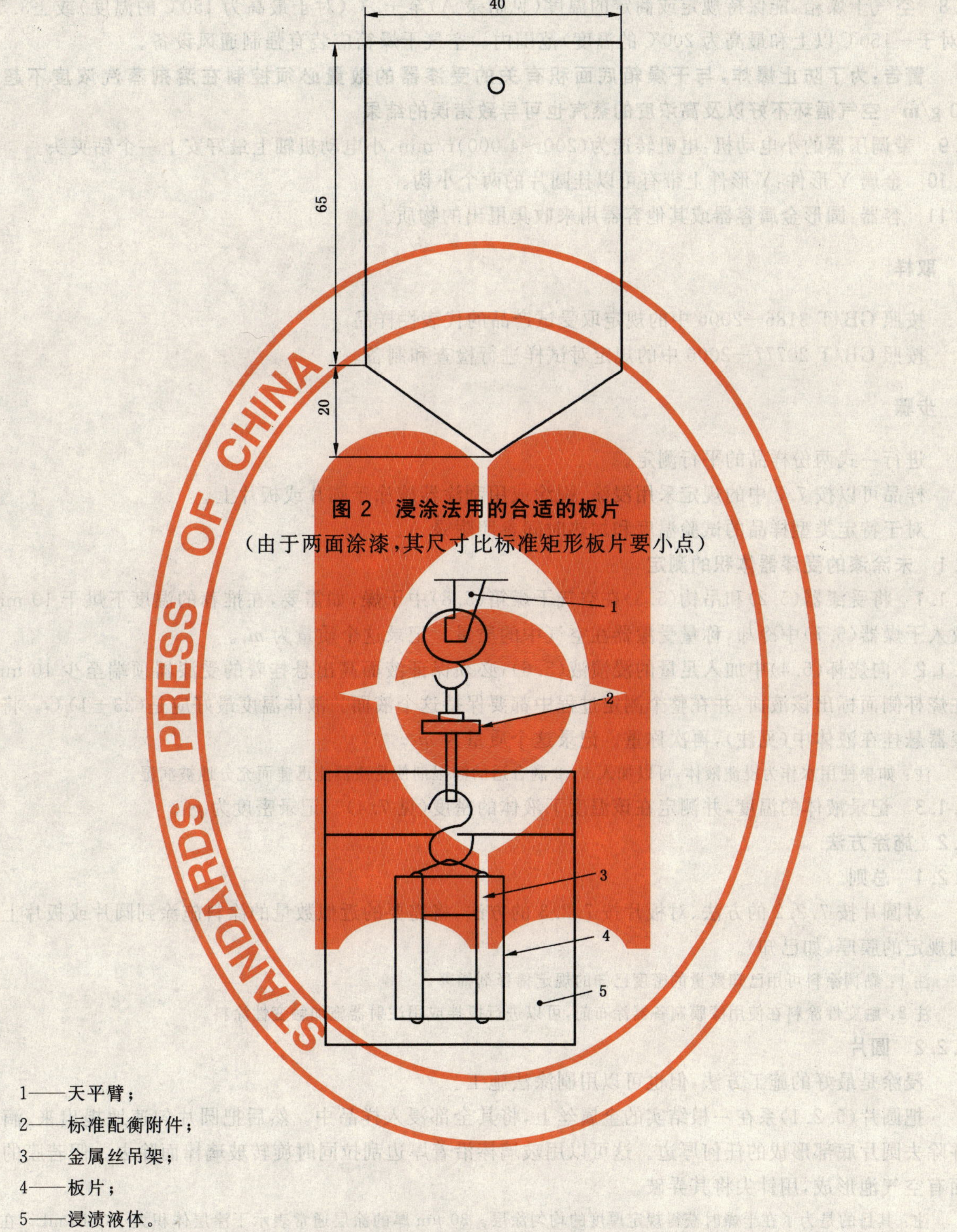

图 2 浸涂法用的合适的板片
（由于两面涂漆，其尺寸比标准矩形板片要小点）

1——天平臂；
2——标准配衡附件；
3——金属丝吊架；
4——板片；
5——浸渍液体。

图 3 用于吊挂板片的金属丝吊架

5.4 烧杯：大小应能浸没受漆器且上面至少留有 10 mm 的间隙，并且能放进天平箱内。

5.5 支架，如果 5.1 中所推荐的配衡附件不能得到的话，则在天平镫形件下装一个不会卡住天平盘阻尼器的支架来放置烧杯。

5.6 浸渍液，具有合适密度和类型的液体且对于涂层是惰性的。

注：对大多数产品用蒸馏水是合适的，也能使用不影响漆膜的有机液体。

5.7 干燥器，使用像硅胶类的干燥物质。

5.8 空气干燥箱，能保持规定或商定的温度(见附录 A)至±2℃(对于最高为 150℃的温度)或±3.5℃(对于−150℃以上和最高为 200℃的温度)范围内。空气干燥箱应装有强制通风设备。

警告：为了防止爆炸，与干燥箱底面积有关的受漆器的数量必须控制在溶剂蒸汽浓度不超过 20 g/m³。空气循环不好以及高浓度的蒸汽也可导致错误的结果。

5.9 带调压器的小电动机：电机转速为(200～4 000)r/min，小电动机轴上最好安上一个钻夹头。

5.10 金属 Y 形件：Y 形件上带有可以挂圆片的两个小钩。

5.11 容器：圆形金属容器或其他容器用来收集甩出的物质。

6 取样

按照 GB/T 3186—2006 中的规定取受试产品的代表性样品。

按照 GB/T 20777—2006 中的规定对试样进行检查和制备。

7 步骤

进行一式两份样品的平行测定。

样品可以按 7.2 中的规定采用浸涂、刷涂或用刮涂器施涂于圆片或板片上。

对于特定类型样品的试验温度和加热时间参照附录 A。

7.1 未涂漆的受漆器体积的测定

7.1.1 将受漆器(5.2)和吊钩(5.3)在空气干燥箱(5.8)中干燥，如需要，在推荐的温度下烘干 10 min，放入干燥器(5.7)中冷却，称量受漆器在空气中的质量。记录这个质量为 m_1。

7.1.2 向烧杯(5.4)中加入足量的浸渍液(5.6)，必须保证液面高出悬挂着的受漆器顶端至少 10 mm。在烧杯侧面标出该液面，并在整个测定过程中都要保持这个液面。液体温度最好应是(23±1)℃。将受漆器悬挂在液体中(见注)，再次称重。记录这个质量为 m_2。

注：如果使用水作为浸渍液体，可以加入 1～2 滴合适的润湿剂使受漆器能迅速而充分地被润湿。

7.1.3 记录液体的温度，并测定在该温度下液体的密度(见 7.4)。记录密度为 ρ_1。

7.2 施涂方法

7.2.1 总则

对圆片按 7.2.2 的方法、对板片按 7.2.3 的方法，将需要的近似数量的涂料施涂到圆片或板片上达到规定的膜厚(如已知)。

注 1：黏稠涂料可用已知数量的密度已知的规定稀释剂稀释。

注 2：触变性涂料在使用漆膜制备器涂布前，可以进行搅拌或用注射器施加触变性涂料。

7.2.2 圆片

浸涂是最好的施工方法，但也可以用刷涂法施工。

把圆片(5.2.1)系在一根结实的金属丝上，将其全部浸入样品中。然后把圆片匀速地提出来、滴干并除去圆片底部形成的任何厚边。这可以用玻璃棒沿着厚边刮拉同时旋转玻璃棒而除去。假若膜的表面有空气泡形成，用针尖将其弄破。

注：其目的是为了在干燥时获得规定厚度的均匀涂层。30 μm 厚的涂层通常表示干涂层体积大于0.15 mL。在某些情况下，可能必须浸两次，才能得到规定的厚度。在另外的情况下，为了得到这种合适的条件，有必要首先用适宜的稀释剂将液体涂料稍加稀释。符合这个厚度范围要求的干涂层的质量将随其密度而改变。

立即称量圆片的质量并记录这个质量为 m_3。

对于极稀的涂料产品，通过上述两次浸涂操作而无法得到所需厚度(30 μm)的涂层，或对于涂料产品中颜料与树脂容易分离，用玻璃棒刮拉会造成涂层中颜料分布不均匀的情况，均可采用甩平操作，即在将圆片匀速地从样品中提出来、滴干并用针尖除去圆片上的空气泡后将其挂在 Y 形件(5.10)上。

Y形件夹在小电动机的钻头夹上，开启电动机并调节电压以调节转速，直到圆片甩平(20～30)s为止(仪器装置见图4)。在使用甩平操作时对刚涂完湿漆后圆片的质量不称量。

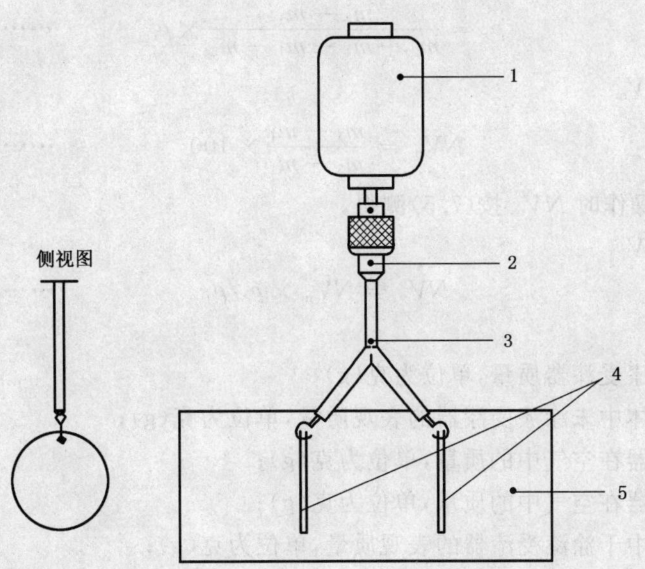

1——马达；

2——卡盘；

3——固定在卡盘内的金属Y形件；

4——涂漆圆片；

5——收集圆片在甩动时过剩涂料的容器。

图4 使圆片具有均匀涂层的离心装置

7.2.3 板片

通过浸涂法将样品施涂于图2所示的板片(5.2.2)上，或用刮漆刀或线棒涂布器把样品施涂于板片上。

立即称量涂漆板片的质量并记录这个质量为 m_3。

7.2.4 干燥

用受漆器浸漆时所用的金属丝或使用其他合适的装置把涂过漆的受漆器悬挂起来。此时不要使用吊钩(5.3)。让漆膜在附录A中规定的条件下干燥。

7.3 干涂层体积的测定

7.3.1 干燥后，把已涂漆的受漆器从干燥时用于悬挂的装置上摘下来，将它连同吊钩(5.3)一起放入干燥器中冷却，然后称量在空气中的质量。记录这个质量为 m_4。

7.3.2 将已涂漆受漆器放入未涂漆受漆器浸渍时所用的同一液体中进行称量(见7.1.2与其注)。务必保证浸渍液体的温度与未涂漆受漆器在该液体中称重时的温度完全相同。假如由于漆膜吸收液体而使质量变化很快，就应采用另一种不被漆膜吸收的液体来代替，并重新测定。记录这个质量为 m_5。

注：本方法不适合于以高于临界颜料体积浓度而配制的涂料。

7.4 液体涂料密度的测定

用GB/T 6750—2007或ISO 2811-2～ISO 2811-4:1997各部分规定的方法之一测定样品的密度，精确到1 mg/mL，测定密度时的温度要和测定浸渍液体密度时的温度完全相同。记录这个密度为 ρ_2。

7.5 涂料不挥发物质量分数的测定

仅在用圆片涂漆并采用甩平操作的情况下使用，此时按GB/T 1725—2007规定进行测定。

8 结果表示

8.1 计算

用下列公式计算干涂层的密度、不挥发物的质量分数以及不挥发物的体积分数：干涂层密度，ρ_0

$$\rho_0 = \frac{m_4 - m_1}{m_2 + m_4 - m_1 - m_5} \times \rho_1 \quad \cdots\cdots(1)$$

不挥发物的质量分数，NV_m

$$NV_m = \frac{m_4 - m_1}{m_3 - m_1} \times 100 \quad \cdots\cdots(2)$$

用圆片涂漆并采用甩平操作时 NV_m 按(7.5)测得。

不挥发物的体积分数，NV_v

$$NV_v = NV_m \times \rho_2 / \rho_0 \quad \cdots\cdots(3)$$

式中：

m_1——空气中未涂漆受漆器质量，单位为克(g)；

m_2——浸入浸渍液体中未涂漆受漆器的表观质量，单位为克(g)；

m_3——湿涂漆受漆器在空气中的质量，单位为克(g)；

m_4——干涂漆受漆器在空气中的质量，单位为克(g)；

m_5——浸入浸渍液中干涂漆受漆器的表观质量，单位为克(g)；

NV_m——不挥发物的质量分数；以(%)表示；

NV_v——不挥发物的体积分数；以(%)表示；

ρ_0——干涂层在试验温度下的密度，单位为克每毫升(g/mL)；

ρ_1——浸渍液在试验温度下的密度，单位为克每毫升(g/mL)；

ρ_2——液体涂料在试验温度下的密度，单位为克每毫升(g/mL)；

计算所得到的两个结果的平均值。

8.2 重复试验

如测得的结果超过重复性限值，进行第 3 次测定，并取所有结果的算术平均值。

如第 3 次测得的结果和别的结果差值大于 $1.5\times(0.48+0.0086\times NV_v)$，在试验报告中注明这个情况，并且列出各个结果。

9 精密度

9.1 重复性

同一操作者采用相同的仪器设备在相同的操作条件下在短的时间间隔内，对同一试验涂料所得到的两结果之间的差值，在置信水平为 95%时应不超过 $0.48+0.0086\times NV_v$，

式中：NV_v 为液体中不挥发物的体积分数。

9.2 再现性

不同操作者在不同的实验室对同一试验涂料所得到的两结果之间的差值，在置信水平为 95%时应不超过 $1.06+0.0096\times NV_v$，

式中：

NV_v——液体涂料中不挥发物的体积分数。

10 试验报告

试验报告至少应包括下列内容：

a) 识别受试产品所必要的全部细节；

b) 注明本标准编号(GB/T 9272);

c) 使用的受漆器的类型;

d) 浸没受漆器的液体;

e) 施涂涂层的厚度;

f) 是否采用甩平操作;

g) 使用的试验温度及干燥条件(见附录 A);

h) 试验结果(不挥发物体积分数及干涂层密度);

i) 商定的或按其他方法规定的与规定的程序存在的任何不同之处;

j) 试验日期。

附 录 A
（规范性附录）
试 验 条 件

本附录描述了根据干燥模式(见表A.2)而定义的各种类型涂料可采用的标准干燥条件(见表A.1)。

表 A.1 各种类型涂料的干燥条件

干燥类别	干燥条件
1	遵循生产厂商的烘烤说明。 在无生产厂商的这种说明时,先闪干(10～15)min,而后在(105±2)℃烘烤1 h。
2	在(23±2)℃和相对湿度(50±5)%下干燥7 d。

表 A.2 干燥模式和干燥类别

干燥模式	干燥类别
烘烤 如醇酸/氨基漆	1
蒸发和聚结 如:乳胶漆	2
蒸发和氧化干燥 如:醇酸气干漆	2
化学反应 如:双组份环氧漆	2
仅为蒸发 如:氯化橡胶漆	2

附　录　B
（资料性附录）
本标准与 ISO 3233:1998 技术性差异及其原因

表 B.1 给出了本标准与 ISO 3233:1998 的技术性差异及其原因的一览表。

表 B.1　本标准与 ISO 3233:1998 技术性差异及其原因

本标准的章条编号	技术性差异	原　因
2	部分标准引用了采用国际标准的我国标准。	符合我国国情。
5.8	删去了空气干燥箱要测定空气流速的内容	在新修订的测定不挥发物含量的 ISO 标准中不再规定要测定空气干燥箱的空气流速
5.9～5.11	增加了用圆片涂漆甩平时的一些附件。	本标准增加了适用于某些涂料的用圆片涂漆并甩平的方法，使标准适用范围更广。左边所列为甩平时用的相关附件。
7.2.2	增加了适用于某些涂料的用圆片涂漆后的甩平操作	对甩平操作进行了详细规定，使标准更易实施。
7.5，8	增加了采用甩平操作后涂料不挥发物质量分数的测定方法	采用甩平操作时由于无法准确测定湿涂漆圆片的质量，因而无法通过计算获得涂料不挥发物质量分数。此处专门规定此方法是使标准内容更完整。
10 f)	增加了应在报告中注明是否采用甩平操作的内容	更合理，便于理解。

ICS 87.040
G 50

中华人民共和国国家标准

GB/T 9279—2007/ISO 1518:1992
代替 GB/T 9279—1988

色漆和清漆　划痕试验

Paints and varnishes—Scratch test

(ISO 1518:1992,IDT)

2007-09-11 发布　　　　2008-04-01 实施

中华人民共和国国家质量监督检验检疫总局
中国国家标准化管理委员会　发布

前　言

本标准等同采用 ISO 1518:1992《色漆和清漆　划痕试验》(英文版)。

本标准代替 GB/T 9279—1988《色漆和清漆　划痕试验》。

本标准与前版 GB/T 9279—1988 的主要技术差异为：

——前版系等效采用 ISO 1518:1973；

——增加了对于复合涂层体系，划针可以划透至底材也可划透至中间涂层的说明；

——增加了若用指示器来显示涂层是否已被划透，则不适用于含有导电颜料的色漆，也不适用于底材为非金属的，或者需要划透至中间不导电涂层的情况的内容；

——增加了单一规定负荷试验通过与不通过的判定原则及精密度的规定；

——对于测定划透涂层的最小负荷的试验，本标准规定结果直接取三块试板中的最小结果，前版则要以两块试板上相一致的最小结果作为最终结果；

——增加了如何制造划针与更换针头的内容；

——删除了可使用手动型仪器的内容。

本标准的附录 A 为规范性附录，附录 B 为资料性附录。

本标准由中国石油和化学工业协会提出。

本标准由全国涂料和颜料标准化技术委员会归口。

本标准起草单位：中国化工建设总公司常州涂料化工研究院。

本标准主要起草人：郑国娟。

本标准于 1988 年首次发布，本次为第一次修订。

本标准委托全国涂料和颜料标准化技术委员会负责解释。

色漆和清漆　划痕试验

1　范围

1.1　本标准是有关色漆、清漆及相关产品的取样和试验的系列标准之一。

本标准规定了在标准条件下测定色漆、清漆或相关产品的单一涂层或复合涂层体系抗半球形针头的划针划透性能的试验方法。对于复合涂层体系，划针可以划透至底材，也可以划透至中间涂层。

1.2　本方法旨在应用于以下方面：

a)　作为"通过/不通过"试验，即在划针上施加规定的负荷进行试验，以评定涂层是否符合特定要求；

b)　通过对划针施加逐渐增加的负荷来测定划透涂层的最小负荷。

2　规范性引用文件

下列文件中的条款通过本标准的引用而成为本标准的条款。凡是注日期的引用文件，其随后所有的修改单(不包括勘误的内容)或修订版均不适用于本标准，然而，鼓励根据本标准达成协议的各方研究是否可使用这些文件的最新版本。凡是不注日期的引用文件，其最新版本适用于本标准。

GB/T 3186—2006　色漆、清漆和色漆与清漆用原材料　取样(ISO 15528:2000,IDT)

GB/T 9271　色漆和清漆　标准试板(GB/T 9271—1988,eqv ISO 1514:1984)

GB 9278　涂料试样状态调节和试验的温湿度(GB 9278—1988,eqv ISO 3270:1984,Paints and varnishes and their raw materials—Temperatures and humidities for conditioning and testing)

GB/T 13452.2　色漆和清漆　漆膜厚度的测定(GB/T 13452.2—1992,eqv ISO 2808:1974)

GB/T 20777—2006　色漆和清漆　试样的检查和制备(ISO 1513:1992,IDT)

3　需要的补充资料

对于任一特定的应用而言，本标准规定的试验方法需要用补充资料来完善。补充资料的内容在附录A中列出。

4　仪器

4.1　划痕仪，图1说明了仪器的原理，但也可使用具有类似性能的其他结构的仪器。该仪器主要由可水平滑动的试板台(1)，恒速电机(2)和划针(3)组成。恒速电机以30 mm/s～40 mm/s的速度带动试板台在划针尖下滑动，划针垂直于涂层。划针固定在夹头中，夹头正上方有一个可加砝码的支架，支架杆应至少能承受2 kg的质量。仪器上应标注该仪器可承受的最大负荷。

该仪器可调节，以使划针与涂层平稳地接触，即在停杆(4)达到斜面底部之前，能形成长度不小于60 mm的直线划痕。斜面与水平面的最佳夹角为10°～15°。试板台设计成能使试片作横向移动，这样在同一试片上能进行多次划痕试验。

注：目前可购得的划痕仪是可允许划痕试验在连续增加负荷的条件下进行的仪器。

4.2　指示器，根据划针和金属底材之间的电接触来显示涂层是否被划透。

注：该指示器不适用于含有导电颜料的色漆，也不适用于底材为非金属的，或者需要划透至中间不导电涂层的情况。

4.3　划针，具有直径为1 mm的硬质半球形针头。半球形针头应牢固地固定于划针，其暴露部分应无任何污染物。

注：附录B给出了有关针头和划针的详细说明。

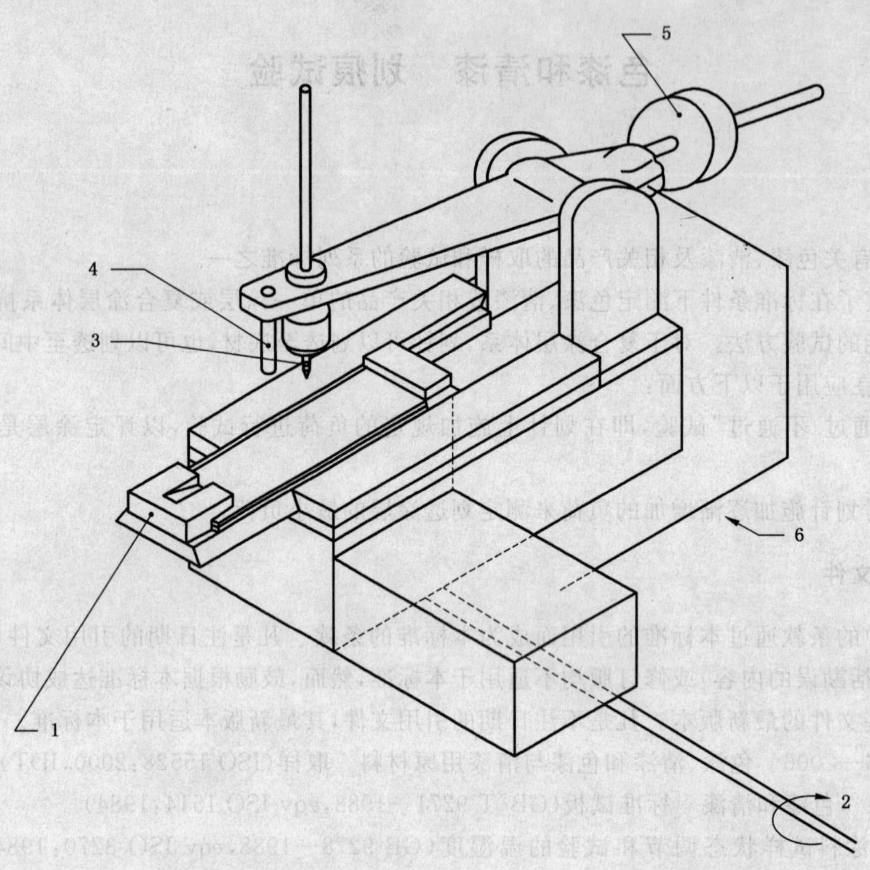

1——试板台；

2——恒速电机；

3——划针；

4——停杆；

5——平衡重锤；

6——指示器的电连接。

图 1 划痕试验仪示意图

5 取样

按 GB/T 3186—2006 的规定，取受试产品（或复合涂层体系中的每个产品）的代表性样品。

按 GB/T 20777—2006 的规定，检查和制备试验样品。

6 试板

6.1 底材

除非另有规定，选用符合 GB/T 9271 要求的打磨过的马口铁板、钢板或用酸钝化处理过的硬铝板。

只要能保证不发生变形，试板可在涂层干燥后切割成合适的尺寸。

6.2 试板的处理和涂装

除非另有规定，按 GB/T 9271 的规定处理每一块试板，然后按规定的方法涂覆受试产品或体系。如果采用刷涂法涂覆受试产品，刷痕应平行于划痕的方向。

注：如果采用刷涂法，通常所得结果的精密度较差。

6.3 干燥和状态调节

将每一块已涂漆的试板在规定的条件下干燥（或烘烤）并放置规定的时间。除非另有规定，试验前，试板应在温度为(23±2)℃和相对湿度为(50±5)%的条件(见 GB 9278)下至少调节 16 h 并尽快进行试验。

6.4 涂层厚度

用 GB/T 13452.2 中规定的一种方法测定涂层的干膜厚度,以 μm 计。

7 操作步骤

7.1 试验条件

除非另有规定,在温度(23±2)℃和相对湿度(50±5)%条件(见 GB 9278)下进行试验。

在没有振动的实验台上进行试验。

7.2 单一规定负荷的测定步骤("通过/不通过"试验)

7.2.1 用 30 倍放大镜检查划针(4.3),以确保划针的硬针头是光滑的、半球状的,且无污染物。

7.2.2 将划针固定于夹头中,使其试验时能垂直于涂层。借助于可调节的平衡重锤来平衡划针支架臂。通过使划针与试板台接触来检查指示器(4.2)(如采用)能否正常工作。

7.2.3 将试板涂漆面向上,并将其夹紧于仪器的试板台上,试板长边应平行于划痕的方向。

7.2.4 将砝码置于划针上方的支架上,以获得规定的负荷。

7.2.5 启动划痕仪,使其在涂层上进行划痕。在试验期间观察指示器(如采用),以确定划针与试板间是否发生电接触。

7.2.6 取下试板,检查涂层是否被划透。根据双方协商,也可以使用适当倍数的放大镜观察,但应在试验报告中注明放大倍数。

7.2.7 在两块试板的每一块上进行三次测试。如果在规定的负荷下六条划痕都没有划透涂层时,记录结果为"通过",否则记录结果为"不通过"。

7.3 测定划透涂层的最小负荷的步骤

按 7.2.1～7.2.6 规定的步骤在试板的不同部位上进行试验,先用较小的负荷,然后逐渐增加负荷直至涂层被划透。记录划针划透涂层的最小负荷。对另两块试板重复测定,报告三块试板上测定的最小结果。

8 精密度

对于"通过/不通过"试验(7.2),其结果的重复性偏差通常为该负荷的±10%。

注:结果的精密度在很大程度上取决于涂层的厚度。

9 试验报告

试验报告应至少包括下列内容:

a) 识别受试产品所必要的全部细节;

b) 注明本标准编号;

c) 附录 A 涉及的补充资料的内容;

d) 注明补充上述 c)项资料所参照的国际标准、国家标准、产品说明或其他文件;

e) 试验结果:

——涂层在规定的负荷下是否被划透(通过/不通过);

——划针划透涂层所需的最小负荷;

f) 与规定的试验方法的任何不同之处;

g) 试验日期。

附 录 A
（规范性附录）
需要的补充资料

为使本方法能正常进行，应适当提供本附录中所列条款的补充资料。

所需要的资料最好由有关方商定，可以全部或部分地取自与受试产品有关的国际标准、国家标准或其他文件。

a） 底材的性质、厚度和表面处理。

b） 受试产品施涂于底材的方法，包括多涂层体系中各涂层之间的干燥条件和时间。

c） 试验前，涂层干燥（或烘烤）和放置（如适用）的时间和条件。

d） 干涂层的厚度（以 μm 计）及所采用的 GB/T 13452.2 中规定的测量方法以及是单一涂层还是多涂层体系。

e） 与 7.1 规定（见 GB 9278）的不同的试验温度和相对湿度。

f） 要进行的试验程序（见 1.2）。

g） 施加于划针的规定负荷（如适用）。

h） 用划针划透表示的试验涂层的要求性能（见 1.1）。

附 录 B
(资料性附录)
划痕试验用划针的制造和更换针头的简易步骤

B.1 新划针的制造

B.1.1 将一批划针针体以垂直位置,插入由打孔的金属板制成的盘中加以固定,其有凹孔端向上。

B.1.2 在每一个划针针体的凹孔端上放上很少量的焊剂,然后将一个钢珠放在其上就位,在此阶段依靠焊剂使钢珠就位。

注:所用焊剂的量根据经验判定,量不足会使焊接点不牢固,量太多会使钢珠或多或少被焊剂包封。

B.1.3 将摆有划针针体的盘子放入温度预调到210℃～220℃的烘箱或马弗炉内约5 min,使焊剂熔融,这样就能将钢珠固定在针体一端的凹孔中。

B.1.4 从热源中取出划针,使之冷却,并擦拭每一个钢珠以除去焊剂残余物。

B.1.5 检查钢珠是否已牢牢固定,并确保钢珠用于划痕的部位没有任何焊剂。

B.2 划针更换针头

B.2.1 如B.1.1所述,将划针固定在由打孔的金属板制成的盘中。

B.2.2 将摆有划针的盘子放入温度预调到210℃～220℃的烘箱或马弗炉内,一旦焊剂软化,就取出盘子,用清洁的刷子刷划针的端头,以去除钢珠。

B.2.3 当划针针体冷却后,按B.1.2～B.1.5的规定进行操作。

B.3 有关针头材料的指南

通常使用下列针头:

a) 钢珠

根据各种不同的情况,这种类型的针头会显示出早期磨损的痕迹。由于带钢珠的划针制造较为容易,建议使用一次,然后视磨损情况更换针头。

b) 碳化钨针头

这类针头比钢珠针头耐久得多,且市场上能买到。

c) 红宝石针头

这类(陶瓷)针头能用很长时间。必须通过胶合而不用焊剂将针头附着于划针针体上,这类针头市场上能买到。

在任何情况下,都使用能将针头牢固地固定于正确位置的合适的钢质划针针体,这一点很重要。合适的划针针体的例子见图B.1。

单位为毫米

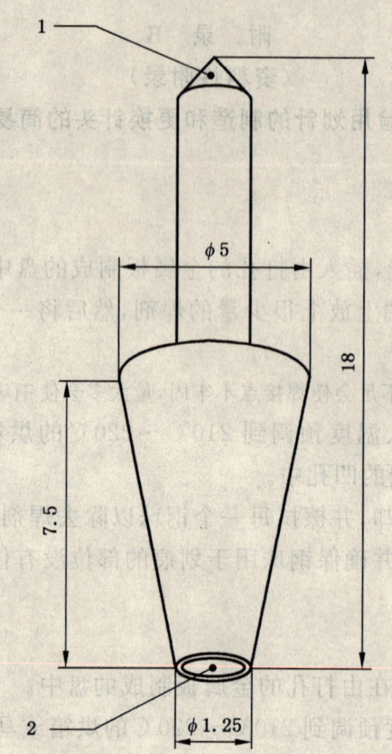

1——装配支架的终端；

2——放置钢珠的凹孔。

图 B.1 用于放置划痕试验针头的划针针体示意图

ICS 37.040.10
N 46

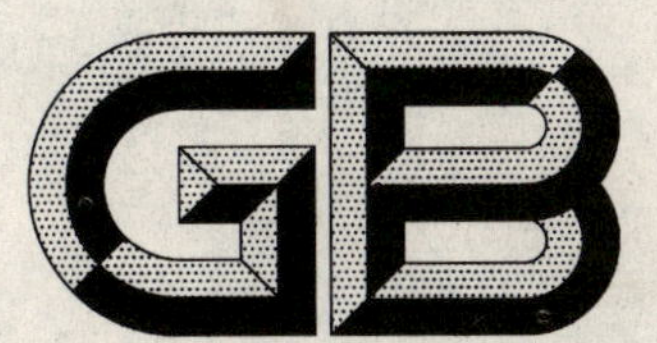

中华人民共和国国家标准

GB 9316—2007/IEC 60491:2004
代替 GB 9316—1988

摄影用电子闪光装置安全要求

Safety requirements for electronic flash apparatus for photographic purposes

(IEC 60491:2004,IDT)

2007-01-18 发布 2007-07-01 实施

中华人民共和国国家质量监督检验检疫总局
中国国家标准化管理委员会 发布

ICS 37.040.10
N 46

中华人民共和国国家标准

GB 9316—2007/IEC 60491:2004
代替 GB 9316—1988

摄影用电子闪光装置安全要求

Safety requirements for electronic flash apparatus for photographic purposes

(IEC 60491:2004,IDT)

2007-01-18 发布　　2007-07-01 实施

中华人民共和国国家质量监督检验检疫总局
中国国家标准化管理委员会　发布

前　言

本标准的全部技术内容为强制性。

本标准等同采用 IEC 60491:2004《摄影用电子闪光装置安全要求》(英文版)。

本标准等同翻译 IEC 60491:2004。

为便于使用,本标准做了下列编辑性修改:

a) “本国际标准”一词改为“本标准”;

b) 删除 IEC 60491 的前言;

c) 对于 IEC 60491 引用的其他国际标准和文件,除已被我国等效采用的外,在本标准中均被直接引用。

本标准由全国照相机械标准化技术委员会归口。

本标准主要起草单位:杭州照相机械研究所、上海永江影视有限公司。

本标准主要起草人:金丹、孙晶璋、朱申敏。

引　言

本标准主要由杭州照相机械研究所起草。它代替 GB 9316—1988。

下列文件中的条款通过本标准的引用而成为本标准的条款。凡是注日期的引用文件，其随后所有的修改单(不包括勘误的内容)或修订版均不适用本标准，然而，鼓励根据本标准达成协议的各方研究是否可使用这些文件的最新版本。凡是不注日期的引用文件，其最新版本适用于本标准。

GB 1002　家用和类似用途单相插头插座型式、基本参数和尺寸

GB 1003　家用和类似用途三相插头插座型式、基本参数和尺寸

GB/T 1410　固体绝缘材料体积电阻率和表面电阻率试验方法(GB/T 1410—1989,eqv IEC 60093:1980)

GB/T 1633　热塑性塑料维卡软化温度(VST)的测定(GB/T 1633—2000,idt ISO 306:1994)

GB 2099　家用和类似用途插头插座

GB/T 2423.2　电工电子产品环境试验　第2部分:试验方法　试验B:高温(GB/T 2423.2—2001,idt IEC 60068-2-2:1974)

GB/T 2423.3　电工电子产品基本环境试验规程　试验Ca:恒定湿热试验方法(GB/T 2423.3—1993,eqv 60068-2-3:1984)

GB/T 2423.10　电工电子产品环境试验　第二部分:试验方法　试验Fc和导则:振动(正弦)(GB/T 2423.10—1995,idt IEC 60068-2-6:1982)

GB/T 4721　印制电路用覆铜箔层压板通用规则(GB/T 4721—1992,neq IEC 60249:1985～1988)

GB/T 4722　印制电路用覆铜箔层压板试验方法(GB/T 4722—1992,neq IEC 60249-1:1982)

GB/T 4723　印制电路用覆铜箔酚醛纸层压板(GB/T 4723—1992,neq IEC 60249-2:1985～1988)

GB/T 4724　印制电路用覆铜箔环氧纸层压板(GB/T 4724—1992,neq 60249-2:1987)

GB/T 4725　印制电路用覆铜箔环氧玻璃布层压板(GB/T 4725—1992,neq 60249-2:1987)

GB 5013　额定电压450/750 V及以下橡皮绝缘电缆(GB 5013—1997,idt IEC 60245)

GB 5023　额定电压450/750 V及以下聚氯乙烯绝缘电缆(GB 5023—1997,idt IEC 60227)

GB/T 5465.2　电气设备用图形符号(GB/T 5465.2—1996,idt IEC 60417:1994)

GB/T 7112　R03、R1、R6、R14、R20型锌-锰干电池 LR03、LR1、LR6、LR14、LR20型碱性锌-锰干电池(GB/T 7112—1998,eqv IEC 60086-2:1997)

摄影用电子闪光装置安全要求

1 范围

1.1 本标准给出了电子闪光装置的安全要求。

1.2 本标准适用于储能不超过 2 000 J 的不被水滴或水溅的下列摄影用电子闪光装置及其相关装置：

a) 单个闪光装置，可有一个以上可同时闪亮的闪光头。

b) 连续多次曝光摄影用闪光装置。

c) 与摄影用电子闪光装置连接的电池充电器和电源装置；它可能是电源插头的一部分。

d) 附属装置，例如：说明书中列举的光量调节器及闪光同步器等。

本标准不适用于频闪装置。

注：对于储能超过 2 000 J 的闪光装置，如果没有相应标准可依据，则可在适用的范围内，采用本标准。

就电源而言，适用于下列几种类型：

a) 用电网电源工作的闪光装置；

b) 用电池工作的闪光装置；

c) 电网电源和电池均可用的闪光装置。

注：本标准适用于温带和热带都能使用的闪光装置。

1.3 本标准不适用于对地额定电源电压超过 250 V（有效值）的装置。

1.4 本标准仅涉及闪光装置的安全，不涉及其他性能（见第 3 章）。

2 术语和定义

下列术语和定义适用于本标准。

2.1

产品型式实验 type test of the product

对能代表该型号装置的一定数量的样品进行全面的一系列试验，其目的是为了确定某制造厂能否生产出符合本标准的产品。

2.2

手动 by hand

不需用工具、硬币或其他物体进行的操作。

2.3

可触及部件 accessible part

用标准试验指能触及的部件（见 8.1.1）。

注：包括任何表面覆盖着导电层的非导电部件的可触及区域。

2.4

带电部件 live part

与其接触可引起触电的部件（见 8.1.1）。

2.5

爬电距离 creepage distance

沿两个导电部件间绝缘材料表面测得的最短距离。

2.6

间隙 clearance

空气中两导电部件间最短距离。

2.7

电网电源　supply mains

工作电压高于 34 V(峰值),不是仅为 1.2 所述装置供电的电源。

2.8

额定电源电压　rated supply voltage

制造厂为装置规定的电源电压。

2.9

直接连到电网电源的部件　part directly connected to the supply mains

装置中与电网电源电气连接的部件,当该部件与电网电源的某一极相连时,在连接处可产生等于或大于 9 A 的电流。

注 1:9 A 的电流是按 6 A 熔断器的最小熔断电流选定的。

注 2:在确定部件与电网电源直接连接的试验中,装置中熔断器不短路。

2.10

与电网电源导电连接的部件　part conductively connected to the supply

装置中与电网电源电气连接的部件,当装置不接地时,该部件通过 2 000 Ω 的电阻与电网电源之一极连接,在电阻上产生大于 0.7 mA(峰值)的电流。

2.11

电源设备　supply unit

从电网电源获取能量并向一个或多个装置供电的设备。

2.12

电池充电器　battery charger

直接由电网电源供电并在必要时对电池充电的装置。

2.13

端接件　terminal device

闪光装置的一种部件,通过它与外部导体或其他装置连接,一个端接件可以有若干个接点。

2.14

热继电器　thermal release

能断开装置某些部件与电源的连接来防止这些部件持续超过设定温度的装置。

2.15

安全开关　safety switch

打开盖子时能切断电源的机构。

2.16

印刷板　printed board

按要求尺寸切成的,带有全部安装孔并至少有一个导电电路图案的基材。

2.17

导电电路图案　conductive pattern

以印制版的导电材料形成的导电图形。

2.18

Ⅰ类装置　class Ⅰ apparatus

其防触电措施不仅依靠基本绝缘,还包括附加安全措施的装置,即装置中可触及导电部件与固定线路的保护(接地)导体相连接,在基本绝缘万一失效时,可触及导电部件不会带电。

注:此类装置中可以有属于Ⅱ类结构的部件。

2.19

Ⅱ类装置 class Ⅱ apparatus

其防触电措施不仅依靠基本绝缘,还包括附加安全措施的装置,如双重绝缘或加强绝缘等措施。此类装置不具备保护接地措施,也不依靠装置的安装条件。

2.20

基本绝缘 basic insulation

为防止触电而对带电部件提供基本保护的绝缘。

2.21

附加绝缘 attachment insulation

对基本绝缘所加的独立的绝缘,以便在基本绝缘万一失效时仍能防止触电。

2.22

双重绝缘 double insulation

包括基本绝缘和附加绝缘的绝缘。

2.23

加强绝缘 reinforced insulation

对带电部件所加的单独的绝缘系统,其防触电的等级在本标准规定的条件下相当于双重绝缘。

注:"绝缘系统"这一术语并不意味着绝缘应是一层,它可以包括若干层,这些层不能作为附加绝缘或基本绝缘单独承受试验。

3 一般要求

装置的设计和结构,应保证无论在正常使用还是故障条件下均不出现危险,特别是以下方面:

a) 防人身触电;

b) 防人身受高温伤害;

c) 防止起火。

一般情况下,应在4.2和4.3规定的正常工作条件和故障条件下进行规定的全部试验来检验装置是否合格。

4 一般试验条件

4.1 试验导则

4.1.1 按本标准进行的试验为型式试验。

4.1.2 所有试验应尽可能按本标准条文顺序,并在同一台装置上进行。

4.1.3 除另有规定外,试验应在环境温度为15℃～35℃,相对湿度为45%～75%,常压为860 mPa～1 060 mPa的条件下进行。

4.1.4 除另有规定外,则:

a) 波形应基本是正弦波;

b) 电压和电流的测量,应选用对被测量值无明显影响的仪器进行。

4.1.5 试验以使用充满电的蓄电池或新启用的符合GB/T 7112的电池为基准条件。

4.2 正常工作条件

正常工作条件是由下列条件进行最不利的组合而形成的条件:

4.2.1 装置在正常使用中所处的任何位置。

4.2.2 用装置的任一额定电源电压值的0.9倍或1.1倍供电。

对于具有一定额定电源电压范围的装置,不需调整电压调节装置,而是用额定电源电压范围下限值的0.9倍或上限值的1.1倍供电,如果有必要,可使用装置上标出的电源电压范围内的某一标称值的

0.9 倍或 1.1 倍供电。

电源电压的任一额定频率。

对于使用电池的装置,用充满电或新启用的规定型号的电池供电。

装置用其设计所规定的各种类型的电源工作。

4.2.3 除了电源电压调整装置应符合 13.6 外,用户可触及的手动调节用的控制器件调到任何位置。

4.2.4 闪光头、电容器及其他附件连接或不连接。

4.2.5 用电网电源或自身电源均可工作的装置,与电网电源相连或不连接。

4.2.6 任何保护接地端子接地或不接地,而试验中所用的隔离电源的任一极接地。

4.3 故障条件

在故障条件下工作是指在 4.2 所述的正常工作条件之外,逐个施加以下每个条件,以及与之有关的以逻辑推理得出的其他故障条件。

一般通过对装置及其电路图的分析检查,可以确定所应施加的故障条件,并以最适宜的顺序施加。

4.3.1 如果爬电距离和间隙小于表 1 中曲线 A 所示值,则将它们短路。

若绝缘体有小于 1 mm 宽的槽,则爬电距离不应沿槽表面测量,而只在其宽度方向上测量。

若间隙含有两个或多个被导电体隔开的一系列空气隙,则计算总距离时任何小于 1 mm 宽的空气隙均不计入,除非是按表 1 要求总距离小于 1 mm 者。但不管怎样,小于 0.5 mm 的单个空气隙均不计入。

注 1:这并不意味着 8.3.7 和 8.3.8 规定的绝缘材料的尺寸可忽略不计。

注 2:如果绝缘体被细缝分成两部分,则测量爬电距离和间隙时,应将沿缝路径计算在内。

注 3:所规定的爬电距离和间隙是考虑了组件和零部件的公差的最小实际距离。

注 4:4.3.3 中给出了关于漆包线的爬电距离和间隙的测定方法。

当用标准试验指测定可触及部件和带电部件间的爬电距离和间隙时,则认为非导电部件的任何可触及区覆盖了一层导电层(见图 1)。

表 1 中所述的电压值是将装置连至其额定电源电压并达到稳态后测量的。

测量爬电距离和间隙时,导体和插头均置于其正常位置。

在撕脱和剥落强度符合 GB/T 4721、GB/T 4722、GB/T 4723、GB/T 4724、GB/T 4725 的印制板上的两导体间,若其中有一个导体要直接地或导电性地连接于电网电源之一极,则爬电距离和间隙的要求要修改。

表 1 中的量值应以下式的计算值代替:

$$\log_2 d = 0.78 \log_2 \frac{U}{300} \qquad \cdots\cdots (1)$$

(最小距离为 0.5 mm)

式中:

d——爬电距离,单位为毫米(mm)。

U——峰值电压,单位为优(V)。

这些距离可参考图 7 来确定。

这种减小的爬电距离和间隙仅在与过热有关时才是允许的(见 10.2)。

注 1:上述减小值适用于导体本身,但并不适用于装配件或焊接端子。

注 2:计算距离时,印制板上的油漆涂层等忽略不计。

与 220 V~250 V(有效值)电网电源导电连接的部件,其距离等于 354 V 峰值电压下的相应值。

在 4 000 V 以上峰值电压情况下,用电压试验法来确定爬电距离和间隙是否应被短路(见 9.2)。

基本绝缘上的电压在附加绝缘被短路时确定。反之,附加绝缘上的电压在基本绝缘被短路时测定。

表 1 中曲线由下列数值确定:

曲线 A:34 V 对应 0.6 mm

354 V 对应 3.0 mm

曲线 B：34 V 对应 1.2 mm

354 V 对应 6.0 mm

在一定条件下，距离可按 4.3.3 和 8.3.5 的规定减小。

表 1

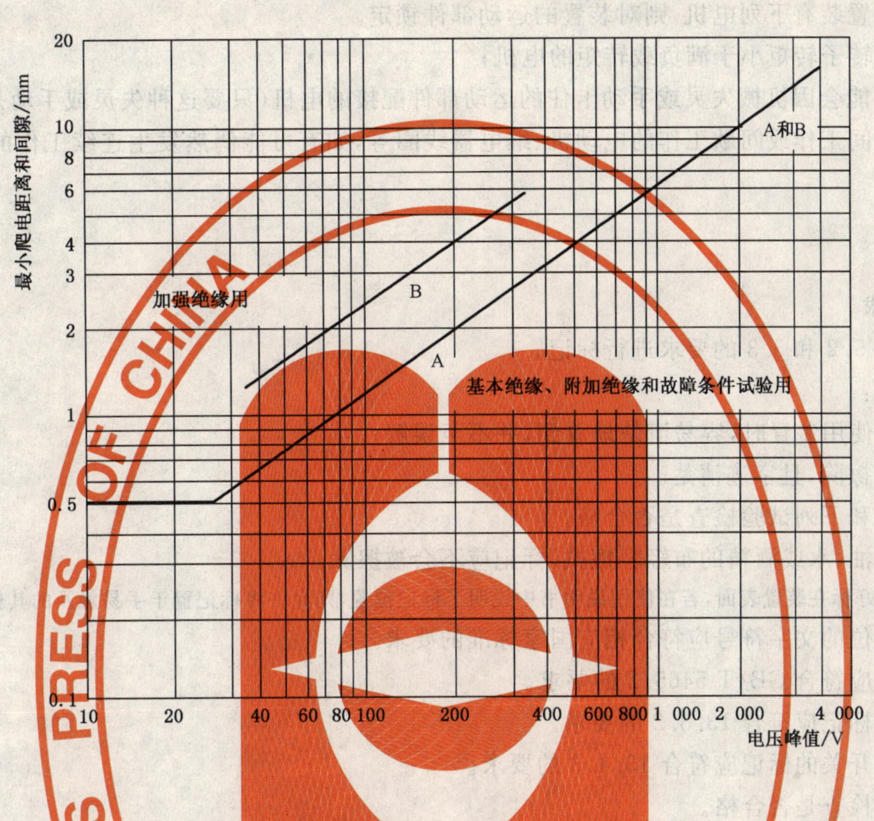

4.3.2 使半导体器件和灯丝短路或在可能情况下开路。

将(用于指示或调控的)辉光管短路或开路。

4.3.3 将腊克漆、瓷漆或纤维织物等构成的绝缘层短路。在按表 1 规定计算爬电距离和间隙时，这些覆盖层是忽略不计的。然而，如果瓷漆用作导线的绝缘层并能经受住电压试验，则可认为它使爬电距离和间隙增加了 1 mm。

注：此条并不意味着线圈匝间、绝缘套或绝缘管之间的绝缘也要短路。

4.3.4 电解电容器短路。

4.3.5 发生短路故障时可能损伤的防触电或防过热的绝缘部件要予以短路，但满足 9.2 要求的绝缘部件除外。

4.3.6 发生短路或断路故障时可能损伤的防触电或防过热的电容器、电阻器、电感器(变压器和电动机除外)，要选择短路或断路这两种情况中的最不利者。

此故障条件不适用于：

a) 符合 10.2 和 13.1 要求的电阻器；

b) 符合 13.8.1 要求的电感器；

c) 符合 13.2 要求的端电压不超过 354 V(峰值)的电容器；

d) 与过热有关的自复性能的电容器(如金属化纸介质式)。

注：通过检查装置和分析其电路图，可确定哪些部件或元件的短路或断路可损害防触电或防过热要求(见 4.3.5 和 4.3.6)。

4.3.7 把用以固定带电件壳罩的紧固螺钉或类似物拧松四分之一圈。

4.3.8 对于电池充电器和电源设备，将最不利的负载阻抗接到其输出端，包括短路。

4.3.9 将电池充电器和电源设备接上与额定电源电压或与电池充电器及电源设备电压无关的 250 V 交流电源电压。如果有电压调整装置，则将其调到最不利的位置。

4.3.10 强制冷却装置停止工作。

4.3.11 若装置装有下列电机，则对装置的运动部件锁定。

a) 制动转子转矩小于满负载转矩的电机；

b) 与可能会因机械失灵或手动卡住的运动部件配接的电机(只要这种失灵或手动是可能的)。

4.3.12 短时间工作或间歇工作的电动机、继电器线圈等，如有可能偶然发生连续工作的故障，则要使其连续工作。

5 标记

5.1 一般要求

装置应按 5.2 和 5.3 的要求进行标记。

标记应该：

a) 准备使用装置时，容易清楚地看到，并不至误解；

b) 不能擦除，且字迹清楚。

用目视法和下列试验检查是否合格。

用浸过汽油、水或酒精的布轻轻擦拭，标记应不会被擦除。

注：标记最好标在装置表面，若在使用说明书中说明了标记位置，则允许将标记置于手易触及的其他位置。

量值和单位的文字符号应符合相应国家标准的要求。

图形符号应符合 GB/T 5465.2 的要求。

熔断器的标记应符合 13.3.2 的要求。

电网电源开关的标记应符合 13.4.3 的要求。

用目视法检查是否合格。

5.2 铭牌

装置应标出：

a) 制造厂名或注册商标；

b) 型号或名称。

用目视法检查是否合格。

注 1：可用双方框符号“回”标记Ⅱ类装置。

注 2：此符号应置于技术说明书的明显位置，且不易与制造厂名或注册商标混淆。

5.3 电源

装置应有下列标记：

a) 电源的性质：

交流用符号“～”或“AC”表示；

直流用符号“—”或“DC”或“⎓”(仅适合用电池的装置)表示。

b) 不用调节电压调整装置即可使用的额定电源电压或电压范围，除非装置只靠隔离电源设备供电。

c) 对于可调至不同额定电源电压的装置，其结构应能保证在准备使用装置时，能清楚看出其所调的电压指示。如果装置设计得可由用户调节电源电压，则要求在改变电压调整装置时，电压指示也相应改变。

注：对于电池充电器和电源设备与电网电源插头组成一体的情况，允许将装置的电压调整指示标在插头的接合面上。

d) 如果安全性与所用电网电源频率的正确与否有关，则将额定电网电源频率(或频率范围)以 Hz

为单位标出。

用目视法检查是否合格。

5.4 使用说明书

5.4.1 电池充电器和电源设备应带有单独中文说明书，指出其适用的闪光装置的类型。

闪光装置也应有单独中文说明书，指出其所用的电源设备或电池充电器的类型。

注：也可在这些物体上标出这些内容。

用目视法检查是否合格。

5.4.2 使用说明书应指出装置不能被水滴或水溅。

用目视法检查是否合格。

5.4.3 使用说明书应包括对下列情况的警告：

a) 电池不能置于过热环境下，如日晒或火灼等；

b) 不能对干电池充电。

用目视法检查是否合格。

5.5 端接装置

端接装置应标有下列符号：

a) 如果有保护接地端子：标以符号"⏚"。

b) 除连接电网电源的端子和电网电源插座外，在正常工作条件下带电的端接件：标以符号"ϟ"。

闪电箭头应指向端接件。

注：此符号仅用于指示有带电端子存在，不得为避免较严格的绝缘要求而用它标示不带电的端子。

用目视法检查是否合格，保护接地端子的标记不必从机外看到(见 14.4)。

注：对交直流两用的装置可标以符号："≃"。

6 正常工作条件下的温升

6.1 在正常使用中，装置的任何部件均不得达到不安全的温度。

使装置处于下面规定的条件下，在这些条件施加后立即监测其温度，以检查是否符合要求。

如果装置是以电网电源供电的，则应开机 4 h 其间不闪光；如果是仅用干电池或蓄电池供电的，则应开机 30 s。

随后使可产生连续闪光的装置，以尽可能快的速度进行多次连续闪光，但不超过 40 次，闪光的次数以装置上的指示确定。若没有指示，以测得的闪光电容器最大峰值电压值 85％确定。装置在其额定电压值下工作。

将电池充电器与完全放掉电的蓄电池连接 4 h。充电器的型号应与该蓄电池相匹配。

温度的测定：

对于线圈来说，用电阻法；

对于其他情况来说，可用任何其他合适的方法。

注：测量线圈电阻时，连接于线圈的线路和负载的影响可以忽略。

温升不应超过表 2 中 Ⅰ 栏内给出的值。

6.2 在正常使用中，与电网电源导电连接的部件，若其所载电流超过 0.5 A，并在接触不良情况下会大量发热的话，则支撑这些部件的绝缘材料应是耐热的。

在有两组导体，各自包有绝缘材料，但又可刚性连接或接触(如：插头和插座)的情况下，只需对其中一组导体的绝缘体进行试验，如果有一组绝缘体是固定于装置上的，则应对此绝缘体进行试验。

应使绝缘材料经受表 2 中脚注 f 中 a)所述的试验，以检验是否符合要求。

绝缘材料的软化温度至少应为 150℃。

注：正常使用中可大量发热的部件的例子有：开关接点，电压适配器接点、螺旋式连接端子和熔断器盒等。

表 2

装 置 的 部 件	允许温升值/K	
	正常工作条件 Ⅰ	故障条件 Ⅱ
外部部件		
金属部件:旋钮、把手等	30	65
机壳[a]	40	65
非金属部件:旋钮、把手等[b]	50	65
机壳[a,b]	60	65
绝缘材料机壳的内部	[c]	[c]
绕阻[d]		
未浸渍的丝、纱等绝缘导线	55	75
浸渍的丝、线等绝缘导线	70	100
树脂漆包线	70	135
聚乙烯甲醛或聚乙烯树脂漆包线	85	150
叠片铁芯	按有关绕阻	
电源电线和导线		
普通聚氯乙烯绝缘		
无机械应力下	60	100
有机械应力下	45	100
天然橡胶绝缘	45	100
除热塑性塑料以外的其他绝缘材料[d,g]		
未浸渍的纸	55	70
未浸渍的纸板	60	80
浸渍的纱、丝、纸和纺织物、尿素树脂	70	90
苯酚甲醛树脂粘合的层压板、纤维填料苯酚甲醛模压件	85	110
矿物填料苯酚甲醛模压件	95	130
环氧树脂粘合的层压板	120	150
天然橡胶	45	100
热塑性塑料材料[e]	—[f]	
注:此表中温升值是基于35℃的最高环境温度制定的,并要在正常工作条件下测量。		

a 尺寸不大于5 cm并在正常使用中不可能触及的区域,允许在正常工作条件下温升达65 K。

b 若此表中温升值超过了所对应的绝缘材料等级所允许的温升值,则以该材料允许温升值为准。

c 绝缘材料机壳内部的允许温升取相应机壳材料的温升值。

d 此表中允许温升值是根据相应材料标准制定的。表中的材料仅作为例子列出。对于未列出的其他材料来说,其允许温升值不能超过实验后证明所允许的温升值。

e 天然橡胶和合成橡胶不视为热塑性材料。

f 由于热塑性材料品种很多,不可能一一定出其允许温升值。在涉及到此问题时,可用下列方法:

a) 在材料的一块单独样品上,在GB/T 1633规定的条件下,测其软化温度,并做如下修正:
——溶透深度为0.1 mm;
——在测试仪调零或记下初始读数之前,加10 N(1 kgf)总压力。

b) 用于决定温升的温度限值为:
——在正常使用条件下,比a)获得的软化温度值低10℃;
——在故障条件下,等于软化温度值。

g 本表不适用于电阻器中所用的材料。

7 防高温环境下的形变

在高温下，装置的机壳应有足够的抗形变能力。

用下列试验检查是否合格。

在(70±2)℃的温度下，使装置经受GB/T 2423.2中规定的试验Bb，试验温度(70±2)℃，试验进行48 h。

试验之后，装置应无本标准规定范围内的损坏。

8 正常工作条件下的触电危害

8.1 外部试验

8.1.1 一般要求

可触及部件和连接照相机同步装置的端子不能带电。

为了确定某一部件是否为可触及的(见2.3)，可用图2a)所示的绞接式试验指或图2b)所示的刚性试验指，在每一可能的位置上试验。有怀疑时，施加最大30 N(3 kgf)的力。此试验应在装置外表面的每一面都进行。

加力时应用试验指的顶端，避免楔或撬的动作。

注：按上面所述加力使用刚性试验指时，应在任何开口周围或变形会引起开裂的地方试验。同时，用绞接式试验指不加力来测定带电部件是否变成了可触及的。

在试验时，可触及金属部件与带电部件之间的距离，不能变得小于表1中给出的数值，带电部件不应变为可触及的。

注：建议用具有约40 V电压值的电气接触指示装置来显示与导电部件的接触。

为了确定某一部件或某一端子接点不带电，应先在任何两部件或两接点间，然后在任何部件或端子接点与电源一极点间，进行下述测量。

测量应在插头或连接件从相应的插座或连接插孔拔出2 s后进行。

如果可能，在测量过程中应进行闪光。

下列情况下部件或端子接点将认为是不带电的：

通过50 000 Ω无感电阻测得的流过每一部件或接点的电流不超过交流0.7 mA(峰值)或直流2 mA。并且：

a) 对于峰值电压在34 V～450 V者来说，其电容量不超过0.1 μF；

b) 对于峰值电压在450 V～15 kV者来说，其放电量不超过45 μC。

对于频率在1 kHz以上者来说，将0.7 mA(峰值)这一极限值乘以以千赫为单位的频率值，但不应超过70 mA(峰值)。

注1：上述电容量为额定值。

注2：由上述试验要求可见，如果部件上电压超过交流34 V(峰值)或直流100 V的话，则电源阻抗应设计得使流过50 000 Ω电阻的电流不超过交流0.7 mA(峰值)或者直流2 mA。

8.1.2 操作轴

操作轴不应带电。

通过测量检查是否合格。

8.1.3 通风孔

带电部件上方的通风孔或其他孔洞的设计，应使进入装置内的外部悬挂物体(例如项链)不能与任何带电部件接触。

用一根直径为4 mm、长度为100 mm的金属试验探针插入孔内，以检验是否合格。试验探针应以其一端悬空自由插入，插入深度不应超过探针的长度。在实验过程中，装置处于任何一个位置。

试验探针不应带电。

8.1.4 电网电源电压调节器

在用手或工具不打开盖板而调整电压电源类型时，应无触电危险。

按8.1.1所述或用相应的工具进行试验，来检查是否合格。

8.1.5 拔出电网电源插头

用电源插头与电网电源连接的装置，应设计得在从电源插座拔出电源插头后，接触插头的插脚或接点时，不会有触电的危险。

用下列试验检查是否合格。

装置工作于正常工作条件下。

若装置有电源开关，除非置于接通位置更为不利，则将其置于断开位置，并且拔出插头使装置与电网电源断开。

拔出插头2 s后，按8.1.1在插头的插脚和任何其他接点间进行测量，插脚应不带电。

为了能确实包括最不利的情况，试验可以反复进行10次。

8.2 打开保护盖板后的试验

以手动打开保护盖板后暴露的部件不应带电。

用8.1.1的试验来检查是否合格。

注：电压调节装置的任何一块可打开部分均被认为是保护盖板(见8.3.1)。

8.3 结构要求

8.3.1 带电部件的绝缘不能采用吸湿性材料，如未浸渍的木材、纸和类似纤维材料。

用目视法检查是否合格。有疑问时，用下列试验检查。

材料的样品，要切成如GB/T 1410中规定的那样，经受GB/T 2423.3所述的试验(温度(40±2)℃，相对湿度为90%～95%)。试验进行96 h。

试验后，样品再经受9.2的试验。

注：如有必要，试验可在一个以上的样品上进行。

8.3.2 装置的结构应能保证可触及部件或以手动打开盖板后变为可触及的部件无触电危险。然而，在用或不用工具更换电池时，电池室内变为可触及的部件至少应采用基本绝缘与带电部件隔开。

储能不超过150 J的装置应为Ⅱ类结构(见8.3.4)。

对于储能超过150 J的装置，Ⅰ类和Ⅱ类结构均是允许的。

连接照相机同步装置的端子，应按8.3.4用绝缘层与带电部件隔开。

按8.3.3或8.3.4检查是否合格。

8.3.3 对于Ⅰ类装置，可触及金属部件(属于Ⅱ类装置的部件除外，见2.18)应采用符合8.3.4a)要求的基本绝缘与带电部件隔开。

注：此要求不适用于其短路不会引起触电危害的绝缘，例如，隔离变压器次级某一绕组的一端连接于可触及金属部件，其另一端则不必满足对于此可触及金属部件的特殊绝缘要求。

Ⅰ类装置应具有供可触及金属部件可靠连接的保护接地端子或接点，除非这些部件是靠满足8.3.4要求的绝缘与带电部件隔开或是将金属部件可靠地连接于保护接地端子从而使其不会带电。

注：这类金属部件的例子有，变压器初、次级绕组间的金属隔板(见13.8.3)、金属框架等。

8.3.4 Ⅱ类装置的可触及部件应以本条a)规定的双重绝缘或b)规定的加强绝缘与带电部件隔开。

注：此要求不适用于其短路不会引起触电危害的绝缘，例如，隔离变压器次级某一绕组的一端连接于可触及金属部件，其另一端则不必满足对于此可触及金属部件的任何特殊绝缘要求。

满足13.1或13.8要求的元件可跨接在基本绝缘、补充绝缘、双重绝缘或加强绝缘上。符合13.2要求的电容器可跨接在基本绝缘和补充绝缘上。

如果经适当而可靠的方法来检定生产线的产品均能连续地符合有关技术规范的要求，则符合13.2要求的单个电容器也可跨接在双重绝缘或加强绝缘上。否则，应将两个标准值相同的符合13.2的电容器串联后再跨接在绝缘上。此外,绝缘型电容器的外部绝缘不能跨接在用于装置结构中的加强绝缘或双重绝缘上。除非其外部绝缘符合 8.3.7 的要求。

a) 如果可触及部件是以基本绝缘和补充绝缘与带电部件隔开的,则应加上下列要求。

两种绝缘都应符合第 9 章要求和 8.3.5 规定的爬电距离和间隙的要求。

不符合 8.3.6 和 8.3.7 或 8.3.8 要求的内部绝缘,在计算爬电距离和间隙时不应计入。

b) 如果可触及部件是以加强绝缘与带电部件隔开的,则应加上下列要求。

绝缘应符合第 9 章要求和 8.3.5 规定的爬电距离和间隙的要求。

不符合 8.3.6 和 8.3.7 或 8.3.8 要求的内部绝缘,在计算爬电距离和间隙时不应计入。

注:图 11 中,给出了评定加强绝缘的例子。

8.3.5 爬电距离和间隙应不小于表 1 中给定的数值。如果下列 3 个条件均满足,则爬电距离和间隙可减小 1 mm。

a) 爬电距离和间隙不是处于机壳的可触及金属部件和机内带电部件之间,并且正常使用中和运输过程中的外力作用是有所预防的,则允许减小。

b) 爬电距离和间隙被刚性结构所保持。

c) 绝缘性能不会受装置内产生的导电性积尘的影响,例如整流式电机的碳刷的影响。

在考虑了 4.3.3 所允许的漆包线的减小值之后,最小爬电距离和间隙应不小于表 1 中曲线所给的值的三分之二,并且基本绝缘和补充绝缘的最小值为 0.5 mm,加强绝缘为 1 mm。

用目视法和测量法来检查是否合格。

在任何带电部件(包括带电导线)上和任何与可触及部件连接的机内部件(包括导线)上加 2 N 的力,同时用刚性试验指在机壳外部的任何点上加 50 N 的力,测量该处的爬电距离和间隙。

8.3.6 带电部件上或可触及金属部件表面及任何其他机内金属部件上的绝缘层,如果能依次经受住下列 3 个试验,则可认为具有了足够的保护。如果这些绝缘层在正常工作温度下不会受可使绝缘材料变形或损坏的机械应力影响,则还可用作加强绝缘。

老化试验:

涂覆部件在(70±2)℃温度下经受 GB/T 2423.2 所述的试验,试验持续 168 h。

经此处理后,允许将部件置于室温下冷却并进行检查。涂覆层应无从基底材料上松脱或皱缩的现象。

冲击试验:

上述试验后,部件置于(−10±2)℃温度下 4 h。

此后仍在此温度下,用图 4 所示的弹簧冲击锤冲击绝缘层的较弱的各点。

此试验后,绝缘层应无损坏,特别是肉眼可见的龟裂。

划痕试验:

最后,部件置于其正常工作条件下可达到的最高温度中,经受划痕试验。

用一根淬火钢针进行划痕试验,针的尖端是顶角 40°的锥形,锥顶倒圆半径为(0.25±0.02)mm。

按图 5 所示,以 20 mm/s 的速度沿绝缘层表面用针进行划痕试验。沿针的轴向加(10±0.5)N 的力。划痕的间隔最小为 5 mm,距样品边缘最小也为 5 mm。

此试验后,绝缘层应既无松脱也无划穿现象,并能经受住 9.2 所规定的抗电强度试验,试验电压加在绝缘层的基底材料和与绝缘层相接触的金属片之间。

注:试验可在涂覆部件的单个样品上进行。

8.3.7 导线或电缆中的带电导体与可触及部件之间的绝缘或带电部件与连接于可触及金属部件的导线或电缆中导体之间的绝缘,若是聚氯乙烯构成的,则最小应有 0.4 mm 厚度。如果其他材料,能经受住 9.2 规定的抗电强度试验,并且其厚度可提供与对结构要求等效的机械强度,则该材料也可使用。

在Ⅱ类装置中,应在可触及部件和连接于电网电源的导线或电缆中的导体之间采用双重绝缘。在导线或电缆中的导体连接于可触及金属部件的情况下,双重绝缘应加在这些导体和与电网电源导电连接的部件之间。

无论基本绝缘还是补充绝缘,其厚度应不小于 0.4 mm。其他类型的绝缘,即使是采用聚氯乙烯材料的,只要能经受住 9.2 规定的基本绝缘或补充绝缘的抗电强度试验,则绝缘可以薄一些。

如果双重绝缘是由不能单独试验的两层组成,则应能经受住 9.2 规定的加强绝缘的抗电强度试验。

符合有关标准的导线的漆包层,如果能经受住 9.2 规定的加强绝缘的抗电强度试验,则是合格的。

9.2 的试验电压应加在导体和金属片之间,金属片紧绕在导线外层约 100 mm 的长度上。对于绝缘套管来说,9.2 的试验电压应加在插入套管内的金属棒和金属片之间,金属片紧绕在套管外层约 100 mm 的长度上。

8.3.8 除 8.3.6 和 8.3.7 所述之外的其他材料,如果符合下列条件,则可认为是合格的:

厚度小于 0.4 mm 的基本绝缘和补充绝缘应各自能经受住 9.2 规定的抗电强度试验。

对于双重绝缘的基本绝缘和补充绝缘,其各自厚度不得小于 0.4 mm。

加强绝缘的厚度不得小于 2 mm,若其厚度较薄但不小于 0.4 mm,并在正常工作温度下不会受到可引起绝缘材料变形或损坏的机械应力作用,则也是允许的。另外,绝缘材料还应能经受住 9.2 规定的抗电强度试验。

注:这些要求不适用于符合 13.8 要求的变压器。

8.3.9 装置的结构应能防止由于螺钉的偶然松动等引起带电部件和可触及金属部件或与可触及金属部件连接的部件之间的绝缘短路。

如果装置能经受住第 11 章规定的试验,即可认为符合此要求。

8.3.10 装置的结构应能保证一旦导线脱离连接后,不会因脱离导线的自然移动而使爬电距离和间隙小于 8.3.4 规定的值。

此要求不适用于脱离连接后无危险的导线。

用目视法和测量法来检查是否合格。

注 1:防止线端脱离连接的方法的例子有:

a) 如果不会因振动使导线从焊接处断开,则导线的导体在焊接之前可用线箍拴住;

b) 以可靠的方式将导线编结在一起;

c) 用绝缘带、绝缘套管等将导线紧固在一起;

d) 在焊接之前,导线的导体穿入印制板的孔洞,孔洞比导体直径要稍大些;

e) 用专用工具将导线的导体牢固地绕在接线端子上;

f) 用专用工具将导线的导体压接在接线端子上。

注 2:上面 a)~f)适用于内部导线,a)~c)适用于外部软线。

有疑问时,进行 11.1.2 的振动试验来检验是否合格。

注 3:这里假设不会有一处以上的连接处同时断开。

注 4:带电导线断开端与由 8.3.1 所述材料构成的机壳的某部分之间的偶然接触是允许的。

8.3.11 装置的结构应能保证,当试验指通过装置外壳上的孔洞部分地进入装置内时,试验指顶端与带电部件之间有基本绝缘隔开,并且试验指顶端不与绝缘材料接触。

试验指顶端与基本绝缘间的间隙,要符合表 1 中曲线 A 给出的相应值。

通过测量检验是否符合要求。

9 绝缘要求

9.1 潮湿处理

正常使用中,装置的安全性应不会因潮湿空气的存在而受到损害。

先将装置按本条所述进行潮湿处理,然后立刻按 9.2 进行试验以检查装置是否符合要求。

凡能以手动移去的电气元件、罩盖及其他部件均应移去,如有必要还应使主要部件经受潮湿处理。

装置应经受 GB/T 2423.3 所规定的试验(温度(40±2)℃,相对湿度 90%~95%)。

在放入潮湿箱之前,应使装罩处于 40℃~44℃温度中。

装置在箱内放置 120 h。

注 1：大多数情况下，在潮湿处理之前装置应处于一个规定的温度，并把这个温度保持 4 h。

注 2：某些达到规定相对湿度的方法可在其他有关标准中查出。

注 3：潮湿箱中的空气必须搅动，并且箱体的设计应使得喷雾水滴或冷凝水不能够滴落到装置上。

经处理后，装置不应出现本标准所述的损坏。

9.2 绝缘电阻和抗电强度

绝缘应满足要求。

除非另有说明，经 9.1 潮湿处理之后立即进行下面规定的试验。

对表 3 所列的绝缘进行试验时：

——若测量绝缘电阻则施加 500 V 直流电压；

——若测量抗电强度则按下述进行试验：

承受直流电压（加上纹波）作用的绝缘应用直流电压进行试验。承受交流电压作用的绝缘应用频率为电网电源频率的交流电压进行试验。如果有电晕、电离，充电效应或类似情况发生，则推荐使用直流试验电压，试验电压施加 1 min。

绝缘电阻和抗电强度的测量应在箱中或高温室中进行。应将那些已被移去的部件重新装配好，然后使装置达到指定的温度再进行测试。

试验电压施加 1 min 后测得的绝缘电阻不小于表 3 给定的值，并且在进行抗电强度试验时不发生飞弧或击穿现象，则可认为该装置是符合要求的。

当对绝缘材料制成的壳体进行试验时，应把金属膜紧贴在壳体的可触及部件上。

短路时不至于引起触电危险的绝缘不进行试验。例如隔离变压器次级某一绕组的一端与某一可触及金属件连接时，绕组另一端与该可触及金属件之间就不必满足任何绝缘要求。

符合 13.1 和 13.2 并与被测绝缘两端并联的电阻器和电容器应断开，此外妨碍测试进行的电感器和绕组也要断开。

装置有高频脉冲火花时，如果脉冲火花持续时间不超过 1 ms，在计算试验电压时可忽略不计。

表 3

<table>
<tr><th>绝　　缘</th><th>绝缘电阻</th><th>交流(峰值)或直流试验电压</th></tr>
<tr><td>a)　与电网电源直接连接的电路两极之间</td><td>2 MΩ</td><td>2U+1 410 V</td></tr>
<tr><td>b)　以基本绝缘或附加绝缘隔离的部件之间</td><td>2 MΩ</td><td>曲线 A(见图 9)</td></tr>
<tr><td>c)　以加强绝缘隔离的部件之间</td><td>4 MΩ</td><td>曲线 B(见图 9)</td></tr>
<tr><td colspan="3">电压 U 是当装置通以额定电源电压时绝缘两端在正常条件下或故障条件下可能承受的最高峰值电压。将附加绝缘短路则可判定基本绝缘两端的电压，反之也一样。
电网电源电压为 220 V～250 V(有效值)时，试验电压对于基本绝缘和附加绝缘来说为 2 120 V 峰值，对于加强绝缘来说则为 4 240 V 峰值。</td></tr>
<tr><td colspan="3">图 9 曲线 A 和曲线 B 是按下面的测试点定义的：
工作电压(峰值)　　试验电压(峰值)
　　曲线 A　　曲线 B
34 V　　707 V　　1 410 V
354 V　　　　4 240 V
1 410 V　　3 980 V
10 kV　　15 kV　　15 kV
50 kV　　75 kV　　75 kV
印制板上导线之间(见 4.3.1)交流试验电压是 3U，且至少为 707 V 峰值。</td></tr>
</table>

注 1：在进行抗电强度试验时，将各可触及金属部件连接在一起。

注 2：用来进行抗电强度试验的装置如图 8 所示。

10 故障条件

10.1 触电危险

当装置在故障条件下工作时，应仍有防触电保护。

在故障条件下按8.1和8.2所述，并作如下修改后进行试验，以检查装置是否合格。

对于终端接点来说，允许电流增至2.8 mA(峰值)。

应一直保持4.3.9所述的故障条件，直至达到稳定状态，但不得超过4 h。

如果因电阻器或电容器的短路或开路使要求没有达到，但相关部件满足第13章的要求，则还不能认为装置不合格。

在试验期间如果表3中所提到的绝缘承受的电压超过正常工作条件下的电压，并且这个超过量包含一个像9.2那样的较高的试验电压，则此绝缘应在较高电压下经受抗电强度试验，除非此较高电压是由符合第13章要求的电阻器或电容器的短路和开路造成的。

注：为了避免湿度处理的重复，可在元部件进行高压试验之前，对所有元部件做记号。

10.2 温升

装置在故障条件下工作时，应无任何部件达到危险温度或有可燃气体释放而使得装置周围有起火危险。装置的温升应不会损害其安全性。

在故障条件下，使装置承受温升试验，以检查其是否符合要求。

温升不应超过表2中Ⅱ栏给出的数值，但对于绕组和线圈骨架而言，只要其绝缘失效不会导致防触电要求被破坏，而且试验期间不释放可燃气体，则允许绕组和线圈骨架有较高的温升。

如果温度由热断路器、熔断器和熔断电阻器的动作来限制，则应在这些器件动作后2 min内测量温度。

如果限温器件不动作，则应在达到稳态后的4 h以内测量其温度，但不得迟至装置工作4 h以后。

如果温度用熔断器限制，则在有疑问时进行下述附加试验。

试验时将熔断丝短路，在相应故障条件下测量流过短路处的电流：

a) 如果此电流一直保持小于2.1倍的熔断丝额定电流，则在达到稳态后的4 h以内测量其温度。

b) 如果此电流立刻达到或超过2.1倍的熔断丝额定电流或经一段时间后达到这个值，则应立刻将熔断丝和短路线都移去，并在2 min内测量其温度。

如有疑问，确定电流值时应考虑熔断丝的最大电阻值。

以上测试是根据IEC 60127发表的导线特性的详细说明：由于熔断丝是很微小的导线，它也能够给出必要的信息来计算出最小的电阻值。

注：在测定通过熔断丝的电流时，应注意到该电流是随时变化的。考虑到装置的温升时间，特别是使用了电子管，应在接通开关后尽可能快地进行测量。

按第6章所述测定温度，但装置内的部件已被包封或安放得使内部火焰不能引燃包封外材料的情况除外，测量装置部件的包封外壳的温度以检查其效果。

注：从本标准意义上讲不重要的绝缘材料的熔化可不考虑。为检查从元部件放出的气体是否易燃，用高频火花发生器进行试验。

如果由于短路绝缘而使温升超过了表2中给出的值，还不能认为该装置不符合要求，这时按9.1进行潮湿处理之后它应能经受住9.2规定的抗电强度试验。

如果由于短路或开路一个电阻器、电容器或电感器而使温升超过表2中给出的值，只要这个电阻器、电容器、电感器符合第13章的要求，则不能认为装置不符合要求(见4.3.6)。

如果由于断开电阻器使温升超过了表2给出的值，则应对装在装置内的电阻器按13.1b)重复进行过载试验，包括电阻器本身的连接机构。试验中，这些连接机构不应失效。

如果印制板上的一个或多个小面积上的温升超过表2中给出的值，并且每一次施加故障条件下这些小面积的总和不超过 200 mm^2,则不能认为装置不符合要求,这时试验中不能有可燃气体逸出,另外印制板还应经受下述燃烧试验。

按照 GB/T 4721、GB/T 4722 进行实验,但作如下修改与补充:

删去 GB/T 4722 所述标准大气条件下的预处理。样品的处理应在(125±5)℃下进行 24 h。

不管基本材料的薄厚如何,4 个样品的平均燃烧时间不应超过 15 s。

注:为验证其是否符合本条要求,可重做抗电强度或绝缘电阻实验。

11 机械强度

11.1 完整的装置

装置应该有足够的机械强度,并且其结构应能承受得住正常使用中可能受到的提拎拉力。

以下述试验进行检查,但组成电源插头某一部分的器件只进行 11.1.3 所述的碰撞试验。

11.1.1 跌落试验

把装置放在一个水平的木制台子上,使装置从离开木台 50 mm 的高处掉落在木台上 50 次。

试验以后,装置不应有本标准所述的损坏。

11.1.2 振动试验

按照 GB/T 2423.10,使装置承受连续扫频振动试验。

用带子沿装置的外壳将装置按正常使用位置固定在振动台上,振动方向为垂直,其振动参数为:

持续时间:30 min

振　　幅:0.35 mm

扫描频率范围:10 Hz～55 Hz～10 Hz

扫描速率:每分钟大约一个频程

试验后装置应不出现本标准所述的损坏。尤其是松动后会影响装置的安全性的连接机构或部件不应松动。

11.1.3 冲击试验

用手把紧装置,用图 4 所示的弹簧冲击锤对装置进行 3 次冲击,冲击锤应加到保护带电件的外表面上的各薄弱点,包括手柄、控制杆、开关、按扭和类似的部件,冲击锤的顶部要垂直于表面。

此试验同样也要在信号灯和它的罩壳上进行,但只有当它们超出外壳 5 mm 或者单独投影面积超过 100 mm^2 时才做此项试验。

闪光管和白炽灯不做冲击试验。

试验之后,装置应能经受得住 9.2 的抗电强度试验而无本标准所述的损坏,尤其是带电件不应变为可触及件,外壳应无可见的裂纹,绝缘层不应遭受破坏。

注:表面的损坏、不会使爬电距离或间隙降到规定值以下的小凹陷、肉眼看不到的裂纹、增强纤维注塑件表面的裂痕等均可不计。

12 与电网电源连接的部件

12.1 与电网电源连接的部件之间的爬电距离和间隙不得小于表 1 中曲线 A 所给出的值。

以具体方法检查其是否符合要求。

12.2 6.2 涉及的绝缘材料应是阻燃的。

13 元件

如果某些元件值在同一数值范围内,通常不必对此范围内的各个数值进行试验。如果这个数值范围是由几个技术上一致的小范围组成,则应按这些小范围对元件进行抽样。若有可能,也可按结构相似的原则对元件进行抽样。

13.1 电阻器

如果电阻器的短路或断路会损害在故障条件下工作的安全要求(见第10章),则这些电阻器在过载情况下应有足够稳定的阻值。

这些电阻器应安置于装置内。

对10个样品按a)或b)试验,检查其是否合格。

在进行a)或b)试验之前,应测量每个样品的阻值,然后按GB/T 2423.3的规定对样品进行504 h的湿热试验。

a) 对连接在带电件和可触及金属件之间的电阻器,选10个样品用1 nF的电容器充电至10 kV电压下,以每分钟12次的最大速率对每个样品进行50次的放电试验,测试电路如图3a)所示。试验后的阻值与潮热试验前所测值相比,变化应不大于50%。

试验后10个样品均不应超出误差。

b) 对于其他电阻器来说,选10个样品,每个都要进行过电压试验。试验电压应使流过该样品的电流为在故障条件下工作时通过一个阻值等于装置上所装相应电阻标称值的电阻测得的电流的1.5倍,试验中保持电压不变。

当达到稳态时测量其阻值,此值与潮热试验前所测得的值相比,变化应不大于30%。

试验后10个样品均不应超出误差。

连接在带电件和可触及金属件间的电阻器,其电阻端帽间的爬电距离和间隙应符合8.3.4的要求。

内引线式的电阻器,只有当其内部间隔能清楚和准确地确定时才允许使用。

通过测量和目视判断是否合格。

13.2 电容器

13.2.1 如果电容器或阻容单元的短路或开路会破坏在故障条件下的防触电要求,则这些电容器或阻容单元应有足够的抗电强度。

用下列试验检查是否合格。

13.2.2 一般要求

对于电容器、电容器与电阻器并联组成的单元需要30个样品,并均应进行初始电阻测量(见13.2.3),然后10个样品经受电涌试验,(见13.2.4),10个样品经受耐久性试验(见13.2.5),10个样品经受潮湿试验(见13.2.6)。

13.2.3 初始电阻

13.2.3.1 电阻器和电容器并联组成的单元两端子间测得的电阻值应不小于0.5 MΩ,不大于4 MΩ。

电容器的绝缘电阻(无并联电阻器时)应不小于1 000 MΩ,用直流500 V电压测量2 min。

13.2.3.2 对30个样品进行测量,每个元件的电阻值均应在此规定的范围内。

13.2.4 电涌试验

13.2.4.1 元件应经受充电到10 kV的1 nF电容器以每分钟12次的最高速率进行的50次放电试验。

试验后要求:

a) 在电阻器和电容器并联组成的单元两端子间电阻值的变化不大于试验前测得的初始值的50%。

b) 电容器(无并联电阻器时)的绝缘电阻应不小于500 MΩ,用直流500 V测量2 min。

c) 元件应能经受住频率为电网电源频率的2 000 V(有效值)的交流电压1 min而不击穿,试验电压应加在元件两端之间。对于绝缘元件,应加在连在一起的端子与外壳之间,或加在连在一起的端子与紧包在元件外面的金属箔之间,但此金属箔与元件端子之间应保持3 mm的距离,试验电压用13.2.4.4所述的方法获得。

13.2.4.2 电涌试验用的电路如图3a)所示。

13.2.4.3 在13.2.4.1的试验中,若受试元件中有功耗超过0.5 W的电阻器,则此元件在试验时要浸入硅油或矿物油中冷却。

13.2.4.4 13.2.4.1规定的试验电压要从一个输出电压可以调节的适当的变压器获得。输出电压由零以每秒75 V的速率逐渐升高,直到达到所需要的电压,并在此电压下保持1 min。

13.2.4.5 经受电涌试验的10个样品在试验后应均无损坏。如有一个样品损坏,再增加10个元件样品进行试验,并应全部满足电涌试验要求。如果第一组样品中损坏多于1个或第二组样品中损坏1个或多个,则认为该批元件不符合要求。

13.2.5 耐久性试验

13.2.5.1 元件在13.2.5.2所述条件下工作1 500 h后:

a) 电阻器和电容器并联组成的单元其两端之间的电阻值的变化应不大于试验前测得的50%。

b) 用直流电压500 V测量2 min,电容器(无并联电阻器时)的绝缘电阻应不小于500 MΩ。

c) 元件应满足13.2.4.1c)的试验要求。

13.2.5.2 元件应置于空气循环烘箱内1 500 h,箱内空气温度保持(85±2)℃,相对湿度在50%或以下。在整个试验中,元件应加频率为电网电源频率的50 V(有效值)电压,但每隔1 h要将电压升高到1 000 V(有效值)一次,并持续0.1 s。同时要把一个熔断器或有相应灵敏度的其他器件连接到每个元件的供电电路,以指示它们是长期或短期失效。1 500 h后,在开始按13.2.5.1所述进行试验之前,允许将元件冷却到室温。

13.2.5.3 经受耐久性试验的10个元件样品在试验后应均无损坏。如有一个样品损坏,则再增加10个元件样品进行试验,并应全部满足耐久性试验要求。如第一组样品中损坏多于1个或第二组样品中损坏1个或多个,则认为该批元件不符合要求。

13.2.6 潮湿试验

13.2.6.1 元件应经受GB/T 2423.3中规定的试验,试验进行504 h。

13.2.6.2 恢复后:

a) 电容器和电阻器并联组成的单元其两端之间的电阻值变化应不大于试验前测得的初始值的50%。

b) 用直流500 V测量2 min,电容器(无并联电阻器时)的绝缘电阻应不小于300 MΩ。

c) 元件应满足13.2.4.1c)的试验要求。

13.2.6.3 经受潮湿试验的10个元件样品在试验后应均无损坏。如有一个样品损坏,则再增加10个元件样品进行试验,并应全部满足潮湿试验要求,如第一组样品中损坏多于1个或第二个组样品中损坏1个或多个,则认为该批元件不符合要求。

13.3 熔断器和断路器

13.3.1 热继电器应有充分的释放能力。

用建立热继电器动作所必需的条件来使释放器动作的办法检查其是否符合要求。在重复10次的试验中,应无持续的飞弧,也无本标准范围内的损伤。

如果从结构分析,释放元件会因动作而被损坏,则应在10个单独元件上进行试验。

13.3.2 用来防止装置变成本标准所指的不安全状态的熔断丝还应符合其他有关标准的要求,除非其额定电流值不在相应标准规定范围内。

在熔断丝的盒上或靠近它的位置上(可按IEC 60127中给出的顺序)标明熔断丝的额定电流和表示预飞弧时间、电流特性的符号。

熔断丝支架设计成当熔断丝不使用时可并接在后一电路上,同一线路上的熔断器不允许并联使用。用10.2的试验及目视法检查其是否合格。

13.3.3 熔断电阻器应有足够的熔断能力。

在故障条件下(见10.2)试验检查其是否合格。

13.3.4 在更换熔断器或断路器时,如果带电元件会变成可触及的,则在以手动进行操作时应不触及这些部件。

用目视法检查是否合格。

13.4 电网电源开关

13.4.1 如果有电网电源开关，则该开关应能使装置的所有元件与电网电源的各极断开。保护接地除外。

熔断器、干扰抑制线圈和电网电阻极间的电容器和泄放电阻器不需断开。

如果装置的设计能做到使开关在断开时除了电网电源极间电容器外，无任何电容器仍在此电网电源电压作用下，则可不必将装置与电源各极断开。

用目视法检验其是否合格。

13.4.2 电网电源开关应有足够的通断能力，其结构应使活动接点仅能停在"通"和"断"的位置上。

用目视法和下述试验之一来检验耐久性是否合格。

a) 当开关作为正常工作条件下装置的一部件受试时，应按下列条件进行：

装置储能小于或等于 150 J 的进行 5 000 次的开关动作；

装置储能超过 150 J 的进行 10 000 次的开关动作。

两个试验均按每分钟开、关 1 次的速率进行。开关接通时间为 50 s，开关断开时间为 10 s，关断期间闪光灯电容器以 1 s 的时间常数放电。

b) 开关作为图 10 线路里的一般用途元件受试时应按下列条件进行：

装置储能为 150 J 及以下的进行 5 000 次的开关动作；

装置储能超过 150 J 的进行 10 000 次的开关动作。

两个试验均按每分钟开、关 7 次的速率进行。每次开、关动作的时间相等。

应模拟正常使用情况进行开关动作。

试验以后，开关不应出现本标准范围内的损坏，并仍能像最初那样动作，特别是外壳和绝缘材料应不出现磨损，电气连接件或机械紧固件不应松动，密封接口不应渗漏，并应按给定的顺序符合 13.4.2.1 和 13.4.2.2 的试验要求。

应选 3 个样品进行试验。

如要在 13.4.2.1 或 13.4.2.2 试验中有一个样品损坏，则应按此两项对 3 个新样品重复进行试验，不允许再有损坏。

13.4.2.1 开关的结构应设计得在正常工作条件下其温升不致过高。

用下列试验检查是否合格。

开关在经受了 13.4.2a)的耐久性试验后，立刻进行 1 h 的负载试验，负载电流为闪光装置的额定电源电流(见 13.4.4)。

开关在经受了 13.4.2b)的耐久性试验后，开关连接的导线应具有 0.75 mm^2 标称截面积，然后通以额定电流 1 h。

在上面两种情况中，以辅助开关为样品通电流。

电极的温度是通过熔线粒子或相似的指示器来测定的，或者通过热电偶测定，该热电偶的选择和安放应对被测温度的影响很小。

在 1 h 内温升不应超过 55 K。

13.4.2.2 开关应有足够的抗电强度。

用下面试验检查是否合格。

将开关扳至"闭合"的位置并承受 9.2 规定的抗电强度试验，但试验前不进行潮湿预处理，并且试验电压减小到 500 V 有效值(700 V 峰值)，如果开关安装在装置上，则试验电压应加在带电件与变成可触及件的部件之间。若开关控制电源所有各电极，则试验电压应加在开关各电极之间。

将开关扳至"断开"的位置并承受 9.2 规定的抗电强度试验，但试验前不进行潮湿处理，触点间两端的试验电压为 1 000 V 有效值(1 410 V 峰值),试验期间所有并联在触点间两端的电容器或电阻器均应断开。

13.4.3 开关应有明显的标记。

如果开关是作为适用于本标准的一般用途的连续使用的元件提交试验的,则这些开关不仅应符合 13.4.2 有关试验要求,也应符合本标准中其他适用条款的要求。开关应有类型标志、生产厂家的名称或商标、额定电压、额定电流和额定峰值浪涌电流或额定峰值浪涌电流与额定电流的比值。

用目视法和有关试验检查是否合格。

注 1:一般用途开关的标记示例:

$\frac{2/8}{250}$~或$\frac{2/4X}{250}$~或 2A/8 A250 V~或 2 A/4X250 V~

注 2:优选额定电流是 1 A、2 A 和 5 A。

注 3:额定峰值浪涌电流和额定电流之比的优选值为 2、4、8、16、32 和 64。

注 4:在标出该比值时,此比值后面加符号 X。

注 5:额定电压值为 130 V 和 250 V。

13.4.4 开关上标记所给出的开关特性在正常使用条件下应与装置中开关功能一致。

用目视法和测量检查是否合格。

闪光装置的额定电源电流由式(2)决定:

$$I_r = \frac{1}{3}\sqrt{\hat{I}_0{}^2 + \hat{I}_0\hat{I}_1 + \hat{I}_0{}^2} \qquad \cdots\cdots(2)$$

式中:

$\hat{I}_0$——闪光过后立刻测得的最大电源电流(峰值);

$\hat{I}_1$——闪光储能电容器再充电周期终了时测得的电源电流(峰值),充电周期由指示器测定。如果没有指示器,测量闪光储能电容器上的电压,此电压应是最大峰值电压的 85%,装置供电为额定电源电压。

除了将装置接在其额定电源电压上之外,装置均在正常条件下工作。

当装置连接到供电电源至少 30 min 后以及准备闪光时测量 $\hat{I}_0$ 和 $\hat{I}_1$。

将闪光装置开关闭合,闪光储能电容器完全放电后的峰值浪涌电流即是电源电流的最大峰值电流。持续时间在 100 μs 内的脉冲电流可忽略不计。

测得的峰值浪涌电流和由此计算出的额定电源电流不应超过电源开关上所标记的额定电流。

13.5 安全开关

如有安全开关,应良好地工作。即使将装置的外壳慢慢打开,安全开关也应能将装置与电网电源的所有各极断开。

用目视法和手动试验检查是否合格,但手动试验时应尽量避免产生飞弧。

13.6 电源设定装置

装置的结构应保证电源设定装置由一个电压值变到另一个电压值或由一种电源变到另一种电源时不会发生意外危险。

用目视法或手动试验检查是否合格。

注:以手动可以连续改变设定即可认为满足此条要求。

13.7 电池

如用螺钉固定电池室的盖,则这些螺钉应栓牢而不脱落(挂吊在电池盖上)。

电池的安置应使得无可燃气体积存的危险。

使用有液体电池的装置,其设计应使得漏出的液体不致损伤绝缘材料。

用目视法检查是否合格。

13.8 绕组

13.8.1 电感器

如果短路或断路电感器会损害故障条件下工作的安全要求(见第10章),则这些电感器应有足够的过载能力。

用如下试验检查是否合格。

当电感器达到装置在正常工作条件下使用4 h后的温度时,将其接上比正常工作条件下所加的电压及频率都大1倍的交流电压,持续1 min。

试验期间不允许有损坏。

注:电感测试时会遇到脉冲现象。

13.8.2 绕组的绝缘

隔离变压器、仅对定子供电的异步电动机、继电器线圈及自耦变压器,若其设计做到在使用中不会损伤防触电性能,则可认为它们在带电件与可触及金属件之间,或与可触及金属件连接的各元件之间提供加强绝缘。

当上述部件满足下面a)的结构和抗电强度试验要求或满足b)的试验和结构要求时,则可认为它们满足要求。

a) 所有爬电距离或间隙应符合8.3.5中的加强绝缘要求。

加强绝缘的线圈骨架的厚度至少应为0.4 mm。

隔离变压器应设计得:

加强绝缘的隔板厚度至少应为0.4 mm。

当采用带有分离隔板的单个线圈骨架时,应采取特别措施,例如用绝缘薄膜覆盖住线圈骨架隔板的配接缝槽,这样即使线圈中有导线断开时也能可靠地防止初级和次级线圈间发生任何导电连接。

当各线圈是同心内外层绕制时,在初级线圈间应有加强绝缘,此加强绝缘应由3个分立绝缘层组成,除非将它们中任意二层作为一组置于图8所示的两个金属杆之间,能经受住表3第3项规定的抗电强度试验(但不进行潮湿预处理)。要采取特殊措施来防止线圈上的导线或导线的断头从外层(或内层)线圈滑脱到内层(或外层)线圈上。

初级线圈和次级线圈间的绝缘以及初级线圈和铁芯(铁芯是否连接到可触及金属件)间的绝缘、次级线圈和铁芯(铁芯是否连接到带电件时)间的绝缘均应经受得住表3第3项规定的抗电强度试验。试验应在按9.1的规定进行了潮湿处理后立刻进行。

对于其他部件:

带电线圈与可触及金属件或打算和可触及金属件连接的元件之间的绝缘均应经受得住表3第3项规定的抗电强度试验,试验应在按9.1中的规定进行了潮湿处理后立刻进行。

b) 选3个元件样品,经受7次循环试验,每次循环由如下试验程序组成,每次循环之间样品在环境条件下恢复24 h。

样品应置于温度等于按6.1试验测得的温升值再加70℃的烘箱中72 h,在隔离变压器初级和次级线圈间加500 V有效值的电压。

在环境条件下恢复24 h后,样品均应经受GB/T 2423.10规定的试验,试验条件如下:

持续时间:3 min

振　　幅:1.2 mm

频　　率:(55±5)Hz

方　　向:垂直

振动试验中,样品应按其在装置中的安装方式进行安置与固定。

振动试验后，样品应经受 9.1 规定的潮湿处理 48 h。

隔离变压器在每次潮湿处理后，初级和次级线圈间的绝缘、初级线圈和铁心(若铁心连接到可触及金属件时)间绝缘、次级线圈和铁心(铁心是否连接到带电件时)间的绝缘均应经受得住表 3 第 2 项规定的抗电强度试验。

其他部件在每次潮湿处理后，带电线圈和可触及金属件或打算与可触及金属件相连的元件间的绝缘均应受得住表 3 第 2 项规定的抗电强度试验。

如果在每次循环的最后进行的抗电强度试验期间，样品不产生飞弧或击穿现象，则认为此样品是符合要求的。

隔离变压器还应符合下列要求：

线圈骨架和有关线圈间的隔板由一体件(如：一个模压件)构成。

当采用带有分离隔板的单体线圈骨架时，应采取特殊措施，例如用绝缘薄膜盖在线圈骨架和隔板的配接缝槽上，即使线圈中的导线断开也能可靠地防止初级线圈和次级线圈间发生任何导电连接。

当线圈同心内外层绕制在一个单体线圈骨架上时，则应用绝缘物隔开，而且要采取特殊的措施以防止内层(或外层)线圈上的导线或导线的断头滑到外层(或内层)线圈上。

满足这些要求的部件，就不再检验其内部爬电距离和间隙以及绝缘厚度。

13.8.3 靠接地提供保护的变压器

靠接地提供保护的变压器(见 8.3.3)应满足如下要求：

用来与装置安全接地端连接的金属屏蔽层应置于初级线圈和次级线圈之间，以便当绝缘破坏时，能有效地防止初级电压加到次级线圈上。

13.9 电动机

13.9.1 电动机的结构应能保证在连续非正常使用条件下产生电气或机械故障时也符合本标准规定。温升、振动等应不影响其绝缘性能，而且也不会使接点及连接件失效。

在正常工作条件下对装置进行下列试验检查是否合格：

a) 将电动机连接到 0.9 倍和 1.1 倍的额定电源电压上各持续 48 h，如果装置的结构限定了工作时间，则短时间或断续工作的电动机应按装置限定的工作时间加电压。

上述短时间工作的情况，应给予适当的冷却时间。

注：在 6.1 试验之后，立刻进行这个试验是比较方便的。

b) 将电动机连接到 0.9 倍和 1.1 倍额定电源电压上并分别启动各 50 次，每一次接通时间至少应为由启动到正常速度时的时间的 10 倍，且不少于 10 s。

各次启动的间隔应不小于接通时间的 3 倍。

c) 此外，备有离心式启动开关或其他自动启动开关的电动机要以 0.9 倍的额定电源电压启动 5 000次。试验中可另加通风。

如果装置具有几种速度，则试验应以最不利的速度进行。

试验后，电动机应经受得住 9.2 规定的抗电强度试验，无连接件松动，同时也不应损害安全要求。

注：仅对定子供电的异步电动机见 13.8.2。

13.9.2 当电动机的转子线圈嵌在槽内而且其工作电压超过 34 V(峰值)时，其爬电距离和间隙至少应为：

铁心和漆包线圈间绝缘为 2 mm。

铁心和可触及件间绝缘为 4 mm。

用测量检查是否合格。

13.9.3 电动机的结构和安装，应使导线、线圈、整流子、滑动环、绝缘材料等不会受到有害的油、油脂或其他有害物质的影响。

用目视法检查是否合格。

13.9.4 螺纹型刷盖应拧紧到支架或类似的支座上且最少拧入3个满扣。

用目视法和手动检查是否合格。

13.9.5 易造成人身伤害的运动部件应安置和封装得能对正常使用中可能遇到的危害有足够的防护。防护罩、挡板等类似物体应有足够的机械强度,而且应不能以手动拆除。

用目视法和手动试验检查是否合格。

13.9.6 串激励电动机应有足够的机械强度。

用目视法和使其带最低负载接到1.3倍的额定电源电压上试验1 min,检查是否合格。

试验后,绕组或连接件不应松动,同时也不应有其他的有害于安全要求的损伤。

14 端接件

14.1 插头和插座

14.1.1 用来将装置连接到电网电源的插头和装置连接器件以及用来为其他装置供电的插座应符合有关插头、插座和连接器件的规范。

不是用来将装置与电网电源连接的带电的插头和装置连接器件,除其外形和尺寸外,应符合GB 1002、GB 1003、GB 2099的要求。

它们不应与电网电源插头、电网电源插座和装置连接器件兼容。

安装在Ⅱ类装置上的电网电源插座仅允许与其他Ⅱ类装置连接。

安装在Ⅰ类装置上的电网电源插座不仅允许与Ⅱ类装置连接,也可以具有保护接地,该保护接地应可靠地连接到保护接地端子或接点上。

按有关规范和用目视法检查是否合格。

14.1.2 不是用来与电网电源相连的各连接器件应不能与电源插头、电源插座或装置连接器互换,并应满足相关规范的要求。

按有关规范和用目视法检查是否合格。

14.2 构成电网电源插头一部分的部件

14.2.1 装有用来插入固定插座的插针的部件,不得把过度的张力施加到这些插座上。

将上述部件按正常使用状态插入如图6所示的插件试验装置进行检查。试验装置的平衡臂绕一水平轴上下摆动,该水平轴穿过插座两内管的中心线距插座接合面小于8 mm。

试验装置内不插入试件,此时平臂处于平衡状态,插座接口面在垂直位置上。

试验装置内插入试件后,加到插座上一个转动力矩,使接合面仍保持在垂直平面上,用平衡臂上重物的位置测算该力矩,力矩不得超过0.25 N·m。

14.2.2 上述器件应符合电源插头尺寸有关标准。

按有关标准测量以检查是否合格。

注:某些型号的电源插头尺寸已在GB 1002和GB 1003中规定。

14.3 外接软线端子

14.3.1 端子的安装和隔离应保证即使一股芯线从端子上滑脱,带电件和可触及金属件间也无偶然接触的危险。

松脱的带电导体不应触及任何可触及金属件,即使接地导体有一股松脱时,也不应触及任何带电件。

用目视法和如下方法检查是否合格。

将具有如第15章中规定标称截面积的多股导体的一端去掉8 mm长的绝缘层,而后将其连接到一端子,而其中一股不接上。

接着向任何一可能方向弯折此未接上的一股线应不会发生上述不允许的触及,在弯折时不向其后撕扯绝缘层,也不弯向其周围的挡板。

14.3.2 螺纹连接端子的固定应保证在拧紧或松开螺钉时端子不松动。

用具有规定的最大截面积的导线连接和拆卸10次来检查是否合格。

所加转矩值应为表5所给值的2/3。

注:为防止螺纹连接端子松脱,可用两个固定螺钉,或用一个螺钉固定在防松带槽底座中,也可采用其他合适的方法。

14.3.3 螺纹连接端子应允许以较强的接触压力连接,而又不损坏导线,而且连接时不需对导线特别预处理(如浸焊导体的尾端,使用电缆焊片或弯成圆环状)就可进行连接,而且在拧紧螺纹时,应能防止裸线滑出。

在按14.3.2第一次安装上导线后目视检查其是否合格。

14.3.4 不可拆卸的电网电源线或电缆的供电线和接地线不应直接焊接到印制板导体上。

用目视法检查是否合格。

14.4 保护接地端子

如果装置具有保护接地端子,则应适合下面的情况:

a) 如果装置具有电网电源插座,保护接地连接点应是插座本身的一个组成部分。

b) 连接于固定线路或装有不可拆卸的软线或电缆的装置,其保护接地端子应靠近电网电源端子。

保护接地端子应接到螺栓端子上或焊接端子以及有类似效果的装置上。

保护接地端子至少应与电网电源端子的耐久性相同,并且其结构应是可用连接电网电源端子同样的工具连接导线。

保护接地端子的所有部分应保证当其与铜质接地导体或其他金属件接触时无腐蚀的危险。

保护接地端子应符合14.3的要求,此外无论螺栓或接线柱应用黄铜或其他耐腐蚀金属制成,接触表面应是裸金属,应不能以手动拧松螺栓。

用目视法和手动试验检查是否合格。

除了螺栓和焊接以外,不考虑用其他方法进行电网电源的连接和测试。

保护接地端子和需要与之相连接的元件(见8.3.3)间的接触应是低阻的。

用如下试验检查是否合格。

用空载电压不超过6 V的交流电源使10 A的电流依次在保护接地端子和每个可触及金属件间流过并持续1 min。

测量装置的保护接地端子和可触及金属件间的电压降,并由电流和电压降计算电阻值。

测量电阻不应包括软线电阻。

此电阻值应不超过0.5 Ω。

注1:测试探针顶端和被测金属间的接触电阻应不影响测试结果。

注2:在较低额定电源电压下,可能需要减小电阻值。

15 外接软线

15.1 电网电源的软线应符合GB 5023或GB 5013的规定。

不可拆卸的电网电源软线的类型应符合有关标准的规定。

按GB 5023或GB 5013中规定的检验电源软线的方法和用目视法检查是否合格。

Ⅰ类装置的不可拆卸的软线,应有黄绿双色导线连接到装置的保护接地端子,装置如有插头,则应连接到插头的保护接地点。

用目视法检查是否合格。

15.2 电网电源的芯线截面积应保证当装置端发生短路时，装置的电气设备中的保护器件能在电源线过热前就开始动作。

用目视法检查是否合格。

注：只要软线是不可拆卸的，则标称截面积为 0.5 mm^2 是允许的，但最大电流流量不能超过 2 A，软线长度不能超过 2 m。此要求的重要性在于根据本机布线规则选取最小的导线截面积。

15.3 装置和与之联用的其他装置之间所用的连线的截面积应保证在正常工作条件和故障条件下，其绝缘层的温升不会过高。

用目视法检查是否合格。在有怀疑的情况下，应测量正常工作条件和故障条件下其绝缘层的温升，此温升值不应超过表 2 中相应栏内的数值。

15.4 装置和与之联用的其他装置之间连接用的且其中有带电导体的软线应有足够的抗电强度。

用如下试验检查是否合格。

取 5 m 长的导线样品，在温度为(20±5)℃的水中浸 24 h。浸渍时，样品两端露出水面约 100 mm 长，然后将 4U 或 2 820 V(峰值)电压中的较高者加于每一带电导体与水之间持续 15 min。

此外，上述试验电压还应加在每一带电导体和用以连接到装置的可触及金属件的各导体之间。

试验中应无击穿，上述试验中的电压 U 是在正常工作条件下或故障条件下在绝缘层(物)承受的电压值中的较高者。

注：如果电线没有 5 m 长，则用实际的最长尺寸。

装置和与之联用的其他装置之间连接用的且其中有带电导体的软线，应能经受住在正常工作条件下会发生的弯曲和其他机械应力。

除表 4 所述外，均应按 GB 5023 中有关条款规定的方法来检查是否合格。

托架来回运动 15 000 次(30 000 次单程)。

各导体间所加试验电压为上面定义的电压 U。

表 4

软电缆或软线外径 D/mm	质量/kg	滑轮直径/mm
$D \leqslant 6$	1.0	60
$6 < D \leqslant 12$	1.5	120
$12 < D \leqslant 20$	2.0	180

试验后，样品应经受 15.4 规定的抗电强度试验。

15.5 装置的设计应使带有一股或多股带电导体的外接软线与其连接后，导体的连接点无应力作用，外绝缘层不会受到磨损，且导体不受扭曲。

若反推有危险的话，应不能从外面把外接软线通过引线孔向装置内反推进去。

清除导线应力和防扭曲的措施应清楚可见。

不允许采用把电线打个结或用线扎上等临时措施。

如果软线或导体的绝缘损坏后能使可触及金属件带电，则消除应力和防扭曲装置应使用绝缘材料制成，或用除天然橡胶以外的其他绝缘材料制成的固定外壳。

对于Ⅰ类装置，电网电源软线的接线装置以及消除应力和防扭曲装置与端子间导线的长度，应使得当软线从消除应力或防扭曲装置中滑出后，保证带电导线应先于接地导线拉紧。

用目视法和下面试验检查是否合格。

装置装上软电线及适用的应力消除和防扭曲装置。将导体引至其接线端子，如果有接线螺钉，则应轻轻拧紧，使导体不易改变位置。

在上述准备之后，电线应不可向装置内反推或不致造成危险。

将软线拉紧，在邻近引线孔处作一标记而后对软线加 40 N(4 kgf)拉力，每次持续 1 s，共进行 100 次，拉力不应加得太猛。

此后，该电线应立刻加上 0.25 N·m(2.5 kgf·cm)的扭力矩，持续 1 min。

试验中，当此电线仍在拉紧时测量其位移，不应超过 2 mm，导体端在其接线端子中应无明显的位移，而且应力消除和防扭曲装置也未对软线造成损害。

此试验应采用连接于装置的型号的软线进行。

15.6 软电缆或软线的插入口处应是绝缘材料制成或装有绝缘材料护套，该绝缘材料在正常使用条件下不应老化。开口的形状应使导线穿入时及以后活动时对电缆或软线没有损伤的危险。

装上软线用目视法检查和用下面的试验检查是否合格。

绝缘材料护套应经受 240 h 的老化试验，试验温度为其正常工作条件下达到的温度再加 30℃，但最低应为 70℃。

试验以后，护套应能经受得住 9.2 规定的抗电强度试验，试验电压应加在与导线截面相同并插入护套内的金属棒(代替导线)和固定此护套的金属件之间。

16 电气连接件和机械紧固件

16.1 用作电气接点的螺纹端子以及螺纹紧固件，若在装置的寿命期间要经多次松开和拧紧时，则应有足够的强度。

产生接触压力的螺钉和作为上述螺纹紧固件的一个部分的直径小于 3 mm 的螺钉应拧入金属螺母或金属嵌件中。

如果满足以下条件，则直径不小于 1.8 mm 的螺钉可以不拧入金属螺母中或金属嵌件中：

它们不是用于电气连接；

它们不是由使用者来操作；

某单独部件的固定多于两个螺钉。

注：在装置的寿命期间，会多次松开或拧紧的螺纹紧固件包括：连接端子螺钉、固定盖板的螺钉(打开装置时必须拧松)、固定手柄及按钮等的螺钉。

用下面试验检查是否合格。

用表 5 给定的扭力矩拧松后再拧紧螺钉。

拧在金属螺纹中的螺钉拧松，然后拧紧，共 5 次。

拧入木材或绝缘材料螺纹中的螺钉拧松，然后拧紧，共 10 次。

对于后者，每次螺钉均应全部拧出、拧入。

不应用猛力拧紧螺钉。

试验后，应无损害装置安全性能的损伤。

用目视法鉴别拧入螺钉的材料。

16.2 如果在装置寿命期间，螺钉需拧松和拧紧多次而且该螺钉起安全作用，则应采取措施将螺钉正确拧入非金属材料的阴螺纹中。

用目视法和手动试验检查是否合格。

注：如果采用了诸如在要被固定的部件上有螺钉导向、螺孔上加凹口或自定向螺钉等防偏措施就认为满足了此要求。

表 5

螺钉的标称直径/mm	扭力矩/N·m(kgf·cm)	
	有头螺钉	无头螺钉
1.8	0.2(2)	0.10(1.0)
2.2	0.3(3)	0.15(1.5)
2.5	0.4(4)	0.20(2.0)
3.0	0.5(5)	0.25(2.5)
3.5	0.8(8)	0.4(4)
4.0	1.2(12)	0.7(7)
5.0	2.0(20)	0.8(8)
6.0	2.5(25)	—

16.3 用来固定盖板或类似物的螺钉或其他固定用部件应被系住以防止在修理期间与其他螺钉或固定用部件发生误换，从而使可触及金属件与带电件间的爬电距离与间隙小于表1所给的值。

当以长度为其标称直径10倍的螺钉予以替换时，爬电距离不小于表1中规定值的螺钉不需系住。

用目视法和测量检查是否合格。

16.4 除金属件有足够的弹性以补偿绝缘材料的收缩外，直接与电网电源连接的部件(2.9)间的电气连接的设计应做到不通过绝缘材料(陶瓷材料除外)传递接触压力。

用目视法检查是否合格。

16.5 用来把与电网电源直接连接的且载流量大于20 mA的部件固定在一起，同时也用作机械紧固的螺钉和铆钉，应被锁定以防松脱。

用目视法和手动试验检查是否合格。

注1：用化合物等灌封以提供良好的锁定的方法，仅适用于不承受扭力的螺钉连接。

注2：对铆钉而言，非圆形的铆钉体或加适当的切口就足以防转动。

16.6 除螺钉之外，其机械强度不足会损害装置安全性能的盖板紧固部件，应有足够的机械强度。

这些部件的锁定和开锁的位置应清晰，而且应不能因疏忽而误开。

用目视法操作该部件以及用如下试验检查是否合格，此试验方法通常适用以旋转加直线的复合运动对其进行操作的部件。

锁定并打开此部件，测量其所需扭力矩和力，使部件在锁定状态下，沿锁定方向施加2倍于锁定部件时所需的扭力矩或力，但至少为1 N·m(10 kgf·cm)或10 N(1 kgf)，除非沿此方向上较小的扭矩或力可将部件开锁。

这种操作进行10次。

打开此锁定部件所需要的扭力矩或力至少应为0.1 N·m(1 kgf·cm)或1 N(0.1 kgf)。

试验后，部件应无损害装置安全性能的损伤。

注：对某些类型的锁定部件，可用其他适用的试验方法。

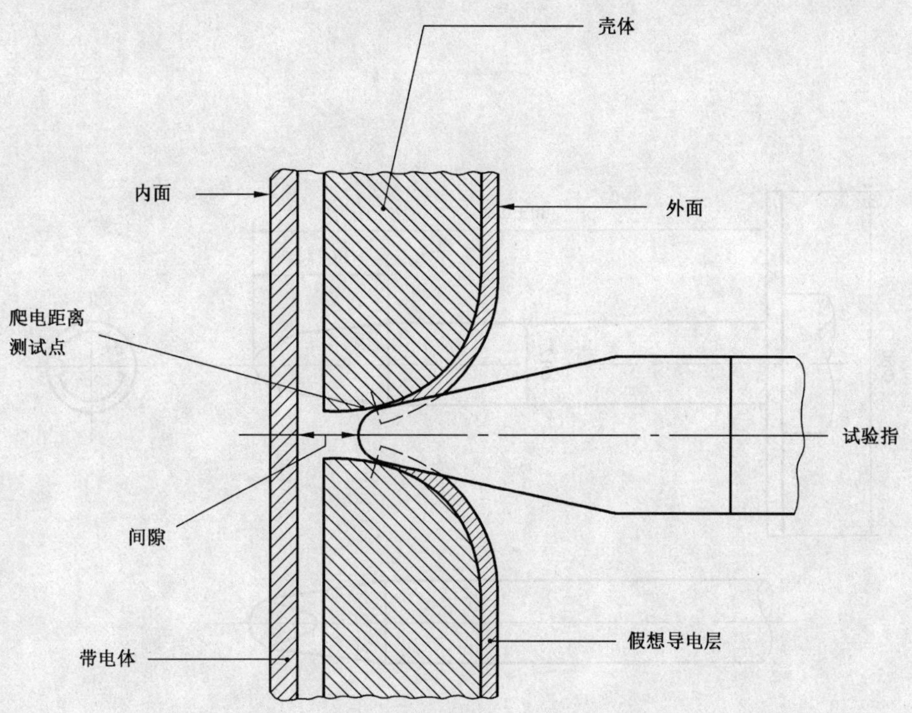

图 1　可触及件(见 4.3.1)

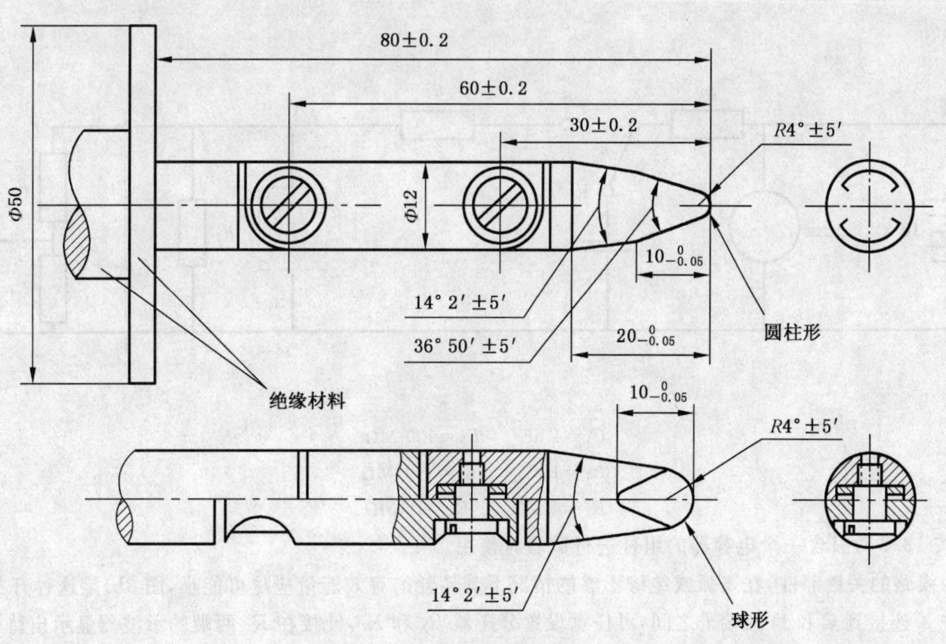

a)　绞接式试验指(见 8.1.1)

图 2　试验指

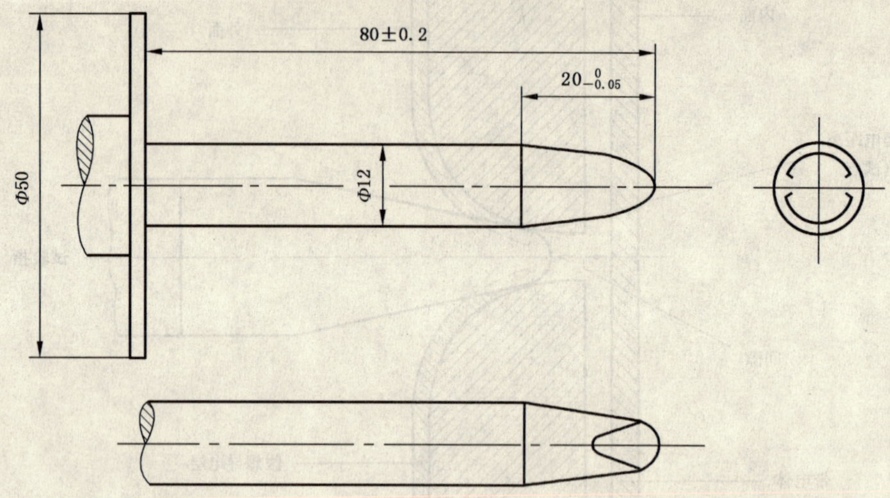

指尖端尺寸:见图 2a)

b) 刚性试验指(见 8.1.1)

图 2(续)

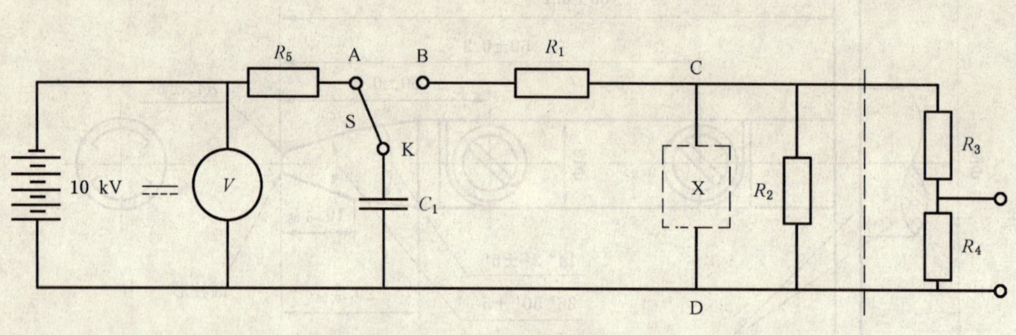

$C_1=1$ nF　　$R_3=100$ MΩ

$R_1=1$ kΩ　　$R_4=0.1$ MΩ

$R_2=4$ MΩ　　$R_5=15$ MΩ

R_2 仅在按 13.2 对只含一个电容器的组件进行试验时使用。

开关 S 为线路的关键部件,在飞弧或绝缘不够的情况下其消耗的有效能量应尽可能小,图 3b)是这种开关的例子。

待试组件 X 连接到 C 和 D 两端子之间,可任意设置分压器 R_3 和 R_4,使接在 R_4 两端的示波器显示出待试组件的电压波形,并应随时调整分压器,以使观察到的电压波形与待试组件的波形一致。

a) 电涌试验电路图(见 13.1 和 13.2)

图 3 电涌试验电路

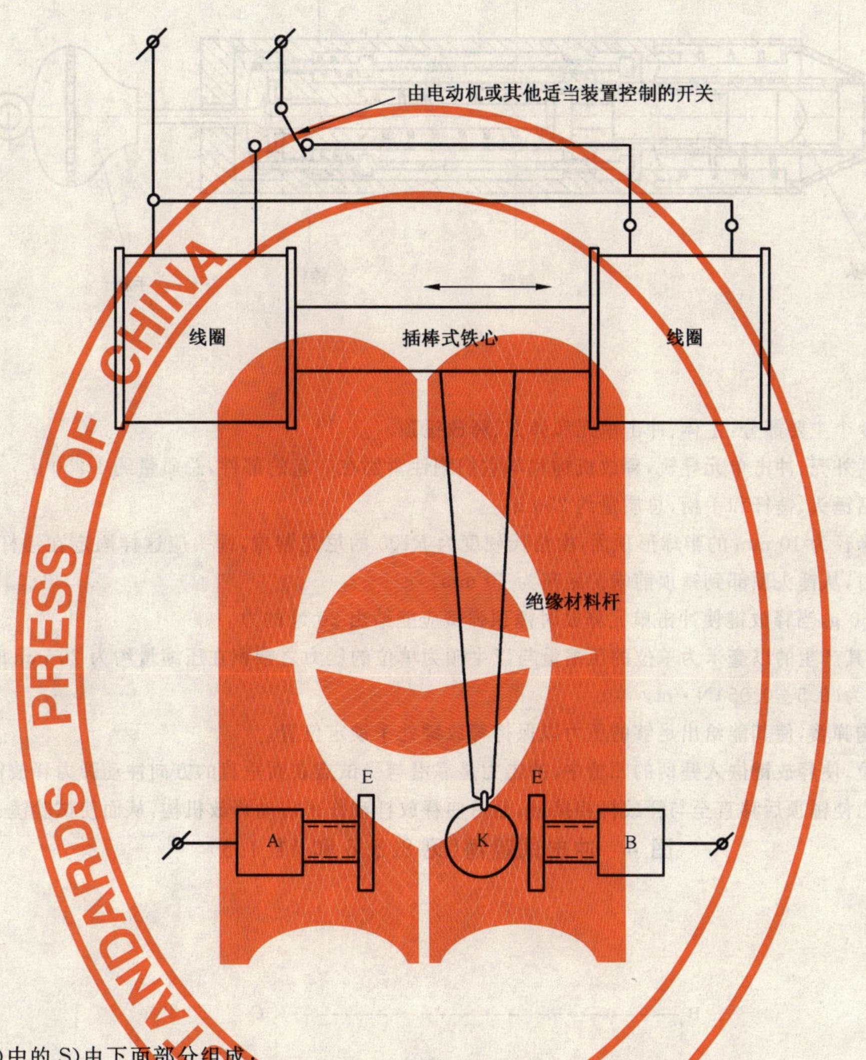

开关(图 3a)中的 S)由下面部分组成:

黄铜支柱 A 和 B 支撑着相距 15 mm 的两圆形电极 E,K 是直径为 7 mm 的黄铜球,该球由一根约 150 mm 长的绝缘材料制成的硬棒支撑。

A、B 和 K 的连接如图 3a)所示,K 用一根软线连接。

应注意防止球 K 跳动。

b) 电涌试验电路中开关的实例

图 3(续)

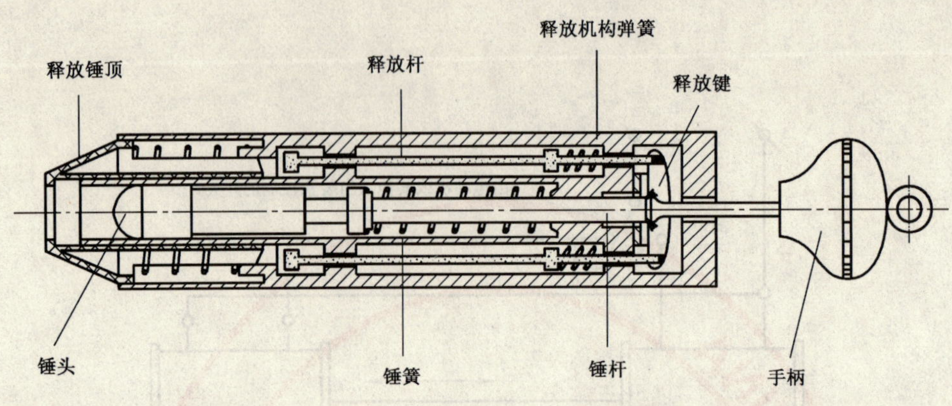

冲击锤包括3个主要部分:主体、冲击单元和弹力、释放锤顶。

主体部分包括外壳、冲击单元导轨,释放机构和与它们刚性紧固在一起的部件,总质量约1 250 g。

冲击单元包括锤头、锤杆和手柄,总质量约250 g。

锤头具有一半径为10 mm的半球形顶面,由洛氏硬度为R100的尼龙制成,锤头应这样固定在锤杆上,即当冲击单元处于释放位置时,从锤头顶部到锤顶前端的距离为20 mm。

锤顶质量为60 g,当释放键使冲击单元释放时锤顶弹簧应能给出20 N的力。

调整锤簧,使其产生的以毫米为单位的压缩量与以牛顿为单位的压力之乘积在压缩量约为20 mm时为1 000,这样调整后,冲击能量为(0.5±0.05)N·m。

调整释放机构弹簧,使其能给出足够的压力以保持释放键处于锁定位置。

将手柄向后拉,使释放键嵌入锤柄的凹槽中,冲击力是靠沿与受试点表面垂直的方向冲动弹力释放锤顶加到样品上的。慢慢施加压力使锤顶后移直至与释放杆相接触,而后使释放杆动作来启动释放机构,从而使试验锤进行冲击试验。

图4 冲击试验锤(见8.3.6和11.1.3)

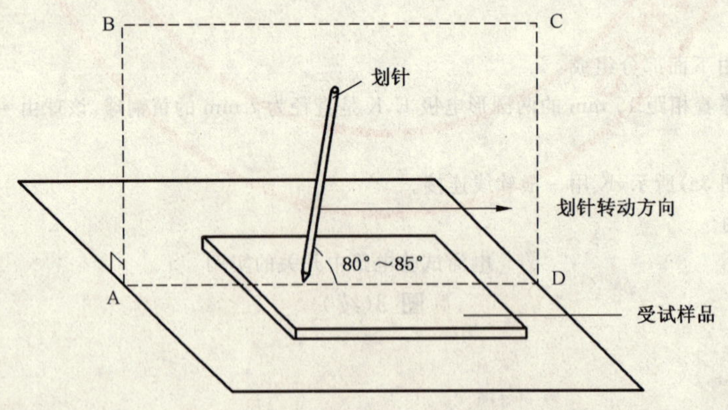

针在与受试样品垂直的平面ABCD内

图5 绝缘层划痕试验(见8.3.6)

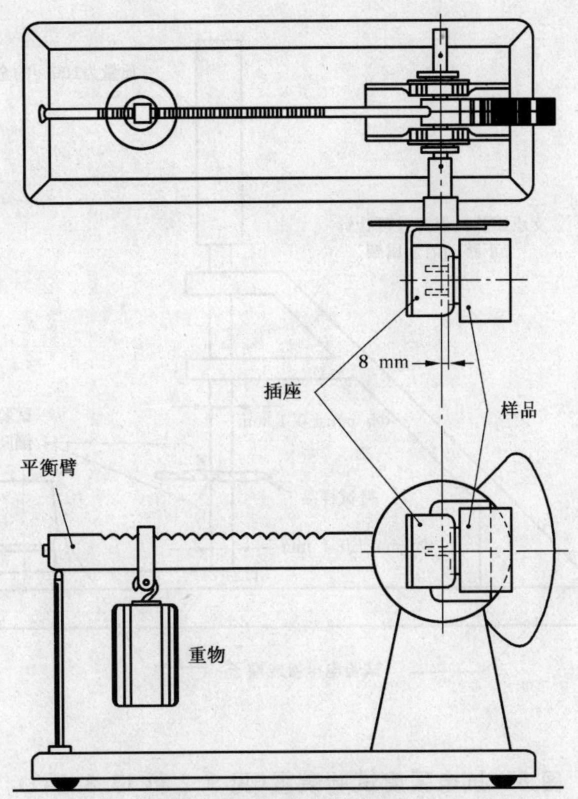

图 6　电源插头组件试验装置(见 14.2)

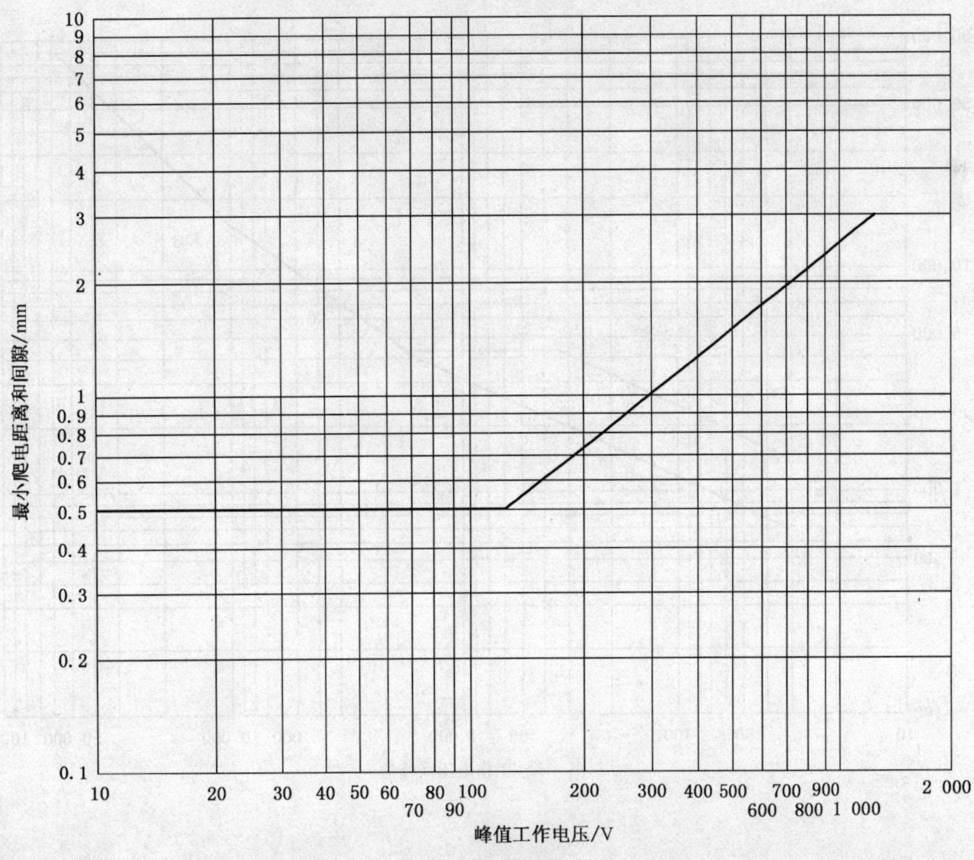

图 7　峰值工作电压(见 4.3.1)

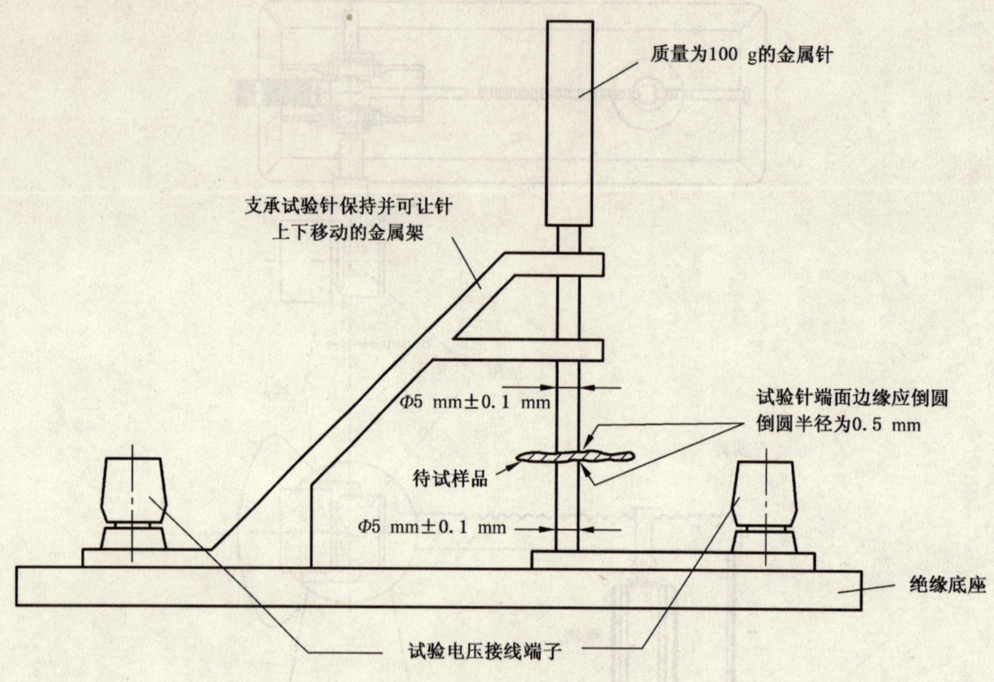

图8 抗电强度试验装置(见9.2和13.8.2a))

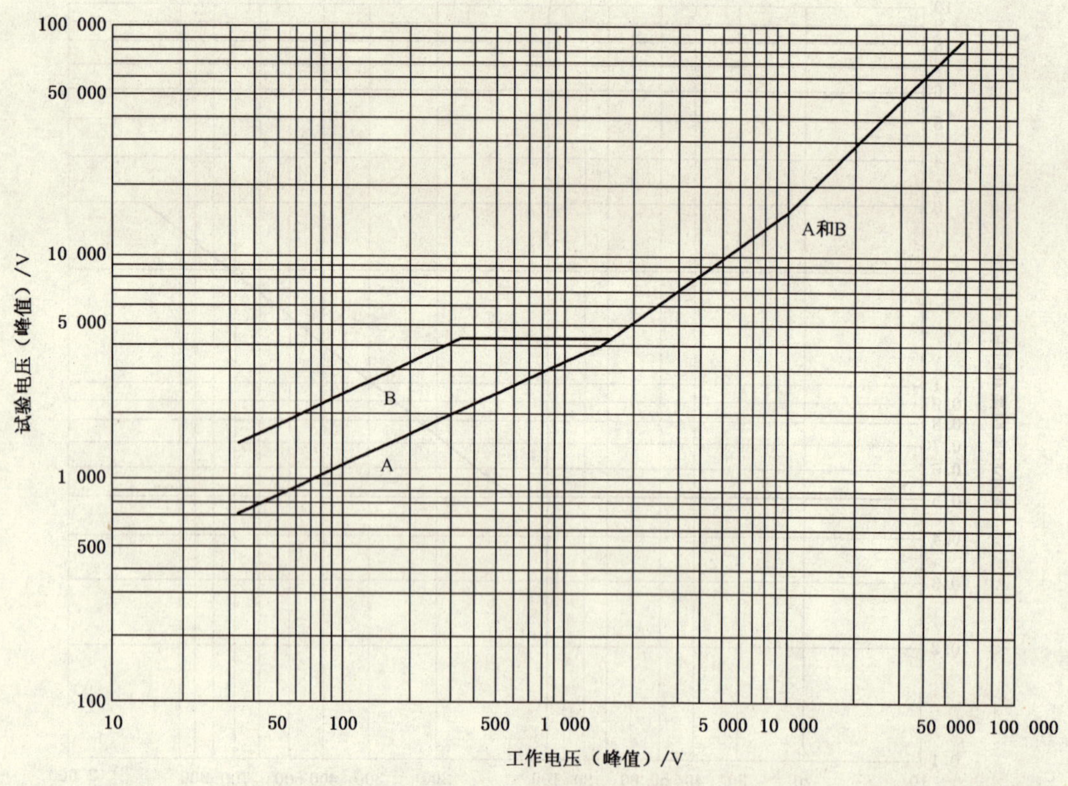

图9 试验电压曲线(见9.2表3)

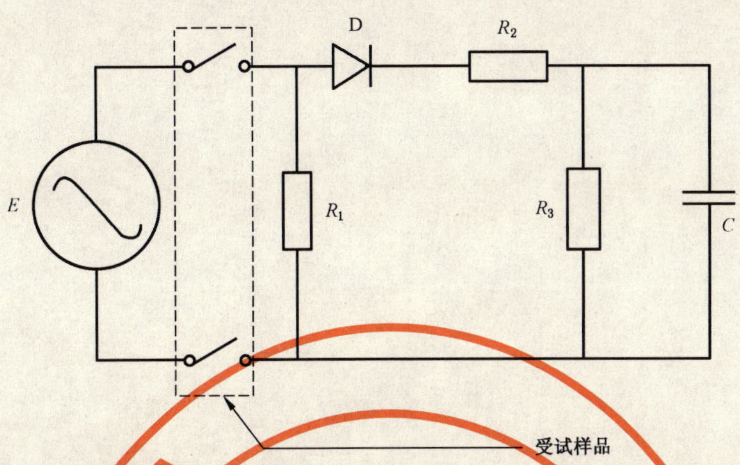

电路元件值为：

$R_1=\frac{E}{I}$，E 为额定电压，I 为额定电流；

$R_2=\frac{R_1\sqrt{2}}{X}$，$X$ 是额定峰值电涌电流与额定有效值电流的比值。

$R_3=\frac{800}{X}R_1$；

$CR_2=2\ 500\ \mu s$；

D 为硅整流器。

电路元件和电源阻抗的选择应能保证额定电涌电流和额定电流准确度在 10% 以内。

图 10　电网电源开关试验电路(见 13.4.2b))

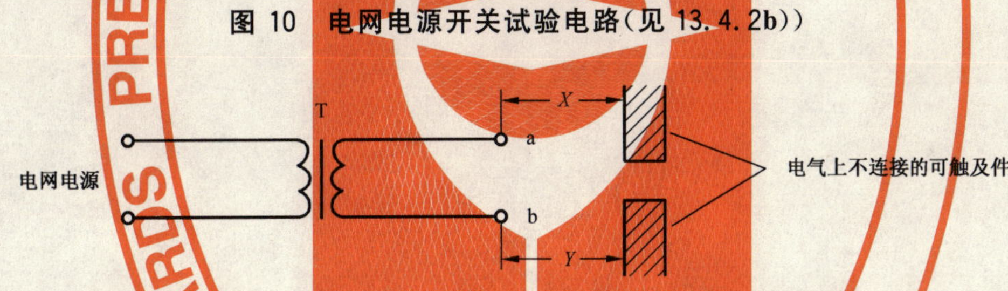

图中所示为一隔离电网电源变压器 T，其"a"点相对"b"点是带电的。如果"a"和"b"点是在装置内部，则检查其是否符合 8.3.4 要求时应取距离 X 与距离 Y 的和。

图 11　评定加强绝缘的例子(见 8.3.4)

ICS 19.100;77.140.80;77.040.20
J 31

中华人民共和国国家标准

GB/T 9443—2007/ISO 4987:1992
代替 GB/T 9443—1988

铸钢件渗透检测

Penetrant testing for steel castings

(ISO 4987:1992,Steel castings—Penetrant inspection,IDT)

2007-08-23 发布　　　　2008-01-01 实施

中华人民共和国国家质量监督检验检疫总局
中国国家标准化管理委员会　发布

前言

本标准等同采用ISO 4987:1992《铸钢件　渗透检测》(英文版)。

本标准等同翻译ISO 4987:1992。

为方便使用,本标准做了下列编辑性修改:

——“本国际标准”一词改为“本标准”;

——用小数点“.”代替作为小数点的逗号“,”;

——在第2章插入GB/T 1.1—2000规定的引导语。

本标准代替GB/T 9443—1988《铸钢件渗透探伤及缺陷显示迹痕的评级方法》。

本标准与GB/T 9443—1988相比主要变化如下:

——增加了范围(见第1章);

——增加了规范性引用文件(见第2章);

——修改了渗透检测条件(1988年版的第1章;本版的第3章);

——修改了检测方法(1988年版的第2、第3、第4、第5和第7章;本版的第4章);

——修改了验收(1988年版的6.1、6.2和6.3;本版的第5章);

——修改了结果评定(1988年版的6.4和6.5;本版的第6章);

——增加了订货单(见第7章);

——增加了附加的后清洗(见第8章);

——增加了附录A、附录B、附录C;

——调整和修改了质量等级图例(1988年版的附录A;本版的附录D)。

本标准的附录A、附录B、附录C和附录D为资料性附录。

本标准由中国机械工业联合会提出。

本标准由全国铸造标准化技术委员会(SAC/TC 54)归口。

本标准起草单位:沈阳铸造研究所。

本标准主要起草人:李兴捷、张钊骞、张震。

本标准所代替标准的历次版本发布情况为:

——GB/T 9443—1988。

铸钢件渗透检测

1 范围

本标准规定了应买方要求，在合同中约定有检测程序时，确定表面不连续验收界限的渗透检测方法。

本标准适用于用各种铸造方法生产的铸钢件的渗透检测。

注：像所有无损检测方法一样，本标准构成合同规定的总的评定或特殊评定的一部分。

2 规范性引用文件

下列文件中的条款通过本标准的引用而成为本标准的条款。凡是注日期的引用文件，其随后所有的修改单(不包括勘误的内容)或修订版均不适用于本标准，然而，鼓励根据本标准达成协议的各方研究是否可使用这些文件的最新版本。凡是不注日期的引用文件，其最新版本适用于本标准。

GB/T 18851.1 无损检测 渗透检测 第1部分：总则(GB/T 18851.1—2005,ISO 3452:1984,IDT)

GB/T 18851.5 无损检测 渗透检测 第5部分：验证方法(GB/T 18851.5—2005,ISO 3453:1984,IDT)

3 渗透检测条件

3.1 本标准适用于检测铸钢件各部位和按百分率抽检的铸钢件。在给供方的询价单，尤其是订货单中应清楚地说明检测条件，并为供方所接受。

3.2 双方协议应明确规定进行渗透检测的制造阶段。

3.3 铸钢件的每个被检部位应规定如下内容：

——质量等级(见表1)；

——不连续显示的类型(线状显示或非线状显示)(见附录A)。

3.4 对于铸钢件的每个被检部位，宜根据不连续显示的类型分别规定质量等级(有关表面状况，见4.3)。

3.5 除非另有规定，质量等级同时适用于线状、点线状、非线状显示(簇状)。

3.6 不连续显示的质量等级，低于或等于表1的质量等级且符合第6章的规定，检测结果认为合格。否则，铸造厂应采取经买方同意的方法，保证被检铸钢件符合上述规定。

3.7 通常，只要铸钢件中任何一块面积为105 mm×148 mm[1)]的区域，不连续没有超过所规定的质量等级，铸钢件中合格不连续的级别就不用限定。

4 检测方法

4.1 操作方法

4.1.1 渗透检测总则和验证方法分别按GB/T 18851.1和GB/T 18851.5。

4.1.2 附录B对特殊要求作了补充规定。

4.2 人员资格

应由技术上能胜任的检测人员来操作和评定结果，其资格在询价或订货时应被双方认可。

4.3 表面状况

4.3.1 被检表面应清洁，无油、脂、砂、锈斑及其他任何会影响对渗透显示正确评定的物质。经喷砂、喷

1) A6样式。

丸(圆形或角形丸)、磨削、机械加工处理,被检表面应与所要求的质量等级相对应(见 5.2)。铸钢件经喷砂和喷丸后,渗透前必须进行酸洗处理。

4.3.2 铸钢件被检区域的表面要求,应在询价或订货时通过协议规定。

4.4 观察条件

显示观察应在目视或不超过放大 3 倍下进行(见表 1)。

表 1 渗透检测的质量等级

<table>
<tr><td colspan="2">质量等级</td><td>001</td><td>01</td><td colspan="2">1</td><td colspan="2">2</td><td colspan="2">3</td><td colspan="2">4</td><td colspan="2">5</td></tr>
<tr><td colspan="2">显示观察手段</td><td colspan="2">目视或放大镜[a]</td><td colspan="2">目视</td><td colspan="2">目视</td><td colspan="2">目视</td><td colspan="2">目视</td><td colspan="2">目视</td></tr>
<tr><td colspan="2">放大倍数</td><td colspan="2">≤3</td><td colspan="2">1</td><td colspan="2">1</td><td colspan="2">1</td><td colspan="2">1</td><td colspan="2">1</td></tr>
<tr><td colspan="2">应考虑的最小显示直径(D)或长度(L)/mm</td><td colspan="2">0.3</td><td colspan="2">1.5</td><td colspan="2">2</td><td colspan="2">3</td><td colspan="2">5</td><td colspan="2">10</td></tr>
<tr><td rowspan="2">非线状显示(SR)[b]</td><td>显示数量</td><td>5</td><td>5</td><td colspan="2">8</td><td colspan="2">8</td><td colspan="2">12</td><td colspan="2">20</td><td colspan="2">32</td></tr>
<tr><td>尺寸/mm</td><td>≤1</td><td>≤1</td><td colspan="2">≤3</td><td colspan="2">≤6</td><td colspan="2">≤9</td><td colspan="2">≤14</td><td colspan="2">≤21</td></tr>
<tr><td rowspan="4">线状显示(LR)[c]或点线状显示(AR)[d]</td><td>显示类型</td><td>单个或累加</td><td>单个或累加</td><td>单个</td><td>累加</td><td>单个</td><td>累加</td><td>单个</td><td>累加</td><td>单个</td><td>累加</td><td>单个</td><td>累加</td></tr>
<tr><td>壁厚 $\delta\leqslant 16$ mm</td><td>0</td><td>1</td><td>2</td><td>4</td><td>4</td><td>6</td><td>6</td><td>10</td><td>10</td><td>18</td><td>18</td><td>25</td></tr>
<tr><td>壁厚 16 mm $<\delta\leqslant$ 50 mm</td><td>0</td><td>1</td><td>3</td><td>6</td><td>6</td><td>12</td><td>9</td><td>18</td><td>18</td><td>27</td><td>27</td><td>40</td></tr>
<tr><td>壁厚 $\delta>50$ mm</td><td>0</td><td>2</td><td>5</td><td>10</td><td>10</td><td>20</td><td>15</td><td>30</td><td>30</td><td>45</td><td>45</td><td>70</td></tr>
<tr><td colspan="2">应用实例</td><td colspan="2">航空航天制造业:
——熔模铸件;
——特殊使用。</td><td colspan="10">根据表面粗糙度和应用情况的其他机械工程铸件</td></tr>
<tr><td colspan="14">本表规定了 A6-105 mm×148 mm 评定框内允许的数量和最大尺寸、直径或长度(mm)。
a 允许采用带目镜测微尺的放大仪。
b 非线状显示(SR):$L<3b$,式中 L 是显示的长度,b 是显示的宽度。
c 线状显示(LR):$L\geqslant 3b$。
d 点线状显示(AR):至少含有三个最大间隙为 2 mm 的线状显示或非线状显示。</td></tr>
</table>

5 验收

5.1 不连续显示

5.1.1 渗透检测仅适用于检测表面开口的不连续。渗透检测不能精确反映显示不连续的性质、形状和尺寸。不连续显示分为线状[2]、点线状[3]、非线状。

5.1.2 不连续显示的尺寸不能直接代表不连续的实际尺寸。附录 A 列出了不同类型的渗透显示。

5.2 质量等级

5.2.1 根据表 1,质量等级分为七级。被检表面状况应符合相应的质量等级要求(表面状况见附录 C):

——精密;

——光滑;

——粗糙。

---

2) 最大尺寸 L(长度)至少为最小尺寸 b(宽度)的 3 倍($L\geqslant 3b$),见表 1。

3) 见表 1 中的注 d。

5.2.2 线状或点线状显示的最大允许长度随铸钢件截面厚度 δ 而变化，规定了 3 个厚度级别：

——$\delta \leqslant 16$ mm；

——16 mm$<\delta\leqslant$50 mm；

——$\delta>$50 mm。

5.2.3 表 1 给出了最小显示长度，相应级别中小于该长度的显示不予考虑。

5.2.4 附录 D 给出了按 1∶1 比例绘制的非线状显示的图例，这些图例是按表 1 规定绘制的。

6 结果评定

6.1 对铸钢件的不连续显示进行分级时，必须将 105 mm×148 mm 评定框放置在显示最严重的位置上。若被评定的显示小于或等于订货单中规定的质量等级，评定为检测合格。

6.2 显示相同是指被检显示与非线状显示的形态相同或与线状显示的长度相等。

6.3 给出的显示类型仅起指导作用，评定质量等级是依据表 1 中的不连续显示长度。

6.4 累加长度计算应包括点线状显示和非点线状显示。

7 订货单

询价和订货单应包括下列内容：

a) 铸钢件被检部位和百分率(见第 3 章)；

b) 双方协议规定的进行渗透检测的制造阶段(见第 3 章)；

c) 被检区域的表面状况(见 4.3)；

d) 铸钢件被检部位的不连续显示的类型和质量等级(见第 3 章和 5.2)；

e) 操作人员资格(见 4.2)。

8 附加的检测后清洗

GB/T 18851.1 中规定的技术要求适用于本标准。

附 录 A
（资料性附录）
不连续性质与显示类型对应关系

不连续性质	代号	显示	类型	定义
气孔 针孔	A	非线状 点线状	SR AR	$L<3b$ $d\leqslant 2$
砂眼 夹杂物	B	非线状 点线状	SR AR	$L<3b$ $d\leqslant 2$
缩孔(松)	C	线状 非线状 点线状	LR SR AR	$L\geqslant 3b$ $L<3b$ $d\leqslant 2$
热裂纹	D	线状 点线状	LR AR	$L\geqslant 3b$ $d\leqslant 2$
裂纹	E	线状 点线状	LR AR	$L\geqslant 3b$ $d\leqslant 2$
残留芯撑	F	线状 非线状 点线状	LR SR AR	$L\geqslant 3b$ $L<3b$ $d\leqslant 2$
残留内冷铁	G	线状 非线状 点线状	LR SR AR	$L\geqslant 3b$ $L<3b$ $d\leqslant 2$
冷隔	H	线状 点线状	LR AR	$L\geqslant 3b$ $d\leqslant 2$
L=显示长度； b=显示宽度； d=相邻两个显示边缘之间的距离(mm)。				

附 录 B
（资料性附录）
铸钢件渗透检测方法的特殊要求

B.1 所用产品的卤族元素和硫的含量应小于1%。

B.2 渗透时间不应少于渗透剂制造商推荐的时间。

B.3 操作温度应在10℃～50℃之间。

B.4 水冲洗的压力应低于0.2 MPa，水温应低于40℃。

B.5 干燥应采用压力低于0.2 MPa，温度低于70℃的清洁干燥的空气。

B.6 显像时间一般在15 min～30 min之间。

附 录 C
（资料性附录）
表面状况的等效性(指南)

表面状况	精密						光滑			粗糙	
表面粗糙度 Ra[a]/μm	1.6		3.2		6.3		12.5		25		>25
表面处理方法	精磨，精密研磨	精密喷丸	精磨，精密加工，研磨	光滑喷丸，熔模铸造	光滑打磨	光滑喷丸，精密铸造（陶瓷型）	打磨，光滑加工	光滑喷丸，精密铸造（壳型，陶瓷型）	打磨，粗加工	中度喷丸，仔细造型	粗糙处理	砂型铸造
BNIF341-02	—	—	—	—	1S2	—	2S2 3S2	1S1	4S2 5S2	2S1 3S1	1S3 2S3 5S3 6S3	4S1 5S1 6S1
ACI	—	—	—	—	—	S1S1	—	S1S3	—	S1S4	—	—
CSC(铸造表面比较样块)	—	—	—	C30	—	C40	—	C70	—	C90	—	—
SCRATA	—	—	—	—	—	—	—	A1	H1 H2	A2 A3	G2 G3	A4 C3 D3
LCA2 磨削	15	—	16	—	17	—	18	—	19	—	—	—
LCA3 喷丸处理	—	N7 (15)	—	N8 (16)	—	N9 (17)	—	N10 (18)	—	N11 (19)	—	—

[a] 表面粗糙度值 Ra 是由样块制造商提供的。

S1:铸态或喷丸处理状态；

S2:磨削状态。

附　录　D
（资料性附录）
质量等级图例

D.1～D.5 给出了非线状显示(SR1～SR5)的示意图。

D.1　质量等级 SR1

8 个非线状显示，1.5 mm≤D≤3 mm。

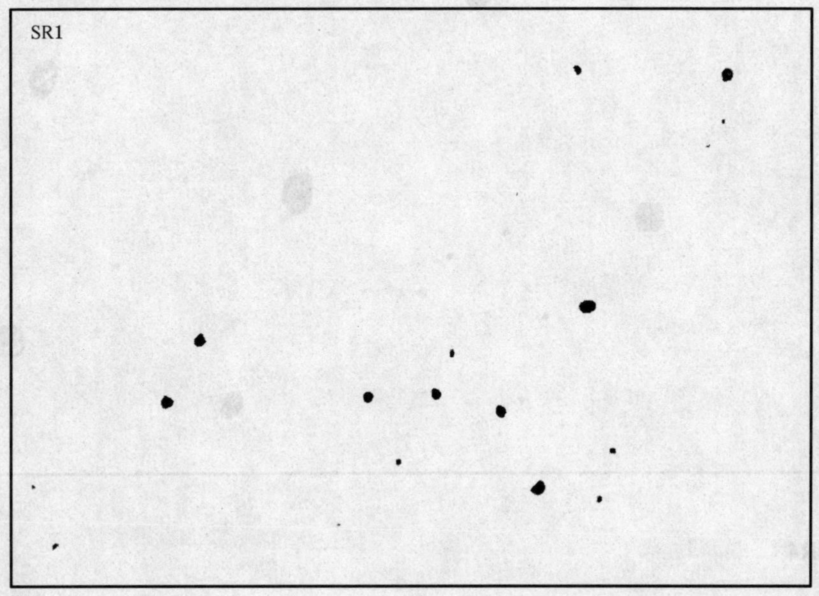

D.2　质量等级 SR2

8 个非线状显示，D>2 mm。

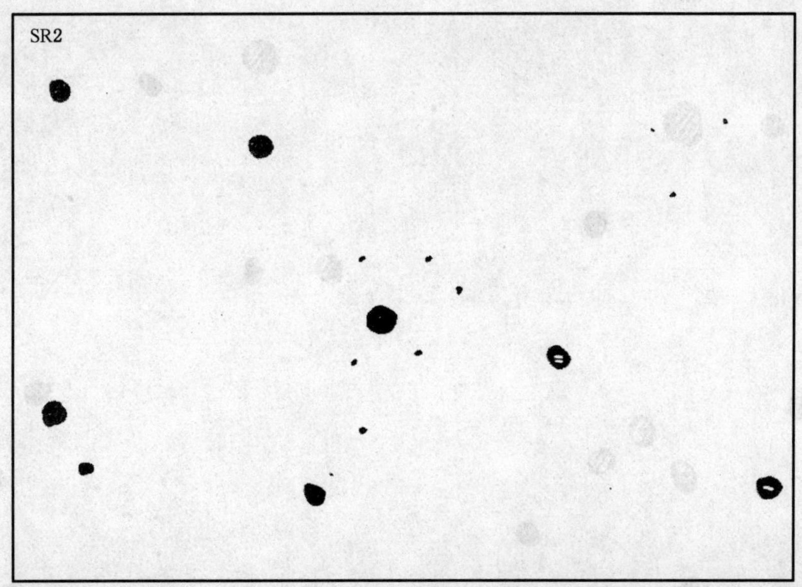

D.3 质量等级 SR3

12 个非线状显示，$D>3$ mm。

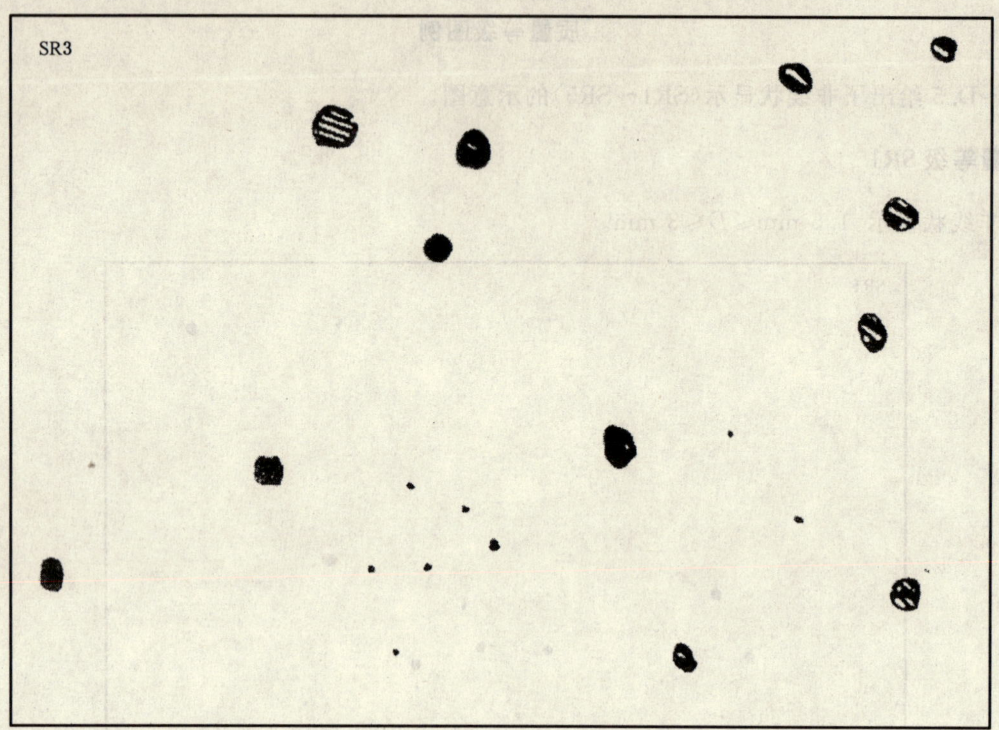

D.4 质量等级 SR4

20 个非线状显示，$D>5$ mm。

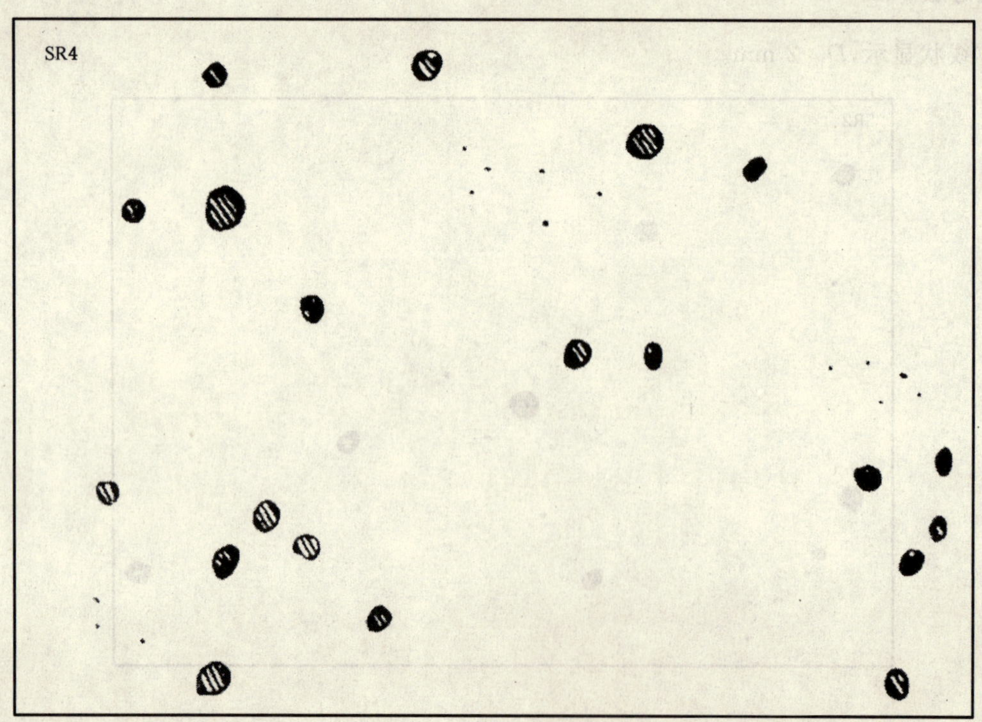

D.5 质量等级 SR5

32 个非线状显示，$D>10$ mm。

ICS 19.100;77.140.80;77.040.20
J 31

中华人民共和国国家标准

GB/T 9444—2007/ISO 4986:1992
代替 GB/T 9444—1988

铸钢件磁粉检测

Magnetic particle testing for steel castings

(ISO 4986:1992,Steel castings—Magnetic particle inspection,IDT)

2007-08-23 发布　　　　2008-01-01 实施

中华人民共和国国家质量监督检验检疫总局
中国国家标准化管理委员会　发布

前　言

本标准等同采用 ISO 4986:1992《铸钢件　磁粉检测》(英文版)。

本标准等同翻译 ISO 4986:1992。

为方便使用,本标准做了下列编辑性修改:

——“本国际标准”一词改为“本标准”;

——用小数点“.”代替作为小数点的逗号“,”;

——将资料性附录 D 和附录 F 整合修改为附录 D。

本标准代替 GB/T 9444—1988《铸钢件磁粉探伤及质量评级方法》。

本标准与 GB/T 9444—1988 相比主要变化如下:

——修改了磁粉检测条件(1988 年版的第 3 章;本版的第 2 章);

——修改了检测方法(1988 年版的第 4 章、第 5 章、第 6 章、第 8 章和 7.4;本版的第 3 章);

——修改了验收(1988 年版的 7.1 和 7.2;本版的第 4 章);

——修改了结果评定(1988 年版的 7.3;本版的第 5 章);

——增加了订货单(见第 6 章);

——增加了资料性附录“不连续性质　显示类型”(见附录 A);

——增加了资料性附录“表面状况的等效性(指南)”(见附录 B);

——增加了资料性附录“质量等级图例”(见附录 C);

——调整和增加了资料性附录“无损检测　磁粉检测”(1988 年版的第 2 章;本版的附录 D);

——调整和增加了资料性附录“正方形法图例”(1988 年版的 6.2.3 的图;本版的附录 E)。

本标准的附录 A、附录 B、附录 C、附录 D 和附录 E 为资料性附录。

本标准由中国机械工业联合会提出。

本标准由全国铸造标准化技术委员会(SAC/TC 54)归口。

本标准起草单位:沈阳铸造研究所。

本标准主要起草人:李兴捷、王子文、吴登远。

本标准所代替标准的历次版本发布情况为:

——GB/T 9444—1988。

铸钢件磁粉检测

1 范围

本标准规定了应买方要求，在合同中约定有检测程序时，确定表面不连续[1]验收界限的磁粉检测方法。

本标准适用于用各种铸造方法生产的铁磁性铸钢件的磁粉检测。

当磁场强度为 2.4 kA/m 时，钢的磁感应强度若大于 1T，即为铁磁性钢。

注：像所有无损检测方法一样，本标准构成合同规定的总的评定或特殊评定的一部分。

2 磁粉检测条件

2.1 本标准适用于检测铸钢件各部位和按百分率抽检的铸钢件。在给供方的询价单，尤其是订货单中应清楚地说明检测条件，并为供方所接受。

2.2 双方协议应明确规定进行磁粉检测的制造阶段。

2.3 铸钢件的每个被检部位应规定如下内容：

——质量等级(见表 1)；

——不连续显示的类型(线状显示或非线状显示)(见附录 A)。

2.4 对于铸钢件的每个被检部位，宜根据不连续显示的类型分别规定质量等级(有关表面状况，见 3.3)。

2.5 除非另有规定，质量等级同时适用于线状、点线状、非线状显示(簇状)。

2.6 不连续显示的质量等级，低于或等于表 1 的质量等级且符合第 5 章的规定，检测结果认为合格。否则，铸造厂应采取经买方同意的方法，保证被检铸钢件符合上述规定。

2.7 通常，只要铸钢件中任何一块面积为 105 mm×148 mm[2]的区域，不连续没有超过所规定的质量等级，铸钢件中合格不连续的级别就不用限定。

3 检测方法

3.1 操作方法

附录 D 阐述了磁粉检测的规程。

3.2 人员资格

应由技术上能胜任的人员来操作和评定结果，其资格在询价或订货时应被双方认可。

3.3 表面状况

3.3.1 被检表面应清洁，无油、脂、砂、锈斑及其他任何会影响对磁粉显示正确评定的物质。经喷砂、喷丸(圆形或角形丸)、磨削、机械加工处理，被检表面应与所要求的质量等级相对应。

3.3.2 当使用非荧光检测介质时，检测介质的颜色应与被检表面的底色有足够的反差。也可通过采用彩色检测介质或被检表面覆盖一层反差增强剂来达到这一要求。

3.3.3 铸钢件被检区域的表面要求，应在询价或订货时通过协议规定(见附录 B)。

3.4 观察条件

显示观察应在目视或不超过放大 3 倍下进行(见表 1)。

---

1) 表面不连续指的是金属中露出表面或非常接近表面的不连续，其结果使磁桥变窄。

2) A6 样式。

表 1　磁粉检测的质量等级

质量等级		001	01	1		2		3		4		5	
显示观察手段		目视或放大镜[a]		目视		目视		目视		目视		目视	
放大倍数		≤3		1		1		1		1		1	
应考虑的最小显示长度/mm		0.3		1.5		2		3		5		10	
非线状簇状显示(SM)[b]	总面积/mm^2	—	—	10		35		70		200		500	
	单个显示长度/mm	1	1	2[c]		4[c]		6[c]		10[c]		16[c]	
线状显示(LM)[d]或点线状显示(AM)[e]	显示类型	单个或累加	单个或累加	单个	累加	单个	累加	单个	累加	单个	累加	单个	累加
	壁厚 $\delta \leqslant 16$ mm	0	1	2	4	4	6	6	10	10	18	18	25
	壁厚 16 mm$<\delta\leqslant$50 mm	0	1	3	6	6	12	9	18	18	27	27	40
	壁厚 $\delta>50$ mm	0	2	5	10	10	20	15	30	30	45	45	70
应用实例		航空航天制造业： —熔模铸件； —特殊使用。		根据表面粗糙度和应用情况的其他铸件									

注：本表规定了 A6-105 mm×148 mm 评定框内允许的最大面积(mm^2)和最大长度(mm)。

a 允许采用带目镜测微尺的放大仪。

b 非线状显示(SM)：$L<3b$，式中 L 是显示的长度，b 是显示的宽度。

c 允许有二个不超过表中规定的长度显示。

d 线状显示(LM)：$L\geqslant 3b$。

e 点线状显示(AM)：至少含有三个最大间隙为 2 mm 的线状显示或非线状显示。

4　验收

4.1　不连续显示

4.1.1　磁粉检测可检测到直接目视发现不了的表面不连续。不连续显示分为线状[3)]、点线状[4)]、非线状(簇状)。附录 A 中所列出的不连续可以与不同类型的磁粉显示相对应。

4.1.2　不连续的检出与磁化铸钢件的磁场方向有关，除非另有规定，应控制在两个大致垂直的方向上进行磁化，以保证不连续至少在一个方向上削弱磁场。

4.2　质量等级

4.2.1　根据表 1，质量等级分为 7 级。被检表面状况应符合相应的质量等级要求(表面状况见附录 B)：

——精密；

——光滑；

——粗糙。

4.2.2　线状或点线状显示的最大允许长度随铸钢件截面厚度 δ 而变化，规定了 3 个厚度级别：

——$\delta\leqslant 16$ mm；

——16 mm$<\delta\leqslant$50 mm；

——$\delta>50$ mm。

---

3) 最大尺寸 L(长度)至少为最小尺寸 b(宽度)的 3 倍($L\geqslant 3b$)，见表 1。

4) 见表 1 脚注 e。

4.2.3 表1给出了最小显示长度，相应级别中小于该长度的显示不予考虑。

4.2.4 附录C给出了按1∶1比例绘制的线状和非线状显示的图例，这些图例是按附录D的规程和表1的规定绘制的。

5 结果评定

5.1 对铸钢件的不连续显示进行分级时，应将105 mm×148 mm评定框放置在显示最严重的位置上。若被评定的显示小于或等于订货单中规定的质量等级，评定为检测合格。

5.2 显示相同是指被检显示与非线状显示的形态相同或与线状显示的长度相等。

5.3 给出的显示类型仅起指导作用，评定质量等级是依据表1中的不连续显示长度。

5.4 累加长度计算应包括点线状显示和非点线状显示。

6 订货单

询价和订货单应包括下列内容：

a) 铸钢件被检部位和百分率(见第2章)；

b) 双方协议规定的进行磁粉检测的制造阶段(见第2章)；

c) 被检区域的表面状况(见3.3)；

d) 铸钢件被检部位的不连续显示的类型和质量等级(见第2章和4.2)；

e) 操作人员资格(见3.2)；

f) 是否沿互相垂直的方向进行检测，如否，应说明(见4.1)；

g) 检测完毕后，铸钢件是否要退磁(见附录D)。

附 录 A
（资料性附录）
不连续性质与显示类型对应关系

不连续性质	代号	最佳方向磁场所获得的显示	类型	定义
气孔 点蚀坑	A	非线状(簇状) 点线状	SM AM	$L<3b$ $d\leqslant 2$
砂眼 夹杂物	B	非线状(簇状) 点线型	SM AM	$L<3b$ $d\leqslant 2$
缩孔(松)	C	线状 非线状(簇状) 点线状	LM SM AM	$L\geqslant 3b$ $L<3b$ $d\leqslant 2$
热裂纹	D	线状 点线状	LM AM	$L\geqslant 3b$ $d\leqslant 2$
裂纹	E	线状 点线状	LM AM	$L\geqslant 3b$ $d\leqslant 2$
残留芯撑	F	线状 非线状(簇状) 点线状	LM SM AM	$L\geqslant 3b$ $L<3b$ $d\leqslant 2$
残留内冷铁	G	线状 非线状(簇状) 点线状	LM SM AM	$L\geqslant 3b$ $L<3b$ $d\leqslant 2$
冷隔	H	线状 点线状	LM AM	$L\geqslant 3b$ $d\leqslant 2$
L=显示长度； b=显示宽度； d=相邻两个显示边缘之间的距离(mm)。				

附 录 B
（资料性附录）
表面状况的等效性（指南）

表面状况	精密						光滑				粗糙	
表面粗糙度 $Ra/\mu m$[a]	1.6		3.2		6.3		12.5		25		>25	
表面处理方法	精磨，精密研磨	精密喷丸	精磨，精密加工，研磨	光滑喷丸，熔模铸造	光滑打磨	光滑喷丸，精密铸造（陶瓷型）	打磨，光滑加工	光滑喷丸，精密铸造（壳型，陶瓷型）	打磨，粗加工	中度喷丸，仔细造型	粗糙处理	砂型铸造
BNIF341-02	—	—	—	—	1S2	—	2S2 3S2	1S1	4S2 5S2	2S1 3S1	1S3 2S3 5S3 6S3	4S1 5S1 6S1
ACI	—	—	—	—	—	S1S1	—	S1S3	—	S1S4	—	—
CSC（铸造表面比较样块）	—	—	—	C30	—	C40	—	C70	—	C90	—	—
SCRATA	—	—	—	—	—	—	—	A1	H1 H2	A2 A3	G2 G3	A4 C3 D3
LCA2 磨削	15	—	16	—	17	—	18	—	19	—	—	—
LCA3 喷丸处理	—	N7 (15)	—	N8 (16)	—	N9 (17)	—	N10 (18)	—	N11 (19)	—	—

[a] 表面粗糙度值 Ra 是由样块制造商提供的。

S1：铸态或喷丸处理状态。

S2：磨削状态。

附 录 C
（资料性附录）
质量等级图例

C.1 非线状显示

C.1.1～C.1.5 给出了非线状显示(SM1～SM5)的示意图。

C.1.1 质量等级 SM1

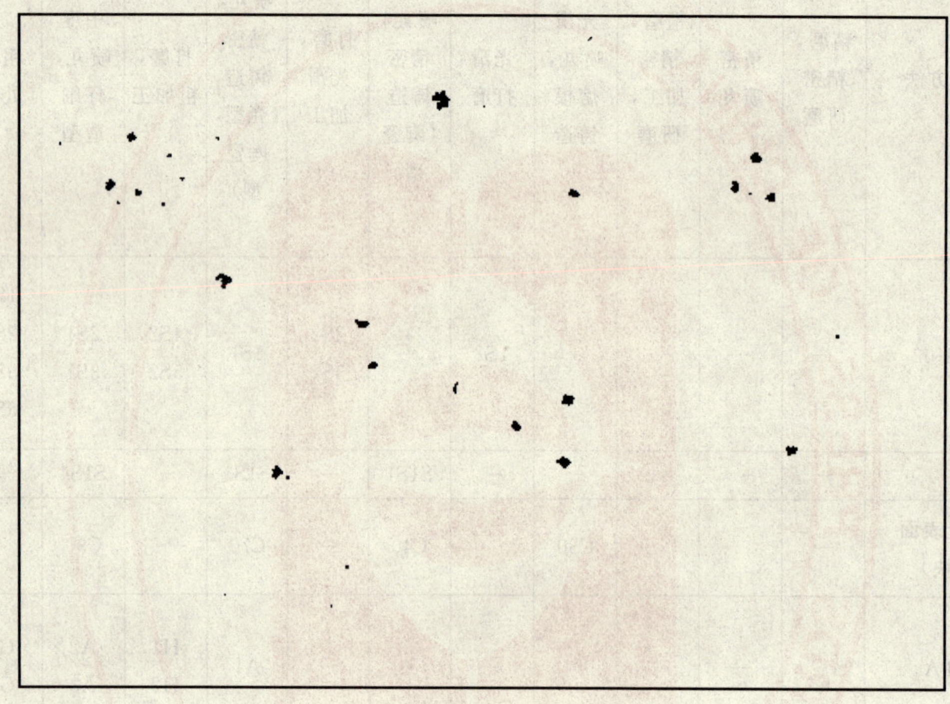

C.1.2 质量等级 SM2

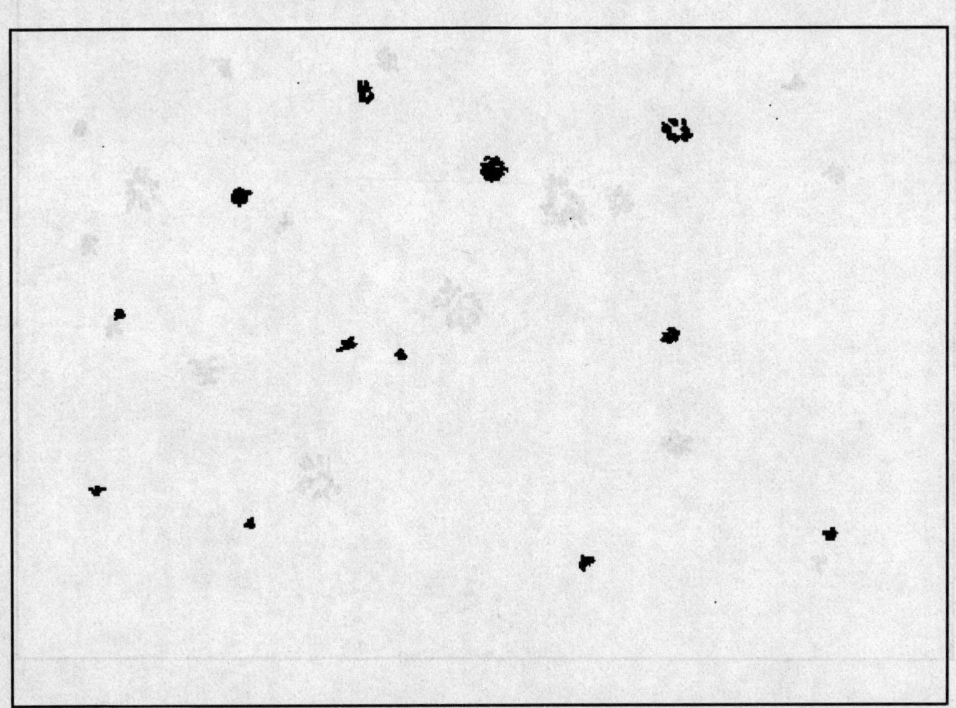

C.1.3 质量等级 SM3

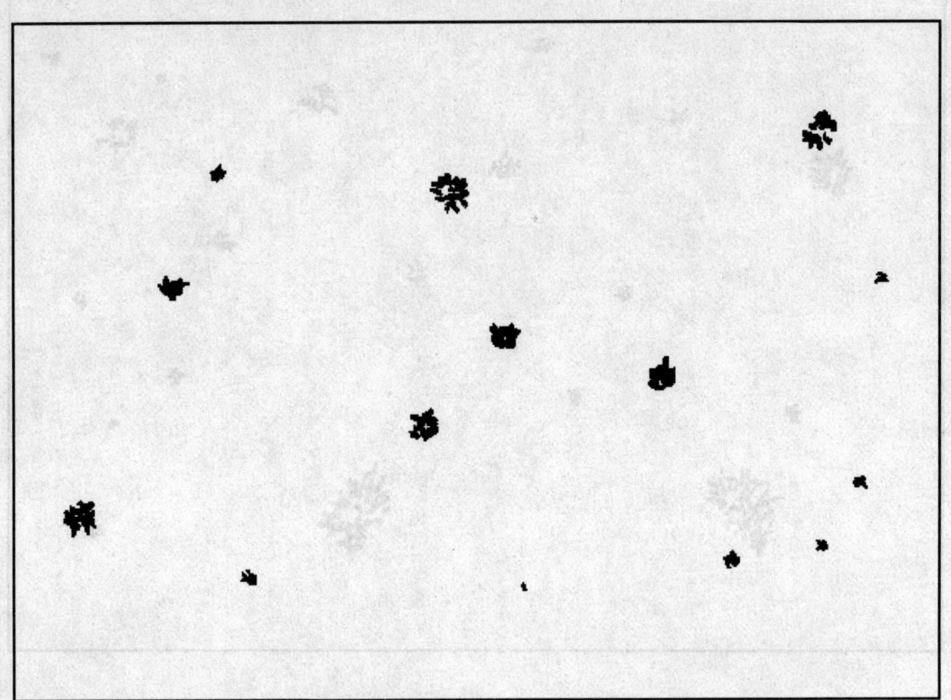

C.1.4　质量等级 SM4

C.1.5　质量等级 SM5

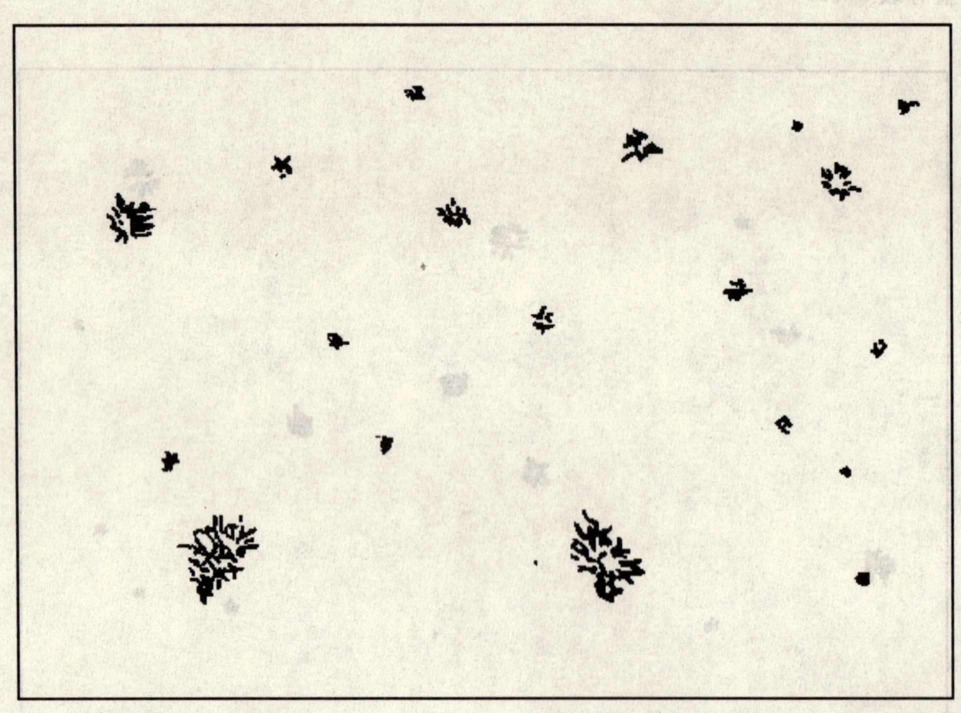

C.2　线状和点线状显示(用 AM 代表)

C.2.1～C.2.7 给出了线状和点线状显示(显示类型代号 A～H)的示意图。括号内的质量等级与示意图大致相符。

C.2.1 质量等级 AM1a

C.2.2 质量等级 AM1b

AM1b
(AM2a)

C.2.3 质量等级 AM1c

C.2.4 质量等级 AM2c

C.2.5 质量等级 AM3c

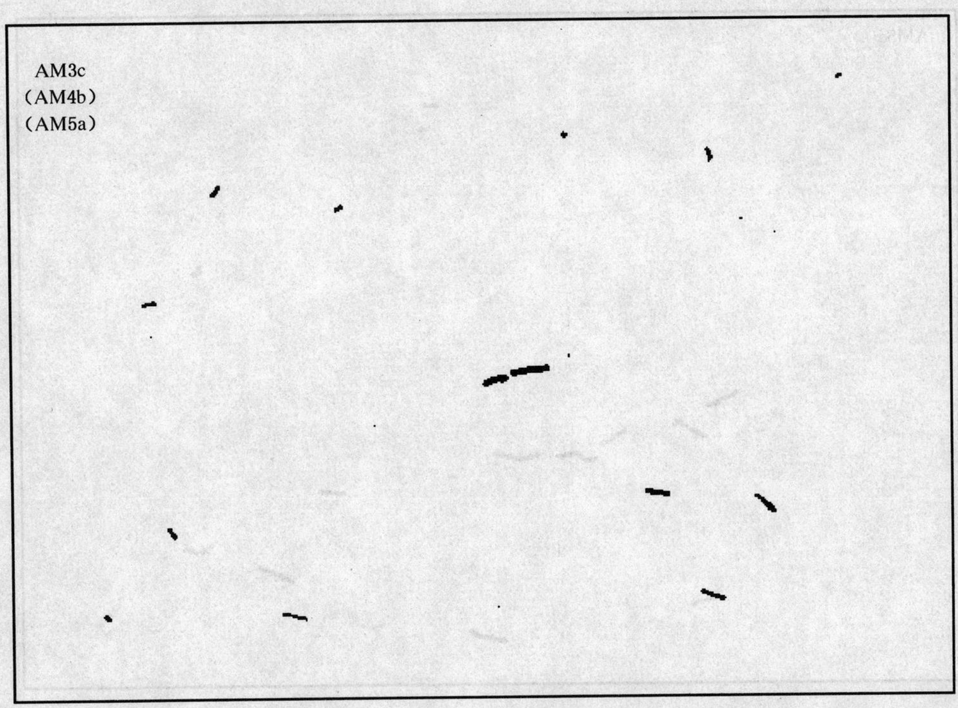

C.2.6 质量等级 AM4c

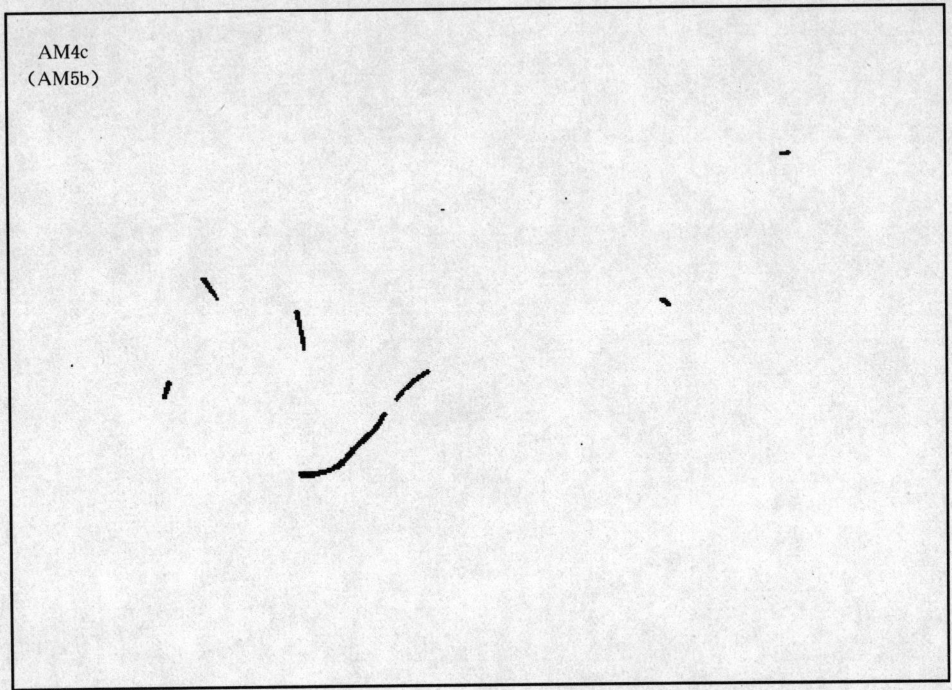

C.2.7 质量等级 AM5c

附 录 D
（资料性附录）
无损检测 磁粉检测

D.1 规程

磁粉检测按 GB/T 15822.1、GB/T 15822.2 和 GB/T 15822.3。

可采用 JB/T 6065 所述的灵敏度试片或 JB/T 6066 所述的环形试块来验证磁粉检测综合性能。

附录 E 给出了采用正方形法确定有效检测范围的示意图。

D.2 参考文献

[1] GB/T 15822.1 无损检测 磁粉检测 第1部分:总则(GB/T 15822.1—2005,ISO 9934-1:2001,IDT)

[2] GB/T 15822.2 无损检测 磁粉检测 第2部分:检测介质(GB/T 15822.2—2005,ISO 9934-2:2001,IDT)

[3] GB/T 15822.3 无损检测 磁粉检测 第3部分:设备(GB/T 15822.3—2005,ISO 9934-3:2001,IDT)

[4] JB/T 6065 无损检测 磁粉检测用试片(JB/T 6065—2004)

[5] JB/T 6066 无损检测 磁粉检测用环形试块(JB/T 6066—2004)

附 录 E
（资料性附录）
正方形法图例

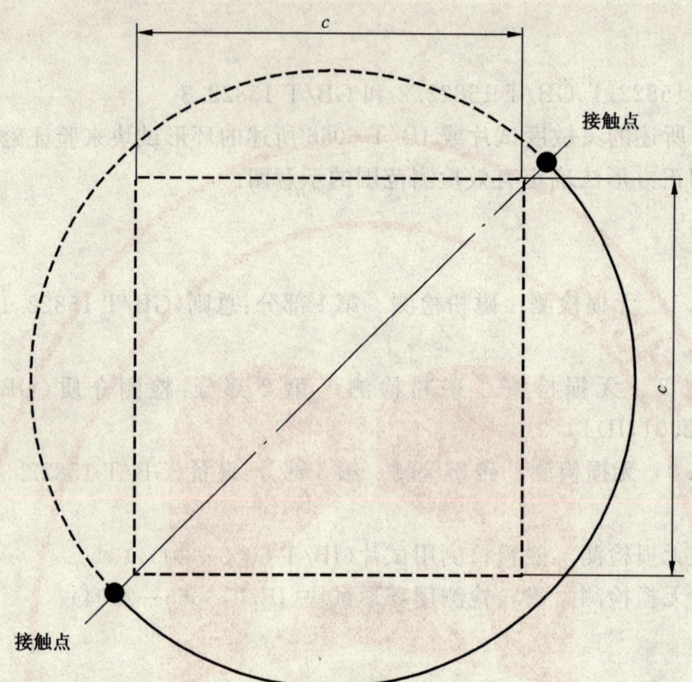

正方形：$c \times c$

图 E.1 对角线法

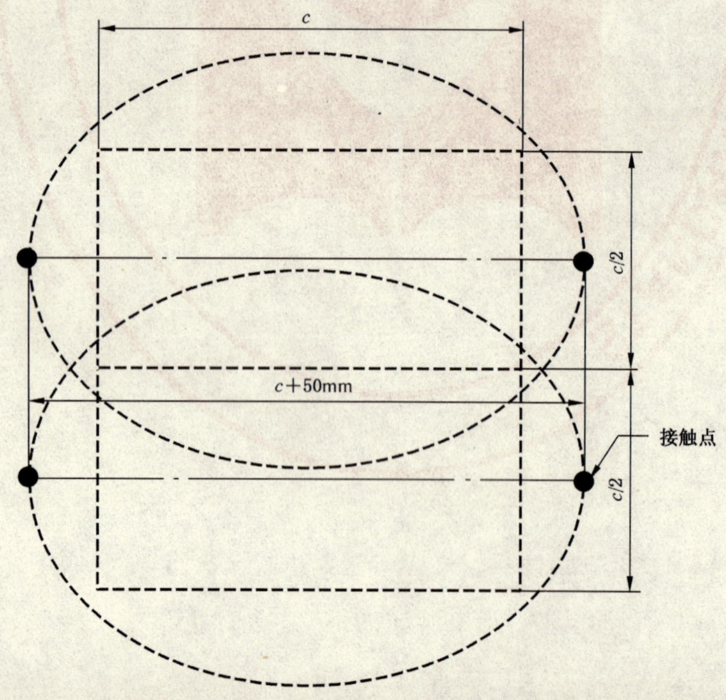

两个矩形：$\frac{1}{2}c \times c$

图 E.2 双矩形法

ICS 29.100.10
L 19

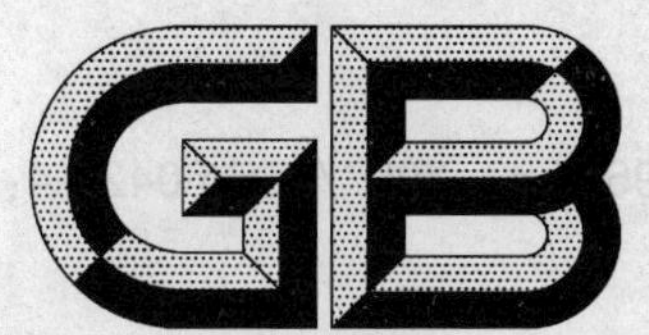

中华人民共和国国家标准

GB/T 9634.4—2007/IEC 60424-4:2001

铁氧体磁心表面缺陷极限导则
第4部分:环形磁心

Ferrite cores—Guide on the limits of surface irregularities—
Part 4:Ring-cores

(IEC 60424-4:2001,IDT)

2007-02-09 发布　　　　2007-09-01 实施

中华人民共和国国家质量监督检验检疫总局
中国国家标准化管理委员会　发布

前 言

GB/T 9634《铁氧体磁心表面缺陷极限导则》由以下部分组成，并在不断增加之中：

——第1部分：总则；

——第2部分：RM磁心；

——第3部分：ETD和E形磁心；

——第4部分：环形磁心；

……

本部分为GB/T 9634的第4部分。

本部分等同采用IEC 60424-4:2001《铁氧体磁心表面缺陷极限的导则 第4部分：环形磁心》(英文版)。

本部分对IEC 60424-4:2001按汉语习惯做了编辑性修改，将表1中小数点“,”改为“.”。

本部分是由信息产业部(电子)提出并归口。

本部分起草单位：中国电子科技集团公司第九研究所。

本部分主要起草人：胡滨。

铁氧体磁心表面缺陷极限导则
第4部分:环形磁心

1 范围

本部分规定了符合相关总规范的环形磁心的表面缺陷允许极限导则。

本部分在磁心制造厂和用户之间有关表面缺陷的协调中可作为分规范使用。

2 规范性引用文件

下列文件中的条款通过GB/T 9634的本部分的引用而成为本部分的条款。凡是注日期的引用文件,其随后所有的修改单(不包括勘误的内容)或修订版均不适用于本部分,然而,鼓励根据本部分达成协议的各方研究是否可使用这些文件的最新版本。凡是不注日期的引用文件,其最新版本适用于本部分。

GB/T 9634.1—2002 铁氧体磁心表面缺陷极限的导则 第1部分:总则(IEC 60424-1:1999,IDT)

3 表面缺陷极限

3.1 不涂覆的环形磁心

通常不涂覆的环形磁心应是平滑的(如:滚磨),确保没有任何毛刺,否则在绕线过程中会损坏绕线。

3.1.1 掉块和飞边(见图1)

——GB/T 9634.1—2002中规定的飞边是允许的。

——掉块的长度或宽度不能超过壁厚的25%(最大不超过2 mm)。

——在磁心任意边缘,掉块最多不能超过3处,各边缘加起来不能超过5处。

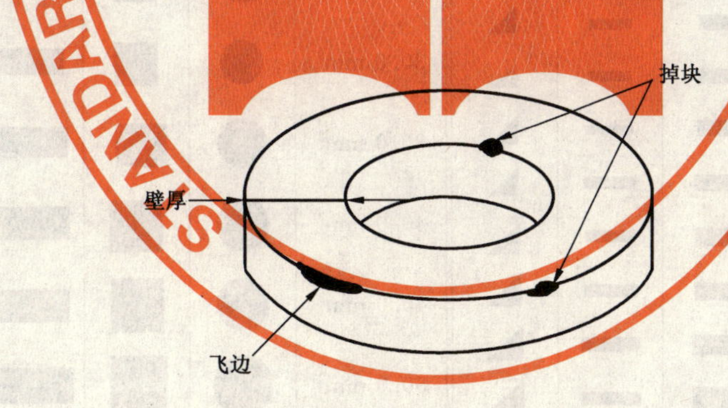

图1 环形磁心的掉块和飞边

3.1.2 裂纹与粘模(见图2)

——允许垂直于磁路的裂纹(C1)存在,但不应超过壁厚的20%。

——允许平行于磁路的裂纹(C2)存在,但不应超过相关磁心周长的12.5%(1/8)。

——允许龟裂纹(C3)存在,(如:深度小于0.5 mm)。

——允许粘模(C4)痕迹,但其总面积不应超过相关表面总面积的25%。

注:在任何情况下,有表面缺陷的磁心应满足相关电气性能的规范。

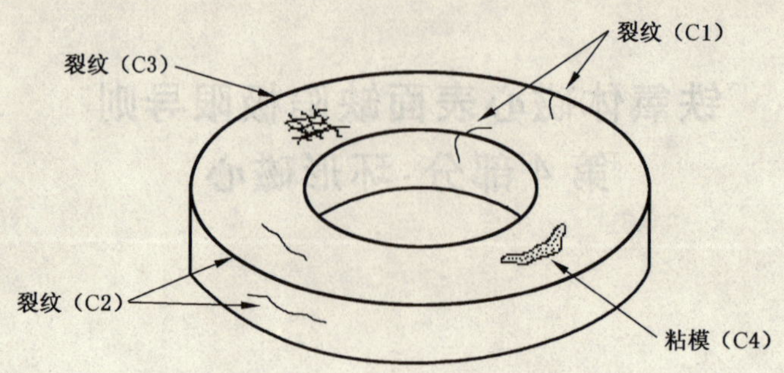

图 2　环形磁心上的裂纹和粘模

3.2　涂覆的环形磁心

涂覆的环形磁心在涂覆前应是平滑的(如:滚磨):

——允许满足尺寸规范的粗糙涂覆。

——不允许暴露磁心本体的不完全涂覆。

注:在任何情况下,经涂覆的环形磁心必须经受相关破坏性耐压规范。

3.3　推荐面积和长度(见表 1)

表 1　目测参考面积和长度

面积	A	B	C	D	E	面积	A	B	C	D	E
0.5 mm^2						12.5 mm^2					
1.0 mm^2						15.0 mm^2					
1.5 mm^2						17.5 mm^2					
2.0 mm^2						20.0 mm^2					
2.5 mm^2						25.0 mm^2					
3.0 mm^2						30.0 mm^2					
3.5 mm^2						35.0 mm^2					
4.0 mm^2						40.0 mm^2					
4.5 mm^2						45.0 mm^2					
5.0 mm^2						50.0 mm^2					
6.0 mm^2											
7.0 mm^2											
8.0 mm^2											
9.0 mm^2											
10.0 mm^2											

比例 1:1

1 mm　　2 mm　　3 mm　　4 mm

5 mm　　7.5 mm　　10 mm

ICS 27.140
K 55

中华人民共和国国家标准

GB/T 9652.1—2007
代替 GB/T 9652.1—1997

水轮机控制系统技术条件

Specifications of control systems for hydraulic turbines

2007-06-21 发布　　2008-02-01 实施

中华人民共和国国家质量监督检验检疫总局
中国国家标准化管理委员会　发布

前　言

本部分是对GB/T 9652.1—1997《水轮机调速器与油压装置技术条件》的修订，采用了IEC 61362《水轮机控制系统技术规范导则》中一些主要内容，并结合我国多年来的实践经验编制而成。

与原标准相比，本部分的调速器静、动态性能及电磁兼容性指标均有较大的提高，对油压装置的要求较为详细。本部分自实施之日起，同时代替GB/T 9652.1—1997。

本部分由中国电器工业协会提出。

本部分由全国水轮机标准化委员会归口。

本部分起草单位：天津电气传动设计研究所、中国水利水电科学研究院自动化研究所、东方电机控制设备公司、电力自动化研究院电气控制技术研究所、事达电气股份有限公司、长江控制设备研究所、三联水电控制设备有限公司、三峡水电厂、西安理工大学。

本部分主要起草人：李晃、董于青、张建明、周平、邵宜祥、张富强、潘熙和、刘安平、余志强、南海鹏。

水轮机控制系统技术条件

1 范围

本部分适用于水轮机控制系统，包括工作容量 350 N·m 及以上的机械液压调速器(以下简称机调)和电气液压调速器(以下简称电调)以及油压装置。

2 规范性引用文件

下列文件中的条款通过本部分的引用而成为本部分的条款。凡是注日期的引用文件，其随后所有的修改单(不包括勘误的内容)或修订版均不适用于本部分，然而，鼓励根据本部分达成协议的各方研究是否可使用这些文件的最新版本。凡是不注日期的引用文件，其最新版本适用于本部分。

GB 150 钢制压力容器

GB/T 191 包装储运图示标志(GB/T 191—2000,eqv ISO 780:1997)

GB/T 2681 电工成套装置中的导线颜色

GB/T 2682 电工成套装置中的指示灯和按钮的颜色

GB/T 3047.1 高度进制为 20 mm 的面板、架和柜的基本尺寸系列

GB/T 3797—2005 电气控制设备

GB/T 4588.1 无金属化孔单双面印制板分规范(GB/T 4588.1—1996,idt IEC/PQC 89:1990)

GB/T 4588.2 有金属化孔单双面印制板分规范(GB/T 4588.2—1996,idt IEC/PQC 90:1990)

GB/T 11120—1989 L-TSA 汽轮机油(neq ISO 8068:1987)

GB/T 17626.4—1998 电磁兼容 试验和测量技术 电快速瞬变脉冲群抗扰度试验(idt IEC 61000-4-4:1995)

JB/T 4711—2003 压力容器涂敷及运输包装

JB/T 7041—1993 液压齿轮泵 技术条件

JB/T 8091—1998 螺杆泵试验方法

JB/T 8097—1999 泵的振动测量与评价方法

3 工作条件

本部分所规定的各项调节系统静态及动态特性指标均是在下列条件下制定。

3.1 水轮机所选定的调速器与油压装置合理：

3.1.1 接力器最大行程与导叶全开度相适应。对中、小型和特小型调速器，导叶实际最大开度至少对应于接力器最大行程的 80%以上。

3.1.2 调速器与油压装置的工作容量选择是合适的。

3.2 水轮发电机组运行正常：

3.2.1 水轮机在制造厂规定的条件下运行。

3.2.2 测速信号源、水轮机导水机构、转叶机构、喷针及折向器机构、调速轴及反馈传动机构应无制造和安装缺陷，并应符合各部件的技术要求。

3.2.3 水轮发电机组应能在手动各种工况下稳定运行。在手动空载工况(发电机励磁在自动方式下工作)运行时，水轮发电机组转速摆动相对值对大型调速器不超过±0.2%；对中、小型和特小型调速器均不超过±0.3%。

3.3 对比例积分微分(PID)型调速器，水轮机引水系统的水流惯性时间常数 T_w 不大于 4 s；对比例积

分(PI)型调速器，水流惯性时间常数 T_w 不大于2.5 s。水流惯性时间常数 T_w 与机组惯性时间常数 T_a 的比值不大于0.4。反击式机组的 T_a 不小于4 s，冲击式机组的 T_a 不小于2 s。

3.4 海拔高度不超过2 500 m。

3.5 调速器周围空气温度：

a) 不同海拔高度的最高空气温度见表1。

表1

海拔高度/m	≤1 000	1 000～1 500	1 500～2 000	2 000～2 500
最高空气温度/℃	40	37.5	35	32.5

b 最低空气温度5℃。

3.6 空气相对湿度：最湿月的月平均最大相对湿度为90%，同时该月的月平均温度为25℃。

3.7 调速系统所用油的质量必须符合GB 11120—1989中46号汽轮机油或粘度相近的同类型油的规定，使用油温范围为10℃～50℃。为获得液压控制系统工作的高可靠性，必须确保油的高清洁度，过滤精度应符合产品的要求。

3.8 调整试验前，应排除调速系统可能存在的缺陷，如机械传动系统的死区、卡阻及液压管道与元、部件中可能存在的空气等。

3.9 上述某些工作条件如不满足要求，有关指标可由供需双方协商。

4 技术要求

4.1 产品应符合产品标准的要求，并按照规定程序批准的图样及文件制造。

4.2 调速系统接力器容量应保证达到设计规定值。

4.3 调速系统静态特性应符合下列规定：

4.3.1 静态特性曲线应近似为直线。

4.3.2 测至主接力器的转速死区和在水轮机静止及输入转速信号恒定的条件下接力器摆动值不超过表2规定值。

表2

项目 \ 调速器类型	大型	中型	小型		特小型
	电调	电调	电调	机调	
转速死区 i_x/%	0.02	0.06	0.10	0.18	0.20
接力器摆动值/%	0.1	0.25	0.4	0.75	0.8

4.3.3 转桨式水轮机调速系统，桨叶随动系统的不准确度 i_a 不大于0.8%。实测协联曲线与理论协联关系曲线的偏差不大于桨叶接力器全行程的1%。

4.3.4 冲击式水轮机调速系统静态品质应达到：

4.3.4.1 测至喷针接力器的转速死区应符合表2规定；

4.3.4.2 在稳态工况下，对多喷嘴冲击式水轮机的任何两喷针之间的位置偏差，在整个范围内均不大于1%；每个喷针位置对所有喷针位置平均值的偏差不大于0.5%。

4.3.5 对每个导叶单独控制的水轮机，任何两个导叶接力器的位置偏差不大于1%；每个导叶接力器位置对所有导叶接力器位置平均值的偏差不大于0.5%。

4.4 水轮机调节系统动态特性应符合下列规定：

4.4.1 调速器应保证机组在各种工况和运行方式下的稳定性。在空载工况自动运行时，施加一阶跃型转速指令信号，观察过渡过程，以便选择调速器的运行参数。待稳定后记录转速摆动相对值，对大型电调不超过±0.15%，对中、小型调速器不超过±0.25%，特小型调速器不超过±0.3%。如果机组手动空载转速摆动相对值大于规定值，其自动空载转速摆动相对值不得大于相应手动空载转速摆动相对值。

4.4.2 机组启动开始至机组空载转速偏差小于同期带（+1%～−0.5%）的时间 t_{SR} 不得大于从机组起动开始至机组转速达到80%额定转速的时间 $t_{0.8}$ 的5倍。

4.4.3 机组甩负荷后动态品质应达到：

4.4.3.1 甩100%额定负荷后，在转速变化过程中，超过稳态转速3%额定转速值以上的波峰不超过两次；

4.4.3.2 从机组甩负荷时起，到机组转速相对偏差小于±1%为止的调节时间 t_E 与从甩负荷开始至转速升至最高转速所经历的时间 t_M 的比值，对中、低水头反击式水轮机不大于8，桨叶关闭时间较长的轴流转桨式水轮机不大于12；对高水头反击式水轮机和冲击式水轮机应不大于15；对从电网解列后给电厂供电的机组，甩负荷后机组的最低相对转速不低于0.9（投入浪涌控制及桨叶关闭时间较长的贯流式机组除外）。

4.4.3.3 转速或指令信号按规定形式变化，接力器不动时间：对电调不大于0.2 s，机调不大于0.3 s。

4.5 油压装置：

4.5.1 油压装置正常工作油压的变化范围在名义工作压力的±(2～4)%以内（对额定油压为10 MPa～16 MPa的油压装置，其正常工作油压的变化范围可达名义工作油压的±5%）。紧急停机压力（事故停机的最小压力）P_T 的选择应使关机后压力不降到最低操作压力 P_R 以下。最低操作压力 P_R(MPa)根据要求的接力器容量 A(N·m)和所用的接力器容积 V(m^3)求得：

$$P_R = (A/V) \times 10^{-6}$$

4.5.2 压力罐可用油的体积：在正常工作油压下限和油泵不打油时，压力罐的容积至少应能在压力降不超过正常工作油压下限和最低操作油压之差的条件下提供规定的各接力器行程数，对混流式水轮机为3个导叶接力器行程；对转桨式水轮机，除3个导叶接力器行程外，还要求1.5～2个桨叶接力器行程；对冲击式水轮机，除3个折向器接力器行程外，还要求1.5～2个喷针接力器行程。

4.5.3 在正常工作油压上限，非隔离式压力罐内油和空气体积比通常为1/3～1/2。

4.5.4 组合式和分离式油压装置应设置2台油泵，每台油泵的输油量足以补充漏油量，并有最少2倍的安全系数。通常每台泵的每分钟输油量不大于接力器容积的0.65倍。

4.5.5 油泵打油时，油泵出口至压力罐的压力降通常不大于0.2 MPa。

4.5.6 控制系统管道内油的流速不超过5 m/s 。

4.5.7 当油压高于工作油压上限2%以上时，安全阀应开始排油；当油压高于工作油压上限的10%以前，安全阀应全部开启，并使压力罐中油压不再升高。

安全阀的泄漏量不大于油泵输油量的1%。

4.5.8 设有自动补气装置的组合式或分离式油压装置，应设空气安全阀，其动作值为工作油压上限的114%。

4.5.9 当油压低于工作油压下限0.1 MPa～0.15 MPa时，有备用油泵的2.5 MPa～6.3 MPa油压装置应启动备用油泵。

4.5.10 油压装置各压力信号器整定值的动作偏差，不超过整定值的±2%。

4.6 调速器：

4.6.1 对机械液压调速器，暂态转差系数 b_t 应能在设计范围内整定，其最大值不小于80%，最小值不大于5%；缓冲时间常数 T_d 可在设计范围内整定，小型及以上的调速器最大值不小于20 s，特小型不小于12 s；最小值不大于2 s。

4.6.2 PID型调节器的调节参数应能在设计范围内整定：比例增益 K_P 最小值不大于0.5，最大值不小于20；积分增益 K_I 最小值不大于0.05 1/s最大值不小于10 1/s；微分增益 K_D 最小值为0，最大值不小于5 s。

4.6.3 永态转差系数 b_P 应能在自零至最大值范围内整定，最大值不小于8%。对小型机械液压调速器,零刻度实测值不应为负值,其值不大于0.1%。

4.6.4 零行程的转速调整范围的上限应大于永态转差系数的最大值,其下限一般为−10%。如设有远距离控制装置时,其动作时间应符合设计要求。

4.6.5 开度限制机构应能在自零至最大开度范围内任意整定。对大型电调和中型电调,开度限制机构远距离控制装置的动作时间应符合设计规定。

4.6.6 接力器的关闭时间 T_f 与开启时间 T_g 应能在设计范围内任意整定。

4.6.7 调速器应能实现机组的自动、手动起动和停机。当调速器自动部分失灵时,应能手动运行。中小调速器的接力器如无机械手动操作机构时,油压装置必须装有备用油泵;对通流式调速器,必须装设接力器手动操作机构。

4.6.8 带有压力罐的调速器应装设紧急停机装置,并动作可靠。

4.6.9 按水头自动调整协联关系的机构,应能手动设定水头。如设有远距离控制装置时,其动作时间应符合设计规定。

4.6.10 对电调尚有下列要求:

4.6.10.1 大型电调应设冗余电源,当工作电源故障时,应自动切换至备用电源。电气装置工作电源和备用电源相互切换时,水轮机主接力器的开度变化不得超过其全行程的±1%。

4.6.10.2 大型电调应设置人工失灵区,其最大值不小于额定转速1%,并能在其设计范围内调整。

4.6.10.3 大型电调和中型电调稳定运行时,如测速装置输入信号、水头信号、功率信号或接力器位置信号消失时,应能使机组保持所带的负荷,水轮机主接力器的开度变化不得超过其全行程的±1%,同时要求不影响机组的正常停机和事故停机。

4.6.10.4 对大型微机电调和中型微机电调应以工业控制级微机为核心。除调速器基本功能外,还应具有故障诊断和容错控制等功能,并配置与上位机通讯的接口,提供通讯协议。

4.6.10.5 对大型电调,控制模式(频率控制、功率控制、开度控制、水位控制和流量控制)切换时,水轮机主接力器的开度变化不得超过其全行程的±1%。

4.6.11 大型和中小型电液调速器的综合漂移量折算为转速相对值,分别不得超过0.3%和0.6%。

4.7 对调速器及油压装置各装置的要求:

4.7.1 测速装置:

4.7.1.1 在额定转速±10%范围内,静态特性曲线应近似直线,其转速死区应符合设计规定值;在额定转速±2%范围内,其放大系数的实测值偏差不超过设计值的±5%。

4.7.1.2 机械式测速装置(飞摆),在经过超速试验后不得出现变形和裂纹等不正常现象。

4.7.1.3 电气测速装置最小工作信号电压应不大于规定值。

4.7.2 缓冲装置输出特性应平滑且近似为指数衰减曲线,与理论曲线比较,其时间常数偏差:对电调不超过±10%,对小型机调和特小型机调分别不超过±20%和±30%。特性曲线的对称性:对中、小型调速器和特小型调速器,在同一时间坐标位置两个方向的输出值偏差分别不超过平均值的±10%和±15%。对小型机调和特小型机调,缓冲装置从动活塞恢复到中间位置的行程偏差折算为转速相对值,分别不超过调速系统转速死区规定值的1/3和1/2。

4.7.3 电调电气装置:

4.7.3.1 电气柜的外形尺寸按GB/T 3047.1的规定。

4.7.3.2 设备中所装用的元、器件应选用工业级产品。

4.7.3.3 电气装置内的印制板应参照GB/T 4588.1和GB/T 4588.2的规定。

4.7.3.4 设备中所用导线的颜色按GB/T 2681的规定。柜上指示灯和按钮的颜色应符合GB/T 2682的规定。

4.7.3.5 绝缘电阻与工频耐受电压:

4.7.3.5.1 电气柜和液压柜中所有带电部件与裸露导电部件之间的绝缘电阻,在温度为15℃~35℃

及相对湿度为45%～75%环境下测量，应不小于1 MΩ。

4.7.3.5.2 电气柜和液压柜各独立带电部件与裸露导电部件之间，电路与金属外壳(或地)之间，在温度为15℃～35℃及相对湿度为45%～75%环境下试验，按其工作电压大小，应能承受表3规定的耐压试验电压，历时5 s。见GB/T 3797。

表3

额定电压 U_i/V	工频试验电压(交流均方根值)/V
$U_i \leqslant 60$	1 000
$60 < U_i \leqslant 300$	2 000
$300 < U_i \leqslant 690$	2 500

对不适于由主电路直接供电的辅助电路，应能承受按表4规定的耐压试验电压，历时5 s。

表4

额定电压 U_i/V	工频耐受电压(交流均方根值)/V
$U_i \leqslant 12$	250
$12 < U_i \leqslant 60$	500
$60 < U_i$	$2U_i + 1\,000$　其最小值为1 500

4.7.3.6 电气装置应能承受来自电源、信号源和控制端口的干扰，以及周围环境的辐射电磁场干扰，同时设备本身的电磁干扰应减小到最低程度。

至少要参照GB/T 17626.4—1998进行电快速瞬变试验，对大型电液调速器在电气和电子设备的电源端口、信号和控制端口耦合快速瞬变脉冲群干扰信号。在供电电源端口，保护接地时，试验电压峰值为2.0 kV；在I/O(输入/输出)信号、数据和控制端口，试验电压峰值为1.0 kV；对中小型电液调速器试验电压峰值减半。

施加干扰时，电气装置的功能和动作应正确无误，接力器不应有异常动作。

4.7.4 电—液和电—机转换器：

4.7.4.1 在符合规定的使用条件下，应能正确、可靠工作。

4.7.4.2 电液转换器的死区，油压漂移和放大系数实测偏差及油耗量不超过设计规定值。工作范围不得小于设计规定值。在压力油入口前，应设在线滤油器。

4.7.4.3 电—机转换器的操作力和行程应不小于设计值。

4.7.4.4 设置的转换器在电源消失时应有回中功能；如无此功能，应采取措施，使接力器保持某一稳定位置。在稳定状态，其电源消失时接力器行程变化不得超过全行程的±1%。

4.7.5 规定压力降的主配压阀流量特性应符合设计规定值。

4.7.6 油泵应采用高效率产品，运转应平稳。三螺杆泵在规定工况下无汽蚀运行时，其轴承处的振动烈度应符合JB/T 8097的要求；在规定压力下的输油量和轴功率的性能容差参照JB/T 8091，泵的效率下降值不得超过产品规定值的5%。液压齿轮泵的空载排量，在额定压力、额定转速工况下的容积效率和总效率不得低于JB/T 7041的要求。

4.7.7 安全阀动作应正确、可靠、无强烈振动和噪声。

4.7.8 自动补气装置及油位信号装置动作应正确、可靠。

4.7.9 压力罐的设计、制造、焊接和检查，应符合《压力容器安全监察规程》和GB 150等有关规定。

4.7.10 受压铸件的质量必须符合相应技术标准的规定。

4.7.11 液压元件装配后，在规定油温及额定油压下的漏油量不超过设计规定值。

4.8 所有指示仪表的精度不低于2.5级。

下列参数实测值与指示值的偏差不应大于设计规定值：

a） 转速指令信号；

b） 开度指令信号；

c） 功率指令信号；

d） 永态转差系数；

e） 暂态转差系数、缓冲时间常数，加速时间常数；

f） 比例增益，积分增益，微分增益；

g） 开度限制信号。

4.9 外观要求：

4.9.1 外形尺寸及安装尺寸应符合产品图样要求。

4.9.2 零部件的紧固、元件的焊接、装配、端子排编号应符合图样要求。

4.9.3 零部件及外壳不许有锈蚀、裂纹及明显划痕。镀层不应脱落。

4.9.4 装置的金属外壳或底座应有接地端子或接地螺钉，并应有明显的接地标志。

4.9.5 每台产品上的电机旋转方向及手轮、手柄转动方向，均应附有箭头标牌。

5 供货范围和备品备件

供货范围及备品备件的项目和数量由供需双方在合同中规定。

6 图纸与资料

随同产品一起供给用户的有：

a） 产品技术条件，产品原理、安装、调整及使用说明书，三套/台；

b） 产品原理图、安装图、总装配图，三套/台；

c） 产品检查及试验记录，主要部件（含外购件）的检查试验记录；

d） 产品出厂合格证明。

7 铭牌、包装、运输、贮存

7.1 铭牌

每台产品应在适当的明显位置固定产品铭牌，其主要内容：

a） 产品名称；

b） 国家名称；

c） 供方名；

d） 产品型号；

e） 产品出厂编号；

f） 产品出厂日期。

7.2 包装

7.2.1 包装箱应按照装箱图样制作，在其外壁应注明下列事项：

a） 收货单位和地址；

b） 供方单位和地址；

c） 产品型号、名称及出厂编号；

d） 产品净重、毛重、箱子重心线、吊索位置以及箱子的外形尺寸；

e） 标明“轻放”、“防潮”及“不准倒置”等字样和标志。

标志应符合 GB/T 191 的有关规定。

7.2.2 产品包装应按设备的不同要求及运输方式采取防雨、防潮、防霉、防尘、防震、防盐雾等措施。压力容器涂敷及运输包装应符合 JB/T 4711 的规定。

产品在包装前必须做好下列准备工作：

a) 在产品外部加工表面上采取必要的防锈措施；

b) 将易碎怕震部件及表计拆下，另行妥善包装；

c) 产品内部可动零部件必须与机体固定；

d) 液动元件内部须留有一定数量的符合要求的汽轮机油；

e) 随产品一起供应的技术文件及备品备件，经包扎后固定在一定位置。

7.2.3 装箱单开列的名称、数量应与箱内的实物和图纸资料相符。

7.3 运输

产品运输及装卸过程应按包装箱上的标志及有关规则进行。供方发运的件数、箱数、标志、发运时间、车次等应在发运的同时通知收货单位。

7.4 贮存

7.4.1 产品应放在环境温度为－5℃～＋40℃，相对湿度不大于90％，室内无酸、碱、盐及腐蚀性、爆炸性气体和强电磁场作用，不受灰尘、雨蚀的库房内。

7.4.2 自供方发货之日起，在正常的贮存条件下，供方应保证在1年内不致因包装不善而引起产品的锈蚀、精度降低等。

8 保证期

在遵守保管、安装和发电规则的条件下，产品的保证期为：自供方发货之日起2年或产品投入运行1年(上述期限以先到为准)。在此期间因产品制造不良而发生损坏或不正常工作时，供方应无偿地为用户更换或修理。

ICS 27.140
K 55

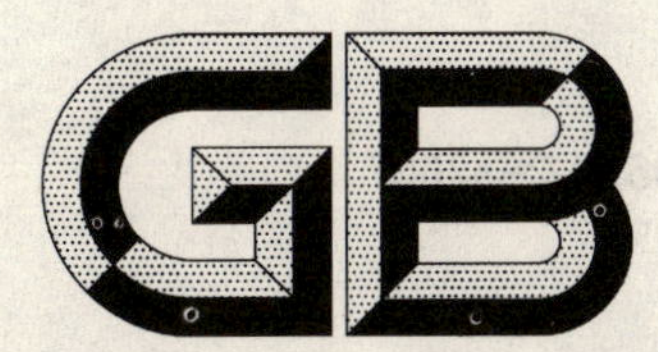

中华人民共和国国家标准

GB/T 9652.2—2007
代替 GB/T 9652.2—1997

水轮机控制系统试验

Test code of control systems for hydraulic turbines

2007-06-21 发布　　　　2008-02-01 实施

中华人民共和国国家质量监督检验检疫总局
中国国家标准化管理委员会　发布

前　言

本部分是对GB/T 9652.2—1997《水轮机调速器与油压装置试验验收规程》的修订，采用了IEC 60308《水轮机控制系统试验》中一些主要内容，并结合我国多年水电建设的实践经验编制而成，试验方法有较大增补。

本部分自实施之日起，同时代替GB/T 9652.2—1997。

本部分附录A是规范性附录。

本部分由中国电器工业协会提出。

本部分由全国水轮机标准化技术委员会归口。

本部分起草单位：天津电气传动设计研究所、哈尔滨大电机研究所、贺江电力开发公司、西安启元自控技术研究所、湖南省电力试验研究所、能达通用电气公司、上饶开元电站控制设备制造公司、天津科音自控设备公司、二滩水电厂。

本部分起草人：李晃、刘卫亚、朴秀日、黄秉铨、雷践仁、孟佐宏、刘文斌、江朝荣、米建国、谭中美。

水轮机控制系统试验

1 范围

本部分规定了水轮机控制系统的试验项目、方法和条件,并给出试验验收的一般规定。

本部分适用于工作容量 350 N·m 及以上的水轮机调速器与油压装置。

2 规范性引用文件

下列文件中的条款通过本部分的引用而成为本部分的条款。凡是注日期的引用文件,其随后所有的修改单(不包括勘误的内容)或修订版均不适用于本部分,然而,鼓励根据本部分达成协议的各方研究是否可使用这些文件的最新版本。凡是不注日期的引用文件,其最新版本适用于本部分。

GB 150 钢制压力容器

GB/T 1032—1985 三相异步电动机试验方法

GB/T 1311—1989 直流电机试验方法(neq IEEE 113:1973)

GB/T 3797—2005 电气控制设备

GB/T 9652.1—2007 水轮机控制系统技术条件

GB/T 17626.4—1998 电磁兼容 试验和测量技术 电快速瞬变脉冲群抗扰度试验(idt IEC 61000-4-4:1995)

JB/T 7042—1993 液压齿轮泵 试验方法

JB/T 8091—1998 螺杆泵试验方法

JB/T 8097—1999 泵的振动测量与评价方法

3 试验条件

3.1 试验准备工作:

3.1.1 确定试验的类别及项目,编写试验大纲。

3.1.2 制定安全防范措施,注意防止事故配压阀、进水阀门或快速门失灵、机组过速保护系统及引水系统异常、触电及其他设备和人身事故。

3.1.3 准备好与本试验有关的图纸、资料。

3.1.4 准备必要的工具、设备、试验电源,校正仪器仪表及传感器等。

3.1.5 试验现场应具有良好的照明及通讯联络。

3.2 出厂试验条件:

3.2.1 装置(或元件、回路)组装、接线、配管正确,具备充油、充气、通电条件等。

3.2.2 检查试验用油的油质、油温、气源、电源及电压波形等,应符合有关技术要求。

3.3 电站试验条件:

3.3.1 装置各部分安装及外部配线、配管正确,具备充油、充气、通电条件。汽轮机油的油质、油清洁度、油温、高压空气、电源及电压波形,应符合有关技术要求及制造厂规定。

3.3.2 充水试验前,被控机组及其控制回路、励磁装置和有关辅助设备均安装完毕,并完成了规定的试验,具备开机条件。

3.3.3 现场清理整洁完毕,调试过程中,不得有其他影响调试工作的施工作业。

3.3.4 工作条件应满足 GB/T 9652.1—2007 第 3 章的规定。

4 验收试验一般规定

4.1 验收条件：

除应符合 3 试验条件的要求外，还应满足如下要求：

4.1.1 频率信号源特性应符合产品测频方式的技术要求。

4.1.2 输入电源电压波动不超过±10％，短暂波动不超过＋15％～－10％。

4.2 验收依据：应按双方合同或技术协议、GB/T 9652.1—2007 及本部分，进行出厂试验验收或电站试验验收。

4.3 验收准备：由有关各方首先确定验收试验大纲，明确试验项目、方法、程序及仪表等。其余参照 3 进行。

4.4 验收时间：应按 GB/T 9652.1—2007 或合同规定的保证期内，在产品出厂前和电站机组正式投运前进行验收试验。

4.5 验收试验仪表与费用：试验仪表准备与验收费用应按合同（协议）规定执行。有关试验仪表刻度校验或精度，均应符合本部分及有关试验各方的商定意见。

4.6 被验收试验设备：应对调速器与油压装置进行检查、调整及消除缺陷，以使设备处于正常运行状态。电站试验验收前，用户应使机组及其有关设备处于正常状态，并提供电网、引水系统、机组等有关技术数据资料（如机组惯性时间常数 T_a、水流惯性时间常数 T_w 和导叶（喷针）及桨叶（折向器）接力器的最低操作油压 p_R 等）。

4.7 试验人员：一般由用户与厂家各派出足够数量合格的试验人员组成试验小组，或由用户委托第三方（费用由用户自理）和厂家人员进行试验；亦可双方协商按一定程序委托专家组试验。

4.8 仲裁方法：双方对验收试验结果有争议时，且经协商无效，可委托行业产品质量监督检测部门进行仲裁，并据仲裁结果分摊各方应承担的有关费用及责任。

4.9 试验记录：测试记录应记入原始记录表格，并有观测试验人员签名，允许复写、拍照、复制，不许重抄。

4.10 试验验收报告：试验验收报告可参照 8 编写，验收报告应经双方试验负责人签字，还应注明原始记录保存方。双方依据试验结果进行评价，必要时可对试验设备进行调整及消除缺陷，并重复该项试验。

5 试验项目

可分四类，即：出厂试验、电站试验、型式试验和验收试验，详见表 1。

表 1

序号	条	试验项目	出厂试验	电站试验	型式试验	验收试验
1	6.1	测速装置检查试验	△[a]		△	
2	6.2	电-液和电-机转换器试验	△		△	
3	6.3	缓冲装置试验	△	△	△	
4	6.4	电气协联函数发生器的调整试验	△	△	△	△
5	6.5	操作回路动作试验	△	△	△	△
6	6.6	电气回路绝缘试验	△	△	△	
7	6.7	电气回路工频耐受电压试验	△		△	
8	6.8	电气装置抗干扰试验			△	

表 1(续)

序号	条	试验项目	出厂试验	电站试验	型式试验	验收试验
9	6.9	实用开环增益测定及开环增益整定试验		△	△	
10	6.10	转速指令信号、开度指令信号、功率指令信号、永态转差系数 b_p 校验	△	△	△	
11	6.11	暂态转差系数 b_t、缓冲时间常数 T_d 的校验或比例增益 K_P、积分增益 K_I 和微分增益 K_D 的校验	△[a]	△[a]	△	
12	6.12	综合漂移试验	△	△	△	
13	6.13	调速器静态特性(包括人工转速死区)、转速死区 i_x 和接力器摆动值测定试验	△	△	△	△
14	6.14	协联曲线及桨叶随动系统不准确度 i_a 测定试验	△	△	△	△
15	6.15	导叶(喷针)间同步试验		△	△	△
16	6.16	接力器关闭时间 T_f 与开启时间 T_g 调整	△	△	△	
17	6.17	接力器关闭与开启时间范围测定			△	
18	6.18	调速器总油耗量测定	△		△	
19	6.19	接力器反应时间常数 T_y(主配压阀的流量特性)测定试验			△	
20	6.20	接力器不动时间 T_q 测定试验	△	△	△	△
21	6.21	空载试验		△	△	△
22	6.22	孤立负荷试验		△		
23	6.23	甩负荷试验		△	△	△
24	6.24	带负荷连续 72 h 运行试验		△	△	△
25	6.25	压力罐耐压试验	△		△	△
26	6.26	油压装置密封性试验及总漏油量测定	△[b]	△	△	△
27	6.27	油泵试运转及检查	△	△	△	△
28	6.28	安全阀或阀组试验	△	△	△	△
29	6.29	油压装置各油压、油位信号整定值校验	△[b]	△	△	△
30	6.30	油压装置自动运行模拟试验	△[b]	△		
31	6.31	故障模拟和控制模式切换试验	△	△	△	△

注：如无相应的环节功能,该项试验可不作;对未列入表 1 的环节功能和外购件,则可按厂家规定进行试验。

a 微机型调速器除外。

b 指容积 4 m^3 及其以下的组合式油压装置。

6 试验方法

6.1 测速装置检查试验

6.1.1 信号源要求采用有足够功率、稳定和高精度的信号发生器。

6.1.2 测速装置带上实际负载或模拟负载，逐次改变转速信号，按单方向升高或降低，每次变化达到平衡状态后，测出其频率（或转速）及相应的输出，并绘制静态特性曲线，要求测点不少于10点。如有1/4测点不在曲线上，此试验无效。从静态特性曲线求出放大系数。

6.1.3 电气测速装置最小工作信号电压测定：当频率信号来自机组PT时，信号频率为额定值且恒定，由高向低改变信号电压，至相应输出发生变化时的信号电压即为最小工作信号电压。

6.1.4 飞摆应作逸速试验：飞摆装于专用试验台上，调整中间位置后，使其转速上升到2倍飞摆额定转速值（对于轴流式、贯流式水轮机调速器要求上升到不低于水轮机飞逸转速所相应的值），连续运行5 min，然后检查有无异常。

6.2 电-液和电-机转换器试验

6.2.1 位移输出型电-液转换器

6.2.1.1 试验条件 电-液转换器带规定负载或实际负载，在额定工作油压和正常振动电流下，活塞任一位置应无卡阻，振幅在规定范围内，中间平衡位置已调整好。油温保持在室温（或规定范围内），线圈绝缘电阻合格。

6.2.1.2 静特性试验 逐次增大或减少输入信号（电流或电压），每次稳定平衡后，测量电-液转换器输入信号和相应输出位移，测点不得少于10点，绘制其静态特性曲线；由曲线求出其工作范围、放大系数（mm/mA或mm/V）和死区。

6.2.1.3 耗油量测定 在工作油压和规定振动电流下，带上实际负载或规定负载，测定每分钟耗油量，并记录当时油温。

6.2.1.4 油压漂移测定 电-液转换器带实际负载或规定负载，通以规定振动电流，在正常工作油压范围内，改变油压大小，测量电-液转换器漂移值（使电液转换器位移为零，所需输入电流变化与额定电流之比即相对漂移值），并记录当时油温。

6.2.2 流量输出型电-液转换器（伺服阀、比例阀）

6.2.2.1 试验条件 同6.2.1.1（负载为零）。

6.2.2.2 流量特性试验 在规定的压力降条件下逐次增大或减少输入信号电流或电压，每次输入信号稳定后，用流量计或定量量筒，或试验用接力器测量电-液转换器相应输出流量，测点不得少于10点，绘制其流量特性曲线。由曲线求出其工作范围、放大系数（即流量增益——指在规定的输入电流范围内，输出流量曲线的斜率）和死区。

6.2.2.3 耗油量测定 在正常工作油压和规定的振动电流下，测定转换器在中间位置时的每分钟耗油量，并记录当时油温。

6.2.2.4 油压漂移测定 通以规定振动电流，在正常工作油压范围内，改变工作油压大小，测量电-液转换器漂移值（使控制流量为零，所需输入电流变化与额定电流之比，即相对漂移值），并记录当时油温。

6.2.3 电-机转换器

电-机转换器带规定负载或实际负载，中间位置已调整好，逐次增大或减小输入信号，稳定后测量输入信号和转换器的输出行程，测点不得少于10点，绘制其静态特性曲线。由曲线求得转换器的工作范围及死区。

6.3 缓冲装置试验

液压缓冲装置在带实际负载情况下且飞摆处于额定转速工作状态，分别用专用工装上下两个方向给主动活塞一阶跃位移输入信号，其值一般不小于1 mm，用人工读数（千分表和秒表）或自动记录仪录制缓冲活塞回复平衡位置自然衰减时的若干组位移值及相应时间（或衰减曲线）。

输出量由初始值(100%)衰减到36.8%所经历时间,即为该整定缓冲时间常数 T_d 的实测值。试验3次,取其平均值。

缓冲装置特性曲线上,同一时间坐标的两个方向输出量的绝对值之差与其和的比值为相对偏差。在同一特性图上,应取从输出量由初始值回复到10% 所经历的时间(以先到为准)全线段4等分中间3点的相对偏差的平均值进行核算比较。缓冲时间常数偏差系指实测时间常数与理论时间常数之差和理论时间常数之比。理论时间常数则为与实测曲线输出量的初始值回复到10%所经历的时间相等的理论指数衰减的时间常数。

时间常数偏差 Δ_t 按下式计算:

$$\Delta_t = \frac{T - T_d}{T} \times 100\%$$

式中:$T = t_{0.1}/2.3$,为理论缓冲时间常数,单位为秒(s);

其中 $t_{0.1}$ 为缓冲装置输出量由初始值(100%)衰减到10%所经历的时间,单位为秒(s)。

仅考核缓冲时间常数约为5 s ~6 s时的特性曲线。

6.4 电气协联函数发生器的调整试验

将协联函数发生器的水头信号调整到待试验的水头值,输入并逐次改变模拟导叶接力器行程的电气量,测出协联函数发生器的输出量,据此绘出该水头下以电气量表示的函数发生器协联曲线。以同样方法绘出几个水头下的转桨式水轮机函数发生器协联曲线。

将绘制的函数发生器协联曲线按照给定的理论协联曲线进行校核。

6.5 操作回路动作试验

6.5.1 在制造厂内或电站水轮机蜗壳未充水条件下,进行如下试验项目:

自动开机、手自动切换、增减负荷、自动停机和事故状态模拟试验,试验方法根据电站和调速器等设备的实际情况制定。

6.5.2 在电站水轮机蜗壳充水条件下,进行如下试验项目:

手动开机、自动开机、手动停机、自动停机和手自动切换试验,试验方法根据电站和调速器等设备的实际情况制定。

6.6 电气回路绝缘试验

6.6.1 试验条件 环境温度15℃~35℃,相对湿度45%~75%。

6.6.2 绝缘试验应包括所有接线和器件,试验中应采取措施,防止电子元器件及表计损坏(对于不能承受规定的兆欧表电压的元件如半导体元件、电容器等,试验时应将其短接)。

6.6.3 绝缘试验时,使用兆欧表的额定电压应根据各电路的额定工作电压进行选择,详见表2:

表2

额定工作电压 U_i/V	兆欧表的额定电压/V
<48	250
$48 \leq U_i < 500$	500

6.7 电气回路工频耐受电压试验

6.7.1 试验条件 环境温度15℃~35℃,相对湿度45%~75%,对不能承受规定试验电压的元件,应将其短接,甚至采取绝缘措施,装置的柜门关闭,侧壁及金属罩应装好。

6.7.2 工频耐受电压试验应在绝缘电阻合格后进行。

6.7.3 工频耐受电压试验

试验在设备已完全关闭后进行。对不能承受规定电压的元件,已将其短接或断开。安装在带电部件和裸露导电部件之间的抗干扰电容器不应断开,应能耐受试验电压。见GB/T 3797。

试验应在非电路连接的各电路之间以及各电路与外壳之间按表3的规定进行:

表 3

额定绝缘电压 U_i/V	工频耐受电压(交流均方根值)/V
≤60	1 000
60＜U_i≤300	2 000
300＜U_i≤690	2 500

不适于由主电路直接供电的辅助电路,按表 4 的规定:

试验时,试验电压应从零或不超过全值的 1/2 开始,然后在几秒之内将试验电压稳定增加到规定的最大值并维持 5 s(出厂试验为 1 s)。试验后将电压逐渐下降至零。

表 4

额定电压 U_i/V	工频耐受电压(交流均方根值)/V
U_i≤12	250
12＜U_i≤60	500
60＜U_i	$2U_i$+1 000　其最小值为 1 500

6.8　电气装置抗干扰试验

6.8.1　试验条件　用稳定的频率信号源模拟机组转速信号,调速器处于自动方式工况,所有调节参数置于刻度中间值,接力器稳定在某一位置。

6.8.2　电快速瞬变干扰试验　将带有 50 Ω 终端负载的电快速瞬变脉冲群发生器以共模形式将 GB/T 9652.1—2001规定的干扰信号耦合到受试线路。

试验方法可参照 GB/T 17626.4 。

6.9　实用开环增益测定及开环增益整定试验

6.9.1　开环增益整定原则

为满足转速死区和随动系统不准确度指标,选取较大值,但不得超过实用开环增益。

6.9.2　缓冲型调速器实用开环增益测定

首先调整导叶接力器开关时间于规定值,然后置 b_p、b_t 于最大值,T_d 于中间值,接力器开到适当行程位置,用由大变小的方法改变有关放大系数和杠杆比,改变总开环增益。在自动方式工况下,向调速器施加 2%阶跃转速偏差信号扰动,观察各种开环增益下的接力器运动情况。能使接力器位移为非周期单调暂态过程的最大开环增益即为其实用开环增益。

6.9.3　随动系统实用开环增益测定

接力器开启、关闭时间已调整,符合规定要求,置放大系数和杠杆比为设计最大值,向随动系统输入端施加相当于接力器全行程 10%的阶跃扰动信号,观察接力器运动情况。放大系数和杠杆比由大逐渐减小时试验 3 次,取其平均值。能使接力器位移为非周期单调暂态过程的最大开环增益即实用开环增益。

6.10　转速指令信号、开度指令信号、功率指令信号和永态转差系数校验

6.10.1　转速指令信号校验

在制造厂或电站水轮机静止条件下进行。置 b_p=2%,b_t、T_d 为最小值,或 K_P 为中间值、K_I 为最大值,K_D 置最小值。当输入额定转速信号时,调整开度指令信号,使调速系统在接力器接近全关位置处于平衡状态,再将转速指令信号分别整定在两个极端位置和不同整定值,改变转速信号,使接力器回复到同一平衡位置,此时测得的转速偏差即为零行程转速调整范围和对应整定值的实测值。

6.10.2　开度指令信号校验

在静止状态下,置 b_p=6%,开度给定调到预定空载位置,用频率给定将导叶(喷针)接力器调整到空载位置附近,操作开度给定,增减开度,使接力器相应平稳地开大或关小,开度给定调整到 100%时,接力器亦相应为100%开度。

6.10.3 功率指令信号核验

在静止状态下，置$b_p=6\%$，模拟断路器合闸，测频回路输入额定频率信号，将功率给定调到零位，用频率给定将接力器调整到空载位置附近，然后操作功率给定，增减功率，导叶(喷针)接力器亦相应平稳地开大或关小，模拟功率变送器反馈信号送入功率比较回路，功率给定调整到100%时，机组出力亦应为100%。

6.10.4 永态转差系数b_p(调差率e_p)校验

置增益为整定值，频率给定为额定值，b_t、T_d置最小值，或K_P为中间值、K_I为最大值，K_D置最小值。置$b_p(e_p)=2\%$、6%，改变输入频率信号，测量导叶(喷针)接力器某两点输出值(或机组某两点功率输出值)及对应的输入频率信号值，计算各刻度下的实测永态转差系数(调差率)。

为确保试验精度，应选择25%和75%行程(或功率)位置附近作为实测点。

亦可采用6.13实测永态转差系数。

6.11 暂态转差系数b_t、缓冲时间常数T_d的校验或比例增益K_P、积分增益K_I和微分增益K_D的校验

6.11.1 暂态转差系数b_t校验

6.11.1.1 置b_t为整定值，b_p为零，缓冲装置节流孔堵死，调速器位于自动方式平衡状态下，操作开度限制机构到全开，输入频率比额定频率高2 Hz，用频率给定或转速调整机构使接力器于20%位置，记录稳定后接力器行程，降低输入频率直至比额定值低2 Hz，记录稳定后接力器行程，计算b_t实测值。

6.11.1.2 亦可采用6.11.3测试方法，实测b_t值。

6.11.2 缓冲时间常数T_d校验

应用6.3或6.11.3测试方法，实测缓冲时间常数值。

6.11.3 比例增益K_P、积分增益K_I和微分增益K_D校验

6.11.3.1 试验条件 在制造厂或电站水轮机蜗壳不充水条件下，置$b_p=0$，频率给定为额定值。

6.11.3.2 试验方法 置K_P、K_I、K_D于待校验值，调整输入转速信号使接力器稳定在5%(或95%)位置，对调节器施加阶跃转速偏差信号x，采用自动记录仪或示波器，录制调节器输出量y的过渡过程，详见图1。

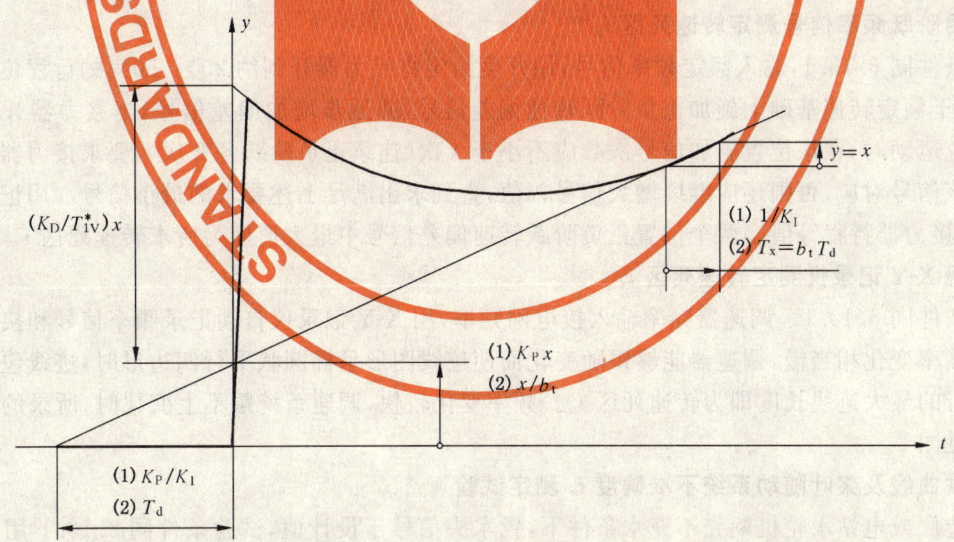

* 对微机电调应为$T_{1V}+\tau$；

τ——采样周期，s。

图1

置T_d为最大值或K_I为最小值，重复上述试验，过渡过程曲线与图1相似，从中可得微分环节时间常数T_{1V}。

6.12 综合漂移试验

6.12.1 试验条件 在制造厂或电站水轮机蜗壳不充水条件下，用稳定的频率信号源模拟机组的额定转速信号，调速器处于自动方式平衡状态和在正常工作油压范围条件下，所有调节参数置于刻度的中间值，并使接力器在约50%的行程位置。

6.12.2 试验方法 把试验仪器与被测装置通电30 min以后，记录输入信号的频率值，电源电压、环境温度、接力器行程和油压变化，持续8 h。试验过程中维持输入频率信号不变并不允许对调速器进行任何调整和操作。

6.12.3 将8 h试验过程中接力器行程最大变化量，按实际整定 b_p 值折算成转速相对偏差，此值称作综合漂移值。

6.13 调速器静态特性(包括人工转速死区)、转速死区 i_x 和接力器摆动值测定试验

6.13.1 试验条件

在制造厂内或电站水轮机蜗壳不充水条件下，$b_p=6\%$，开环增益为整定值。切除人工转速死区，b_t、T_d 为最小值或 K_D 为最小值，K_I 为最大值，K_P 为中间值，频率给定为额定值。大型调速器试验用接力器容积不小于40 L。

6.13.2 试验方法

用稳定的频率信号源输入额定频率信号，以开度给定将导叶接力器调整到50%行程附近。然后升高或降低频率使接力器全关或全开，调整频率信号值，使之按一个方向逐次升高和降低，在导叶接力器每次变化稳定后，记录该次信号频率值、相应的接力器行程，并用千分表记录接力器的摆动值(仅记录频率升高或降低时接力器相对行程约为20%、50%和80%时3min的摆动值)。分别绘制频率升高和降低的调速器静态特性曲线。每条曲线在接力器行程(5%～95%)的范围内，测点不少于12点，如测点有1/4不在曲线上，或1/ 4测点反向，则此试验无效。两条曲线间的最大区间即转速死区 i_x。

静态特性曲线斜率的负数即永态转差系数。

试验连续进行三次，试验结果取其平均值。

人工转速死区试验方法同上，并投入人工死区。置人工死区不同整定值，据此试验结果绘制曲线，求出实测人工转速死区值，并校核其刻度值。

6.13.3 用阶跃频率信号测定转速死区 i_x

试验条件同6.13.1，输入额定频率信号，用开度给定将接力器开到约20%、80%的行程位置。并在各位置上，于额定转速基础上施加正负阶跃转速偏差信号，并逐步增加偏差信号，当接力器开始产生与此信号相应运动时，在该位置施加信号次数应不小于4次(连续正负阶跃各2次)，要求接力器运动方向每次均与该信号对应，否则还应继续增大信号幅值，直到求出满足上述要求的最小信号。用记录仪记录阶跃信号、接力器行程等值。两个位置正负阶跃转速偏差信号中最大值即为所求转速死区 i。

6.13.4 用X-Y记录仪测定转速死区 i_x

试验条件同6.13.1。调速器频率输入接电网频率，用X-Y记录仪自动记录频率信号和接力器位置信号。当频率变化相当慢，调速器能够跟随变化而使迹线图形呈椭圆状平行四边形时，迹线包络线间与频率轴平行的最大迹线长度即为转速死区 i_x。频率变化较快，调速系统跟不上变化时，所录的迹线部分不用。详见图2。

6.14 协联曲线及桨叶随动系统不准确度 i_a 测定试验

在制造厂或电站水轮机蜗壳不充水条件下，置水头信号于设计值，试验条件同6.13.1用改变输入频率信号或手动调整开度给定值，按一个方向逐次增加和减小电气调节器输出(或中间接力器行程)和导叶接力器行程，待稳定在新平衡位置后，测相应的桨叶随动系统接力器行程，在导叶接力器(5%～95%)的范围内，测点不少于12点。如测点有1/4不在曲线上，则此试验无效。

据上述试验数据，作协联曲线并求取随动系统不准确度 i_a 和实际协联曲线与理论曲线的偏差。试验应连续进行三次，试验结果取其平均值。

电站试验时，还应校验最大和最小水头下的协联曲线。

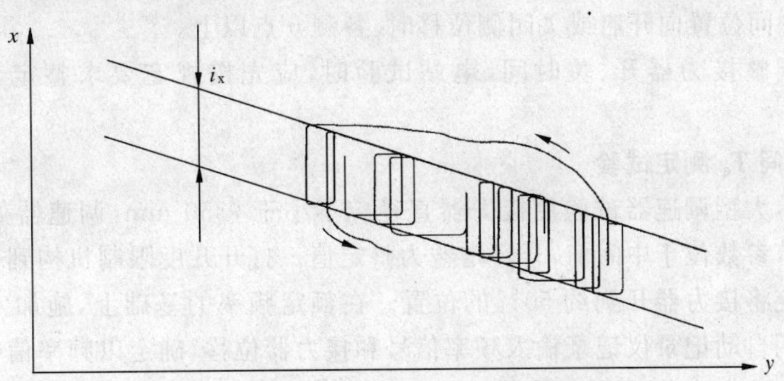

图 2 用 X-Y 记录仪测定转速死区

6.15 导叶(喷针)间同步试验

对多喷嘴冲击式水轮机和水泵水轮机的每个导叶(喷针)接力器单独控制的系统，导叶(喷针)间的同步运行要求见 GB/T 9652.1—2007 4.3.4.2 和 4.3.5 。

6.15.1 试验条件 试验在电站水轮机不充水条件下进行。导叶(喷针)随动系统开环增益为整定值，调速器处于电气开限限制状态。

6.15.2 试验方法 选任一导叶(喷针)接力器为参照对象。在 50%和 80%导叶(喷针)开度之间，一个方向缓慢增大或减小开度给定值，用 X-Y 记录仪记录接力器位置(纵坐标)和其他选定的导叶(喷针)接力器位置，得出一系列位置增大和减小的封闭滞环曲线。从这些滞环曲线中求取二个导叶(喷针)接力器位置的偏差和任一导叶(喷针)接力器位置对所有导叶(喷针)接力器平均位置的偏差。

6.16 接力器关闭与开启时间调整

6.16.1 试验在制造厂或电站水轮机蜗壳不充水条件下进行(在电站应采取足够安全措施)。调整主配压阀活塞限制行程(或油路节流孔口)，开度限制机构置于全开位置，采用下述方法，使接力器全开和全关。

6.16.2 在自动方式平衡状态下，接力器在全开位置，向调速器突加＋30%的转速偏差信号，或操作紧急停机电磁阀动作或复归。

6.16.3 当接力器移动时，记录接力器在 25%～75%行程之间移动所需时间，取其 2 倍作为接力器开启和关闭时间。按照水轮机制造厂或设计院的调节保证要求，整定接力器关闭和开启时间，并记录主配压阀活塞行程或节流孔口大小。如设有分段关闭装置，拐点及延缓时间应按调节保证要求整定。

6.17 接力器关闭与开启时间范围测定

6.17.1 试验在制造厂或电站水轮机蜗壳不充水条件下进行(在电站应采取足够安全措施)，调整主配压阀活塞限制行程或油路节流孔口于最大和最小，开度限制机构置于全开位置。

6.17.2 在自动方式平衡状态下，接力器在全开位置，向调速器施加＋30%的转速偏差信号，或操作紧急停机电磁阀动作或复归，记录接力器在 25%～75%行程之间移动所需时间，取其 2 倍作为接力器开启和关闭时间。

6.17.3 根据试验结果、接力器容积和测定时间求出相应的实际输油流量范围。

6.18 调速器总耗油量测定

在制造厂或电站水轮机蜗壳不充水条件下进行。切断油压装置向机组自动化元件等调速器以外的各部件供油管路，油压装置无泄漏，调速器处于额定转速自动方式平衡状态下，根据压力罐内油位在一定时间内下降高度和压力罐内径，算出单位时间内调速器总耗油量。

6.19 接力器反应时间常数 T_y(主配压阀的流量特性)测定试验

试验在厂内或电站水轮机蜗壳不充水条件下进行。切除反馈，在规定的压力降条件下，把主配压阀分别整定在不同行程，按开启(关闭)方向逐次使主配压阀从中间位置迅速移动到整定位置，测出主配压阀位移与相应接力器平均速度，将位移及速度量换算为相对值，绘制关系曲线，求出接力器反应时间常数 T_y。主配压阀由中间位置向开启或关闭侧位移时，各测 6 点以上。

如采用节流孔调整接力器开、关时间，电站试验时，应先按规定要求整定节流孔大小，再测定 T_y 值。

6.20 接力器不动时间 T_q 测定试验

6.20.1 在制造厂内，大型调速器试验用接力器直径应不小于 ϕ350 mm，调速器处于频率控制模式自动方式平衡状态，调节参数位于中间值，开环增益为整定值。打开开度限制机构到全开位置。输入额定频率信号，用开度给定将接力器开到约 50%的位置。在额定频率的基础上，施加 4 倍于转速死区规定值的阶跃频率信号，用自动记录仪记录输入频率信号和接力器位移，确定以频率信号增减瞬间为起点的接力器不动时间 T_q。试验 3 次，取其平均值。

6.20.2 用匀速变化频率信号测定接力器不动时间 T_q 试验条件同 6.20.1。输入额定频率信号，用开度给定将接力器开到约 50%的位置。在额定频率的基础上，施加规定的匀速变化的频率信号(对大型调速器为 1 Hz/s；对中、小型调速器为 1.5 Hz/s)，用自动记录仪记录输入频率信号和接力器位移，确定以频率信号增或减(上升或下降 0.02%)为起点的接力器不动时间。详见图 3。试验 3 次，取其平均值。

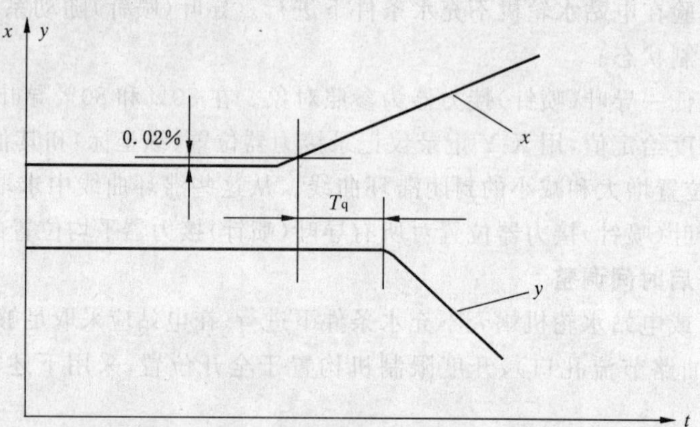

图 3 用匀速变化频率信号测定接力器不动时间

6.20.3 在电站通过机组甩负荷试验，获得机组甩 25%负荷示波图，从图上直接求出自发电机定子电流消失为起始点，或甩 10%～15%负荷，机组转速上升到 0.02%为起始点，到接力器开始运动为止的接力器不动时间 T_q，测试时应断开调速器用发电机出口开关辅助接点信号、电流和功率信号。用自动记录仪记录机组转速、接力器行程和发电机定子电流时间分辨率不大于 0.02 s/mm，接力器行程分辨率不大于 0.2%/mm。在机组断路器断开前启动记录仪，以证实稳定状态存在，再进入不动时间的测定。

6.21 空载试验

6.21.1 手动方式空载工况下，用自动记录仪记录机组 3 min(为观察到有大致固定周期的摆动，可延长至 5 min)的转速摆动情况，量取有大致固定周期的转速摆动幅值；重复三次，取其平均值。

6.21.2 自动方式空载工况下，对调速系统施加频率阶跃扰动，记录机组转速、接力器行程等的过渡过程，选取转速摆动值和超调量较小、波动次数少、稳定快的一组调节参数，提供空载运行使用。在该组调节参数下，用自动记录仪记录机组 3 min(为观察到有大致固定周期的摆动，可延长至 5min)的转速摆动情况，量取有大致固定周期的转速摆动幅值；重复三次，取其平均值。

6.22 孤立负荷试验

水头在额定值的±10%范围内，机组带孤立的、约为 90%额定功率的电阻负荷的条件下，突然改变不大于 5%额定功率的负载，用自动记录仪记录频率变化过程。频率变化的衰减度(与起始偏差符号相同的第二个转速偏差峰值与起始偏差峰值之比)应不大于 25%。

当不具备真实孤立负荷试验条件时，如用户要求，可采用孤立电网仿真试验，此时发电机组并入真实电网运行，将机组数字模型(机组模型应计入机组惯性、负荷惯性和被调节系统的自调节系数)的频率输出信号引至电调频率输入口，代替被测机组频率信号。这种在线仿真已包括真实的水力系统动态响应，仅忽略了被测机组转速变化对水轮机流量的影响。

6.23 甩负荷试验

置空载和负荷调节参数于选定值，调速器处于自动方式平衡状态。依次分别甩掉25%、50%、75%和100%的额定负荷，自动记录机组转速、导叶、桨叶(或喷针、折向器)的接力器行程、蜗壳水压及发电机定子电流等参数的过渡过程。

6.24 带负荷连续72 h运行试验

调节系统和装置的全部调整试验及机组所有其他试验完成后，应拆除全部试验接线，使机组所有设备恢复到正常运行状态，全面清理现场，然后进行带负荷72h连续运行试验。试验中应对各有关部位进行巡回监视并做好运行情况的详细记录。

6.25 压力罐耐压试验

在制造厂家焊装压力罐完毕后，必须按照GB 150规定进行耐压试验，试验压力按下式选取：

$$P_t = 1.25P\frac{[\sigma]}{[\sigma]_t}$$

式中：

P_t——试验压力，单位为兆帕(MPa)；

P——设计压力，单位为兆帕(MPa)；

$[\sigma]$——压力罐材质在试验温度下的许用应力，单位为兆帕(MPa)；

$[\sigma]_t$——压力罐材质在设计温度下的许用应力，单位为兆帕(MPa)；

试验时压力应缓慢上升，达到试验压力P_t后，保持30 min，试验介质温度不得低于5℃。然后将压力降至规定试验压力的80%，并保持足够长的时间，以对所有焊接接头和连接部位进行检查。如有渗漏，修补后重新试验。

6.26 油压装置密封性试验及总漏油量测定

压力罐的油压和油位均保持在正常工作范围内，关闭所有对外连通阀门，升压0.5 h开始记录8 h内的油压变化、油位下降值及8 h前后的室温。

6.27 油泵试运转及检查

6.27.1 油泵运转试验

启运前，向泵内注入油，打开进、出口压力调节阀门，安全阀或阀组均应处于关闭状态。空载运行1 h，分别在25%、50%、75%额定油压下各运行15 min，再升至额定油压下运行1 h，应无异常现象。

6.27.2 螺杆泵输油量和轴功率检查(详见JB/T 8091)

6.27.2.1 压力点油泵输油量测定

在额定油压及室温情况下，启动油泵向定量容器中送油(或采用流量计)，记下实测压力点实测输油量Q_i或计量容积V_i及计量时间t_i，按下式算出实测Q_i值，重复三次，取其平均值：

$$Q_i = 3.6\frac{V_i}{t_i}$$

式中：

Q_i——压力点油泵实测输油量，单位为立方米每小时(m^3/h)；

V_i——压力点实测计量容积，单位为升(L)；

t_i——压力点实测计量时间，单位为秒(s)。

6.27.2.2 轴功率测试所用的电动机效率应按GB/T 1032和GB/T 1311规定的方法确定。

6.27.2.3 零压点油泵输油量Q_0和轴功率P_0测定

试验时，进出口压力调节阀门全开(进口压力指示不大于0.03 MPa，出口压力指示不大于0.05 MPa，则视为进、出口压力示值为零)，按6.27.2.1方法测定零压点实测油泵输油量Q_0，并测定零

压点油泵轴功率 P_0。零压点轴功率换算见 6.27.2.5。

6.27.2.4 当试验转速、粘度与规定值不同时，则压力点油泵输油量应按下式换算：

$$Q_{in}=[Q_0-(Q_0-Q_i)(\frac{\gamma_i}{\gamma})^K]\frac{n}{n_i}$$

式中：

Q_{in}——压力点给定转速油泵输油量，m^3/h；

γ——规定粘度，单位为平方毫米每秒(mm^2/s)；

γ_i——实际粘度，单位为平方毫米每秒(mm^2/s)；

n——规定转速，单位为转每分(r/min)；

n_i——实际转速，单位为转每分(r/min)；

K——换算指数；

Q_0——零压点实测油泵输油量，单位为立方米每小时(m^3/h)；

当 $\gamma_i<\gamma$ 时，$K=0.5$；$\gamma_i>\gamma$ 时，$K=0.25$。

6.27.2.5 压力点的实测轴功率 P_i

$$P_i=P_{gr}\eta_{noi}$$

式中：

P_{gr}——试验电动机输入功率，单位为千瓦(kW)；

η_{noi}——试验电动机效率。

6.27.2.6 当试验转速、粘度与规定值不同时，则压力点的轴功率 P_{in}(kW)应按下式换算：

$$P_{in}=[(P_i-P_0)+P_0(\frac{\gamma}{\gamma_i})^{0.3}]\frac{n}{n_i}$$

6.27.2.7 泵的输出功率 P_u(kW)和效率 η

$$P_u=P_iQ_{in}/3.6$$

$$\eta=\frac{P_u}{P_{in}}\times 100\%$$

式中：

P_i——油泵出口压力，单位为兆帕(MPa)。

6.27.3 液压齿轮泵的排量和容积效率试验按 JB/T 7042 进行。

6.27.4 螺杆泵和液压齿轮泵型式试验分别按 JB/T 8091 和 JB/T 7042 进行。

6.27.5 泵的振动测量与评估方法按 JB/T 8097。

6.28 安全阀或阀组试验

6.28.1 试验条件

可在真机或试验压力罐上进行安全阀或阀组动作模拟试验(后者应模拟真机油系统)。

6.28.2 安全阀调整试验

启动油泵向压力罐中送油，用压力罐上压力表来测定油泵安全阀开启和全开压力。

用手动补气方式向压力罐中补气，用压力罐上压力表测得空气安全阀的动作压力。

测定 3 次，取其平均值。

6.28.3 卸载阀试验

调整卸载阀中的节流面积大小，或调整延时时间，油泵电动机达到额定转速后，减载排油孔被关闭，如从观察孔看到油流截止，则整定正确。

6.29 油压装置各油压、油位信号整定值校验

人为控制油泵启动或压力罐排油排气，改变油位及油压，记录压力信号器和油位信号器动作值，其动作值与整定值的偏差不得大于规定值。

6.30 油压装置自动运行模拟试验

模拟自动运行，用人为排油或排气方式控制油压及油位变化，使压力信号器和油位信号器动作，以控制油泵按规定方式运转或进行自动补气。通过模拟试验，检查油压装置电气控制回路及油压、油位信号器动作的正确性。不允许采用人为拨动信号器接点的方式进行模拟试验。

6.31 故障模拟和控制模式切换试验

6.31.1 用开关断开信号，模拟测速装置输入信号、水头信号、功率信号、接力器位置信号消失故障和工作电源故障自动切换至备用电源，用千分表检查接力器摆动情况。

6.31.2 控制模式（频率控制、功率控制、开度控制、水位控制和流量控制）切换时，用千分表检查接力器摆动情况。

7 试验的不准确度

所有试验都存在误差，其中测量系统误差不可能借助重复测量而消除，它们是由测试仪器特性和测量的设置决定的；然而，偶然误差可以由重复测量而减小。如偶然误差没有确定，真实的测量不准确度由于偶然误差的存在而加大。测试系统误差和分辨率见附录 A。

8 试验报告

8.1 编写试验报告目的

编写试验报告的目的是正式记载所观测的数据和计算结果。它应拥有足够资料证明按本试验验收规程所作全部试验，已达到试验目的。此外，还应将各试验结果列出表格或绘制曲线，可包括经证实的原始记录（或复制件），测量仪表读数应符合观测所得记录。

8.2 编写试验报告格式

全部试验均应包括下述内容：

a) 试验依据，目的。

b) 被试验设备制造厂、型号、出厂编号及出厂日期。

c) 电站、机组及被试验设备主要技术参数。

d) 试验项目（包括条件、方法、仪表及原始数据等）。

e) 试验结果（包括数据、曲线、图表、照片等）。

f) 试验结论、验收意见。

g) 主持、参加单位和人员。

附 录 A
（规范性附录）
测试系统误差和分辨率

A.1 一般测试系统误差要求

转速测量系统误差 $f_x \leqslant \pm 0.25\%$
温度测量系统误差 $f_T \leqslant \pm 0.5℃$
水压测量系统误差 $f_{pw} \leqslant \pm 10\%$
油压测量系统误差 $f_{pD} \leqslant \pm 1.5\%$
时间测量系统误差 $f_t \leqslant \pm 5\%$
功率测量系统误差 $f_N < \pm 1\%$
流量测量系统误差 $f_Q < \pm 1.5\%$
指令信号测量系统误差 $f_d < \pm 5\%$
接力器行程测量系统误差 $f_y < \pm 1\%$

A.2 特殊要求测试系统误差或分辨率要求

转速信号（转速死区、综合漂移测定试验）测量系统分辨率应小于转速死区规定值的 1/10。

接力器行程（转速死区、不准确度测定试验）测量系统（含转换机构、传感器、A/D 变换）误差相对值应不大于转速死区规定值的 2.5 倍。

主要测试仪表的容许系统误差范围要求

超低频信号发生器 （分辨率 <0.001 Hz）
数字频率计 （分辨率 <0.001 Hz，采样周期 $\leqslant 0.04$ s）
位移传感器 （精度：大型调速器 $<5\times10^{-4}$；中型调速器 $<1\times10^{-3}$ 小型调速器 $<1.5\times10^{-3}$）
压力变送器 （精度 0.5 级）
各型流量计 （精度 1.5 级）
功率测量变送器 （精度 0.2～0.5 级）
真空压力表 （精度 1.5 级）
工频周波表 （精度 0.2～0.5 级）
交直流电流表 （精度 0.2～0.5 级）
交流电压表 （精度 0.2～0.5 级）
直流电压表 （精度 0.2～0.5 级）
微机动态测试仪 （所配超低频信号发生器、频率计及位移传感器等的要求同上）
压力表 （精度 1.5 级）

ICS 11.040
C 30

中华人民共和国国家标准

GB 9706.1—2007/IEC 60601-1:1988
代替 GB 9706.1—1995

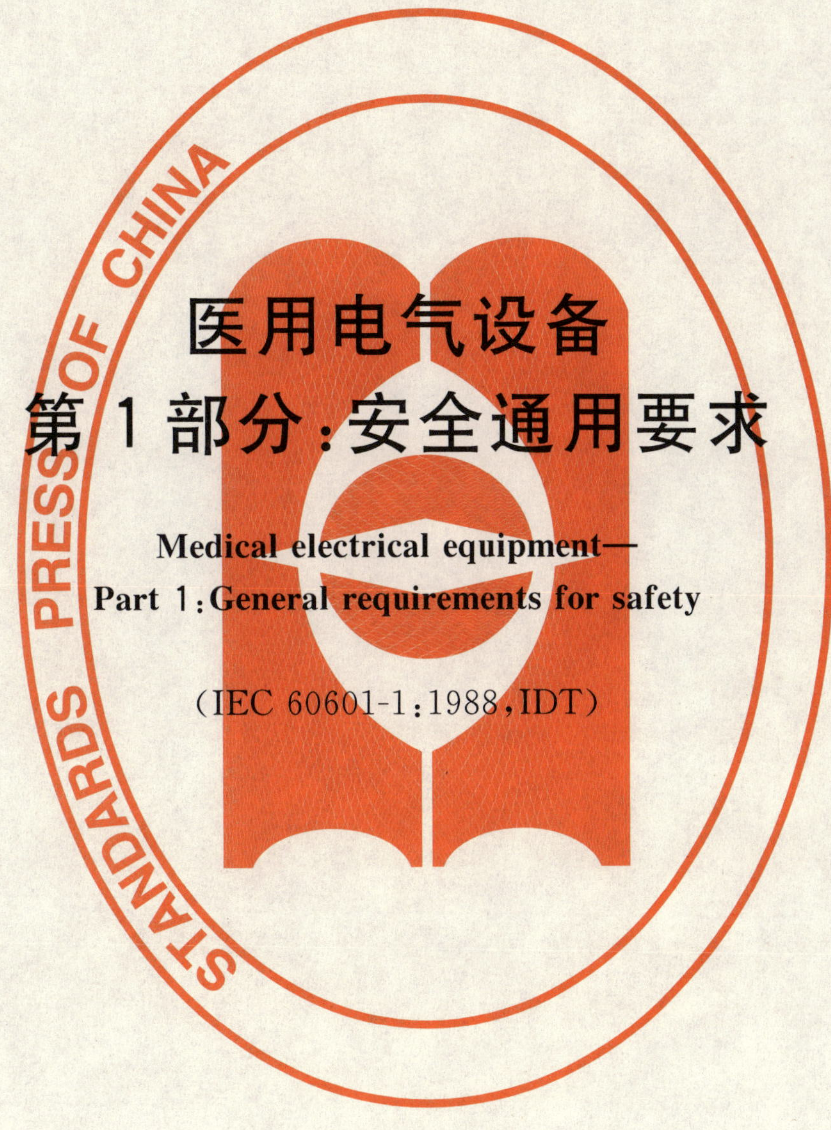

医用电气设备 第1部分:安全通用要求

Medical electrical equipment—
Part 1:General requirements for safety

(IEC 60601-1:1988,IDT)

2007-07-02 发布　　2008-07-01 实施

中华人民共和国国家质量监督检验检疫总局
中国国家标准化管理委员会 发布

前言

《医用电气设备》的安全系列标准由两部分构成：

——第1部分：安全通用要求；

——第2部分：安全专用要求。

其中第1部分除本安全通用要求标准外还包括若干并列标准，目前由IEC国际标准等同转化为我国标准的有：

GB 9706.12—1997　医用电气设备　第一部分：安全通用要求　三、并列标准：诊断X射线设备辐射防护通用要求（idt IEC 60601-1-3:1994）；

GB 9706.15—1999　医用电气设备　第一部分：安全通用要求　1.并列标准：医用电气系统安全要求（idt IEC 60601-1-1:1995）；

YY 0505—2005　医用电气设备　第1-2部分：安全通用要求　并列标准：电磁兼容　要求和试验（IEC 601-1-2:2001,IDT）。

本部分为GB 9706的第1部分。

本部分等同采用IEC 60601-1:1988《医用电气设备——第1部分：安全通用要求》（英文版）及其修改件1:1991和修改件2:1995。本部分与IEC 60601-1相比，主要差异如下：

——按照GB/T 1.1对一些编排格式进行了修改；

——对于标准中引用的其他国际标准，若已转化为我国标准，本部分将引用的国际标准号替换为相应的国家标准号，并在附录L中注明采用关系；

——IEC 60601-1修改件2的4.10的第一自然段与倒数第二自然段中对IPX8设备或设备部件的试验要求在描述上有矛盾，基于附录A的说明，在本次修订中进行了统一，即IPX8设备或设备部件不进行潮湿预处理试验；

——在附录A 6.1z)中增加有关甲基化酒精的配比，以供参考；

——增加了附录性质的说明。

本部分代替GB 9706.1—1995《医用电气设备　第一部分：安全通用要求》。

本部分与GB 9706.1—1995相比主要变化如下：

——将IEC 60601-1修改件2(1995)的内容加入本部分中：

- 对应用部分的识别取决于它在正常使用时与接触患者身体的可能性有关的要求，而不是考虑它的电气特性；单个的患者连接由它在正常使用时与患者的电气接触有关的要求来定义；
- 电击防护程度的分类(CF/BF/B型)不再联系设备这个词，而是明确与单独的应用部分相关。这样更为合理，因为防护程度实际上由应用部分来决定；这意味着没有另外的要求和试验，但对所需操作要有更多的鉴别和说明；
- 对在应用部分上标以防除颤器放电电压标志且无专用标准的设备增加了通用要求；
- 在患者漏电流中增加了对直流分量的限制，以便与患者辅助电流的要求相一致；
- 通过使用IP代码来澄清有关防进液的等级，如基础安全标准GB 4208的详细说明，是一个进步；
- 在GB 9706.1—1995版中的有些“不采用”以“无通用要求”代替，以避免误解。这意味着如认为有必要的话，专用标准可规定要求；
- 引用标准增加了GB 9706.1现行的并列标准：GB 9706.15、YY 0505—2005、GB 9706.12和IEC 60601-1-4(见附录L)；

- 增加了必须由制造商提供的有关资料的附加要求,以便促进符号和单位的国际认可并提供更多有关设备预期用途的资料;这些资料因为与性能安全方面有关联,所以是必需的;
- 某些要求和试验方法已与其他现有的国家标准或 IEC 标准相一致;
- 鉴于已有一些报道,因使用者错误使用生物电位连接器(如附有导线的电极,导线的另一端接有外露 2 mm 金属针的连接器)而引起事故,故引入了一些附加要求,以防止这类事故在任何类型的设备上重现。

——对 GB 9706.1—1995 中部分文字做了编辑性修改;

——根据 GB/T 1.1 的要求,增加了附录 L;

——增加了 GB 9706.1—1995 标准中遗漏的 57.9.1 b)中的内容;

——根据 GB/T 1.1 的要求,增加了标准的前言部分;

——根据 GB/T 1.1 的要求,将原标准中的助动词"必须"(shall)、"应该"(should)、"可以"(may)改为"应"、"宜"、"可";

——本部分第 2 章中的术语在文中用五号黑体表示。

本标准的附录 D、附录 G、附录 K、附录 L 是规范性附录,附录 A、附录 B、附录 C、附录 E、附录 F、附录 H、附录 J 是资料性附录。

本部分由国家食品药品监督管理局提出。

本部分由全国医用电器标准化技术委员会归口。

本部分起草单位:上海市医疗器械检测所。

本部分主要起草人:俞西萍、何骏、何爱琴、葛筱森。

本部分所代替标准的历次版本发布情况为:

——GB 9706.1—1988、GB 9706.1—1995。

医用电气设备
第1部分:安全通用要求

第一篇 概述

1* 适用范围和目的

1.1 适用范围

本标准适用于**医用电气设备**(见2.2.15的定义)的安全。

虽然本标准主要涉及安全问题,但它也包括一些与安全有关的可靠运行的要求。

本标准涉及的**设备**预期生理效应所导致的**安全方面危险**未被考虑。

除非标准正文中明确指明外,标准中的附录内容不要求强制执行。

1.2 目的

本标准的目的是规定**医用电气设备**的安全通用要求,并作为**医用电气设备**安全专用要求标准的基础。

1.3* 专用标准

专用标准优先于本通用标准。

1.4 环境条件

见第二篇。

1.5 并列标准

在**医用电气设备**系列标准中,并列标准规定安全通用要求应适用于:

——一组**医用电气设备**(例如:放射**设备**);

——在通用安全标准中未充分陈述的,所有**医用电气设备**的某一特性(例如电磁兼容性)。

若某一并列标准适用于某一专用标准,则专用标准优先于此并列标准。

2 术语和定义

本标准中下列术语和定义适用。

——"电压"和"电流"是指交流、直流或复合的电压或电流的有效值。

——助动词

"应"表示为要符合本标准应强制执行的某项要求或某项试验。

"宜"表示为要符合本标准建议执行的某项要求或某项试验,但不是强制性的。

"可"用来说明为达到某项要求或某项试验所容许的方法。

2.1 设备部件、辅件和附件

2.1.1

调节孔盖 access cover

外壳或防护件上的部件,通过它才可能接触到**设备**的某些部件,以达到调整、检查、更换或修理目的。

2.1.2

可触及金属部分 accessible metal part

不使用**工具**即可接触到的**设备**上的金属部分。参见2.1.22。

文中有"*"的条款的说明见附录A总导则和编制说明。

2.1.3

附件 accessory

为实现**设备**的预期用途,或为实现**设备**的预期用途提供方便,或为改善**设备**的预期用途,或为增加**设备**的附加功能,所必需的和(或)适合于与**设备**一起使用的选配件。

2.1.4

随机文件 accompanying documents

随**设备**或**附件**所附带的文件,其内容包含对**设备**的**使用者**、**操作者**、安装者或装配者来说是全部重要的资料,特别是有关安全的资料。

2.1.5*

应用部分 applied part

正常使用的**设备**的一部分:

——**设备**为了实现其功能需要与**患者**有身体接触的部分;或

——可能会接触到**患者**的部分;或

——需要由**患者**触及的部分。

2.1.6

外壳 enclosure

设备的外表面,包括:

——所有**可触及金属部分**、旋钮、手柄及类似部件;

——可触及的轴;

——为试验目的而紧贴在低导电率材料或绝缘材料制成的部件外表面上有规定尺寸的金属箔。

2.1.7

F型隔离(浮动)应用部分(以下简称为F型应用部分) F-type isolated(floating)applied part

与**设备**其他部分相隔离的**应用部分**,其绝缘达到,当来自外部的非预期电压与**患者**相连,并因此施加于**应用部分**与地之间时,流过其间的电流不超过**单一故障状态**时的**患者漏电流**的容许值。

F型应用部分不是**BF型应用部分**就是**CF型应用部分**。

2.1.8

不采用。

2.1.9

内部电源 internal electrical power source

包含在**设备**内并提供**设备**运行所必需的电能的电源。

2.1.10

带电 live

指一个部分所处的状态。当与该部分连接时,便有超过容许**漏电流**值的电流(在19.3中规定)从该部分流向地或从该部分流向该**设备**的其他**可触及部分**。

2.1.11

不采用。

2.1.12

网电源部分 mains part

设备中旨在与**供电网**作**导电连接**的所有部件的总体。就本定义而言,不认为**保护接地导线**是**网电源部分**的一个部分(见图1)。

2.1.13

不采用。

2.1.14

不采用。

2.1.15*

患者电路　patient circuit

含有一个或多个**患者连接**的任何电路。

患者电路包括所有与**患者连接**的绝缘达不到电介质强度要求(见第20章)的导电部件,或者与**患者连接**的隔离达不到**爬电距离**和**电气间隙**的要求(见57.10)的导电部件。

2.1.16

不采用。

2.1.17

防护罩　protective cover

外壳的一部分或防护件,用以防止意外地接触到可能有危险的部件。

2.1.18

信号输入部分　signal input part

设备的一个部分,但不是**应用部分**,用来从其他设备接收输入信号的电压或电流,例如为显示、记录或数据处理之用(见图1)。

2.1.19

信号输出部分　signal output part

设备的一个部分,但不是**应用部分**,用来向其他设备输出信号的电压或电流,例如为显示、记录或数据处理之用(见图1)。

2.1.20

不采用。

2.1.21

供电设备　supply equipment

向**设备**的一个或多个装置提供电能的设备。

2.1.22

可触及部分　accessible part

不用**工具**即可触及到的**设备**部分。

2.1.23*

患者连接　patient connection

应用部分中每一个独立部分,在**正常状态**或**单一故障状态**下,电流能通过它在**患者**与**设备**之间流动。

2.1.24*

B型应用部分　type B applied part

符合本标准规定的对于电击防护的要求,尤其是关于**漏电流**容许值的要求的**应用部分**。并用附录D中表D.2的符号1来标记。

注:**B型应用部分**不适合**直接用于心脏**。

2.1.25*

BF型应用部分　type BF applied part

符合本标准规定的对于电击防护程度高于**B型应用部分**要求的**F型应用部分**。并用附录D中表D.2的符号2来标记。

注:**BF型应用部分**不适合**直接用于心脏**。

2.1.26*

CF型应用部分　type CF applied part

符合本标准中规定的对于电击防护程度高于**BF型应用部分**要求的**F型应用部分**。并用附录D中表 D.2 的符号 3 来标记。

2.1.27*

防除颤应用部分　defibrillation-proof applied part

具有防护心脏除颤器对**患者**的放电效应的**应用部分**。

2.2　设备类型(分类)

2.2.1

不采用。

2.2.2

AP 型设备　category AP equipment

结构、标记以及文件都符合规定要求,以免在**与空气混合的易燃麻醉气**中形成点燃源的**设备**或**设备**部件。

2.2.3

APG 型设备　category APG equipment

结构、标记以及文件都符合规定要求,以免在**与氧或氧化亚氮混合的易燃麻醉气**中形成点燃源的**设备**或**设备**部件。

2.2.4

Ⅰ类设备　class Ⅰ equipment

对电击的防护不仅依靠**基本绝缘**,而且还提供了与固定布线的**保护接地导线**连接的附加安全预防措施,使**可触及金属部分**即使在**基本绝缘**失效时也不会**带电**的**设备**(见图 2)。

2.2.5

Ⅱ类设备　class Ⅱ equipment

对电击的防护不仅依靠**基本绝缘**,而且还有如**双重绝缘**或**加强绝缘**那样的附加安全预防措施,但没有保护接地措施,也不依赖于安装条件的**设备**(见图 3)。

2.2.6

不采用。

2.2.7

直接用于心脏　direct cardiac application

指**应用部分**可与**患者**心脏作直接**导电连接**的使用。

2.2.8

不采用。

2.2.9

不采用。

2.2.10

不采用。

2.2.11

设备　equipment

参见 2.2.15。

2.2.12

固定式设备　fixed equipment

固定在建筑物或运输**工具**的某特定地方,且只能用**工具**拆卸的**设备**。

2.2.13

手持式设备　hand-held equipment

正常使用时需用手握持着的**设备**。

2.2.14

不采用。

2.2.15

医用电气设备(以下简称为**设备**) **medical electrical equipment**

与某一专门**供电网**有不多于一个的连接,对在医疗监督下的**患者**进行诊断、治疗或监护,与**患者**有身体的或电气的接触,和(或)向**患者**传送或从**患者**取得能量,和(或)检测这些所传送或取得的能量的电气设备。

设备包括那些由制造商指定的,能使**设备正常使用**所必需的**附件**。

2.2.16

移动式设备 **mobile equipment**

在使用的间隔期间,可以靠其自身的轮子或通过类似的方法从一个地方移到另一个地方的**可移动式设备**。

2.2.17

永久性安装设备 **permanently installed equipment**

与**供电网**用永久性连接方式作电气连接的**设备**,这种连接方式只有使用**工具**才能将其断开。

2.2.18

可携带式设备 **portable equipment**

在使用时或在使用的间隔期间,可由一个人或几个人携带着从一个地方移到另一个地方的**可移动式设备**。

2.2.19

不采用。

2.2.20

不采用。

2.2.21

非移动式设备 **stationary equipment**

是固定式设备,或是不打算从一个位置移到另一个位置的**设备**。

2.2.22

不采用。

2.2.23

可移动式设备 **transportable equipment**

不论是否与电源相连,均能从一个位置移到另一个位置,且移动范围没有明显限制的**设备**。

例:移动式设备和可携带式设备。

2.2.24

不采用。

2.2.25

不采用。

2.2.26

不采用。

2.2.27

不采用。

2.2.28

不采用。

2.2.29

内部电源设备　internally powered equipment

能以**内部电源**进行运行的**设备**。

2.3　绝缘

2.3.1

电气间隙　air clearance

两个导体部件之间的最短空气路径。

2.3.2*

基本绝缘　basic insulation

用于**带电**部分上对电击起基本防护作用的绝缘。

2.3.3

爬电距离　creepage distance

沿两个导体部件之间绝缘材料表面的最短路经。

2.3.4*

双重绝缘　double insulation

由**基本绝缘**和**辅助绝缘**组成的绝缘。

2.3.5

不采用。

2.3.6

不采用。

2.3.7*

加强绝缘　reinforced insulation

用于**带电**部分的单绝缘系统，它对电击的防护程度相当于本标准规定条件下的**双重绝缘**。

2.3.8

辅助绝缘　supplementary insulation

附加于**基本绝缘**的独立绝缘，当**基本绝缘**失效时由它来提供对电击的防护。

2.4　电压

2.4.1

高电压　high voltage

任何超过 1 000 V 交流或 1 500 V 直流或 1 500 V 峰值的电压。

2.4.2

网电源电压　mains voltage

多相**供电网**中两相线之间的电压，或单相**供电网**中相线与中性线之间的电压。

2.4.3*

安全特低电压　safety extra-low voltage(SELV)

在用**安全特低电压变压器**或等效隔离程度的装置与**供电网**隔离，当变压器或变换器由**额定**供电电压供电时，在不接地的回路中，导体间交流电压不超过 25 V 或直流电压不超过 60 V **名义**电压。

2.5　电流

2.5.1

对地漏电流　earth leakage current

由**网电源部分**穿过或跨过绝缘流入**保护接地导线**的电流。

2.5.2

外壳漏电流　enclosure leakage current

在**正常使用**时，从**操作者**或**患者**可触及的**外壳**或**外壳**部件(**应用部分**除外)，经外部**导电连接**而不是**保护接地导线**流入大地或**外壳**其他部分的电流。

2.5.3

漏电流　leakage current

非功能性电流。下列**漏电流**已经定义：**对地漏电流**、**外壳漏电流**和**患者漏电流**。

2.5.4*

患者辅助电流　patient auxiliary current

正常使用时，流经**应用部分**部件之间的**患者**的电流，此电流预期不产生生理效应。例如放大器的偏置电流、用于阻抗容积描记器的电流。

2.5.5

不采用。

2.5.6

患者漏电流　patient leakage current

从**应用部分**经**患者**流入地的电流，或是由于在**患者**身上出现一个来自外部电源的非预期电压而从**患者**经**F型应用部分**流入地的电流。

2.6　接地端子和接地导线

2.6.1

不采用。

2.6.2

不采用。

2.6.3

功能接地导线　functional earth conductor

接至**功能接地端子**的导线(见图1)。

2.6.4*

功能接地端子　functional earth terminal

直接与测量供电电路或控制电路某点相连的端子，或直接与为功能目的而接地的屏蔽部分相连的端子(见图1)。

2.6.5

不采用。

2.6.6

电位均衡导线　potential equalization conductor

设备与电气装置电位均衡汇流排相连的导线。

2.6.7

保护接地导线　protective earth conductor

保护接地端子与外部保护接地系统相连的导线(见图1)。

2.6.8

保护接地端子　protective earth terminal

为安全目的与**Ⅰ类设备**导体部件相连接的端子。该端子预期通过**保护接地导线**与外部保护接地系统相连接(见图1)。

2.6.9

保护接地 **protectively earth**

为保护目的用符合本标准的方法与**保护接地端子**相连接。

2.7 电气连接(装置)

2.7.1

设备连接装置 **appliance coupler**

不使用**工具**即可将软电线与**设备**进行连接的装置,由两个部件组成:**网电源连接器**和**设备电源输入插口**(见图5)。

2.7.2

设备电源输入插口 **appliance inlet**

设备连接装置中与**设备**合成一体或固定在**设备**上的部件(见图1和见图5)。

2.7.3

不采用。

2.7.4

辅助网电源插座 **auxiliary mains socket-outlet**

设备上带有**网电源电压**的插座,不使用**工具**即可向另外**设备**或向本**设备**的其他分离部件提供网电源。

2.7.5

导电连接 **conductive connection**

能够流过超过**漏电流**容许值的电流的连接。

2.7.6*

可拆卸电源软电线 **detachable power supply cord**

通过适当的**设备连接装置**与**设备**相连的软电线(见图1、图2、图5及57.3)。

2.7.7

外部接线端子装置 **external terminal device**

用来与其他**设备**进行电气连接的**接线端子装置**。

2.7.8

固定的网电源插座 **fixed mains socket- outlet**

安装在建筑物或运输**工具**上的固定布线系统中的**网电源输出插座**(见图5)。

2.7.9

互连端子装置 **interconnection terminal device**

设备内部或**设备**各部件之间实现互连的**接线端子装置**。

2.7.10

网电源连接器 **mains connector**

设备连接装置中的部件,它与**供电网**相连的软电线合成一体或与其连接。**网电源连接器**被用来插进**设备**上的**设备电源输入插口**之中(见图1、图5及57.2)。

2.7.11

网电源插头 **mains plug**

与**设备**的**电源软电线**合成一体或固定连接的部件。用它插入**固定的网电源插座**(见图5)。

2.7.12

网电源接线端子装置 **mains terminal device**

与**供电网**实现电气连接用的**接线端子装置**(见图1)。

2.7.13

不采用。

2.7.14

不采用。

2.7.15

不采用。

2.7.16

接线端子装置　terminal device

实现电气连接用的**设备**部件,它可以有几个独立的连接点。

2.7.17

电源软电线　power supply cord

为连接网电源而固定或装在**设备**上的软电线。

2.8　变压器

2.8.1

不采用。

2.8.2

不采用。

2.8.3

安全特低电压变压器　safety extra-low voltage transformer

设计成提供**安全特低电压**回路的变压器。其输出绕组至少以**基本绝缘**与地及变压器壳体在电气上隔离,并至少以相当于**双重绝缘**或**加强绝缘**的绝缘与输入绕组在电气上隔离。

2.8.4

不采用。

2.8.5

不采用。

2.8.6

不采用。

2.9　控制装置和限制装置

2.9.1

(控制装置或限制装置的)可调设定　adjustable setting(of a control or limiting device)

操作者不用**工具**即可改变的设定。

2.9.2

不采用。

2.9.3

不采用。

2.9.4

(控制装置或限制装置的)固定设定　fixed setting(of a control or limiting device)

不打算由**操作者**改变和只有用**工具**才能改变的设定。

2.9.5

不采用。

2.9.6

不采用。

2.9.7

过电流释放器　over-current release

当装置中的电流超过预置值时,使电路延时断开或立即断开的保护装置。

2.9.8

不采用。

2.9.9

不采用。

2.9.10

自动复位热断路器　self-resetting　thermal cut-out

在**设备**的有关部分冷却后能自动重新接通电流的**热断路器**。

2.9.11

不采用。

2.9.12

热断路器　thermal cut-out

在不正常运行时,以自动切断电路或减小电流来限制**设备**或其部件温度的装置,该装置在结构上使其设定值不能由**操作者**改变。

2.9.13

恒温器　thermostat

温度敏感控制器,预期用来在正常运行状态下使温度保持在两特定值之间,可带有供**操作者**设定装置。

2.10　**设备的运行**

2.10.1

冷态　cold condition

设备断电后,经足够长时间达到环境温度时所具有的状态。

2.10.2

连续运行　continuous operation

额定负载下不超过规定温度限值的无时间限制的运行。

2.10.3

间歇加载连续运行　continuous operation with intermittent loading

设备一直和**供电网**相连接运行,规定的容许加载时间很短,以致不会达到长时间负载运行的温度;而随后的间歇时间又不够长,不足以使**设备**冷却到长时间空载运行的温度。

2.10.4

短时加载连续运行　continuous operation with short-time loading

设备一直和**供电网**相连接运行,规定的容许加载时间很短,以致不会达到长时间负载运行的温度;而随后的间歇时间相当长,足以使**设备**冷却到长时间空载运行的温度。

2.10.5

持续率　duty cycle

运行时间与运行时间和随后的间隔时间之和的比。若运行时间和间隔时间是变化的,则按一个足够长时间内的平均值来计算。

2.10.6

间歇运行　intermittent operation

由一系列规定的相同周期组成的运行状态,每一周期均包括一个温度极限不超过规定值的**额定**负载运行期和随后的**设备**空转或切断的间歇期。

2.10.7

正常状态 **normal condition**

所有提供的安全防护措施都处于完好的状态。

2.10.8

正常使用 **normal use**

按使用说明书运行,包括由**操作者**进行的常规检查和调整以及待机状态。

2.10.9

正确安装的 **properly installed**

制造商在**随机文件**中规定的各种有关安全方面的要求至少都得到遵守的状态。

2.10.10

短时运行 **short-time operation**

在规定周期内和**额定**负载条件下,从**冷态**开始的运行状态,且温度不超过规定值,各运行周期间的间歇时间相当长,足以使**设备**冷却到**冷态**。

2.10.11

单一故障状态 **single fault condition**

设备内只有一个**安全方面危险**的防护措施发生故障,或只出现一种外部异常情况的状态(见3.6)。

2.11 机械安全

2.11.1

水压试验压力 **hydraulic test pressure**

为符合第45章要求,用来试验容器或其部件的**压力**。

2.11.2*

最大容许工作压力 **maximum permissible working pressure**

由制造商或检验机构或有资质的人员在最近的检验报告中所规定的压力。

2.11.3

最小断裂载荷 **minimum breaking load**

符合虎克定律的最大载荷。

2.11.4

压力(过压) **pressure(overpressure)**

超过大气压(表压)的**压力**。

2.11.5

安全工作载荷 **safe working load**

遵循安装和使用说明书要求,由**设备**或**设备**部件的供应者所声明的**设备**或**设备**部件上所容许的最大载荷。

2.11.6

安全装置 **safety device**

防止**患者**和(或)**操作者**受到因超行程或在悬挂装置失灵时悬挂物坠落所产生危险力的装置。

2.11.7

静态载荷 **static load**

除因质量加减速所引起的载荷以外部件所受的最大载荷。当载荷分布在几个平行的支承件上,且其分布情况不能明确时,应考虑最不利的可能性。

2.11.8

安全系数 **safety factor**

最小断裂载荷与**安全工作载荷**之比。

2.11.9

总载荷 total load

静态载荷与在**正常状态**下由加速或减速所产生的力的和。

2.12 其他

2.12.1

不采用。

2.12.2*

型式标记(型号) model or type reference(type number)

数字组合、文字组合或两者兼用的组合,用以识别**设备**的某种型式。

2.12.3

名义(值) nominal(value)

与认可的允许配合使用的基准值,例如**网电源电压**的**名义值**,螺钉的**名义**直径。

2.12.4

患者 patient

接受医学或牙科检查或治疗的生物(人或动物)。

2.12.5

不采用。

2.12.6

不采用。

2.12.7

不采用。

2.12.8

额定(值) rated(value)

制造商对**设备**所规定的特征量的值。

2.12.9

序号 serial number

识别某种型号**设备**的每个个体的数字和(或)其他代号。

2.12.10

供电网 supply mains

永久性安装的电源,它也可以用来对本标准范围外的**设备**供电。

也包括在救护车上永久性安装的电池系统和类似的电池系统。

2.12.11

不采用。

2.12.12

工具 tool

用来紧固或松开紧固件或作调整用的人体外的器具。

2.12.13

使用者 user

使用和维护**设备**的负责者。

2.12.14

急救车 emergency trolley

用来为心脏-呼吸急症**患者**承载、运输、维持生命和复苏用的车辆。

2.12.15

与空气混合的易燃麻醉气　flammable anaesthetic mixture with air

在规定条件下，可能达到引燃浓度的易燃麻醉气与空气的混合气。按国家或地方法规规定，易燃的消毒剂或清洁剂的蒸气与空气的混合气，可视为**与空气混合的易燃麻醉气**。

2.12.16

与氧或氧化亚氮混合的易燃麻醉气　flammable anaesthetic mixture with oxygen or nitrous oxide

在规定条件下，可能达到引燃浓度的易燃麻醉气与氧或氧化亚氮的混合气。

2.12.17

操作者　operator

操作**设备**的人。

2.12.18

安全方面危险　safety hazard

直接由**设备**引起的对**患者**、其他人、动物或周围环境的潜在有害影响。

3　通用要求

3.1　按制造商的说明，当运输、贮存、安装、**正常使用**和保养**设备**时，**正常状态**和**单一故障状态**下，设备应不会引起可以合理预见到的危险，也不会引起同预期应用目的不相关的**安全方面危险**。

3.2　无通用要求。

3.3　无通用要求。

3.4　所用材料或结构形式不同于本标准中所规定的**设备**或部件，如能证明它们达到同等的安全程度，应予以认可。参见第54章。

3.5　无通用要求。

3.6*　下列**单一故障状态**在本标准中有特定的要求和试验：

a)　断开一根**保护接地导线**(见第三篇)；

b)　断开一根电源导线(见第三篇)；

c)*　**F型应用部分**上出现一个外来电压(见第三篇)；

d)　**信号输入部分**或**信号输出部分**出现一个外来电压(见第三篇)；

e)　**与氧或氧化亚氮混合的易燃麻醉气外壳**的泄漏(见第六篇)；

f)　液体的泄漏(见44.4)；

g)　可能引起**安全方面危险**的电气元件故障(见第九篇)；

h)　可能引起**安全方面危险**的机械零件故障(见第四篇)；

j)　温度限制装置故障(见第七篇)。

若一个**单一故障状态**不可避免地导致另一个**单一故障状态**时，则两者被认为就是一个**单一故障状态**。

3.7　本标准认为下列现象不大可能发生：

a)　**双重绝缘**完全电气击穿；

b)　**加强绝缘**电气击穿；

c)　固定的永久性安装的**保护接地导线**断开。

3.8　**患者**接地被认为是**正常状态**。

3.9　除使用说明书另有规定外，不应要求**设备**能在拆开防尘盖或无菌盖情况下工作(见52.5.5)。

当达到本标准中有关的检查和试验的指标时，即认为符合本章要求。

4* 试验的通用要求

4.1* 试验

本标准中规定的试验都是型式试验。仅仅对那些在**正常状态**或**单一故障状态**下一旦损坏就会引起**安全方面危险**的绝缘、元件和结构特性才应试验。

4.2 重复试验

除非本标准中另有规定,不应重复试验。这特别适合于在制造商或检测实验室进行的电介质强度试验。

4.3* 样品数量

型式试验用一个能代表同类被测项的样品来进行试验。

特殊情况可要求另加样品。

4.4 元器件

一旦出现故障就可能引起**安全方面危险**的所有元器件,均应能承受**设备**在**正常使用**时要受到的应力,并符合本标准中有关章条的要求。

通过检查来检验这些元器件的**额定值**是否符合使用要求。

如元器件或**设备**部件的**额定值**已超过**设备**在使用中所需值,则不必再在更大的范围内进行试验(参见 56.1)。

4.5 环境温度、湿度、大气压

a) 当被试**设备**已按**正常使用**状态(按 4.8 规定)准备好之后,除非制造商另有规定,在 10.2.1 规定的环境条件范围内进行试验。

对于基准试验(如试验结果取决于环境条件),表 1 中规定的一组大气条件是公认的。

表 1 规定的大气条件

温度/℃	23±2
相对湿度/%	60±15
大气压力	860 hPa～1 060 hPa (645 mmHg～795 mmHg)

b) **设备**应与其他干扰(如气流)相隔离,以免影响试验的正确性。

c) 在环境温度不能保持的情况下,试验条件随之改变,试验结果要相应地修正。

4.6 其他条件

a) 除非本标准另有规定,**设备**要在最不利的规定工作条件下进行试验,但仍需符合使用说明书的规定。

b) 运行值可由**操作者**调整或控制的**设备**,在试验时应将运行值调至对相应试验而言最不利的值,但仍需符合使用说明书的规定。

c) 如试验结果会受冷却液进水口的压力和流量或化学成分的影响时,试验应按技术说明书规定的条件进行。

d) 进行**单一故障状态**下的试验时,每次只能有一个故障(见 3.6)。

e) 需要用冷却水的地方,应采用饮用水。

4.7 供电电压和试验电压、电流类型、电源类别、频率

在本标准中,**网电源电压**可以有波动,这些波动在“**额定**”的术语概念中不考虑。

a) 当供电电压偏离其**额定**值而影响到试验结果时,应考虑这种偏离的影响。

试验时供电电压的波形应按 10.2.2 a)的要求。

低于交流 1 000 V、直流 1 500 V 或峰值 1 500 V 的试验电压，不应偏离规定值的 2％以上。等于或高于交流 1 000 V、直流 1 500 V 或峰值 1 500 V 的试验电压，不应偏离规定值的 3％以上。

b) 仅能用交流电的**设备**，其**额定**频率在 0～100 Hz 时，应采用其额定频率（若标明）±1 Hz 交流电试验。**额定**频率在 100 Hz 以上时，用**额定**频率±1％的交流电试验，标有**额定**频率范围的**设备**，应以该范围内最不利的频率进行试验。

c) 设计有一个以上**额定**电压或交、直流两用的**设备**，应在最不利的电压值和电源类别，例如相数（单相电源除外）和电流类型的条件（在 4.6 中叙述的）下进行试验。

d) 仅能用直流电的**设备**，应采用直流电试验。按照使用说明书，应考虑极性对**设备**运行可能产生的影响。

e) 除非本标准或专用标准另有规定，**设备**应在相应电压范围内的最不利的**额定**电压下进行试验。为确定这最不利的电压，可能有必要进行多次的试验。

f) 由制造商规定可替换使用的**附件**或元件的**设备**，应采用那些会出现最不利条件的**附件**或元件来进行试验。

g) 规定要和特定电源，例如在对地电压、对地电容、对地绝缘电阻等方面有规定要求的电源一起使用的**设备**，应与该指定的电源一起进行试验。

h) 应采用不会明显影响被测值大小的仪器来测量电压和电流。

4.8* 预处理

开始试验前，**设备**应在不工作的情况下，放置在试验场所至少 24 h。在实际的一系列试验之前，按使用说明书在**额定**电压下运转**设备**直至能进行试验。

4.9 修理和改进

在试验过程中由于发生了故障或为了防止以后可能发生故障而应进行修理和改进时，检测单位和**设备**供应者可以商定：应提供一个新样品重新进行全部试验、或做全部必要的修理和改进后，应只对有关项目重新进行试验。

4.10* 潮湿预处理

在进行 19.4 和 20.4 试验之前，不属于 IPX8（见 GB 4208 对连续浸水影响的防护）的所有**设备**或**设备**部件应进行潮湿预处理。

设备或**设备**部件应完整地装好（或必要时分成部件），运输和贮存时用的罩、盖应拆除。

仅对那些在受到该试验所模拟的气候条件影响时可能发生**安全方面危险**的**设备**部件才应进行这一试验。

参见附录 A 的相关编制说明。

不用**工具**即可拆卸的部件应拆下，但应与主件一同处理。

不用**工具**即可打开或拆卸的门、抽屉和**调节孔盖**，应打开和拆下。

潮湿预处理应在空气相对湿度为 93％±3％的潮湿箱中进行。箱内能放置**设备**的所有空间里的空气温度，应保持在 20℃～32℃这一范围内任何适当的温度值 t±2℃之内。**设备**在放入潮湿箱之前，应置于温度 t～t+4℃之间的环境里，并至少保持此温度 4 h，方可进行潮湿预处理。

设备和**设备**部件应置于潮湿箱中达：

——2 d（48 h）标有 IPX0 的**设备**（未防护的）；

——7 d（168 h）标有 IPX1 至 IPX7 的**设备**。

如需要，处理后的**设备**可重新组装起来。

4.11 试验顺序

建议按附录 C 中规定的顺序进行全部试验。而第 C.23 章～第 C.29 章的试验则应按规定的顺序进行。

5* 分类

设备和其**应用部分**应采用第 6 章中规定的标记和(或)识别标志来分类。这包括:

5.1* 按防电击类型分类:

a) 由外部电源供电的**设备**:

——Ⅰ类设备;

——Ⅱ类设备。

b) **内部电源供电设备**。

5.2 按防电击的程度分类:

——**B 型应用部分**;

——**BF 型应用部分**;

——**CF 型应用部分**。

5.3 按 GB 4208 中规定的对进液的防护程度分类[见 6.1 l)]。

5.4 按制造商推荐的消毒、灭菌方法分类。

5.5 按在**与空气混合的易燃麻醉气**或**与氧或氧化亚氮混合的易燃麻醉气**情况下使用时的安全程度分类:

——不能在有**与空气混合的易燃麻醉气**或**与氧或氧化亚氮混合的易燃麻醉气**情况下使用的**设备**;

——**AP 型设备**;

——**APG 型设备**。

5.6 按运行模式分类:

——**连续运行**;

——**短时运行**;

——**间歇运行**;

——**短时加载连续运行**;

——**间歇加载连续运行**。

5.7 无通用要求。

5.8 无通用要求。

6 识别、标记和文件

对本章而言,下列含义应适用于识别和标记:

——永久贴牢的:

只能用**工具**或用较大的力才能取下且符合 6.1 的要求。

——清楚易认的:

- 用于警告性说明、指导性说明或图表时:贴在显著的位置,且使在**操作者**位置上视力正常者能看清。
- 对于**固定式设备**:当**设备**安装在**正常使用**位置时能看清。
- 对于**可移动式设备**和未固定的**非移动式设备**:在**正常使用**时,或在**设备**从它所靠的墙壁移开后,或当**设备**从它的**正常使用**位置转向后,以及从机架上拆下可拆单元后,均能看清。

——主件:

- 对**设备**内、外表面上的警告性说明:标在控制面板上或其附近,或标在有关部件上或其附近。
- 对于**型式标记**和与**供电网**有关的所有标记(如输入功率、电压、电流、频率、分类、运行模式等):通常标在包括**供电网**连接的部件外表上,且最好靠近连接点。

6.1 **设备或设备部件的外部标记**

a) 电网供电的**设备**

电网供电的**设备**,包括**网电源部分**的分离元件,应至少在**设备**的"主件"上具有表2第3列中所规定的"永久贴牢的"和"清楚易认的" 标记。

b) **内部电源设备**

内部电源设备,应至少在**设备**的"主件"上具有表2第4列中所规定的"永久贴牢的" 和"清楚易认的" 标记。

c) 特定电源供电的**设备**

由特定电源(不是**供电网**,且与**供电网**隔离)供电的**设备**,不管该电源是否是**设备**的一部分,应至少在**设备**上具有表2第5列中所规定的"永久贴牢的"和"清楚易认的"标记。

如果该特定电源不是**设备**的一部分,则**设备**使用说明书还应另外给出该特定电源的型式标记。如果涉及安全问题,应把该特定电源的型式标记永久性地标在**设备**的外部,并在使用说明书中加以说明。

表2 设备外部标记

条款要求	内 容	**电网供电的设备** [见6.1 a)]	**内部电源设备** [见6.1 b)和14.5]	**特定电源供电的设备** [见6.1 c)]
6.1 e)	制造商、供应者	×	×	×
6.1 f)	**型式标记**	×	×	×
6.1 g)	与电源连接	×[2]	—	—
6.1 h)	电源频率(Hz)	×[2]	—	—
6.1 j)	输入功率	×[2]	—	—
6.1 k)	网电源功率输出	×[1]	—	—
6.1 l)	分类	×[1]	×[1]	×[1]
6.1 m)	运行模式	×[1]	×[1]	×[1]
6.1 n)	熔断器	×[1]	×[1]	×[1]
6.1 p)	输出	×[1]	×[1]	×[1]
6.1 q)	生理效应	×[1]	×[1]	×[1]
6.1 r)	**AP/APG型设备**	×[1]	×[1]	×[1]
6.1 s)	**高电压接线端子装置**	×[1]	×[1]	×[1]
6.1 t)	冷却条件	×[1]	×[1]	×[1]
6.1 u)	机械稳定性	×[1]	×[1]	×[1]
6.1 v)	保护性包装	×[1]	×[1]	×[1]
6.1 y)	接地端子	×[1]	×[1]	×[1]
6.1 z)	可拆卸的保护装置	×[1]	×[1]	×[1]

注:×表示需要的标记。

1) 如适用;

2) 如标在**设备**内部,不适用于**永久性安装设备**。参见6.2 a)。

d) **设备**和可更换部件上标记的最低要求

如果6.1所述的**设备**的尺寸或**外壳**特征不容许将所规定的标记全部标上时,至少应标上6.1 e)、6.1 f)、6.1 g)(**永久性安装设备**除外)、6.1 l)和6.1 q)(如适用)所规定的标记,而其余的标记应在**随机文件**中完整地记载。无法做标记之处,应在**随机文件**中详细写明。

e) 制造商、供应者

声称**设备**符合本标准要求的制造商或供应者的名称和(或)商标。

f)* **型式标记**。

g) 与电源的连接

——**设备**可连接的**额定**供电电压或电压范围。

——电源类别,如相数(单相电源除外)和电流类型。

h) 电源频率

以 Hz 为单位的**额定**频率或**额定**频率范围。

j) 输入功率(见第 7 章)

额定输入应以安或伏安表示,或当功率因素大于 0.9 时,以用瓦表示。

当**设备**有一个或几个**额定**电压范围,若这(些)范围超出给定范围平均值±10%时,应标明这(些)范围输入功率的上、下限。

若电压范围的极限未超出其平均值±10%,则只需标明平均值输入功率。

若**设备**标称值同时包括了长期的和瞬时的电流或伏安值,标记应同时包括长期和瞬时伏安标称值,并在**随机文件**中清楚地分别予以表明。

若**设备**附有供其他**设备**的电源连接装置,则**设备**所标的输入功率应包括对这些**设备**的**额定**(并标明)输出在内。

k) 网电源功率输出

设备的**辅助网电源插座**应标明最大容许输出值。

l) 分类

——若合适(见附录 D 表 D.1 符号 10),作Ⅱ**类设备**符号。

——用字母 IP 后接上 X 及按 GB 4208 中外壳对有害进液防护程度来区分的特征数字(1 至 8),作为防进液**设备**的符号。

——对 **B 型**、**BF 型**和 **CF 型应用部分**,按防电击程度分类标示**应用部分**类型的符号(见附录 D,表 D.2,符号 1,符号 2 和符号 3)。

为了清楚区别于符号 2,不应采用将符号 1 标识在方框内的做法。

若**设备**具有一个以上以不同程度防护的**应用部分**,应在这些**应用部分**上,或者在相关的输出端(连接点)或其附近清楚标上相应的符号。

防除颤应用部分应采用相应的符号标识(见附录 D,表 D.2,符号 9,符号 10 和符号 11)。

——如果**患者**电缆具有对心脏除颤器放电效应的防护,则应在靠近相应输出端的电缆上标记附录 D,表 D.1 中的符号 14。

m) 运行模式

如果没有标记,可认为该**设备**适合**连续运行**。

n)* 熔断器

从**设备**外部能触及的熔断器,应在熔断器座旁标明其型号及标称。

p) 输出

——**额定**输出电压、电流或功率(如适用);

——输出频率(如适用)。

q) 生理效应(符号和警告性声明)

会产生可能对**患者**和(或)**操作者**造成危险生理效应的**设备**,应有相应危险的适当标记,应标在明显位置,并保证在**设备**安装后仍能清楚可见。

若适合,对特殊危险符号,应采用 GB/T 5465.2 所规定的符号。对非电离辐射(如高功率微波)应使用附录 D 表 D.2 的符号 8。

对其他危险,若无规定的符号可用时,应使用附录 D 中表 D.1 的符号 14。

r) **AP/APG 型设备**

对标记的要求,见第 38 章。

s) **高电压端子装置**

在**设备**外部不用**工具**便可触及到的**高电压端子装置**,应标以“危险电压”标记(见附录 D 中表 D.2 的符号 6)。

t) 冷却条件

对**设备**冷却装置的要求(例如供水或供气),应做出标记。

u) 机械稳定性

对具有有限的机械稳定性的**设备**的要求,见第 24 章。

v) 保护性包装

若在运输或贮存中要采取特别措施,在包装上应做出相应的标记(见 6.8.3 d)、10.1 及 GB/T 191)。

如果过早地拆开**设备**或**设备**部件的包装会造成**安全方面危险**,则在包装上应做出相应标记。

设备或**附件**的无菌包装应有无菌标志。

w) 无通用要求。

x) 无通用要求。

y) 接地端子

——与**电位均衡导线**相连的端子,应标有附录 D 中表 D.1 的符号 9[(见 18 e)]。

——功能接地端应以附录 D 中表 D.1 的符号 7 做标记。

z)* 可拆卸的保护装置

如果**设备**具有需拆掉保护装置才能启动其他应用的特殊功能时,应在该保护装置上标明当该特殊功能不应用时应将它还原的标记。若有联锁装置时则不需要标记(参见 6.8)。

用下列方法检验是否符合 6.1 要求:

——检查**设备**外部是否有所要求的标记。

——试验标记的耐久性。

为测定耐久性,用手工不施过大压力摩擦标记,先用蒸馏水浸过的布擦 15s,再用甲基化酒精浸过的布在室温下擦 15s,最后用异丙醇浸过的布擦 15s。

在本标准所有试验完成后(见附录 C 的第 C.36 章),标记应清楚易认。粘贴的标记不应松动或卷角。

在评定耐久性时,还应考虑到**正常使用**对标记的影响。

6.2 设备或设备部件的内部标记

a) **设备**或**设备**部件的内部标记应和 6.1 所规定的那样“清楚易认”,考虑到内部标记的永久贴牢性不应进行 6.1 中规定的摩擦试验。

永久性安装设备的**名义**供电电压或电压范围的标记,可标在**设备**的内部或外部,最好标在电源接线端子附近。

b) 电热元件或加热灯的灯座的最大负载功率,应在发热器上或在其附近做出清楚、持久的标记。

不打算由**操作者**更换且仅在使用**工具**时才能更换的电热元件或加热灯的灯座,用一个在**随机文件**资料说明中提到的识别标记就可以了。

c) 有**高电压**部件时,应标以“危险电压”的符号(见附录 D 中表 D.2 的符号 6)。

d) 应标明电池的型号及其装入方法(如适用)[见 56.7 b)]。

对于不打算由**操作者**更换且仅在使用**工具**时才能更换的电池,用一个在**随机文件**资料说明中提到的识别标记就可以了。

e)* 只有使用**工具**才能触及到的熔断器，应在熔断器附近标上其型号和标称值，或至少标上一个参照标记，例如用能与说明型号和标称值的技术说明书相关联系的图号。

f) 除非**保护接地端子**按 GB 17465.1 规定的要求装在**设备电源输入插口**中，**保护接地端子**应标以规定的符号(见附录 D 中表 D.1 的符号 6)。

g) **功能接地端子**应标以规定的符号(见附录 D 中表 D.1 的符号 7)。

h) 在**永久性安装设备**中，专门用来连接电源中性线的端子，应标以规定的符号(见附录 D 中表 D.1 的符号 8)。

j) 6.2 f)、h)、k)及 l)所要求的标在电气连接点上或其附近的标记，不应标在接线时要拆动的零件上。接好线后，它们应仍能可见。

在端子上或其附近的标记，应符合 GB/T 4026。

k) 除非互换接线也不会造成**安全方面危险**，否则应用接线端子标记来清楚标明电源导线正确的接线方法，该标记宜在接线端子附近。

若**设备**太小，无法在接线端子做标记的，则可在**随机文件**中说明。若需标出接至三相电源的供电源导线连接的标记，应按 GB/T 4026 的要求。

l) 对永久性连接的**设备**，如果电源接线箱和/或供电端子盒内任一接点上(包括导线本身)，在正常温度试验时温度达 75℃以上，**设备**应标有以下的或与之等效的说明：

"采用至少能适应……℃的布线材料供电源连接用"。该声明应标在将进行电源导线连接点处或其附近，并应在完成接线后仍清楚识别。

m) 无通用要求。

n) 电容器和(或)所接的电路元件，应按 15 c)的要求标记。

用 6.1 规定的试验和准则来检验是否符合 6.2 的要求，但摩擦试验除外。

6.3 控制器和仪表的标记

a) 电源开关应能清楚地识别。"通"、"断"位置，应按附录 D 中相应符号(表 D.1 的符号 15 和符号 16)来标记，或用一个邻近的指示灯，或其他明显的方法来表示。

b) **设备**上控制装置和开关的各档位置，应以数字、文字或其他直观方法表明，例如用表 D.1 中的符号 17 和符合 18 表明。

c) 在**正常使用**中，如控制器设定值的改变会对**患者**造成**安全方面危险**，这些控制器应配备：

——相应的指示装置，例如仪表或标尺，或

——功能量值变化方向的指示。参见 56.10 c)。

d) 无通用要求。

e) 无通用要求。

f) **操作者**操作的控制器和指示器的功能应能识别。

g) 参数的数值指示，应采用 GB 3100 的国际单位制及下列补充单位来表示：

可用于**设备**上的非国际单位制的单位：

——平面角单位：

- 转(r)
- 冈(g)
- 度(°)
- 角度的分(′)
- 角度的秒(″)

——时间单位：

- 分钟(min)

- 小时(h)
- 天(日)(d)

——能量单位:

- 电子伏(eV)

——血压和其他体液压力:

- 毫米汞柱(mmHg)

通过检查并用 6.1 的耐久性试验来检验是否符合 6.3 要求。

6.4* 符号

a) 如适用,按 6.1～6.3 用作标记的符号应与附录 D 要求相一致。参见 6.1 q)。

b) 如适用,用于控制器和表示性能的符号应与 IEC/TR 60878 相一致。

通过检查和进行 6.1 的耐久性试验来检验是否符合要求。

6.5 导线绝缘的颜色

a) **保护接地导线**的整个长度都应以绿/黄色的绝缘为识别标志。

b) **设备**内部将**可触及金属部分**或其他具有保护功能的**保护接地**部件与**保护接地端子**相连的导线上的绝缘体应至少在导线终端用绿/黄色来识别。

c) 用绿/黄色绝缘作识别仅适用于:

——**保护接地导线**[见 18 b)];

——6.5 b)中规定的导线;

——**电位均衡导线**[见 18 e)];

——18 l)中规定的**功能接地导线**。

d) **电源软电线**中要同电源系统中性线相连的导线绝缘,应按 GB 5013.1 或 GB 5023.1 中的规定,采用浅蓝色的绝缘。

e) **电源软电线**中导线绝缘的颜色,应符合 GB 5013.1 或 GB 5023.1 的规定。

f) 在**设备**部件之间使用多芯电线时,若只采用绿/黄色导线而保护接地电阻超过最大容许值时,可将该电线中其他导线同绿/黄色导线并联使用,但并联导线末端要标以绿/黄色。

通过检查来检验是否符合 6.5 的要求。

6.6 医用气瓶及其连接的识别

a) 在医疗领域内作为电气**设备**的一部分使用的气瓶内气体的识别,应符合 GB 7144。并参见 56.3 a)。

b) 气瓶的连接点,应在**设备**上做出识别,以免更换时发生差错。

通过检查瓶内的气体及气瓶连接点的识别来检验是否符合 6.6 的要求。

6.7* 指示灯和按钮

a) 指示灯的颜色

在**设备**上红色应仅用于指示危险的警告和(或)要求紧急行动。

点阵和其他字母——数字式显示不作指示灯来考虑。

表 3 设备指示灯推荐的颜色及其含义

颜色	含义
黄	需要小心或注意
绿	准备运转
其他颜色	除红或黄色含义外的其他含义

b) 不带灯按钮的颜色。

红色应只用于紧急时中断功能的按钮。

c) 无通用要求。

d) 无通用要求。

通过检查来检验是否符合 6.7 的要求。

6.8 随机文件

6.8.1* 概述

设备应附有至少包括使用说明书、技术说明书和供**使用者**查询的地址在内的文件。**随机文件**被视为**设备**的组成部分。

若使用说明书和技术说明书是分开的，则在第 5 章中规定的所有适用的分类都应包含在两个说明书中。

如果制造商没有把 6.1 规定的所有标记永久贴牢在**设备**上，则应完整无缺地包含在**随机文件**中，见 6.1 d)。

警告性声明和（标在**设备**上的）警告性符号的解释应在**随机文件**中给出。

6.8.2 使用说明书

a)* 一般内容

——使用说明书应说明**设备**的功能和预期用途。

——使用说明书应提供能使**设备**按其技术条件运行的全部资料。它应包括各控制器、显示器和信号的功能说明。操作顺序、可拆卸部件及**附件**的装、卸方法及使用过程中消耗材料的更换等的说明。

——使用说明书应向**使用者**或**操作者**提供有关存在于该**设备**与其他装置之间的潜在的电磁干扰或其他干扰的资料，以及有关避免这些干扰的建议。

——如果使用别的部件或材料会降低最低安全度，应在使用说明书中对被认可的**附件**、可更换的部件和材料加以说明。

——使用说明书应向**使用者**和**操作者**详细说明由他们自己来进行的清洗、预防性检查和保养，以及保养的周期。

这类说明书应提供安全地执行常规保养的资料。

此外，使用说明书还应提出哪些部件应由其他人进行预防性检查和保养，以及适用的周期，但不必包括执行这种保养的具体细节。

——**设备**上的图形、符号、警告性声明和缩写，应在使用说明书中说明。

b)* 制造商的责任

无通用要求（见附录 A）。

c) **信号输入部分**和**信号输出部分**

只打算将**信号输入部分**和**信号输出部分**与符合本标准要求的规定**设备**相连接时，应在使用说明书中予以说明[见 19.2 b) 和 19.2 c)]。

d) 与**患者**接触部件的清洗、消毒和灭菌

在**正常使用**时要与**患者**接触的**设备**部件，使用说明书应包括有关可使用的清洗、消毒或灭菌方法的细节（参见 44.7），或在必要时规定合适的消毒剂，并列出这些**设备**部件可承受的温度、压力、湿度和时间的限值。

e) 带有附加电源的电网供电**设备**

对带有附加电源的电网供电**设备**，若其附加电源不能自动地保持在完全可用的状态，使用说明书应提出警告，规定应对该附加电源进行定期检查和更换。如果某 Ⅰ 类**设备**既可接至**供电网运行**，也可改由**内部电源**运行，则使用说明书应明确提出：如果外部的保护导线在安装或其布线的完整性有疑问时，**设备**应由**内部电源**来运行。

f) 一次性电池的取出

配有一次性电池的**设备**,除非不存在产生**安全方面危险**的风险,使用说明书中应有警告:若在一段时间内不可能使用**设备**时,应取出这些电池。

g) 可充电电池

配有可充电电池的**设备**,在使用说明书中应有如何安全使用和保养的说明。

h) 有特定供电电源或电池充电器的**设备**

使用说明书应规定特定电源或电池充电器需保证符合本标准要求。

j) 环境保护

使用说明书应:

——指明有关废弃物、残渣等以及**设备**和**附件**在其使用寿命末期时的处理的任何风险;

——提供把这些风险降至最小的建议。

6.8.3 技术说明书

a)* 概述

技术说明书应提供为安全运行必不可少的所有数据。包括:

——在 6.1 中提到的数据;

——**设备**的所有特性参数,包括显示值或能够看到的指示的范围,准确度和精确度。

除了使用说明书已包括的内容外,技术说明书还应指明为安装**设备**和将**设备**投入使用时要采取的一些特别措施和特别条件。

b) 熔断器和其他部件的更换

——在不能根据**设备**的标称电流和运行模式来决定连接在**永久性安装设备**之外的电源电路中的熔断器型号和标称值时,所要求的熔断器型号和标称值至少应在技术说明书中予以指明。

——技术说明书应包括在**正常使用**时会损坏的可更换部件和(或)可拆卸部件的更换说明。

c) 电路图、元器件清单等

技术说明书应声明供应者可将按要求提供电路图、元器件清单、图注、校正细则,或其他有助于**使用者**的合格技术人员修理由制造商指定可修理的**设备**部件所必需的资料。

d) 运输和贮存的环境条件

技术说明书应规定运输和贮存时的允许环境条件,这些条件在**设备**包装的外部应重复给出[见 6.1 v)]。

6.8.4 无通用要求。

6.8.5 无通用要求。

通过对**随机文件**的检查来检验是否符合 6.8 要求。

7 输入功率

7.1 在**额定**电压、稳态工作温度和制造商规定的工作设定时,**设备**的稳态电流和功率输入超出 6.1 j)要求标出的标称值的值不应大于:

a) 输入功率主要由电动机驱动引起的**设备**:

额定输入功率小于或等于 100 W 或 100 VA 时,+25%;

额定输入功率大于 100 W 或 100 VA 时,+15%。

b) 其他**设备**

额定输入功率小于或等于 100 W 或 100 VA 时,+15%;

额定输入功率大于 100 W 或 100 VA 时,+10%。

通过检查和下列试验来检验是否符合 7.1 要求:

——**设备**应按使用说明书运行,直至输入功率达到稳定值。

应测量电流或输入功率，并与标出值或**随机文件**中的规定值相比较。

测量值应不超过本条所要求的限值。

——标有一个或几个**额定**电压范围的**设备**，试验在每一范围的上、下限进行；但如果**额定**输入标定值与有关电压范围平均值相关，则试验可在电压为该范围平均电压下进行。

——应采用真有效值表来测量稳态电流，例如用热电式仪表。

输入功率若用伏安表示，应采用伏安计来测量，或以稳态电流（如前所述）和供电电压的乘积来确定。

7.2　无通用要求。

第二篇　环境条件

注：本篇代替 GB 9706.1—1988 中的第二篇“安全要求”。

8　基本安全类型

GB 9706.1—1988 第 8 章内容现已移至附录 A A1.1。

9　可拆卸的保护装置

无通用要求。以 6.1z)的内容代替。

10　环境条件

本章在 GB 9706.1—1988 中的标题“特殊环境条件”和相应的内容不再采用。

10.1　运输和贮存

在运输或贮存的包装状态下，**设备**应能放置于制造商规定的环境条件下[见 6.8.3 d)]。

10.2　运行

当**设备**在下列条件最不利的组合环境下**正常使用**运行时，它应符合本标准的所有要求。

10.2.1*　环境（参见 4.5）

a)　环境温度范围：+10℃～+40℃。

b)　相对湿度范围：30%～75%。

c)　大气压力范围：700 hPa～1 060 hPa。

d)　水冷**设备**进水口水温，不高于 25℃。

10.2.2*　电源

a)*　**设备**应适用下列电源：

——**额定**电压不超过：

- **手持式设备**，250 V；
- **额定**视在输入功率至 4 kVA 的**设备**，单相交流 250 V 或直流、多相交流 500 V；
- 所有其他**设备**，500 V；

——足够低的内阻抗（可由专用标准规定）；

——电压波动不超过**名义**电压的±10%，超过−10%而时间短于 1 s 的瞬间波动除外，例如 X 射线发生器或类似**设备**的工作所引起的不规则时间内的波动；

——系统的任何导线之间或任何导线与地之间，没有超出**名义值**+10%的电压；

——电压波形实质上是正弦波，且构成实质上是对称电源系统的多相电源；

——频率不超过 1 kHz；

——**名义值**小于等于 100 Hz 的频率误差不超过 1 Hz，**名义值**在 100 Hz 至 1 kHz 时的频率误差不大于**名义值**的 1%；

——保护措施按 GB 16895.21 的规定。

b) **内部电源**如可更换，应由制造商规定。

用本标准中的试验来检验是否符合 10.2 的条件。

11 无通用要求

12 无通用要求

GB 9706.1—1988 此章内容移至 3.6。

第三篇 对电击危险的防护

13 概述

设备应设计成能尽可能避免在**正常使用**和**单一故障状态**时发生电击危险。

如**设备**满足本篇的有关要求，即可认为该**设备**已符合要求。

14 有关分类的要求

14.1 Ⅰ类设备

a) 在为实现**设备**功能而应接触电路导电部件的情况下，**Ⅰ类设备**可具有**双重绝缘**或**加强绝缘**的部件，或可有由**安全特低电压**运行的部件，或者可有用保护阻抗来防护的**可触及部分**。

b)* 如果规定用外接直流电源**设备**的**网电源部分**与**可触及金属部分**之间的隔离是**基本绝缘**，则应提供独立的**保护接地导线**。

14.2 Ⅱ类设备

a) **Ⅱ类设备**应是下列类型之一：

1) 带绝缘**外壳**的**Ⅱ类设备**：

这种**设备**有一个耐用、实际上无孔隙，并把所有导电部件包围起来的绝缘**外壳**，但一些小部件如铭牌、螺钉及铆钉除外，这些小部件至少用相当于**加强绝缘**的绝缘与**带电**部分隔离。绝缘封闭的**Ⅱ类设备的外壳**，可构成**辅助绝缘**的一部分或全部；

2) 带金属**外壳**的**Ⅱ类设备**：

这种**设备**有一个实际上无孔隙的导电**外壳**，在这种**设备**中，整个**网电源部分**采用**双重绝缘**（除因采用**双重绝缘**显然行不通而采用**加强绝缘**外）；

3) 由上述 1)和 2)两类型综合的**设备**。

b) 如**设备**装有使其从Ⅰ类防护转为Ⅱ类防护的装置，下列要求应全部满足：

——转换装置应明确指出所选类别；

——应需使用**工具**方能转换；

——**设备**在任何时候应符合所选用防护类别的全部要求；

——在**Ⅱ类设备**工作位置上，该转换装置应切断**保护接地导线**与**设备**的连接，或把它转变成符合第 18 章要求的**功能接地导线**。

c) **Ⅱ类设备**可备有**功能接地端子**或**功能接地导线**。参见 18 k)和 l)。

14.3 无通用要求

14.4 Ⅰ类和Ⅱ类设备

a) 除**基本绝缘**外，**设备**应按**Ⅰ类**或**Ⅱ类设备**要求配备附加保护（见图 2 和图 3）。

b) 规定由外接直流电源供电的**设备**（例如，在救护车上使用），当极性接错时应不发生**安全方面危险**。

14.5　内部电源设备

a)　无通用要求。

b)* 具有与**供电网**相连的装置的**内部电源设备**，当其与**供电网**相连时应符合Ⅰ**类**或Ⅱ**类设备**的要求，当其未与**供电网**相连时应符合**内部电源设备**的要求。

14.6* B型、BF型和CF型应用部分

a)　无通用要求。

b)　无通用要求。

c)　在**随机文件**中指明适合**直接用于心脏**的**应用部分**应为**CF型**。

d)　无通用要求。

14.7　无通用要求

通过检查和有关试验来检验是否符合第14章的要求。

15　电压和(或)能量的限制

a)　无通用要求。

b)　用插头与**供电网**连接的**设备**，应设计成在拔断插头之后1 s时，各电源插脚之间以及每一电源插脚与**外壳**之间的电压不超过60 V。

通过下列试验来检验是否符合要求：

设备在**额定**电压或**额定**电压范围上限的电压上运行。

用拔断插头的方法使**设备**与**供电网**断开，且**设备**电源开关置于"通"或"断"中最不利的位置上。

在断开电源后1 s时，用一个内阻抗不影响测量值的仪表来测量插头各电源插脚间及电源插脚与**外壳**间电压。

测得的电压不应超过60 V。

试验应进行10次。

若采用了干扰抑制电容器，且每一线对地的电容量在**额定**电压小于或等于250 V时小于3 000 pF或**额定**电压小于或等于125 V时小于5 000 pF，则不应进行每一线与**外壳**之间的试验。

当线间接入的干扰抑制电容器其电容量小于或等于0.1μF时，也不应进行线间试验。

c)　在**设备**电源切断后立即打开在**正常使用**时用的**调节孔盖**就可触及的电容器或与其相连的电路**带电**部分上的剩余电压，不应超过60 V，若电压超过此值，则剩余能量不应超过2 mJ。

如果不能自动放电且仅在使用**工具**时才能打开**调节孔盖**，则允许在**设备**中设有手工放电装置。对这些电容器和(或)与其相连的电路，应加以标识。

用下述试验来检验是否符合要求：

在**额定**电压下运行**设备**，然后断开电源。在正常情况下以尽可能快的速度打开**正常使用**时用的**调节孔盖**。立即测量可触及的电容器或电路部件上的剩余电压，并计算残留的电能。如果制造商规定了一个非自动放电装置，应通过检查来弄清其内部情况和标识。

16* 外壳和防护罩

a)　**设备**应制造和封闭得能防止与**带电**部分以及在**单一故障状态**下可能**带电**的部分接触。

本要求适用于当**设备**以**正常使用**条件运行时，甚至在不用**工具**或按使用说明书打开盖子和门以及拆卸部件之后，**设备**所有的可触及部位。

若不用**工具**就能更换灯泡时，应保证在装、卸灯泡时防止与灯的**带电**部分接触。

应用本要求时应注意以下各点：

1) 本要求不适用于一般在**正常使用**中应与**患者**身体直接或间接连接的**设备应用部分**电极的**带电**部分。

2) 漆层、珐琅层、氧化层和类似的防护层以及用于在预计工作温度下(包括消毒温度)会重新变软的可塑密封层,不应视为能防止与**带电**部分接触的防护**外壳**。

3) 无通用要求。

4) 无通用要求。

5)* 在**正常使用**时,当不用**工具**就可触及的部分在与**患者**之间不可能发生**导电连接**(直接的或通过**操作者**身体)的情况下,可假定当其**基本绝缘**失效时该部件对地电压不超过交流 25 V 或直流 60 V。

使用说明书应指明**操作者**不要同时触及该部件和**患者**。

通过检查并用图 7 所示标准试验指,以弯曲或伸直姿势试验,检验是否符合 16 a)要求。此外,除了通向插头、连接器和插座中**带电**部分的孔外,**设备**上的孔都用图 8 所示的试验针进行试验。

除了落地使用且在任意工作状态下其质量都超过 40 kg 的**设备**不应翘起检查外,其他**设备**将标准试验指和试验针轻轻插入各个可能的位置。按照技术说明书准备安装在箱内的**设备**,应按其最终安装位置作试验。

对于用图 7 所示的标准试验指插不进的孔,应采用一个相同尺寸的无关节的直试验指,以30 N 的力进行机械试验。如果直试验指能插入,应采用图 7 所示的标准试验指重新试验,如有必要,把试验指推入孔内。

标准试验指或试验针应不可能接触到**基本绝缘**、裸露的**带电**部分或仅用清漆、瓷漆、普通纸、棉纱、氧化膜、瓷珠或密封剂作防护的**带电**部分或仅用**基本绝缘**与**网电源部分**隔离但未**保护接地**的部件。

为了显示与**带电**部分的接触,建议使用一个灯泡且试验电压至少为 40 V。

如果试验钩(见图 9)能够插入**设备**的孔,应采用试验钩进行机械试验。

将试验钩插入所有各有关孔中,接着以 20 N 的力在大致垂直于孔表面的方向拉 10 s。应没有**带电**部分变成可触及的,且**带电**部分的**爬电距离**和**电气间隙**都不应降至 57.10 所规定的值以下。

通过检查及用标准试验指试验来检验是否符合要求。

b) **外壳**顶盖上任何孔的位置或尺寸,都应使直径为 4 mm,长度为 100 mm 的试验棒在整个长度都进入孔内自由垂直悬挂时,仍不会触及到**带电**部分。

是否符合要求,应在**正常使用**时将直径为 4 mm,长度为 100 mm 的金属试验棒插入孔中进行检验。试验棒自由垂直悬挂,插入深度为棒的全长。该试验棒不应变成**带电**状态,也不应触及到**基本绝缘**或仅用**基本绝缘**与**网电源部分**隔离又未**保护接地**的任何部件。

c)* 当取下手柄、旋钮、控制杆等之后,就能触及控制器操作机构的导体部件时,应:

——当用开路试验电压不超过交流 50 V,试验电流不低于 1A 测量时,测得的上述导体部件至**设备保护接地端子**的电阻值不应大于 0.2 Ω,或

——应采用 17 g)中的一种方法与**带电**部分隔离。

本条要求不适用于次级回路中至少用**基本绝缘**与**网电源部分**隔离的且具有**额定**回路电压小于或等于交流 25 V、直流或峰值 60 V 的控制器。在这些情况下,轴及类似部件可仅以**基本绝缘**与电路部件相隔离。

用电流值和压降值来计算电阻值,以检验是否符合要求。不应超过规定值。另外,应检查证实其有充分的隔离。

d)* **设备外壳**内带有交流 25 V 或直流 60 V 以上线路电压的各部件,如果不能由一随时可触及的

外部电源开关或插头装置与电源断开(例如室内照明、主开关遥控等电路),应采用附加罩盖防护,从而即使在**外壳**打开后(例如为了保养)也可防止接触,或在空间互相隔开排列的情况下,应清晰地做出"**带电**"标记。

通过对所要求的罩盖或警告标志(如果有)进行检查来检验是否符合要求,如有必要,用图7所示标准试验指进行检验。

e)* 防止与**带电**部分接触的**外壳**应仅用工具才能移开,否则应采用一个自动装置在打开或移开**外壳**时,使这些部件不带电。

下列部件除外:

1) 不用**工具**便可移开的**外壳**或**设备**部件和允许**操作者**在**正常使用**时触及的一些**带电**部分,这些**带电**部分的电压不应超过交流25 V、直流或峰值60 V,且由17 g)1)~5)所述的一种方法与**供电网**相隔离的电源供电。

可适用的例子为:

——带灯按钮罩;

——指示灯罩;

——记录笔罩;

——插入式组件;

——电池箱盖。

2) 在取下灯泡后允许触及的灯座**带电**部分。

在这种情况下,使用说明书应提示**操作者**不要同时接触这类部件和**患者**。

通过检查和下列试验,检验是否符合要求:

——试验自动断电装置或放电装置的有效性;

——用图7标准试验指测量可触及的**带电**部分的电压。

f) 有些预置控制器可由**使用者**在**正常使用**时利用**工具**来调节,为调节这些控制装置而开的孔,应设计成调节**工具**在孔内不能触及**基本绝缘**或任何**带电**部分,或仅用**基本绝缘**与**网电源部分**相隔离又未**保护接地**的任何部件。

是否符合要求,应通过检查并把直径为4 mm、长度为100 mm的试验棒从各可能位置插入孔中进行检验。如有疑问,则施加10 N的力,试验棒不应触及**基本绝缘**或任何**带电**部分或仅用**基本绝缘**与**网电源部分**相隔离又未**保护接地**的任何部件。

g) 无通用要求。

17* 隔离(原标题:绝缘和保护阻抗)

a) 在**正常状态**和**单一故障状态**(见3.6)下,**应用部分**应与设备的**带电**部分隔离到**漏电流**容许值(见第19章)不被超过的程度。

采用下述方法之一,本要求可满足:

1) **应用部分**仅用**基本绝缘**与**带电**部分隔离但**保护接地**,且**应用部分**对地有一个低的内阻抗以使**正常状态**和**单一故障状态**时**漏电流**不超过容许值。

2) **应用部分**用一个已**保护接地**的金属部件与**带电**部分隔离,此金属部件可以是一个全封闭的金属屏蔽。

3) **应用部分**未**保护接地**,但用一个在任何绝缘失效时均不产生超过容许值的**漏电流**流向**应用部分**的**保护接地**中间电路与**带电**部分隔离。

4) **应用部分**用**双重绝缘**或**加强绝缘**与**带电**部分隔离。

5) 用元件的阻抗防止超过容许值的**患者漏电流**和**患者辅助电流**流向**应用部分**。

用检查和测量来检验是否符合17 a)的要求。

如果**应用部分**和**带电**部分之间的**爬电距离**和(或)**电气间隙**不符合 57.10 的要求,该**爬电距离**和(或)**电气间隙**应短接。

按 19.4 所述来测量**患者漏电流**和**患者辅助电流**,且不应超过表 4 中给定的**正常状态**时的限值。

如果对上述 17 a)1)的**应用部分**和上述 17 a)2)的**保护接地**的金属部件及上述 17 a)3)的中间电路的检查表明在**单一故障状态**时隔离的有效性可疑时,应在短接**带电**部分与**应用部分**之间的绝缘[上述 17 a)1)]、**带电**部分与金属部件之间的绝缘[上述 17 a)2)]、或**带电**部分与中间电路之间的绝缘[上述 17 a)3)]后测量**患者漏电流**和**患者辅助电流**。

在短路后最初 50 ms 内产生的瞬时电流毋需考虑。在 50 ms 以后,**患者漏电流**和**患者辅助电流**不应超过**单一故障状态**时的容许值。

此外,应对**设备**和(或)其电路进行检验,以确定把**漏电流**和(或)**患者辅助电流**限制在规定值内是否取决于置于**应用部分**与**网电源部分**之间的、**应用部分**与其他**带电**部分之间的,以及 **F 型应用部分**与接地部件之间的半导体器件结的绝缘性能。

如果是取决于半导体器件结的绝缘性能,则应每次短接一个结以模拟关键结的击穿,来检验在**单一故障状态**时容许的**漏电流**和**患者辅助电流**是否被超过。

b) 无通用要求。

c) **应用部分**不应与未**保护接地**的**可触及金属部分**有**导电连接**。

是否符合要求,通过检查和 19.4 的漏电流试验来检验。

d) **Ⅰ类设备**手持式软轴应采用**辅助绝缘**与电动机轴隔离。

由Ⅰ类防护电动机驱动的,在**正常使用**时可能与**操作者**或**患者**直接接触,但又不可能**保护接地**的**可触及金属部分**,应采用至少能承受与电动机**额定**电压相应的电介质强度试验且具有足够机械强度的**辅助绝缘**与电动机轴隔离。

通过检查并对手持式软轴和(或)被驱动的**Ⅰ类设备**的**可触及金属部分**与电动机轴之间的绝缘试验,来检验是否符合要求。应采用对**辅助绝缘**规定的试验(见 20.4)。

此外,要检验**爬电距离**和**电气间隙**是否符合要求(见 57.10)。

e) 无通用要求。

f) 无通用要求。

g) 在**正常状态**和**单一故障状态**(见 3.6)下,非**应用部分**的**可触及部分**,应与**设备**的**带电**部分隔离到使**漏电流**不超过容许值(见第 19 章)的程度。

采用下述方法之一,本要求可满足:

1) **可触及部分**仅用**基本绝缘**与**带电**部分隔离,但要**保护接地**。
2) **可触及部分**用**保护接地**的金属部件与**带电**分隔离,此金属部件可以是全封闭的导体屏蔽。
3) **可触及部分**未**保护接地**,但用一任何绝缘失效都不会导致**外壳漏电流**超过容许值的**保护接地**中间电路与**带电**部分隔离。
4) **可触及部分**用**双重绝缘**或**加强绝缘**与**带电**部分隔离。
5) 用元件的阻抗防止超过容许值的**外壳漏电流**流到**可触及部分**。

通过对所要求的隔离作检查以发现哪一处绝缘失效会引起**安全方面危险**来检验是否符合要求。

如果**可触及部分**与**带电**部分之间的**爬电距离**和(或)**电气间隙**不符合 57.10 的要求,则该**爬电距离**和(或)**电气间隙**应短接。

接着应按 19.4 所述测量**外壳漏电流**,且不超过表 4 中**正常状态**时的限值。

如果对上述 17 g)2)中的**保护接地**的金属部件或上述 17 g)3)中的中间电路的检查表明对**单一故障状态**时隔离的有效性有怀疑时,应通过短接**带电**部分与金属部件之间[上述 17 g)2)中],

或带电部分与中间电路之间[上述 17 g)3)中]的绝缘来测量**外壳漏电流**。

在短路后最初 50 ms 内产生的瞬态**漏电流**毋需考虑。

在 50 ms 以后,**外壳漏电流**不应超过**单一故障状态**的容许值。

此外,应对**设备**和(或)其电路进行检验,以确定把**漏电流**和(或)**患者辅助电流**限制在规定值内是否取决于置于**可触及部分**与带电部分间半导体器件结的绝缘性能。

如果是取决于半导体器件结的绝缘性能,则应每次短接一个结以模拟关键结的击穿,来检验在**单一故障状态**时容许的**漏电流**和**患者辅助电流**是否被超过。

h)* 用于将**防除颤应用部分**与其他部分隔离的布置应设计成:

——在对与**防除颤应用部分**连接的**患者**进行心脏除颤放电期间,危险的电能不出现在:

- **外壳**,包括可触及导线和连接器的外表面;
- 任何**信号输入部分**;
- 任何**信号输出部分**;
- 试验用金属箔,**设备**置于其上,其面积至少等于**设备**底部的面积。

——施加除颤电压后,再经过**随机文件**中规定的任何必要的恢复时间,**设备**应能继续行使**随机文件**中描述的预期功能。

用以下的脉冲电压试验来检验是否符合要求:

——(共模试验)**设备**接至图 50 所示的试验电路。试验电压施加于所有互相连在一起且与地隔离的**患者连接**;

——(差模试验)**设备**接至图 51 所示的试验电路。试验电压依次施加于每一个**患者连接**,其余的所有**患者连接**接地。

注:当**应用部分**只有一个**患者连接**时,不采用差模试验。

在每次试验期间:

——Ⅰ**类设备**的**保护接地导线**接地。没有**供电网**也能运行的Ⅰ**类设备**,如具有内部电池,在断开保护接地连接后再试验一次;

——**设备**应不接通电源;

——**应用部分**的绝缘表面用金属箔覆盖或浸在 19.4 h) 9)中规定的盐溶液中;

——断开任何与**功能接地端子**的连接;当一个部分因功能目的被内部接地时,这类连接应被看作保护接地连接并应符合第 18 章的要求,或者应予以断开;

——本试验方法第一破折号中规定的未**保护接地**的部件接至示波器。

经过操作 S 后,在 Y_1 点和 Y_2 点之间的峰值电压不应超过 1 V。

改变 V_T 极性,重复进行上述每项试验。

经过**随机文件**规定的任何必要的恢复时间后,**设备**应能继续行使**随机文件**中描述的预期功能。

18 保护接地、功能接地和电位均衡

a)* Ⅰ**类设备**中**可触及部分**与带电部分间用**基本绝缘**隔离时,应以足够低的阻抗与**保护接地端子**连接。参见 17 g)。

通过检查及 18 f)和 18 g)的试验来检验是否符合要求。

b) **保护接地端子**应适合于经**电源软电线**的**保护接地导线**,以及合适时经适当插头,或经固定的永久性安装的**保护接地导线**,与设施中的保护导线相连。接地连接的结构性要求见第 58 章。

通过检查[见 18 f)]来检验是否符合要求。

c) 无通用要求。

d) 无通用要求。

e) 如果**设备**具有供给**电位均衡导线**连接用的装置，这一连接应符合下列要求：

——容易接触到；

——**正常使用**中能防止意外断开；

——不使用**工具**即可拆下导线；

——**电位均衡导线**不应包含在**电源软电线**中；

——连接装置应标以表 D.1 中的符号 9。

通过检查来检验是否符合要求。

f) 不用**电源软电线**的**设备**，其**保护接地端子**与已**保护接地**的所有**可触及金属部分**之间的阻抗，不应超过 0.1 Ω。

具有**设备电源输入插口**的**设备**，在该插口中的保护接地连接点与已**保护接地**的所有**可触及金属部分**之间的阻抗，不应超过 0.1 Ω。

带有不可拆卸**电源软电线**的**设备**，**网电源插头**中的保护接地脚和已**保护接地**的所有**可触及金属部分**之间的阻抗不应超过 0.2 Ω。

通过下列试验来检验是否符合要求：

用 50 Hz 或 60 Hz、空载电压不超过 6 V 的电流源，产生 25 A 或 1.5 倍于**设备**额定电流，两者取较大的一个(±10%)，在 5 s～10 s 的时间里，在**保护接地端子**或**设备电源输入插口**保护接地连接点或**网电源插头**的保护接地脚和在**基本绝缘**失效情况下可能**带电**的每一个**可触及金属部分**之间流通。

测量上述有关部分之间的电压降，根据电流和电压降确定的阻抗，不应超过本条中所规定的值。

g)* 如**可触及部分**或与其连接的元器件的**基本绝缘**失效时，流至**可触及部分**的连续故障电流值限制在某值之下，以致在**单一故障状态**时**外壳漏电流**不超过容许值时，除在 18 f)中所述之外的保护接地连接阻抗容许超过 0.1 Ω。

通过检查和测量**单一故障状态**的**外壳漏电流**来检验是否符合要求。参见 17 g)。

h) 无通用要求。

j) 无通用要求。

k) **功能接地端子**不应当作保护接地使用。

l) 如果带有隔离的内部屏蔽的**Ⅱ类设备**，采用三根导线的**电源软电线**供电，则第三根导线(与**网电源插头**的保护接地连接点相连)应只能用作内部屏蔽的功能接地，且应是绿/黄色的。

该内部屏蔽和与其相连的所有内部布线的绝缘，应是**双重绝缘**或**加强绝缘**。

在此情况下，这种**设备**的**功能接地端子**应标识得与**保护接地端子**能区别，另外还应在**随机文件**中加以说明。

通过检查和测量来检验是否符合要求。对绝缘应按第 20 章所述要求试验。

19 连续漏电流和患者辅助电流

19.1 通用要求

a) 起防电击作用的电气绝缘应有良好的性能，以使穿过绝缘的电流被限制在规定的数值内。

b) 连续的**对地漏电流**、**外壳漏电流**、**患者漏电流**及**患者辅助电流**的规定值适合于下列条件的任意组合：

——在 19.4 所规定的工作温度下和 4.10 中所规定的潮湿预处理之后。

——在**正常状态**下和在规定的**单一故障状态**下(见 19.2)。

——**设备**已通电处于待机状态和完全工作状态，且**网电源部分**的任何开关处于任何位置。

——在最高**额定**供电频率下。

——电压为110%的最高额定网电源电压下。

测量值不应超过19.3中给定的容许值。

c) 规定接至SELV电源的设备，仅在该电源符合本标准要求，且设备与该电源组合起来试验符合容许漏电流要求时，才能认为符合本标准的要求。

对这种设备和内部电源设备应测量外壳漏电流，但仅限于19.4 g)3)所述。

d)* Ⅰ类设备外壳漏电流的测量应仅限于：

——未保护接地外壳的每一部分(如有)到地；

——未保护接地外壳的各部分(如有)之间。

e) 应测量的患者漏电流(见附录K)：

——对B型应用部分，从连在一起的所有患者连接，或按制造商的说明对应用部分加载进行测量；

——对BF型应用部分，轮流地从应用部分的同一功能的连在一起的所有患者连接，或按制造商的说明对应用部分加载进行测量；

——对CF型应用部分，轮流地从每个患者连接点进行测量。

如果制造商为应用部分的可拆卸部件规定了选用件(例如，患者电线和电极)，患者漏电流应采用最不利的规定可拆卸部件来测量。

f) 患者辅助电流应在任一患者连接点与连在一起的所有其他患者连接之间进行测量。

g) 具有多个患者连接的设备应通过检验，以确保在正常状态下当一个或多个患者连接处于以下状态时患者漏电流和患者辅助电流不超过容许值：

——不与患者连接；和

——不与患者连接并接地。

如果对设备电路的检查表明，在上述条件下患者漏电流或患者辅助电流可能增加至超出容许值时，应进行试验，且实际测量宜限于几种有代表性的组合。

19.2 单一故障状态

a)* 对地漏电流、外壳漏电流、患者漏电流及患者辅助电流，应在下列单一故障状态下进行测量：

——每次断开一根电源导线；

——断开一根保护接地导线(在对地漏电流时不适用)。若是固定的永久性安装的保护接地导线，不需进行这一测量；

——参阅17 a)和17 g)。

b) 此外，患者漏电流应在下列单一故障状态下测量：

——将最高额定网电源电压值的110%的电压加到地与任一信号输入部分或信号输出部分之间。

本要求不适用于下列情况：

1) 制造商规定的信号输入部分或信号输出部分与不存在外部电压风险情况的设备相连时(见GB 9706.15)。

2) B型应用部分，对其电路和物理布局的检查表明不存在安全方面危险；

3) 对F型应用部分。

——将最高额定网电源电压值的110%的电压加到任一F型应用部分与地之间。

——将最高额定网电源电压值的110%的电压加到地与任一未保护接地的可触及金属部分之间。

本要求不适用于：

1) B型应用部分，对其电路和物理布局的检查表明不存在安全方面危险；

2) 对F型应用部分。

c) 此外，应将最高**额定网电源电压**值的110%的电压加到地与**信号输入部分**或**信号输出部分**之间来测量**外壳漏电流**。

这一要求仅适用于制造商规定**信号输入部分**或**信号输出部分**与存在外部电压风险情况的**设备**相连时(见GB 9706.15)。

19.3* 容许值

a) 在表4中给出了直流、交流及复合波形的连续**漏电流**和**患者辅助电流**的容许值。除非另有说明，其值均为直流或有效值。

b) 表4所列的容许值适用于流经图15网络并按该图示(或按图15测量电流频率特性的装置)进行测量的电流。

另外，在**正常状态**或**单一故障状态**下，不论何种波形和频率，**漏电流**有效值不应超过10 mA。

c) 无通用要求。

d) 无通用要求。

e) 无通用要求，但见表4的注3)和注4)。

表4 连续漏电流和患者辅助电流的容许值*

单位为毫安

电流		B型		BF型		CF型	
		正常状态	单一故障状态	正常状态	单一故障状态	正常状态	单一故障状态
对地漏电流(一般**设备**)		0.5	1[1)]	0.5	1[1)]	0.5	1[1)]
按注2)、注4)的**设备对地漏电流**		2.5	5[1)]	2.5	5[1)]	2.5	5[1)]
按注3)的**设备对地漏电流**		5	10[1)]	5	10[1)]	5	10[1)]
外壳漏电流		0.1	0.5	0.1	0.5	0.1	0.5
按注5)的**患者漏电流**	d.c.	0.01	0.05	0.01	0.05	0.01	0.05
	a.c.	0.1	0.5	0.1	0.5	0.01	0.05
患者漏电流(在**信号输入部分**或**信号输出部分**加**网电源电压**)		—	5	—	—	—	—
患者漏电流(**应用部分**加**网电源电压**)		—	—	—	5	—	0.05
按注5)**患者辅助电流**	d.c.	0.01	0.05	0.01	0.05	0.01	0.05
	a.c.	0.1	0.5	0.1	0.5	0.01	0.05

(参见附录A中表4**患者漏电流**的编制说明)

表4的注：

1) **对地漏电流**的唯一**单一故障状态**，就是每次有一根电源导线断开[见19.2 a)和图6]。

2) **设备**的**可触及部分**未**保护接地**，也没有供其他**设备**保护接地用的装置，且**外壳漏电流**和**患者漏电流**(如适用)符合要求。

例：

某些带有屏蔽的**网电源部分**的计算机。

3) 规定是永久性安装的**设备**，其**保护接地**导线的电气连接只有使用**工具**才能松开，且紧固或机械固定在规定位置，只有使用**工具**才能被移动。

这类**设备**的例子是：

- X射线**设备**的主件，例如X射线发生器、检查床或治疗床。
- 有矿物绝缘电热器的**设备**。
- 由于符合抑制无线电干扰的要求，其**对地漏电流**超过表4第一行规定值的**设备**。

4) 移动式X射线**设备**和有矿物绝缘的**移动式设备**。

5) 表4中规定的**患者漏电流**和**患者辅助电流**的交流分量的最大值仅是指电流的交流分量。

19.4 试验

a)* 概述

1) **对地漏电流**、**外壳漏电流**、**患者漏电流**及**患者辅助电流**的测量,在:

——**设备**达到符合第七篇所要求的工作温度之后,和

——在4.10规定的潮湿预处理之后。

将**设备**置于温度约等于t℃(t为潮湿箱内的温度),相对湿度在45%~65%的环境里,并应在潮湿处理之后1 h才开始测量。

应先进行**设备**不通电的测量。

2) **设备**接到电压为最高**额定网电源电压**的110%的电源上。

3) 能适用单相电源试验的三相**设备**,将其三相电路并联起来作为单相**设备**来试验。

4) 对**设备**的电路排列、元器件布置和所用材料的检查表明无任何**安全方面危险**可能性时,试验次数可减少。

5) 无通用要求。

b)* 测量供电电路

1) 规定与有一端大约为地电位的**供电网**相连的**设备**,以及对电源类别未予规定的**设备**,连接到图10所示电路。

2) 规定接到相线对中线之间电压近似对称而电压方向相反的**供电网**的**设备**,连接到图11所示电路。

3) 规定与多相(例如三相)网电源连接的多相或单相**设备**,连接到图12、图13所示电路之一。

4) 规定使用指定的Ⅰ**类**单相网电源的**设备**,连接到图14所示电路。

试验时应依次断开和闭合开关S_8。

然而,若所指定电源具有固定的永久性安装的**保护接地导线**,试验时应闭合开关S_8。

5) 规定使用指定的Ⅱ**类**单相网电源的**设备**连接到图14所示电路,但不使用保护接地连接和S_8。

c) **设备**与测量供电电路的连接

1) 配有**电源软电线**的**设备**用该软电线进行试验。

2) 具有**设备电源输入插口**的**设备**,用3 m长或长度和型号由制造商规定的**可拆卸电源软电线**连接到测量供电电路上进行试验。

3) 规定要**永久性安装**的**设备**,用尽可能短的连线和测量供电电路相连来进行试验。

d)* 测量布置

1) 建议把测量供电电路和测量电路放在尽可能远离无屏蔽电源供电线的地方,并(除以下条文另有规定外)避免把**设备**放在大的接地金属面上或其附近。

2) 然而,**应用部分**的外部部件包括**患者**电线(如有)在内,应放在介电常数约为1的(例如,泡沫聚苯乙烯)绝缘体表面上,并在接地金属表面上方约200 mm处。

e) 测量装置(MD)

1) 对直流、交流及频率小于或等于1 MHz的复合波形来说,测量装置应给**漏电流**或**患者辅助电流**源加上约1 000 Ω的阻性阻抗。

2) 如果采用了按图15或具有相同频率特性的类似电路作测量装置,就自动得到了按19.3 a)和b)的电流或电流分量的评价。这就允许用单个仪器测量所有频率的总效应。

很可能出现频率超过1 kHz,数值超过10 mA的电流和电流分量,这就应采用其他适当的手段来测量。

3) 无通用要求。

4)* 图 15 所示的测量仪表对从直流到小于或等于 1 MHz 频率的交流都应有一约 1 MΩ 或更高的阻抗。它应指示测量阻抗二端的直流、或交流、或有频率从直流或交流或有频率从小于或等于 1 MHz 频率分量的复合波形电压的真有效值，指示的误差不超过指示值的 ±5%。

其刻度可指示通过测量装置的电流，包括对 1 kHz 以上频率分量的自动测定，以便能将读数直接与表 4 比较。

如能证实(例如，用示波器)在所测的电流中，不会出现高于上限的频率，则对百分指示误差的要求和校准要求可限于其上限低于 1 MHz 的范围。

f) **对地漏电流**的测量

1) Ⅰ**类设备**，不论其有无**应用部分**，按图 16 用图 10、图 11、图 12 或图 13 中相应的测量供电电路试验。

2) 规定使用指定的Ⅰ类单相电源的**设备**，按图 17 用图 14 的测量供电电路试验。若**设备**已**保护接地**，还应采用 MD2 进行测量。

g) **外壳漏电流**的测量

1) Ⅰ**类设备**，不论其有无**应用部分**，按图 18 用图 10、图 11、图 12 或图 13 中相应的测量供电电路试验。

用 MD1 在地和未**保护接地外壳**的每个部分之间测量。

用 MD2 在未**保护接地外壳**的各部分之间测量。

2) Ⅱ**类设备**，不论其有无**应用部分**，按图 18 用图 10、图 11、图 12 或图 13 中相应的测量供电电路试验，但不使用保护接地连接和 S_7。

用 MD1 在**外壳**和地之间或当**外壳**有几个部分时，在**外壳**每一部分与地之间测量。

用 MD2 在**外壳**的各部分之间或当不止有一个**外壳**时，在任意两个**外壳**之间测量。

3) 规定与 SELV 电源相连的**设备**及**内部电源设备**，流过**外壳**不同部分之间的**外壳漏电流**用图 18 中测量装置 MD2 试验。

4) 规定使用指定的Ⅰ类单相供电电源的**设备**，不论其有无**应用部分**，按图 19 用图 14 的测量供电电路试验。

规定使用指定的Ⅱ类单相供电电源的**设备**，不论其有无**应用部分**，应按图 19 用图 14 的测量供电电路试验，但不使用保护接地连接和 S_8。

仅当**设备**本身是Ⅰ**类设备**时，才使用**设备**的保护接地连接和 S_8。

Ⅰ类电源和(或)与之相连的Ⅰ**类设备**的试验，在 19.4 g)1)中"Ⅰ**类设备**"中叙述。

Ⅱ类电源和(或)与之相连的非Ⅰ**类设备**的试验，在 19.4 g)2)中"Ⅱ**类设备**"中叙述。

5) 若**设备外壳**或**外壳**的一部分是用绝缘材料制成的，应将最大面积为 20 cm×10 cm 的金属箔紧贴在绝缘**外壳**或**外壳**的绝缘部分上。

为此，可用约 0.5 N/cm² 的力压在绝缘材料上。

如有可能，移动金属箔以确定**外壳漏电流**的最大值。应注意，金属箔不要接触到可能已**保护接地**的任何**外壳**金属部件；然而，未**保护接地**的**外壳**金属部件，可用金属箔部分地或全部地覆盖。

要测量**单一故障状态**下的**外壳漏电流**时，金属箔可布置得与**外壳**的金属部件相接触。

当**患者**或**操作者**与**外壳**表面接触的面积可能大于正常人手的尺寸时，金属箔的尺寸按接触面积相应增加。

6) 如适用，除上述外按 17 g)进行测量。

h)* **患者漏电流**的测量

对**应用部分**的连接，见 19.1 e)和附录 K。

1) 有**应用部分**的Ⅰ**类设备**，按图 20 用图 10、图 11、图 12 或图 13 中相应的测量供电电路试验。

2) 有**F型应用部分**的Ⅰ**类设备**，另外再按图 21 用图 10、图 11、图 12 或图 13 中相应的测量供电电路试验。

设备中未永久接地的**信号输入部分**与**信号输出部分**应接地。

图 21 中变压器 T_2 所设定的电压值应等于**设备**最高**额定网电源电压**的 110%。

3) 有**应用部分**和**信号输入部分**和(或)**信号输出部分**的Ⅰ**类设备**，需要时[见 19.2 b)]，还应按图 22 用图 10、图 11、图 12 或图 13 中相应的测量供电电路试验。

变压器 T_2 所设定的电压值应等于**设备**最高**额定网电源电压**的 110%。除非制造商规定要接负载，**信号输入部分**和**信号输出部分**要短接。在接负载的情况下，试验电压依次加到**信号输入部分**和**信号输出部分**的所有各极上。

4) Ⅱ**类设备**按上述试验 1)～3)作Ⅰ**类设备**进行试验，但不用保护接地连接和 S_7。

有**F型应用部分**的Ⅱ**类设备**的**患者漏电流**，在金属**外壳**(若有)接地并在**应用部分**加上外来电压后进行测量。

若Ⅱ**类设备**外壳用绝缘材料制成，则在任何正常使用位置时，将**设备**放在尺寸至少等于**外壳**水平投影且接地的平坦金属面上。

5) 有**应用部分**、规定用指定的单相供电电源的**设备**，用图 14 的测量供电电路试验，但是若所指定的单相供电电源是Ⅱ**类**，则不使用保护接地连接和 S_8。

——若**设备**本身属Ⅰ**类**，按上述试验 1)作为Ⅰ**类设备**试验。

——若**设备**本身属Ⅱ**类**，按上述试验 4)作为Ⅱ**类设备**试验。

——若指定的单相供电电源属Ⅰ**类**，则在测量时仅 S_8 应断开(**单一故障状态**)和闭合，而 S_1、S_2、S_3 和 S_{10}(如有)是闭合的。

6) **内部电源设备**，按图 23 进行试验。

外壳用绝缘材料制成的，应采用 19.4 g)5)中所述的金属箔。

7) 有**F型应用部分**的**内部电源设备**，还要按图 24 进行试验。变压器 T_2 所设定的电压值应为供电频率下的 250 V[见 19.1 b)]。

做此试验时，**设备**金属外壳和**信号输入部分**及**信号输出部分**要接地。

外壳用绝缘材料制成的**设备**，在任何**正常使用**位置时，将**设备**放在尺寸至少等于**外壳**水平投影且接地的平坦金属面上。

8) 有**应用部分**和**信号输入部分**和(或)**信号输出部分**的**内部电源设备**，如适用，按 19.2 b)，再按图 25 进行试验。变压器 T_1 所设定的电压值应是供电频率下的 250 V[见 19.1 b)]。

作此试验时，**设备**置于 19.4 d)或 19.4 h)7)中所述的较为不利的**正常使用**位置上。

9) **应用部分**的表面由绝缘材料构成时，用 19.4 g)5)中所述金属箔进行试验。或将**应用部分**浸于盐溶液中。这些箔或盐溶液应视为相关**应用部分**的唯一的**患者连接**。

应用部分与**患者**接触的面积远大于 20 cm×10 cm 的箔面积时，箔的尺寸增至相应的接触面积。

10) 若制造商规定要对**应用部分**加载，则测量装置应依次接到负载(**应用部分**)的所有极上。

11) 如果适用，除上述外，再按 17 a)进行测量。

j) **患者辅助电流**的测量

对**应用部分**的连接，见 19.1 e)和附录 K。

1) 有**应用部分**的Ⅰ**类设备**，按图 26 用图 10、图 11、图 12 或图 13 中相应的测量供电电路试验。

2) 有**应用部分**的Ⅱ**类设备**作为上述的Ⅰ**类设备**进行试验，但不用保护接地连接和 S_7。

3) 有**应用部分**,规定使用指定单相供电电源的**设备**用图 14 测量供电电路试验,若所指定的单相供电电源属Ⅱ**类**,则不用保护接地连接和 S_8。

若**设备**本身是Ⅰ**类**,按上述 1)中Ⅰ**类设备**试验。

若**设备**本身是Ⅱ**类**,按上述 2)中Ⅱ**类设备**试验。

若所指定单相供电电源属Ⅰ**类**,则

——S_8 应断开(**单一故障状态**)和 S_1、S_2 及 S_3 应闭合;

——另外,S_8 应闭合和 S_1、S_2 或 S_3 应依次断开(**单一故障状态**)。

在上述三项测量过程中,应将 S_5 和 S_{10} 置于所有可能组合的位置。

4) **内部电源设备**,按图 27 进行试验。

20 电介质强度

仅仅是具有安全功能的绝缘需要承受试验。

20.1 对所有各类设备的通用要求

应试验电介质强度(参见附录 E):

A-a_1 在**带电部分**和已**保护接地**的**可触及金属部分**之间。

这种绝缘应是**基本绝缘**。

A-a_2 在**带电部分**和未**保护接地外壳**部件之间。

这种绝缘应是**双重绝缘**或**加强绝缘**。

A-b 在**带电部分**和以**双重绝缘**中的**基本绝缘**与**带电部分**隔离的导体部分之间。

这种绝缘应是**基本绝缘**。

A-c 在**外壳**和以**双重绝缘**中的**基本绝缘**与**带电部分**隔离的导体部分之间。

这种绝缘应是**辅助绝缘**。

A-d 无通用要求。

A-e 在非**信号输入部分**或**信号输出部分**的**带电部分**和未**保护接地**的**信号输入部分**或**信号输出部分**之间。

应采用 17 g)1)至 5)中所示的办法之一来实现隔离。

如果在**正常状态**和**单一故障状态**下出现在**信号输入部分**(SIP)和(或)**信号输出部分**(SOP)的电压不超过**安全特低电压**,就不需单独检验。

A-f* 在**网电源部分**相反极性之间。

这种绝缘应相当于**基本绝缘**。

只有在检查了绝缘的数量和尺寸,包括按 57.10 的**爬电距离**和**电气间隙**,并确定其不能完全符合要求之后,才应检查 A-f 部分的电气绝缘。

如果为检验 A-f 部分需拆开电路或元件的防护,不可能不损坏**设备**时,制造商和试验室应商定任何其他能满足检查目的的方法。

A-g 在用绝缘材料作内衬的金属**外壳**(或罩盖)和为试验目的用来与内衬内表面相接触的金属箔之间。当通过内衬测得**带电部分**与**外壳**(或罩盖)之间的距离小于 57.10 所要求的**电气间隙**时,可用这种内衬。

当**外壳**(或罩盖)已**保护接地**,要求的**电气间隙**是按**基本绝缘**考虑的,内衬应按**基本绝缘**处理。

当**外壳**(或罩盖)未**保护接地**,要求的**电气间隙**按**加强绝缘**考虑。

若**带电**部分和内衬内表面距离不小于按**基本绝缘**要求的**电气间隙**,那个距离应当作**基本绝缘**处理。内衬应当作**辅助绝缘**。

若上述距离小于按**基本绝缘**的要求,则内衬应按**加强绝缘**处理。

A-h 无通用要求。

A-j 在**电源软电线**绝缘失效时会**带电**的未**保护接地**的**可触及部分**和进线入口处套管内的、电线保护套内的、电线固定件内的或类似物件内的**电源软电线**上所缠绕的金属箔之间，或(和)插在软电线位置处其直径与软电线相同的金属杆之间。

这种绝缘应是**辅助绝缘**。

A-k 依次在**信号输入部分**、**信号输出部分**和未**保护接地**的**可触及部分**之间。

这种绝缘应是**双重绝缘**或**加强绝缘**。

如果至少满足下列条件之一，这种绝缘就不需单独检验：

a) 在**正常使用**时出现在**信号输入部分**或**信号输出部分**上的电压不超过**安全特低电压**。

b) **信号输入部分**或**信号输出部分**内任一元件失效时，**漏电流**不超过**单一故障状态**时的容许值。

c) **信号输入部分**、**信号输出部分**和未**保护接地**的**可触及部分**，已用**保护接地**屏蔽或**保护接地**中间电路有效隔离。

d) 制造商规定**信号输入部分**或**信号输出部分**只能与不存在外部电压风险的**设备**相连(见 GB 9706.15)。

20.2 对有应用部分的设备的要求

对于有**应用部分**的**设备**，也应试验电介质强度(参见附录 E)：

B-a 在**应用部分**(**患者电路**)和**带电**部分之间。

这种绝缘应是**双重绝缘**或**加强绝缘**。

若上述部件如 17 a)1)、2)或 3)中所述那样有效地隔离了，则此绝缘不需单独检验。在此情况下，试验由 B-c 和 B-d 中的试验来代替。

当**应用部分**和**带电**部分之间的总隔离由一个以上的电路绝缘组成时，这些电路实际上可能具有不同的工作电压，应注意到隔离措施的每一部分承受的是从有关基准电压导出的合适的试验电压。这意味着试验 B-a 可由两个或更多个在隔离措施中各个隔离部分上的试验来代替。

B-b 在**应用部分**各部件之间和(或)在**应用部分**与**应用部分**之间。

见专用标准。

B-c 在**应用部分**和仅用**基本绝缘**与**带电**部分隔离的未**保护接地**部件之间。

这种绝缘应是**辅助绝缘**。

若上述部件如 17 a)1)、2)或 3)中所述那样有效地隔离了，则此绝缘不需单独检验。

B-d 在 **F 型应用部分**(**患者电路**)和包括**信号输入部分**及**信号输出部分**在内的**外壳**之间。参见 20.3 和 20.4 j)。

这种绝缘应是**基本绝缘**。参见 B-e。

B-e 在**正常使用**，包括该**应用部分**的任何部件接地时，如 **F 型应用部分**上有电压使其与**外壳**之间的绝缘受到应力，则在 **F 型应用部分**(**患者电路**)和**外壳**之间。

这种绝缘应是**双重绝缘**或**加强绝缘**。

B-f 无通用要求(见 B -a)。

20.3* 试验电压值

在工作温度和经潮湿预处理及所要求的消毒步骤(见 44.7)后，电气绝缘的电介质强度应足以承受在表 5 中所规定的试验电压。

表 5 中所用基准电压(U)，是在**正常使用**时当**设备**施加**额定**供电电压或制造商所规定的电压二者中较高电压时，**设备**有关绝缘可能受到的电压。

双重绝缘中每一绝缘的基准电压(U)，等于该**双重绝缘**在**正常使用**、**正常状态**和**额定**供电电压时。**设备**施加前一段条文中所规定的电压时，每一绝缘部分所承受的电压。

对于未接地**应用部分**的基准电压(U)，**患者**接地(有意或无意的)被认为是一种**正常状态**。

对两个隔离部分之间或一个隔离部分与接地部分之间的绝缘，其基准电压(U)等于两个部分的任何两点间最高电压的算术和。

F型应用部分和**外壳**之间绝缘的基准电压(U)，取包括**应用部分**中任何部位接地的**正常使用**状态时，该绝缘上出现的最高电压。然而，基准电压应不低于最高**额定**供电电压，或在多相**设备**时不低于相对中线的电压，或**内部电源设备**时不低于250 V。

对**防除颤应用部分**，基准电压(U)的确定不考虑可能出现的除颤电压[参见17 h)*]。

表5 试验电压

被试绝缘	对基准电压U相应的试验电压/V					
	$U \leqslant 50$	$50 < U \leqslant 150$	$150 < U \leqslant 250$	$250 < U \leqslant 1\,000$	$1\,000 < U \leqslant 10\,000$	$10\,000 < U$
基本绝缘	500	1 000	1 500	$2U+1\,000$	$U+2\,000$	1)
辅助绝缘	500	2 000	2 500	$2U+2\,000$	$U+3\,000$	1)
加强绝缘和双重绝缘	500	3 000	4 000	$2(2U+1\,500)$	$2(U+2\,500)$	1)

1) 如有必要，由专用标准规定。

注1：表6和表7，不采用。

注2：**正常使用**中相应绝缘所受的电压是非正弦交流电时，可用50 Hz正弦试验电压进行试验。在这种情况下，试验电压值应由表5来确定，基准电压(U)等于测得的电压峰-峰值除以$2\sqrt{2}$。

20.4 试验

a)* 单相**设备**和按单相**设备**来试验的三相**设备**的试验电压，应按表5规定施加在如20.1和20.2所述的绝缘部分上历时1 min：

——在**设备**升温至工作温度后，立即用接入线路已闭合的电源开关断开**设备**电源后，或

——对于电热元件，当升温至工作温度后使用图28的电路使**设备**保持在工作状态下，和

——在潮湿预处理(如4.10所述)之后，让**设备**保留在潮湿箱内，在不通电的情况下立即进行，和

——**设备**不通电并在所有要求的消毒程序(见44.7)之后。

开始，应施加不超过一半规定值的电压，然后应在10 s期间将电压逐渐增加到规定值，应保持此值达1 min，之后应在10 s期间将电压逐渐降至规定值一半以下。

b)* 试验电压的波形和频率，应使绝缘体上受的电介质应力至少等于在**正常使用**时以相同波形和频率的电压施加于各部分上时所产生的电介质应力。

c) 无通用要求。

d) 无通用要求。

e) 无通用要求。

f) 试验时不应发生闪络或击穿。如发生轻微的电晕放电，当试验电压暂时降到较低的值，但必须高于基准电压(U)时，放电现象停止，且这种放电现象不会引起试验电压的下降，则这种电晕放电可不考虑。

g)* 注意施加于**加强绝缘**上的电压不使**设备**中的**基本绝缘**或**辅助绝缘**受到过分的应力。

h) 使用金属箔时，按19.4 g)5)进行。

注意要适当放置金属箔，以免绝缘内衬边缘产生闪络。若适用，移动金属箔以使表面的各个部位都受到试验。

j)* 与被试绝缘并联的功率消耗和电压限制器件，从电路的接地侧断开。

进行试验时，若有需要，可把灯泡、电子管、半导体器件或其他自动调节器取下，或使其停止工作。

接在**F型应用部分**和**外壳**间的保护装置，如在试验电压时或低于试验电压时会动作，则断开

(见 59.3)。

k) 除 20.1A-b,20.1A-f,20.1A-g,20.1A-j,和 20.2B-b 等所述的绝缘试验外,**网电源部分**、**信号输入部分**、**信号输出部分**和**应用部分**(如适用)的接线端子,在试验时要各自短接。

l) 配有电容器且可能在电动机绕组和电容器的连接点与对外接线的任一端子之间产生谐振电压 U_c 电动机,应在绕组和电容器连接点与外壳或仅用**基本绝缘**隔离的导体部件之间,加 $2U_c+$ 1 000 V的试验电压。

试验中,上面没有提到的其他部件要断开,电容器应短接。

第四篇　对机械危险的防护

21 机械强度

概述

对**设备**设计和制造的通用要求见第 3 章和第 54 章。

设备包括形成其部件的任何**调节孔盖**及其所有零件,应有足够的强度和刚度。

用下述试验检验是否符合要求:

a) **外壳**或**外壳**部件及其所有零件的刚度试验,用 45 N 直接向内的力加在面积为 625 mm² 的任何表面上,不应造成任何显而易见的损伤或使**爬电距离**和**电气间隙**降低到 57.10 规定值以下。

b) **外壳**或**外壳**部件及其所有零件的强度试验,用附录 G 所示并说明的弹簧冲击试验装置,对试样施加冲击能量为 0.5 J±0.05 J 的撞击。

释放机构的弹簧调整到能施加足够的压力以保持释放爪处于啮合位置。

把击发球形柄拉到释放爪与锤柄上的槽口啮合为止,于是释放杆把释放机构打开,让锤头往下打。

设备要牢固地支撑,应对**外壳**上可能的每个薄弱点撞击三次。对手柄、控制杆、旋钮、显示装置和类似装置以及信号灯及其灯罩也应施加压力,但对信号灯或灯罩仅在其高出**外壳** 10mm 以上或其面积超过 4 cm² 时才进行。装在**设备**内部的灯及灯罩仅对**正常使用**时容易损坏的进行试验。

试验后,所受的任何损伤应不产生**安全方面危险**;特别是**带电**部分应不会变成可触及的,以致不再符合第三篇、第 44 章和 57.10 的要求。若在上述试验后,对**辅助绝缘**或**加强绝缘**的完整性有疑问,则只应对有关的绝缘(而不是对**设备**的其余部分)进行第 20 章所规定的电介质强度试验。

对光洁度损伤、不使**爬电距离**和**电气间隙**降到 57.10 中规定值以下的凹痕,以及不影响防电击或防潮的小裂口,应忽略。

肉眼看不见的裂纹,纤维增强模制件表面裂纹及类似损伤均应忽略。

如果内盖外衬有装饰盖,只要在取下装饰盖后内盖能经得起试验,装饰盖上的裂纹应忽略。

c) **可携带式设备**上的提拎把手或手柄,应能承受下列加载试验:

把手及其固定用零件承受等于**设备**重量四倍的力。

均匀地加力于把手中心处 7 cm 的长度上,不要猛拉,在 5 s~10 s 内从零开始逐渐加大到试验值,并保持 1 min。

设备装有一个以上把手时,力应分布在把手之间,应根据**设备**在正常提拎位置时所测定的每个把手所承受**设备**质量的百分比来确定力的分布。**设备**若装有一个以上把手,但设计成易于仅用一个把手提拎,则每一把手应能承受总的力。把手与**设备**间不应松动,也不应出现任何永久变形、开裂或其他损坏现象。

21.1 无通用要求。

21.2 无通用要求。

21.3 **设备**中用于支承和(或)固定**患者**的各部件,应设计、制造成使身体损伤和固定件意外松动的危险减到最小。

支承成年**患者**的部件应按**患者**有135 kg的质量(正常载荷)设计。

当制造商规定用于特殊情况,例如儿童用时,正常载荷应减少。

当**患者**支承断裂会造成**安全方面危险**时,应遵照第28章的规定。

用下列试验来检验是否符合要求:

患者支承系统应水平放置,并处于符合使用说明书规定的最不利位置,加载重量均匀分布在包括全部侧面轨道的支承面上,荷重应逐渐加在系统直到所要求的载荷各得其所为止。

试验时,未被考虑为受试系统部件的构件可备有附加支承。

所加重量应等于所要求的**安全系数**(见第28章)乘以规定的正常载荷。未规定正常载荷时,应考虑施加一个1.35 kN力的重量作为试验的正常载荷。在支承系统上满载荷作用时间应达1 min。

不应损坏支承系统的部件,如链条、夹紧器、绳索、绳索的终端和连接件、皮带、轴、滑车及对**安全方面危险**防护有影响的类似器件。

加上全部试验载荷后的1 min内,支承系统应处于平衡状态。

踏脚板和椅子,应按相同程序试验,但试验力应为所规定的最大正常载荷的两倍,当最大正常载荷未作规定时,应用2.7 kN的试验力。试验力应均匀分布在0.1 m^2 表面上达1 min。

试验后,踏脚板和椅子应不会出现导致**安全方面危险**的损坏。

21.4 无通用要求。

21.5* **正常使用**时,手持的**设备**或**设备**部件,不应因为从1m高处自由坠落在硬性表面上而出现**安全方面危险**。

通过下列试验来检验是否符合要求:

试样应从1 m高处以三个不同起始姿态自由坠落到平放于硬质基础(混凝土)上的50 mm厚的硬木(例如,>700 kg/m^3 的硬木)板上各一次。

试验后,**设备**应符合本标准要求。

21.6* **可携带式设备**或**移动式设备**,应能承受由于粗鲁搬运而产生的应力。

通过下列试验来检验是否符合要求:

a) 50 mm厚的硬木板(见21.5)上方,把**可携带式设备**举到如表8所规定的高度。木板尺寸应至少是**设备**尺寸的1.5倍,且应平放在硬质基础(混凝土)上。**设备**从**正常使用**可能放置的每种姿态坠落三次。

表8 坠落高度

设备质量/kg	坠落高度/cm
$m \leqslant 10$	5
$10 < m \leqslant 50$	3
$m > 50$	2

试验后,**设备**应符合本标准要求。

b) 对于**移动式设备**,尽可能接近地面的一点上用力推动**设备**,使**设备**以0.4 m/s±0.1 m/s的速度按正常运动方向,在一梯级高度为20 mm的斜坡上推下,该斜坡固定安装在另外的平坦地面上。对自动推进式**设备**采用其最大速度来推动。

试验进行20次后,该**设备**应符合本标准要求。

本试验不需对**设备**和**设备**部件按21.5或21.6 a)进行试验。

22* 运动部件

22.1 无通用要求。

22.2 **设备**在运行时不需敞露,但一旦敞露后可能造成**安全方面危险**的运动部件:

a) 在**可移动式设备**中,应配备足够的防护件,这些防护件应是形成**设备**整体的一个部分,或

b) 在**固定式设备**中,除非技术说明书中制造商提供的安装说明要求那些防护件或等效的防护物将另外提供外,应同样地配备防护件。

通过检查来检验是否符合要求。

22.3 缆绳(绳索)、链条和皮带应被限制不会脱离或跳出其导引装置,或应有其他方法防止**安全方面危险**。为此保护目的而采用的机械装置仅用**工具**才能移开。

通过检查来检验是否符合要求。

22.4 **设备**或**设备**部件的运动如可能伤害**患者**,就应只能由**设备**部件的**操作者**对控制器件进行连续的开动。

通过检查来检验是否符合要求。

22.5 无通用要求。

22.6 受机械磨损可能引起**安全方面危险**的部件,应可接触,以便检查。

通过检查来检验是否符合要求。

22.7 ——若电动的机械运动会造成**安全方面危险**,应提供容易识别和易于接触的安全措施,使**设备**有关部分紧急切断。

如果对**操作者**出现明显的紧急形势,并考虑到**操作者**的反应时间,则这些措施应只能被认为是**安全装置**。

——紧急开关或停止装置的启动,应不会引起其他**安全方面危险**,也不应影响为排除原来**安全方面危险**所必需的全部工作。

——紧急装置应能切断有关电路的满载电流,包括可能堵转的电动机电流等。

——制动装置应一个动作就起作用。

通过检查来检验是否符合要求。

23 面、角和边

可能造成损伤的粗糙表面、尖角及锐边,都应避免或予以覆盖。

应特别注意凸缘或机架的边缘和毛刺的清除。

通过检查来检验是否符合要求。

24 正常使用时的稳定性

24.1 在**正常使用**时,将**设备**倾斜 10°,应不失衡,或应满足 24.3 的要求。

24.2 无通用要求。

24.3 当倾斜到 10°时,**设备**如失去平衡,则应满足下述所有要求:

——除运输外,在**正常使用**的任何位置倾斜到 5°时,**设备**不应失衡。

——**设备**应有警告性标志说明宜仅在某一位置时进行搬运,且应在使用说明书中清楚说明或在**设备**上用图例表示。

——在规定的搬运位置,当**设备**倾斜到 10°时不应失衡。

用下列试验来检验是否符合要求,试验时**设备**不应失衡。

a) **设备**接好所有规定的连接线(**电源软电线**和互连线)。将可能拆卸的部件和附件按最不利的情况组合。

具有**设备电源输入插口**的**设备**，接好规定的**可拆卸电源软电线**。

连接线应放在最不利于稳定的倾斜面[见试验 b)和 c)]。

b) 如果没有规定提高稳定性的运输位置，将**设备**以**正常使用**的任何可能位置放在与水平面成10°倾斜的面上。

若**设备**装有脚轮，应把它们暂时固定在最不利的位置上。

应把门和抽屉及其类似物放在最不利的位置上。

c) 如果规定了并在**设备**上标志了提高稳定性的专用运输位置，则在进行上述试验时，仅将**设备**以规定的运输位置放在与水平面成10°倾斜的面上。

此外，该**设备**还应如本条所述，以**正常使用**的任何可能位置进行试验，但倾斜角应限制到5°。

d) 带有液体容器的**设备**，在容器装满或装一部分或不装液体中最不利的状态下试验。

24.4 无通用要求。

24.5 无通用要求。

24.6 把手或其他提拎装置

a) 质量超过 20 kg 且**正常使用**时要搬动的**设备**或**设备**部件，应备有合适的提拎装置(如把手、起重环等)，或在**随机文件**中应指明**设备**可安全起吊的位置或安装时宜如何搬运。

搬运方法清楚且不会产生**安全方面危险**时，不要求专门的解释和说明。

通过称重(如必要)及检查**设备**和(或)**随机文件**来检查是否符合要求。

b) 质量超过 20 kg，且被制造商规定为**可携带式设备**，应有合理布置的携带用把手，以便**设备**可能由两人或更多的人携带。

通过称重(如必要)和携带来检验是否符合要求。

25 飞溅物

25.1 如果飞溅物能引起**安全方面危险**，应采取防护措施。

通过检查有无防护措施来检验是否符合要求。

25.2 屏幕最大尺寸大于 16 cm 的显像管，对内爆和机械冲击的影响应是固有安全的，或**设备外壳**应对管子内爆影响提供足够的防护。

非固有安全的显像管，应备有不用**工具**不能拆除的有效防护屏；若采用分离的玻璃屏，则其不应与显像管表面直接接触。

除非提供有检验合格证，否则应按 GB 8898 中有关规定进行检验。

26* 振动与噪声

无通用要求。

27 气动和液压动力

无通用要求。

28 悬挂物

28.1 概述

下述各要求，关系到有悬挂质量(包括**患者**)的**设备**部件，悬挂装置的机械故障可能造成**安全方面危险**。

任何活动部件，还应符合第 22 章的要求。

28.2 无通用要求。

28.3 有安全装置的悬挂系统

——当悬挂的牢固性取决于例如弹簧的部件，由于其制造过程可能有隐性缺陷，或有的部件的**安全系数**不符合28.4的要求，除断裂时有超程限制者外、应备有**安全装置**。

——**安全装置**的**安全系数**应符合28.4的规定。

——在悬挂装置失效和**安全装置**（例如备用缆绳）启用后，**设备**仍能使用时，应向**操作者**显示**安全装置**已被启用。

28.4 无安全装置的金属悬挂系统

如果不提供**安全装置**，则悬挂系统的结构应符合下列要求：

1) **总载荷**应不超过**安全工作载荷**。

2) 当磨损、腐蚀、材料疲劳和老化不可能损害支承的性能时，所有支承件的**安全系数**应不低于4。

3) 当预计到磨损、腐蚀、材料疲劳和老化可能损害支承的性能时，有关的支承部件**安全系数**应不低于8。

4) 当使用断裂延伸率低于5%的金属作支承零件时，则上述2)和3)中所述的**安全系数**应乘以1.5。

5) 滑轮、链轮、皮带轮和导向装置，应设计和制造成使悬挂系统能保持本条规定的**安全系数**。并在规定更换绳索，链条和皮带的最短寿命期内维持不变。

通过对设计数据和全部维护说明书的检查来检验是否符合28.3和28.4的要求。

28.5* 动态载荷

无通用要求。

28.6 无通用要求。

第五篇 对不需要的或过量的辐射危险的防护

概述

来自在医疗监督下以诊断、治疗为目的用于**患者**的**医用电气设备**的辐射，可能超过人类通常可接受的限值。

应对**患者**、**操作者**、其他人员以及**设备**附近的灵敏装置采用足够的防护装置，以使他们免受来自**设备**的不需要的或过量的辐射。

对供诊断或治疗用的**设备**所产生辐射的限值，由专用标准规定。

有关要求和试验方法见第29章～第36章。

29 X射线辐射

29.1 ——对诊断用X射线**设备**，见并列标准GB 9706.12（见附录L）；

——对放射治疗**设备**，无通用要求，见相关的专用要求。

29.2 所产生的X射线不打算用于诊断和（或）治疗目的的**设备**，由激励电压超过5kV的真空管所发出的电离辐射，在距离**设备**任何可触及表面5 cm的地方，每小时不应超过130 nC/kg(0.5 mR)。

用适合于所发射的辐射能量的辐射检测器来测量辐射量和辐射率，以检验是否符合要求。为了得到窄射束在一个适当面积上的辐射量平均值，检测器应有一个约10 cm^2的入射窗。

装在**设备**内部和外部的，为改变**高电压**源电压值的控制器和调节器，置于发射X射线为最大值处。会造成最不利状况的元器件的单个故障，要依次模拟。

有关元器件故障的详细要求，可由专用标准规定。

30 α、β、γ、中子辐射和其他粒子辐射

无通用要求。

31 微波辐射

无通用要求。

32 光辐射(包括激光)

无通用要求。

33 红外线辐射

无通用要求。

34 紫外线辐射

无通用要求。

35 声能(包括超声)

无通用要求。

36* 电磁兼容性

见 YY 0505—2005(见附录 L)。

第六篇 对易燃麻醉混合气点燃危险的防护

注：这一篇已部分重写并重新编号。

37 位置和基本要求

37.1 无通用要求。

37.2 无通用要求。

37.3 无通用要求。

37.4 无通用要求。

37.5 与空气混合的易燃麻醉气

由于**与氧或氧化亚氮混合的易燃麻醉气**从外壳泄漏或释放，产生了**与空气混合的易燃麻醉气**，被认为是扩散到距泄漏点或释放点 5 cm～25 cm 围绕该点容积内。

37.6 与氧或氧化亚氮混合的易燃麻醉气

与氧或氧化亚氮混合的易燃麻醉气，可能存在于全部或部分封闭的**设备**部件中以及患者的呼吸道内。这种混合气被认为扩散到距封闭部件的泄漏点或释放点 5 cm 的范围内。

37.7 规定在 37.5 所定义的位置上使用的**设备**或部件，应是 **AP 型设备**或 **APG 型设备**，且应符合第 39 章及第 40 章的要求。

37.8 规定在 37.6 所定义的位置上使用的**设备**或部件，应是 **APG 型设备**，且应符合第 39 章及第 41 章的要求。

APG 型设备的部件中有**与空气混合的易燃麻醉气**发生时，应是 **AP 型设备**或 **APG 型设备**，且应符合第 38 章、第 39 章和第 40 章的要求。

通过检查及第 39 章、第 40 章和第 41 章中相应试验来检验是否符合要求。

这些试验应在 44.7 适用的试验后进行。

38 标记、随机文件

38.1 无通用要求。

38.2 应在**APG型设备**的显著位置上,以至少2 cm宽、上面印有“APG”字样的绿色色带做标记,字样应经久不掉、清楚易认(见附录D和第6章)。绿色色带长度应至少为4 cm。特殊情况下,该标记的尺寸应尽可能大。如果无法做这种标记,应在使用说明书中给出有关信息。

38.3 无通用要求。

38.4 应在**AP型设备**的显著位置上,以直径至少2 cm、上面印有“AP”字样的绿色圆做标记,字样应经久不掉、清晰易认(见附录D和第6章)。

特殊情况下,该标记的尺寸应尽可能大。如果无法做这种标记,应在使用说明书中给出有关信息。

38.5 当**设备**的主件为**AP型**或**APG型**时,则38.2和38.4中所规定的标记,应标在**设备**的主件上。在仅能与有标记的**设备**一起使用的可拆卸部件上,不必重复标记。

38.6 **随机文件**应包括对**使用者**的指示,使他们能区别**AP型设备**的部件和**APG型设备**的部件。

通过检查(见6.8)来检验是否符合要求。

38.7 在只有某些部件是**AP型设备**或**APG型设备**上,这种标记应清晰地指明哪些部件是**AP型**的或**APG型**的。

通过检查来检验是否符合要求。

38.8 无通用要求。

39 对AP型和APG型设备的共同要求

39.1 电气连接

a) **电源软电线**连接点之间的**爬电距离**和**电气间隙**,应是按57.10表16中提供的**辅助绝缘**之值。

b) 除在40.3和41.3中所述电路之外,连接点应能防止在**正常使用**时的意外脱开,或应设计成只有用**工具**才能进行连接和(或)脱开。

c) 除非电路符合40.3或41.3要求,**AP型**和**APG型设备**不应配备**可拆卸电源软电线**。

通过检查和(或)测量来检验是否符合要求。

39.2 结构说明

a) 防止气体或蒸气进入**设备**或其部件用的**外壳**,应只能用**工具**才能打开。

通过检查来检验是否符合要求。

b) 为防止外物侵入**外壳**而可能引起的燃弧和火花:

——**外壳**的顶盖不应有孔;用于控制器的孔如已被控制旋钮覆盖时,则是允许的;

——**外壳**侧面上孔的尺寸,应不让直径为4mm以上的圆柱形固体物穿入;

——底板上孔的尺寸,应不让直径为12 mm以上的圆柱形固体物穿入。

用圆柱型试验棒来检验是否符合要求,侧面孔用4 mm直径的和底板孔用直径12 mm的试验棒不甚用力地从所有可能方向都不应穿入**外壳**。

c) 当电线的**基本绝缘**可接触到内有**与氧或氧化亚氮混合物的易燃麻醉气**或单纯的易燃气体或氧气的部件时,这些导线间的短路或一根导线与内有气体或混合气的导电容器间的短路,都不应降低该部件的完整性或引起不能容许的温度,或使该部件发生**安全方面危险**[见41.3 a)]。

通过检查来检验是否符合要求。如有疑虑,应作短路试验(无爆炸性气体),如有可能应测量有关部件上的温度。如果开路电压(V)与短路电流(A)的乘积不超过10,则不必做短路试验。

39.3 静电预防

a) 在**AP型**和**APG型设备**上,应采用适当措施的组合来预防静电,例如:

——采用如 39.3 b)规定的有限电阻值的抗静电材料，及

——提供从**设备**或**设备**部件至导电地板，或至保护接地系统，或至电位均衡系统、或通过轮子至医用房间的抗静电地板的电气导电通路。

b) 麻醉管道、褥子、垫子、脚轮轮胎及其他抗静电材料的电阻限值应符合 ISO 2882 的要求：

通过按 GB/T 2941、GB/T 2439 和 GB/T 11210 的测量来检验是否符合 ISO 2882 中给出的容许电阻限值。

39.3 c)至 j) 无通用要求。

39.4 电晕

运行在交流 2 000 V 以上或直流 2 400 V 以上的**设备**部件或元器件，且未置于符合 40.4 或 40.5 所要求**外壳**的内部，应设计成不会发生电晕。

通过检查和测量来检验是否符合要求。

40 对 AP 型设备及其部件和元器件的要求和试验

40.1 概述

在**正常使用**和**正常状态**下，**设备**、**设备**部件或元器件应不会点燃**与空气混合的易燃麻醉气**。

设备、**设备**部件或元器件，只要符合 40.2 至 40.5 中的一条要求，就被认为符合本条要求。

设备、**设备**部件或元器件符合 GB 3836.5、GB 3836.7 或 GB 3836.6 及本标准(不包括 40.2～40.5)的要求时，即被认为符合 **AP 型设备**的要求。

40.2 温度极限

不会产生火花的**设备**、**设备**部件或元器件，在环境温度为 25℃时，测量其在**正常使用**和**正常状态**下与混合气接触的表面的工作温度。若在垂直空气对流受限制时工作温度不超过 150℃；在垂直空气对流不受限制时工作温度不超过 200℃，则该**设备**、**设备**部件或元器件就被认为符合 40.1 的要求。

工作温度的测量在第七篇所述的试验中进行。

40.3* 低能量电路

在**正常使用**和**正常状态**下可能产生火花的**设备**、**设备**部件或元器件(例如开关、继电器、不用**工具**就能拆掉的插头连线、包括**设备**内部未充分锁紧或固定的连接及有电刷的电动机)，应符合 40.2 的温度要求；另外，考虑到电容 C_{max} 和电感 L_{max}，在其电路中可能出现的电压 U_{max} 和电流 I_{max} 应符合以下要求：

给定电流为 I_{zR} 时，$U_{max} \leqslant U_{zR}$，见图 29，和

给定电容为 C_{max} 时，$U_{max} \leqslant U_{zC}$，见图 30，和

给定电压为 U_{zR} 时，$I_{max} \leqslant I_{zR}$，见图 29，和

给定电感为 L_{max}，且 $U_{max} \leqslant 24$ V 时，$I_{max} \leqslant I_{zL}$，见图 31。

——图 29、图 30 和图 31 的曲线，是按附录 F 中的试验装置，用最易燃的乙醚蒸气与空气混合气体(乙醚容积百分比为 4.3%±0.2%)在 10^{-3} 的点燃概率下(未考虑安全系数)获得的。

——图 29 的曲线容许推断的电流和相应电压的组合值，为 $I_{zR} \cdot U_{zR} \leqslant 50$ W。

电压大于 42 V 时推断无效。

——图 30 的曲线容许推断的电容和相应电压组合值在下述限值内：

$$\frac{C}{2}U^2 \leqslant 1.2\text{mJ}$$

电压大于 242 V 时推断无效。

如果等值电阻 R 小于 8 000 Ω，U_{max} 要由实际电阻 R 另行确定。

——图 31 曲线容许推断的电流和相应电感的组合值在下述限值内：

$$\frac{L}{2}I^2 \leqslant 0.3\text{ mJ}$$

电感大于 900 mH 时推断无效。

——电压 U_{max}取在火花触点断开时受试电路中出现的最高供电电压，并考虑到 10.2.2 中要求的**网电源电压**变化。

——电流 I_{max}取在火花触点闭合时受试电路中流过的最大电流，并考虑到 10.2.2 中要求的**网电源电压**电压变化。

——电容 C_{max}和电感 L_{max}取在受试**设备**中发生火花的元器件所具有的值。

——若电路由交流供电，要考虑到峰值。

——如果电路复杂且包括一个以上的电容器、电感器和电阻或其组合，则计算出等值电路以确定等值最大电容量、等值最大电感量，以及另外确定等值的 U_{max}和 I_{max}的直流值或交流峰值。

通过测量温度，确定 U_{max}、I_{max}、R、L_{max}和 C_{max}；利用图 29、图 30 和图 31 或检查设计数据来检验是否符合要求。

40.4* 内部过压且向外通风

装在以内部过压且向外通风的**外壳**的**设备**、**设备**部件或元器件，应符合以下要求：

a) 在接通**设备**或**设备**部件以前，应采用通风装置将可能已进入**设备**或**设备**部件外壳**的与空气混合的易燃麻醉气**排除，而后应充入不包含易燃气或蒸发气的空气，或用生理上可接受的惰性气体（例如氮气），以保持**设备**或**设备**内部过压，来防止易燃气或蒸发气的空气在工作期间进入**设备**或**设备**部件的外壳内。

b) 在**正常状态**，外壳内的过压应至少为 0.75 hPa。即便空气或惰性气体可能通过**设备**或**设备**部件正常工作所必需的外壳上的孔逸出，在有潜在点燃可能的位置应保持过压。

只有在所要求的最小过压已保持一段时间，足以使有关**外壳**通风，使得替换的空气或惰性气体的体积至少为外壳体积的 5 倍后，方能使**设备**通电（然而，如果过压是连续地保持时，则**设备**可随时或重复通电）。

c) 如果在工作过程中，过压降到 0.5 hPa 以下，应采用一装置自动切断点燃源。该装置应置于不受第 40 章的要求和试验规定所限制的地方，或其本身符合第 40 章的要求。

d) 测量保持内过压的外壳外表面温度，在环境温度为 25℃、**正常状态**和正常工作时，测得的工作温度不应超过 150℃。

通过对温度、压力和流量的测量和对压力监视装置的检查，来检验是否符合 40.4 a)、40.4 b)、40.4 c)的要求。

40.5 限制通气的外壳

装在限制通气的外壳内的**设备**、**设备**部件或元器件，应符合以下要求：

a)* 限制通气的外壳，应设计成当外壳周围存在着高浓度的**与空气混合的易燃麻醉气**，而外壳内外无压差时，至少在 30 min 内不会在外壳内形成**与空气混合的易燃麻醉气**。

b) 如果用密封垫和（或）密封物得到了所要求的密封性，则所用材料应能抗老化。

按 GB 2423.2 在温度为 70℃±2℃下，持续试验 96 h，来检验是否符合要求。

c) 若外壳上有软电线的进线口，当电线受到弯曲或拉伸应力时，进线口应仍能保持气密性。电线应配用适当的零件固定以限制这些应力[见 57.4 a)]。

用下列试验来检验是否符合 40.5 a)、40.5 b)和 40.5 c)的要求：

在完成 40.5 b)的试验后，如合适，形成 4 hPa 的内过压，对每一软电线按表 9 所给值交替地沿进线口轴向和最不利的垂直方向共拉动 30 次，每次不要猛拉，持续 1 s。在试验结束时，内过压不应降到 2 hPa以下。

当**设备**部件或元器件的外壳是密封的或是气密性的，对外壳符合上述要求无疑问时，只用检查来试验外壳。

在环境温度为 25℃时，测得外壳外表面的工作温度，不应超过 150℃。还应测量外壳稳态工作温度。

表 9　电线进线口处气密性

设备质量/kg	拉力/N
$m \leqslant 1$	30
$1 < m \leqslant 4$	60
$m > 4$	100

41　对 APG 型设备及其部件和元器件的要求和试验

41.1　概述

设备、**设备**部件或元器件应不会点燃**与氧或氧化亚氮混合的易燃麻醉气**。不论是在**正常使用**时还是在如 3.6 所述的任何可适用的**单一故障状态**时，本要求均适用。

对不符合 41.3 要求的**设备**、**设备**部件或元器件，要在达到热稳定状态后(但通电之后时间不长于 3 h)，在乙醚-氧混合气(乙醚容积百分比为 12.2%±0.4%)中进行 10 min 以上的连续运行试验。

41.2* 电源

工作在**与氧或氧化亚氮混合的易燃麻醉气**中的 **APG 型设备**部件或元器件，应由至少用**基本绝缘**与地隔离，并由用**双重绝缘**或**加强绝缘**与**带电部分**隔离的电源供电。

通过对电路图的检查和测量来检验是否符合要求。

41.3* 温度和低能量电路

在**正常使用**、**正常状态**和**单一故障状态**下(见 3.6)，**设备**、**设备**部件或元器件只要符合下述条件，不应进行 41.1 所规定的试验，即可被认为符合 41.1 的要求：

a)　不会产生火花，并且温度不超过 90℃，或

b)　不超过 90℃ 的温度极限，**设备**或**设备**部件中的元器件，在**正常使用**、**正常状态**和适用的**单一故障状态**下可能产生火花，但考虑到电容 C_{max} 和电感 L_{max}，其电路中可能出现的电压 U_{max} 和电流 I_{max} 符合以下条件：

给定电流为 I_{zR} 时，$U_{max} \leqslant U_{zR}$，见图 32，和

给定电容为 C_{max} 时，$U_{max} \leqslant U_{zL}$，见图 33，以及

给定电压为 U_{zR} 时，$I_{max} \leqslant I_{zR}$，见图 32，和

给定电感为 L_{max}，且 $U_{max} \leqslant 24$ V 时，$I_{max} \leqslant I_{zL}$，见图 34。

——图 32、图 33 和图 34 的曲线，是按附录 F 中的试验装置，用最易燃的乙醚蒸气和氧的混合气(乙醚容积百分比为 12.2%±0.4%)在 10^{-3} 的点燃概率下获得的。I_{zR}(图 32)，U_{zC}(图 33)和 I_{zL}(图 34)的最大容许值包括了安全系数 1.5。

——图 32、图 33 和图 34 中曲线的推论限于所指定的区域内。

——考虑到 10.2.2 所要求的**网电源电压**的变化，电压 U_{max} 取受试电路中出现的最高空载电压。

——考虑到 10.2.2 所要求的**网电源电压**的变化，电流 I_{max} 取流过受试电路的最大电流。

——电容 C_{max} 和电感 L_{max} 取有关电路上的发生值。

——如果图 33 中的等值电阻小于 8 000 Ω，U_{max} 要由实际电阻 R 另行确定。

——若电路由交流供电，要考虑到峰值。

——如果电路复杂且包括一个以上电容器、电感器和电阻器或其组合，则计算出等值电路以确定等值最大电容量、等值最大电感量、以及另外确定等值的 U_{max} 和 I_{max} 直流值或交流峰值。

——如果在电路中使用电压限制装置和(或)电流限制装置来防止电感和(或)电容所产生的能量超过图 32 和(或)图 33 和(或)图 34 中所规定的限值，则应采用二套独立的元器件装置，以便即使在其中一套元器件初次失效(短路或断路)时，也能按要求限制电压和(或)电流值。

本要求不适用于按本标准设计制造的变压器，也不适用于能在断线时防止绕线松开的线绕式限流电阻器。

通过检查、温度测量，与设计数据比较和(或)测量 U_{max}、I_{max}、R、L_{max} 和 C_{max}，并利用图 32、图 33 和图 34，来检验是否符合要求。

41.4 加热元件

对**与氧或氧化亚氮混合的易燃麻醉气**加热用的**设备**、**设备**部件和元件，应配备非**自动复位热断路器**，作为防止过热的附加保护。通过 56.6 a)中相应的试验来检验是否符合要求。

加热元件的载流部分，不应直接接触到**与氧或氧化亚氮混合的易燃麻醉气**。

通过检查来检验是否符合要求。

41.5 潮化器

见 ISO 8185。

第七篇 对超温和其他安全方面危险的防护

42 超温

42.1* 在**正常使用**和**正常状态**下，并在 10.2.1 规定的环境温度范围内，具有安全功能的**设备**部件及其周围的温度不应超过表 10 a)给定值。

表 10 a) 容许的最高温度[1)]

部　件	最高温度/℃
绕组及与绕组接触的铁芯，如绕组的绝缘材料是：	
——A 级材料[2) 3)]	105
——B 级材料[2),3)]	130
——E 级材料[2),3)]	120
——F 级材料[2),3)]	155
——H 级材料[2) 3)]	180
具有 *T* 标记[4),5)]的开关和**恒温器**附近的空气	*T*
具有 *T* 标记[4),6)]的内外线布线和软电线的天然橡胶或聚氯乙烯绝缘	*T*
具有最高工作温度标记(*tc*)的电动机用电容	*tc* −10
与闪点为 *t*℃的油相接触的部件	*t*−25
电池(**内部电源**)	[7)]
不用工具即可触及的部件，除电热器及其**防护罩**、灯、和在**正常使用**的由**操作者**握持的手柄外	85
在**正常使用**时，**操作者**持续接触的所有**设备**的控制杆、旋钮、手柄等类物件的可触及表面：	
——金属材料	55
——瓷质或玻璃材料	65
——模制材料、橡胶或木材	75
在**正常使用**时，仅由**操作者**短时接触的控制杆、旋钮、手柄和类似物件(如开关)的可触及表面：	
——金属材料	60
——瓷质和玻璃材料	70
——模制材料，橡胶或木材	85
在**正常使用**中，可能与**患者**短时接触的**设备**部件	50

42.2* 当**设备**在**正常使用**和在 25℃环境温度的**正常状态**下运行时，**设备**部件及其周围的温度不应超过表 10 b)给定值。

表 10 b) 容许的最高温度[1]

部件	最高温度/℃
设备电源输入插口的插脚：	
——对热环境[8]	155
——对其他环境	65
连接外部导线的所有接线端子(见 57.5)[9]	85
无 T 标记的开关和**恒温器**周围的空气[4]	55
内外布线和软电线的天然橡胶或聚氯乙烯绝缘：	
——如导线被弯曲或很可能被弯曲	60
——如导线未弯曲或不大可能被弯曲	75
部件用的天然橡胶，其磨损或老化对安全有影响：	
——当用作**辅助绝缘**或**加强绝缘**时	60
——用于其他情况	75
用作**辅助绝缘**的软电线护套	60
不作导线或绕组绝缘的电气绝缘材料：	
——浸渍过的或浸过漆的织物、纸或压制板	95
——层压板：	
• 用密胺甲醛树脂、苯酚甲醛树脂或苯酚糠醛树脂粘合的	110
• 用脲醛树脂粘合的	90
——模制件：	
• 带纤维素充填料的苯酚甲醛	110
• 带矿物充填料的苯酚甲醛	125
• 密胺甲醛	100
• 脲醛	90
——热塑性材料[10]	
——玻璃纤维增强聚酯	135
——硅橡胶及其烃似物[11]	
——聚四氟乙烯	290
——纯云母和烧结致密的陶瓷材料用作**辅助绝缘**或**加强绝缘**时	425
——其他材料[13]	
用作隔热及与热金属接触的材料：	
——层压板：	
•用密胺甲醛树脂、苯酚甲醛树脂或苯酚糠醛树脂粘合的	200
•用脲醛树脂粘合的	175
——模制件：	
•带纤维素充填料的苯酚甲醛	200
•带矿物充填料的苯酚甲醛	225
•密胺甲醛	175
•脲醛	175
——其他材料[13]	
一般木材[12]	90
无 tc 标记的电解电容器	65
无 tc 标记的其他电容器	90
42.3 的试验中所叙述的试验角的支架、墙壁、天花板和地板	90

表 10 b)(续)

部　　件	最高温度/℃
表 10 a)和表 10 b)的说明： 1) 放在绝缘油里的并不与空气或氧气接触的绝缘材料，有较高的最高容许温度是公认的。 2) 分类按 GB 11021 进行。 A 级材料举例： ——浸渍过的棉纱、丝绸、人造丝和纸；油树脂或聚酰胺树脂基瓷漆。 B 级材料举例： ——玻璃纤维、密胺树脂和苯酚甲醛树脂。 E 级材料举例： ——带纤维素充填料的模制件，用密胺甲醛树脂、苯酚甲醛树脂，或苯酚糠醛树脂作粘合剂的棉织层压板和纸层压板； ——交键聚酯、三乙酸纤维素薄膜、聚乙烯对钛酸盐薄膜； ——以油改性醇酸树脂漆粘合的涂聚乙烯对钛酸盐的织物； ——聚乙烯醇缩甲醛瓷漆、聚氨苯甲酸酯瓷漆或环氧树脂瓷漆。 F 级材料举例： ——玻璃纤维； ——涂漆玻璃、玻璃纤维织物、组合云母(有或无支承材料)，这些材料是浸渍过的，或用醇酸环氧树脂、交键聚酯或具有高度热稳定性的聚氨基甲酸酯，或用硅醇酸树脂粘合。 H 级材料举例： ——玻璃纤维； ——浸渍过的或用适当的硅树脂或硅弹性体粘合的涂漆玻璃纤维； ——组合云母(有或无支承材料)，玻璃纤维层压板，这些材料是浸渍过的或用适当的硅树脂粘合的。 3) 电动机需有绝缘等级标志或制造商的证明。全封闭式的 A、B、E、F 和 H 级绝缘的电动机的最高温度值可比规定值高 5℃。 4) *T* 表示最高工作温度。 5) 如果**设备**制造商要求将带有 T 标记和最高温度限值的开关和**恒温器**视为无 T 标记的。在此情况下，表 10 b)适用。 6) 仅当这些导线是国家标准中规定的耐高温导线和软电线时，此极限值才适用。 7) **内部电源**的工作温度不应达到会引起**安全方面危险**的值。该值应与**内部电源**制造商商定。 8) 正在考虑是否可能降低**设备电源输入插口**中的插脚在热环境时的最高温度限值。参见 GB 17465.1。 9) **可移动式设备**或**手持式设备**的接线端子除外。 10) 对热塑性材料没有规定专门限值，然而，这些材料必须符合耐热、防火或抗漏电起痕的要求，为此目的必须测定最高温度。 11) 由材料供应者规定。 12) 该限值涉及木材的劣化而未计及表面光洁度的劣化。 13) 可能使用不是由表 10 a)和表 10 b)所给出的电绝缘或热绝缘材料，只要制造商证明这些材料适用于预定的用途即可。	

42.3 不向**患者**提供热量的**设备**的**应用部分**，其表面温度不应超过 41℃。

通过运行**设备**和测量温度来检验是否符合 42.1～42.3 的要求，具体如下：

1) 定位和散热

——将电热**设备**放在试验角里。试验角由二块相互垂直的板壁和一块地板组成，必要时再加一块天花板。全部采用厚 20mm 的无光黑色胶合板。试验角的直线尺寸至少应为受试**设备**相应直线尺寸的 115%。

受试**设备**按下述规定放在试验角内：

a) 如制造商对**设备**使用无特殊规定，则通常放在地板上或桌子上的**设备**，要尽可能地靠近板壁。

b) 如制造商对**设备**安装无特殊规定，则通常固定在墙上的**设备**，要象在**正常使用**时那样安装在一面板壁上，并尽可能靠近另一面板壁和地板或天花板。

c) 如制造商对**设备**安装无特殊规定，则通常固定在天花板上的**设备**，要象在**正常使用**时那样固定在尽量靠近板壁的天花板上。

d) 其他**设备**应按**正常使用**的位置进行试验。

- **手持式设备**按通常位置静止地悬吊在空中。
- 打算安装在箱柜内或墙内的**设备**，按安装说明书的要求装入，用 10 mm 厚无光黑色胶合板模拟箱柜的板壁(若安装说明书如此规定)，用 20 mm 厚无光黑色胶合板模拟建筑物的墙壁。

——一般说，受试**设备**在通常的环境温度下运行，该温度值是测量过的。若试验期间环境温度有变化，应记录。如果对散热措施的有效性有疑问，则可能需要在最不利的环境温度下进行试验，而这一环境温度一定要在本标准 10.2 中所规定的环境温度范围之内，如果在试验时使用冷却液，应按 10.2 的条件。

2) 供电

——有电热元件的**设备**按**正常使用**运行，所有电热元件除开关连锁阻断外均通以电流，供电电压等于最高**额定**电压的 110%。

——由电动机驱动的**设备**，在正常负载和正常负载**持续率**下运行，使用从最低**额定**电压的 90%到最高**额定**电压的 110%之间最不利的电压。

——由电动机驱动并和电热元件组合的**设备**及其他**设备**应在最高额定电压的 110%和最低**额定**电压的 90%两种电压下进行试验。

3) **持续率**

设备被运行于：

——**短时运行设备**，运行于其**额定**运行时间；

——**间歇运行设备**，其"通"和"断"的周期按**额定的**"通"、"断"周期连续运行，直至达到热平衡状态；

——**连续运行设备**

a) 一直工作到按下述试验 4)所测得的每小时温度增长不大于 2℃时为止；

b) 连续工作达 2.5 h，取二者中时间较短者。

4) 温度测量

除非绕组是不均匀的，或为测量电阻需要进行十分复杂的接线，用电阻法测定绕组温度。

在此情况下，所用测量仪器的选用和位置的放置，均不应对受试部件温度有不可忽略的影响。

用来测量试验角的板壁、天花板和地板表面温度的装置，应被嵌在被测表面或附在直径为 15 mm、厚为 1 mm 涂成黑色的铜或黄铜小圆板的背面，此背面和被测表面要紧贴。

设备尽可能安放得使可能达到最高温度的部件接触小圆板。

铜绕组温升值按下式计算：

$$\Delta t=\frac{R_2-R_1}{R_1}(234.5+t_1)-(t_2-t_1)$$

式中：

Δt——温升，单位为摄氏度(℃)；

R_1——试验开始时绕组的电阻值，单位为欧(Ω)；

R_2——试验结束时绕组的电阻值，单位为欧(Ω)；

t_1——试验开始时室温,单位为摄氏度(℃);

t_2——试验结束时室温,单位为摄氏度(℃)。

试验开始时,绕组处于室温。建议在断开电源后尽快地测量试验刚结束时绕组的电阻值,然后每间隔一短时间再测,这样就能绘出电阻值与时间关系曲线,以确定切断电源瞬时的电阻值。

除绕组绝缘外的电气绝缘的温度,一旦电气绝缘发生故障会引起短路、**带电**部分与**可触及金属部分**接触、绝缘短接、**爬电距离**或**电气间隙**降低至 57.10 规定值以下,则要在该电气绝缘的表面上测定。

多芯电线芯的分离点处和在绝缘线进入灯座处,都是可测量温度的地方。

5) 试验准则

在试验过程中,**热断路器**应处于工作状态且不应动作。试验结束测定表 10 a)所列各部件最高温度时,要考虑到试验环境的环境温度、受试件的温度及 10.2 所规定的环境温度范围。

表 10 b)所列**设备**各部件在试验时所测得的温度值,如有必要,应修正为工作在环境温度为 25℃时相对应的温度值。

42.4 无通用要求。

42.5 防护件

防止与热的可触及表面接触用的防护件,应采用**工具**才能拆下。

通过检查来检验是否符合要求。

43 防火

43.1 强度和刚度

设备在使用过程中可能由于滥用造成部分或全部损坏而引起失火危险,因此**设备**应有足以防止失火危险的强度和刚度。

通过对**外壳**机械强度的试验来检验是否符合要求(见第 21 章)。

43.2* 富氧空气

无通用要求。

44 溢流、液体泼洒、泄漏、受潮、进液、清洗、消毒、灭菌和相容性

44.1 概述

设备的结构应确保对由于溢流、液体泼洒、泄漏、受潮、进液、清洗、消毒和灭菌而造成**安全方面危险**有足够的防护能力。

44.2 溢流

设备的水槽或贮液器可能被装得太满或在正常工作中有溢流,则从水槽或贮液器中溢流出的液体应不应弄湿易受其危害的电气安全绝缘,也不应引起**安全方面危险**。除非有标记或使用说明书的限制,否则当**可移动式设备**倾斜 15°时,应不会产生**安全方面危险**。

通过将贮液器全部装满,接着再在 1 min 内将容量为贮液器容量 15%的液体匀速加入的试验,来检验是否符合要求。

随后要把**可移动式设备**从**正常使用**的位置向着最不利的一个或几个方向倾斜 15°(必要时可再将贮液器装满)。

这些程序之后,**设备**中无绝缘的**带电**部分或可能引起**安全方面危险**的电气绝缘部分,不应有任何受潮痕迹。若对绝缘有疑问,应进行第 20 章所述电介质强度试验。

44.3 液体泼洒

正常使用中要用液体的**设备**,应制造成液体泼洒时不会弄潮可能会引起**安全方面危险**的部件。

用下列试验来检验是否符合要求:

设备置于4.6 a)规定的位置。将200 mL水从不高于**设备**顶部表面5 cm处,在大约15s时间内,匀速地倒在**设备**顶部表面的任意一点。

试验后,在**正常状态**下**设备**应符合本标准的所有要求。

44.4* 泄漏

设备应制造成在**单一故障状态**下泄漏的液体不会引起**安全方面危险**(参见52.4.1*)。

封闭的可再充电的电池免除这一要求,因为它们泄漏时仅漏出少量液体。

用下列试验来检验是否符合要求:

用滴管把水滴到管接头、密封口以及可能破裂的软管上,运动的部件可处于运动状态或静止状态中最不利的状态。

这些程序之后,**设备**应符合本标准在**单一故障状态**下所有的要求。

44.5 受潮

在**正常使用**时易受潮湿影响的**设备**包括任何可拆卸的部件,都应对潮湿有充分防护。

通过预处理和试验来检验是否符合要求(见4.10)。

44.6 进液

设计成给定防护程度以防止有害进水的**外壳**,应提供按GB 4208分类的防护。

通过GB 4208的试验来检验是否符合要求:

设备应能承受第20章中规定的电介质强度试验。检查应证明可能进入**设备**的水没有有害影响,特别是在57.10规定的**爬电距离**的绝缘上没有水迹。

44.7 清洗、消毒和灭菌

正常使用时与**患者**接触的部件,见6.8.2 d)。

设备或**设备**部件,包括**应用部分**和**患者**呼气部件,应能承受在**正常使用**时可能遇到的或由制造商在使用说明书中规定的清洗、消毒和灭菌,而又不损坏或影响其安全防护性能。

如果使用说明书对整个**设备**或其某些部件规定了特殊的清洗、消毒或灭菌方法,则只应使用这些方法。参见6.8.2 d)。

按照规定的方法对**设备**或**设备**部件进行20次消毒或灭菌来检验是否符合要求。若没有规定的消毒或灭菌方法,则用温度为134℃±4℃的饱和蒸气作20次试验,每次持续20min(间隔时间以**设备**冷却到室温为准)。不应出现可觉察的变质迹象。处理完毕充分冷却和干燥之后,**设备**或其部件应经得起第20章中所规定的电介质强度试验。

44.8* 设备所用材料的相容性

无通用要求。

45* 压力容器和受压部件

本章要求适用于一旦破裂会造成**安全方面危险**的压力容器和受压部件。

45.1 无通用要求。

45.2* 若压力容器的**压力**容积值大于200 kPa·L,且**压力**大于50 kPa,就应承受**水压试验压力**。

用下列试验来检验是否符合要求:

试验**压力**应是**最大容许工作压力**乘上从图38得到的一个系数。

将**压力**逐渐增至规定的试验值,并保持此值达1 min。试样应不破裂,也不永久(塑性)变形,也不泄漏。试验时密封垫圈处,除非在压力低于所要求试验值的40%或低于**最大容许工作压力**时两者中较大值发生泄漏,否则不作为故障。

装有毒、易燃或其他危险物质的压力容器,不容许泄漏。

当提供的管道布置和配件(如钢制的和铜制的)是按国家标准制造的,可认为它们有足够的强度。

未标记的压力容器和管道不能做水压试验时,应采用其他合适的试验,例如与水压试验中试验**压力**

相同的合适气体的气压试验来检验其完整性。

45.3* 部件在**正常状态**和**单一故障状态**下所能承受的最大**压力**,应不超过其**最大容许工作压力**。

使用中的最大**压力**应考虑到下述压力中最大的一个:

a) 外源的**额定**最大供应**压力**;

b) 作为组件一个部件的压力释放装置的设定**压力**;

c) 作为组件一个部分的空气压缩机可能产生的最大**压力**,除非此**压力**受压力释放装置的限制。

通过检查来检验是否符合要求。

45.4 无通用要求。

45.5 无通用要求。

45.6 无通用要求。

45.7 可能产生过压的**设备**应配有压力释放装置,压力释放装置应符合下列所有要求:

a) 压力释放装置应尽可能地靠近压力容器或系统中受它保护的部件;

b) 它的安装位置应易于接触,以便检查,保养和修理;

c) 不使用**工具**就应不可能对它进行调整或使它不起作用;

d) 其排放口的位置和方向应合适,使排放物不会直接朝向任何人;

e) 其排放口的位置和方向应合适,使该装置工作时不致把物质沉积到会引起**安全方面危险**的部件上;

f) 应有足够大的释放能力,以保证当供给**压力**的控制装置失效时,它所连接的系统的**压力**不超过**最大容许工作压力** 10%;

g) 在压力释放装置和受其保护的部件之件,不应有关闭阀;

h) 除爆破片外,最小工作循环数应为 100 000 次。

通过检查和功能试验来检验是否符合要求。

负责限制容器**压力**的控制装置,应在**额定**载荷下完成 100 000 次工作循环,并应防止在**正常使用**的任何状态下**压力**超过压力释放装置设定值的 90%。

45.8 无通用要求。

45.9 无通用要求。

45.10 无通用要求。

46* 人为差错

无通用要求。

47 静电荷

无通用要求。

48 生物相容性

预期与生物组织、细胞或体液接触的**设备**部件和**附件**的部分,应按照 GB/T 16886.1 中给出的指南和原则进行评估和形成文件。

通过检查制造商提供的资料来检验是否符合要求。

49* 电源供电的中断

49.1 如果由于自动复位会造成**安全方面危险**,则不应使用**自动复位热断路器**和**过电流释放器**。

通过功能试验来检验是否符合要求。

49.2* **设备**应设计成当电源供电中断后又恢复时,除预定功能中断外,不会发生**安全方面危险**。

通过中断并恢复有关电源来检验是否符合要求。

49.3 应有当电源中断时消除**患者**身上的机械束缚的措施。

通过功能试验来检验是否符合要求。

49.4 无通用要求。

第八篇 工作数据的准确性和危险输出的防止

50 工作数据的准确性

50.1 控制器件和仪表的标记

无通用要求。见 6.3。

50.2 控制器件和仪表的准确度

无通用要求。

51 危险输出的防止

51.1* 有意地超过安全极限

无通用要求。

51.2* 有关安全参数的指示

无通用要求。

51.3 元件的可靠性

无通用要求[参见 3.6 f)]。

51.4 意外地选成过量的输出

一台多功能**设备**,设计成能按不同治疗要求提供低强度或高强度的输出时,应采用适当措施以减少误选高强度输出的可能性,例如为慎重操作而设的联锁、分开的输出端子。

通过检查来检验是否符合要求。

51.5* 不正确的输出

无通用要求。

第九篇 不正常的运行和故障状态;环境试验

注:本篇内容已扩充并重新编排,以包括较大范围的危险及其可能的起因。

52 不正常的运行和故障状态

52.1 **设备**应设计制造成甚至在**单一故障状态**时也不存在**安全方面危险**(见 3.1 和第 13 章)。

除非在下述试验中另有规定,均假定**设备**按**正常使用**情况运行。另外,对于包含可编程电子系统的**设备**的安全,采用并列标准 IEC 60601-1-4(见附录 L)中的规则进行检查。

如果一次引入 52.5 所述任一个**单一故障状态**而不会直接引起 52.4 所述的任何**安全方面危险**时,则认为符合要求。

52.2 无通用要求。

52.3 无通用要求。

52.4 应考虑下列安全方面危险:

52.4.1* ——喷出火焰、熔化金属、达到危险量的有毒或可燃物质;

——**外壳**变形到有碍于符合本标准的程度;

——在 52.5.10 d)~52.5.10 h)的试验时,温度超过表 11 给出的最大值。这些温度适用于 25℃的环境温度。

表 11 故障状态下的最高温度

部分	最高温度/℃
试验角的板壁、墙和天花板[1)]	175
供电电线[1)]	175
非热塑性材料的**辅助绝缘**和**加强绝缘**	表 10 b)中值的 1.5 倍减去 12.5℃
1) 无电热器的电动机驱动的**设备**,不进行这些温度的测量。	

温度应按 42.3.4)的规定测量。

对元件、结构或在**单一故障状态**下功率消耗小于或等于 15 W 的供电电路,52.1 的要求和相应的试验可不必执行。

在 52.5.10 d)至 52.5.10 h)的试验之后,**网电源部分**和**外壳**之间的绝缘冷却至室温左右时,应承受相关的电介质强度试验。

然而按照本条要求的试验应按附录 C(第 C.23 章、第 C.25 章、第 C.26 章、第 C.27 章)所指定的顺序执行。

对热塑性材料的**辅助绝缘**和**加强绝缘**,在进行 59.2 b)中规定的球压试验时,其试验温度比这些试验已测得的温度值高 25℃。

正常使用时浸入或充满导电液的**设备**,在电介质强度试验前,其试样浸入或充满导电液或水达 24h。

本篇规定的试验之后,应对**热断路器**和**过电流释放器**进行检查,以确定它们的设定无明显改变(由于受热、振动或其他原因)而影响其安全功能。

52.4.2 ——超过 19.3 中表 4 规定的**单一故障状态漏电流**的限值;

——在 16 a)5)中指出的部件上的电压,超过**单一故障状态**(在**基本绝缘**上)的电压限值。

52.4.3 运动部件的启动、中断或制动,特别是支承、提升或移动质量(包括**患者**)的**设备**(部件)以及**患者**附近的悬挂质量的系统。参见第 21 章、第 22 章和第 49 章。

52.5 下列单一故障状态是规定的要求和试验的主题

在每次只引入一个故障时,由本标准规定的**电气间隙**和**爬电距离**若小于规定值时,应同时或相继地短接起来,以造成最不利结果的组合。参见 17 a)和 17 g)。

52.5.1 设备的电源变压器过载

试验在 57.9 中规定。

52.5.2 恒温器失灵

选择**恒温器**被短路或断开中较不利的情况。参见有关过载情况的 52.5.10 和 56.6。

52.5.3 短接双重绝缘的任一组成部分

单独短接**双重绝缘**的每一组成部分。

52.5.4 中断保护接地导线

试验在 19.4 中规定。

52.5.5 散热条件变差

不按使用说明书所述,而是模拟实际使用中可能出现的散热条件变差的情况,例如:

——唯一的通风风扇持续地受阻;

——顶盖和侧板上孔洞的通风,因下述原因而减弱;

- **外壳**顶上的孔被盖住,或
- **设备**贴墙放置;

——模拟过滤器受堵;

——冷却剂流动中断。

温度应不超过1.7乘以第42章中表10 a)和10 b)中的值减去17.5℃。尽可能用第42章中的试验条件。

52.5.6 活动部件被制住

活动部件被制住是由于**设备**:

——有易被卡住的可触及运动部件,或

——可能在无人看管情况下运行(这包括**设备**是自动控制或遥控的),或

——有一台或几台堵转转矩小于满载转矩的电动机。

如果**设备**有一个以上的上述运动部件,每次只卡住一个部件。进一步的试验要求见52.5.8。

52.5.7* 断开和短接电动机的电容器

辅助绕组回路有电容器的电动机,将转子堵住依次短接或断开电容器运行。

如果电动机的电容器符合GB/T 3667.1中规定的要求,且不是在无人看管下(包括自动控制或遥控)使用的**设备**,短接电容器的试验可免做。

进一步的试验见52.5.8。

52.5.8* 电动机驱动的设备的附加试验

考虑到52.4.1提到的免试情况,在52.5.6和52.5.7的每一**单一故障状态**试验中,由电动机驱动的**设备**应在**额定**电压或额定电压范围的上限电压下,从**冷态**开始运行下述的时间周期:

a) 30 s

——**手持式设备**;

——用手保持开关接通的**设备**;

——用手维持实际加载的**设备**;

b) 不打算无人看管运行的其他**设备**为5 min;

c) 不是a)或b)所指的,若采用定时器来停止运行的**设备**,为定时器的最长设定时间;

d) 对其余的**设备**,按达到热稳定状态所需的时间。

注:自动控制或遥控的**设备**,被认为是无人看管使用的**设备**。

温度按42.3 4)中的规定进行测量。

在规定试验周期结束时或熔断器、**热断路器**、电动机保护装置及类似装置动作时确定绕阻的温度。

温度应不超过表12的限值。

表12 电动机绕组的温度极限 单位为摄氏度(℃)

设备类型	绝缘等级				
	A级	B级	E级	F级	H级
带定时器且不打算无人看管使用的**设备**和运行30 s或5 min的**设备**	200	225	215	240	260
其他设备					
——用阻抗保护的,最大值	150	175	165	190	210
——若所用保护装置在第一小时内就动作,最大值	200	225	215	240	260
——在第一小时后动作,最大值	175	200	190	215	235
——在第一小时后动作,平均值	150	175	165	190	210

52.5.9 元件的故障

一次模拟一个会引起52.4所述**安全方面危险**的元件故障。

这一要求和有关的试验不应用于**双重绝缘**或**加强绝缘**的故障。

连接在网电源相反极性部分之间的符合GB/T 14472要求的电容(X1和X2),不需模拟这些电容的故障。

注:关于X1和X2的资料,见GB/T 14472—1998的1.5.3。

52.5.10 **过载**

a) 有电热元件的**设备**用下述试验来检验是否符合要求：

1) 用**恒温器**控制的有电热元件且打算按照装入式运行或无人看管运行的**设备**，或有未用熔断器保护的电容器或类似器件并联在**恒温器**触点两端的**设备**，用 52.5.10 c)和 52.5.10 d)中的试验；

2) 有短时工作的电热元件的**设备**，用 52.5.10 c)和 52.5.10 e)中的试验；

3) 其他有电热元件的**设备**，用 52.5.10 c)中的试验。

如果对同一台**设备**有一个以上适用的试验时，这些试验应连贯地进行。

如果在任何一个试验中，一个非**自动复位热断路器**动作，一个电热元件或一个有意做得脆弱的部件断裂或其他原因而使电流中断，且在达到热稳定状态前不能自动恢复时，加热周期被终止。然而，如果因电热元件或有意做得脆弱的部件断裂而使电流中断时，应在第二个试样上重新试验。第二试样的电热元件或有意做得脆弱的部件断开时，对元部件本身不会引起不符合标准要求的故障。两个试样都应符合 52.4.1 规定的条件。

b) 有电动机的**设备**用下列试验来检验是否符合要求：

1) **设备**的电动机部分，用 52.5.5 至 52.5.8 和 52.5.10 f)至 52.5.10 h)的适用的试验；

2) 有电动机又有电热元件的**设备**，应在规定电压下，让电动机部分和电热元件部分同时运行所产生的最不利条件下进行试验。

3) 如果对同一台**设备**有一个以上适用的试验时，这些试验应连续进行。

c) 有电热元件的**设备**按第 42 章规定的条件试验，但不充分散热，供电电压取为额定供电电压的 90%或 110%中较不利的值。

如果一非**自动复位热断路器**动作，或在达到热稳定状态前电流中断而不能自动恢复时，运行周期被中止。如果电流不会中断，当达到热稳定状态时应立即切断**设备**电源，并应允许冷却到接近室温。

短时工作的**设备**，试验的时间应等于其**额定**的运行时间。

d) **设备**的电热部件按下列所有条件试验：

1) 按第 42 章规定；

2) **设备**在**正常状态**下；

3) 供电电压为**额定**供电电压的 110%；

4) 除**热断路器**外，让第七篇中要求限制温度用的任何控制器不起作用。

5) 如**设备**有一个以上的控制器，轮流地使它们不起作用。

e) **设备**的电热部件另外按下列所有条件试验：

1) 按第 42 章的规定；

2) **设备**在**正常状态**下；

3) 供电电压为**额定**供电电压的 110%；

4) 不让第七篇中要求的任何限制温度用的控制器不起作用；

5) 一直达到热稳态，不考虑**额定**运行时间。

f) 检验电动机的过载保护，当电动机是：

1) 打算遥控或自动控制时，或

2) 当无人看管时易于连续运行的。

在**额定**电压或**额定**电压范围上限电压下，让**设备**在正常载荷状态运行直到热稳态(见第七篇)。然后增大载荷使电流按相应步骤增加，电压仍维持起始值。

当达到热稳态时，再增大载荷。以适当的步骤逐渐地增大载荷，直到过载保护装置动作，或直到温度不再进一步增加时。

电动机绕组温度在每一稳态时测定，所记录的最大值不应超过以下限度：

绝缘等级	A	B	E	F	H
最大温度/℃	140	165	155	180	200

如果**设备**的载荷不能按相应的步骤变化，为了进行试验，将电动机从**设备**上拆下进行试验。

g) 短时运行或**间歇运行**的**设备**，除了：

——**手持式设备**；

——用手保持开关接通的**设备**；

——用手维持实际加载的**设备**；

——带定时器和备用系统的**设备**；

在**额定**电压或**额定**电压范围上限电压下，让**设备**带正常载荷运行，直到热稳态或保护装置动作。

在热稳态下或保护装置即将动作前，测定电动机绕组温度，不应超过 52.5.8 规定的温度值。

若在**正常使用**时**设备**的减载装置动作，让**设备**空转继续试验。

h) 有三相电动机的**设备**带正常载荷运行，接至三相供电网并断开一相，运行的周期按 52.2.8。

53 环境试验

见 4.10 和第 10 章。

第十篇 结构要求

54* 概述

第十篇的下述要求，规定了有关**设备**安全的电气和机械结构的细节。

目的是规定出一些要求，以便**制造商**在设计和制造**设备**时，有尽可能广泛的选择。

如 3.4 所允许的，若能达到同等的安全程度，制造商可采用与本篇的规定不相同的材料和结构。本篇的要求只是达到所要求的安全程度的一种方法，对所用"应"这个词，宜作相应的理解。

54.1* 按功能排列

无通用要求。

54.2* 维修方便

无通用要求。

54.3* 设定值的意外改变

无通用要求。

55 外壳和罩盖

无通用要求。见第 16 章、第 21 章和第 24 章。

55.1* 材料

无通用要求。

55.2* 机械强度

无通用要求。

55.3 调节孔盖

无通用要求。

55.4 把手和其他提拎装置

无通用要求。移到 21 c)和 24.6 中。

56 元器件和组件

56.1 概述

a) 无通用要求。

b)* 元器件的标记

元器件的标称值与其在**设备**中的使用条件不应相违。

网电源部分和**应用部分**中的所有元器件，应有标记或另加识别，以便能弄清其标称值。

标记可就标在元器件上，或者可在参考结构图、零件表及**随机文件**中做出标记。

检查元器件的标称值，弄清这些标称值与元器件在**设备**中的使用条件是否相违来检验是否符合要求。

c) 元器件的支承

无通用要求。

d) 元器件的固定

元器件不必要的活动会引起**安全方面危险**时，应牢固地安装，以防止这类活动。

通过检查来检验是否符合要求。

e) 元器件的抗震性

无通用要求。

f) 电线的固定

导线和连接器应固定妥善和(或)绝缘良好，使意外的拆卸不会引**安全方面危险**。如因它们的连接点松开且绕它们的支承点活动，而可能触及到引起**安全方面危险**的电路时，就认为它们未被妥善固定。

松开的例子应被认为是**单一故障状态**。

通过检查来检验是否符合要求。

56.2 螺钉和螺母

无通用要求。

56.3 连接——概述

网电源部分的连接和连接器见 57.2 和 57.5。

a) 连接器的构造

电气、液压、气动和气体的连接端及连接器的设计和制造，应能防止可触及的连接器的不正确连接，以及不用**工具**装卸时所引起的**安全方面危险**。

——连接器应符合 17 g)的要求。

——除非能证明不会引起**安全方面危险**，否则，**患者电路**导线连接用的插头，应设计成插不进同一**设备**上供其他用途的插座。

——**正常使用**时，**设备**上供不同医用气体的连接头，应不得互换。参见 6.6 和 JB 3339。

通过检查来检验是否符合要求，如有可能，将连接头互换，以证实不存在**安全方面危险**(**漏电流**超过**正常状态**时的值、移动、温度、辐射等)。

b) **设备**各部分之间的连接。参见第 58 章。

设备各部分之间互连用的可拆卸软电线，应有这样的连接措施，使得即使其中有一个连接装置松动或连接中断时，**可触及金属部分**仍不会**带电**。

通过检查和测量来检验是否符合要求，如有必要，用标准试验指按 16 a)试验。

c)* 在与**患者**有**导电连接**的导线上的任何连接器应按以下方式构造，即在**患者**远端的上述连接器部分的**导电连接**不应接地或接触可能有危险的电压。

通过检查和使用以下试验中适用于上述连接器部分的**导电连接**的试验来检验是否符合要求：

——所述部分不应触及到直径不小于 100 mm 的导电平面；

——对于单极点连接器，采用与图 7 所示标准试验指直径相同的笔直的、无铰接的试验指，在对可触及开口处施加 10 N±2 N 的力时，在最不利的位置上不应与所述部分有电气接触；

——所述部分如果能插入网电源插座，应通过至少有 1.0 mm 的**爬电距离**和 1 500 V 的电介质强度的绝缘方式来防止与带有网电源电压的部件接触。

56.4* 电容器的连接

——电容器损坏时会引起**可触及部分**变成**带电**状态时，电容器不应接在**带电**部分和未**保护接地**的**可触及部分**之间。

——直接接在**网电源部分**和**保护接地**的**可触及金属部分**之间的电容器，应符合 GB/T 14472 的要求或等效的要求。

——接至**网电源部分**且仅有**基本绝缘**的电容器外壳，应不应直接固定在未**保护接地**的**可触及金属部分**上。

——电容器或其他火花抑制器，不应接在热断路器的触点之间。

通过检查来检验是否符合要求。

56.5 保护装置

设备不应配备靠产生的短路电流使过电流保护装置动作而切断**设备**与**供电网**连接的保护装置。参见 59.3。

通过检查来检验是否符合要求。

56.6 温度和过载控制装置

a) 应用

——**设备**不应配备这种具有安全功能的**热断路器**，该**热断路器**是通过焊接后才能复位的，且焊接后可能会影响动作值的。

——当需要防止工作温度超过第九篇和 57.9 规定的限值时，应配备热安全装置。

——当**恒温器**的故障会形成**安全方面危险**时，应另外配备一个独立的非**自动复位热断路器**。该附加装置的动作温度应高于正常控制装置在最大设定值时所达到的温度，但不应超过预期功能所需的安全温度限值。

——当**热断路器**动作引起**设备**功能消失而存在**安全方面危险**时，应发出音响警报。

通过检查和下列试验(如适用)来检验是否符合要求：

热安全装置可与**设备**分开试验。

热断路器和**过电流释放器**的试验，应在**设备**按第九篇规定的条件运行时进行。

自动复位热断路器和自动复位过**电流释放器**应动作 200 次。

非自动复位**过电流释放器**应动作 10 次。

试验时，可用强制冷却和间歇周期运行来防止**设备**的损坏。试验后，试样应没有影响继续运行的损伤。

若无液体时会出现危险的过热，则配有装满液体的容器且有加热液体的电热装置的**设备**，应有安全装置以防止当容器内无液体时接通电热元件。

让有关**设备**在容器空着时运行来检验是否符合要求。不应出现过热引起**设备**损坏而造成**安全方面危险**。

b) 温度设定

——当**恒温器**配有可调的温度设定装置时，温度设定应清楚地表明。

——**热断路器**的动作温度，应清楚地表明。

通过检查来检验是否符合要求。

56.7 电池

a) 电池罩壳

充电或放电时可能从电池罩壳有气体逸出时，应进行通风以减少积聚和点燃的危险。

电池箱应设计得能避免电池发生引起**安全方面危险**的意外短路。

通过检查来检验是否符合要求。

b) 连接

如果不正确的连接或更换电池可能引起**安全方面危险**时，**设备**应配备防止极性接错的装置。参见 6.2 d)。

通过下述方法来检验是否符合要求：

1) 确定是否有接错电池的可能性。

2) 如果有上述可能性存在，确定接错电池的影响。

c)* 电池状态

无通用要求。

56.8 指示器

除非对位于正常操作位置的**操作者**另有显而易见的指示，否则应安装指示灯，用于：

——指示**设备**已通电[见 6.3 a)]。

——**设备**装有不发光的电热器如会产生**安全方面危险**时，指示电热器已工作。

这对记录用的热笔不适用。

——当输出电路意外的或长时间的工作可能引起**安全方面危险**时，指示处于输出状态。

指示灯的颜色见 6.7。

设备中有**内部电源**充电装置时，充电工作状态应明显地指示给**操作者**。

通过检查在**正常使用**位置时指示灯及指示装置的指示是否可见来检验是否符合要求。

56.9 预置的控制器

无通用要求。

56.10 控制器的操作部件

a) 防电击

电气控制器的**可触及部分**应符合 16 c)的要求。

b) 固定、防止误调

——所有操作用部件，应紧固得在**正常使用**时不能被拔出或松动。

——在**设备**使用中进行调节可能对**患者**或**操作者**发生**安全方面危险**的控制器，应紧固得使所指示的刻度与控制器的位置始终相对应。

在这种情况下，指示是指“通”或“断”的位置指示、刻度标记指示或其他的位置指示。

——若指示器和有关元件之间的连接不用**工具**即可拆开，则应用适当的结构来防止指示器和有关元件之间的不正确连接。

通过检查和手动试验来检验是否符合要求。对于旋转的控制器，应以表 13 所示的扭矩加在旋钮与转轴之间，每一方向轮流加不少于 2 s 的时间。试验应重复 10 次。

旋钮与转轴间不应相对转动。

如果在**正常使用**时可能受到轴向拉力，则应对电气元件施加 60 N 的轴向力和对其他元器件施加 100 N 的轴向力达 1 min 以检验是否符合要求。

表 13 旋转控制器的试验扭矩

控制旋钮的握持直径 d/mm	扭距/Nm
$10\leqslant d<23$	1.0
$23\leqslant d<31$	1.8
$31\leqslant d<41$	2.0
$41\leqslant d<56$	4.0
$56\leqslant d\leqslant 70$	5.0

c) 限制移动

当需要防止所控制的参数意外地从最大变到最小,或从最小变到最大而造成**安全方面危险**时,应对控制器中转动或移动的零部件配备机械强度足够的定位器。

通过检查和手动试验来检验是否符合要求。对旋转控制器,应按表 13 给出的扭矩,轮流在每个方向施加不少于 2 s 的时间。试验应重复 10 次。

在**正常使用**时可能受到的轴向力不应引起**安全方面危险**。

应对电气元器件施加 60 N 的轴向力和对其他元器件施加 100 N 的轴向力达 1 min 时间,以检验是否符合要求。

56.11 有电线连接的手持式和脚踏式控制装置

a) 工作电压的限制

手持式和脚踏式控制装置及连接电线,其导线和元器件,都应使用以 17 g)规定的措施之一与**网电源部分**隔离的交流电压不超过 25 V,直流及峰值电压不超过 60 V。

通过检查和测量电压(如有必要)来检验是否符合要求。

b) 机械强度

——手持式控制装置应符合 21.5 的要求和试验。

——脚踏式控制装置应能承受一个成人的重量。

通过在脚踏式控制装置的**正常使用**位置上施加 1 350 N 的作用力达 1 min,来检验是否符合要求。力施加在 625 mm^2 的面积上。该控制装置不应有会引起**安全方面危险**的损伤。

c) 疏忽的操作

手持式和脚踏式控制装置,当疏忽地放在非**正常使用**位置时,应不会改变它们的控制设定。

通过翻转控制装置将它们以各种可能的非正常位置放于支承面上,来检验是否符合要求。不应有任何控制设定的意外变化而引起**安全方面危险**。

d) 进液

——脚踏式控制装置应至少达到 GB 4208 的 IPX1 的要求。

通过 GB 4208 的试验来检验是否符合要求。

——制造商规定用于手术室的**设备**,其脚踏控制装置的电气开关部件的结构应达到 GB 4208 的 IPX8 的要求。

通过 GB 4208 的试验来检验是否符合要求。

e) 连接用电线

接至手持式或脚踏式控制装置的软电线,在控制装置进线口处的连接和固定,应符合 57.4 中对**电源软电线**规定的要求。

通过 57.4 规定的试验来检验是否符合要求。

57 网电源部分、元器件和布线

57.1 与供电网的分断

a) 分断

——**设备**应有一个能使所有各极同时与**供电网**在电气上分断的装置。这一分断应包括每一**带电**的供电导线，但接至多相**供电网**的**永久性安装设备**可能配有的不切断中性导线的分断装置除外，后者仅限于如局部安装条件使得**正常状态**下中性线上的电压不超过特低电压时。

——分断装置应是或者装在**设备**上，或者装在**设备**外，后者应在**随机文件**中说明(见 6.8.3)。

b) 无通用要求。

c) 无通用要求。见 57.1 a)。

d) 按 57.1 a)要求使用的开关应符合 GB 15092.1 中所规定的对**爬电距离**和**电气间隙**的要求。

e) 无通用要求。

f) 电源开关不应装在**电源软电线**或任何其他外部软线上。

g) 按 57.1 a)要求使用的开关，其操作部件的动作方向应符合 GB/T 4205 的要求。

h) 非**永久性安装设备**中用来与**供电网**分断的合适的插头装置，应被认为是符合 57.1 a)的要求的。

设备连接装置和带**网电源插头**的软电线，都是合适的插头装置。

j) 无通用要求。见 57.1 a)。

k) 无通用要求。

l) 无通用要求。

m) 在本条的概念中，熔断器和半导体器件不应当作分断装置用。

通过检查来检验是否符合要求。

表 14 无通用要求。

57.2 网电源连接器和设备电源输入插口等

a) 无通用要求。

b)* 结构

无通用要求。

c) 无通用要求。

d) 无通用要求。

e)* 非**永久性安装设备**上用来向另外**设备**或本**设备**的分离部分提供网电源的**辅助网电源输出插座**，应是**网电源插头**插不进的型式。参见 56.3。

本要求不适用于**急救车**，在**急救车**上这种插座数应限制为 4 个。

这些**辅助网电源输出插座**应有适当的标记[6.1 k)]。

通过检查来检验是否符合要求。

f) 无通用要求。

g)* 除了需要提供功能接地的地方，Ⅰ**类设备**的**设备电源输入插口**不应用于Ⅱ**类设备**。

57.3 电源软电线

a) 应用

——**设备**与特定**供电网**之间不应有一个以上的连接。

——如果有换接至不同供电系统例如外部电池的装置，当一个以上的连接同时接通时，不应发生**安全方面危险**。

——**网电源插头**不应配备一根以上的**电源软电线**。

——不打算与固定布线系统作永久性连接的**设备**,应配有**电源软电线**,或者配有一个**设备电源输入插口**。

通过检查来检验是否符合要求。

b) 类型

电源软电线的耐用性,不应低于普通耐磨橡胶护套软电线(GB 5013.1 中的规定)或普通聚氯乙烯护套软电线(GB 5023.1 中的规定)的要求。

除非温度是**额定**的[参见表 10 b)],否则,如果**设备**外表金属部件温度超过 75℃,且在**正常使用**时这些金属部件又可能被电线碰到时,在这种**设备**上就不应使用聚氯乙烯绝缘的**电源软电线**。

通过检查和测量来检验是否符合要求。

c) 导线的截面积

电源软电线导线的名义截面积,不应小于表 15 中的规定。

通过检查来检验是否符合要求。

表 15 电源软电线的名义截面积

设备的名义电流 A	名义截面积(铜)/mm²	设备的名义电流 A	名义截面积(铜)/mm²
$I \leqslant 6$	0.75	$25 < I \leqslant 32$	4
$6 < I \leqslant 10$	1	$32 < I \leqslant 40$	6
$10 < I \leqslant 16$	1.5	$40 < I \leqslant 63$	10
$16 < I \leqslant 25$	2.5	—	—

d) 导线的准备

绞线用任何夹紧件固定时不应搪锡。

通过检查来检验是否符合要求。

57.4 电源软电线的连接

a) 电线固定用的零件

——配有**电源软电线**的**设备**和**网电源连接器**,都应有固定电线用的零件,以防导线在**设备**与**网电源连接器**的接线处受到拉力和扭力的影响,并防止导线的绝缘磨损。将电线打结,或用线把电线末端系住等免除应力的方法均不应使用。

——供软电线固定用的零件应:

1) 用绝缘材料制成,或

2) 用金属材料制成,与未**保护接地**的可触及导体部件之间用**辅助绝缘**来绝缘,或

3) 金属材料制成并有绝缘衬垫,用于一旦**电源软电线**的绝缘失效时会使未**保护接地**的可触及导体部件**带电**的情况。除非该衬垫是构成本条所规定的电线防护部分的软套管,否则衬垫应固定在软电线的固定用零件上,并符合**基本绝缘**的要求。

——**电源软电线**固定用的零件应设计成不是用螺钉直接压在软电线的绝缘上来固定软电线。

——在更换**电源软电线**时如有要拧动的螺钉,则该螺钉除作固定用零件外,不应用来固定其他任何元器件。

——**电源软电线**中的导线应安排得当软电线固定用零件失效时,只要相线与其接线端子还接触时,**保护接地**导线不应受应力作用。

通过检查和下列试验来检验是否符合要求:

设计由**电源软电线**供电的**设备**,用制造商供给的软电线试验。

如有可能,**电源软电线**宜从**设备**的电源接线端子或**网电源连接器**断开。

软电线应经受对其护套动作 25 次拉动，拉力值见表 18。

拉力应施于最不利的方向，但不要猛拉，每次拉 1 s 时间。

紧接着，软电线还应承受表 18 中扭矩达 1 min。

注：表 17 不采用，GB 9706.1—1988 的表 16 和表 17 合并为表 16[见 57.10 a)]。

表 18 固定软电线用零件的试验

设备的质量/kg	拉力/N	扭矩/Nm
$m \leqslant 1$	30	0.1
$1 < m \leqslant 4$	60	0.25
$m > 4$	100	0.35

试验后，软电线护套纵向位移应不大于 2 mm，导线端子离正常连接位置的位移应不大于 1 mm。**爬电距离**和**电气间隙**应不会降至 57.10 的规定值以下。

在试验前，为了测量纵向位移，在电线拉直的情况下，电线上离电线固定用的零件大约 2 cm 或其他适当的位置处做一记号。

在试验后，在电线拉直的情况下，电线护套上的记号相对电线固定用的零件或上述其他适当位置的位移。

应不可能将软电线过度推向**设备**内部至使软电线或**设备**内的部件被损坏。

b) 软电线防护套

非移动式设备除外的其他**设备**的**电源软电线**，在**设备**进线口处应采用绝缘材料制成的防护套加以保护，以防过分弯曲。

此外，**设备**出线口的形状，应使所用的**电源软电线**即使没有护套也能通过下述的柔软性试验。

通过检查、测量和下列试验来检验是否符合要求：

设计使用**电源软电线**的**设备**，配有软电线防护套或开口，**电源软电线**应外露 100 mm 左右的长度。在软电线不受应力影响时，**设备**应使软电线防护套的轴线在软电线出口处对水平上翘 45°。

然后，在软电线的自由端系上一个质量等于 $10D^2$ g 的物体。D 是随**设备**一起提供的圆形**电源软电线**的外径，或为扁形软电线的较小尺寸，单位为 mm。

如果软电线防护套对温度敏感，则试验在 23℃±2℃温度下进行。

扁线要向其各芯线轴线所形成的平面相垂直的方向弯曲。

在刚系上质量为 $10D^2$ g 的物体后，软电线任何位置的曲率都不应小于 $1.5D$，用直径为 $1.5D$ 圆柱形短棒进行检验。

不能通过以上尺寸试验的防护套，应通过 GB 4706.1—1998 中 25.14 的试验。

c) 便于连接

设备内部设计用来固定布线的或供可重新接线的**电源软电线**用的空间，应足以允许导线方便地引入和接线，若有盖子，在盖上盖子时应不会发生损坏导线或其绝缘的危险。应有可能在盖上盖子以前对导线已经正确连接和定位做检验。

通过检查和做一次安装试验来检验是否符合要求。

57.5 网电源接线端子装置和网电源部分的布线

a)* 网电源接线端子的通用要求

打算与固定布线永久性连接的**设备**，以及打算用可重新接线的不可拆卸**电源软电线**连接的**设备**，应具有**网电源接线端子装置**，其连接应用螺钉、螺母、焊接、夹持、导线缠绕或其他等效的方法。

除非在导线断裂时有隔档使**带电**部分与其他导体部件间的**爬电距离**和**电气间隙**不会降至

57.10中的规定值以下时，不应仅仅依靠接线端子来保持导线的位置。

除接线板外的元器件上的接线端子，如符合本条要求且有符合6.2 h)、j)和k)要求的正确标记时，可用来作为外部导线的接线端子。

固定外部导线用的螺钉、螺母，不应兼用来固定其他任何元器件，如果内部导线安排得在连接电源导线时不会被移动，则也可兼用来固定内部导线。

通过检查来检验是否符合要求。

b) **网电源接线端子装置**的布置

——有可重新接线的软电线且备有接线端子同外部软线或**电源软电线**相连接的**设备**，其接线端子和**保护接地端子**应排列得尽量靠近，以保证接线方便。

——关于**保护接地导线**连接的细节见第58章。

——关于**网电源接线端子装置**的标记见6.2。

——即便**网电源接线端子装置**的**带电**部分是触及不到的，该端子装置在不用**工具**时也应触及不到。

通过检查来检验是否符合要求。

——**网电源接线端子装置**应布置适当，或者有必要的防护，以保证即使在安装就绪后绞线中有一根导线脱出在外时，在**带电**部分和**可触及部分**之间也不会出现意外接触的危险，对Ⅱ**类设备**来说，在**带电**部分和仅用**辅助绝缘**与**可触及部分**相隔离的导体部件之间，不会发生意外接触的危险。

通过检查来检验是否符合要求。若有疑问时，需进行下列试验来检验：

在具有57.3 c)的表15中所规定的**名义**截面积的软电线的末端，剥去8 mm长的绝缘。

只让绞线中的一根导线离散在外，其余的全部塞入接线端子。

把离散在外的导线朝各个可能的方向弯曲，但不要把绝缘护套向后拉动，也不要绕分隔层急剧地弯曲。

接在**带电**的接线端子上的绞线的离散导线，不应碰到任何**可触及部分**，或碰到与**可触及部分**相连的部件，或在Ⅱ**类设备**中不应碰到仅用**辅助绝缘**与**可触及部分**相隔离的导体部件。

接到**保护接地端子**上的绞线的离散导线，不应碰到任何**带电**部分[见57.5 a)]。

c) 网电源接线端子的固定

设备的接线端子应固定得使在夹紧和松开接线时，内部布线不会受到应力，也不会使**爬电距离**和**电气间隙**降低到57.10所规定的值以下。

通过检查，并对所规定的最大截面积的导线夹紧或松开10次之后进行测量，来检验是否符合要求。

d)* 与网电源接线端子的连接

——对于用夹紧方法连接可重新接线的软电线的**设备**，软电线的接线端子不应要求对软电线进行专门的准备就可进行正确接线；接线端子应设计合理并且位置适当，使在拧紧固定螺钉或螺母时，导线不会损伤，也不会脱出。

——对**电源软电线**和**可拆卸电源软电线**限制导线准备工作的另外要求，见57.3 d)。

通过对按57.5 c)规定的试验后的接线端子和软电线的检查，来检验是否符合要求。

e) 布线的固定

无通用要求。见56.1 f)。

57.6 网电源熔断器和过电流释放器

对于Ⅰ**类设备**和有一个按18 l)规定的功能接地的Ⅱ**类设备**，每根导线都应配有熔断器或**过电流释放器**；其他单相Ⅱ**类设备**，至少有一根导线要配有熔断器或**过电流释放器**。

网电源熔断器和**过电流释放器**的电流标称值，应使它们能可靠地流过正常工作电流，并不应大于载有电网供电电流的电源电路中任何元、器件的电流标称值。

——**保护接地导线**不应装熔断器。

——**永久性安装设备**的中性导线不应装熔断器。

通过检查来检验是否符合要求。

57.7* 网电源部分中干扰抑制器的位置

无通用要求。

57.8 网电源部分的布线

a) 绝缘

网电源部分中的单根导线的绝缘,至少应在电气特性上与符合 GB 5023.1 或 GB 5013.1 所要求的供电软电线中的单根导线是等效的,否则应认为该导线是一根裸导线。

通过以下试验来检验是否符合要求:

如果绝缘能承受 2 000 V,1 min 的电介质强度试验,则该绝缘被认为在电气特性上是等效的。

在电线样品上包裹长为 10 cm 的铝箔,将试验电压施加在导线和铝箔之间。

b) 截面积

——**网电源接线端子装置**至保护装置之间的**网电源部分**内部布线的截面积,不应小于 57.3 c)规定的**电源软电线**要求的最小截面积。

通过检查来检验是否符合要求。

——**网电源部分**其他布线的截面积,以及所有印刷电路的线路尺寸,都应足以在可能的故障电流时,能防止发生着火危险。

如果对过电流保护的有效性有疑问,则应把**设备**接到一个规定的当**网电源部分**发生故障时可取得预料的最严重的短路电流值的**供电网**,来检验是否符合要求。

然后,模拟**网电源部分**某单个绝缘的故障,使故障电流为最不利的数值时,不应发生**安全方面危险**。

57.9* 网电源变压器

网电源变压器应符合下列要求:

57.9.1 过热

——用于**医用电气设备**的网电源变压器,应防止其**基本绝缘**、**辅助绝缘**和**加强绝缘**在任何输出绕组短路或过载时过热。

通过 57.9.1 a)和 57.9.1 b)规定的试验来检验是否符合要求。

——变压器外部的或变压器**外壳**外部的防止过热的保护装置,如熔断器、**过电流释放器**、**热断路器**等保护装置,应连接成当保护装置至变压器间的布线之外的任何元器件损坏时,不会造成保护装置不起作用。

通过检查来检验是否符合要求。

表 19 环境温度为 25℃时网电源变压器绕组过载和短路状态下容许的最高温度

部件	最高温度/℃
绕组和与其接触的铁芯叠片,如绕组绝缘为:	
——A 级材料	150
——B 级材料	175
——E 级材料	165
——F 级材料	190
——H 级材料	210

a) 短路

用在第 42 章中规定条件下的下列试验来检验是否符合要求。

——带有限制绕组温度保护装置的网电源变压器，接到最低**额定**供电电压的90%至最高**额定**供电电压的110%之间或**额定**供电电压范围内的最不利的电压上。轮流短路每一个次级绕组，除初级绕组外的其他各绕组均按**正常使用**加载。

——次级绕组的所有保护装置应动作。

——在表19的最高温度被超出之前，保护装置应动作。

——在热稳态下，初级保护装置未动作时，应不超过表19给出的最高温度。

b) 过载

网电源变压器包括它们的保护装置(如有的话)，按正常工作条件来试验：

——按第42章规定的条件，直到达到热稳态；

——供电电压保持在90%或110%的**额定**供电电压，或保持在110%**额定**供电电压范围的最高值，取最不利的电压值；

——轮流对每一绕组或抽头段进行试验，其他绕组或抽头段按有关**设备正常使用**加载；

——按下述要求对变压器的抽头段和绕组进行过载加载：

- 用符合GB 9364和IEC 60241的熔断器作保护装置的电源变压器，分别加载30 min和1 h，流过熔断器电路的试验电流按表20，并将熔断器以可忽略阻抗的连线代替。
- 用不同于GB 9364和IEC 60241的熔断器作保护装置的网电源变压器，加载30 min，流过熔断器的试验电流尽可能采用熔断器制造商提供的特性中最大值，但不能造成熔断器动作。熔断器应采用可忽略阻抗的连线代替。

表20 电源变压器试验电流

保护熔断丝(片)额定电流的标示值/A	试验电流与熔断丝(片)额定电流之比
$I \leqslant 4$	2.1
$4 < I \leqslant 10$	1.9
$10 < I \leqslant 25$	1.75
$I > 25$	1.6

- 如果短路电流小于上述的试验电流，则将变压器抽头段或绕组短路直至到达热稳定状态。
- 用**热断路器**作保护装置的网电源变压器，将流过变压器抽头段或绕组的电流加载到**热断路器**不致于动作的最大值，试验继续到达热稳定状态。
- 对用**过电流释放器**作保护装置的网电源变压器加载，使电路中的试验电流尽可能接近制造商规定的跳闸电流，但不引起释放动作，持续试验直至达到热稳定状态。试验中**过电流释放器**应用可忽略的阻抗连接线来代替。
- 无保护装置限制绕组温度的网电源变压器，应将会引起最不利结果的次级绕组或次级绕组抽头段的输出端短路，试验应继续直至到达热稳定状态。

为达到这些试验的目的，跳闸电流按下述设定：

——无延时的**过电流释放器**：引起释放动作的最低电流值；

——有延时的**过电流释放器**：从室温开始，经最大延时或经1h，两者中取较短时间，引起释放动作的电流值。

试验时，温度不应超过表19给定值。

57.9.2 电介质强度

网电源变压器初级绕组和其他绕组、屏蔽及铁芯之间的电气绝缘，假设在组装的**设备**中按第20章规定已进行过电介质强度试验，则不应重复试验。

网电源变压器初级和次级绕组的匝间和层间绝缘的电介质强度，应在潮湿预处理(见4.10)后，通过下列试验：

——任一绕组的**额定电压**不超过 500 V 的变压器，用其绕组**额定电压**的 5 倍或其绕组**额定电压**范围上限值的 5 倍、而频率不低于**额定**频率 5 倍的电压加在绕组的二端。

——任一绕组的**额定电压**超过 500 V 的变压器，用其绕组**额定电压**的两倍或其绕组**额定电压**范围上限的两倍、而频率不低于**额定频率**两倍的电压加在绕组的二端。

然而，在上述两种情况下，如果该绕组的**额定电压**被认为是基准电压 U 时，变压器任何绕组的匝间和层间绝缘的应力，应使得有最高**额定电压**的绕组上出现的电压，不超过 20.3 表 5 中对**基本绝缘**规定的电压。为此，初级绕组上的试验电压应相应减低。试验频率可采用让铁芯中产生约为**正常使用**时所有的磁感应值的频率。

——三相变压器可用三相试验装置试验，或用单相试验装置依次试验三次。

——关于铁芯以及初、次级绕组间的任何屏蔽的试验电压，应按有关变压器的规范选用。如果初级绕组有一个有标记的与**供电网**中性线的连接点，除非铁芯(和屏蔽)规定接至电路的非接地部分，该点应与铁芯相连(有屏蔽时也与屏蔽相连)。将铁芯(和屏蔽)接到对标记连接点有相应电压和频率的电源上来进行模拟。

如果该连接点没有标记，除非铁芯(和屏蔽)规定接至电路的非接地部分，应轮流将初级绕组的每一端和铁芯相连(有屏蔽时也与屏蔽相连)。

应将铁芯(和屏蔽)轮流接至对初级绕组每一端有相应电压和频率的电源上来进行模拟。

——试验时，所有不打算与**供电网**相连的绕组应空载(开路)，除非铁芯规定接至电路的非接地部分，打算在一点接地或让一点在近似地电位运行的绕组，应将该点与铁芯相连。

将铁芯接到对这些绕组有相应电压和频率的电源上来进行模拟。

——开始应施加不超过一半规定的电压，然后应用 10 s 时间升至满值，并保持此值达 1 min，之后应逐渐降低电压并切断电路。

——不在谐振频率下进行试验。

——试验时，绝缘的任何部分不应发生闪络或击穿。试验后，不应有可觉察到的变压器损坏现象。

当试验电压暂时降低到比基准电压(U)高的较低值时，轻微电晕放电现象即停止，且放电不引起试验电压的下降，则此轻微电晕放电不考虑。

57.9.3 罩壳

无通用要求。

57.9.4 结构

a) 初级绕组与对**应用部分**或未**保护接地**的**可触及金属部分**有**导电连接**的次级绕组之间的隔离，应采用下列方法之一得到：、

——绕在分开的绕线管筒或线圈架上；

——绕在同一个绕线管筒或线圈架上，线圈之间用无孔隙的绝缘层隔开；

——同心地绕在同一个绕线管筒或线圈架上，线圈之间用无孔隙的、厚度不低于 0.13 mm 的保护铜屏蔽。

——同心地绕在同一个绕线管筒上，线圈之间用**双重绝缘**或**加强绝缘**隔离。

通过检查来检验是否符合要求。

b) 无通用要求。

c) 应有防止端部线匝移动到绕组间绝缘之外的措施。

d) 若保护接地屏蔽只有一匝，它应有不小于 3 mm 长的绝缘重叠。屏蔽的宽度应至少等于初级绕组的轴向长度。

e) 具有**加强绝缘**或**双重绝缘**的变压器，其初级和次级绕组之间的绝缘应是：

——总厚度至少为 1 mm 的绝缘层，或

——总厚度至少不低于 0.3 mm 的两层绝缘，或

——三层绝缘，每两层的组合能承受**加强绝缘**的电介质强度试验。

f) 符合57.9.4 a)的变压器，初级和次级绕组间的**爬电距离**应符合**加强绝缘**的要求(57.10中表16的A-e)，并有下列的修正：

——绕组线上的瓷漆或清漆被认为各对这些**爬电距离**提供了1 mm的距离。

——**爬电距离**是通过一绝缘隔档两部分之间的连接线来测量的，除了当：

- 形成连接的两部分用热封接形成，或对重要的连接处用其他类似的封接方法形成；
- 或在连接处的必要地方完全充满胶合剂，和用胶粘剂粘在绝缘隔档表面，以使潮气不致被吸入连接处。

——如果能证明模制变压器内没有气泡，且在涂瓷漆或涂清漆的初级绕组与次级绕组之间的绝缘，当基准电压U不超过250 V时，绝缘厚度至少为1 mm，而且绝缘厚度随较高的基准电压成比例地增加时，则认为模制变压器内部不存在**爬电距离**问题。

g) 环形铁芯变压器内部绕组的导线引出线，应有两层符合**双重绝缘**要求的、总厚度至少为0.3 mm的套管，并伸出绕组外至少20 mm。

通过检查来检验是否符合57.9.4 c)至57.9.4 g)的要求。

57.10* 爬电距离和电气间隙

a) 数值

——**爬电距离**和**电气间隙**应至少符合表16所规定的值。

对一些绝缘来说20.1和20.2适用。

——基准电压(U)的值已在20.3中给出。如果基准电压值在表16所规定的两个数值之间，应采用两者中的较高值。

基准电压高于交流1 000 V或直流1 200 V时的数值，正在考虑中。

——对电动机的槽绝缘，应容许**爬电距离**自表16的值减至50%，在250 V时最小值为2 mm。

——在**防除颤应用部分**和其他部分之间，**爬电距离**和**电气间隙**应不小于4 mm。

b) 应用

——对**网电源部分**相反极性之间的绝缘(见20.1 A-f)，若轮流短接其中一个**爬电距离**和**电气间隙**，不会造成**安全方面危险**时，则可不要求最小的**爬电距离**和**电气间隙**。

保护装置动作不应认为是**安全方面危险**。

——任何宽度不足1 mm的槽或空气隙的**爬电距离**，应只考虑其宽度(见图39～图47)。

带电部分之间所要求的**电气间隙**，不应用于**恒温器**、**热断路器**、**过电流释放器**、微动开关等的开关触点之间的空气隙，或**电气间隙**随触头移动而变化且其标称值已被证明这些装置的载流部件之间的空气隙是足够的。

——在估算**爬电距离**和**电气间隙**时，金属**外壳**或罩盖里的绝缘衬垫的作用应考虑在内。

——如因相对定位而使有关部件保持刚性，并通过模制件得到定位，或在设计上使间隙不可能因有关部件的变形和移动而缩小时，才可仅用**电气间隙**作为**带电**部分之间的、**应用部分**和未**保护接地**的**可触及部分**之间的隔离。

如果有关部件发生有限移动是正常的或是可能的话，则在计算最小间隙时应考虑这一点。

c) 无通用要求。

d) **爬电距离和电气间隙的测量**

通过参照图39～图47的规则进行测量来检验是否符合要求。

对具有**设备电源输入插口**的**设备**，用一个合适的连接器插入进行测量。对配有**电源软电线**的其他**设备**，要接上所规定的最大截面积的电源导线进行测量，还要不接导线进行测量。

活动部件置于最不利的位置，螺母和非圆头螺钉拧紧到最不利的位置。

接线端子和**可触及部分**之间的**电气间隙**和**爬电距离**，也是把螺钉或螺母尽可能旋松后进行测量;此时**电气间隙**应不低于表16所示值的50%。

通过外部部件的槽或开口的**爬电距离**和**电气间隙**应用图7所示的标准试验指来测量。

如有必要,在裸导线的任一点上,以及在金属**外壳**的外面加力,以便尽量减小测量时的**爬电距离**和**电气间隙**。

用图7所示标准试验指尖加力,其值为:

对裸导线　　2 N;

对**外壳**　　30 N。

表16[1)]　爬电距离和电气间隙

	直流电压/V	15	36	75	150	300	450	600	800	900	1 200	
	交流电压/V	12	30	60	125	250	400	500	660	750	1 000	
相反极性部分间等同于**基本绝缘**	A-f	0.4	0.5	0.7	1	1.6	2.4	3	4	4.5	6	**电气间隙**
		0.8	1	1.3	2	3	4	5.5	7	8	11	**爬电距离**
基本绝缘或**辅助绝缘**	A-a_1,A-b A-c,A-j B-d,B-c	0.8	1	1.2	1.6	2.5	3.5	4.5	6	6.5	9	**电气间隙**
		1.7	2	2.3	3	4	6	8	10.5	12	16	**爬电距离**
双重绝缘或**加强绝缘**	A-a_2, A-e,A-k B-a,B-e	1.6	2	2.4	3.2	5	7	9	12	13	18	**电气间隙**
		3.4	4	4.6	6	8	12	16	21	24	32	**爬电距离**

1) 本表代替了GB 9706.1—1988中的表16和表17。

58　保护接地——端子和连接

58.1　固定的电源导线或**电源软电线**的**保护接地端子**的紧固件,应符合57.5 c)的要求。不借助**工具**应不可能将它松动。内部保护接地连接用的螺钉应完全盖住或防止从**设备**外部意外地使它松动。

58.2　对于内部的保护接地连接,允许用螺钉、焊锡、钳压、缠绕、熔焊或可靠的压力接触。

58.3　无通用要求。见57.5 b)。

58.4　无通用要求。

58.5　无通用要求。

58.6　无通用要求。

58.7　如果用**设备**电源输入插口作**设备**的电源连接,则**设备电源输入插口**中的接地脚应被看作是**保护接地端子**。

58.8　**保护接地端子**不应用来作**设备**不同部分之间的机械连接,或用来固定与保护接地或功能接地无关的任何元件。

58.9　**保护接地连接**

由**操作者**通过插头和插座作网电源导线和**设备**之间的连接或**设备**各分离部分之间的连接时,保护接地的连接应在电源接通前先接通,在电源断开后再断开。这一要求对可互换的部件与保护接地的连接也适用。参见57.1、57.2和57.3。

通过对材料和结构的检查、手工试验以及57.5的试验,来检验是否符合第58章的要求。

59　结构和布线

59.1　**内部布线**

有关**网电源部分**和**应用部分**布线的固定,见56.1 f)。

a)　机械防护

——如果有部件与电缆或布线之间有相对运动,则这些电缆和布线应有足够的防护,以防止与运动部件接触，或防止与锐利的角和边摩擦。

——仅有**基本绝缘**的布线，在它直接与金属部件接触的地方，和**正常使用**时可能承受相对运动，而在相对运动中它会直接与金属部件接触的地方，应采用一个附加的固定套管或其他类似物作保护。

——**设备**应设计成使得在正常安装程序时，或盖上盖子时，或打开和关闭检查孔盖时，布线、电线束或元件都不可能受损伤。

通过检查，合适时通过手工试验，来检验是否符合要求。

b) 弯曲

导线导向轮的尺寸，应使得**正常使用**时运动的导线的弯曲半径不小于导线外径的 5 倍。

通过检查和对有关尺寸进行测量，来检验是否符合要求。

c) 绝缘

——如果内部布线需要用绝缘套管，该绝缘套管应充分地固定。如果绝缘套管只有在其本身断裂或切割后才能去除掉，或绝缘套管的二端均固定时，该绝缘套管被认为已充分固定。

——**设备**内软电线本身的护套，在不会受到过分的机械应力或热应力，及其绝缘性能不低于 GB 5013.1 或 GB 5023.1 的规定时，应只能当作**辅助绝缘**使用。

——**正常使用**时承受的温度超过 70℃ 的绝缘导线，如果符合本标准要求可能因绝缘老化而损坏时，应采用耐热材料作绝缘。

通过检查，必要时通过专门试验来检验是否符合要求。应按第 42 章的规定测定温度。

第二条破折线中提到的护套按以下内容来检验是否符合要求：

绝缘应能承受 2 000 V、1 min 的电介质强度试验。试验电压加在插入护套样品的金属棒和包裹在绝缘外长为 10 cm 的金属箔之间。

d) 材料

不应使用截面积小于 16 mm^2 的铝导线。

通过检查来检验是否符合要求。

e)* 电路的隔离

无通用要求。见第 17 章。

f) 可适用的要求

设备部件之间的连接软电线，例如 X 射线装置，或病人监护装置、或数据处理装置、或它们的组合的部件之间的连接软电线，应认为是属于**设备**本身的，而不受电气装置（医院里或其他地方）布线要求的限制。

通过本标准有关试验来检验是否符合要求。

59.2 绝缘

本条涉及**设备**的部件，不包括布线的绝缘，后者包括在 59.1 c)中。

a) 固定

无通用要求。

b)* 机械强度、耐热和耐火性

各种类型的绝缘，包括绝缘隔板，即使在延长的使用过程中都应保持绝缘性能、机械强度以及耐热性和耐火性。

通过检查，必要时结合下列试验一起来验证是否符合要求。

——耐潮湿试验等（见第 44 章）；

——电介质强度试验（见第 20 章）；

——机械强度试验（见第 21 章）。

耐热性通过下列试验进行验证，若能提供符合要求的充分证明，则可不进行试验：

1) 对若受损伤就可能影响**设备**安全的**外壳**部件和其他外部的绝缘部件，通过球压试验进行验证：

除软电线的绝缘外，有绝缘材料制成的**外壳**和其他外部部件，使用图 48 所示的试验装置进行球压试验。将受试件表面置于水平位置，用一个直径为 5 mm 的钢球以 20 N 的力对受试表面加压。试验在温度为 75℃±2℃ 的加热箱中进行，或在比该绝缘材料部件的温升(在第 42 章所述试验时测得)高 40℃±2℃ 的加热箱中进行，两者中取较高的温度值。

在 1 h 后退出钢球，测量钢球压痕的直径。压痕直径不应大于 2 mm。陶瓷材料制的部件不进行这一试验。

2) 用于支撑未绝缘的**网电源部分**的绝缘材料部件，其老化将影响**设备**安全时，通过球压试验进行验证。

试验如上述 1)项所述，但在温度为 125℃±2℃，或在比该绝缘材料部件的温升(在第 42 章所述试验时测得)高 40℃±2℃ 的温度下进行，两者中取较高的温度值。

对陶瓷材料部件、换向器的绝缘部件、炭刷帽等类似部件以及不作为**加强绝缘**的线圈架和软线的绝缘，都不进行这一试验。

注：对热塑性材料的**辅助绝缘**和**加强绝缘**，参见 52.4.1。

c) 防护

基本绝缘、**辅助绝缘**和**加强绝缘**应设计或防护得使**设备**内部部件的磨损而产生的粉末或尘土不能积沉致使**爬电距离**和**电气间隙**降低到 57.10 规定值以下。

烧结不紧密的陶瓷材料及类似的材料、以及仅仅使用绝缘珠均不应作**辅助绝缘**和**加强绝缘**使用。

在Ⅱ**类设备**中作**辅助绝缘**用的天然橡胶或合成橡胶件，应耐老化，其布置和尺寸都要合适，以便即使在有裂纹时，**爬电距离**也不会降低至 57.10 规定值以下。

包裹在加热导体外的绝缘材料，应被认为是**基本绝缘**，不应作**加强绝缘**使用。

通过检查和测量，对于橡胶还要通过下列试验来检验是否符合要求：

将橡胶件放在加压氧气中进行老化处理。试样自由悬挂在氧气瓶中，气瓶的有效容积至少 10 倍于试样体积。将气瓶注满商用氧气，氧气纯度不低于 97%，压力为 210 N/cm^2±7 N/cm^2。

试样放在温度为 70℃±2℃ 的气瓶内达 96 h。接着立即把试样从气瓶中取出，置于室温下达 16 h。试验后，对试样进行检查，试样上不应有肉眼可见的任何裂纹。

59.3 过电流和过电压保护

——见 57.6。

——对于**设备内部电源**，如果由于内部布线的截面积和布置，或由于接入的元件的标称值，而可能在短路时发生着火危险时，应配有适当**额定值**的保护装置，以防过电流时造成着火危险。

通过检查保护装置的存在以及必要时对设计数据的检查来检验是否符合要求。

——不打开**设备外壳**即可更换的熔断器，应完全封闭在熔断器座里。当不用**工具**即可更换熔断器时，与熔断器座连在一起的无绝缘**带电**部分应有防护物，以免在更换熔断器时发生**安全方面危险**。

通过检查及用标准试验指试验来检验是否符合要求。

——接在 **F 型应用部分**和**外壳**之间为防止过电压目的保护装置，不应在低于 500 V 有效值的电压下动作。

通过对保护装置动作电压的试验来检验是否符合要求。

——对**热断路器**和**过电流释放器**见 56.6 a)。

59.4 油箱

——**可携带式设备**的油箱应充分地密封，以防止在任何位置时油的流失。油箱应设计得能容许油的膨胀。

移动式设备的油箱应密封，以防止在搬运**设备**时油的流失，但在油箱上可安装一个在**正常使用**时能起作用的压力释放装置。

——部分密封的充油**设备**或**设备**部件，应配备油位观察装置。

通过对**设备**和技术说明书的检查以及人工试验来检验是否符合要求。

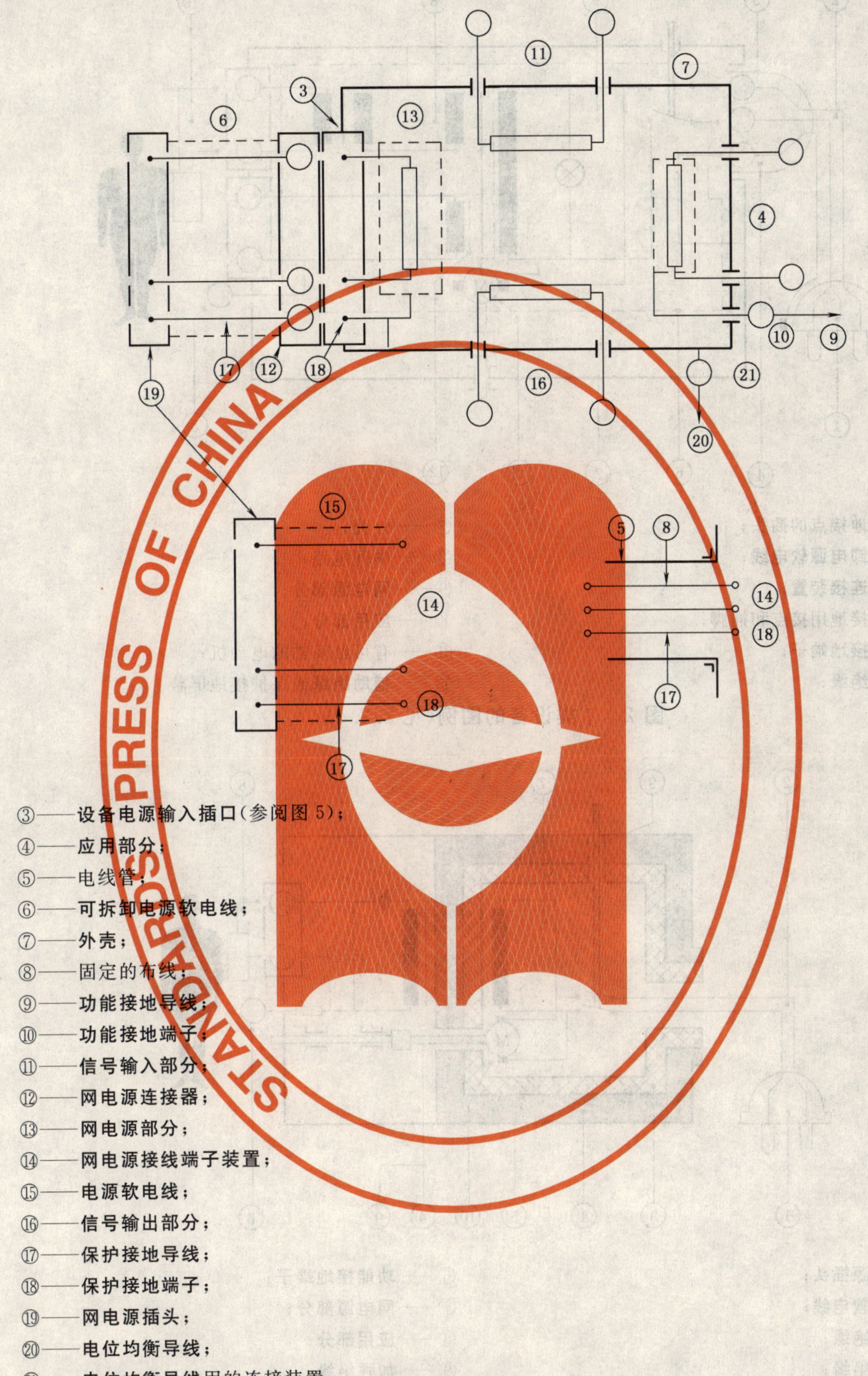

③——设备电源输入插口(参阅图 5);
④——应用部分;
⑤——电线管;
⑥——可拆卸电源软电线;
⑦——外壳;
⑧——固定的布线;
⑨——功能接地导线;
⑩——功能接地端子;
⑪——信号输入部分;
⑫——网电源连接器;
⑬——网电源部分;
⑭——网电源接线端子装置;
⑮——电源软电线;
⑯——信号输出部分;
⑰——保护接地导线;
⑱——保护接地端子;
⑲——网电源插头;
⑳——电位均衡导线;
㉑——电位均衡导线用的连接装置。

图 1　规定的接线端子和导线的图例(见第 2 章)

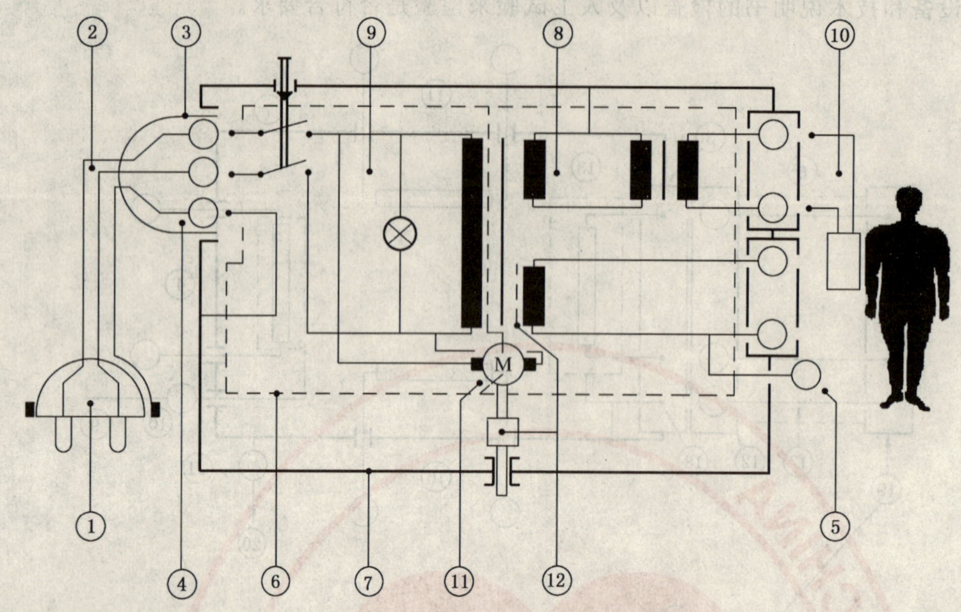

①——护接地接点的插头；

②——可拆卸电源软电线；

③——设备连接装置；

④——保护接地用接点和插脚；

⑤——功能接地端子；

⑥——基本绝缘；

⑦——外壳；

⑧——中间电路；

⑨——网电源部分；

⑩——应用部分；

⑪——有可触及轴的电动机；

⑫——辅助绝缘或保护接地屏蔽。

图 2 Ⅰ类设备的图例(见 2.2.4)

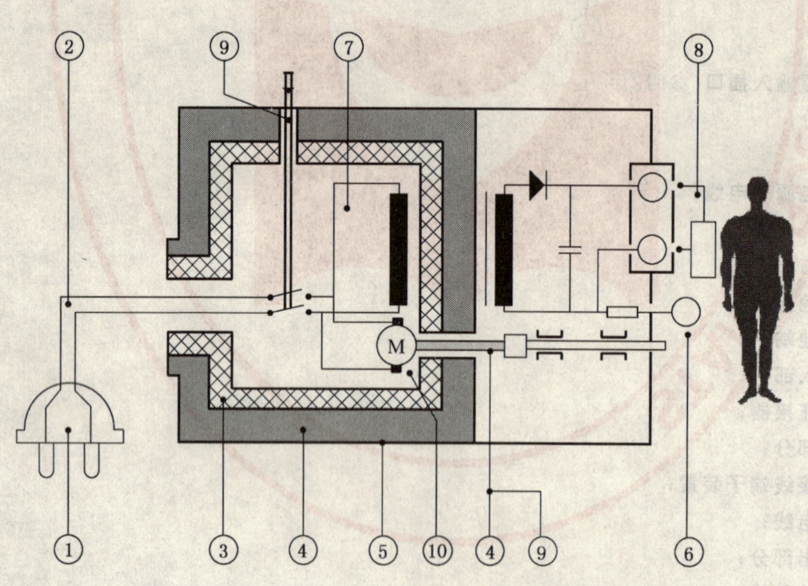

①——网电源插头；

②——电源软电线；

③——基本绝缘；

④——辅助绝缘；

⑤——外壳；

⑥——功能接地端子；

⑦——网电源部分；

⑧——应用部分；

⑨——加强绝缘；

⑩——有可触及轴的电动机。

图 3 带金属外壳Ⅱ类设备的图例(见 2.2.5)

图 4　无通用要求。

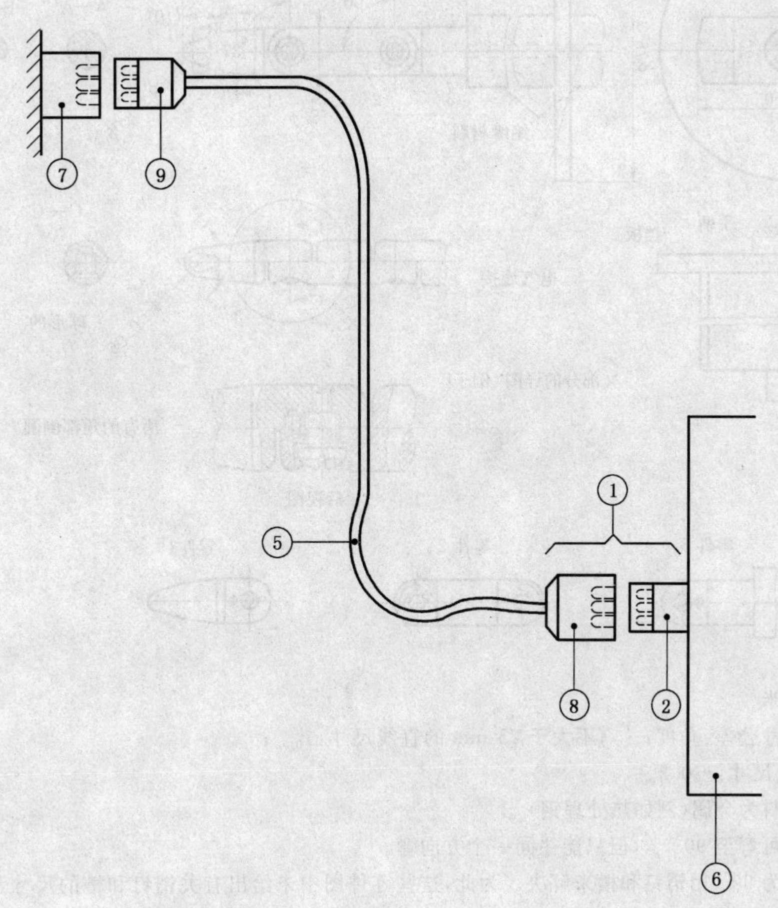

①——设备连接装置；
②——设备电源输入插口；
⑤——可拆卸电源软电线；
⑥——设备；
⑦——固定的网电源插座；
⑧——网电源连接器；
⑨——网电源插头。

图 5　可拆卸的网电源连接(见第 2 章)

图 6　无通用要求。

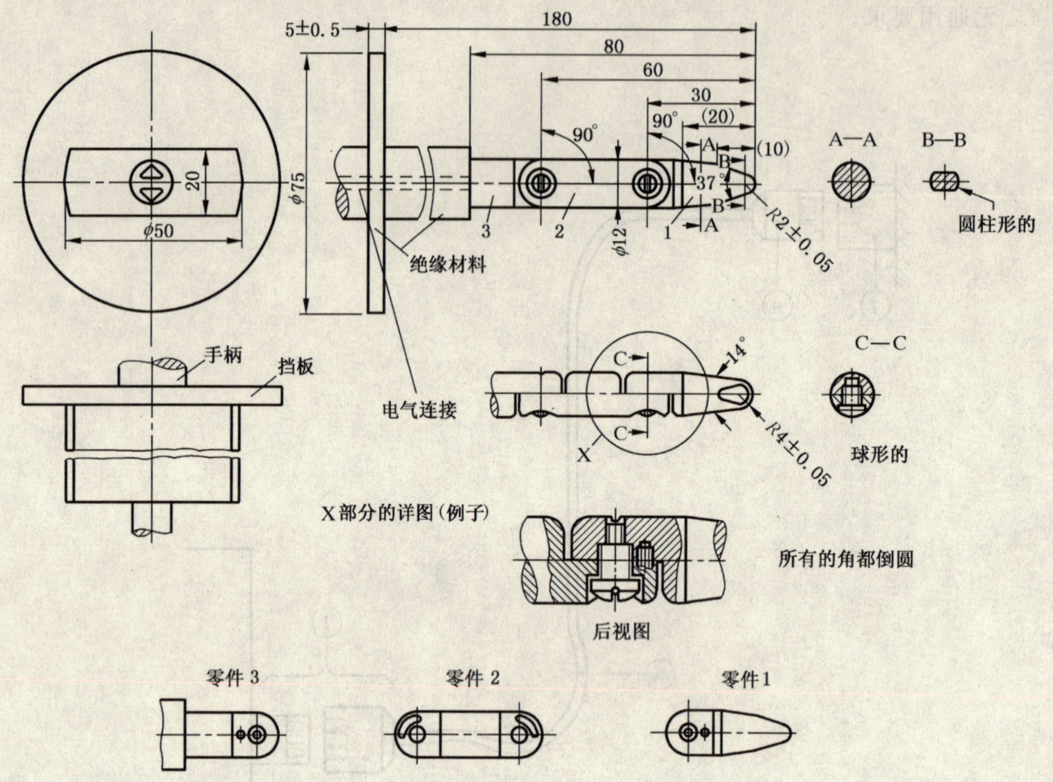

直线尺寸单位为毫米

未注公差要求的尺寸公差:角度:${}^{0°}_{-10°}$;不大于 25 mm 的直线尺寸:${}^{0}_{-0.05}$;

大于 25 mm 的直线尺寸:±0.2。

零件 1、2 和 3 的材料为金属(例如热处理钢)。

试验指的两个铰点可弯至 $90°{}^{+10°}_{0°}$,但只能往同一个方向弯。

为限制弯曲的角度为 90°,用销钉和槽来解决。为此,这些零件图中未给出有关销钉和槽的尺寸及公差。实际设计必须保证弯曲角度的公差为 0°～10°。

图 7 标准试验指(见第 16 章)

尺寸单位为毫米

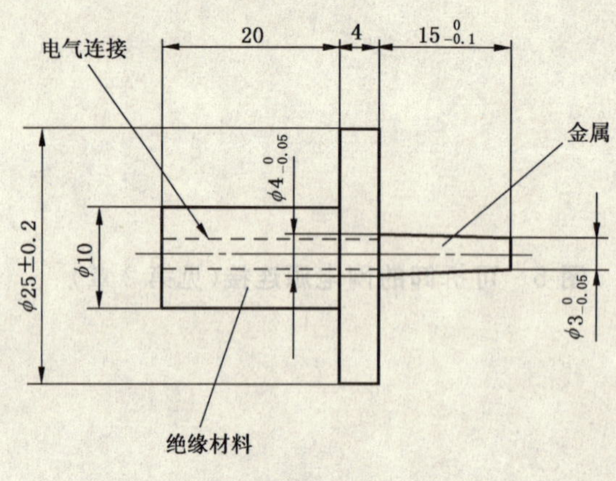

图 8 试验针(见第 16 章)

尺寸单位为毫米

材料:钢

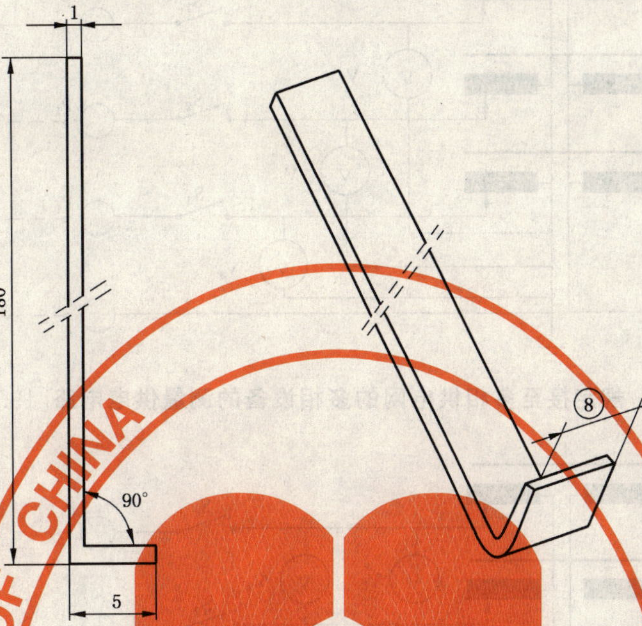

图 9　试验钩(见第 16 章)

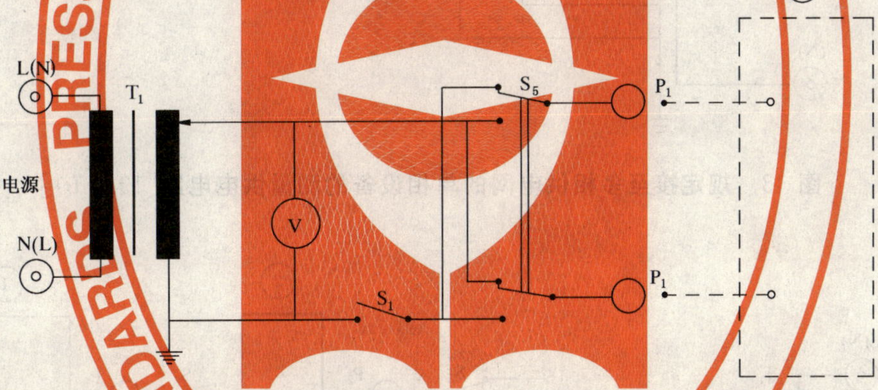

注:图 10～图 27 中的符号说明见图 27 后的说明。

图 10　供电网的一端近似地电位时的测量供电电路[19.4 b)]

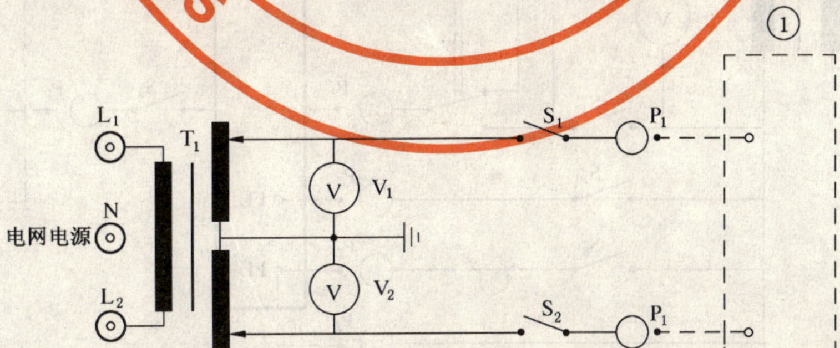

图 11　供电网对地电位近似对称时的测量供电电路[19.4 b)]

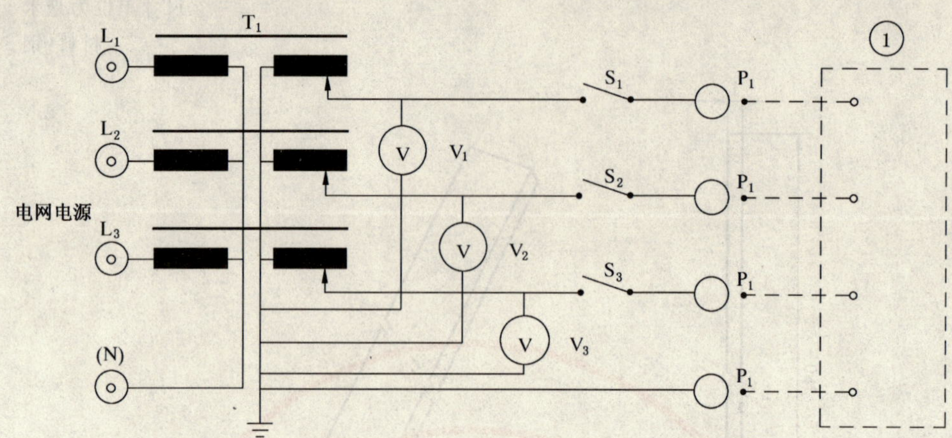

图 12 规定接至多相供电网的多相设备的测量供电电路[19.4 b)]

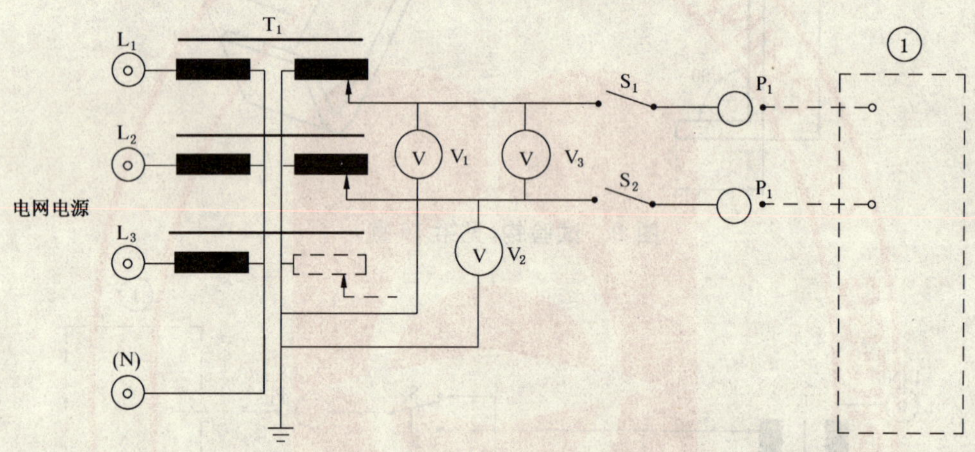

图 13 规定接至多相供电网的单相设备的测量供电电路[19.4 b)]

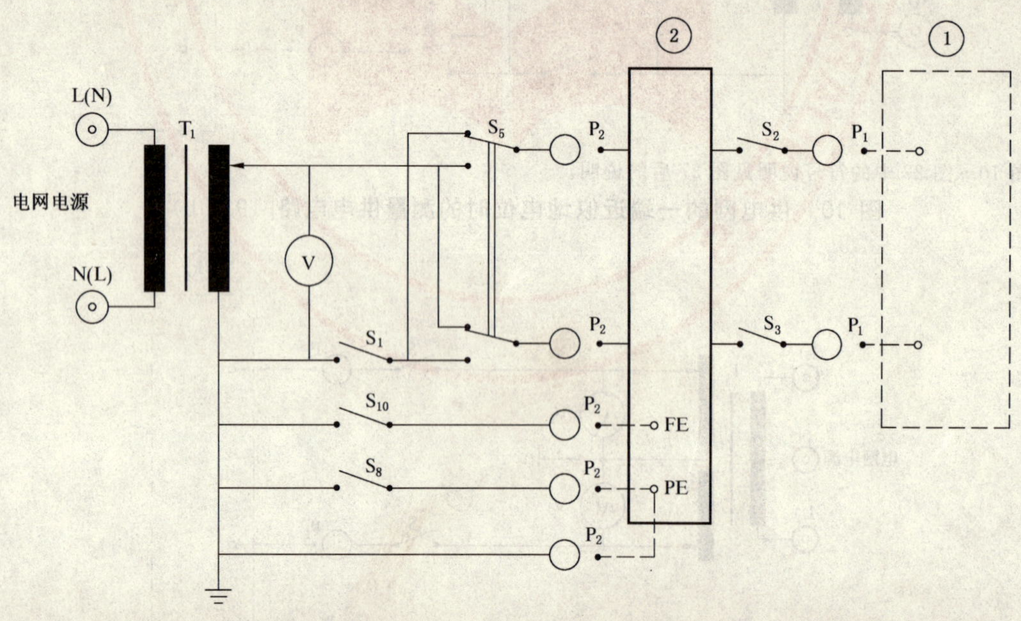

图 14 由规定按Ⅰ类或Ⅱ类单相电源供电的设备的测量供电电路

在Ⅱ类时，不使用保护接地连接和 S_8[19.4 b)]

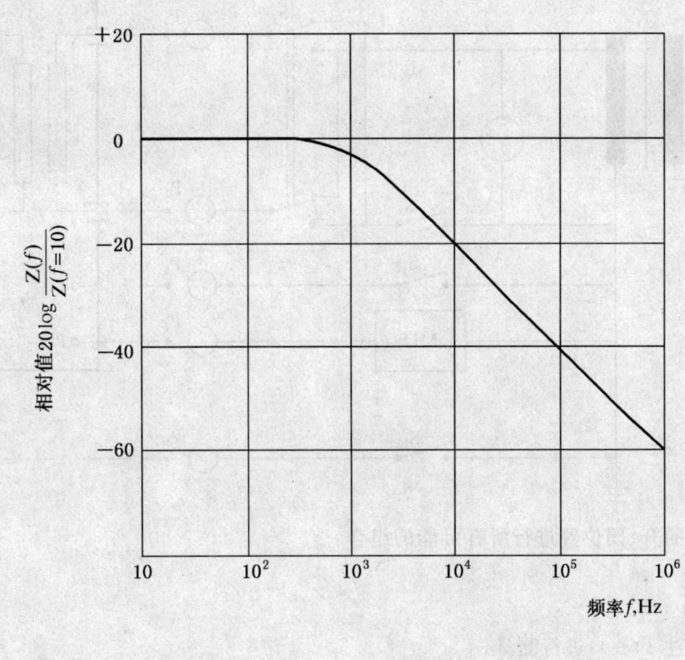

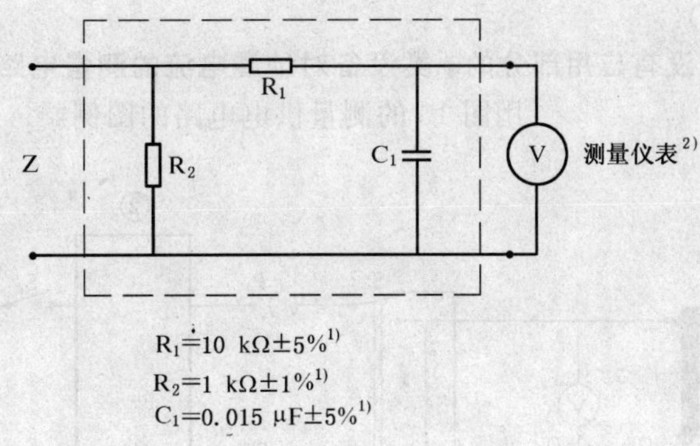

1) 无感元件。

2) 仪表阻抗≫测量阻抗 Z。

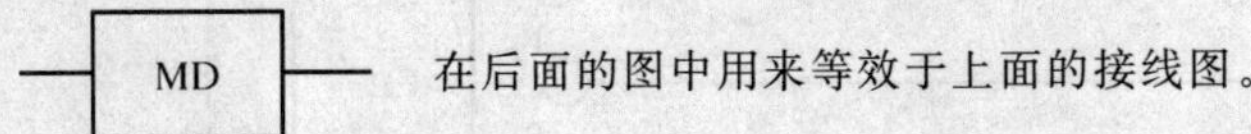

在后面的图中用来等效于上面的接线图。

图 15 测量装置的图例及其频率特性[见 19.4 e)]

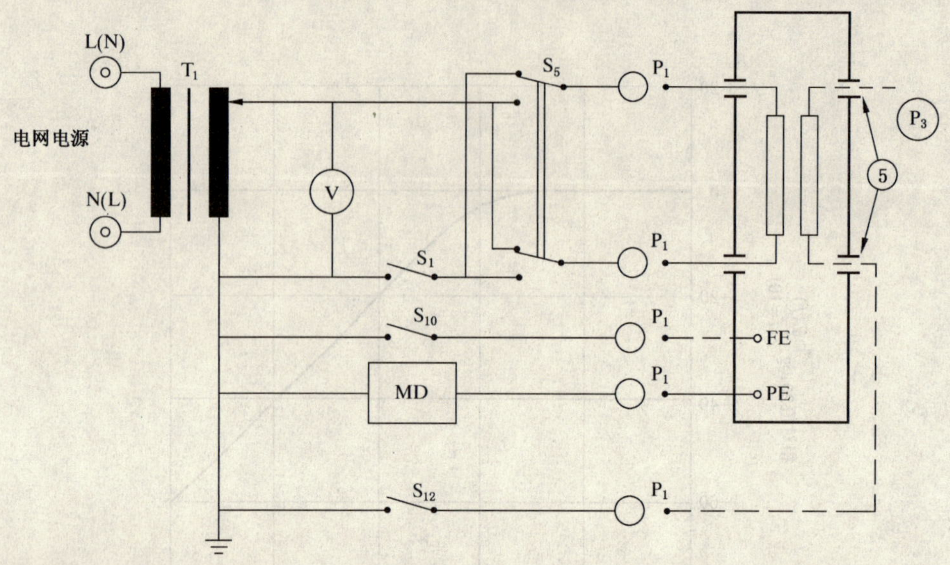

测量时，将 S_5、S_{10} 和 S_{12} 的开、闭位置进行所有可能的组合：

S_1 闭合(**正常状态**)，和

S_1 断开(**单一故障状态**)

按照 19.4 a)、表 4 及其注 1)～4)进行测量。

S_1 断开(**单一故障状态**)。

图 16 具有或没有应用部分的Ⅰ类设备对地漏电流的测量电路[19.4 f)和表 4 的注]

用图 10 的测量供电电路的图例

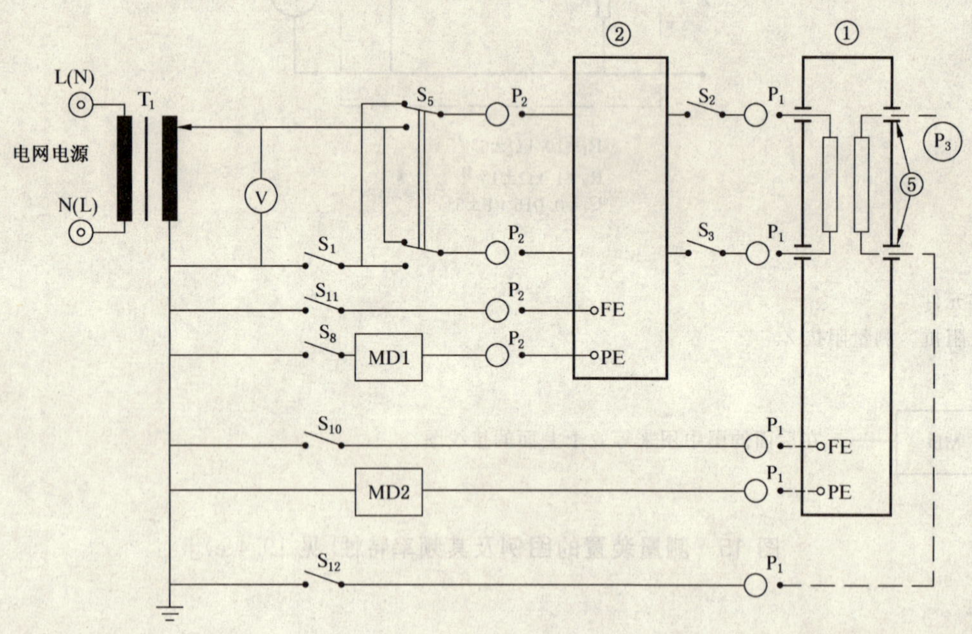

用 MD1 和 MD2 进行测量，闭合 S_8、S_1、S_2 和 S_3，并将 S_5、S_{10}、S_{11} 和 S_{12} 的开、闭位置进行所有可能的组合(**正常状态**)。

如果规定电源已**保护接地**，闭合 S_1、S_2 和 S_3，在 S_5、S_{10}、S_{11} 和 S_{12} 的开、闭位置进行所有可能的组合的情况下断开 S_8(**单一故障状态**)用 MD2 进行测量。

另外，将 S_8 闭合，而轮流断开 S_1、S_2 或 S_3 之一(**单一故障状态**)，但仅按表 4 的注进行测量。

图 17 使用规定的Ⅰ类单相电源，具有或没有应用部分的设备对地漏电流的测量电路[19.4 f)4 的注]

采用图 14 的测量供电电路

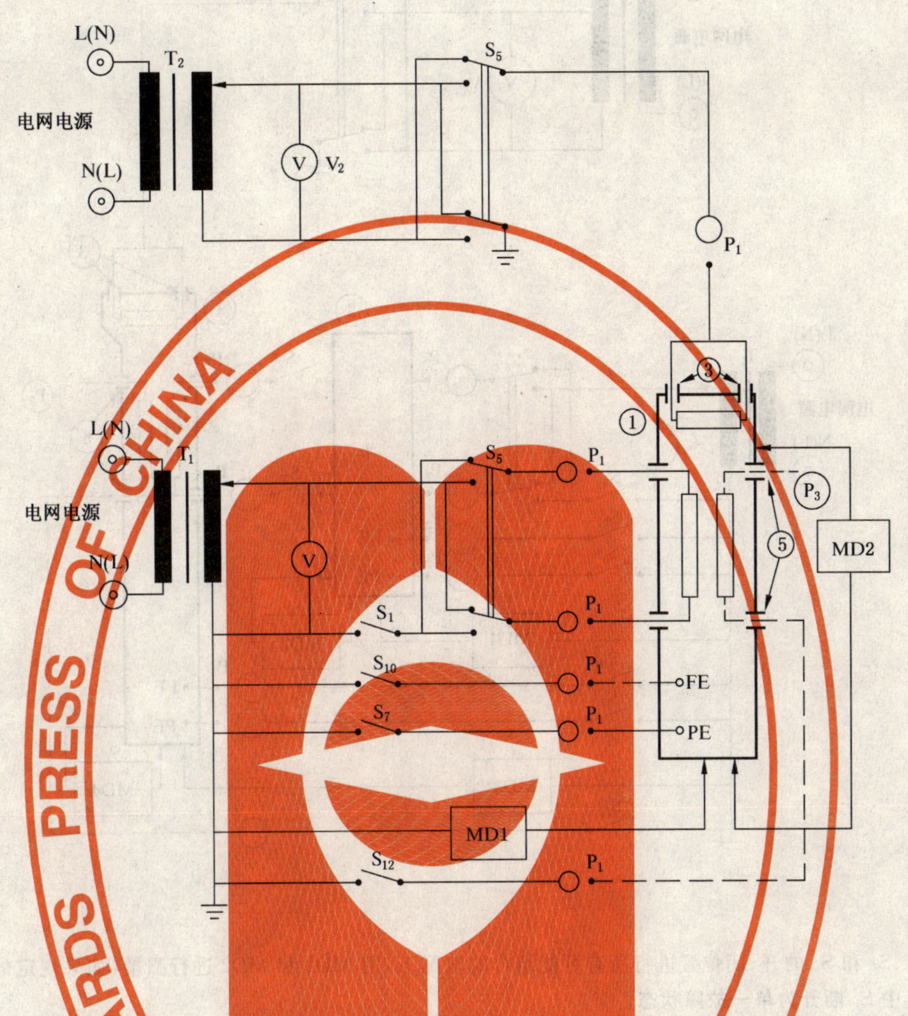

测量时，将 S_1、S_5、S_9、S_{10} 和 S_{12} 的开、闭位置进行所有可能的组合(如果是Ⅰ类设备，则闭合 S_7)。

其中 S_1 断开时为单一故障状态。

仅为Ⅰ类设备时，闭合 S_1 和断开 S_7(单一故障状态)在 S_5、S_9、S_{10} 与 S_{12} 的开、闭位置进行所有可能组合的情况下，进行测量。

图 18 外壳漏电流的测量电路

对Ⅱ类设备，不使用保护接地连接和 S_7

采用图 10 的测量供电电路的图例[见 9.4 g)]

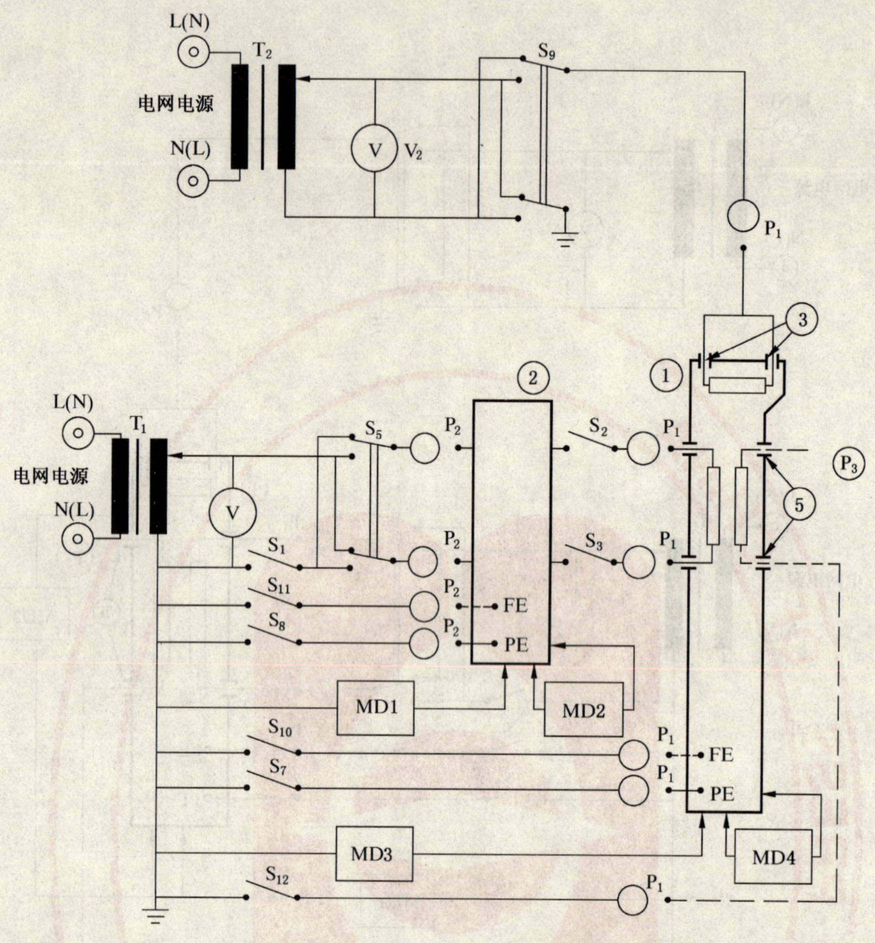

在 S_1、S_5、S_9 和 S_{11} 的开、闭位置进行所有可能组合的情况下，用 MD1 和 MD2 进行测量（如果规定的电源属Ⅰ类，则闭合 S_8）。其中 S_1 断开为**单一故障状态**。

若规定的电源仅为Ⅰ类时：

在 S_5、S_9 与 S_{11} 的开、闭位置进行所有可能组合的情况下，闭合 S_1 并断开 S_7（**单一故障状态**），用 MD1 和 MD2 进行测量。

用 MD3 和 MD4 进行测量（如果本身属**Ⅰ类设备**，则闭合 S_7；如果规定的电源属**Ⅰ类**，则闭合 S_8），并在闭合 S_1、S_2、S_3 时（**正常状态**），以及在 S_5、S_9、S_{10}、S_{11} 和 S_{12} 的开、闭位置进行所有可能组合的情况下，断开 S_1 或 S_2 或 S_3 时（**单一故障状态**）。

用 MD3 和 MD4 测量下列每一个**单一故障状态**：

当**设备**属于**Ⅰ类**时断开 S_7，或

（当规定的电源属**Ⅰ类**）时断开 S_8 在 S_5、S_9、S_{10}、S_{11} 和 S_{12} 的开、闭位置进行所有可能组合的情况下，并闭合 S_1、S_2 和 S_3。

图 19　使用规定的单相电源具有或没有应用部分的设备外壳漏电流的测量电路

规定为Ⅱ类单相电源供电时，不使用保护接地连接和 S_7。

采用图 14 的测量供电电路的图例［见 19.4 g)］

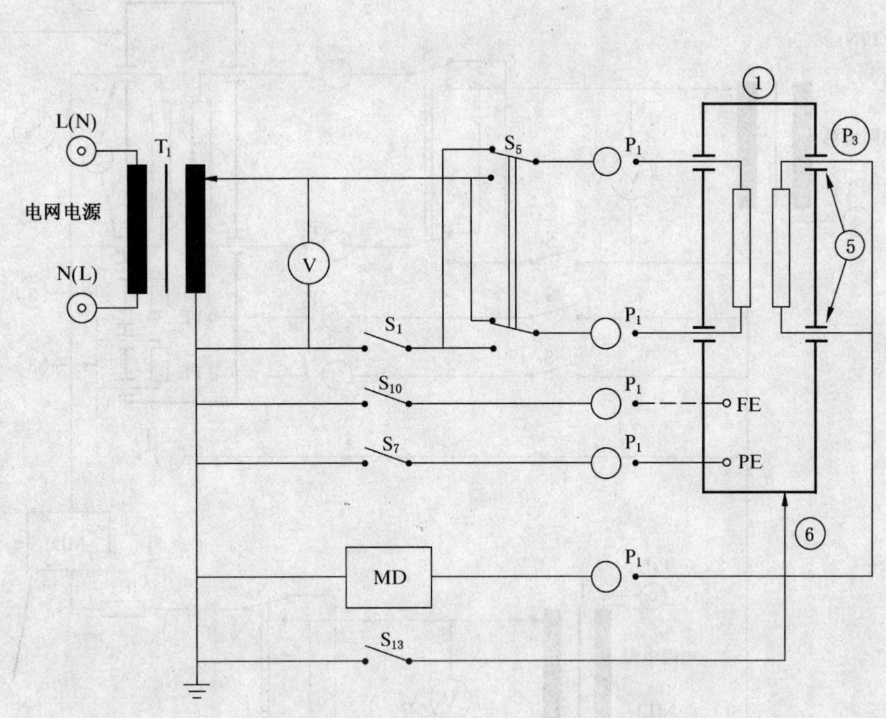

在 S_1、S_5、S_{10} 的开、闭位置进行所有可能组合的情况下测量(如果是**Ⅰ类设备**则闭合 S_7)。

S_1 断开时是**单一故障状态**。

如仅为**Ⅰ类设备**时:

若可行,进行 17 a)所要求的试验(**单一故障状态**)。

在 S_5、S_{10} 与 S_{13} 的开、闭位置进行所有可能组合的情况下闭合 S_1 并断开 S_7(**单一故障状态**)进行测量。

图 20　从应用部分至地的患者漏电流的测量电路

对Ⅱ类设备则不使用保护接地连接和 S_7

采用图 10 的测量供电电路的图例[见 19.4 h)]

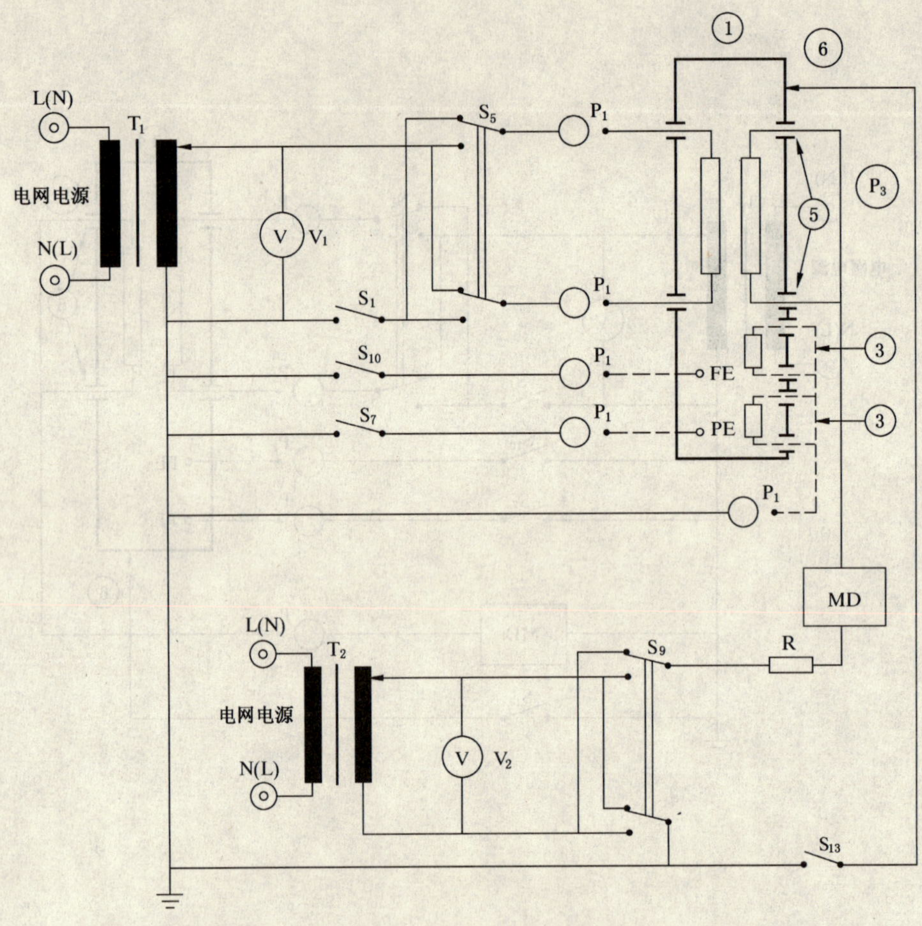

在 S_5、S_9、S_{10} 和 S_{13} 的开、闭位置进行所有可能组合的情况下，闭合 S_1 进行测量（如果是Ⅰ类设备，还要闭合 S_7）（单一故障状态）。

图 21　由应用部分上的外来电压所引起的从 F 型应用部分至地的患者漏电流的测量电路

对Ⅱ类设备时不使用保护接地连接和 S_7

采用图 10 的测量供电电路的图例［见 19.4 h)］

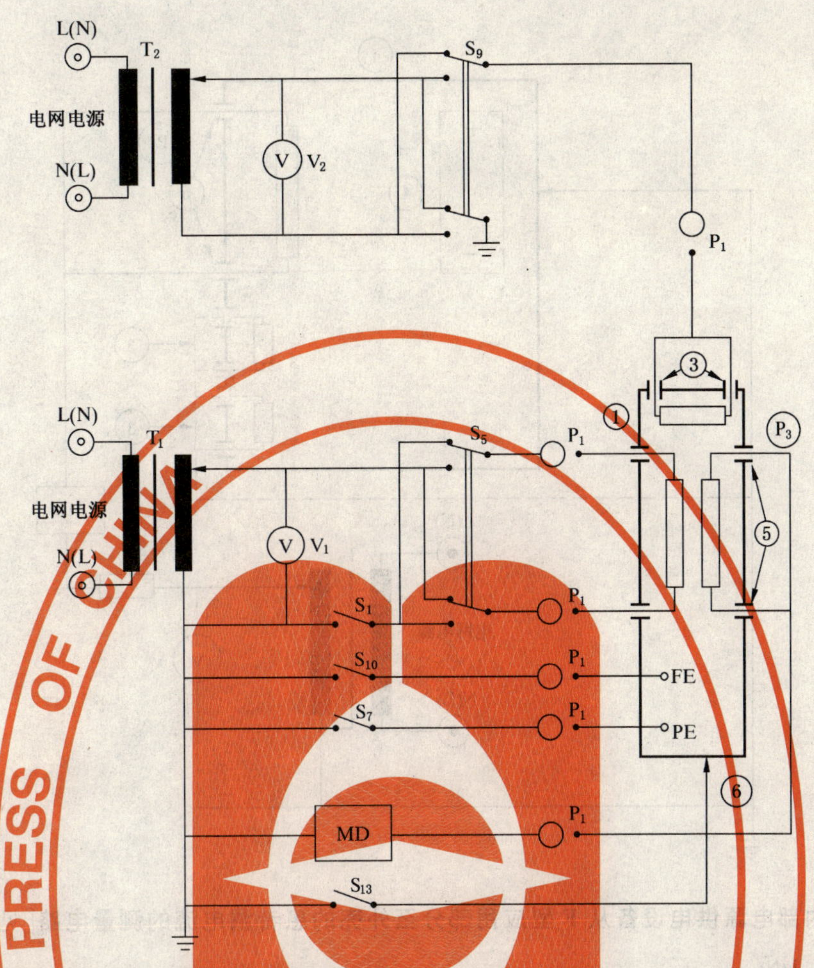

在 S_5、S_9、S_{10} 和 S_{13} 的开、闭位置进行所有可能组合的情况下，闭合 S_1 进行测量（如果是 Ⅰ 类设备，还要闭合 S_7）（单一故障状态）。

图 22　由信号输入部分或信号输出部分上的外来电压引起的从应用部分至地的患者漏电流的测量电路

对Ⅱ类设备时不使用保护接地连接和 S_7

采用图 10 的测量供电电路的图例[见 19.4 h)]

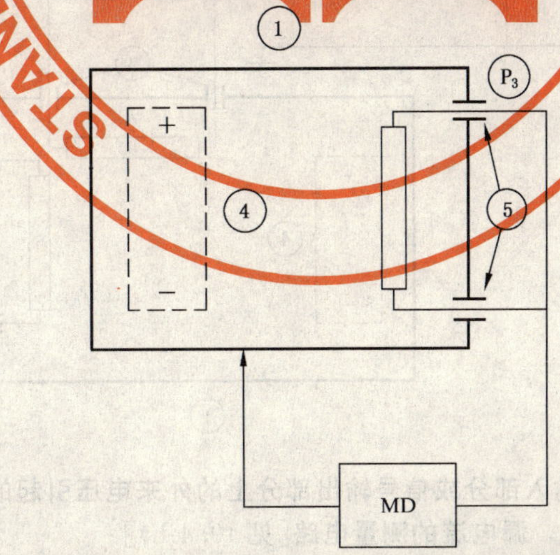

在应用部分和设备外壳之间测量（**正常状态**）。若适用，进行 17 a)所要求的试验。

图 23　内部电源供电设备从应用部分至外壳的患者漏电流的测量电路[见 19.4 h)]

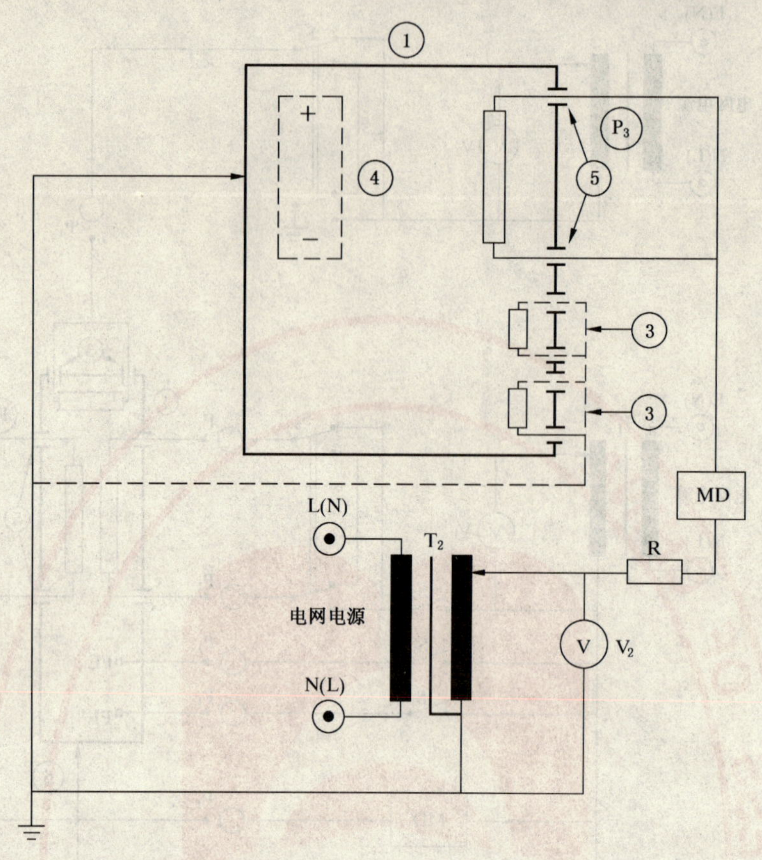

图 24　内部电源供电设备从 F 型应用部分至外壳的患者漏电流的测量电路[见 19.4 h)]

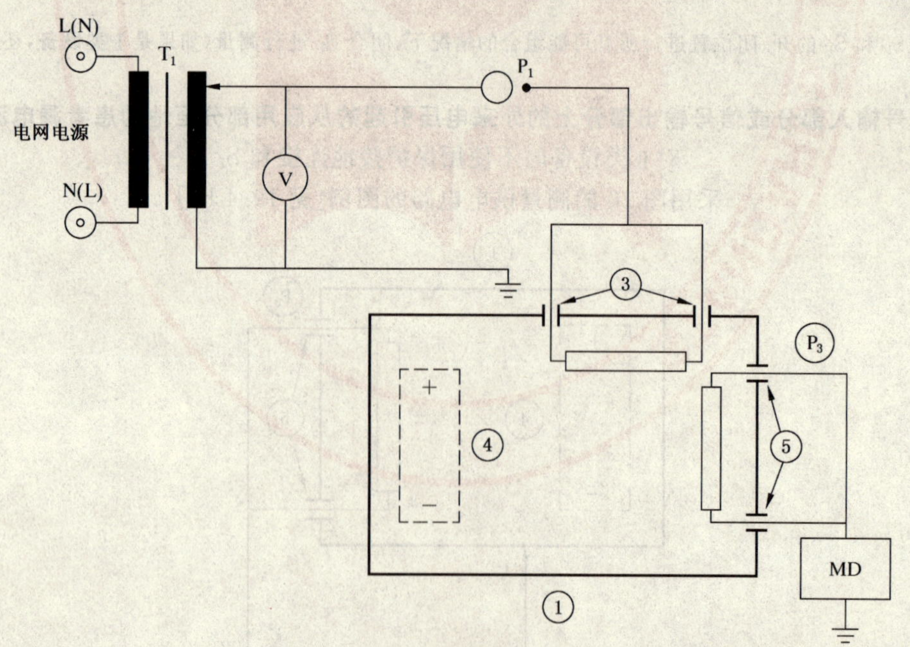

图 25　内部电源设备，由信号输入部分或信号输出部分上的外来电压引起的从应用部分至地的患者漏电流的测量电路[见 19.4 h)]

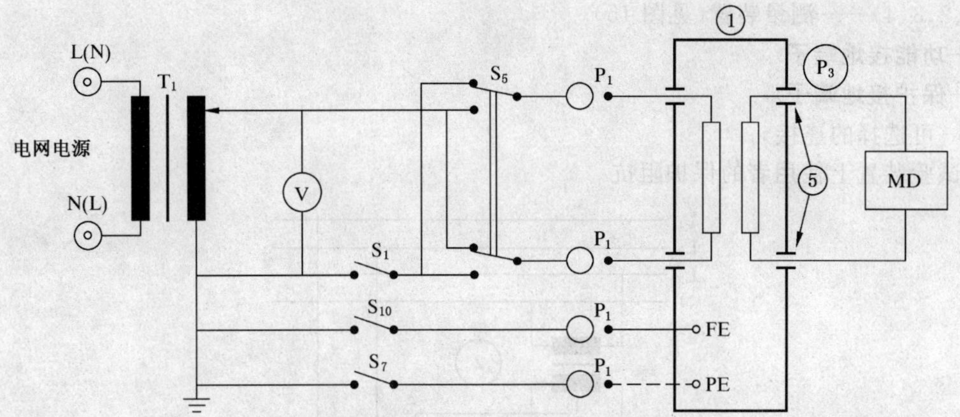

在 S_1、S_5、S_{10} 的开、闭位置进行所有可能组合的情况下进行测量(如果是Ⅰ类设备,要闭合 S_7)。

S_1 断开时是**单一故障状态**。

若仅为Ⅰ类**设备**时:

在 S_5、S_{10} 的开、闭位置进行所有可能组合的情况下,闭合 S_1 并断开 S_7 进行测量(**单一故障状态**)。

图 26 患者辅助电流的测量电路

对Ⅱ类设备则不使用保护接地连接和 S_7

采用图 10 的测量供电电路的图例[见 19.4 j)]

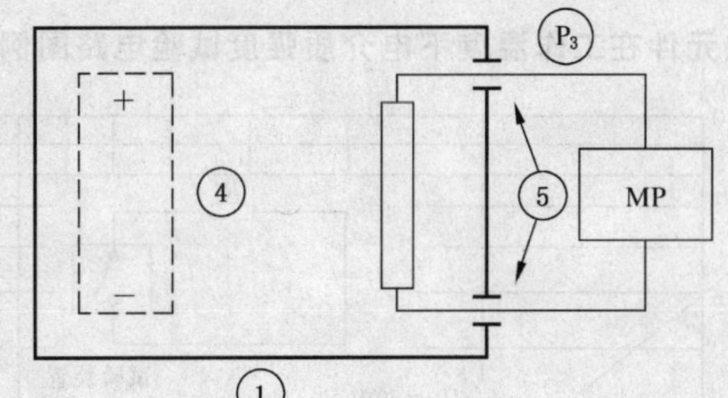

图 27 内部电源供电设备的患者辅助电流的测量电路[见 19.4 j)]

图 10～图 27 的符号说明:

①——**设备外壳**

②——规定的电源

③——短接了的或加上负载的**信号输入部分**或**信号输出部分**

④——**内部电源**

⑤——**应用部分**

⑥——非**应用部分**且未**保护接地**的**可触及金属部分**

T_1、T_2——具有足够功率标称和输出电压可调的单相、两相、多相隔离变压器

V(1、2、3)——指示有效值的电压表。如可能,可用一只电压表及换相开关来代替

S_1、S_2、S_3——模拟一根电源导线中断(**单一故障状态**)的单极开关

S_5、S_9——改变**网电源电压**极性的换相开关

S_7、S_8——模拟一根**保护接地导线**断开(**单一故障状态**)的单极开关

S_{10}、S_{11}——将**功能接地端子**与测量供电电路的接地点连接的开关

S_{12}——将 **F 型应用部分**与测量供电电路的接地点连接的开关

S_{13}——非**应用部分**且未**保护接地**的**可触及金属部分**的接地开关

P_1——连接**设备**电源用的插头、插座或接线端子

P_2——连接到规定电源用的插头、插座或接线端子

P_3——连接到**患者**的插头、插座或接线端子

MD(1、2、3、4)——测量装置(见图 15)

FE——**功能接地端子**

PE——**保护接地端子**

---- ——可选择的连接

R——试验装置上**使用者**的保护阻抗

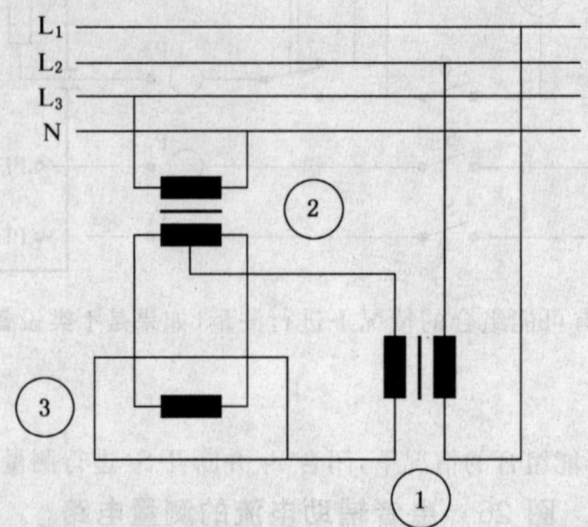

①——试验用变压器;

②——隔离变压器;

③——受试设备。

图 28　电热元件在工作温度下电介质强度试验电路图例(见 20.4)

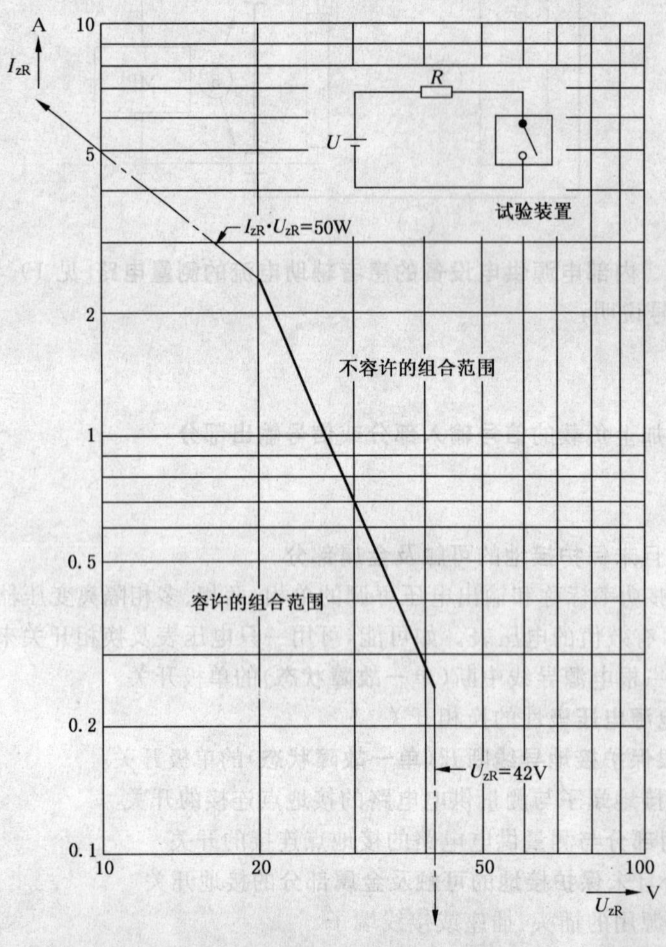

图 29　在乙醚蒸气和空气混合成的最易燃气体中纯电阻电路上测得的最大容许电流 I_{zR} 和最大容许电压 U_{zR} 的函数关系(见 40.3)

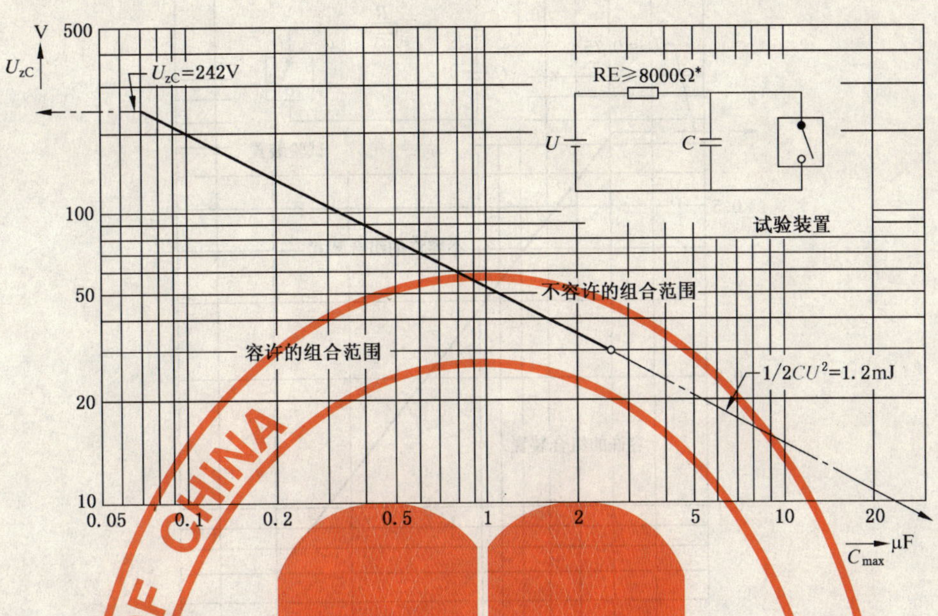

* 若 R 小于 8 000 Ω,则为 8 000 Ω 或实际的电阻值。

图 30　在乙醚蒸气和空气混合成的最易燃气体中电容电路上测得的最大容许电压 U_{zC} 和电容 C_{max} 的函数关系(见 40.3)

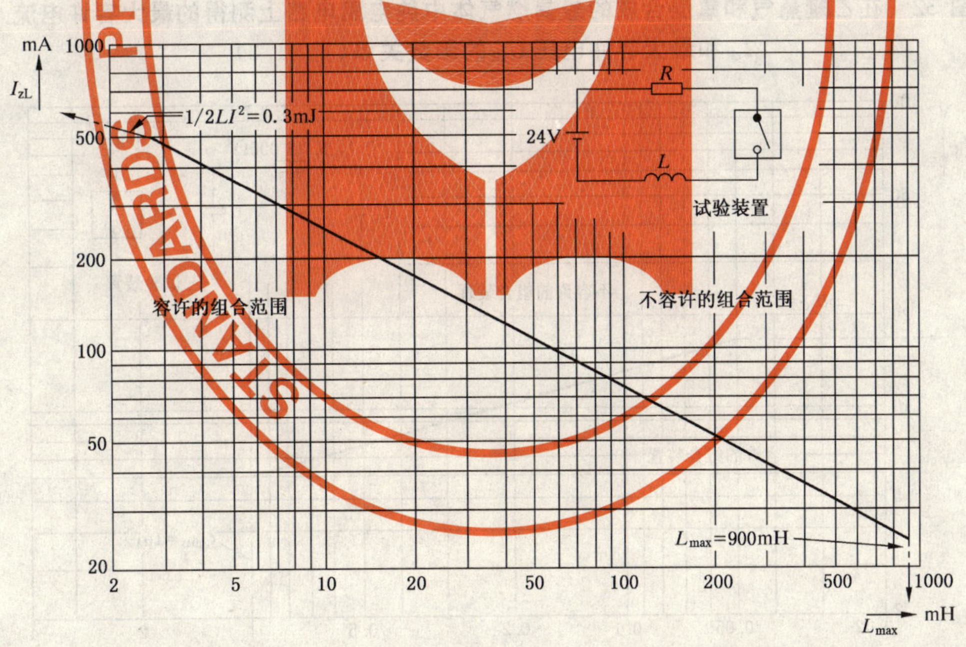

图 31　在乙醚蒸气和空气混合成的最易燃气体中电感电路上测得的最大容许电流 I_{zL} 和电感 L_{max} 的函数关系(见 40.3)

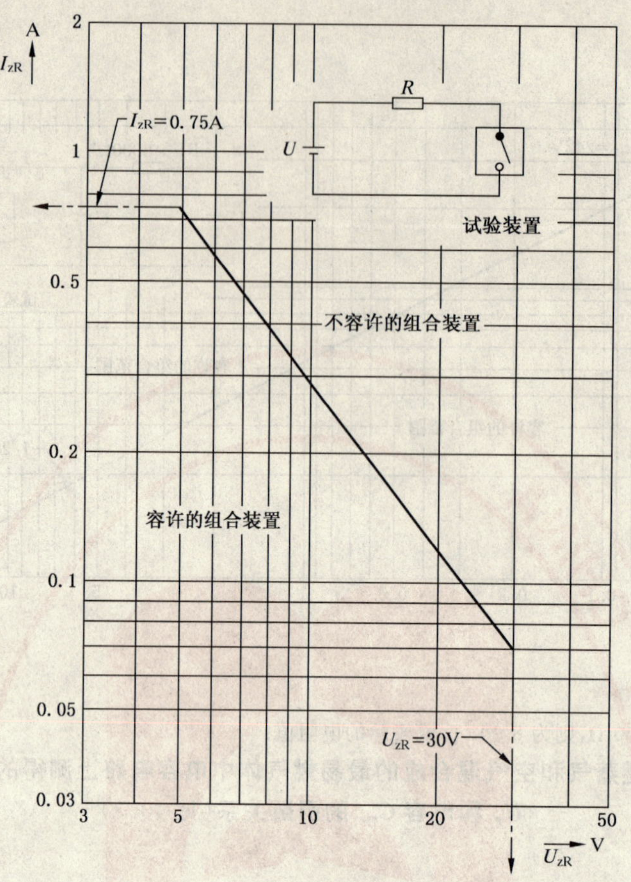

图 32 在乙醚蒸气和氧混合成的最易燃气体中纯电阻电路上测得的最大容许电流 I_{zR} 和最大容许电压 U_{zR} 的函数关系(见 41.3)

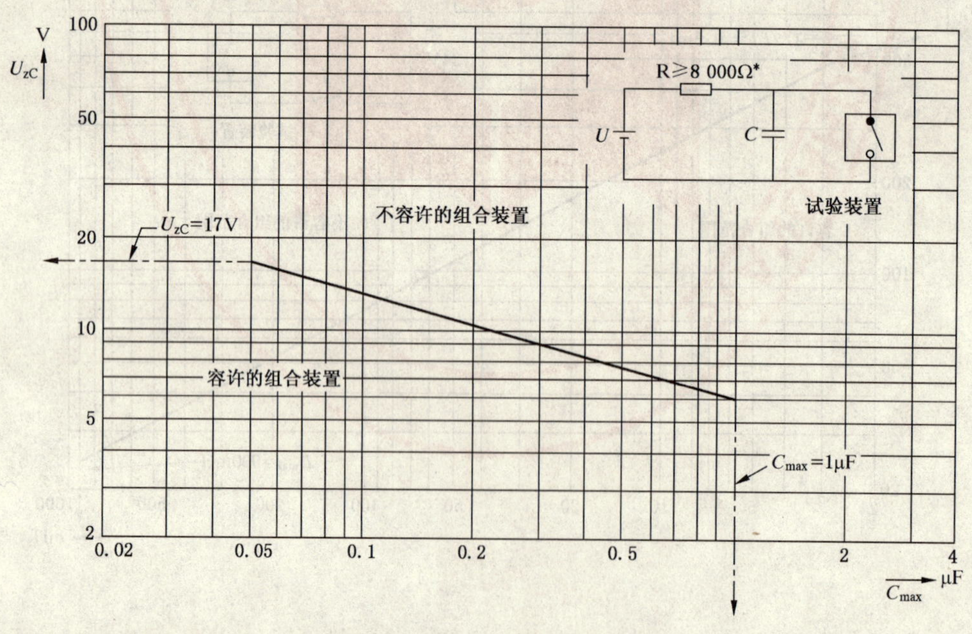

* 若 R 小于 8 000 Ω,则为 8 000 Ω 或实际的电阻值。

图 33 在乙醚蒸气和氧混合成的最易燃气体中电容电路上测得的最大容许电压 U_{zC} 和电容 C_{max} 的函数关系(见 41.3)

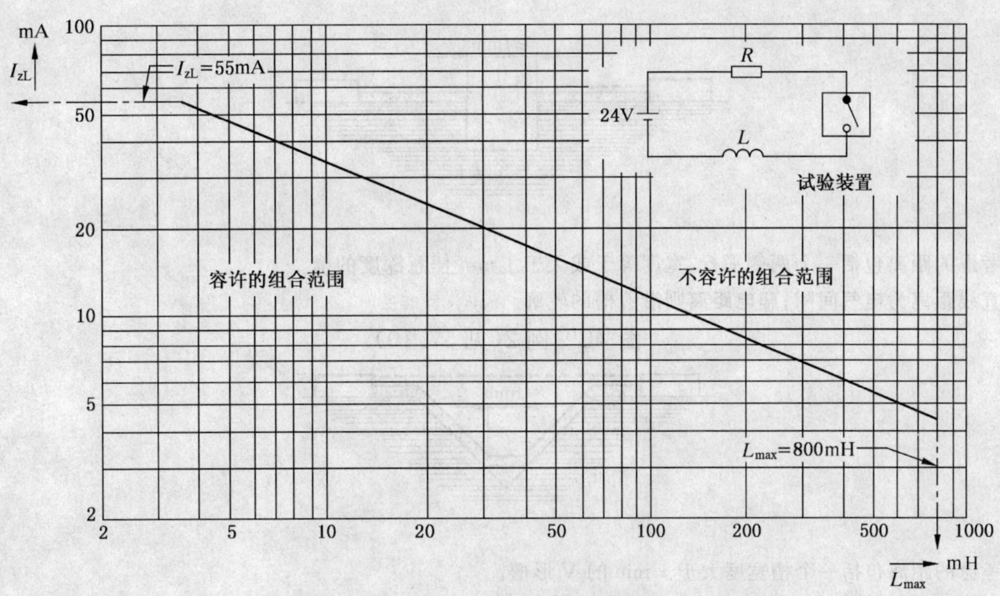

图 34　在乙醚蒸气和氧混合成的最易燃气体中电感电路上测得的最大容许电流 I_{zL} 和电感 L_{max} 的函数关系（见 41.3）

图 35　无通用要求。

图 36　无通用要求。

图 37　无通用要求。

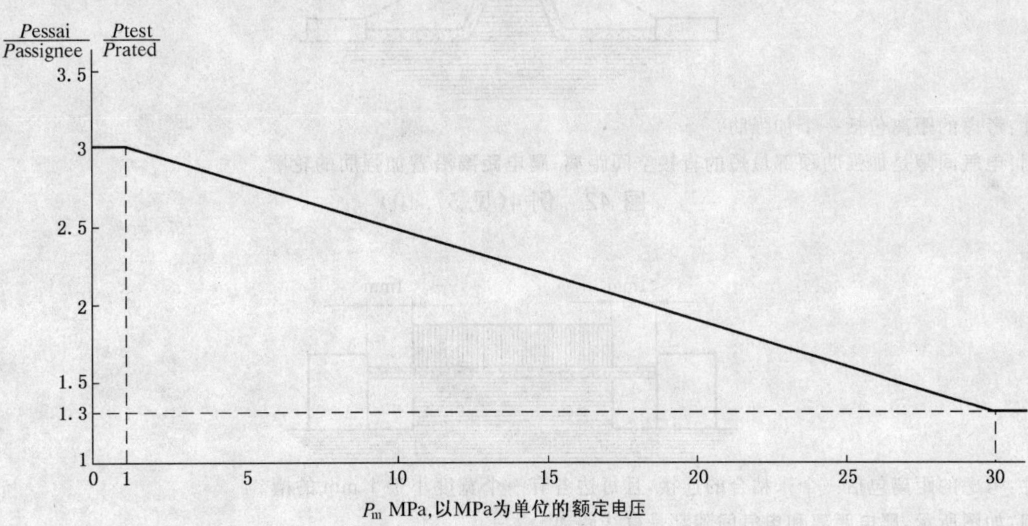

图 38　水压试验压力与最高容许工作压力的比例关系

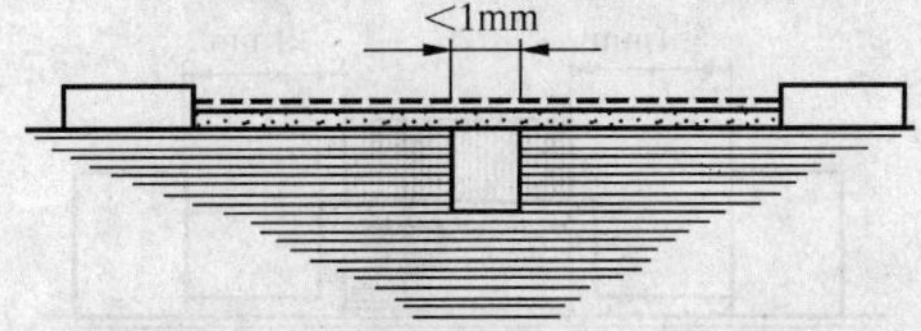

条件：考虑的距离包括一个两侧平行或两侧收敛而宽度小于 1 mm 任意深度的槽。

规则：如图所示，直接跨过槽测量**爬电距离**和**电气间隙**。

注：图 39～图 47 的说明，见图 47 后的说明。图中的**电气间隙**和**爬电距离**，按下列图例：

------ 电气间隙　　▒▒▒▒▒ 爬电距离

图 39　例 1（见 57.10）

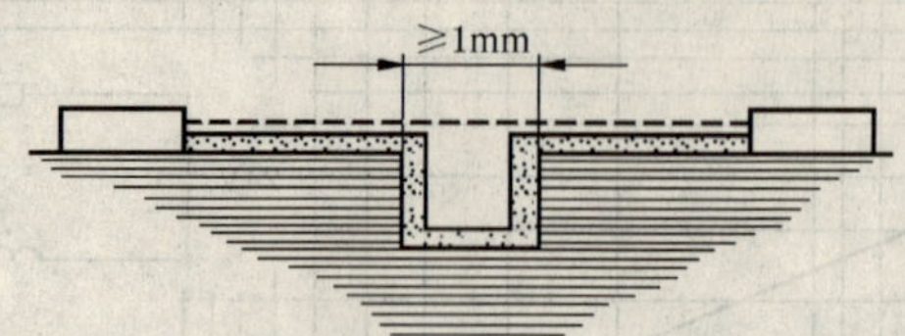

条件:考虑的距离包括一个两侧平行,宽度等于或大于 1 mm 任意深度的槽。

规则:直线距离为**电气间隙**;**爬电距离**则沿着槽的轮廓。

图 40　例 2(见 57.10)

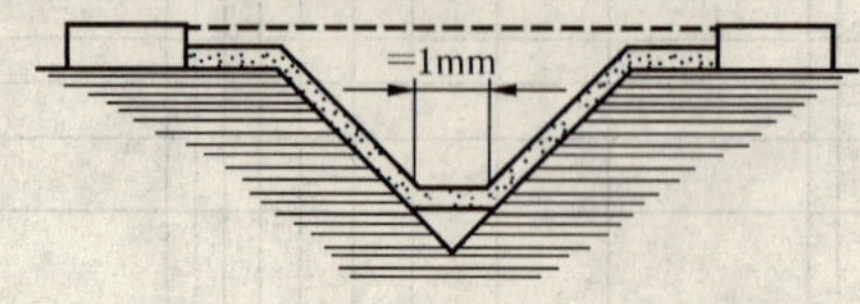

条件:考虑的距离包括一个槽宽度大于 1 mm 的 V 形槽。

规则:**电气间隙**是直线距离;**爬电距离**则沿着槽的轮廓。但用一段长 1 mm 的线段将槽底"短接",该线段被视为**爬电距离**。

图 41　例 3(见 57.10)

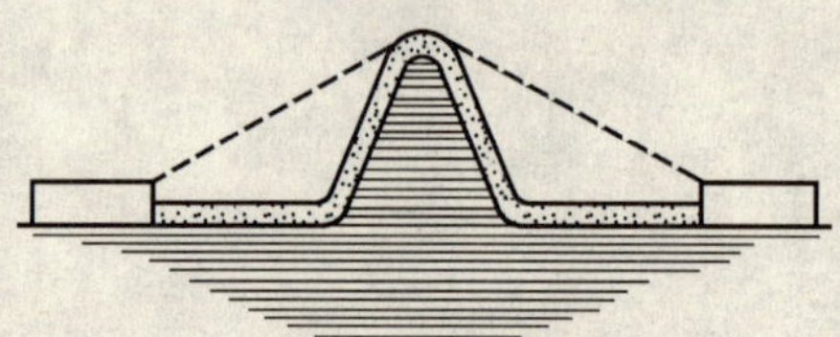

条件:考虑的距离包括一个加强肋。

规则:**电气间隙**是加强肋顶部最短的直接空间距离;**爬电距离**沿着加强肋的轮廓。

图 42　例 4(见 57.10)

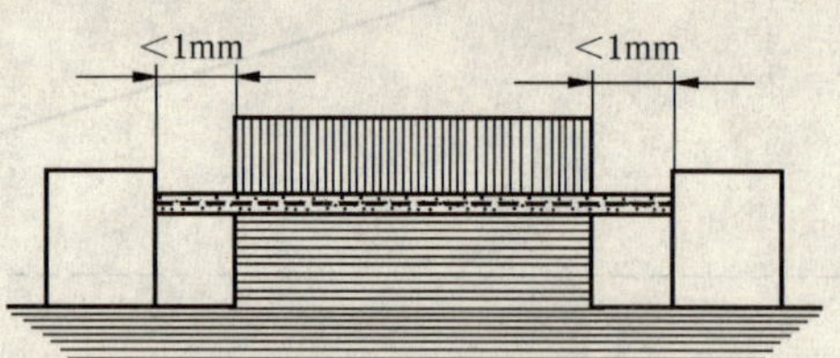

条件:考虑的距离包括一个未粘合的连接,且每边各有一个宽度小于 1 mm 的槽。

规则:如图所示,**爬电距离**和**电气间隙**都是直线距离。

图 43　例 5(见 57.10)

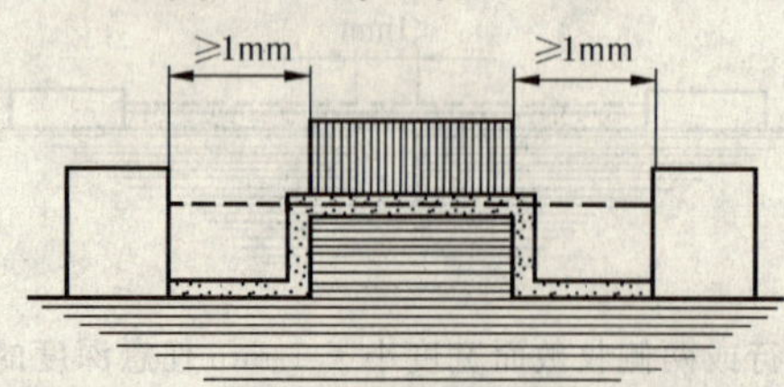

条件:考虑的距离包括一个未粘合的连接,且每边各有一个宽度大于或等于 1 mm 的槽。

规则:**电气间隙**是直线距离;**爬电距离**则沿着槽的轮廓。

图 44　例 6(见 57.10)

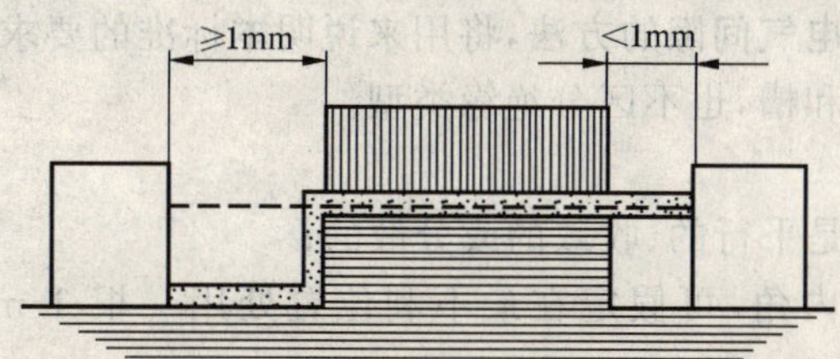

条件:考虑的距离包括一个未粘合的连接,其一边有一个宽度小于 1 mm 的槽,另一边有一个宽度大于或等于 1 mm 的槽。

规则:**电气间隙**和**爬电距离**如图所示。

图 45　例 7(见 57.10)

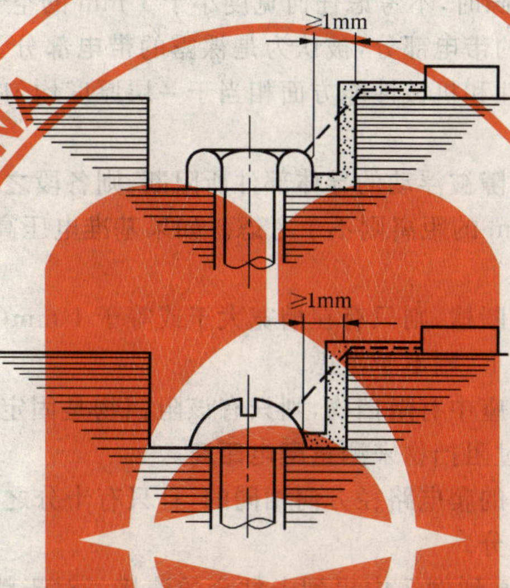

条件:螺钉头与凹座壁之间的间隙宽到足以要考虑的程度。

规则:**电气间隙**和**爬电距离**如图所示。

图 46　例 8(见 57.10)

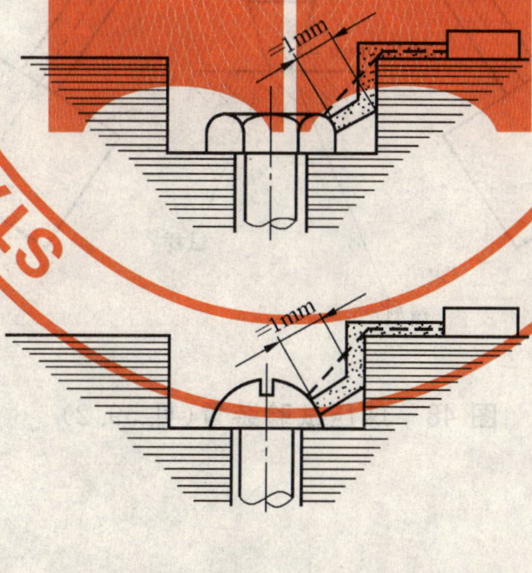

条件:螺钉头与凹座壁之间的间隙狭到不必考虑的程度。

规则:**爬电距离**是从螺钉到壁的距离为 1 mm 的地方测定的。

图 47　例 9(见 57.10)

图 39～图 47 的说明(见 57.10):

1) 下列决定**爬电距离**和**电气间隙**的方法,将用来说明本标准的要求。

   这些方法不区分间隙和槽,也不区分绝缘类型。

   假设:

   a) 横断槽的两侧可是平行的、收敛的或分散的;

   b) 任何小于 80°的内角,可假定在最不利位置处用一根 1 mm 的绝缘连线桥接起来(见图 41);

   c) 当跨过槽顶的距离大于或等于 1 mm 时,**爬电距离**就不应直接跨过该槽顶(见图 40);

   d) 有相对移动的两部件之间的**爬电距离**和**电气间隙**,被认为是在最不利位置时测得的;

   e) 算出的**爬电距离**总不会小于所测得的**电气间隙**;

   f) 在计算总的**电气间隙**时,不考虑任何宽度小于 1 mm 的空气隙(见图 39～图 47)。

2) 只涂漆、涂釉或被氧化的**带电**部分,被认为是裸露的**带电**部分。然而,任何绝缘材料制的覆盖层在其电气特性、热特性和机械性能方面相当于一层厚度均匀的绝缘膜时,该覆盖层则可被认为是绝缘层。

3) 如果**爬电距离**或**电气间隙**被浮动的导体部件所阻断,则各段之和不应小于表 16 中所规定的最小值。各段中小于 1 mm 的距离则不予考虑。如果基准电压高于 1 000 V,则宜注意到由电容分布引起的电压分配。

4) 如果在**爬电距离**中有横断槽,则只有在槽宽大于或等于 1 mm(见图 40)时,槽壁才被看作**爬电距离**。在所有其他情况下,则不予考虑。

5) 在绝缘物的表面上或凹座中有阻挡物,则只有该阻挡物是固定得使水分和尘土都不能侵入接合部或凹座时,才按爬过阻挡物来测量**爬电距离**。

6) 宜尽可能避免与可能有的爬电路径方向相同的,且只有十分之几毫米宽的狭隙,因为在这种狭隙中可能沉积尘土和水分。

7) 在图 43 到图 45 中,例 5 到例 7 中提到未粘合的连接。对于粘合的连接,见本标准的 57.9.4 f)的第二个破折号。

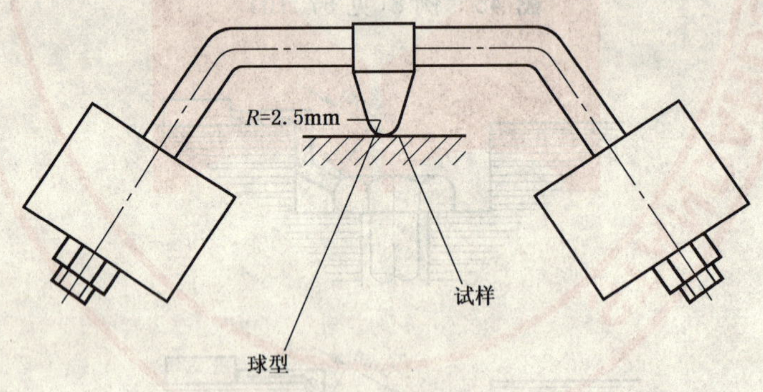

图 48 球压试验装置(见 59.2)

图 49 无通用要求。

增补新图 50 和图 51：

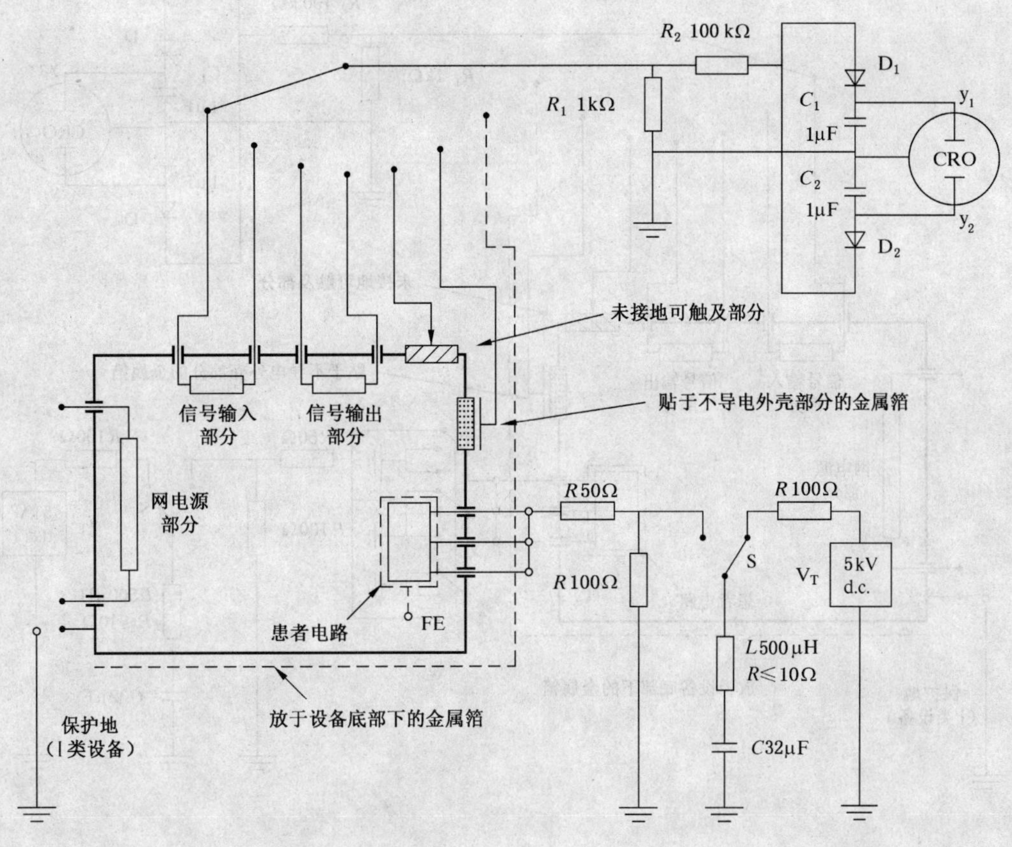

V_T——测试电压；

S——用于提供测试电压的开关；

R_1、R_2——误差 2%，不低于 2 kV；其他元件误差 5%；

CRO——阴极射线示波器($Z_{in} \approx 1$ MΩ)

D_1、D_2——小信号硅二极管。

图 50　测试电压施加于防除颤应用部分跨接的患者连接处[见 17 h)]

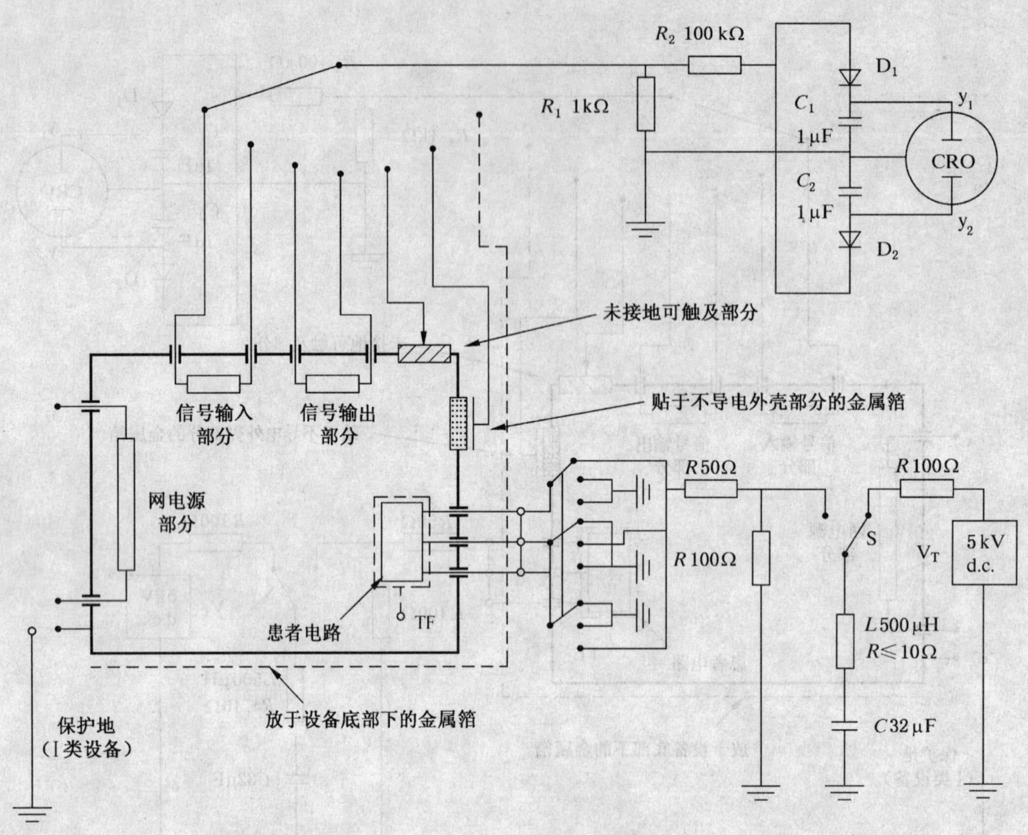

V_T——测试电压；

S——用于提供测试电压的开关；

R_1、R_2——误差 2%，不低于 2 kV；其他元件误差 5%；

CRO——阴极射线示波器($Z_{in}\approx 1$ MΩ)；

D_1、D_2——小信号硅二极管。

图 51　测试电压施加于防除颤应用部分的单个患者连接处[见 17 h)]

附 录 A
（资料性附录）
总导则和编制说明

A.1 总导则

鉴于**医用电气设备**与**患者**、**操作者**及周围环境之间存在着特殊关系，本通用标准是必需的。下列几个方面在此关系中起重要作用：

a) **患者**或**操作者**不能觉察存在着某些潜在危险，如电离或高频辐射等。

b) **患者**可能因生病、不省人事、被麻醉、不能活动等原因而无正常反应。

c) 当**患者**皮肤因被穿刺或接受治疗而使皮肤电阻变得很低时，**患者**皮肤对电流无正常防护能力。

d) 生命机能的维持或替代可能取决于**设备**的可靠性。

e) **患者**同时与**设备**的多个部分相连接。

f) 高功率**设备**和灵敏的小信号**设备**经常是特定的组合。

g) 通过与皮肤接触和(或)向内部器官插入探头，将电路直接应用于人体。

h) 环境条件，特别是在手术室里，可能同时存在着湿气、水分和(或)由空气、氧或氧化亚氮与麻醉剂或清洁剂组合的混合气，所引起火灾或爆炸危险。

A.1.1 如IEC 513出版物所述，**医用电气设备**的安全是总体安全的一个部分，包括**设备**安全、医疗器械的医用房间内的设施安全和使用安全。

在**正常使用**和**正常状态**及**单一故障状态**下，都要求**设备**安全。对于生命维持**设备**，以及中断检查或治疗会对**患者**造成**安全方面危险**的**设备**，其运行可靠性被认为是一个安全因素。

用来防止人为差错的必要结构和布置，都被认为是安全因素。

如果安全防护措施提供了足够的防护，而对正常功能又无不适当的限制，则该措施被认为是可接受的。

一般来说，**设备**总是由有资格的或经批准的人员来操作的，**操作者**有专门的医疗应用技能，并按使用说明书操作。

设备的总体安全可包括：

——与**设备**连成一体的防护措施(无条件安全)。

——附加的防护措施，如使用防护屏蔽或防护罩(有条件安全)。

——使用说明书中对运输、安装和(或)定位、连接、投入运行、操作以及**操作者**和助手使用**设备**时的相应位置做出的限制(说明性安全)。

一般情况，安全防护措施假定是按这里说的顺序实行的。它们可以利用可靠的工程学(它包括生产方法的知识以及制造、运输、贮存和使用时的环境条件知识)，通过采用冗余技术和(或)机械的或电气原理的防护装置来实现。

本标准只参照引用了那些有通用意义的标准，而不是只限制适合于专门类型**设备**。在其他情况下，原封不动地或稍加修改地采用了一些要求和试验，不再注明来源。

A.1.2 GB 9706.1—1995的指南

在GB 9706.1—1995中，GB 9706.1—1988的一些条文已被删除，例如未给出试验要求，或指明“无通用要求”。

为指明有关主题，保持了原有题名，以便专用标准可参考这一条文。

有关专用标准内容的段落，已从第1章移至本附录中(A.2的1.3)。

过去1.4里规定的环境条件，现改在第10章中作为对**设备**的要求提出，并指明：当说到符合这些操作要求时，即认为已用本标准中的试验检验过。

适用范围(1.1)的新规定考虑到**医用电气设备**的新定义，该定义更加恰当和更加切合实际(见2.2.15)。

引入了“保护性接地”的新定义概念。

“**安全方面危险**”这一术语及其定义，将便于在本标准中引用这一术语(见2.12.18)。

现在的标准对**设备**的**操作者**和被认为对**设备**的正确使用和维护保养负有责任的**使用者**作了区分(见2.12.17和2.12.13)。

第14章中各条的顺序已合理调整。自IEC 60536《电气和电子设备防电击保护划分的等级》(1976)出版物中引出的叙述性段落已删除。

对**应用部分**和**带电**部分之间电气隔离的要求，也适用于**可触及部分**和**带电**部分之间的电气隔离(见第17章)。当**爬电距离**和**电气间隙**低于57.10中的值时，**患者**电流容许值由**单一故障状态**时的值改为**正常状态**时的值。

18 e)中对**电位均衡导线**的连接装置的要求已取消，并以对这种连接器(如**设备**上配有)的结构要求来代替。

所有提及附加**保护接地导线**之处均已删除，因为这样一种导线的保护功能不再被认可。

第18章的各条顺序，已合理调整。

增加了说明在测量**患者漏电流**和**患者辅助电流**时，**应用部分**连接方法的附录[见附录K和19.1 e)]。

有**CF型应用部分**的**设备正常状态**时**外壳漏电流**的容许值，由0.01 mA改为0.1 mA。

为符合抑制射频干扰的要求，**设备**有大的**对地漏电流**值是容许的。

19.4 a)和20.4 a)均做了修改。

指示有效值的仪表，被认为是测量漏电流的适用仪表。

第20章中有些方面重新作了安排：

——**网电源部分**和其他部分之间的绝缘要求，已被扩展用到所有**带电**部分，但仅限于会引起**安全方面危险**的情况。

——对每一专门绝缘，均补充说明该绝缘是**基本绝缘**、**辅助绝缘**、**双重绝缘**或是**加强绝缘**。

——所有**设备**分类(**Ⅰ类**、**Ⅱ类**、**内部电源**)资料都去掉，并用一个新列的简单的表5来代替原来的表5、表6和表7。对基准电压超过10 000 V时的试验电压，由专用标准规定。

——对**F型应用部分**和**设备外壳**之间的绝缘进行了重新规定，以便确定该**应用部分**是否会有一旦绝缘失效而使**患者带电**的电压(见新的B-d和B-e类别)。

——20.1、20.2、20.3和20.4均重新做了安排，使所述内容只和其标题有关。

——第20章的新的写法，使第十篇57.10(**爬电距离和电气间隙**)大为简化。

A.1.3 对电击危险的防护

为防止不是由**设备**规定的物理现象引起的电流所导致的电击，可采用下列措施的组合来达到：

——用**外壳**、**防护罩**或安装在碰不着的位置等方法，来防止**患者**、**操作者**或第三者的身体与**带电**部分或绝缘损坏时可能**带电**的部分接触。

——限制**患者**、**操作者**或第三者可能有意或无意接触的部件上的电压或电流。这些电压和电流可能在**正常使用**或**单一故障状态**下出现。

通常，采用下列措施的组合来达到这一防护：

——限制电压和(或)能量，或保护接地(见第15章、第18章)；

——**带电**部分加**外壳**和(或)**防护罩**(见第16章)；

——采用质量和结构均能满足要求的绝缘(见第17章)；

——流经人体或动物身体、能引起某种程度刺激作用的电流值，按照与身体连接的方式以及所加电流的频率和持续时间，随不同的个体而不同。

直接流入或流经心脏的低频电流大大地增加了心脏室颤的危险。中频或高频电流电击的危险较小或危险可忽略,但烧伤危险仍然存在。

人体或动物对电流的敏感性,取决于与**设备**接触的程度和性质,并导致分类方式影响**应用部分**所提供的防护程度和防护质量(分成B型、BF型和**CF型应用部分**)。**B型**和**BF型应用部分**一般适用于与**患者**除心脏之外的体外或体内的接触。**CF型应用部分**宜直接用于心脏。

结合**设备**的分类,已提出对容许**漏电流**的要求。关于导致人的心脏室颤的电流的敏感性的科学数据是不足的,这个问题依然存在。

尽管如此,工程师们已经拥有可供他们设计**设备**用的数据,所以就目前而言,这些要求被认为是代表了宜要考虑的安全要求。

确定**漏电流**要求时,考虑到了:

a) 室颤的可能性同时受电气参数之外的其他因素的影响;

b) 出于统计学的考虑,**单一故障状态**下的容许**漏电流**值,宜在顾及安全的要求下尽可能高些;

c) **正常状态**时的值,与**单一故障状态**时的值比较,需有足够高的安全系数,以保证在所有情况下都是安全的。

已经叙述了一种可以使用简单的仪器来实现**漏电流**测量的一种方法,以避免对某一给定的情况做出不同的解释,并指明**使用者**进行定期检查的可能性(在应用法规中叙述)。

电介质强度的要求也被包括在内,以便检验用于**设备**不同部位的绝缘材料的质量。

A.1.4 对机械危险的防护

第四篇的要求被分成几个部分。一部分叙述**设备**损坏或劣化(机械强度)引起的**安全方面危险**,另外几个部分叙述由**设备**引起的机械性危险(由运动部件、粗糙表面、尖角锐边、不稳定、飞溅物、振动和噪声、**患者**支承部件和**设备**部件悬挂装置的断裂造成的伤害)。

由于受到如炸裂、压力、冲击、振动等机械应力,因固体粒子、灰尘、液体、湿气和侵蚀气体的侵入,因热应力和动态应力,因受腐蚀,因运动部件或悬挂质量的紧固件松动和因受辐射,而使**设备**部件受损或劣化,**设备**可能变得不安全。

机械过载的后果,材料的断裂或磨损,可用下列装置避免:

——一旦出现过载就能立即中断运行或停止供能,或使之变为无危险的装置(例如熔断器、压力阀);

——能防备或截住可能引起**安全方面危险**的飞溅物或坠落物(因材料断裂、磨损或过载而造成的)的装置。

可配备冗余的部件或安全制动装置,以防止**患者**支承架或悬吊架断裂。

打算拿在手中或放在床上的**设备**部件,应足够坚固以免跌坏。它们不仅在运输中而且在车辆中使用时也要承受振动和冲击。

A.1.5 对不需的和过量的辐射危险的防护

医用电气设备的辐射可能以物理学已知的各种形式出现。安全要求涉及到不需要的辐射。对**设备**和环境应有防护装置,确定辐射量的方法应标准化。

在由医务主管人员负责的特定应用情况下,可能超过**设备**的限值。至于电离辐射,IEC的要求一般是符合国际辐射防护委员会(ICRP)推荐的标准的。它们的目的是向设计者和**使用者**提供可立即使用的数据。

只有对**设备**的操作方法和操作的持续时间,以及**操作者**及其助手的位置进行充分研究之后,才能对它们做出评估,因为最不利条件下的应用可能会导致产生妨碍正常诊断和治疗的情况。

国际辐射防护委员会(ICRP)最近的出版物向**操作者**指出了如何限制故意辐照的正确方法。

A.1.6 对易燃麻醉混合气点燃危险的防护

A.1.6.1 适用性

当**设备**在使用易燃麻醉剂和(或)易燃消毒剂和(或)皮肤清洁剂的地方使用时,如果这些麻醉剂或消毒剂与空气或氧或氧化亚氮混合，就可能存在爆炸危险。

这些混合气可能由火花或因接触有高温表面的部件而点燃。

开关、连接器、熔断器或**过电流释放器**等类似装置，在断开或闭合电路时都可能产生火花。

电晕可在**高电压**部件中产生火花，静电放电也会产生火花。

这些麻醉混合气点燃的可能性，取决于它们的浓度、所需的最低点燃能量、表面高温的存在和火花的能量。

点燃所引起的危险，取决于混合气所在的位置和相对数量。

A.1.6.2　工业**设备**和元件

一般地说，由于一系列的理由，GB 3836《爆炸性气体环境用电气设备》标准中对结构的要求，并不适用于**医用电气设备**：

a)　关于尺寸、重量或设计等结构原因，不适合于医用和(或)消毒的需要；

b)　某些结构允许在外壳内部爆炸，但要求能防止爆炸传播到**外壳**外。这种可能是固有安全的结构在手术室中连续运行的**设备**是不受欢迎的；

c)　工业上的要求是对与空气混合的易燃剂而制定的。它们不适用于氧或氧化亚氮混合的医用混合气；

d)　医疗实践中易燃麻醉混合气仅是相对很小的量。

然而，GB 3836《爆炸性气体环境用电气设备》标准中所述的某些结构，可容许用于 **AP 型设备**(见 40.1)。

A.1.6.3　对**医用电气设备**的要求

易燃麻醉混合气的位置说明：

——对本标准第 37 章所述的，遵守规定的最低排放和吸收条件的**设备**结构来说，做了尽可能必要的说明；

——对**设备**的配置和 GB 16895《建筑物电气装置》中电气设施的结构，做了尽可能必要的说明。

该标准还提供了一些易燃剂的易燃浓度、它们的常用浓度、点燃温度、最低点燃能量和闪点的资料。有关场地的通风和排放的要求、最低相对湿度的要求、和某些区域内允许使用的某些**设备**类型，都可由地方(医院)或国家来规定，可能的话，通过法律做出决定。

本篇的要求、限制和试验，都是以乙醚蒸气与空气和氧气混合的最易燃混合气，使用附录 F 中的试验仪器作试验所得的统计研究结果为依据的。这是因为在常用的麻醉剂和清洁剂中，与乙醚的组合物的点燃温度和点燃能量都是最低的。

在**与空气混合的易燃麻醉气**环境中使用的**设备**的温度或电路参数超过容许限值，且不能避免火花时，有关部件和电路可装在用惰性气体或清洁空气增压的**外壳**内，或装在限制通气的**外壳**内。

限制通气的**外壳**，延迟了点燃浓度的形成。它们之所以被认可，是因为已设定，**设备**在**与空气混合的易燃麻醉气**环境中使用一段时间后，接着是一段使危险浓度消失的通风换气时间。

对于含有或使用于**与氧或氧化亚氮混合的易燃麻醉气**环境中的**设备**，有关要求、限值和试验则更严格。

正如 3.6 指出的那样，各要求不仅适用于**正常状态**，而且也适用于**单一故障状态**。仅在无火花和温度被限制或温度被限制且电路参数也被限制这两种情况下，才许可不进行点燃试验。

A.1.7　对超温和其他**安全方面危险**的防护

——温度(见第 42 章)

温度极限要求几乎适用于一切类型的电气**设备**，其目的是防止绝缘迅速老化，防止在触及**设备**或操作**设备**时感到不适，或防止**患者**可能触及**设备**部件而受到伤害的危险。

可插入体腔内的**设备**部件，通常是暂时性的，但有时却是永久性的。

对接触**患者**的情况，规定了专门的温度限值。

——防护火灾危险(见第 43 章)

除 **AP 型**和 **APG 型设备**外，**医用电气设备**的对火灾危险的防护可由专用标准规定要求。

工作温度的正常限值及过载保护的要求可适用。

——压力容器(见第 45 章)

当无地方性规程可循时，请注意对压力容器和受压部件的有关要求。

——供电电源的中断可能(见第 49 章)

供电电源的中断可能引起**安全方面危险**。

A.1.8 工作数据的准确性和对不正确输出的防止

GB 9706.1 是所有专用标准的指导原则，为此应包括某些较通用性的要求。所以在第八篇中提出某些通用性的要求是必要的。

目前，由于各种原因，还不能对一些类型的**医用电气设备**提出甚至是急需的标准。

各种标准化机构，包括那些非 IEC 范围内的标准化机构，为了有一个唯一的标准体系、采用了 IEC 60601-1出版物(GB 9706.1)的体系。在此情况下，最重要的是在该篇中给出指导原则，以有助于实现“功能性的”**患者**安全。

A.1.9 不正常的运行和故障状态；环境试验

设备或**设备**部件由于不正常运行，可能发生超温或其他**安全方面危险**。因此，对这些不正常运行和故障状态应进行探讨。

A.1.10 **应用部分**和**外壳**——概述

预期接触**患者**的部分会比**外壳**的其他部分存在更大的危险，因此这些**应用部分**将受到更严的要求，例如，对温度限制和(按 **B/BF/CF 型**分类)对漏电流的要求。

注：对**医用电气设备外壳**上的其他**可触及部分**比对其他类**设备外壳**的**可触及部分**更有测试的需要，因为**患者**可能接触这些部分，或**操作者**可能同时接触这些部分和**患者**。

为了确定哪些要求是适用的，应区分**应用部分**和仅被简单当作**外壳**的部分。但是要做到这一点会有一定的困难，特别是对那些在某些情况下可能会接触**患者**，但对**设备**实现其功能并非应接触的部分。区分**应用部分**还是**外壳**有二个准则。首先，如果对**设备**的**正常使用**接触是必需的，这部分就要受控于对**应用部分**的要求。

如果接触对于**设备**的功能实现是偶然发生的，这部分就要依据接触是由**患者**还是**操作者**的蓄意活动引起的来分类。若接触是偶然发生的，且是由**患者**的动作引起的，**患者**在大多数情况下都不比其他人蒙受更大的风险，此时就适用于对**外壳**的要求。

为了评估哪些部分是**应用部分**、**患者连接**和**患者电路**，要依次采用以下步骤：

a) 判别**设备**是否有**应用部分**，如果有，则要识别**应用部分**的范围(这些决定是基于非电的考虑)。

b) 如果没有**应用部分**，则不存在**患者连接**和**患者电路**。

c) 如果有一个**应用部分**，则可能有一个或一个以上的**患者连接**。若**应用部分**的一个导电部件不直接接触**患者**，但未与**患者**隔离，且电流可通过此部件流入或流出**患者**，那么这部件就要按一个独立的**患者连接**来处理。

d) **患者电路**就由这些**患者连接**和不适当的绝缘/隔离的任何其他导电部件所组成。

注：相关的隔离要求包括与**应用部分**有关，且应符合第 20 章中的电介质强度试验及 57.10 的**爬电距离**和**电气间隙**的要求。

A.2 某些章条的编制说明

第 1 章

专用标准可在补充条文中规定专门的标题，并且宜完全分清哪些是涉及通用标准的，哪些是涉及专用标准的。

只有那些与**患者**关系十分密切以致会影响**患者**安全的试验室**设备**，才包括在本标准的范围内。

IEC 第 66E 分技术委员会(测量、控制和试验室**设备**的安全)所包括的试验室**设备**，不属本标准范围由**使用者**开发的**设备**组合，即使组合的单独**设备**是符合本标准要求的，而该组合可以不符合本标准要求。

1.3

专用标准可以规定：

——不加修改采用通用标准中的某条；

——不采用通用标准的某章或某条(或它们中的一部分)；

——以专用标准的某章或某条代替通用标准的某章或某条(或它们中的一部分)；

——任何补充章条。

专用标准可以包括：

a) 提高安全程度的要求；

b) 比本通用标准的要求降低的要求，如果本通用标准的要求因为某些原因做不到时，例如**设备**输出功率的原因；

c) 关于性能、可靠性、相互关系等要求；

d) 工作数据的准确度；

e) 环境条件的扩展和限制。

2.1.5

本通用标准包含一个对**应用部分**的定义，使得在大多数情况下能清楚地确定**设备**的哪些部分需按**应用部分**来处理，并遵守相对于**外壳**来说更严格的要求。

除那些只可能因**患者**的不必要动作而发生接触的部分外，例如：

——红外线治疗灯，由于不需与**患者**进行直接接触，因此没有**应用部分**；

——X射线**设备**唯一的**应用部分**是**患者**躺着的台面；

——同样，在MRI扫描仪中，唯一的**应用部分**是支撑**患者**的台子和其他必需与**患者**直接接触的部分。

此定义并不总能清楚确定一种特殊类型**设备**的一个独立部分是否是**应用部分**。这类情况需要根据上述编制说明加以考虑，或者参考能明确识别特殊类型**设备**中的**应用部分**的专用标准。

2.1.15

当**应用部分**具有**患者连接**时，这些**患者连接**宜与**设备**内指定的**带电**部分充分隔离，且对**BF**和**CF**型**应用部分**还要与地充分隔离。对相关绝缘进行的电介质强度试验和对**爬电距离**和**电气间隙**进行的评估被用来验证是否符合这些准则。

患者电路的定义是用来确定**设备**中所有易于向**患者连接**提供电流，或从**患者连接**接受电流的部件。对于**F型应用部分**，**患者电路**是从**患者**向**设备**内部看，一直向内延伸到所规定的绝缘处和/或保护阻抗处为止。

对于**B型应用部分**，**患者电路**可与保护接地相连。

2.1.23

与**应用部分**使用有关的潜在危险之一，是**漏电流**可以通过**应用部分**流经**患者**这一事实。在**正常状态**下和各种故障状态下，对这些电流的大小都有专门的限制。

注：在**应用部分**的不同部分之间流经**患者**的电流，称为**患者辅助电流**。流经**患者**并到地的**漏电流**称为**患者漏电流**。

对**患者连接**的定义是为了确保对**应用部分**的每一个独立部分的识别，在其之间流过的电流是**患者辅助电流**，且**患者漏电流**可能通过其流至一个接地的**患者**。

在某些情况下，需进行**患者漏电流**和**患者辅助电流**的测量以确定**应用部分**中的哪些部分是独立的**患者连接**。

患者连接并不总是可触及的。**应用部分**中任何与**患者**发生电气接触的导电部件，或者是那些仅通过不符合本标准规定的相关电介质强度试验或**电气间隙**和**爬电距离**要求的绝缘或空气间隙来防止与**患者**电气接触的部件，就是**患者连接**。

包括以下例子：

——支撑**患者**的台面是**应用部分**。床单不能提供足够的绝缘，因此台面的导电部分被划分为**患者**

连接。

——注射控制器的给药组件或针是**应用部分**。控制器中与(潜在导电的)注射液以不充分绝缘相隔离的导电部件是**患者连接**。

当**应用部分**具有绝缘材料的表面时,19.4 h) 9)规定要用金属箔或盐溶液进行试验,因此这部分被认为是**患者连接**。

2.1.24

在所有各类**应用部分**中**B型应用部分**提供最低限度的**患者**防护,且不宜**直接用于心脏**。

2.1.25

BF型应用部分提供了比**B型应用部分**更高的**患者**防护。这种防护是通过对**设备**的接地部分及其他**可触及部分**的绝缘来实现的,因此在**患者**万一接触其他**带电设备**时限制可能流过**患者**的电流大小。

但是,**BF型应用部分**不宜直接用于心脏。

2.1.26

CF型应用部分提供最高程度的**患者**防护。这种防护是通过对**设备**的接地部分或其他**可触及部分**的进一步绝缘来实现的,进一步限制了可能流经**患者**的电流大小。**CF型应用部分**适宜**直接用于心脏**。

2.1.27

防除颤应用部分仅能防止按照IEC 60601-2-4设计的除颤器的放电。有时在医院中会使用其他结构的除颤器,例如具有更高电压和脉冲的除颤器。这类除颤器也可能损坏防**除颤应用部分**。

2.3.2

本定义不必包括专门用于功能目的的绝缘。

2.3.4

如需要,**基本绝缘**和**辅助绝缘**可分开试验。

2.3.7

术语"绝缘系统"并不意味者绝缘应为同质体。它可包括几层,但不能象**辅助绝缘**或**基本绝缘**那样分开来试验。

2.4.3

这一定义是根据GB 16895.21和IEC 60536而定的。

2.5.4

该术语需区别于以前称之为"**患者**功能性电流"的电流。这种电流是打算产生生理效应的,例如对神经和肌肉刺激、心脏起搏、除颤、高频外科手术所需要的。

2.6.4

在**医用电气设备**中,功能接地连接可能由**操作者**可触及的**功能接地端子**的方式来实现。或者本标准也允许**Ⅱ类设备**经由**电源软电线**中的绿黄导线作为功能接地连接使用。在这种情况下,相关部分应与**可触及部分**绝缘[见18 l)]。

2.7.6

电线组件,属于IEC 60320《家用和类似用途的电器连接器》标准的范围。

2.11.2

最大容许工作压力,参照原设计参数、制造商规定的标称值、容器的现状和使用情况,由有资质的人员来决定。

在有些国家,这一数值有时可降低。

2.12.2

型式标记旨在确立与商业性或技术性出版物及与**随机文件**的关系,以及与**设备**分离部件之间的关系。

3.6

如3.1所述,**设备**在**单一故障状态**下仍要求保持安全。因此,单独一个保护措施发生故障是容许的。

两个单一故障同时发生的概率被认为是相当小的，可忽略不计。

只有具备下列条件之一，这种状况才能得以保证：

a) 单一故障的概率是小的，因为有足够的设计裕度，或有双重保护防止第一个单一故障的发展。或

b) 一个单一故障引起安全装置（例如：熔断器、**过电流释放器**、安全制动装置等）动作，以防止发生**安全方面危险**，或

c) 一个单一故障能通过一个被**操作者**一眼就看出来、明白无误、清晰易辨的信号显示出来，或

d) 一个单一故障经由使用说明书上规定的周期检查和维护保养所发现并修好。

在上述 a)至 d)范畴中的一些例子，如：

a) **加强绝缘**或**双重绝缘**；

b) **基本绝缘**失效的**Ⅰ类设备**；

c) 显示装置显示不正常，备用的悬挂绳索故障引起过量噪音或摩擦；

d) **正常使用**时要移动的柔性**保护接地**连接损坏。

3.6 **c)**

由同时连接至一个**患者**并符合本标准要求的其他一些**设备**的保护装置的双重故障，或由一个不符合本标准要求的**设备**的保护装置的单一故障，都能在（可能与**信号输入部分**或**信号输出部分**有**导电连接**的）**F 型应用部分**上造成出现外来电压的情况。在良好的医疗实践过程中，像这样的情况是很少会有的。

然而，因为带 **F 型应用部分设备**的主要安全措施是**患者**不通过与**设备**连接而接地，**F 型应用部分**对地的电气隔离必须有最低的质量要求。这里假设有一等于对地最高供电电压的供电频率的电压，即使存在于**患者**环境且出现于**应用部分**上时，**患者漏电流**也不应超过限值的要求为保证的。

在此假定情况下，**患者**被假设未接至**应用部分**。

第 4 章

设备中可能有很多绝缘、元器件（电气的和机械的）以及结构件，其中有一个发生故障，即使**设备**性能因此受到影响或失效，但对**患者**、**操作者**或周围的人不会产生**安全方面危险**。

4.1

为保证每一台单独生产的**设备**符合本标准要求。即使未对制造或安装过程中的每一台**设备**进行全面测试，制造商和（或）安装者在制造和（或）安装装配时，为保证每一台**设备**都符合所有要求宜进行的测试。

这些测试的形式可以是：

a) 与安全有关的质量的生产方法（保证产品合格出厂和质量稳定）；

b) 对每一台产品进行产品试验（例行试验）；

c) 对生产的试样进行生产试验，其结果将能证明有足够的置信度。

生产试验可不同于型式试验，但可与制造条件相适应，且可能对绝缘质量或其他安全的重要特性产生较少的危险性。

当然，生产试验将限于会引起最不利情况的设定状态（可在型式试验时确定）。

依照**设备**的性质、生产方法和（或）试验，可涉及到**网电源部分**的、**应用部分**的关键绝缘，以及这些部件之间的绝缘和（或）隔离。

漏电流和电介质强度可作为试验参数提出。

若适用，**保护接地**的连续性可作为主要试验参数。

4.3

试样是否有代表性，由试验室和制造商决定。

4.8

目的是检验**设备**是否正常运行。

4.10

a) **医用电气设备**的潮湿预处理及处理后的试验，常在适合于对家用和类似电器作处理和试验的试验室里进行。

为避免这些试验室的不必要的投资和费用，预处理和试验宜尽可能地安排得切实可行。

b) 按照 GB 4208，标明 IPX8 的**设备**的**外壳**在规定条件下，防止会引起**安全方面危险**的一定量的水进入某些部位。

试验条件和允许的进水量及进水部位，在专用标准中规定。如果不允许进水(封闭式**外壳**)，进行潮湿预处理是不适合的。

对湿度敏感的部件，通常用于受控制的环境内且不影响安全性，不需进行此项试验。例如：基于计算机系统中使用的高密度存储介质，如磁盘和磁带驱动器等。

c) 为防止**设备**在放入潮湿箱时出现冷凝，箱中温度应等于或稍低于放入箱中**设备**的温度。为避免箱外房间里的空气应用恒温系统，在处理时，箱内空气温度在+20℃～+32℃范围内与箱外空气温度相适应，然后被"稳定"在起始值上。虽然大家承认箱中温度会影响对湿度的吸收程度，但是都认为试验结果的重现性并未受到实质性影响，而费用则大为降低了。

d) 防滴**设备**和防溅**设备**可用在湿度高于普通**设备**使用环境湿度的环境中。

因此，这类**设备**要在潮湿箱中放 7 d(见 4.10 第 7 段)。

第 5 章

设备可有多种分类。

5.1

Ⅲ类**设备**的安全完全依赖于设施和与之相连的其他Ⅲ类**设备**。这些因素是**操作者**控制不了的，这对**医用电气设备**来说是不能接受的。另外，限制电压不足以保证**患者**安全。为此 GB 9706.1—1995 去掉了Ⅲ类**设备**。

6.1 f)

虽然**型式标记**通常表示某些性能规范，但它可能表明不了包括所用元件和材料的确切构造。如果有此要求，**型式标记**可能还需加一个**序号**。该**序号**也可用于其他目的。

如果某些地区要求各个识别，只有制造**序号**的表示可能还不够。

6.1 n)

对于符合 GB 9364 的熔断器，其类型和标称值的标识也宜符合要求。标识举例：T315L 或 T315mAL，F1.25H 或 F1.25AH。

6.1 z)

用蒸馏水、甲基化酒精和异丙醇进行摩擦试验。

异丙醇作为试剂在欧洲药典中被规定如下：

C_3H_8O(分子量 60.1)——丙醇、异丙醇。无色澄清液化，有特臭，可混溶于水和酒精。相对密度在 20℃下为 0.785，沸点在 1013 hPa 下为 82.5℃。

为使摩擦试验具有可重复性，名词"甲基化(酒精)"由下列体积比的各成分组成：

乙醇：90.0%

甲醇：9.5%

吡啶(嘧啶)：0.5%

注：此配比摘自加拿大的《医用电气设备　第 1 部分：安全通用要求》。

6.2 e)

对于符合 GB 9364 的熔断器，其类型和标称值的标识也宜符合要求。标识举例：T315L 或 T315mAL，F1.25H 或 F1.25AH。

6.4

不要求专用的颜色。

6.7

指示灯用的颜色,参见 IEC 73 出版物《用颜色和辅助手段标记指示设备和调节器》。

6.8.1

用于标记和**随机文件**的语种问题,IEC 解决不了。即使要求识别标记和**随机文件**都用本国语言,也得不到世界范围的支持。

6.8.2 a)

——重要的是要确保**设备**不被误用于未预期的应用。

——干扰的例子包括:

电源瞬变、磁场干扰、机械干扰、振动、热辐射、光辐射。

6.8.2 b)

制造商的责任

使用说明书可指出,只有在以下几种情况下,制造商,装配者、安装者或进口商才认为自己对**设备**的安全性、可靠性和性能方面受到的影响负有责任:

——装配、增设、调试、改动或维修都是由他认可的人员进行的;

——有关房间内的电气设施是符合有关要求的,以及

——**设备**是按使用说明书要求使用的。

6.8.3 a)

在本通用标准中不可能定义准确度和精确度。这些概念在专用标准中给出。

10.2.1

这些环境条件是按无空调**设备**的建筑物,在环境温度偶尔达到 40℃ 的天气确定的。

按照本标准,**设备**在 10.2 的条件下运行宜是安全的,但只需按**随机文件**中制造商规定的条件就完全可行了(见**正常使用**的定义)。

本标准范围内的**设备**,不适宜在压力舱内使用。

10.2.2

因为本标准范围内的**医用电气设备**面很广,不可能规定**网电源电压**和频率波动对每一特定类型**设备**性能的容许影响。

本标准中,这些影响包含在一些安全试验中。

按法蒂司克(Fortescue)理论,任何不平衡多相系统可分解为三个平衡的相位系统:

——一个有同等幅值和相位角,但相序与原系统相反的所谓正序分量;

——一个有同等幅值和相位角,但相序与原系统相同的所谓负序分量;

——一个有同等幅值而无相互的相位角(同相的),且无相序(静止向量)的所谓零序分量。无中性线的系统,没有零序电流分量。

零序电流可以三相电流之和除以 3 来确定。

因此,中线电流是零序电流的 3 倍。

文献:

——电力系统分析基础

W. D 小斯蒂文逊

麦克格朗希尔(Mc Graw Hill)出版(第 272 页)

——IEEE 第 37 卷第Ⅱ部分(1918)

第 1329 页

——现代电力系统

纽恩丝文德

第183页零序的测量

10.2.2 a)

除非另有说明,当交流电压波形的任一瞬时值与理想波形同一时刻的瞬时值的差值,不超过理想波形峰值的±5%时,认为此交流电压实际上是正弦的;

如果多相电压系统的负序分量和零序分量的幅值,都不超过其正序分量幅值的2%,则此多相电压系统被认为是对称系统;

当由对称电压系统供电的多相供电系统,所形成的电流系统是对称的,则该多相供电系统即被认为是对称的。这就是说,无论是负序分量还是零序分量,它们的电流幅值都不超过正序分量电流幅值的5%。

14.1 b)

规定使用外部直流电源(例如用于救护车上)的**设备**,应满足**Ⅰ类**或**Ⅱ类设备**的所有要求。

14.5 b)

如果**内部电源设备**具有连接网电源的独立的电池充电器或供电装置,则认为该电池充电器或供电装置是**设备**的一部分,并适用这些要求。

这些要求不适用于不可能同时连接网电源和**患者**的**设备**(包括任何独立的供电装置或电池充电器)。

14.6

预期**直接用于心脏**,具有一个或几个**CF型应用部分**的**设备**,可同时使用另外一个或几个附加的**B型**或**BF型应用部分**[参见6.1 l)]。

类似的**设备**可以是有一个**B型**和**BF型应用部分**的混合体部分。

第16章

外壳和**防护罩**用来防护人与**带电**部分接触,或防止与保护绝缘故障后可能**带电**的部分接触,它们同时也用来防止其他危险(机械的、热的、化学的等)。

“意外接触”指的是,在**正常使用**时,人不用工具也不甚用力便可触及到部件。

除了如病人支承物和水床等特殊情况外,一般假设是通过以下途径与**设备**接触的:

——手,用10 cm×20 cm的金属箔来模拟(或当整个**设备**较小时,用小面积的金属箔来模拟);

——自然状态下伸直或弯曲的手指,用有挡板测试指来模拟;

——拿在手里的笔,用导向测试针来模拟;

——项链或类似的悬挂物,用悬挂在盖孔上的金属试验棒来模拟;

——**操作者**调节已预调的控制装置时用的螺丝刀,用插入柄的金属试验棒来模拟;

——一个能往外拉出的小片,或小片拉出后手指便可进入的孔,用试验钩和试验指的组合来模拟。

除了必需用来供符合性检验用的那些装置外,其他装置均不允许。

16 a)5)

本条还旨在包括通常用多芯软电缆与**设备**主机架连接的,用手持控制盒控制的**设备**。

通常控制电路使用特低电压;甚至使用**安全特低电压**。控制电流和导线截面一般都很小。

控制盒**外壳**的保护接地,不一定很有效(高电阻的)。

双重绝缘会占用大量空间和重量,而**加强绝缘**对小型控制开关和按钮是不适用的。

若**正常使用**时不大可能同时接触到控制盒和**患者**,用金属**外壳**或绝缘材料**外壳**的控制盒,可仅用**基本绝缘**制作。

绝缘可按特低电压来设计。

16 c)

设备可触及金属部分保护接地的符合性试验[18 f)]是用足够低的电压(不超过 6 V)提供 10 A～25 A 之间的电流进行的。电流至少保持 5 s。这些要求的理由是,该连接能承受**基本绝缘**损坏时产生的故障电流,它才能实现它的保护功能。

这一电流被假设有足够的幅值引起电气**设备**中的保护装置(熔断器、断路器、**对地漏电流**断路器等)在相当短的时间内动作。

设定试验电流通过的最短时间的要求,是为了暴露出连接件的部件因为布线太细或接触不良而产生的过热现象。这样的"薄弱点"只用测量电阻值的方法是发现不了的。

电气控制装置操作机构的导体部件被**保护接地**时,要求的最大电阻值是 0.2 Ω,最小的试验电流是 1 A,最大的电源电压是 50 V,除了试验仪器读数需要的时间外,没有最短时间的要求。

这一放宽的理由是:

a) 操作机构是脆弱的,不能流过 10 A～25 A 的试验电流,它们通常是二次回路的一部分,流过连接部分的故障电流将受到限制。

b) 与此相关的是,由于它形成故障电路总阻抗的一个较小部分,最大电阻值可能增大。由于电源电压和试验时间数值不太严格,烧断保护连接是不大可能的。

16 d)

使用附录 D 中表 D.1 的符号 14"注意！查阅**随机文件**"是不够的,在**设备**外表注上警告性说明才能达到要求。

16 e)

提供绝缘和限制电压的组合被认为是对电击危险的附加防护措施。

第 17 章

空气可形成**基本绝缘**和(或)**辅助绝缘**的一部分或全部。

17 h)

一个或另一个除颤极板,在实际临床应用时可以接地或至少以地为基准。

当除颤器用于**患者**时,高电压可能因此被加在**设备**的一个部分与另一部分之间,也可能加在所有这些部分与地之间,因此**可触及部分**能与**患者电路**充分隔离,或当**应用部分**的绝缘由电压限制装置保护时被**保护接地**。

而且,尽管在错误使用时也不可能危及安全,在没有专用标准时,通常要求标以防除颤标记的**应用部分**能经受除颤电压,且对**设备**在随后的医疗保健使用中不会有任何不利的影响。

该试验确保:

a) **设备**、**患者**电缆、电缆连接器等的任何未**保护接地**的**可触及部分**,不会因除颤电压的闪络而**带电**;且

b) 在施加除颤电压后**设备**将能继续行使其功能。

正常使用包括**患者**与**设备**连接时被除颤和**操作者**或其他人员同时接触**外壳**的情况。损坏保护接地连接所引起的**单一故障状态**,在同一时间内发生的可能性非常小,可忽略不计。然而,不符合第 18 章要求的功能接地连接的中断很有可能发生,因此需要进行这些试验。

在除颤器放电期间,一个人接触**可触及部分**后所受电击的严重性,被限制在一个可以被感觉到,可能不令人愉快,但不危险的值内(相当于 100 μC 的放电)。

信号输入部分和**信号输出部分**也包括在内,因为通过信号线会给远处的**设备**带来可能有危险的能量。

本标准中图 50 和图 51 的试验电路设计成通过对跨接的试验电阻(R_1)上出现的电压积分来简化试验。

为了充分试验这种综合的保护方式,在图 50 和图 51 的试验电路中的电感 L 值要选择得能提供比

正常更短的上升时间。

脉冲试验电压的原理说明

当除颤电压加在**患者**的胸部，通过外部的应用极板(或除颤电极)，**患者**的身体组织处在极板附近且在极板之间形成一分压系统。

电压的分布可用三维场理论进行粗略地估计，但是因为局部组织电导率不均匀，理论结果要进行修改。

如果另一类**医用电气设备**的电极在除颤器极板的大致范围内用于**患者**，该电极所承受的电压取决于其位置，但通常要小于加载时的除颤电压。

遗憾的是不可能说出小多少，因为上述电极可置于此区域中的任何位置，包括紧靠除颤器的一个极板。在无相关专用标准的情况下，必须要求这一电极和与其相连的**设备**能承受全部除颤电压，而且必须是空载电压，因为除颤器的一个极板可能会与**患者**接触不良。

为此本通用标准修订本规定，在无相关专用标准的情况下，5 kV 为适当的值。

18 a)

通常，**Ⅰ类设备**的**可触及金属部分**应以足够低的阻抗与**保护接地**端子永久性地连接。

然而，**Ⅰ类设备**可以有这样的与**网电源部分**隔离的**可触及部分**，即在**正常状态**时和在**网电源部分**的绝缘或保护接地出现**单一故障状态**时，从这些**可触及部分**至地的漏电流也不超过表 4 的值(见第 19 章)。

在此情况下，这些**可触及部分**不必接至**保护接地端子**，但它仍可接至例如功能接地端子，或让它们浮动。

可触及金属部分与**网电源部分**的隔离，可用**双重绝缘**、用金属屏蔽、用已**保护接地**的**可触及金属部分**、或用已**保护接地**的次级回路，将**可触及金属部分**与**网电源部分**完全隔离。

装饰层覆盖的金属部件，当装饰层不符合机械强度试验要求时，被认为是**可触及金属部分**。

18 g)

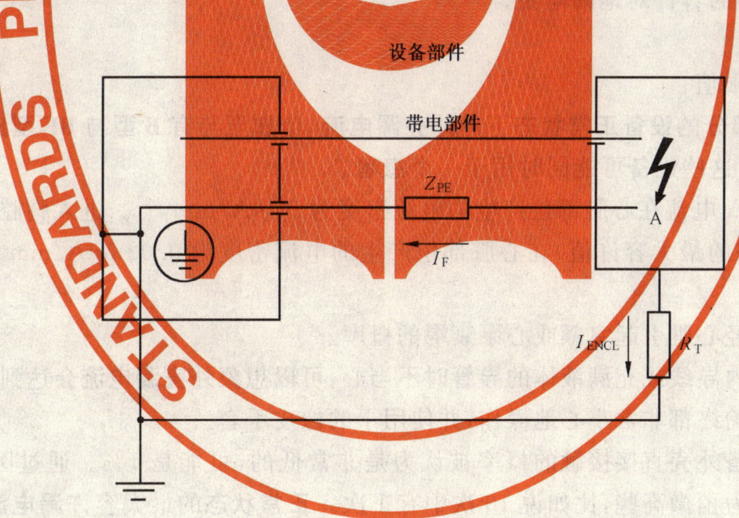

符号说明

A＝两点之间的短路。

ZPE＝保护接地连接阻抗，Ω，(超过 0.1 Ω)。

I_F＝对地绝缘的单一故障引起的保护接地连接中最大连接预期故障电流，A。

I_{ENCL}＝**单一故障状态**下**外壳漏电流**的容许值。

R_T＝试验电阻(1 kΩ)。

由于固有阻抗或电源的性质，例如供电系统是不接地的，或通过高阻抗接地，故障电流可被限制为相对低的值。

在这类情况下，保护接地连线的截面积，可主要由机械上的考虑来决定。

19.1 d)

正常状态下，Ⅰ**类设备**来自**保护接地**部分的**外壳漏电流**可忽略不计。

19.2 a)

Ⅰ**类设备基本绝缘**击穿一般不能作为**单一故障状态**看待，因为在熔断器或过**过电流释放器**动作之前，这种情况下的**漏电流**不能保持在容许限值(表4)之内。例外的是，在对**设备**内部保护接地连接的有效性有疑问时[见17 a)和17 g)]，将**基本绝缘**短接起来测量**漏电流**。

19.3 和表4

频率在1 kHz内(包括1 kHz)的交、直流复合波时的连续**漏电流**和**患者辅助电流**的容许值。

——一般说来室颤或心泵衰竭的危险随着流过心脏的电流值或流过的时间最多几秒钟增长而增加。心脏的某些区域比其他区域更敏感。就是说，某一电流值若加于心脏的某一部分会引起室颤，而加于心脏的其他部分时则可能没有影响。

——对从10 Hz～200 Hz范围的频率来说，危险性最大，且对各种频率的危险差不多是一样的。直流时危险较小，降低近5倍，在1 kHz约降低1.5倍。超过1 kHz，危险迅速下降[1]。表4中的值覆盖直流到1 kHz的频率范围。50 Hz和60 Hz的供电网频率是在最危险的范围内。

——虽然一般规律是通用标准中的要求不像专用标准中的要求那么严格，但表4中一些容许值的确定是合适的，所以：

a) 大多数类型的**设备**能达到，和

b) 它们能适用于无专用标准的大多数**设备**类型(现有的和将有的)。

对地漏电流

——**对地漏电流**的容许值不是临界值，用来防止流过供电设施保护接地系统电流的显著增加。

——表4注2)说明如果内部的导体部件不会被触及时，哪些情况下较高的**对地漏电流**是容许的。

——表4注3)说明有固定的和永久性安装的**保护接地导线的设备**，因**保护接地导线**不大可能意外断开，可有较高的容许**对地漏电流**。

外壳漏电流

根据下列考虑确定限值：

a) 有**CF型应用部分的设备正常状态下的外壳漏电流**，增加至与有**B型**与**BF型应用部分的设备**相同的值，因为这些**设备**可能同时用于一个**患者**。

b) 进入胸腔的1 A电流在心脏部位产生的电流密度为50 μA/mm²[8]。进入胸腔500 μA的电流(**单一故障状态**的最大容许值)在心脏部位产生的电流密度为0.02 5μA/mm²，比所考虑的值低得多。

c) **外壳漏电流**流经心脏引起室颤或心泵衰竭的概率。

如果在操作心内导线或充满液体的导管时不当心，可以想象**外壳漏电流**会达到心内某一部位。对这些装置宜始终都非常小心地操作，并使用干的橡皮手套。

心内装置和**设备外壳**直接接触的概率被认为是非常低的，可能是1%。通过医务人员间接接触的概率被认为稍微高些，比如说10次中有1次。**正常状态**的最大容许**漏电流**为100 μA，它本身就有引起室颤的0.05的概率。若间接接触的概率为0.1，则总的概率就是0.005。虽然这个概率看来是比较高，宜提醒的是，如果正确操作心内装置，这一概率可降低到单纯机械性刺激的概率水平，即0.001。

在维护条件差的部门，**外壳漏电流**增至最大容许值500 μA时(**单一故障状态**)的概率，被认为是0.1。

该电流引起室颤的概率取作1。意外地直接和**外壳**接触的概率如前所述，考虑为0.01，就得到总概率为0.001，等于单纯机械性刺激时的概率。

通过医务人员将最大容许值500 μA的**外壳漏电流**(**单一故障状态**)引入一个心内装置的概率

是 0.01(**单一故障状态**为 0.1,意外接触为 0.1)。因为这一电流引起室颤的概率是 1,所以总概率也是 0.01。这一概率也是高的,然而能采取相应措施使它降低到单纯机械性刺激的 0.001 的概率。

d) **患者**可感知的**外壳漏电流**的概率

当用夹持电极接触完好的皮肤时[1]、[2],男性对 500 μA 能感知到的概率为 0.01,女性为0.014。电流通过黏膜或皮肤伤口时有较强的感觉[2]。因为分布是正态的[1],存在着某些**患者**能感知非常小的电流的概率。曾报道某人能感知流过黏膜的 4 μA 电流[2]。

B、**BF** 和 **CF 型应用部分**的**设备**的**外壳漏电流**规定是相同的,是因为所有这些类型的**设备**可能同时用于同一**患者**。

患者漏电流

有 **CF 型应用部分**的**设备**,**正常状态**时**患者漏电流**的容许值是 10 μA,当这一电流流经心内小面积部位时,引起室颤或心泵衰竭的概率为 0.002。

即使电流为零时,也曾观察到机械性刺激能引起室颤[4]。10 μA 限值是容易达到的,在心内操作时不会明显地增加室颤的危险。

有 **CF 型应用部分**的**设备**,**单一故障状态**时最大容许值 50 μA,是以临床得到的、极少可能引起室颤或干扰心泵的电流值为依据。

对于可能与心肌接触的直径为 1.25 mm~2 mm 导管,50 μA 电流引起室颤的概率接近 0.01(见图 A.1 及其说明)。用于造影的小截面(0.22 mm^2 和 0.93 mm^2)导管,如直接置于心脏敏感区,则引起室颤或心泵衰竭的概率较高。

单一故障状态时**患者漏电流**引起室颤的总概率为 0.001(单一故障的概率为 0.1,50 μA 电流引起室颤的概率为 0.01)等于单纯机械性刺激的概率。

单一故障状态时容许的 50 μA 电流,不大可能达到足以刺激神经肌肉组织的电流密度,如果是直流也不会达到引起组织坏死的电流密度。

有 **B 型**与 **BF 型应用部分**的**设备**,在**单一故障状态**时最大容许**患者漏电流**为 500 μA,因为这一电流不直接流过心脏,对**外壳漏电流**的解释可适用。

网电源电压出现在**患者**身上的概率被认为极小。只有出现下列故障时才会出现这种情况:

a) **Ⅰ类设备保护接地**失效(概率为 0.1);

b) **基本绝缘**失效。按经验这一概率小于 0.01。

这就得出**患者**身上出现**网电源电压**的概率为 0.001。

对有 **CF 型应用部分**的**设备**,**患者漏电流**将限于 50 μA,不比前面讨论的**单一故障状态**更坏。

对 **BF 型应用部分**的**设备**,在这些条件下,最大的**患者漏电流**是 5 mA。即使这一电流进入胸腔,也只会在心脏产生 0.25 μA/mm^2 的电流密度。这一电流极易为**患者**所感知,然而它出现的概率是极低的。

当外部电压作用于 **BF 型应用部分**时,在**单一故障状态**下允许 5 mA 的**患者漏电流**,因为有害生理影响的风险较小,且**网电源电压**出现在**患者**身上的情况是不太可能的。

因为存在**患者**接地是**正常状态**,不仅**患者辅助电流**,而且**患者漏电流**都可能持续流动很长时间。在这种情况下,同样需要一个低值的直流电流以避免组织坏死。

患者辅助电流

患者辅助电流的容许值,适用于阻抗体积描记器之类的**设备**,用于频率不低于 0.1Hz 的电流。对直流规定了较低的值,以防长时间使用时组织坏死。

---

[1]、[2]、[4]、[8]见本附录中的列出的参考文献。

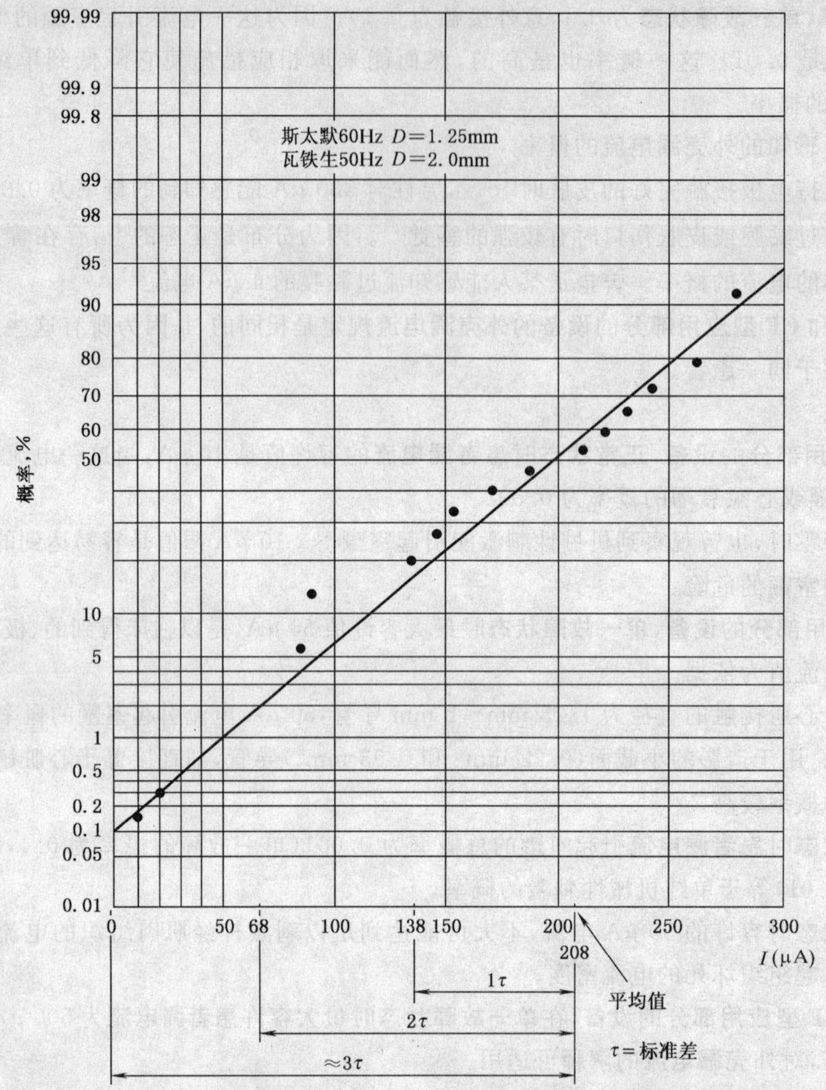

注：参考斯太默[6]和瓦铁生[7]论文中实验数据整理。

图 A.1 室颤概率

图 A.1 的解释

斯太默[6]和瓦铁生[7]的论文，提供了 50 Hz 和 60 Hz 电流直接用于心脏病人群的心脏引起室颤的数据。室颤概率是作为电极直径（D）和电流幅值的函数获得的。对于直径为 1.25 mm 和 2 mm 的电极、电流直至 0.3 mA 时，室颤的分布呈正态。于是，将此分布外推到包括为评估患者危险而通常使用的值（数值注明在图 A.1 中）。从这一推论可以看出：

a) 任何电流值，即使很小，仍有引起室颤的可能性，和

b) 常用值概率比较低约为 0.002～0.01。

因为室颤受许多因素（患者状态、电流进入心肌较灵敏区域的概率，室颤随电流或电流密度、生理现象、电场）支配，所以，用统计方法来确定各种条件下发生危险的可能性是合理的。

参考文献

[1] 致命的重新评估

Charles F. Dalziel; Re-evaluation of lethal electric currents, IEEE Transactions on Industry and General Applications, Vol. 1UGA-4, No. 5, 1968-09～10.

[6]、[7]见本附录中的列出的参考文献。

[2] 电力传输频率对人类电击的阈值

Kohn C. Keesey, Frank S. Letcher; Human thresholds of electric shock at power transmission frequencies; Arch. Environ. Health, Vol. 21 1970-10.

[3] 60 Hz 室颤和心律阈值及非起搏心内导管

O. Z. Roy; 60Hz Ventricular fibrillation and rhythm thresholds and the non-Pacing intracardiac cathether ; Medical and Biological Engineering, 1975-03.

[4] 心血管研究

E. B. Rafferty, H . L . Green, M . H . Yacoub; Cardicvascular Redearch; Vol . 9, No. 2, pp. 263-265, 1975-03.

[5] 电气安全专题报告

H. L. Green; Electrical Safety Symposium Report; Department of Health and Social Security; United Kingdom, 1975-10.

[6] 电流密度与电气导致的室颤

C. Frank Starmar, Robert E. Whalen; Current density and electrically induced ventricular fibrillation; Medical Instrumentation; Vol. 7 No. 1, 1973-01～02.

[7] 人类室颤的电阈值

A. B. Watson, J. S. Wright; Electrical thresholds for ventricular fibrillation in man; Medical Journal of Australia; 1973-06-16.

[8] 医用检测仪器(摘要)

A. M. Dolan B. M. Horacek, P. M. Rautaharaju; Medical Instrumentation (abstract) 1953-01-12, 1978.

19.4 a)

虽然公认绝缘吸潮对绝缘电阻的影响远大于对其电容的影响，但电阻测量的结果受到电阻测量所选定的时间的严重影响。这种结果可能因而变得没有重现性。

为进一步改善重现性，提出保留**漏电流**的试验，并在潮湿预处理结束后 1 h 开始试验。已考虑到如果绝缘电阻的劣化会造成**安全方面危险**，它也会在增大了的**漏电流**中明显看出，同时在电介质强度试验结果中明显看出。

19.4 b)

图 10、图 11、图 12 和图 13 中的开关 S_1 或 S_1+S_2 或 $S_1+S_2+S_3$ 可省略，有关导线可用其他方法断开。

图 10、图 11、图 12、图 13 和图 14 中可调输出电压的单相或多相隔离变压器，可用固定输出电压的隔离变压器和可调输出电压的自耦变压器的组合来代替。

19.4 表 4

在 **B 型应用部分**中，因**应用部分**带有外来电压，从**应用部分**流至地的电流容许值定为 5 mA，这是因为产生有害生理效应的风险较小，而且**患者**身上出现 220 V 电压的可能性是极小的。

19.4 d)

虽然将**设备**置于接地的金属物体上或接地的金属环境中使用的可能性不是没有，但这样一种情况相当难以规定得使试验结果具有重现性。因此，19.4 d)1)的规定被视作是一种通例。

患者电缆有大的对地电容值的可能性通常是很大的，并且这种对地电容很可能对试验结果产生相当大的影响。因此，规定了一个可提供重现结果的位置。

19.4 e)4)

测量装置代表了考虑到电流通过人体包括心脏时产生的生理效应的测量方法。

19.4 **h**)

宜注意,要使测量装置和其连接线的对地电容和对**设备外壳**的电容保持尽可能低的值。

可用固定输出电压的隔离变压器和可调输出电压的自耦变压器的组合,代替可调输出电压的隔离变压器 T_2。

20.1 **A-f**

与定义 2.3.2"**基本绝缘**:用于**带电**部分上对电击起基本防护作用的绝缘"相反,绝缘 A-f 不提供这类防护,但如果试验是必需的,就要采用与**基本绝缘**相同的试验电压值。

20.3

设备中要按第 20 章规定进行电介质强度试验的元器件,类似熔断器座、按钮、开关等,将承受相应的试验电压。如果这些元器件因其技术条件不能满足这些要求,可在**设备**中采取附加措施(例如用附加的绝缘材料)(参见 4.4 和 56.1)。

在表 5 中规定的电介质强度试验电压适用于通常需经受连续基准电压 U 和瞬变过电压的绝缘。

对于**防除颤应用部分**,在等于除颤峰值电压的基准电压 U 的基础上推算出的试验电压,对在**正常使用**中只是偶尔经受脉冲电压的绝缘来说是很高的,此脉冲通常小于 10 ms 且没有附加过电压。

在 17 h)中描述的专用试验是用来确保对承受除颤脉冲有足够的防护,不需要另外的电介质强度试验。

20.4 **a**)

因为 20.4 a)中的电介质强度试验是在潮湿预处理后,**设备**仍留在潮湿箱中立即进行的,需有充分的防护措施来保护试验室的人员。

20.4 **b**)

试验电压可用变压器、直流电源或**设备**内的变压器提供,在最后一种情况时,为防止过热,试验电压的频率可高于**设备**的**额定**频率。

对基准电压等于或高于交流 1 000 V,或直流 1 500 V,或峰值 1 500 V 的试验程序和持续时间,可由专用标准另作规定。

20.4 **g**)

这是可避免的,例如在变压器中,采用抽头连接到铁芯或其他适当的接点相连接的电压分压器,以保证在实际绝缘上有正确的电压分压,或采用两个相位同步的变压器。

20.4 **j**)

设计用来限制电压的元器件,在电介质强度试验中可能因功率消耗而损坏时,在进行试验时可拆下。

21.5

手持式设备或**设备**部件的试验,与便携式和**移动式设备**的试验不同,是因为它们实际使用中有差别。

21.6

与通常设想正相反,**医用电气设备**可能在逆境中使用。紧急情况下,**设备**要放在推车上过门坎和进入电梯,可能要承受冲击和震动。对某些**设备**来说。**正常使用**实际上就可能是这种情况。

第 22 章

对运动部件的**外壳**和防护件所要求的防护程度,取决于**设备**的总体设计和**设备**的预定用途。在判断敞露的运动部件是否合格时,考虑的因素可以是敞露的程度、运动部件的形状、意外接触的可能性、运动的速度以及手指、手臂或衣服被轧进运动部件的可能性(例如齿轮啮合处、皮带与皮带轮接合处或活动部件的钳夹或剪切闭合处)。

在**正常使用**以及在任何调节装置进行设定时,或在更换附件和配件时,都需要考虑这些因素,可能还要包括安装说明书,因为安装时可能还要提供不作为单台**非移动式设备**一个部分的防护件。

防护件的特点可考虑包括：

——只有使用**工具**才能拆卸；

——能够拆卸，以便维修和更换；

——强度和刚度；

——完整性；

——由于诸如清洗等维护保养的需要增多而必需进行的额外操作所产生的额外危险(例如夹紧点)。

参见 6.8.2 b)的原理说明。

第 26 章

在工厂和车间，过强的噪音可能引起疲劳或甚至损伤听力，防止听力损伤的限值，在国家标准中有规定。

在医用房间中为了**患者**和医务人员的舒适，需要特别低的限值。**设备**噪声的实际影响受到房间的声学特性、房间之间的隔音状况以及**设备**部件之间的相互作用的强烈影响。

28.5

悬挂质量的加速和减速引起的力(动态载荷)常常是难以计算的，因为一些部件的柔性会严重影响到加速或减速，而这些部件的组合作用是难以预料的。对于使用终端挡块的手动运动尤其是这样。对于电动机驱动的运动，对电动机控制电路故障状态的影响可能应予以考虑。

有关交变应力(包括导向装置和导向轮的尺寸)的要求，在考虑中。

第 36 章

通常只有在足够能量水平下，例如由透热治疗**设备**和手术**设备**发出的频率在 0.15MHz 以上的高频辐射才是直接有害的。然而，甚至发生的能量水平相当低的高频辐射，也有可能扰乱灵敏的电子装置的功能和引起对无线电和电视接收的干扰。

结构性的要求很难给出，但限值和测量方法已由 CISPR(国际无线电干扰特别委员会)出版物规定。

设备对外来干扰的灵敏度(电磁场、供电电压的扰动)在考虑中。

40.3

图 29、图 30 和图 31 中的曲线，是为了帮助设计出毋需进行点燃试验便能满足 **AP 型设备**规定值要求的电路。

推论到更高的电压是无效的，因为在较高的电压下，气体的点燃条件已变化。这里引入了电感的限值，因为高电感值通常产生**高电压**。

40.4

假定从**设备**泄漏逸出的空气或惰性气体的量，被限制在不会明显干扰医用房间的卫生条件的程度。

在 40.4 和 40.5 中"**外壳**"这个术语，可表达为 2.1.6 中定义的**外壳**，或是一个分开的隔离物或罩壳。

40.5 a)

因为**正常使用**中的平均条件是不太严格的，所以这个要求被认为足以防止**正常使用**的几个小时运行一个周期内发生点燃。

41.2

这个要求防止引入高于 41.3 所容许的电压。这种电压会存在于接地线上。

41.3

图 32、图 33 和图 34 中的曲线，是为了帮助设计出毋需进行点燃试验便能满足 **APG 型设备**规定值要求的电路。

42.1 和 42.2

表 10 a)和 10 b)来自 GB 4706.1。在表 10 a)中所列温度限值，供**可触及部分**、有 T 标记的元器件和分级的绕组绝缘用。在表 10 b)中列出了温度会影响**设备**寿命的材料和元器件。

43.2

富氧空气的存在增加了许多物质的易燃性，尽管其不是易燃混合物。

预期在富氧空气中操作的**设备**宜设计得使易燃材料着火的可能性降至最低。

如适用，专用标准宜规定相关要求。

44.4

泄漏被认为是一种**单一故障状态**。

44.8

设备、**附件**及其部件在设计时宜考虑到它们与**正常使用**时将要接触的物质一起使用的安全性。

如适用，专用标准宜规定相关要求。

第 45 章

本章的要求不是国家规范或标准的最严格的组合。

在某些国家，这些规范或标准适用。

45.2

假设若**压力**乘以容积等于或小于 200 kPaL 或**压力**值等于或小于 50 kPa，则不需要进行水压试验。

图 38 包含的安全系数高于那些通常用于试验容器的安全系数。然而，仅管水压试验通常是用来检查压力容器是否有生产缺陷或严重损伤的方法，设计上的合理性则是用其他方法来确定的，而现在讲的水压试验却是在不能用其他方法时被用来检查设计上的合理性的。

本标准删除了 GB 9706.1—1988 中引用的国家标准，是为了避免国家标准的要求服从于地方法规的情况。可以设想，没有与国家标准相抵触的地方法规时，**设备**有时不得不满足两种规定的要求。或满足更多的规定的要求。

45.3

如何确定使用时的最大**压力**视各种情况而定。

第 46 章

GB 9706.1—1988 中本章内容只论及连接的互换性，现在这些内容已被移到 56.3 中。

第 49 章

对于**患者**的安全性依赖于供电连续性的**设备**，专用标准宜包括有关供电故障报警或其他预防措施的要求。

49.2

要注意供电中断是否会引起意外移动、是否会影响压力的消除，以及是否会影响到**患者**从危险位置的移开。

51.1

如果**设备**的控制范围内出现某一部分的输出量与无危险输出量有显著差异时，宜提供一些措施来防止这类不安全设定，或向**操作者**指明(例如，在控制器设定完毕或联锁器旁通时使用有显著附加阻力的装置或者使用有附加专用信号或可听信号的装置)所选的设定值已超过安全的极限。

如适用，专用标准宜规定安全的输出水平。

51.2

任何向**患者**传送能量或物质的**设备**宜指示可能的危险输出，最好是预先指示，例如能量，速率或容量。

如适用，专用标准宜规定相关要求。

51.5

任何向**患者**传送能量或物质的**设备**宜提供一报警，当任何与指定的传送水平有重大偏离时宜向**操作者**警告。

如适用，专用标准宜规定相关要求。

52.4.1

——向**患者**或周围环境意外地释放达危险量的能量和物质的问题，可由专用标准规定。

有毒或易燃气体的危险量，取决于气体种类、浓度、散发的位置等。

功率耗散在 15 W 及以下时，不存在失火危险。

——会对**患者**造成直接的**安全方面危险**的功能不**正常状态**和运行故障问题(例如维持生命的**设备**中未辨出的故障、未辨出的测量误差、**患者**数据的置换)，可在专用标准中规定。

52.5.7

离心开关工作的影响可预考虑。因为某些**带电**容器电动机的能否起动，会引起不同的后果，所以规定了电动机的堵转状态。

52.5.8 表 12 的最后一行

设备内电动机绕组温度限值在第一小时后用算术平均值来确定，因为试验室的经验表明，**间歇运行设备**可能会达到暂时与最大值不一样的各种值。

因此要求一个较低的温度限值。

第 54 章

在第十篇中，规定用检查方法来检验是否符合要求的地方，可通过分析制造商给出的有关文件来进行。

54.1

与**设备**特定功能有关的控制装置、仪表、指示灯等，宜放在一起(见第八篇)。

54.2

经常更换或调节的部件，宜安装和固定得可进行检查、维护、更换或调节而不会损坏或影响相邻的部件或配线。

54.3

控制装置的设定值，如发生意外的改变而影响安全时，则宜设计成或防护成不可能发生设定值的意外改变。

生命维持**设备**和其他关键**设备**的电源开关及其他主要控制装置，宜设计成或防护成不可能发生设定值的意外切换或改变。这种**设备**宜由专用标准确定。

与**设备**特定功能有关的控制装置、仪表、指示灯及类似装置宜按 6.1 清楚地标出它们的功能，并布置得使意外的或不正确的调节尽可能地减少。当控制装置的不正确调节会造成危险时，宜采取相应措施防止这种可能，如采用一个联锁装置或附加安全控制。

55.1

除**电源软电线**和其他必需的互连线外，至少所有的**带电**部分宜包裹在不助燃的材料中。

这不排除使用其他材料的**外壳**覆盖在符合上述推荐要求的内壳上。

易燃性试验见 GB/T 5169。

55.2

机械强度在第四篇中叙述。

56.1 b)

一般是检验**网电源部分**和**应用部分**的元器件是否符合要求。

56.3 c)

有两种情况需加以防止：

——首先，对于**BF型**和**CF型应用部分**，宜无**患者**偶然经由任何可能从**设备**脱开的导线接地的可能性；即使是**B型应用部分**，不需要的接地也可能对**设备**的操作带来不利的影响。

——其次，对于所有类型的**应用部分**，应无**患者**偶然连接任何**带电**部分或危险电压的可能性。

“可能的危险电压”既可能指**医用电气设备**的**带电**部分，也可能指在附近的其他导电部件上有超过**漏电流**容许值的电流流过的电压。

连接器所用绝缘材料的强度通过用试验指对连接器按压来检查。

这要求也能防止连接器插入网电源插座或**可拆卸电源软电线**末端的插座。

患者与**网电源连接器**的某些组合有可能不经意将**患者**连接器插入网电源插座。

这种可能性不能通过尺寸的要求来合理地解决，因为如果这样做会使单极连接器做得过大。通过对**患者**连接器的绝缘要求来避免这一类事故的发生，该连接器的绝缘的**爬电距离**至少为1.0 mm和电介质强度至少为1 500 V。仅仅采用1 500 V的防护要求是不够的，因为1 500 V的防护只要用薄的塑料片就可轻易达到，它不能承受日常的磨损或可能反复插入电网插座的动作。基于这个原因，就能理解连接器的绝缘宜是耐久而又坚固。

“任何连接器”宜理解为包括多触点连接器、数个连接器和串联连接器。

100 mm直径的尺寸并不重要，只起到指明导电平面大小的作用。任何大于此要求的导电材料片均适用。

56.4

这类电容器不可能构成**双重绝缘**或**加强绝缘**。

56.7 c)

如果**安全方面危险**可能因电池耗尽而逐渐扩大时，宜提供预警这种情况的方法。

如适用，专用标准宜规定相关要求。

57.2 b)

当不经意的断开可能引起危险时，可能需要带有锁定装置的**设备连接装置**。

57.2 e)

这一要求减少了其他会引起过量**漏电流**的**设备**被接入的可能性。

急救车不受此约束，以便能在急救时迅速替换**设备**。

57.2 g)

本要求旨在避免**电源软电线**误用的可能性[参见18 l)]。

57.5 a)

除接线端子板外的元器件的接线端子，可用来作为外部导线的接线端子。

通常不宜鼓励采用这种做法，但在特殊情况下，端子布置适当(可触及并有清楚标记)且符合本标准要求时，允许使用。这种情况，例如在电动机的启动器上可能发生。

57.5 d)

“对导线进行专门准备”一词，包含对绞线进行锡焊、使用软线接线耳、配以冲孔片等，但不包括导线在穿进接线端子前的整形或绞线端头的绞紧。

57.7

干扰抑制器可接在**设备**电源开关的**网电源**侧，或接在电源熔断器或**过电流释放器**的**网电源**侧。

57.9

GB 13028和GB 9706.1的适用范围是不同的。很多类型用于**医用电气设备**的变压器，不属于GB 13028的范围。

为了**患者**的安全，对这些变压器的结构必须增添要求，例如限制流至**患者电路**的**漏电流**。

第一版中附录J的内容，现移至57.9。

要进一步开展工作，参照GB 13028中给出的安全隔离变压器的值，给出例如变压器内部的**爬电距**

离和**电气间隙**的合理值。

对开关型电源的要求，在考虑中。

57.10

爬电距离和**电气间隙**受下列因素影响：

a） 20.3 规定的基准电压。

b） 假设绝缘材料有低的抗电起痕电阻率，按 GB/T 4207 中的起痕试验，可指示较低的间距值，但这一试验的实用值，直到 IEC 664 出版物的可行性研究完成以前，一直处于考虑中。

c） 即使按 20.3 电介质强度的试验电压不相同，**辅助绝缘**的间距与**基本绝缘**的间距是相同的，**双重绝缘**和**加强绝缘**的间距值则是**基本绝缘**的两倍。

d） 对**外壳**和 **F 型应用部分**之间的绝缘有一些特殊的规定：

1） 当 **F 型应用部分**无**带电**部分时，即使在**应用部分**接地的情况下，只有在接到**患者**的其他**设备**发生**单一故障状态**时，**应用部分**与**外壳**之间的绝缘才会受到**网电源电压**的电应力作用。这一状态很少发生；此外这一绝缘一般不受在**网电源部分**中形成的瞬时过压作用。

综上所述，**应用部分**与**外壳**之间所需的绝缘，只需要满足**基本绝缘**的要求。

2） 当 **F 型应用部分**包含有电位差的部件时，**应用部分**的部件通过接地的**患者**（**正常状态**）接地，这就会在**应用部分**形成**带电**部分。

这些**带电**部分与**外壳**之间的绝缘，在最不利的情况下（当**应用部分**的某一部分通过**患者**接地）可能会承受**应用部分**内的全部电压。

因为这一电压是在**正常状态**下出现的，既使不是经常发生，有关绝缘也必须满足**双重绝缘**或**加强绝缘**的要求。鉴于出现这种状态的可能性不大，表 16 中给出的**爬电距离**和**电气间隙**被认为是合适的。

3） 适用的值是上述 d）1）和 d）2）获得的最高值。

防除颤应用部分

从 IEC 60664 的表 2 可见，4 mm 的距离对于持续时间短于 10 ms 的 5 kV 脉冲而言是足够的，这类电压是来自除颤器使用的典型电压，具有合理的安全裕度。

为了确保**设备**通过除颤器试验以及保持以后的安全和正常功能，该裕度的有效性来自三个因素：

——IEC 60664 中的值已经有了一个内在的安全裕度；

——在实践中，施加在**患者**胸部的电压远小于假设的 5 kV 开路电压，因为除颤器是加载的，它具有一个明显的内部阻抗和增加该阻抗的一个串联电感；

——IEC 60664 允许严重玷污的表面，而**医用电气设备**的内表面是清洁的。

59.1 e）

导线可用有足够标称值的分开的护套软线布线。不同电路类型的导线布在同一软线、线槽板，线管、或连接装置中时，用导线绝缘的足够标称值以及用符合 57.10 要求的足够的**电气间隙**和**爬电距离**来实现连接装置中各导体部件间的充分隔离。

59.2 b）

关于材料易燃性试验，在 GB/T 11020 中规定。

附 录 B
（资料性附录）
制造和（或）安装时的试验

无通用要求。见对 4.1 的说明。

附 录 C
（资料性附录）
试 验 顺 序

C.1 概述

除非专用标准另有规定，如合适宜按下述顺序进行试验。顺序上标有 * 的是强制要求的。参见 4.11。

然而，当初步检查表明某一项试验有可能导致失败时，也可先进行该项试验。

C.2 通用要求

见 3.1 和第 4 章。

C.3 标记

见 6.1～6.8。

C.4 输入功率

见第 7 章。

C.5 设备分类

见第 14 章。

C.6 电压和（或）能量的限制

见第 15 章。

C.7 外壳和防护罩

见第 16 章。

C.8 隔离

见第 17 章。

C.9 保护接地、功能接地和电位均衡

见第 18 章、第 58 章。

---

* 这些试验顺序是强制的。

C.10 机械强度

见第21章。

C.11 活动部件

见第22章。

C.12 面、角和边

见第23章。

C.13 稳定性和可搬移性

见第24章。

C.14 飞溅物

见第25章。

C.15 悬挂物

见第28章。

C.16 辐射危险

见第五篇。

C.17 电磁兼容性

见国际无线电干扰委员会CISPR推荐标准和对第36章的说明。

C.18 压力容器和受压部件

见第45章。

C.19 人为差错

见第46章。

C.20 温度——防火

见第42章、第43章。

C.21 供电电源的中断

见第49章。

C.22 工作数据的准确度和不正确输出的防止

见第50章、第51章。

C.23* 不正常运行、故障状态、环境试验

见第52章、第53章。

C.24* 工作温度下的连续漏电流和患者辅助电流

见19.4。

C.25* 工作温度下的电介质强度试验

见20.4。

C.26* 潮湿预处理

见4.10。

C.27* 电介质强度试验(冷态)

见20.4。

C.28* 潮湿预处理之后的漏电流

见19.4。

C.29* 溢流、液体泼洒、泄漏、受潮、进液、清洗、消毒和灭菌

见第44章但不包括44.7。
见第C.34章。

C.30 外壳和罩盖

见第55章。

C.31 元器件和组件

见第56章。

C.32 网电源部分、元器件和布线

见第57章。

C.33 无通用要求。包括在第C.9章中。

C.34 结构和线路布局

见第59章和44.7。

C.35 AP型和APG型设备

见第37章～第41章。

C.36 标记的检验

见6.1最后一段。

附 录 D
（规范性附录）
标记用符号
（见第 6 章）

引言

为避免语言上的差异和便于理解有时标在有限面积内的标记或指示，在**设备**上往往优先采用符号而不采用文字。

如果根据本标准需要使用符号时，宜使用本附录的符号。见 IEC 417 和 IEC 878 出版物。

本附录中未列入的符号，可首先参照 IEC 或 ISO 的符号。如需要，可将两个或两个以上的符号组合在一起表示一个特定的含义，并且只要基本符号主要表达的含义不变，在图形设计方面允许有某种自由。

表 D.1

序号	符 号	IEC 出版物	GB 编号	含 义
1	～	417-5032	5465	交流电
2	3～	335-1	4706.1	三相交流电
3	3N～	335-1	4706.1	带中性线的三相交流电
4		417-5031	5465	直流电
5		417-5033	5465	交、直流电
6		417-5019	5465	保护接地（大地）
7		417-5017	5465	接地（大地）
8	N	445	4026	**永久性安装设备**的中性线连接点
9		417-5021	5465	等电位
10		417-5172	5465	**Ⅱ类设备**
14		348	—	注意！查阅**随机文件**
15		417-5008	5465	断开（总电源）
16		417-5007	5465	接通（总电源）
17		417-5265	5465	断开（仅用在**设备**的一个部分）
18		417-5264	5465	接通（仅用在**设备**的一个部分）

表 D.2

序号	符　号	IEC 出版物	GB 编号	含　义
1		417 878 -02-02	—	**B 型应用部分**
2		417-5333 878 -02-03	5463.2	**BF 型应用部分**
3		417-5335 878-02-05	5465	**CF 型应用部分**
4		878-02-07		**AP 型设备**
5		878-02-08	—	**APG 型设备**
6		878-03-01	—	危险电压
7	—	—	—	无通用要求
8		878-030-04	—	非电离辐射
9		417…… 878……	5465	防除颤 **B 型应用部分**
10		417-5334 878 -02-04	5465	防除颤 **BF 型应用部分**
11		417-5336 IEC 878-02-06	5465	防除颤 **CF 型应用部分**

注 1：符号 1 将在今后的 GB 5465(IEC 417)中介绍，1，2 和 3 号符号的含义将在 IEC 878 中修改。

注 2：符号 9 将在今后的 GB 5465(IEC 417)和 IEC 878 中介绍，10 和 11 号符号的含义将在 IEC 878 中修改。

附　录　E
（资料性附录）
绝缘路径的检验和试验电路
（见第 20 章）

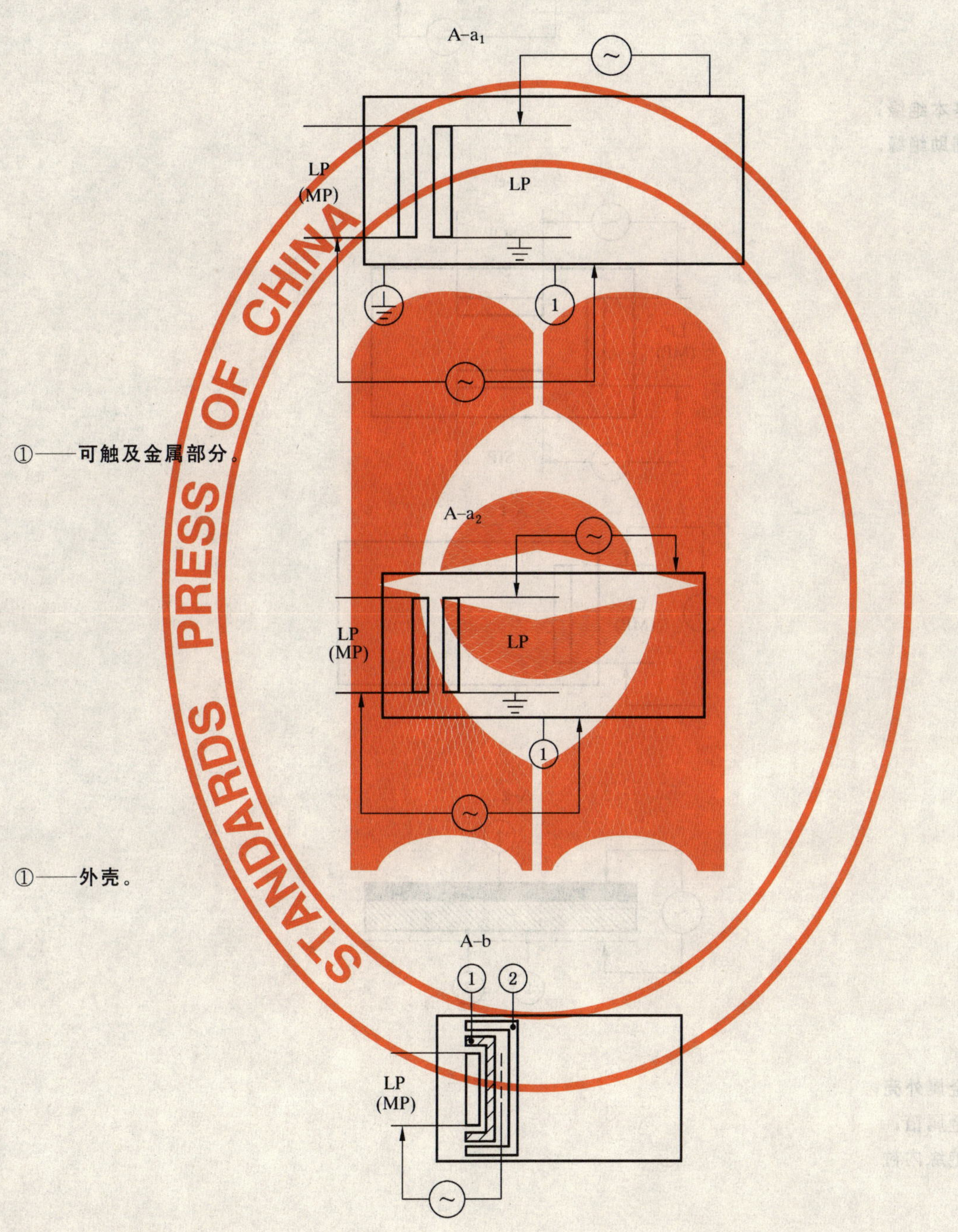

①——可触及金属部分。

①——外壳。

①——基本绝缘；

②——辅助绝缘。

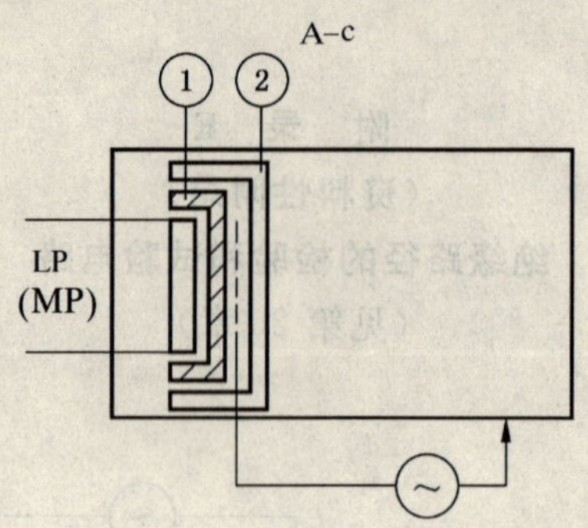

①——基本绝缘；

②——辅助绝缘。

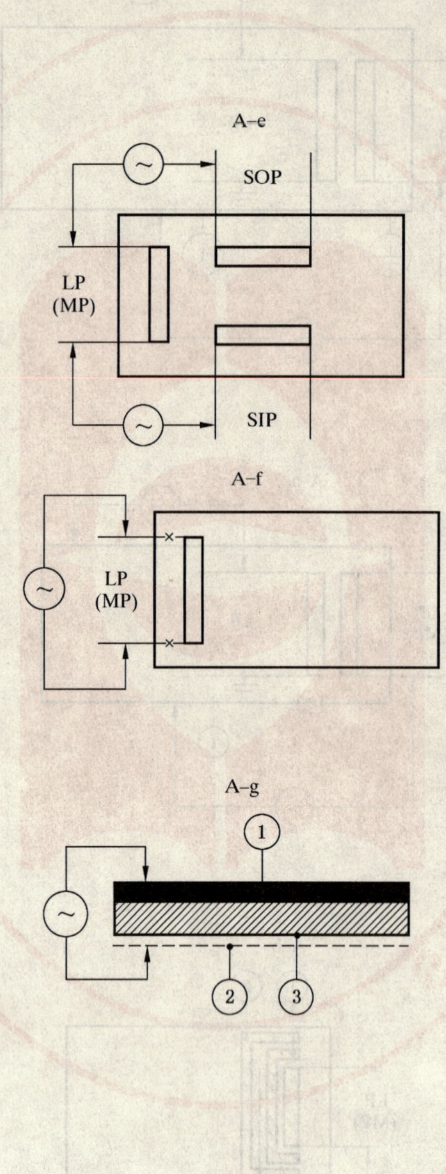

①——金属外壳；

②——金属箔；

③——绝缘内衬。

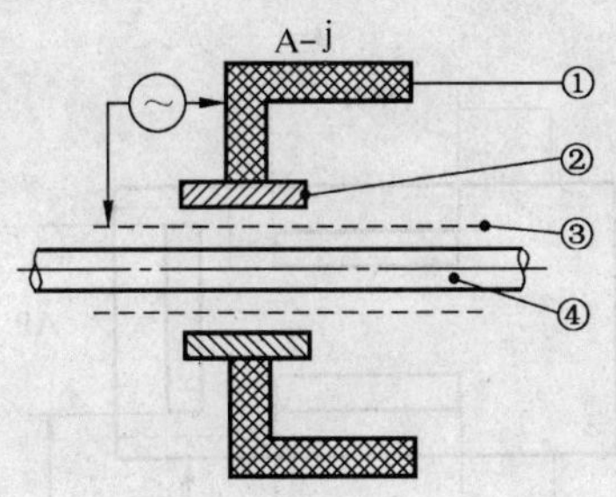

①——可触及部分；

②——套管；

③——金属箔；

④——电源软电线或金属杆。

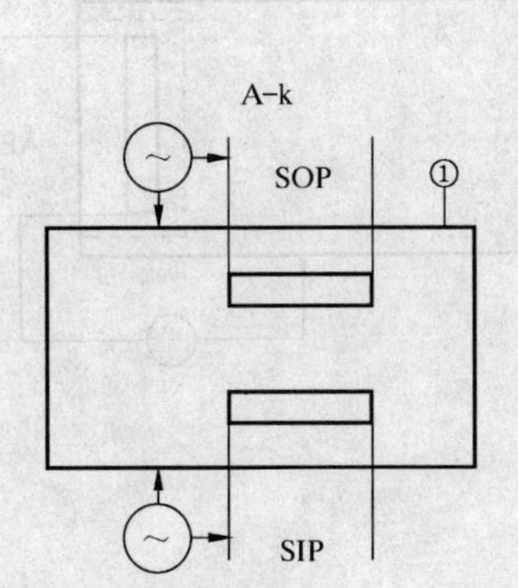

①——未保护接地的可触及部分。

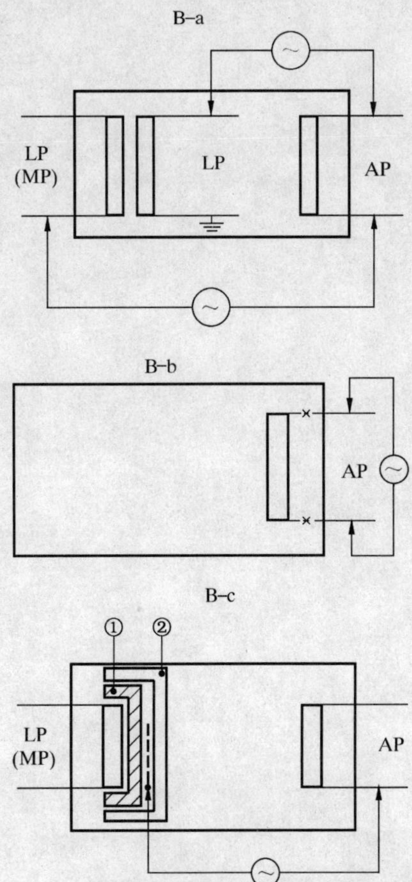

①——基本绝缘；

②——辅助绝缘。

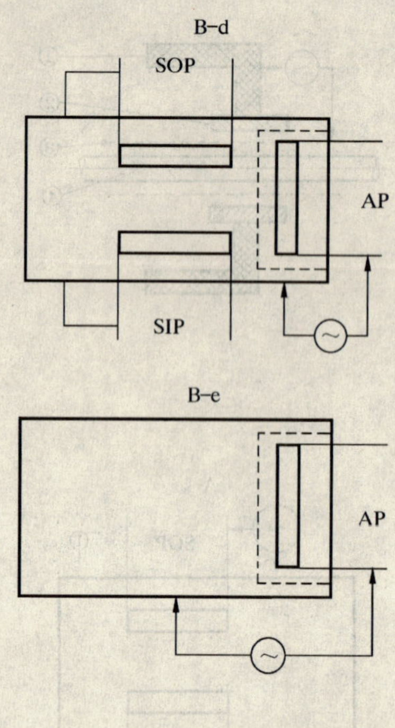

符号说明:

MP=网电源部分

SOP=信号输出部分

SIP=信号输入部分

AP=应用部分

LP=带电部分

×为测量目的而断开的电路

附　录　F
(资料性附录)
易燃混合气的试验装置
(见附录 A 中 A.1.6.3)

该试验装置包括一个点燃室和一个触点装置。点燃室容积至少为 250 cm^3,内装规定的气体或混合气,触点装置通过断开和闭合来产生火花(见图 F.1)。

触点装置由一带两个槽的镉盘和另一带四根 0.2 mm 直径钨丝的盘组成;第二盘在第一盘上滑动。钨丝的自由长度是 11 mm 。接有钨丝盘的轴以 80 r/min 的转速旋转。

连接镉盘的轴与连接钨丝盘的轴呈反向转动。

与钨丝相连的轴和另一根轴的转速比是 50 : 12。

这两根轴互相绝缘,并与设备机架绝缘。

点燃室应能承受 1.5 MPa 的内超压。

通过该触点装置,将受试电路闭合或断开,检查火花是否会点燃受试的气体或混合气。

尺寸单位为毫米

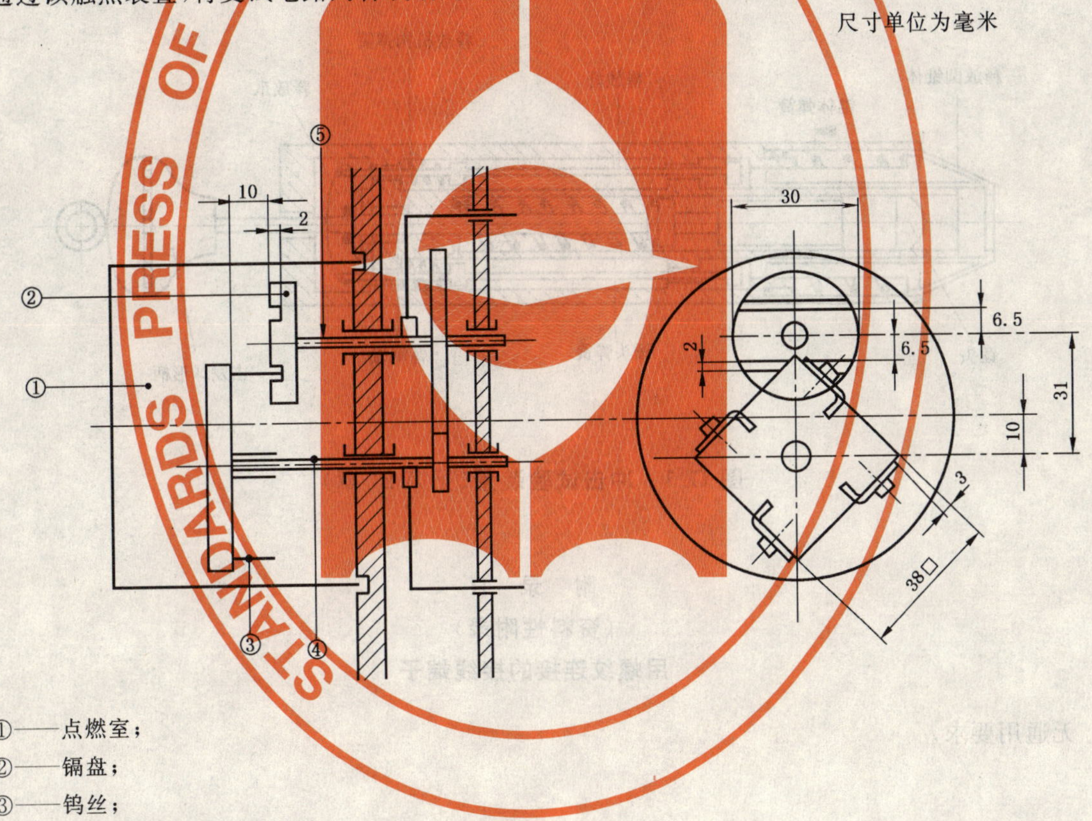

①——点燃室;

②——镉盘;

③——钨丝;

④——钨丝盘的轴;

⑤——带槽圆盘的轴。

图 F.1　试验装置

附 录 G
(规范性附录)
冲击试验装置

该试验装置(见图 G.1)有三大主要部分:主体,冲击件和带弹簧的释放圆锥体。

主体包括外壳、冲击件导向装置、释放机构和刚性固定在主体上的各部件。

主体组件的质量为 1 250 g。

冲击件包括锤头、锤柄轴和击发球形柄,这一套组件的质量是 250 g。用聚酰胺制的锤头呈半球形面,其半径为 10 mm,洛氏硬度为 HRC100;将锤头固定在锤柄轴上,要使锤头的顶端在冲击件即将释放时与圆锥体前端面相距 20 mm 。

圆锥体质量为 60 g,当释放爪正要释放冲击件时,锥体弹簧能施出 20 N 的力。

锥体弹簧被调节到使压缩的行程(以 mm 为单位)与施出的力(以 N 为单位)之乘积等于 1 000,而压缩行程约为 20 mm。这样调节后,冲击能量为 0.5 J±0.05 J 。

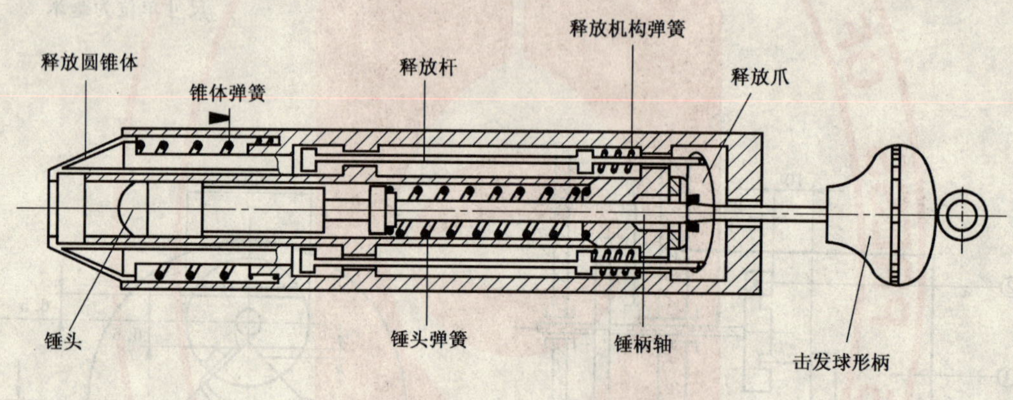

图 G.1 冲击试验装置(见第 21 章)

附 录 H
(资料性附录)
用螺纹连接的接线端子

无通用要求。

附 录 J
(资料性附录)
电源变压器

条文移至 57.9。

附　录　K
（规范性附录）
测量患者漏电流时应用部分连接示例
（见第 19 章）

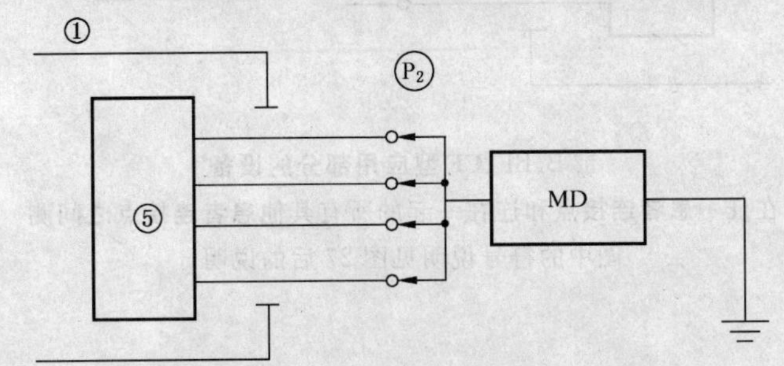

带 **B** 型应用部分的设备

从连在一起的所有**患者连接**线测

图中的符号说明见图 27 后的说明。

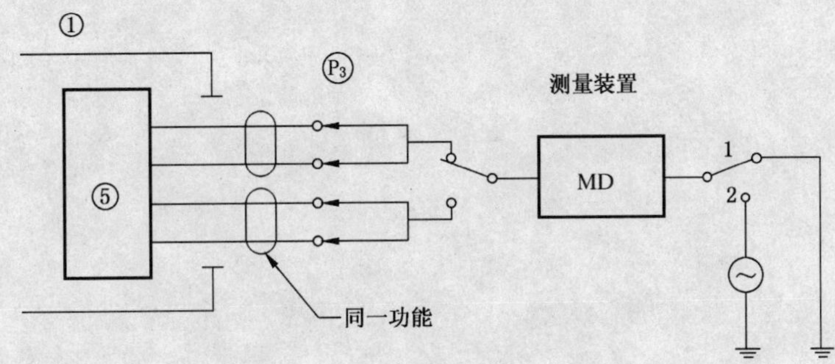

带 **BF** 型应用部分的设备

轮流地从**应用部分**的同一功能连在一起的所有**患者连接**线测

图中的符号说明见图 27 后的说明。

在 GB 9706.1—1988 中，本附录题名为“医用隔离变压器”，现已被删去，并以现在的附录来代替。

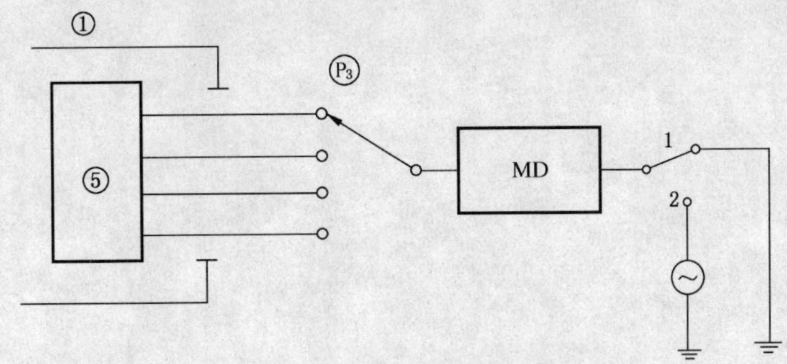

带 **CF** 型应用部分的设备

轮流地从每一**患者连接**线测

图中的符号说明见图 27 后的说明。

测量患者辅助电流时应用部分连接的示例（说明见图 27 后的说明）

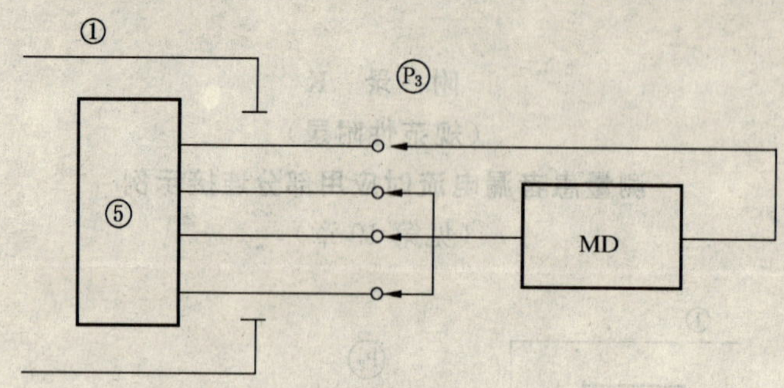

带 B、BF、**CF** 型应用部分的设备

在任一患者连接点和连在一起的所有其他患者连接点之间测

图中的符号说明见图 27 后的说明。

附 录 L
(规范性附录)
规范性引用文件

下列文件中的条款通过标准的引用而成为本部分的条款。凡是注日期的引用文件,其随后所有的修改单(不包括勘误的内容)或修订版均不适用于本部分,然而,鼓励根据本部分达成协议的各方研究是否可使用这些文件的最新版本。凡是不注日期的引用文件,其最新版本适用于本部分。

GB/T 191 包装储运图示标志(GB/T 191—2001,eqv ISO 780:1997)

GB/T 2423.2 电工电子产品环境试验 第2部分:试验方法 试验B:高温(GB/T 2423.2—2001,idt IEC 60068-2-2:1974)

GB/T 2439 硫化橡胶或热塑性橡胶 导电性能和耗散性能电阻率的测定(GB/T 2439—2001,idt ISO 1853:1998)

GB/T 2941 橡胶试样环境调节和试验的标准温度、湿度及时间(GB/T 2941—1991,eqv IEC 60471:1983)

GB 3100 国际单位制及其应用(GB 3100—1993,eqv ISO 1000:1992)

GB/T 3667.1 交流电动机电容器 第1部分:总则——性能、试验和定额——安全要求——安装和运行导则(GB/T 3667.1—2005,IEC 60252-1:2001,IDT)

GB 3836.5 爆炸性气体环境用电气设备 第5部分:正压外壳型"p"(GB 3836.5—2004,IEC 60079-2:2001,MOD)

GB 3836.6 爆炸性气体环境用电气设备 第6部分:油浸型"o"(GB 3836.6—2004,IEC 60079-6:1995,IDT)

GB 3836.7 爆炸性气体环境用电气设备 第7部分:充砂型"q"(GB 3836.7—2004,IEC 60079-5:1997,IDT)

GB/T 4205 人机界面(MMI)——操作规则(GB/T 4205—2003,IEC 60447:1993,IDT)

GB/T 4026 人机界面标志标识的基本方法和安全规则 设备端子和特定导体终端标识及字母数字系统的应用通则(GB/T 4026—2004,IEC 60445:1999,IDT)

GB 4208 外壳防护等级(IP代码)(GB 4208—1993,eqv IEC 529:1989)

GB 4706.1 家用和类似用途电器的安全 第一部分:通用要求(GB 4706.1—1998,idt IEC 60335-1:1988)

GB 5013.1 额定电压450/750 V及以下橡皮绝缘软电缆 第1部分:一般要求(GB 5013.1—1997,idt IEC 60245-1:1994)

GB 5023.1 额定电压450/750 V及以下聚氯乙烯绝缘电缆 第1部分:一般要求(GB 5023.1—1997,idt IEC 60227-1:1993)

GB/T 5465.2 电气设备用图形符号(GB/T 5465.2—1996,idt IEC 60417:1994)

GB 7144 气瓶颜色标记

GB 8898 音频、视频及类似电子设备 安全要求(GB 8898—2001,eqv IEC 60065:1998)

GB 9364 小型熔断器(IEC 127,IDT)

GB 9706.12 医用电气设备 第1部分:安全通用要求 并列标准 三、诊断X射线设备辐射防护通用要求(GB 9706.12—1997,idt IEC 601-1-3:1994)

GB 9706.15 医用电气设备 第1部分:安全通用要求 1.并列标准:医用电气系统安全专用要求(GB 9706.15—1999,idt IEC 601-1-1:1995)

GB/T 11020 测定固体电气绝缘材料暴露在引燃源后燃烧性能的试验方法(GB 11020—1989,

eqv IEC 60707:1981)

GB/T 11021 电气绝缘耐热性评定和分级(GB/T 11021—1989, eqv IEC 60085:1984)

GB/T 11210 硫化橡胶抗静电和导电制品电阻的测定(GB/T 11210—1989,eqv ISO 2878:1987)

GB/T 14472 电子设备用固定电容器 第 14 部分:分规范 抑制电源电磁干扰用固定电容器(GB/T 14472—1998,idt IEC 60384-14:1993)

GB 15092.1 器具开关 第 1 部分:通用要求(GB 15092.1—2003,IEC 61058-1:2000,IDT)

GB/T 16886.1 医疗器械生物学评价 第 1 部分:评价与试验(GB/T 16886.1—2001, idt ISO 10993-1:1997)

GB 16895.21 建筑物电气装置 第 4-41 部分:安全防护 电击防护(GB 16895.21—2004, IEC 60364-4-41:2001,IDT)

GB/T 16935.1 低压系统内设备的绝缘配合 第一部分:原理、要求和试验(GB/T 16935.1—1997 ,idt IEC 664-1:1992)

GB 17465.1 家用和类似用途的器具耦合器 第一部分:通用要求(GB 17465.1—1998, eqv IEC 60320-1:1994)

YY 0505 医用电气设备 第 1-2 部分:安全通用要求 并列标准:电磁兼容 要求和试验(YY 0505—2005,IEC 601-1-2:2001,IDT)

JB 3339 小型医用气瓶 针导轨式阀连接(ISO 407)

IEC 60241:1968 家用和类似用途的熔断器

IEC 60536:1976 电气和电子设备防电击保护划分的等级

IEC 60664:1980 低电压系统中电器设备绝缘配合的一般要求

IEC/TR 60878 医用电气设备用图形符号

IEC 60601-1-4 医用电气设备——第 1-4 部分:安全通用要求并列标准——可编程医用电气设备

ISO 8185:1997 医用加湿器——湿化系统的一般要求

ISO 2882:1979 硫化橡胶——医院用的抗静电和导电制品——极限电阻值

ICS 11.040.60
C 42

中华人民共和国国家标准

GB 9706.6—2007
代替 GB 9706.6—1992

医用电气设备
第二部分:微波治疗设备安全专用要求

Medical electrical equipment—
Part 2:Particular requirements for the safety of microwave therapy equipment

(IEC 60601-2-6:1984,MOD)

2007-07-02 发布　　2008-07-01 实施

中华人民共和国国家质量监督检验检疫总局
中国国家标准化管理委员会　发布

前 言

医用电气设备标准为系列标准，该系列标准主要有两大部分组成：

——第一部分：医用电气设备的安全通用要求；

——第二部分：医用电气设备的安全专用要求。

本专用标准修改采用国际电工委员会 IEC 60601-2-6:1984《医用电气设备——第 2 部分：微波治疗设备安全专用要求》。修改的主要内容包括以下两个方面，并在文中用竖线标识：

——51.2 微波治疗设备的额定输出功率不得超过 250 W。增加了“在治疗部位有温控装置的设备不受限制”。

——51.4 若辐射器是直接接触面积为 20 cm^2 或更小，其微波功率不得超过 25 W。增加了“用于组织凝固的设备不受此限制”。

本专用标准代替 GB 9706.6—1992《医用电气设备　微波治疗设备安全专用要求》。

本专用标准修改和补充了 GB 9706.1—1995《医用电气设备　第一部分：安全通用要求》（以下简称通用标准）。本专用标准在应用中应该与 GB 9706.1—1995《医用电气设备　第一部分：安全通用要求》配套一起使用。

本专用标准的要求应优先于通用标准的要求。

本专用标准的章条的编号与通用标准中的一致。

对通用标准增加的章条从 101 开始编号。增加的附录冠以大写字母 AA、BB 等。而增加的条目冠以小写字母 aa）、bb）等。

有相应原理陈述的条，在条号后做标记“*”。

本专用标准第 36 章电磁兼容性与 YY 0505—2005《医用电气设备　第 1-2 部分：安全通用要求并列标准　电磁兼容　要求和试验》同期实施。

本专用标准的附录 B 为规范性附录；本专用标准的附录 L，附录 AA 均为资料性附录。

本专用标准由国家食品药品监督管理局提出。

本专用标准由全国医用电器标准化技术委员会归口。

本专用标准由国家食品药品监督管理局天津医疗器械质量监督检验中心起草。

本专用标准主要起草人：吴刚、段传英、杨国涓、杨健、韩漠。

医用电气设备
第二部分:微波治疗设备安全专用要求

第一篇 概 述

GB 9706 的本部分修改采用了国际电工委员会 IEC 601-2-6:1984《医用电气设备——第 2 部分:微波治疗设备安全专用要求》。

1 适用范围和目的

除下列内容外《通用标准》的本章适用。

1.1 适用范围

增加:

本专用标准规定了 2.1.101 所定义的微波治疗设备(以下简称设备)的安全专用要求。

本专用标准不适用于发热用的设备。

2 术语和定义

除下列内容外,《通用标准》的本章适用。

2.1.5*

应用部分 applied part

增加:

辐射器的可触及部分以及与其相连接电缆或波导管和它们的连接器。

增加定义:

2.1.101

微波治疗设备 microwave therapy equipment

利用工作频率 0.3 GHz～30 GHz 的微波辐射能量治疗疾病的设备。

2.1.102

辐射器 radiator

辐射器是有方向性的天线。例如,带有反射器的双电极、偶极子、喇叭天线或单极振子等用于对患者局部施加微波能。

2.1.103

体模 phantom

用于测试模拟患者的模型装置。

2.12.101

额定输出功率 rated output power

至少为 1 s 平均所得的馈入匹配负载的最大功率值。

2.12.102

无用辐射 unwanted radiation

辐射到患者身上及空间中非治疗用的微波能量。

2.12.103

匹配负载 matchedload

通常分为 50 Ω 和 75 Ω 匹配负载,当它代替辐射器时,使辐射器连接电缆或波导管中的电压驻波比不超过 1.5。

3 通用要求

《通用标准》中的本章适用。

4 试验的通用要求

除下列内容外,《通用标准》中的本章适用。

4.1 试验

增加:

b) 增加的例行试验:见附录 B。

5 分类

除下列内容外,《通用标准》的本章适用。

5.1* 按防电击类部分:

修正

删除Ⅲ设备。

5.6* 按工作制分:

修正

除连续运行均删除。

6 识别、标记和文件

除下列内容外,《通用标准》的本章均适用。

6.1* 设备的外部标记

p) 输出

替代:

——额定输出功率用瓦特;

——匹配负载阻抗用欧姆;

——工作频率用兆赫或千兆赫。

q) 生理反应(符号和警告性说明)

替代:

通用标准附录 D 表 D.2 的符号 8(无电离作用的)适用于所有满足下述条件的调节孔盖。按 31.2 测量时,这种调节孔盖的移动会导致辐射微波功率密度超过 10 mW/cm^2。

观察所有调节孔盖,检查符号是否合格。没有标记的调节孔盖,应按 31.2 中规定移动调节孔盖进行测试。

6.2* 设备或设备部件的内部标记

增加项:

aa) 在 6.1q)中规定的符号,适用于所有内部的调节孔盖,这种调节孔盖的移动会导致不能达到 31.2 的要求。

假如调节孔盖不用上述的符号标记,也不用任何不带有这些符号的外部调节孔盖,那么应按 31.2 中规定的试验移动这些内部调节孔盖来检查是否符合要求。

bb) 当调整或更换某部件时,若操作不当,会导致设备发生故障,在靠近这些部件的地方和接近它们的面板上的调节孔旁边,要标上通用标准附录 D 表 D.1 中的符号 14(参阅随机文件)。

通过观察来检查是否符合要求。

6.8.2* **使用说明书**

增加项：

aa） 使用说明书应包含下列说明和资料：

a） 具体治疗时，辐射器的放置，应使人体其他部分受辐射量减少到最小。

b） 告诫放置辐射器时，应关闭输出功率开关。

c） 告诫不可将辐射器直接朝着眼睛或睾丸。

d） 建议必要时，要向病人提供微波保护眼镜。

e） 告诫靠近病人的导体或导电材料，可能会引起的危险：不能对佩戴金属手饰或衣服上有金属物（如金属钮扣、金属夹子或金属丝）的人施用微波能。患者体内等部分有金属植入物（如骨髓上的插钉），除非有专门医嘱，一般不可以治疗。助听器应从病人身上取走。植入心脏起搏器或心脏电极的病人不能接受微波治疗，也不能靠近设备工作的地方。

f） 对人体的小区域和腕关节治疗时，要确认辐射器的放置应使敏感器官（眼睛、睾丸）不在接受治疗部分或在将辐射挡住的范围。

g） 关于根据治疗人体不同部位和具体辐射器所允许的最大功率推荐辐射器型号和尺寸的资料。

h） 制造厂商应规定不受治疗的人远离辐射器的安全距离。

i） 使用者应特别注意仔细使用辐射器，因为操作不当会改变辐射器的定向特性。

j） 告诫对于其接受治疗部位热敏感性差的患者，通常不应用微波治疗。

6.8.3 **技术说明书**

增加：

应采用 6.1q）和 6.2 要求的警告符号。在随机提供的技术说明书中，应提供有关这些警告符号的说明。

7 输入功率

应用《通用要求》这章时按 50.2 所规定的要求操作设备。

第二篇 安全要求

《通用要求》的第 8 章～第 12 章均适用。

第三篇 对电击危险的防护

13 概述

《通用标准》的本章适用。

14 有关分类的要求

除下列内容外，《通用标准》的本章均适用。

14.3 Ⅲ类设备：不适用。

14.4 微波设备不是Ⅲ类设备。

15 电压和（或）电流的限制

《通用标准》的本章适用。

16 外壳和防护罩

除下列内容外，《通用标准》的本章均适用。

a） 设备必须制造和封闭得能防止与带电部分和在单一故障状态下可能带电的部分接触。

增加：

就本条需要而言，带电部分包括那些在工作频率上带电的部分。

《通用标准》的第 17 章和第 18 章均适用。

19* 连续漏电流和患者辅助电流

除下列内容外，《通用标准》的本章均适用。

当按下述规定试验时，流经应用部分的可触及部分的患者漏电流不得超过在《通用标准》的表 4 中给定的极限。

测定患者漏电流来检查是否符合要求，测试应在无微波振荡，只存在直流电和低频电压的条件下进行。

20 电介质强度

《通用标准》的本章均适用。

第四篇 对机械危险的防护

《通用标准》的第 21 章～第 28 章均适用。

第五篇 对不需要的或过量的辐射危险的防护

29 X 射线辐射

《通用标准》的本章均适用。

30 α、β、γ、中子辐射和其他粒子辐射

《通用标准》的本章不适用。

31 微波辐射

除下列内容外，《通用标准》的本章均适用。

替代：

31.1* 当按下述方法测试时（见图 101），在辐射器正前方前 1 m 以及后 25 cm 内，无用辐射的密度不超过 10 mW/cm^2。

用下述方法检查是否合格。

设备首先在匹配负载下工作，输出调到 100 W 或各辐射器额定输出功率上，两者取较小的。在这个功率级上，用各个辐射器依次替换匹配负载。

按照制造商对相应辐射器规定的距体模最大距离的位置上，测量无用辐射的功率密度。测量用的体模是一个由低损耗材料（聚丙烯）制成的圆柱体形的容器，其直径为 20 cm，高 50 cm，内充有 9 g/L 的氯化钠（NaCl）溶液。

31.2* 当按下述方法测试时，来自设备外壳的微波辐射泄漏不得超过 10 mW/cm^2。

用下述测试检查是否符合要求：

设备是被连接在一个屏蔽的匹配负载上，并且工作在额定输出功率状态，在距外表面 5 cm 的任意点测量微波功率密度。

31.3 对于旨在传送给病人的微波功率的极限，见 51.2。

《通用标准》的第 32 章～第 35 章均适用。

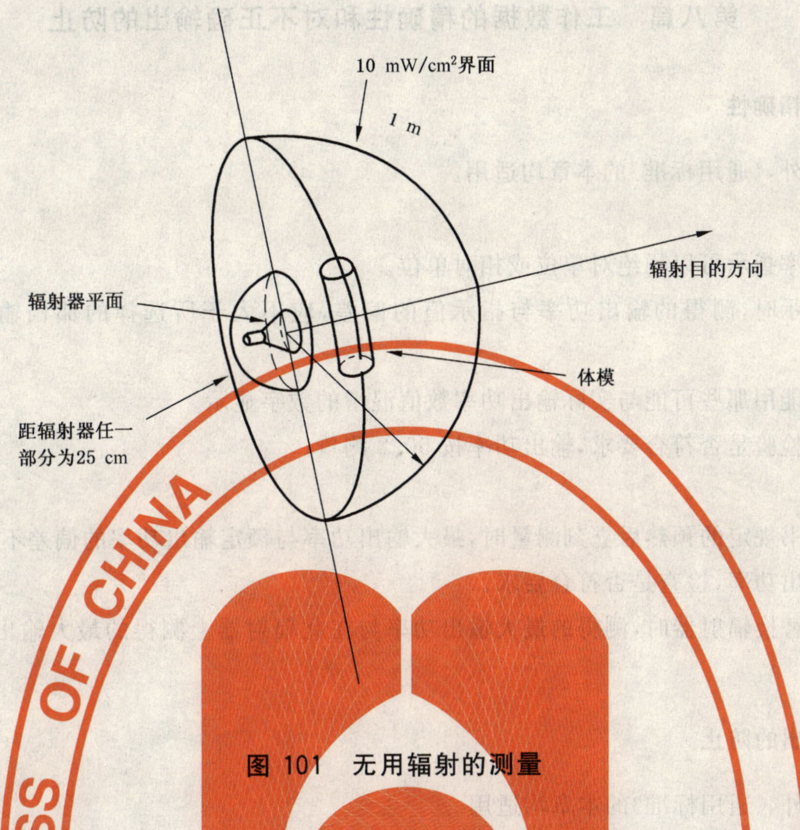

图 101 无用辐射的测量

36* 电磁兼容性

除下列内容外,《通用标准》的本章均适用。

替代:

设备应遵守 CISPR 第 11 号出版物《工业、科学和医疗射频设备无线电干扰特性的测量方法及允许值》的规定(外科手术透热设备除外)。

用下述测试检查是否符合要求:

设备的各个辐射器在所有适合该辐射器的工作模式下工作,并且工作在额定输出功率状态。例如有可利用的脉冲输出。31.1 中规定的无用辐射,辐射器距体模的最小和最大距离由制造商规定。测试要求的这些条件在 CISPR 第 11 号出版物中已有规定。

第六篇 对医用房间内爆炸危险的防护

《通用标准》的第 37 章～第 41 章均适用。

第七篇 对超温失火及其他危险(如人为差错)的防护

42* 超温

除下列内容外,《通用标准》的本章均适用。

42.4

3) 负载持续率

增加:

微波设备应按《通用标准》中对连续工作设备规定的条件和本部分 50.2 的规定测试。

《通用标准》的第 43 章～第 49 章均适用。

第八篇　工作数据的精确性和对不正确输出的防止

50　工作数据的精确性

除下列内容外，《通用标准》的本章均适用。

50.1*　替代：

任何输出功率指示可以用绝对单位或相对单位。

采用绝对指示时，测得的输出功率与指示值的偏差，应不大于所选择的那档输出功率最大值的±30%。

相对指示不能用那些可能与实际输出功率数值混淆的数字显示。

通过检查来检验是否符合要求，输出功率按50.2测量。

50.2*　替代：

在使用说明书规定的预热后立刻测量时，最大输出功率与额定输出功率的偏差不得超过±30%。

通过测量输出功率，检查是否符合要求。

用匹配负载替换辐射器时，测得的最大输出功率与在此辐射器上测得的最大输出功率的偏差不得超过±10%。

51　对不正确输出的防止

除下列内容外，《通用标准》的本章均适用。

51.2*　替代：

微波治疗设备的额定输出功率不得超过250 W。

在治疗部位有温控装置的设备不受限制。

比较额定输出功率与规定的极限值，检查是否符合要求。

51.4*　替代：

若辐射器是直接接触面积为20 cm^2 或更小，其微波功率不得超过25 W，用于组织凝固的设备不受限制。

按50.2测量接触面积和功率以检查是否符合要求。

增加条款：

51.101*　设备应装有输出控制装置，能使功率输出减少到等于或小于最大输出功率的20%或者减少到20 W，两者取较小的。

按50.2测量输出功率来检查是否符合要求。

51.102*　除非先将输出控制置于最小的位置，否则设备不能有输出。

在电网电源中断或复位以后，这个要求被满足。

观察和测试性能，检查是否符合要求。

51.103*　设备应配备有可调定时器，当到达预定工作时间后，立即停止输出。定时器的调整范围不超过30 min，精度不超过±1 min。

观察并测试性能和工作时间，检查是否符合要求。

第九篇　故障状态造成过热和(或)机械损害及环境试验

《通用标准》的第52章～第53章均适用。

第十篇 结构要求

54 概述

《通用标准》的本章均适用。

55[*] 外壳和罩盖

除下列内容外,《通用标准》的本章均适用。

附加条款:

55.101 启动后可能导致设备达不到31.2要求的调节孔盖或外罩应是只能用工具才能打开的。

观察检查是否符合要求。

《通用标准》的第56章～第59章均适用。

附　录

《通用标准》的附录 A 不适用。

《通用标准》的附录 C 到附录 J 都适用。

《通用标准》的附录 K 不适用。

附　录　B
制造和(或)安装时的试验

除下列内容外,《通用标准》的附录 B 适用。

附加的例行试验:

1. 测量连接匹配负载的设备的工作频率。
2. 按 50.2 中的规定检查额定输出功率。
3. 在该专用标准第 19 章中规定的条件下,测量患者漏电流。

附 录 L
（资料性附录）
本部分与 IEC 60601-2-6：1984 技术性差异及其原因

表 L.1 本部分与 IEC 60601-2-6：1984 技术性差异及其原因

本标准的章节编号	技术性差异	原 因
51.2	增加了“在治疗部位有温控装置的设备不受限制”。	以适合我国的国情
51.4	增加了“用于组织凝固的设备不受此限制”。	以适合我国的国情

附　录　AA
（资料性附录）
基本原理

本附录提供了本部分中的重要要求的简要原理，并且旨在提供给那些熟悉标准的主题，但未参与本部分制定的人员，而对主要要求的理解，被认为对标准正确应用是必不可少的。此外，随着临床实践和技术的改进，对现行要求基本原理的说明，相信对便利任何修订都是必要的。

AA.2.1.5　应用部分

本定义包括在患者正常使用期间可能接触到所有绝缘外表面和导电部分。它不包括输出电路。

AA.5　分类

AA.5.1　删除Ⅲ类设备，在微波设备中高电压比特低电压经常使用。

AA.5.6　它是考虑到所有的微波设备适宜连续操作，与配备的定时器的最大设置无关。

AA.6.1　设备的外部标记

本条 q)标记的目的是保护使用者和维修者免受无用辐射。

AA.6.2　设备或设备部件的内部标记

在设备维护和修理期间任何对无用辐射的防护和抑制射频干扰的措施都不能降低。

AA.6.8.2　使用说明书

在说明中获得运转微波设备的特殊要求以取得最佳的疗效，因此操作规程中需要包含许多对安全的重要防范措施。

AA.19　连续漏电流和患者辅助电流

因为存在于高频电流里的一些小低频漏电流很不容易测得，所以高频发生器在试验中应停止工作。

AA.31.1　无用辐射

无用辐射的限制要求和辐射器周围的安全区域必须详细说明。试验用功率不超过 100 W，因为多数治疗使用功率不超过 100 W。

在正常使用时操作者是不连续受到微波辐射的，仅仅是在短时间接近设备。此外说明书使用注意事项中告诫操作者应距离辐射器 1.5 m 以外。

为病人和辐射器配备了中断开关。

在这些条件下所规定的要求对于安全是足够的。

AA.31.2　辐射泄漏

规定的测试距离对于安全是足够的，它是在使用设备的习惯中获得的。见 AA.31.1。

AA.36　电磁兼容性

正常使用时设备必须遵守 CISPR 第 11 号所有条件下的有关要求。对于辐射器释放到空间的辐射(如果没有屏蔽)在正常使用时是不考虑的并因此把它排除在外。

AA.42　超温

基本原理见 5.6。

AA.50　工作数据的准确性

AA.50.1　以前射频输出功率习惯上主要依靠患者主观上的反应，这个要求是从安全性考虑的。

AA.50.2　精度±30％的规定是从安全性和微波功率测量中固有的误差来考虑的。

AA.51 对不正确输出的防护

AA.51.2 可能的危险往往是由于输出功率的增加。这个规定限值是考虑了满足所有正常治疗的需要。

AA.51.4 功率应用密度的限制对小型辐射器来考虑是明智的。

AA.51.101 对患者使用低功率进行治疗是适用于所有设备的。

AA.51.102 为了防止患者的生命受到意外的大功率，这个安全要求是起重要作用的。

AA.51.103 微波治疗经常是在无人连续监控情况下工作的，因此一个定时开关是基本需要。

AA.55 外壳和罩盖

那些用来防护无用辐射的重要部分应是使用工具才能打开的。

ICS 71.040.30
G 60

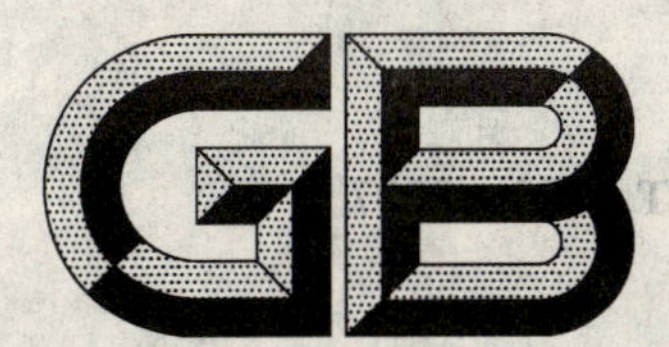

中华人民共和国国家标准

GB/T 9723—2007
代替 GB/T 9723—1988

化学试剂 火焰原子吸收光谱法通则

Chemical reagent—
General rule for flame atomic absorption spectrometric analysis

2007-09-26 发布　　　　2008-04-01 实施

中华人民共和国国家质量监督检验检疫总局
中国国家标准化管理委员会　发布

前言

本标准代替 GB/T 9723—1988《化学试剂 火焰原子吸收光谱法通则》。

本标准与 GB/T 9723—1988 相比主要变化如下：

——增加了规范性引用文件(本版的第 2 章)；

——增加了术语和定义一章(本版的第 3 章)；

——修改了试剂和材料(1988 年版的第 4 章，本版的第 5 章)；

——补充了仪器一章的有关内容(1988 年版的第 5 章，本版的第 6 章)；

——修改了测定一章中的有关内容，并取消了其中的基体配制法(1988 年版的第 6 章，本版的第 7 章)；

——修改了精密度一章(1988 年版的第 7 章，本版的第 8 章)；

——修改了安全事项一章(1988 年版的第 8 章，本版的第 9 章)；

——修改了附录 C 。

本标准的附录 A 和附录 B 为规范性附录，附录 C 为资料性附录。

本标准由中国石油和化学工业协会提出。

本标准由全国化学标准化技术委员会化学试剂分会(SAC/TC 63/SC 3)归口。

本标准起草单位：上海化学试剂研究所。

本标准主要起草人：盛晓华、隋琦颖。

本标准于 1988 年首次发布。

化学试剂
火焰原子吸收光谱法通则

1 范围

本标准规定了化学试剂火焰(乙炔-空气)原子吸收光谱法对仪器的要求和测定方法。

本标准适用于化学试剂中部分微量杂质元素的测定。

2 规范性引用文件

下列文件中的条款通过本标准的引用而成为本标准的条款。凡是注日期的引用文件,其随后所有的修改单(不包括勘误的内容)或修订版均不适用于本标准,然而,鼓励根据本标准达成协议的各方研究是否可使用这些文件的最新版本。凡是不注日期的引用文件,其最新版本适用于本标准。

GB/T 602 化学试剂 杂质测定用标准溶液的制备(GB/T 602—2002,ISO 6353-1:1982,NEQ)

GB/T 603 化学试剂 试验方法中所用制剂及制品的制备(GB/T 603—2002,ISO 6353-1:1982,NEQ)

GB/T 4470 火焰发射、原子吸收和原子荧光光谱分析法术语(GB/T 4470—1998,idt ISO 6955:1982)

GB/T 6682 分析实验室用水规格和试验方法(GB/T 6682—1992, neq ISO 3696:1987)

JJG 694 原子吸收分光光度计检定规程

3 术语和定义

GB/T 4470 确立的以及下列术语和定义适用于本标准。

3.1

火焰原子吸收光谱法 flame atomic absorption spectrometry

用火焰将欲分析试样中待测元素转变为自由原子,通过测量蒸气相中该元素的基态原子对特征电磁辐射的吸收,以确定化学元素含量的方法。

4 方法原理

从光源辐射出待测元素的特征波长的光,通过火焰原子化系统产生的样品蒸气时,被蒸气中待测元素的基态原子吸收,在一定的试验条件下,吸光度(A)的大小与样品中待测元素的浓度关系符合光吸收定律,见式(1):

$$A = \log\Phi_0/\Phi_{tr} = K \cdot L \cdot c \quad \cdots\cdots (1)$$

式中:

Φ_0——入射光通量;

Φ_{tr}——透射光通量;

K——吸收系数,在一定的试验条件下为常数;

L——吸收程长度;

c——待测元素的浓度。

当吸收光程的长度 L 与吸收系数 K 一定时,吸光度 A 与待测元素的浓度 c 成正比。利用此定律可进行定量分析。

5 试剂和材料

本标准除另有规定外，所用标准溶液、制剂及制品，均按 GB/T 602、GB/T 603 的规定制备，实验用水应符合 GB/T 6682 中二级水规格，燃气应使用高纯气体。

6 仪器

6.1 一般规定

原子吸收光谱仪应符合 JJG 694 的规定。

6.2 仪器组成

原子吸收光谱仪主要由光源系统、原子化系统、分光系统、检测系统等四部分组成，另有背景校正系统和进样系统等。

6.2.1 光源系统

光源为空心阴极灯。

6.2.2 原子化系统

原子化系统为火焰原子化系统，由雾化器、雾化室和燃烧器组成。

要求各组件能耐腐蚀，噪声小，性能稳定，有安全泄压装置，废液排放流畅。

6.2.3 分光系统

分光系统由分光元件、入射和出射狭缝及若干块反射镜组成。波长范围一般为 190 nm～900 nm。

6.2.4 检测系统

检测系统由检测器、信号处理器及指示记录器组成。

7 测定

7.1 测定条件的选择

7.1.1 光源灯电流

在整机有足够稳定性的前提下，应选用较小的灯电流。

7.1.2 燃烧器高度

调节燃烧器，使光源辐射出的光通过火焰中基态原子浓度较大的部分。

7.1.3 火焰类型

根据样品及待测元素的性质，可选用氧化性火焰或还原性火焰。

7.1.4 通带宽度

使共振线和非共振线分开。在保证能量足够的前提下，选择尽可能窄的通带宽度。一般对谱线简单的元素可使用较宽的通带，谱线复杂的元素可使用较窄的通带。同时注意入射光通量不能太弱。

7.1.5 待测元素的特征浓度及检出限

待测元素的特征浓度及检出限的测定见附录 A。

7.1.6 非特征衰减(背景吸收)

在测定高浓度基体的溶液时，有时会产生非特征衰减(背景吸收)，由于背景吸收的吸光度与原子吸收的吸光度叠加，造成分析误差。非特征衰减(背景吸收)的检定和校正方法见附录 B。

7.1.7 其他干扰

减少或消除样品中共存物对待测元素的干扰的方法参见附录 C。

7.2 测定方法

根据样品和仪器的特点，采取直接、稀释或预富集制成试液进行测定。

7.2.1 工作曲线法

按产品标准的规定，制备试样溶液、空白实验溶液及四至五个质量浓度成比例的标准溶液，以水或溶剂调零，在规定的仪器条件下，分别测定其吸光度。以标准溶液质量浓度(ρ)为横坐标，相应的吸光度(A)为纵坐标，绘制标准工作曲线。在标准工作曲线上查出试样溶液中待测元素的质量浓度(见图1)。待测元素的质量浓度应在工作曲线范围内，并尽量位于工作曲线的中部。待测元素的质量浓度也可根据测定的吸光度用回归方程法计算。

此方法适用于主体无干扰情况下的测定。

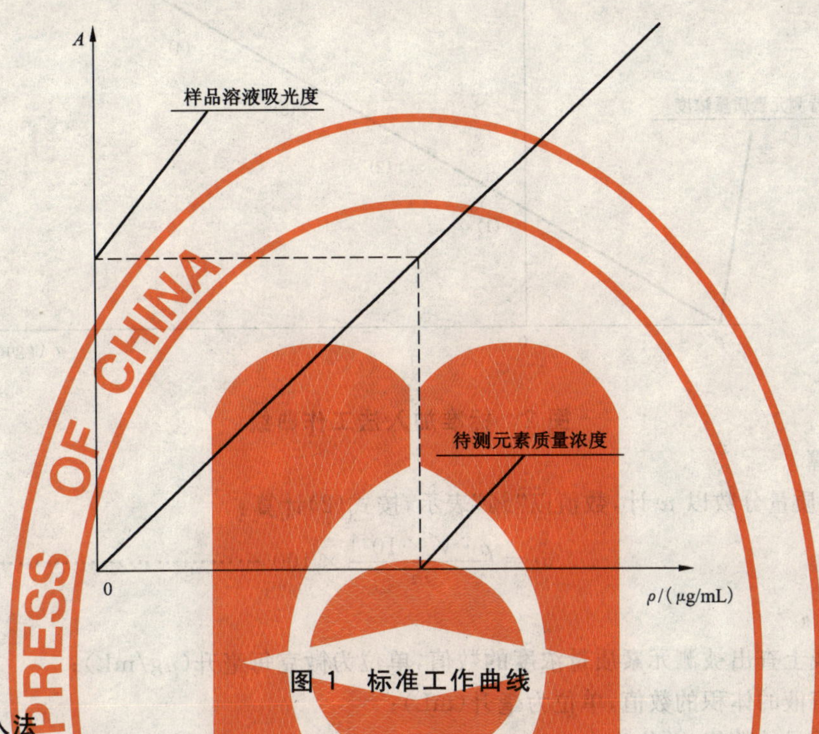

图1 标准工作曲线

7.2.2 标准加入法

按产品标准的规定制备试液。量取相同体积的上述试液，共四份。第(1)份不加标准溶液，第(2)、(3)、(4)份分别加入成比例的标准溶液，均用水或溶剂稀释至100 mL。以空白溶液调零，在规定的仪器条件下，分别测定其吸光度。以加入标准溶液的质量浓度为横坐标，相应的吸光度为纵坐标，绘制曲线，将曲线反向延长与横轴相交，交点(ρ)即为待测元素的质量浓度(见图2)。待测元素在所测的质量浓度范围内应与吸光度成线性关系。待测元素标准加入的质量浓度应和样品稀释后待测元素规格点的质量浓度相当，且处于第(2)份和第(4)份范围内。待测元素的质量浓度也可根据测定的吸光度用回归方程法计算。

此方法适用于主体干扰不大时的测定，但不能消除非特征性衰减引起的干扰。

在制定产品检验标准时，加入规格点的标准溶液的量应在第(2)份或第(3)份标准溶液中。在满足样品检测要求的情况下，根据测定条件下的灵敏度来选择标准的加入量，使标准加入的量既不过高而落入标准曲线的非线性范围；又不太低而造成较大的测定误差，最终在第(2)份标准溶液中加入待测元素的量接近该元素检出限的20倍。

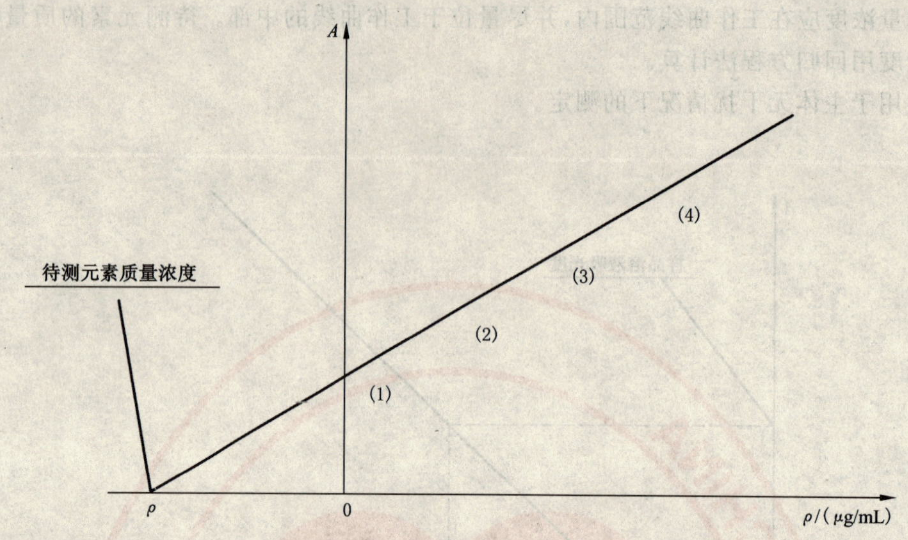

图 2　标准加入法工作曲线

7.2.3　结果计算

待测元素的质量分数以 w 计，数值以“%”表示，按式(2)计算：

$$w=\frac{\rho\cdot V\times10^{-6}}{m}\times100 \qquad (2)$$

式中：

ρ——由曲线上查出被测元素质量浓度的数值，单位为微克每毫升(μg/mL)；

V——样品溶液的体积的数值，单位为毫升(mL)；

m——样品质量的数值，单位为克(g)。

8　精密度

一般在测定次数不少于 11 次的情况下，相对标准偏差应不大于 5%。在制定产品标准时，应符合精密度的要求。

9　安全事项

9.1　仪器的燃烧器上方必须安装排风装置。

9.2　两种气源与仪器间的距离应符合仪器安装的要求。应经常检查管道，防止气体泄漏，并严格遵守有关操作规定。

附　录　A
（规范性附录）
特征浓度和检出限的测定方法

A.1　特征浓度

配制一待测元素的标准溶液，其质量浓度应在线性范围内，调节仪器至最佳条件，测定标准溶液的吸光度。

特征浓度以 ρ_c 计，数值以微克每毫升（μg/mL）表示，按式（A.1）计算：

$$\rho_c = \frac{0.004\,4 \times \rho}{A} \qquad \text{(A.1)}$$

式中：

ρ——标准溶液的质量浓度的数值，单位为微克每毫升（μg/mL）；

A——标准溶液的吸光度。

A.2　检出限

配制一待测元素的标准溶液 A，使其吸光度在仪器最佳条件下为 0.003 左右，在上述条件下，点火，吸入水，燃烧 2 min～3 min 以达到热平衡状态，调节读数装置（检流计、数字显示器或记录器）的基线（或零点）至最平稳。然后交替读取水和标准溶液的吸光度各 10 次以上，由此计算出标准偏差。

另配制一待测元素的标准溶液 B，并使其溶液的吸光度为 0.1 左右，在上述测定条件下，测定标准溶液 B 的吸光度。

检出限以 D 计，数值以微克每毫升（μg/mL）表示，按式（A.2）计算：

$$D = \frac{\rho \cdot 2S}{A} \qquad \text{(A.2)}$$

式中：

ρ——标准溶液 B 的质量浓度的数值，单位为微克每毫升（μg/mL）；

A——标准溶液 B 的吸光度；

S——标准偏差。

标准偏差 S，按式（A.3）计算：

$$S = \sqrt{\frac{\Sigma(x_i - \overline{X})^2}{n-1}} \qquad \text{(A.3)}$$

式中：

x_i——每次测定时标准溶液 A 吸光度与水吸光度的差值；

$\overline{X}$——n 次测定吸光度差值的平均值；

n——测定次数的数值。

附 录 B
（规范性附录）
非特征衰减（背景吸收）的检定和校正方法

B.1 检定方法

B.1.1 连续光谱灯检定方法

在待测元素的特征波长处，保持通带及仪器其他条件不变，用连续光谱灯代替空心阴极灯作光源，测定样品溶液的吸光度。如产生明显的吸收，表明存在非特征衰减。连续光谱灯可用氘灯（紫外区）或钨丝灯（可见区）。

B.1.2 非吸收线的检定方法

在待测元素特征波长邻近选择一非吸收线，保持仪器条件不变（可适当改变灯电流）的情况下，测定样品溶液的吸光度。如产生明显的吸收，表明存在非特征衰减。非吸收线可以是待测元素的谱线，待测元素的非吸收线见表 B.1；也可以是其他元素的谱线，其他元素的非吸收线见表 B.2。

表 B.1

单位为纳米

被测元素	共振吸收波长	非吸收线波长
		被测元素本身的非吸收线
Cd	228.8	226.5
Co	240.7	238.3
Cu	324.7	296.1
Fe	248.3	251.1
Mg	285.2	281.7
Mn	279.5	257.6
Ni	232.0	231.6
Pb	217.0	220.4
	283.3	282.0
Sb	217.5	215.2
Se	196.0	198.1
V	318.4	319.6
Zn	213.9	210.4

表 B.2

单位为纳米

被测元素	共振吸收波长	非吸收线波长	
		其他元素的非吸收线	
Zn	213.9	Cu	213.6
		Tl	214.3
		Sb	217.6
Pb	217.0	Sb	217.6
	283.3	Cr	283.5
			283.9
Pd	247.6	Fe	247.3
Mg	285.2	Sn	286.3
Cu	324.7	In	325.6
Cd	228.8	Bi	227.7
	326.1	In	325.6

B.1.3 基体溶液检定方法

配制一个基体溶液，使其质量浓度与样品溶液质量浓度相同，在测定样品溶液的条件下，测定基体溶液的吸光度。如有明显的吸收，表明存在非特征衰减。

B.2 校正方法

B.2.1 在B.1.1情况下，从空心阴极灯测得的样品溶液吸光度减去连续光谱灯测得的样品溶液吸光度，其差值即为真实的原子吸光度。若仪器装有适当的光源，可以进行自动校正。

B.2.2 在B.1.2情况下，在待测元素的特征波长处测得的样品溶液吸光度减去其邻近非吸收线处测得的样品溶液吸光度，其差值即为真实的原子吸光度。

B.2.3 在B.1.3情况下，从样品溶液的吸光度减去基体溶液的吸光度，其差值即为真实的原子吸光度。

附 录 C
（资料性附录）
测定中对各种干扰的消除或减少的方法

C.1 基体干扰

先作工作曲线，再作标准加入法曲线，当发现两线的斜率有差异，而样品的成分对测定元素又不会造成化学干扰时，则表明有基体干扰存在，应考虑采用标准加入法。

C.2 电离干扰

发生电离干扰时不仅使待测元素的吸收灵敏度降低，工作曲线斜率变小；而且当待测元素的浓度增加时，相对电离度降低，工作曲线还会向吸光度轴弯曲。这时可向测定溶液中加入易电离元素的化合物作为消电离剂。当基体本身有消电离作用时，可采用标准加入法而不必另加消电离剂。

C.3 化学干扰

消除干扰的方法主要有三种：

C.3.1 加入抑制剂

常用的抑制剂有释放剂、络合剂、缓冲剂等。

释放剂能与干扰元素化合，生成更稳定的化合物，从而使待测元素从干扰元素的化合物中释放出来，常用的释放剂为锶盐或镧盐。

络合剂能与干扰元素或待测元素配合，从而使待测元素不与干扰元素结合。

缓冲剂是加入一定数量的干扰元素，使干扰效应达到饱和点，以消除或抑制干扰元素的影响。

C.3.2 高温火焰法

提高原子化的温度，使难离解的化合物离解。

C.3.3 化学分离法

用萃取、离子交换、沉淀法等将干扰离子除去，但操作比较麻烦，且容易引起沾污或损失。

ICS 71.040.30
G 60

中华人民共和国国家标准

GB/T 9724—2007
代替 GB/T 9724—1988

化学试剂 pH 值测定通则

Chemical reagent—
General rule for the determination of pH

(ISO 6353-1:1982, Reagents for chemical analysis—
Part 1: General test methods, NEQ)

2007-09-26 发布　　　　2008-04-01 实施

中华人民共和国国家质量监督检验检疫总局
中国国家标准化管理委员会　发布

前言

本标准与 ISO 6353-1:1982《化学分析试剂　第1部分:通用试验方法》的一致性程度为非等效。

本标准代替 GB/T 9724—1988《化学试剂　pH 值测定通则》,与 GB/T 9724—1988 相比主要变化如下:

——增加了引用文件(见第2章);

——提高了酸度计的精度(见5.2);

——增加了双盐桥型饱和甘汞电极和复合电极(本版的5.3);

——取消了锑电极(1988年版的5.3.2);

——增加了对电极使用状态的控制(本版的第6章);

——修改了附录A的内容。

本标准的附录A为资料性附录。

本标准由中国石油和化学工业协会提出。

本标准由全国化学标准化技术委员会化学试剂分会(SAC/TC 63/SC 3)归口。

本标准起草单位:上海试四赫维化工有限公司。

本标准主要起草人:贾玲。

本标准于1988年首次发布。

化学试剂
pH 值测定通则

1 范围

本标准规定了用电位法测定水溶液 pH 值的通则。

本标准适用于化学试剂水溶液 pH 值的测定。pH 值测定范围为 1～12。

2 规范性引用文件

下列文件中的条款通过本标准的引用而成为本标准的条款。凡是注日期的引用文件，其随后所有的修改单(不包括勘误的内容)或修订版均不适用于本标准，然而，鼓励根据本标准达成协议的各方研究是否可使用这些文件的最新版本。凡是不注日期的引用文件，其最新版本适用于本标准。

GB/T 601 化学试剂 标准滴定溶液的制备

GB/T 603 化学试剂 试验方法中所用制剂及制品的制备(GB/T 603—2002,ISO 6353-1:1982,NEQ)

GB/T 6682 分析实验室用水规格和试验方法(GB/T 6682—1992，neq ISO 3696:1987)

JJG 119—2005 实验室 pH(酸度)计

3 方法原理

将规定的指示电极和参比电极浸入同一被测溶液中，构成一原电池，其电动势与溶液的 pH 值有关，通过测量原电池的电动势即可得出溶液的 pH 值。

4 试剂和材料

4.1 一般规定

本标准中除另有规定外，所用标准滴定溶液、制剂及制品，均按 GB/T 601、GB/T 603 的规定制备。标准缓冲溶液须用 pH 基准试剂配制。实验用水应符合 GB/T 6682 中三级水规格，所用溶液以“%”表示的均为质量分数。

4.2 标准缓冲溶液的配制

4.2.1 草酸盐标准缓冲溶液

称取 12.71 g 四草酸钾[$KH_3(C_2O_4)_2 \cdot 2H_2O$]，溶于无二氧化碳的水，稀释至 1 000 mL。此溶液的浓度 c[$KH_3(C_2O_4)_2 \cdot 2H_2O$]为 0.05 mol/L。

4.2.2 酒石酸盐标准缓冲溶液

在 25℃时，用无二氧化碳的水溶解外消旋的酒石酸氢钾($KHC_4H_4O_6$)，并剧烈振摇至饱和溶液。

4.2.3 邻苯二甲酸盐标准缓冲溶液

称取 10.21 g 于 110℃干燥 1 h 的邻苯二甲酸氢钾($C_6H_4CO_2HCO_2K$)，溶于无二氧化碳的水，稀释至 1 000 mL。此溶液的浓度 c($C_6H_4CO_2HCO_2K$)为 0.05 mol/L。

4.2.4 磷酸盐标准缓冲溶液

称取 3.40 g 磷酸二氢钾(KH_2PO_4)和 3.55 g 磷酸氢二钠(Na_2HPO_4)，溶于无二氧化碳的水，稀释至 1 000 mL。磷酸二氢钾和磷酸氢二钠需预先在(120±10)℃干燥 2 h。此溶液的浓度为 c(KH_2PO_4)为 0.025 mol/L，c(Na_2HPO_4)为 0.025 mol/L。

4.2.5 硼酸盐标准缓冲溶液

称取 3.81 g 四硼酸钠($Na_2B_4O_7 \cdot 10H_2O$)，溶于无二氧化碳的水，稀释至 1 000 mL。存放时应防

止空气中二氧化碳进入。此溶液的浓度 $c(Na_2B_4O_7 \cdot 10H_2O)$为 0.01 mol/L。

4.2.6 氢氧化钙标准缓冲溶液

于 25℃，用无二氧化碳的水制备氢氧化钙的饱和溶液。氢氧化钙溶液的浓度 $c\left[\frac{1}{2}Ca(OH)_2\right]$应在 0.040 0 mol/L～0.041 2 mol/L。存放时应防止空气中二氧化碳进入。一旦出现浑浊，应弃去重配。

氢氧化钙溶液的浓度可以苯酚红为指示剂，用盐酸标准滴定溶液[$c(HCl)=0.1$ mol/L]滴定测出。

4.3 标准缓冲溶液的 pH 值

不同温度时各标准缓冲溶液的 pH 值见表 1。

表 1 不同温度时各标准缓冲溶液的 pH 值

温度 ℃	草酸盐 标准 缓冲溶液	酒石酸盐 标准 缓冲溶液	邻苯二甲酸盐 标准 缓冲溶液	磷酸盐 标准 缓冲溶液	硼酸盐 标准 缓冲溶液	氢氧化钙 标准 缓冲溶液
0	1.67	—	4.00	6.98	9.46	13.42
5	1.67	—	4.00	6.95	9.40	13.21
10	1.67	—	4.00	6.92	9.33	13.00
15	1.67	—	4.00	6.90	9.27	12.81
20	1.68	—	4.00	6.88	9.22	12.63
25	1.68	3.56	4.01	6.86	9.18	12.45
30	1.69	3.55	4.01	6.85	9.14	12.30
35	1.69	3.55	4.02	6.84	9.10	12.14
40	1.69	3.55	4.04	6.84	9.06	11.98

5 仪器和装置

5.1 一般实验室仪器

5.2 酸度计

应符合 JJG 119—2005 的 4.7 中“0.02 级”的要求。

5.3 电极

电极的使用及维护参见附录 A。

本标准规定：

a) 指示电极用玻璃电极；

b) 参比电极用饱和甘汞电极、双盐桥型饱和甘汞电极；

c) 复合电极。

6 测定

用无二氧化碳的水将样品配成 50 g/L(特殊情况除外)的溶液。

配制两种标准缓冲溶液，使其 pH 值分别位于待测样品溶液的 pH 值的两端，并接近样品溶液的 pH 值。用上述两种标准缓冲溶液校准酸度计，将温度补偿旋钮调至标准缓冲溶液的温度处，测得的斜率值在 90%～100%范围内，电极使用状态正常。若酸度计不具备斜率系数调节功能，可用两种标准缓冲溶液相互校准，其 pH 值误差不得大于 0.1(如斜率值小于 90%或 pH 值误差大于 0.1，则该电极应清洗或更换)。用 pH 值与样品溶液接近的标准缓冲溶液定位。用水冲洗电极，再用样品溶液洗涤电极，调节样品溶液的温度至(25±1)℃，并将酸度计的温度补偿旋钮调至 25℃，测定样品溶液的 pH 值。为了测得准确的结果，将样品溶液分成 2 份，分别测定，测得的 pH 值读数至少稳定 1 min 。两次测定的 pH 值允许误差不得大于±0.02。

附 录 A
（资料性附录）
电极的使用及维护

A.1 玻璃电极

新电极使用前应在水中浸泡 24 h 以上，使用后应立即清洗，并浸于水中保存。

A.2 饱和甘汞电极

使用时电极上端小孔的橡皮塞必须拔出，以防止产生扩散电位，影响测定结果。电极内氯化钾溶液中不能有气泡，以防止断路。溶液中应保持有少许氯化钾晶体，以保证氯化钾溶液的饱和。注意电极液络部不被沾污或堵塞，并保持液络部适当的渗出流速。

A.3 双盐桥型饱和甘汞电极

盐桥套管内装饱和硝酸铵或硝酸钾溶液，其他注意事项与饱和甘汞电极相同。

A.4 复合电极

复合电极的使用应注意：

a) 使用时电极下端的保护帽应取下，取下后应避免电极的敏感玻璃泡与硬物接触，以防止电极失效，使用完后应将电极保护帽套上，帽内应放少量外参比补充液 3 mol/L 氯化钾溶液，以保持电极球泡的湿润。

b) 使用前发现保护帽中补充液干枯，应在 3 mol/L 氯化钾溶液中浸泡数小时，以保证电极使用性能。

c) 使用时电极上端小孔的橡皮塞必须拔出，以防止产生扩散电位，影响测定结果。3 mol/L 氯化钾溶液，可以从该小孔加入，电极不使用时，应将橡皮塞塞入，以防止补充液干枯。

d) 应避免长期浸在蒸馏水、蛋白质溶液和酸性氟化物溶液中，避免与有机硅油接触。

e) 经长期使用后，如发现斜率有所降低，可将电极下端浸泡在氢氟酸溶液（4%）中 3 s～5 s，用蒸馏水洗净，在 0.1 mol/L 盐酸溶液中浸泡，使之活化。

f) 被测溶液中如含有易污染敏感球泡或堵塞液接界的物质而使电极钝化，会出现斜率降低，发生这种现象应根据污染物质的性质，选择适当溶液清洗，使电极复新。部分污染物质及其对应的清洗剂见表 A.1。

表 A.1 部分污染物质及其对应的清洗剂

污染物	清洗剂
无机金属氧化物	低于 1 mol/L 稀酸
有机油脂类物质	稀洗涤剂（弱碱性）
树脂高分子物质	酒精、丙酮、乙醚
蛋白质血球沉淀物	胃蛋白酶溶液（50 g/L）与 0.1 mol/L 盐酸溶液混合
颜料类物质	稀漂白液、过氧化氢

g) 电极不能用四氯化碳、三氯乙烯、四氢呋喃等能溶解聚碳酸树脂的清洗液清洗，因为电极外壳是用聚碳酸树脂制成的，其溶解后极易污染敏感玻璃球泡，从而使电极失效。同样也不能用复合电极去测上述溶液。

ICS 71.040.30
G 60

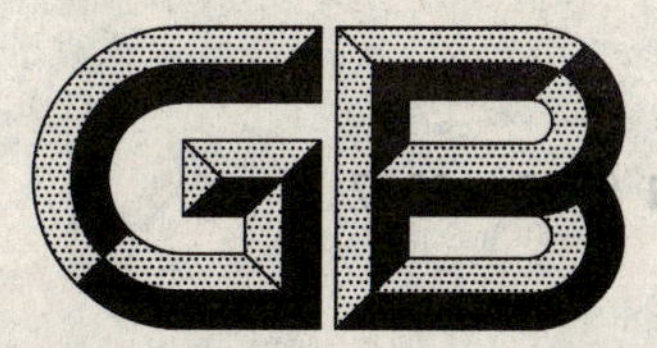

中华人民共和国国家标准

GB/T 9725—2007
代替 GB/T 9725—1988

化学试剂　电位滴定法通则

Chemical reagent—General rule for potentiometric titration

(ISO 6353-1:1982,Reagents for chemical analysis—
Part 1:General test methods,NEQ)

2007-09-26 发布　　2008-04-01 实施

中华人民共和国国家质量监督检验检疫总局
中国国家标准化管理委员会　发布

前　言

本标准与 ISO 6353-1:1982《化学分析试剂　第 1 部分:通用试验方法》的一致性程度为非等效。

本标准代替 GB/T 9725—1988《化学试剂　电位滴定法通则》,与 GB/T 9725—1988 相比主要变化如下:

——修改了方法原理(见第 3 章);

——提高了仪器精度(1988 年版的 5.2,本版的 5.2、5.3);

——增加了复合电极(本版的 5.4);

——取消了锑电极和钨电极(1988 年版的 5.3.1.2、5.3.2.3);

——修改了仪器示意图(1988 年版的 6.1,本版的 5.1);

——修改了附录 A 的内容(见附录 A);

——取消了附录 B、附录 C(1988 年版的附录 B、附录 C)。

本标准的附录 A 为资料性附录。

本标准由中国石油和化学工业协会提出。

本标准由全国化学标准化技术委员会化学试剂分会(SAC/TC 63/SC 3)归口。

本标准起草单位:广州化学试剂厂。

本标准主要起草人:喻小琦、刘昭元、傅琼莲。

本标准于 1977 年首次发布,1988 年第一次修订。

化学试剂　电位滴定法通则

1　范围

本标准规定了通过测量电极电位来确定滴定终点的方法。

本标准适用于酸碱滴定、沉淀滴定、氧化还原滴定和非水滴定。特别适用于浑浊、有色溶液的滴定以及缺乏合适指示剂的滴定分析方法。

2　规范性引用文件

下列文件中的条款通过本标准的引用而成为本标准的条款。凡是注日期的引用文件，其随后所有的修改单(不包括勘误的内容)或修订版均不适用于本标准，然而，鼓励根据本标准达成协议的各方研究是否可使用这些文件的最新版本。凡是不注日期的引用文件，其最新版本适用于本标准。

GB/T 601　化学试剂　标准滴定溶液的制备

GB/T 6682　分析实验室用水规格和试验方法(GB/T 6682—1992，neq ISO 3696:1987)

3　方法原理

将规定的指示电极和参比电极浸入同一被测溶液中，在滴定过程中，参比电极的电位保持恒定，指示电极的电位随被测物质浓度的变化而改变。在化学计量点前后，溶液中被测物质浓度的变化，会引起指示电极电位的急剧变化，指示电极电位的突跃点就是滴定终点。

4　试剂和材料

本标准中所用标准滴定溶液按 GB/T 601 规定配制，实验用水应符合 GB/T 6682 中三级水的规格。

5　仪器和装置

5.1　电位滴定测定装置

电位滴定测定装置见图 1。

5.2　电位计

电位计的精度为±2 mV。

5.3　酸度计

酸度计的精度 pH 为±0.02。

5.4　电极

电极的选择参见附录 A。

本标准规定：

a)　指示电极用玻璃电极、银电极和铂电极；

b)　参比电极用饱和甘汞电极、双盐桥型饱和甘汞电极；

c)　复合电极。

5.5　电磁搅拌器

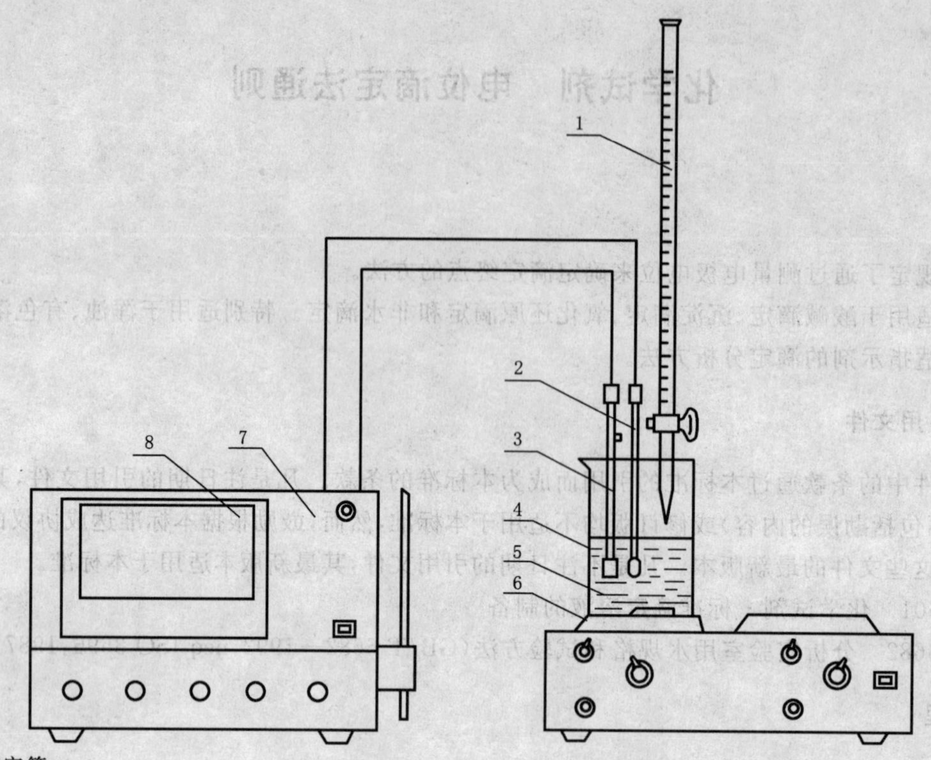

1——滴定管；

2——指示电极；

3——参比电极；

4——烧杯；

5——被测溶液；

6——电磁搅拌器；

7——电位计或酸度计；

8——显示窗。

图 1　电位滴定测定装置

6　测定

6.1　测定方法

按产品标准的规定取样并制备试液。插入规定的电极，开动电磁搅拌器，用规定的标准滴定溶液进行滴定。从滴定管中滴入约为所需滴定体积的百分之九十的标准滴定溶液，测量溶液的电位或 pH 值。以后每滴加 1 mL 或适量标准滴定溶液测量一次电位或 pH 值，化学计量点前后，应每滴加 0.1 mL 标准滴定溶液，测量一次。继续滴定至电位或 pH 值变化不大时为止。记录每次滴加标准滴定溶液后滴定管的读数及测得的电位或 pH 值，用作图法或二级微商法确定滴定终点。

6.2　终点的确定

6.2.1　作图法

以指示电极的电位(mV)或 pH 值为纵坐标，以滴定管的读数(mL)为横坐标绘制滴定曲线。做两条与横坐标成 45°的滴定曲线的切线，并在两切线间作一与两切线距离相等的平行线，该线与滴定曲线的交点即为滴定终点(见图 2)。交点的横坐标为滴定终点时标准滴定溶液的用量，交点的纵坐标为滴定终点时的电位或 pH 值。

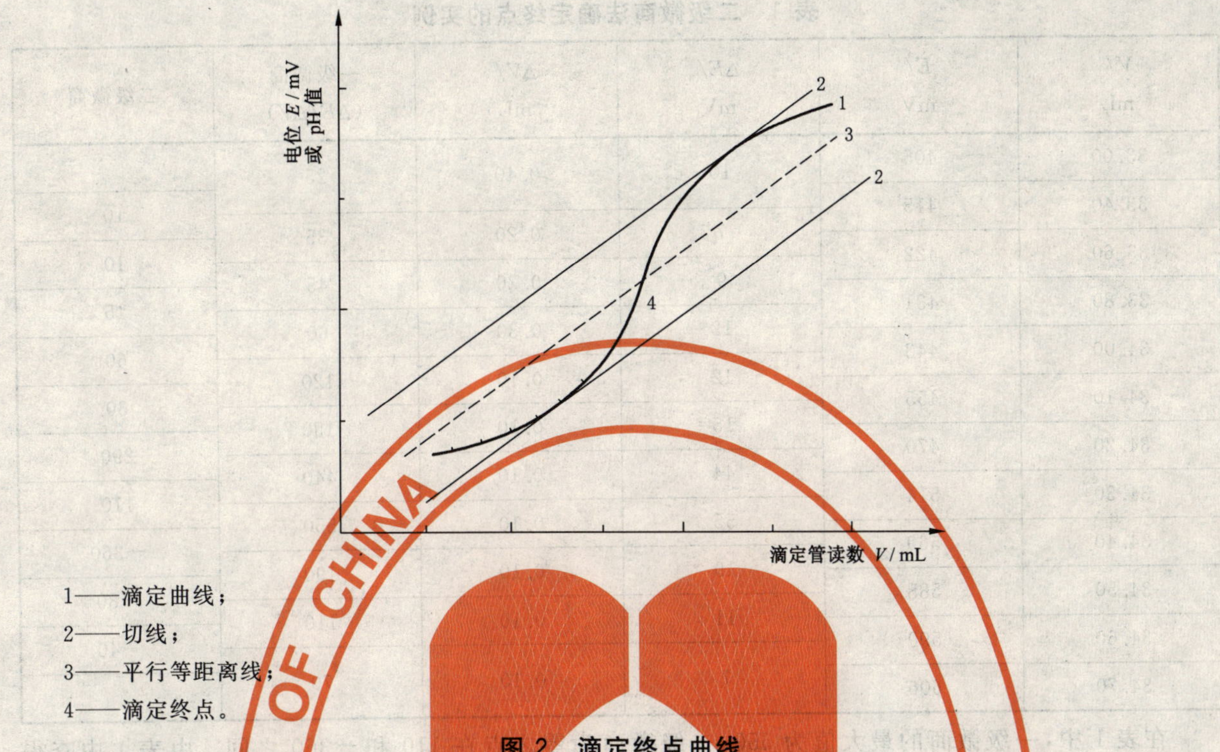

1——滴定曲线；

2——切线；

3——平行等距离线；

4——滴定终点。

图 2 滴定终点曲线

6.2.2 二级微商法

将滴定管读数 V(mL)和对应的电位 E(mV)或 pH 值列成表格，并计算下列数值：

每次滴加标准滴定溶液的体积(ΔV)。

每次滴加标准滴定溶液引起的电位或 pH 值的变化(ΔE 或 ΔpH)。

一级微商值。即单位体积标准滴定溶液引起的电位或 pH 值的变化，数值上等于 $\Delta E/\Delta V$ 或 $\Delta pH/\Delta V$。

二级微商值。数值上等于相邻的一级微商之差。

一级微商最大、二级微商等于零时就是滴定终点。

滴定终点时标准滴定溶液的体积以 V_0 计，数值以毫升(mL)表示，按式(1)计算：

$$V_0 = V + \left(\frac{a}{a-b} \times \Delta V\right) \quad \cdots\cdots (1)$$

式中：

V——二级微商为 a 时标准滴定溶液的体积，单位为毫升(mL)；

a——二级微商为零前的二级微商值；

b——二级微商为零后的二级微商值；

ΔV——由二级微商为 a 至二级微商为 b 时所加标准滴定溶液的体积，单位为毫升(mL)。

二级微商法确定终点的实例见表 1。

表 1　二级微商法确定终点的实例

V/ mL	E/ mV	ΔE/ mV	ΔV/ mL	一级微商 (ΔE/ΔV)	二级微商
33.00	405				
		10	0.40	25	
33.40	415				10
		7	0.20	35	
33.60	422				10
		9	0.20	45	
33.80	431				15
		12	0.30	60	
34.00	443				60
		12	0.10	120	
34.10	455				30
		15	0.10	150	
34.20	470				290
		44	0.10	440	
34.30	514				110
		55	0.10	550	
34.40	569				−360
		19	0.10	190	
34.50	588				−80
		11	0.10	110	
34.60	599				−40
		7	0.10	70	
34.70	606				

在表 1 中，一级微商的最大值为 550，二级微商为零之点在 110 和 −360 之间。由表 1 中查得 $a=110$、$b=-360$、$V=34.30\ \text{mL}$、$\Delta V=0.1\ \text{mL}$。

$$
\begin{aligned}
V_0 &= 34.30\ \text{mL}+\left[\frac{110}{110-(-360)}\times 0.1\ \text{mL}\right]\\
&=34.30\ \text{mL}+0.02\ \text{mL}\\
&=34.32\ \text{mL}
\end{aligned}
$$

附 录 A
（资料性附录）
电极选择参考表

滴定方法	电极系统 （指示-参比）	说 明
1. 水溶液中和法	玻璃-饱和甘汞	（1）玻璃电极：新电极在使用前应在水中浸泡 24 h 以上，使用后立即清洗，并浸于水中保存。 （2）饱和甘汞电极：使用时电极上端小孔的橡皮塞必须拔出，以防止产生扩散电位，影响测定结果。电极内氯化钾溶液中不能有气泡，以防止断路。溶液内应保持有少许氯化钾晶体，以保证氯化钾溶液的饱和。注意电极液络部不被沾污或堵塞，并保证液络部有适当的渗出流速。
	复合电极	（3）复合电极：使用时电极上端小孔的橡皮塞必须拔出，以防止产生扩散电位，影响测定结果。电极的外参比补充液为氯化钾溶液（3 mol/L），补充液可以从上端小孔加入。测量完毕不用时，应将电极保护帽套上，帽内应放少量氯化钾溶液（3 mol/L），以保持电极球泡的湿润。电极避免长期浸在蒸馏水、蛋白质溶液和酸性氟化物溶液中，并避免与有机硅油脂接触。
2. 氧化还原法	铂-饱和甘汞	铂电极：使用前应注意电极表面不能有油污物质，必要时可在丙酮或铬酸洗液中浸洗，再用水洗涤干净。
3. 银量法	银-饱和甘汞	（1）银电极：使用前用细砂纸将表面擦亮，然后浸入含有少量硝酸钠的稀硝酸（1+1）溶液中，直到有气体放出为止，取出用水洗干净。 （2）双盐桥型饱和甘汞电极：盐桥套管内装饱和硝酸铵或硝酸钾溶液。其他注意事项与饱和甘汞电极相同。
4. 非水溶液酸量法	玻璃-饱和甘汞 （冰乙酸作溶剂）	（1）玻璃电极：用法与水溶液中和法相同。 （2）双盐桥型饱和甘汞电极：盐桥套管内装饱和氯化钾的无水乙醇溶液。其他注意事项与饱和甘汞电极相同。
5. 非水溶液碱量法	玻璃-饱和甘汞 （醇或乙腈作溶剂）	玻璃电极和双盐桥型饱和甘汞电极：用法与非水溶液酸量法相同。

ICS 71.040.30
G 60

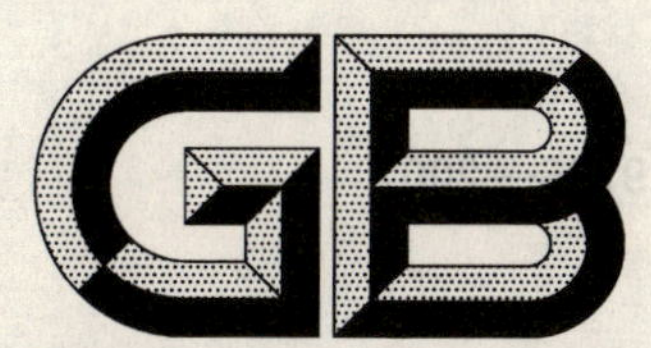

中华人民共和国国家标准

GB/T 9726—2007
代替 GB/T 9726—1988

化学试剂
还原高锰酸钾物质测定通则

Chemical reagent—
General rule for the determination of permanganate-reducing substances

(ISO 6353-1:1982, Reagents for chemical analysis—
Part 1: General test methods, NEQ)

2007-09-26 发布　　　　2008-04-01 实施

中华人民共和国国家质量监督检验检疫总局
中国国家标准化管理委员会　发布

前言

本标准与 ISO 6353-1:1982《化学分析试剂　第1部分:通用试验方法》的一致性程度为非等效。

本标准代替 GB/T 9726—1988《化学试剂　还原高锰酸钾物质测定通则》,与 GB/T 9726—1988 相比主要变化如下:

——修改了方法原理的内容(见第3章);

——取消 1988 年版的附录 B。

本标准的附录 A 为资料性附录。

本标准由中国石油和化学工业协会提出。

本标准由全国化学标准化技术委员会化学试剂分会(SAC/TC 63/SC 3)归口。

本标准起草单位:广东光华化学厂有限公司。

本标准主要起草人:李道潘、张志斌、王身连。

本标准于 1988 年首次发布。

化学试剂
还原高锰酸钾物质测定通则

1 范围

本标准规定了用直接法(目视比色法)和间接法(滴定分析法)测定还原高锰酸钾物质的通用方法。

本标准直接法适用于中性的醇、酮或其他中性、弱酸碱性样品中含还原高锰酸钾物质较低时的测定;间接法适用于样品中还原高锰酸钾物质含量较高或样品中还原高锰酸钾物质与高锰酸钾的反应较难进行的测定。

2 规范性引用文件

下列文件中的条款通过本标准的引用而成为本标准的条款。凡是注日期的引用文件,其随后所有的修改单(不包括勘误的内容)或修订版均不适用于本标准,然而,鼓励根据本标准达成协议的各方研究是否可使用这些文件的最新版本。凡是不注日期的引用文件,其最新版本适用于本标准。

GB/T 601 化学试剂 标准滴定溶液的制备

GB/T 603 化学试剂 试验方法中所用制剂及制品的制备(GB/T 603—2002,ISO 6353-1:1982,NEQ)

GB/T 6682 分析实验室用水规格和试验方法(GB/T 6682—1992,neq ISO 3696:1987)

3 方法原理

在一定条件下,试液中可以还原高锰酸钾的物质与高锰酸钾反应,使试液褪色。

3.1 直接法

根据加入高锰酸钾标准滴定溶液的浓度、体积及褪色程度,可以给出还原高锰酸钾物质的半定量结果。

3.2 间接法

利用碘量法测定剩余的高锰酸钾,可以得出还原高锰酸钾物质的质量分数。

4 试剂和材料

除另有规定外,所用标准滴定溶液、制剂及制品,均按 GB/T 601、GB/T 603 的规定制备,实验用水应符合 GB/T 6682 中三级水规格,所用溶液以“%”表示的均为质量分数。

5 仪器和装置

5.1 一般实验室仪器。

5.2 微量滴定管。

6 测定

6.1 直接法

按产品标准的规定取样并制备试液,置于磨口比色管中,加入规定体积的高锰酸钾标准滴定溶液 $[c(\frac{1}{5}KMnO_4)=0.1\ mol/L]$,盖好塞子,在规定的温度下避光放置规定的时间。观察溶液的粉红色是否完全消失。计算方法参见附录 A。

6.2 间接法

6.2.1 操作步骤

按产品标准的规定取样并制备试液，置于盛有 50 mL 硫酸溶液(5%)的磨口锥形瓶中，加入规定体积的高锰酸钾标准滴定溶液[$c(\frac{1}{5}KMnO_4)$＝0.1 mol/L]，盖好瓶塞，在规定的温度下避光放置规定的时间。加入 10 mL 碘化钾溶液(100 g/L)，用硫代硫酸钠标准滴定溶液[$c(Na_2S_2O_3)$＝0.05 mol/L]滴定释放出来的碘，近终点时加入 3 mL 淀粉指示液(10 g/L)，继续滴定至溶液蓝色消失。同时做空白试验。

6.2.2 结果的计算

还原高锰酸钾物质的质量分数(以氧计或其他代表物质表示)w，数值以“%”表示，按式(1)计算：

$$w=\frac{c(V_1-V_2)M}{m\times 1\,000}\times 100 \quad\cdots\cdots\cdots\cdots(1)$$

式中：

c——硫代硫酸钠标准滴定溶液浓度的准确数值，单位为摩尔每升(mol/L)；

V_1——空白消耗硫代硫酸钠标准滴定溶液体积的数值，单位为毫升(mL)；

V_2——样品消耗硫代硫酸钠标准滴定溶液体积的数值，单位为毫升(mL)；

M——氧或其他代表物质的摩尔质量的数值，单位为克每摩尔(g/mol)；

m——样品质量的数值，单位为克(g)。

附　录　A
（资料性附录）
直接法规格值的计算

还原高锰酸钾物质(以氧或其他代表物质)的质量分数 w,数值以“%”表示,按式(A.1)计算:

$$w=\frac{\frac{a}{b}cVM}{m\times 1\,000}\times 100 \qquad \text{(A.1)}$$

式中:

a——反应中锰在氧化形和还原形中价数差;

b——氧或其他代表物质的氧化形和还原形中变价元素的价数之差;

c——高锰酸钾标准滴定溶液浓度的准确数值,单位为摩尔每升(mol/L);

V——高锰酸钾标准滴定溶液体积的数值,单位为毫升(mL);

M——氧或其他代表物质的摩尔质量的数值,单位为克每摩尔(g/mol);

m——样品质量的数值,单位为克(g)。

ICS 71.040.30
G 60

中华人民共和国国家标准

GB/T 9727—2007
代替 GB/T 9727—1988

化学试剂 磷酸盐测定通用方法

Chemical reagent—
General method for the determination of phosphate

(ISO 6353-1:1982,Reagents for chemical analysis—
Part 1:General test methods,NEQ)

2007-09-26 发布　　　　2008-04-01 实施

中华人民共和国国家质量监督检验检疫总局
中国国家标准化管理委员会　发布

前　言

本标准与 ISO 6353-1:1982《化学分析试剂　第 1 部分:通用试验方法》的一致性程度为非等效。

本标准代替 GB/T 9727—1988《化学试剂　磷酸盐测定通用方法》。

本标准与 1988 年版标准在技术内容上没有差异,按 GB/T 1.1—2000 的要求,仅是做了一些编辑性修改。

本标准由中国石油和化学工业协会提出。

本标准由全国化学标准化技术委员会化学试剂分会(SAC/TC 63/SC 3)归口。

本标准起草单位:国药集团化学试剂有限公司。

本标准主要起草人:陈浩云、陈红。

本标准于 1988 年首次发布。

化学试剂
磷酸盐测定通用方法

1 范围

本标准规定了用萃取-磷钼蓝比色法测定磷酸盐的通用方法。

本标准适用于化学试剂中微量正磷酸盐的测定。分光光度法或目视比色法的检测范围在乙酸丁酯中为 0.2 μg/mL～2 μg/mL（以 PO_4 计）。

2 规范性引用文件

下列文件中的条款通过本标准的引用而成为本标准的条款。凡是注日期的引用文件，其随后所有的修改单（不包括勘误的内容）或修订版均不适用于本标准，然而，鼓励根据本标准达成协议的各方研究是否可使用这些文件的最新版本。凡是不注日期的引用文件，其最新版本适用于本标准。

GB/T 602　化学试剂　杂质测定用标准溶液的制备（GB/T 602—2002，ISO 6353-1:1982，NEQ）

GB/T 603　化学试剂　试验方法中所用制剂及制品的制备（GB/T 603—2002，ISO 6353-1:1982，NEQ）

GB/T 6682　分析实验室用水规格和试验方法（GB/T 6682—1992，neq ISO 3696:1987）

GB/T 9721　化学试剂　分子吸收分光光度法通则（紫外和可见光部分）

3 方法原理

在浓度 $c(HNO_3)$ 为 0.4 mol/L～1.4 mol/L 硝酸溶液中，正磷酸能定量与钼酸铵作用，生成磷钼杂多酸（磷钼黄），磷钼黄可被乙酸丁酯从 1.0 mol/L～1.4 mol/L 硝酸溶液中定量萃取，从而与干扰化合物砷酸盐及过量试剂钼酸铵分离。加入氯化亚锡-抗坏血酸溶液，将磷钼黄还原为磷钼蓝。根据磷钼蓝颜色的深浅，可用目视比色法或分光光度法测定磷酸盐。

4 试剂和材料

本标准除另有规定外，所用标准溶液、制剂及制品，均按 GB/T 602、GB/T 603 的规定制备，实验用水应符合 GB/T 6682 中三级水规格，所用溶液以“%”表示的均为质量分数。

5 仪器

5.1　一般实验室仪器。

5.2　分光光度计应符合 GB/T 9721 的规定。

6 测定

6.1 目视比色法

按产品标准的规定取样并制备试液（必要时用 2 滴饱和 2,4-二硝基酚指示液为指示剂，调节溶液的 pH 值）。取 10 mL 试液，加 10 mL 硝酸溶液（13%），此时溶液的酸度 $c(H^+)$ 为1.0 mol/L～1.2 mol/L。加 2 mL钼酸铵溶液（100 g/L），放置 20 min。准确加入 10 mL 乙酸丁酯，萃取，静置分层。弃去水相，有机相用盐酸溶液（5%）洗涤两次，每次 5 mL，分出水相。在有机相中加入 0.2 mL 氯化亚锡-抗坏血酸溶液，轻轻摇动，静置分层。弃去水相，加入 1 mL 无水乙醇，摇匀。有机相所呈蓝色与标准比色溶液比较。

标准比色溶液的制备是取规定量的磷酸盐(PO_4)标准溶液，稀释至 10 mL，与同体积试液同时同样处理。

6.2 分光光度法

6.2.1 标准比色溶液的配制及测定

依据产品标准的规定，配制 4～5 个质量浓度成比例的磷酸盐标准溶液，稀释至 10 mL，与 6.1 同体积试液同样处理。有机相用分光光度计在 720 nm 波长处，用 1 cm 吸收池，以试剂空白为参比，进行吸光度的测定。

6.2.2 标准工作曲线的绘制

以磷酸盐标准溶液的质量浓度为横坐标，对应吸光度为纵坐标，绘制标准工作曲线。

6.2.3 样品的测定及计算

按产品标准的规定取样并制备试液（必要时用 2 滴饱和 2,4-二硝基酚指示液为指示剂，调节溶液的 pH 值）。取 10 mL 试液，操作同 6.2.1。以样品试剂空白为参比，进行吸光度的测定。在绘制的标准工作曲线上查得对应的磷酸盐的质量浓度。

磷酸盐的质量分数以 w 计，数值以"%"表示，按式(1)计算：

$$w=\frac{\rho \cdot V \times 10^{-3}}{m} \times 100 \quad \cdots\cdots (1)$$

式中：

ρ——样品溶液吸光度值在标准工作曲线上所对应的磷酸盐的质量浓度，单位为毫克每毫升(mg/mL)；

V——样品试液的体积，单位为毫升(mL)；

m——样品的质量，单位为克(g)。

ICS 71.040.30
G 60

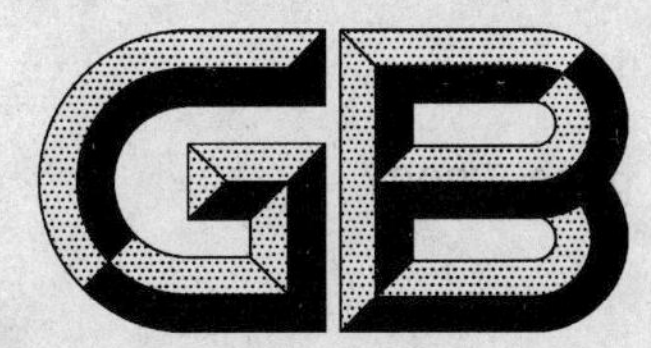

中华人民共和国国家标准

GB/T 9728—2007
代替 GB/T 9728—1988

化学试剂
硫酸盐测定通用方法

Chemical reagent—
General method for the determination of sulphate

(ISO 6353-1:1982,Reagents for chemical analysis—
Part 1:General test methods,NEQ)

2007-10-25 发布 2008-04-01 实施

中华人民共和国国家质量监督检验检疫总局
中国国家标准化管理委员会 发布

前　言

本标准与 ISO 6353-1:1982《化学分析试剂　第 1 部分:通用试验方法》的一致性程度为非等效。

本标准代替 GB/T 9728—1988《化学试剂　硫酸盐测定通用方法》。

本标准与前版标准在技术内容上没有差异,按 GB/T 1.1—2000 的要求,仅是做了一些编辑性修改。

本标准由中国石油和化学工业协会提出。

本标准由全国化学标准化技术委员会化学试剂分会(SAC/TC 63/SC 3)归口。

本标准起草单位:广东光华化学厂有限公司。

本标准主要起草人:张志斌、李道潘、陈群清。

本标准于 1988 年首次发布。

化学试剂
硫酸盐测定通用方法

1 范围

本标准规定了用目视比浊法测定硫酸盐的通用方法。

本标准适用于化学试剂中微量硫酸盐的测定。检测范围为 0.4 μg/mL～4 μg/mL(以 SO_4 计)。

2 规范性引用文件

下列文件中的条款通过本标准的引用而成为本标准的条款。凡是注日期的引用文件,其随后所有的修改单(不包括勘误的内容)或修订版均不适用于本标准,然而,鼓励根据本标准达成协议的各方研究是否可使用这些文件的最新版本。凡是不注日期的引用文件,其最新版本适用于本标准。

GB/T 602　化学试剂　杂质测定用标准溶液的制备(GB/T 602—2002,ISO 6353-1:1982,NEQ)

GB/T 603　化学试剂　试验方法中所用制剂及制品的制备(GB/T 603—2002,ISO 6353-1:1982,NEQ)

GB/T 6682　分析实验室用水规格和试验方法(GB/T 6682—1992,neq ISO 3696:1987)

3 方法原理

在盐酸介质中,钡离子与硫酸根离子生成难溶的硫酸钡。当硫酸根含量较低时,在一定时间内硫酸钡呈悬浮体,使溶液混浊,可用于硫酸盐的目视比浊法测定。

4 试剂和材料

本标准除另有规定外,所用的标准溶液、制剂及制品,均按 GB/T 602、GB/T 603 的规定制备,实验用水应符合 GB/T 6682 中三级水规格,所用溶液以“%”表示的均为质量分数。

5 测定

按产品标准的规定取样并制备样品溶液,加 0.5 mL 盐酸溶液(20%)酸化样品溶液。

将 0.25 mL 硫酸钾乙醇溶液(0.2 g/L),与 1 mL 氯化钡溶液(250 g/L)混合,组成晶种液,准确放置 1 min,加入上述已酸化的样品溶液,并稀释至 25 mL,摇匀,放置 5 min。溶液所呈浊度与标准比浊溶液比较。标准比浊溶液是取规定量的硫酸盐(SO_4)标准溶液,与同体积样品溶液同时同样处理。

ICS 71.040.30
G 60

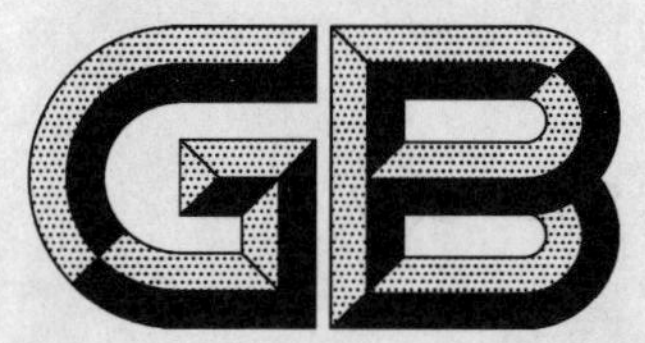

中华人民共和国国家标准

GB/T 9729—2007
代替 GB/T 9729—1988

化学试剂
氯化物测定通用方法

Chemical reagent—
General method for the determination of chloride

(ISO 6353-1:1982,Reagents for chemical analysis—
Part 1:General test methods,NEQ)

2007-09-26 发布　　　　2008-04-01 实施

中华人民共和国国家质量监督检验检疫总局
中国国家标准化管理委员会　发布

前　言

本标准与 ISO 6353-1:1982《化学分析试剂　第一部分:通用试验方法》的一致性程度为非等效。

本标准代替 GB/T 9729—1988《化学试剂　氯化物测定通用方法》,与 GB/T 9729—1988 相比主要变化如下:

——完善了测定方法(1988 年版的第 5 章,本版的第 5 章)。

本标准由中国石油和化学工业协会提出。

本标准由全国化学标准化技术委员会化学试剂分会(SAC/TC 63/SC 3)归口。

本标准起草单位:广东光华化学厂有限公司。

本标准主要起草人:张志斌、林楚卿、张明春。

本标准于 1988 年首次发布。

化学试剂
氯化物测定通用方法

1 范围

本标准规定了用目视比浊法测定氯化物的通用方法。

本标准适用于化学试剂中微量氯化物的测定。检测范围为 0.2 μg/mL～4 μg/mL(以 Cl 计)。

2 规范性引用文件

下列文件中的条款通过本标准的引用而成为本标准的条款。凡是注日期的引用文件,其随后所有的修改单(不包括勘误的内容)或修订版均不适用于本标准,然而,鼓励根据本标准达成协议的各方研究是否可使用这些文件的最新版本。凡是不注日期的引用文件,其最新版本适用于本标准。

GB/T 602 化学试剂 杂质测定用标准溶液的制备(GB/T 602—2002,ISO 6353-1:1982,NEQ)

GB/T 603 化学试剂 试验方法中所用制剂及制品的制备(GB/T 603—2002,ISO 6353-1:1982,NEQ)

GB/T 6682 分析实验室用水规格和试验方法(GB/T 6682—1992,neq ISO 3696:1987)

3 方法原理

在硝酸介质中,氯离子与银离子生成难溶的氯化银。当氯离子含量较低时,在一定时间内氯化银呈悬浮体,使溶液浑浊,可用于氯化物的目视比浊法测定。

4 试剂和材料

本标准除另有规定外,所用标准溶液、制剂及制品,均按 GB/T 602、GB/T 603 的规定制备,实验用水应符合 GB/T 6682 中三级水规格,所用溶液以"%"表示的均为质量分数。

5 测定

按产品标准的规定取样并制备样品溶液,用 1 mL 硝酸溶液(25%)酸化样品溶液,加 1 mL 硝酸银溶液(17 g/L),稀释至 25 mL,摇匀,于暗处放置 10 min。溶液所呈浊度与标准比浊溶液比较。

标准比浊溶液是取规定量的氯化物(Cl)标准溶液,与同体积样品溶液同时同样处理。

ICS 71.040.30
G 60

中华人民共和国国家标准

GB/T 9730—2007
代替 GB/T 9730—1988

化学试剂
草酸盐测定通用方法

Chemical reagent—
General method for the determination of oxalates

(ISO 6353-1:1982, Reagents for chemical analysis—
Part 1: General test methods, NEQ)

2007-09-26 发布 2008-04-01 实施

中华人民共和国国家质量监督检验检疫总局
中国国家标准化管理委员会 发布

前　言

本标准与 ISO 6353-1:1982《化学分析试剂　第 1 部分:通用试验方法》的一致性程度为非等效。

本标准代替 GB/T 9730—1988《化学试剂　草酸盐测定通用方法》,与 GB/T 9730—1988 相比取消了 1988 年版的附录 A。

本标准由中国石油和化学工业协会提出。

本标准由全国化学标准化技术委员会化学试剂分会(SAC/TC 63/SC 3)归口。

本标准起草单位:国药集团化学试剂有限公司。

本标准主要起草人:陈浩云、陈红。

本标准于 1988 年首次发布。

化学试剂
草酸盐测定通用方法

1 范围

本标准规定了将草酸盐转变成偶氮化合物并用比色法进行测定的通用方法。

本标准适用于有机试剂中微量草酸盐的测定。分光光度法的检测范围为 1 μg/mL～20 μg/mL(以 C_2O_4 计),目视比色法的检测范围为 0.4 μg/mL～20 μg/mL (以 C_2O_4 计)。

2 规范性引用文件

下列文件中的条款通过本标准的引用而成为本标准的条款。凡是注日期的引用文件,其随后所有的修改单(不包括勘误的内容)或修订版均不适用于本标准,然而,鼓励根据本标准达成协议的各方研究是否可使用这些文件的最新版本。凡是不注日期的引用文件,其最新版本适用于本标准。

GB/T 602 化学试剂 杂质测定用标准溶液的制备(GB/T 602—2002,ISO 6353-1:1982,NEQ)

GB/T 603 化学试剂 试验方法中所用制剂及制品的制备(GB/T 603—2002,ISO 6353-1:1982,NEQ)

GB/T 6682 分析实验室用水规格和试验方法(GB/T 6682—1992,neq ISO 3696:1987)

GB/T 9721 化学试剂 分子吸收分光光度法通则(紫外和可见光部分)

3 方法原理

在盐酸介质中,用锌将草酸还原为乙醛酸,乙醛酸与盐酸苯肼反应,生成乙醛酸苯腙。加入氧化剂,使过量的苯肼转化为重氮盐,再与乙醛酸苯腙反应,生成偶氮化合物,在酸性介质中呈粉红色,可用目视比色法或分光光度法测定草酸盐。

4 试剂和材料

本标准除另有规定外,所用标准溶液、制剂及制品,均按 GB/T 602、GB/T 603 的规定制备,实验用水应符合 GB/T 6682 中三级水规格。

5 仪器

5.1 一般实验室仪器。

5.2 分光光度计应符合 GB/T 9721 的规定。

6 测定

6.1 目视比色法

按产品标准的规定取样并制备试液。取 5 mL 试液,置于 25 mL 比色管中,加 2 mL 盐酸、1 g 无砷锌,立即于沸水浴中保温 1 min,取出静置 2 min,立即倾入盛有 0.25 mL 盐酸苯肼溶液(10 g/L)的比色管中(勿使锌粒倒出),用水洗涤比色管三次(用吸管操作),每次 1 mL,将洗液并入盛有盐酸苯肼溶液的比色管中(此时溶液的体积不得超过 10 mL)。在沸水浴中保温 1 min,在流水中迅速冷却,用盐酸稀释至 25 mL,加 0.25 mL 铁氰化钾溶液(50 g/L),摇匀。溶液所呈粉红色与标准比色溶液比较。

标准比色溶液的制备是取规定量的草酸盐(C_2O_4)标准溶液,稀释至 5 mL,与同体积试液同时同样处理。

6.2 分光光度法

6.2.1 标准比色溶液的配制及测定

依据产品标准的规定，配制四至五个质量浓度成比例的草酸盐标准溶液，置于25 mL比色管中，稀释至5 mL，加2 mL盐酸、1 g无砷锌，立即于沸水浴中保温1 min，取出静置2 min，立即倾入盛有0.25 mL盐酸苯肼溶液（10 g/L）的比色管中（勿使锌粒倒出），用水洗涤比色管三次（用吸管操作），每次1 mL，将洗液并入盛有盐酸苯肼溶液的比色管中（此时溶液的体积不得超过10 mL）。在沸水浴中保温1 min，在流水中迅速冷却，转移至25 mL容量瓶中，用盐酸稀释至刻度，加0.25 mL铁氰化钾溶液（50 g/L），摇匀。溶液用分光光度计在530 nm波长处，用1 cm吸收池，以试剂空白为参比，进行吸光度的测定。

6.2.2 标准工作曲线的绘制

以草酸盐标准溶液的质量浓度为横坐标，对应吸光度为纵坐标，绘制标准工作曲线。

6.2.3 样品的测定及计算

按产品标准的规定取样并制备试液。取5 mL试液，操作同6.2.1。以样品试剂空白为参比，进行吸光度的测定。在绘制的标准工作曲线上查得对应的草酸盐的质量浓度。

草酸盐的质量分数以 w 计，数值以“%”表示，按式（1）计算：

$$w=\frac{\rho \cdot V\times 10^{-3}}{m}\times 100 \qquad (1)$$

式中：

ρ——样品溶液吸光度值在标准工作曲线上所对应的草酸盐的质量浓度，单位为毫克每毫升（mg/mL）；

V——试液的最终体积，单位为毫升（mL）；

m——样品的质量，单位为克（g）。

ICS 71.040.30
G 60

中华人民共和国国家标准

GB/T 9731—2007
代替 GB/T 9731—1988

化学试剂
硫化合物测定通用方法

Chemical reagent—
General method for the determination of sulphur compounds

(ISO 6353-1:1982, Reagents for chemical analysis—
Part 1: General test methods, NEQ)

2007-10-25 发布 2008-04-01 实施

中华人民共和国国家质量监督检验检疫总局
中国国家标准化管理委员会 发布

前　言

本标准与 ISO 6353-1:1982《化学分析试剂　第 1 部分:通用试验方法》的一致性程度为非等效。

本标准代替 GB/T 9731—1998《化学试剂　硫化合物测定通用方法》。

本标准与前版标准在技术内容上没有差异,按 GB/T 1.1—2000 的要求,仅是做了一些编辑性修改。

本标准由中国石油和化学工业协会提出。

本标准由全国化学标准化技术委员会化学试剂分会(SAC/TC 63/SC 3)归口。

本标准起草单位:国药集团化学试剂有限公司。

本标准主要起草人:陈浩云、陈红。

本标准于 1988 年首次发布。

化学试剂
硫化合物测定通用方法

1 范围

本标准规定了将硫化合物转变成硫酸盐并用目视比浊法测定的通用方法。

本标准适用于有机溶剂中无机硫化合物和能与氢氧化钾乙醇溶液反应生成黄原酸钾的有机硫化合物总量的测定。检测范围为0.4 μg/mL～4 μg/mL(以 SO_4 计)。

2 规范性引用文件

下列文件中的条款通过本标准的引用而成为本标准的条款。凡是注日期的引用文件,其随后所有的修改单(不包括勘误的内容)或修订版均不适用于本标准,然而,鼓励根据本标准达成协议的各方研究是否可使用这些文件的最新版本。凡是不注日期的引用文件,其最新版本适用于本标准。

GB/T 602 化学试剂 杂质测定用标准溶液的制备(GB/T 602—2002,ISO 6353-1:1982,NEQ)

GB/T 603 化学试剂 试验方法中所用制剂及制品的制备(GB/T 603—2002,ISO 6353-1:1982,NEQ)

GB/T 6682 分析实验室用水规格和试验方法(GB/T 6682—1992,neq ISO 3696:1987)

GB/T 9728 化学试剂 硫酸盐测定通用方法(GB/T 9728—2007,ISO 6353-1:1982,NEQ)

3 方法原理

有机溶剂与氢氧化钾乙醇溶液回流,样品中的无机硫化合物以及能与氢氧化钾乙醇溶液反应生成黄原酸钾的有机硫化合物均转变成相应的盐,用合适的氧化剂能将这些盐类氧化为硫酸盐。可用硫酸钡目视比浊法测定。硫化合物的质量分数以硫酸盐计。

4 试剂和材料

本标准除另有规定外,所用标准溶液、制剂及制品,均按GB/T 602、GB/T 603的规定制备,实验用水应符合GB/T 6682中三级水规格,所用溶液以"%"表示的均为质量分数。

5 仪器和装置

5.1 一般实验室仪器。

5.2 磨口回流装置。

6 测定

按产品标准的规定取样,加入50 mL氢氧化钾-乙醇溶液,加热回流30 min。从冷凝器上端加入50 mL水,除去冷凝器,在水浴上蒸干。加5 mL"30%过氧化氢",再在水浴上保温15 min,用盐酸溶液(20%)中和并过量1 mL,将溶液稀释至一定体积,取出部分溶液于水浴上蒸干。加5 mL水溶解残渣(必要时过滤),用氢氧化钠溶液(10 g/L)中和后,按GB/T 9728的规定测定硫酸盐。同时做空白试验。

标准比浊溶液的制备是取空白试验溶液及规定量的硫酸盐(SO_4)标准溶液,与加5 mL水溶解残渣(必要时过滤)、用氢氧化钠溶液(10 g/L)中和后的试液同时同样处理。

ICS 71.040.30
G 60

中华人民共和国国家标准

GB/T 9732—2007
代替 GB/T 9732—1988

化学试剂
铵测定通用方法

**Chemical reagent—
General method for the determination of ammonium**

(ISO 6353-1:1982,Reagents for chemical analysis—
Part 1:General test methods,NEQ)

2007-09-26 发布 2008-04-01 实施

中华人民共和国国家质量监督检验检疫总局
中国国家标准化管理委员会 发布

前　言

本标准与 ISO 6353-1:1982《化学分析试剂　第 1 部分:通用试验方法》的一致性程度为非等效。

本标准代替 GB/T 9732—1998《化学试剂　铵测定通用方法》。

本标准与 1998 年版标准在技术内容上没有差异,按 GB/T 1.1—2000 的要求,仅是做了一些编辑性修改。

本标准由中国石油和化学工业协会提出。

本标准由全国化学标准化技术委员会化学试剂分会(SAC/TC 63/SC 3)归口。

本标准起草单位:国药集团化学试剂有限公司。

本标准主要起草人:陈浩云、陈红。

本标准于 1988 年首次发布。

化学试剂
铵测定通用方法

1 范围

本标准规定了用纳氏试剂目视比色法测定铵的通用方法。

本标准适用于化学试剂中微量铵的测定。检测范围为 0.05 μg/mL～1 μg/mL（以 NH_4 计）。

2 规范性引用文件

下列文件中的条款通过本标准的引用而成为本标准的条款。凡是注日期的引用文件，其随后所有的修改单（不包括勘误的内容）或修订版均不适用于本标准，然而，鼓励根据本标准达成协议的各方研究是否可使用这些文件的最新版本。凡是不注日期的引用文件，其最新版本适用于本标准。

GB/T 602 化学试剂 杂质测定用标准溶液的制备(GB/T 602—2002,ISO 6353-1:1982,NEQ)

GB/T 603 化学试剂 试验方法中所用制剂及制品的制备(GB/T 603—2002,ISO 6353-1:1982,NEQ)

GB/T 6682 分析实验室用水规格和试验方法(GB/T 6682—1992,neq ISO 3696:1987)

3 方法原理

在碱性溶液中，游离氨或结合态的铵与纳氏试剂反应，生成淡黄色至棕红色的难溶化合物。铵含量较高时，生成物为红褐色沉淀；铵含量较低时，则形成稳定的悬浮液，可用于铵的目视比色法测定。

4 试剂和材料

本标准除另有规定外，所用标准溶液、制剂及制品，均按 GB/T 602、GB/T 603 的规定制备，实验用水应符合 GB/T 6682 中三级水规格。

5 测定

按产品标准的规定取样并制备试液，稀释至约 75 mL，加 3 mL 氢氧化钠溶液(320 g/L)及 2 mL 纳氏试剂，稀释至 100 mL，摇匀。溶液所呈黄色与标准比色溶液比较。

标准比色溶液的制备是取规定量的铵（NH_4）标准溶液，稀释至约 75 mL，与同体积试液同时同样处理。

ICS 83.160.10
G 41

中华人民共和国国家标准

GB 9743—2007
代替 GB 9743—1997

轿车轮胎

Passenger car tyres

2007-11-01 发布 2008-04-01 实施

中华人民共和国国家质量监督检验检疫总局
中国国家标准化管理委员会 发布

前　言

本标准的4.1～4.6、4.7.1、第6章为强制性的，其余为推荐性的。

本标准代替GB 9743—1997《轿车轮胎》。

本标准与GB 9743—1997相比主要变化如下：

——取消了规格尺寸表，以引用文件的形式给出(1997年版的4.1；本版的4.1)；

——将轿车斜交轮胎的最小强度试验破坏能指标纳入表格中(1997年版的4.3.1；本版的4.5.1)；

——将考核5点破坏能的算术平均值，改为考核每一试验点的破坏能值(1997年版的4.3.1；本版的4.5.1)；

——增加了T型轮胎的性能要求(本版的表1和表2)；

——取消了检验规则(1997年版的第6章)；

——取消了轮胎最高速度表(1997年版的表13)；

——修订了轮胎的标志要求(1997年版的第7章；本版的第6章)。

本标准的附录A和附录B均为规范性附录。

本标准由中国石油和化学工业协会提出。

本标准由全国轮胎轮辋标准化技术委员会(SAC/TC 19)归口。

本标准委托全国轮胎轮辋标准化技术委员会负责解释。

本标准起草单位：北京橡胶工业研究设计院、三角轮胎股份有限公司。

本标准主要起草人：王克先、单国玲、徐丽红、伍江涛。

本标准所代替标准的历次版本发布情况为：

——GB 1191—1965、GB 1191—1974、GB 1191—1982、GB 1191—1989和GB 9743—1988、GB 9743—1997。

轿车轮胎

1 范围

本标准规定了轿车轮胎用术语及其定义、要求、试验方法和标志。

本标准适用于新的轿车充气轮胎。

2 规范性引用文件

下列文件中的条款通过本标准的引用而成为本标准的条款。凡是注日期的引用文件，其随后所有的修改单(不包括勘误的内容)或修订版均不适用于本标准，然而，鼓励根据本标准达成协议的各方研究是否可使用这些文件的最新版本。凡是不注日期的引用文件，其最新版本适用于本标准。

GB/T 521 轮胎外缘尺寸测量方法

GB/T 2978 轿车轮胎系列

GB/T 4502 轿车轮胎耐久性试验方法 转鼓法(GB/T 4502—1998,eqv ISO 10191:1993)

GB/T 4503 轿车轮胎强度试验方法(GB/T 4503—2006,ISO 10191:1995,MOD)

GB/T 4504 轿车无内胎轮胎脱圈阻力试验方法(GB/T 4504—1998,eqv ISO 10191:1993)

GB/T 6326 轮胎术语及其定义(GB/T 6326—2005,ISO 4223-1:2002,NEQ)

GB/T 7034 轿车轮胎高速性能试验方法 转鼓法(GB/T 7034—1998,eqv ISO 10191:1995)

GB 7036.1 充气轮胎内胎 第1部分:汽车轮胎内胎(GB 7036.1—1997,eqv JIS D4231:1987)

HG/T 2177 轮胎外观质量

3 术语及其定义

GB/T 6326 确立的术语及其定义适用于本标准。

4 要求

4.1 轮胎规格、负荷指数或层级、测量轮辋、新胎充气后的断面宽度和外直径、负荷能力、充气压力、允许使用轮辋应符合 GB/T 2978 的规定。

4.2 轮胎行驶速度与气压、负荷的对应关系应符合 GB/T 2978 的规定。

4.3 轮胎速度符号与最高行驶速度的对应关系应符合附录 A 的规定。

4.4 轮胎负荷指数与负荷能力的对应关系应符合附录 B 的规定。

4.5 安全性能

4.5.1 轮胎强度性能

轿车轮胎强度试验，每一试验点的强度试验破坏能应不低于表 1 的规定。

表 1 轿车轮胎最小破坏能

单位为焦耳

轮胎名义断面宽度	子午线轮胎		斜交轮胎			
	标准型	增强型	尼龙或聚酯		人造丝	
			4PR、6PR	8PR	4PR、6PR	8PR
160 mm 以下	220	439	220	439	132	263
160 mm 及其以上	295	585	295	585	177	351
T 型临时使用的备用轿车轮胎，其负荷指数＜76 的，最小破坏能为 220 J；负荷指数≥76 的，最小破坏能为 295 J。						

4.5.2 无内胎轮胎脱圈阻力

无内胎轮胎任何测试点上的脱圈阻力应不低于表 2 的规定。

表 2 轿车无内胎轮胎最小脱圈阻力值

轮胎名义断面宽度 S/mm	S<160	160≤S<205	S≥205
最小脱圈阻力值/N	6 670	8 890	11 120
T 型临时使用的备用轿车无内胎轮胎负荷指数<76 的，最小脱圈阻力值为 6 670 N；76≤负荷指数<93 的，最小脱圈阻力值为 8 890 N；负荷指数≥93 的，最小脱圈阻力值为 11 120 N。			

4.5.3 轮胎耐久性能

轮胎经耐久性试验后，轮胎气压不应低于规定的初始气压；试验结束后，外观检查不应有(胎面、胎侧、帘布层、气密层、带束层或缓冲层、胎圈)脱层、帘布层裂缝、帘线剥离、帘线断裂、崩花、接头裂开、龟裂以及胎体异常变形等缺陷。

4.5.4 轮胎高速性能

轮胎经高速性能试验后，轮胎气压不应低于规定的初始气压；试验结束后，外观检查不应有(胎面、胎侧、帘布层、气密层、带束层或缓冲层、胎圈)脱层、帘布层裂缝、帘线剥离、帘线断裂、崩花、接头裂开、龟裂等缺陷。

4.6 胎面磨耗标志

4.6.1 每条轮胎外胎应沿周向等距离地设置不少于 4 个能正常观察到的胎面磨耗标志，其高度应不小于 1.6 mm。

4.6.2 轮胎两侧肩部处应模刻指明胎面磨耗标志位置的标记。

4.7 外观质量

4.7.1 轮胎的外观质量不应有严重影响使用寿命的外观缺陷，如各部件间脱层、海绵状、钢丝圈断裂、钢丝圈严重上抽、多根帘线断裂、胎里帘线起褶楞和胎冠出胶边带帘线等缺陷。若使用垫带，垫带外形不应有残缺和带身裂开。

4.7.2 外胎和垫带的其他外观质量要求宜符合 HG/T 2177 的规定。

4.8 若使用内胎和垫带，内胎应符合 GB 7036.1 的规定，垫带应符合与外胎配套的使用要求。

5 试验方法

5.1 新胎充气后的断面宽度和外直径及胎面磨耗标志位置的高度按 GB/T 521 进行测定。

5.2 轮胎强度按 GB/T 4503 进行检验。

5.3 无内胎轮胎脱圈阻力按 GB/T 4504 进行检验。

5.4 轮胎耐久性按 GB/T 4502 进行检验。

5.5 轮胎高速性能按 GB/T 7034 进行检验。

5.6 轮胎的外观质量按 HG/T 2177 进行检验。

6 标志

6.1 每条外胎胎侧上应有下列 a)～h)项标志。其中 a)～f)项为模刻标志，g)项为永久性标志，h)项可为水洗不掉的标志。

a) 规格；

b) 商标、厂名或地名；

c) 负荷指数(负荷能力)或层级、充气压力；

d) 速度符号；

e) 子午线轮胎胎冠和胎侧用骨架材料名称及其层数，斜交轮胎用骨架材料名称；

f) 胎面磨耗标志位置的标记；

g) 生产编号；

h) 出厂检查标记。

6.2 子午线轮胎应模刻“RADIAL”(或“子午线”)标志，无内胎轮胎应模刻“TUBELESS”(或“无内胎”)标志。

6.3 胎面花纹有行驶方向的轮胎应模刻行驶方向标志。

6.4 雪泥轮胎应模刻雪泥花纹标志。

6.5 增强型轮胎应模刻增强型标志。

6.6 临时使用的备用轮胎应模刻临时使用标志。

附　录　A
（规范性附录）
轮胎速度符号与最高行驶速度对应关系

轮胎速度符号与最高行驶速度对应关系应符合表 A.1 的规定。

表 A.1　轮胎速度符号与最高行驶速度对应表

速度符号	最高行驶速度/(km/h)
C	60
D	65
E	70
F	80
G	90
J	100
K	110
L	120
M	130
N	140
P	150
Q	160
R	170
S	180
T	190
U	200
H	210
V	240
W	270
Y	300

附 录 B
（规范性附录）
负荷指数(LI)与轮胎负荷能力(TLCC)对应关系

轮胎负荷指数与负荷能力对应关系应符合表 B.1 的规定。

表 B.1 负荷指数与轮胎负荷能力对应表

LI	TLCC/kg	LI	TLCC/kg	LI	TLCC/kg	LI	TLCC/kg	LI	TLCC/kg	LI	TLCC/kg	LI	TLCC/kg
0	45	40	140	80	450	120	1 400	160	4 500	200	14 000	240	45 000
1	46.2	41	145	81	462	121	1 450	161	4 625	201	14 500	241	46 250
2	47.5	42	150	82	475	122	1 500	162	4 750	202	15 000	242	47 500
3	48.7	43	155	83	487	123	1 550	163	4 875	203	15 500	243	48 750
4	50	44	160	84	500	124	1 600	164	5 000	204	16 000	244	50 000
5	51.5	45	165	85	515	125	1 650	165	5 150	205	16 500	245	51 500
6	53	46	170	86	530	126	1 700	166	5 300	206	17 000	246	53 000
7	54.5	47	175	87	545	127	1 750	167	5 450	207	17 500	247	54 500
8	56	48	180	88	560	128	1 800	168	5 600	208	18 000	248	56 000
9	58	49	185	89	580	129	1 850	169	5 800	209	18 500	249	58 000
10	60	50	190	90	600	130	1 900	170	6 000	210	19 000	250	60 000
11	61.5	51	195	91	615	131	1 950	171	6 150	211	19 500	251	61 500
12	63	52	200	92	630	132	2 000	172	6 300	212	20 000	252	63 000
13	65	53	206	93	650	133	2 060	173	6 500	213	20 600	253	65 000
14	67	54	212	94	670	134	2 120	174	6 700	214	21 200	254	67 000
15	69	55	218	95	690	135	2 180	175	6 900	215	21 800	255	69 000
16	71	56	224	96	710	136	2 240	176	7 100	216	22 400	256	71 000
17	73	57	230	97	730	137	2 300	177	7 300	217	23 000	257	73 000
18	75	58	236	98	750	138	2 360	178	7 500	218	23 600	258	75 000
19	77.5	59	243	99	775	139	2 430	179	7 750	219	24 300	259	77 500
20	80	60	250	100	800	140	2 500	180	8 000	220	25 000	260	80 000
21	82.5	61	257	101	825	141	2 575	181	8 250	221	25 750	261	82 500
22	85	62	265	102	850	142	2 650	182	8 500	222	26 500	262	85 000
23	87.5	63	272	103	875	143	2 725	183	8 750	223	27 250	263	87 500
24	90	64	280	104	900	144	2 800	184	9 000	224	28 000	264	90 000
25	92.5	65	290	105	925	145	2 900	185	9 250	225	29 000	265	92 500
26	95	66	300	106	950	146	3 000	186	9 500	226	30 000	266	95 000
27	97.5	67	307	107	975	147	3 075	187	9 750	227	30 750	267	97 500
28	100	68	315	108	1 000	148	3 150	188	10 000	228	31 500	268	100 000
29	103	69	325	109	1 030	149	3 250	189	10 300	229	32 500	269	103 000
30	106	70	335	110	1 060	150	3 350	190	10 600	230	33 500	270	106 000
31	109	71	345	111	1 090	151	3 450	191	10 900	231	34 500	271	109 000
32	112	72	355	112	1 120	152	3 550	192	11 200	232	35 500	272	112 000
33	115	73	365	113	1 150	153	3 650	193	11 500	233	36 500	273	115 000
34	118	74	375	114	1 180	154	3 750	194	11 800	234	37 500	274	118 000
35	121	75	387	115	1 215	155	3 875	195	12 150	235	38 750	275	121 000
36	125	76	400	116	1 250	156	4 000	196	12 500	236	40 000	276	125 000
37	128	77	412	117	1 285	157	4 125	197	12 850	237	41 250	277	128 500
38	132	78	425	118	1 320	158	4 250	198	13 200	238	42 500	278	132 000
39	136	79	437	119	1 360	159	4 375	199	13 600	239	43 750	279	136 000

ICS 83.160.10
G 41

中华人民共和国国家标准

GB 9744—2007
代替 GB 9744—1997

载重汽车轮胎

Truck tyres

2007-11-01 发布　　2008-04-01 实施

中华人民共和国国家质量监督检验检疫总局
中国国家标准化管理委员会　发布

前言

本标准的4.1～4.6、4.7.1、第6章为强制性的，其余为推荐性的。

本标准代替GB 9744—1997《载重汽车轮胎》。

本标准与GB 9744—1997相比主要变化如下：

——取消了规格尺寸表，以引用标准的形式给出(1997年版的3.1；本版的4.1)；

——将考核5点破坏能的算术平均值，改为考核每一试验点的破坏能值(1997年版的3.6.1；本版的4.5.1.1和4.5.1.2)；

——将载重汽车轮胎分为公制系列和英制系列分别考核其破坏能(本版的4.5.1.1和4.5.1.2)；

——取消了检验规则(1997年版的第5章)；

——取消了轮胎使用速度与负荷对应表(1997年版的表19)；

——修订了轮胎标志要求(见第6章)。

本标准的附录A和附录B均为规范性附录。

本标准由中国石油和化学工业协会提出。

本标准由全国轮胎轮辋标准化技术委员会(SAC/TC 19)归口。

本标准委托全国轮胎轮辋标准化技术委员会负责解释。

本标准起草单位：北京橡胶工业研究设计院、青岛黄海橡胶集团有限责任公司。

本标准主要起草人：王克先、毛庆文、徐丽红。

本标准所代替标准的历次版本发布情况为：

——GB 516—1965、GB 516—1974、GB 516—1982、GB 516—1989和GB 9744—1988、GB 9744—1997。

载重汽车轮胎

1 范围

本标准规定了载重汽车轮胎用术语及其定义、要求、试验方法和标志。

本标准适用于新的载重汽车充气轮胎。

2 规范性引用文件

下列文件中的条款通过本标准的引用而成为本标准的条款。凡是注日期的引用文件，其随后所有的修改单(不包括勘误的内容)或修订版均不适用于本标准，然而，鼓励根据本标准达成协议的各方研究是否可使用这些文件的最新版本。凡是不注日期的引用文件，其最新版本适用于本标准。

GB/T 521 轮胎外缘尺寸测量方法

GB/T 2977 载重汽车轮胎系列

GB/T 4501 载重汽车轮胎耐久性试验方法 转鼓法(GB/T 4501—1998,eqv ISO 10454:1993)

GB/T 6326 轮胎术语及其定义(GB/T 6326—2005,ISO 4223-1:2002,NEQ)

GB/T 6327 载重汽车轮胎强度试验方法(GB/T 6327—1996,eqv JIS D4230:1986)

GB/T 7035 轻型载重汽车轮胎高速性能试验方法 转鼓法

GB 7036.1 充气轮胎内胎 第1部分:汽车轮胎内胎(GB 7036.1—1997,eqv JIS D4231:1987)

HG/T 2177 轮胎外观质量

3 术语及其定义

GB/T 6326 确立的术语及其定义适用于本标准。

4 要求

4.1 轮胎规格、负荷指数、层级、测量轮辋、新胎充气后的断面宽度和外直径、负荷能力、充气压力、最小双胎间距和允许使用轮辋应符合 GB/T 2977 的规定。

4.2 轮胎行驶速度与气压、负荷的对应关系应符合 GB/T 2977 的规定。

4.3 轮胎速度符号与最高行驶速度的对应关系应符合附录 A 的规定。

4.4 轮胎负荷指数与负荷能力的对应关系应符合附录 B 的规定。

4.5 安全性能

4.5.1 轮胎强度性能

4.5.1.1 载重汽车公制系列轮胎强度试验，每一试验点的强度试验破坏能应不低于表1的规定。

表 1　载重汽车公制系列轮胎最小破坏能

单胎负荷指数	单胎最大额定负荷对应的气压/kPa	最小破坏能/J	
		轮辋名义直径代号 <13	轮辋名义直径代号 ≥13
≤121	≤250	136	294
	251～350	203	362
	351～450	271	514
	451～550	—	576
	551～650	—	644
	>650		712
≥122	≤550	972	
	551～650	1 412	
	651～750	1 695	
	751～850	2 090	
	851～950	2 203	

4.5.1.2　载重汽车英制系列轮胎强度试验，每一试验点的破坏能应不低于表 2 的规定。

表 2　载重汽车英制系列轮胎最小破坏能

单位为焦耳

层级(PR)	微型、轻型载重汽车轮胎				载重汽车轮胎	
	轮辋名义直径代号 ≤12	轮辋名义直径代号 13～14	轮辋名义直径代号 ≥15	轮辋名义直径代号 ≤17.5	轮辋名义直径代号 >17.5	
					有内胎	无内胎
4	136	192	294	294	—	—
6	203	271	362	362	768	576
8	271	384	514	514	893	734
10	339	514	576	576	1 412	972
12	—	—	644	644	1 785	1 412
14	—	—	712	712	2 282	1 695
16	—	—	768	768	2 599	2 090
18	—	—	—	—	2 825	2 203
20	—	—	—	—	3 051	—
22	—	—	—	—	3 220	—

4.5.2　轮胎耐久性能

轮胎经耐久性试验后，轮胎气压不应低于规定的初始气压；试验结束后，外观检查不应有（胎面、胎侧、帘布层、气密层、带束层或缓冲层、胎圈）脱层、帘布层裂缝、帘线剥离、帘线断裂、崩花、接头裂开、龟裂以及胎体异常变形等缺陷。

4.5.3　轮胎高速性能

微型和轻型载重汽车轮胎经高速试验后，轮胎气压不应低于规定的初始气压；试验结束后，外观检查不应有（胎面、胎侧、帘布层、气密层、带束层或缓冲层、胎圈）脱层、帘布层裂缝、帘线剥离、帘线断裂、崩花、接头裂开、龟裂等缺陷。

4.6 胎面磨耗标志

4.6.1 每条轮胎外胎应沿周向等距离地设置不少于4个能正常观察到的胎面磨耗标志。微型和轻型载重汽车轮胎其胎面磨耗标志的高度应不小于1.6 mm，载重汽车轮胎其胎面磨耗标志的高度应不小于2.0 mm。

4.6.2 轮胎两侧肩部处应模刻指明胎面磨耗标志位置的标记。

4.7 外观质量

4.7.1 各种外胎不应有严重影响使用寿命的外观缺陷，如各部件间脱层、海绵状、钢丝圈断裂、钢丝圈严重上抽、多根帘线断裂、胎里帘线起褶楞和胎冠出胶边带帘线等缺陷。若使用垫带，垫带不应有残缺和带身裂开。

4.7.2 外胎和垫带的其他外观质量要求宜符合 HG/T 2177 的规定。

4.8 若使用内胎和垫带，内胎应符合 GB 7036.1 的规定，垫带应符合与外胎配套的使用要求。

5 试验方法

5.1 新胎充气后的断面宽度和外直径及胎面磨耗标志的高度按照 GB/T 521 进行测定。

5.2 轮胎强度按照 GB/T 6327 进行检验。

5.3 轮胎耐久性按照 GB/T 4501 进行检验。

5.4 微型和轻型载重汽车轮胎高速性能按照 GB/T 7035 进行检验。

5.5 轮胎的外观质量按 HG/T 2177 进行检验。

6 标志

6.1 每条外胎胎侧上应有下列 a)～h)项标志，其中 a)～f)项为模刻标志，g)项为永久性的标志，h)项可为水洗不掉的标志。

a) 规格；

b) 商标、厂名或地名；

c) 负荷指数或负荷能力、层级、充气压力；

d) 速度符号；

e) 轮胎胎冠和胎侧用骨架材料名称(或代号)；

f) 胎面磨耗标志位置的标记；

g) 生产编号；

h) 出厂检查标记。

6.2 子午线轮胎应模刻“RADIAL”(或“子午线”)标志，无内胎轮胎应模刻“TUBELESS”(或“无内胎”)标志。

6.3 微型载重汽车轮胎应模刻“ULT”标志，轻型载重汽车轮胎应模刻“LT”标志。

6.4 胎面花纹有行驶方向的轮胎应模刻行驶方向标志。

6.5 雪泥轮胎应模刻雪泥花纹标志。

6.6 特种专用挂车轮胎应模刻“ST”标志。

6.7 可再刻花纹轮胎应模刻“REGROOVABLE”标志。

附 录 A
（规范性附录）
轮胎速度符号与最高行驶速度对应关系

轮胎速度符号与最高行驶速度对应关系应符合表 A.1 的规定。

表 A.1 轮胎速度符号与最高行驶速度对应表

速度符号	最高行驶速度/(km/h)
C	60
D	65
E	70
F	80
G	90
J	100
K	110
L	120
M	130
N	140
P	150
Q	160
R	170
S	180
T	190

附　录　B
（规范性附录）
负荷指数(LI)与轮胎负荷能力(TLCC)对应关系

轮胎负荷指数与负荷能力对应关系应符合表B.1的规定。

表B.1　负荷指数与轮胎负荷能力对应表

LI	TLCC/kg	LI	TLCC/kg	LI	TLCC/kg	LI	TLCC/kg	LI	TLCC/kg	LI	TLCC/kg	LI	TLCC/kg
0	45	40	140	80	450	120	1 400	160	4 500	200	14 000	240	45 000
1	46.2	41	145	81	462	121	1 450	161	4 625	201	14 500	241	46 250
2	47.5	42	150	82	475	122	1 500	162	4 750	202	15 000	242	47 500
3	48.7	43	155	83	487	123	1 550	163	4 875	203	15 500	243	48 750
4	50	44	160	84	500	124	1 600	164	5 000	204	16 000	244	50 000
5	51.5	45	165	85	515	125	1 650	165	5 150	205	16 500	245	51 500
6	53	46	170	86	530	126	1 700	166	5 300	206	17 000	246	53 000
7	54.5	47	175	87	545	127	1 750	167	5 450	207	17 500	247	54 500
8	56	48	180	88	560	128	1 800	168	5 600	208	18 000	248	56 000
9	58	49	185	89	580	129	1 850	169	5 800	209	18 500	249	58 000
10	60	50	190	90	600	130	1 900	170	6 000	210	19 000	250	60 000
11	61.5	51	195	91	615	131	1 950	171	6 150	211	19 500	251	61 500
12	63	52	200	92	630	132	2 000	172	6 300	212	20 000	252	63 000
13	65	53	206	93	650	133	2 060	173	6 500	213	20 600	253	65 000
14	67	54	212	94	670	134	2 120	174	6 700	214	21 200	254	67 000
15	69	55	218	95	690	135	2 180	175	6 900	215	21 800	255	69 000
16	71	56	224	96	710	136	2 240	176	7 100	216	22 400	256	71 000
17	73	57	230	97	730	137	2 300	177	7 300	217	23 000	257	73 000
18	75	58	236	98	750	138	2 360	178	7 500	218	23 600	258	75 000
19	77.5	59	243	99	775	139	2 430	179	7 750	219	24 300	259	77 500
20	80	60	250	100	800	140	2 500	180	8 000	220	25 000	260	80 000
21	82.5	61	257	101	825	141	2 575	181	8 250	221	25 750	261	82 500
22	85	62	265	102	850	142	2 650	182	8 500	222	26 500	262	85 000
23	87.5	63	272	103	875	143	2 725	183	8 750	223	27 250	263	87 500
24	90	64	280	104	900	144	2 800	184	9 000	224	28 000	264	90 000
25	92.5	65	290	105	925	145	2 900	185	9 250	225	29 000	265	92 500
26	95	66	300	106	950	146	3 000	186	9 500	226	30 000	266	95 000
27	97.5	67	307	107	975	147	3 075	187	9 750	227	30 750	267	97 500
28	100	68	315	108	1 000	148	3 150	188	10 000	228	31 500	268	100 000
29	103	69	325	109	1 030	149	3 250	189	10 300	229	32 500	269	103 000
30	106	70	335	110	1 060	150	3 350	190	10 600	230	33 500	270	106 000
31	109	71	345	111	1 090	151	3 450	191	10 900	231	34 500	271	109 000
32	112	72	355	112	1 120	152	3 550	192	11 200	232	35 500	272	112 000
33	115	73	365	113	1 150	153	3 650	193	11 500	233	36 500	273	115 000
34	118	74	375	114	1 180	154	3 750	194	11 800	234	37 500	274	118 000
35	121	75	387	115	1 215	155	3 875	195	12 150	235	38 750	275	121 000
36	125	76	400	116	1 250	156	4 000	196	12 500	236	40 000	276	125 000
37	128	77	412	117	1 285	157	4 125	197	12 850	237	41 250	277	128 500
38	132	78	425	118	1 320	158	4 250	198	13 200	238	42 500	278	132 000
39	136	79	437	119	1 360	159	4 375	199	13 600	239	43 750	279	136 000

ICS 87.040
G 50

中华人民共和国国家标准

GB/T 9753—2007/ISO 1520:2006
代替 GB/T 9753—1988

色漆和清漆　杯突试验

Paints and varnishes—Cupping test

(ISO 1520:2006,IDT)

2007-09-11 发布　　2008-04-01 实施

中华人民共和国国家质量监督检验检疫总局
中国国家标准化管理委员会　发布

前言

本标准等同采用 ISO 1520:2006《色漆和清漆　杯突试验》(英文版)。

本标准代替 GB/T 9753—1988《色漆和清漆　杯突试验》。

本标准与前版 GB/T 9753—1988 的主要技术差异为:

——前版系等效采用 ISO 1520:1973;

——增加了精密度数据;

——提高了结果的评定精度。

本标准由中国石油和化学工业协会提出。

本标准由全国涂料和颜料标准化技术委员会归口。

本标准起草单位:中国化工建设总公司常州涂料化工研究院。

本标准主要起草人:陈刚。

本标准于 1988 年首次发布,本次为第一次修订。

本标准委托全国涂料和颜料标准化技术委员会负责解释。

色漆和清漆　杯突试验

1　范围

本标准规定了一个经验性的试验程序，评价色漆、清漆及有关产品的涂层在标准条件下经压陷逐渐变形后，其抗开裂或抗与金属底材脱离的性能。

本标准适用于单涂层或复合涂层体系，对复合涂层体系来讲，可对每一涂层分别进行试验或对整个体系进行试验。

可按如下规定的试验方法：

——按规定的压陷深度进行试验，按照是否符合特定要求而评定其“通过/不通过”；

——逐渐增加压陷深度，以测定涂层刚出现开裂或开始脱离底材时的最小深度。

2　规范性引用文件

下列文件中的条款通过本标准的引用而成为本标准的条款。凡是注日期的引用文件，其随后所有的修改单(不包括勘误的内容)或修订版均不适用于本标准，然而，鼓励根据本标准达成协议的各方研究是否可使用这些文件的最新版本。凡是不注日期的引用文件，其最新版本适用于本标准。

GB/T 3186—2006　色漆、清漆和色漆与清漆用原材料　取样(ISO 15528:2000,IDT)

GB/T 9271　色漆和清漆　标准试板(GB/T 9271—1988,eqv ISO 1514:1984)

GB/T 13452.2　色漆和清漆　漆膜厚度的测定(GB/T 13452.2—1992,eqv ISO 2808:1974)

GB/T 20777—2006　色漆和清漆　试样的检查和制备(ISO 1513:1992,IDT)

3　原理

受试产品或体系应在表面质地均匀一致的试板上制备成厚度均匀的涂膜。

在干燥/固化之后，首先将涂装好的试板放在两个环之间，即固定环和伸缩冲模之间，然后用半球形冲头以稳定的速率推动试板进入伸缩冲模内，使试板形成涂层朝外的圆顶形来测定漆膜的弹性。

这种变形增加到一个有关方商定的深度或直到涂层刚出现开裂或从底材上脱离为止，然后评定结果。

4　仪器

4.1　杯突试验仪：应符合图1所示的设计和尺寸，主要组成如下：

4.1.1　伸缩冲模：由表面淬火钢做成，且接触试板的表面是抛光面。

4.1.2　固定环：接触试板的表面是抛光平面，且平行于冲模的接触面。

4.1.3　冲头：接触试板的部分由淬火抛光钢制成，且是直径为 20 mm 的半球形。

最好是采用机械驱动冲头，但只要能达到标准试验条件(见第7章)，手工操作设备也是可以的。

试验期间，冲头应防止转动并且球面的中心位置偏离冲模的轴线不能超过 0.1 mm。试验期间冲头应以 0.1 mm/s～0.3 mm/s 的稳定速度移动。

当半球形的顶部处于零位时，应与固定环接触试板的面在同一平面上，且应在冲模孔的中心。

4.1.4　测量装置，能测量由冲头得到的压陷深度，精确到 0.1 mm，及试板厚度，精确到 0.01 mm。

4.2　显微镜或放大镜。最好放大倍数扩大到10倍，可以选择在试板变形期间或变形后观察试板。

单位为毫米

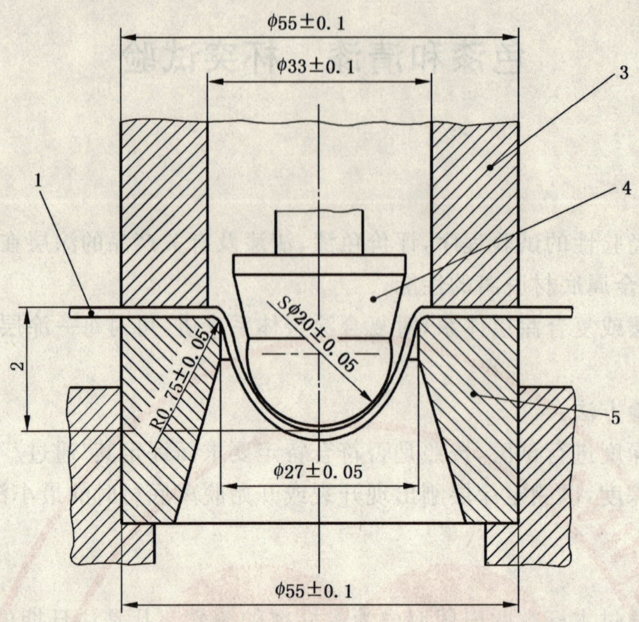

1——试板；
2——压陷深度；
3——固定环；
4——冲头及球；
5——冲模。

图 1 杯突试验仪

5 取样

按 GB/T 3186—2006 的规定，取受试产品（或复合涂层体系中的每个产品）的代表性样品。

按 GB/T 20777—2006 的规定，检查和制备试验样品。

6 试板

6.1 底材

除另有规定，按 GB/T 9271 中规定并根据实际用途选择底材。

试板应平整及没有变形，并且在进行杯突试验时不会开裂。

注：如果在涂层开裂或脱离底材前，底材本身就出现开裂，本次试验结果可以报为优于引起底材开裂的压陷深度。

6.2 尺寸

试板应成长方形，且符合下述尺寸，

——厚度：不小于 0.3 mm 且不大于 1.25 mm[规定用千分尺（见 4.1.4）测量，精确到 0.01 mm]；

——宽度和长度：两次试验应在一块长条板或两块单独的试板上进行。试验的压陷中心离任何一个边应不少于 35 mm，并且任何两个中心之间的距离最小为 70 mm。试板可以在涂装好并固化后裁成合适的尺寸，要保证没有变形发生。

6.3 处理和涂装

除非另外商定，按 GB/T 9271 的规定处理每一块试板，然后按规定的方法涂装受试产品或体系。

6.4 干燥和状态调节

将涂装好的试板在标准规定的条件下干燥（或烘烤）并放置规定的时间。除非另外商定，试验前，试板应在温度为（23±2）℃和相对湿度为（50±5）%的条件下至少调节 16 h。

6.5 涂层厚度

用 GB/T 13452.2 中规定的一种方法测定涂层的干膜厚度，以 μm 计。

7 操作步骤

7.1 试验条件

除非另外商定，应在温度为(23±2)℃和相对湿度为(50±5)%条件下(可参见 GB/T 9278)进行两次重复测试。

7.2 测定涂层是否通过规定的单一压陷深度的程序

7.2.1 按下列程序进行两次重复测定(如果结果不同，应再进行补充试验)。

7.2.2 将试板牢固地固定在固定环(4.1.2)和伸缩冲膜(4.1.1)之间，不施加额外压力，涂层面向冲模，并使冲头(4.1.3)半球形的顶端刚好与试板未涂漆的一面接触(冲头处于零位)。调整试板直至冲头的中心轴线与试板的交点离试板边缘至少相距 35 mm 为止。

7.2.3 将冲头的半球形顶端以每秒 0.1 mm～0.3 mm 的恒速推向试板，直至达到规定深度，即冲头从零位开始已移动的距离。

7.2.4 用校正过的正常视力或如果需要可采用显微镜或 10 倍放大镜(4.2)检查试板的涂层是否开裂及从底材上脱离。

如果使用显微镜或放大镜，则必须在试验报告中加以说明，以免与仅采用正常视力观察得到的结果进行错误比较。

7.3 测定引起破坏的最小压陷深度的程序

除另有规定，按照 7.2 所规定的程序测试试板，直至用经校正的正常视力，或者，如果需要，用显微镜或 10 倍放大镜观察到涂层表面首次出现开裂和/或涂层开始从底材脱离为止。

将冲头停在该点并测量压陷深度(见图 1)，精确到 0.1 mm，即冲头从零位所移动的距离。用一块新试板重复测定来确认其结果(如果结果不同，需再进行测定)。

8 补充试验条件

为使本方法能正常进行，除了前面章节中规定的内容外，还需规定下列补充信息：

a) 底材的材料、尺寸和表面处理；

b) 受试涂料施涂于底材的方法；

c) 试验前，涂层干燥(或烘烤)和放置(如适用)的时间和条件；

d) 干涂层的厚度(以 μm 计)及所采用的测量方法以及是单一涂层还是多涂层体系；

e) 试验时的温度和湿度。

9 结果的表示

试验结果按下述方式之一报告：

——涂层是否能通过规定的压陷深度；

——或是涂层所能通过的最大压陷深度，结果以两次平行测定试验一致的值表示，精确到0.1 mm。

10 精密度

10.1 重复性限值 *r*

在重复性条件下使用本方法(即同一操作者在同一实验室在较短的时间间隔内采用标准试验方法对相同材料进行测试所得到的结果)所得到的两个单一试验结果的绝对差值(每个试验结果都是两次重复测定的平均值)低于重复性限值 *r* 时认为是值得信赖的。对于本方法当概率为 95%时 *r* 为±1 mm。

10.2 再现性限值 *R*

在再现性条件下使用本方法(即不同操作者在不同实验室采用标准试验方法对相同材料进行测试所得到的结果)所得到的两个试验结果的绝对差值(每个试验结果都是两次重复测定的平均值)低于再现性限值 R 时认为是值得信赖的。对于本方法当概率为 95%时 R 为±2 mm。

11 试验报告

试验报告应至少包括下列内容：

a) 完全识别受试产品所必要的全部细节(生产商、商标、批号)；

b) 注明本标准编号；

c) 第 8 章所涉及的补充资料的条文；

d) 第 8 章所涉及的补充资料的来源；

e) 试验结果，按第 9 章表示；

f) 注明缺陷深度结果的评定是使用校正后的正常视力还是显微镜或放大镜，如果使用显微镜或放大镜，注明使用时放大倍数设定值；

g) 使用手工操作还是机械驱动的仪器；

h) 与规定的试验方法的任何不同之处；

i) 试验过程中观察到的任何不寻常的特征(反常)；

j) 试验日期。

参 考 文 献

GB/T 9278 色漆、清漆及其原材料 试验和状态调节的温湿度(GB/T 9278—1988,eqv ISO 3270:1984,Paints and varnishes and their raw materials—Temperatures and humidities for conditioning and testing)

ICS 87.040
G 50

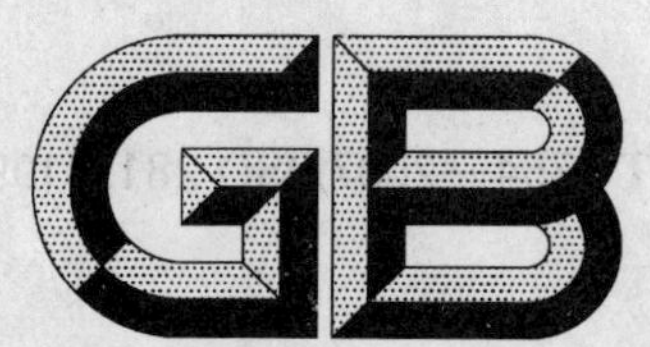

中华人民共和国国家标准

GB/T 9754—2007/ISO 2813:1994
代替 GB/T 9754—1988

色漆和清漆 不含金属颜料的色漆漆膜的20°、60°和85°镜面光泽的测定

Paints and varnishes—Determination of specular gloss of non-metallic paint films at 20°,60°and 85°

(ISO 2813:1994,IDT)

2007-09-11 发布 2008-04-01 实施

中华人民共和国国家质量监督检验检疫总局
中国国家标准化管理委员会 发布

前　言

本标准等同采用ISO 2813:1994《色漆和清漆　不含金属颜料的色漆漆膜的20°、60°和85°镜面光泽的测定》(英文版)。

本标准代替GB/T 9754—1988《色漆和清漆　不含金属颜料的色漆漆膜的20°、60°和85°镜面光泽的测定》。

国际标准ISO 2813:1994技术修改单1中有关技术勘误的内容已包括在本标准中,这些勘误内容用垂直双线标识在它们所涉及的条款的页边空白处。

为便于使用,对于ISO 2813:1994做了下列编辑性修改:

——本标准删除了国际标准的前言;

——在9.2零点校验中,增加了对于带自动稳零功能的光泽计,可省略零点校验步骤的注;

——9.3中采用了更为严格的仅用第二个工作参照标准进行线性度校核的方法规定。

本标准与前版GB/T 9754—1988的主要技术差异为:

——前版系等效采用ISO 2813:1978;

——85°几何条件由适于60°镜面光泽低于30单位的漆膜改为低于10单位的漆膜;

——块状涂布器槽深由(100±2)μm改为(150±2)μm;

——光泽计的几何条件、光源像孔的角度和相关尺寸的精度有所提高;

——原始参照标准增加了至少每两年校验一次的要求;

——增加零参照标准的内容;

——增加零点校验的内容;

——重复性、再现性的规定改为不同的测试角度其测量重复性与再现性不同;

——增加了附录A、附录B。

本标准的附录A为规范性附录,附录B为资料性附录。

本标准由中国石油和化学工业协会提出。

本标准由全国涂料和颜料标准化技术委员会归口。

本标准起草单位:中国化工建设总公司常州涂料化工研究院。

本标准主要起草人:吴璇。

本标准于1988年首次发布,本次为第一次修订。

本标准委托全国涂料和颜料标准化技术委员会负责解释。

色漆和清漆　不含金属颜料的色漆漆膜的 20°、60°和 85°镜面光泽的测定

1　范围

1.1　本标准是有关色漆、清漆及相关产品的取样和试验的系列标准之一。

本标准规定了用反射计以 20°、60°或 85°几何条件测定色漆漆膜的镜面光泽的试验方法。本方法不适用于含金属颜料色漆漆膜的光泽测量。

a)　60°几何条件适用于所有的漆膜，但是对于很高光泽和接近无光的漆膜，20°或 85°也许更适用。

b)　20°几何条件（使用较小的接收器孔）在对高光泽漆膜（即 60°镜面光泽高于 70 单位的漆膜）的情况能给出更好的分辨率。

c)　85°几何条件在对低光泽漆膜（即 60°镜面光泽低于 10 单位的漆膜）的情况能给出更好的分辨率。

注 1：对于同一系列的测量应该保持统一的几何条件，即使其不在所建议的几何条件范围内。

注 2：在某些情况下，镜面光泽的测定值可能会与目视评定不一致。

2　规范性引用文件

下列文件中的条款通过本标准的引用而成为本标准的条款。凡是注日期的引用文件，其随后所有的修改单（不包括勘误的内容）或修订版均不适用于本标准，然而，鼓励根据本标准达成协议的各方研究是否可使用这些文件的最新版本。凡是不注日期的引用文件，其最新版本适用于本标准。

GB/T 3186—2006　色漆、清漆和色漆与清漆用原材料　取样（ISO 15528:2000，IDT）

GB/T 13452.2　色漆和清漆　漆膜厚度的测定（GB/T 13452.2—1992，eqv ISO 2808:1974）

GB/T 20777—2006　色漆和清漆　试样的检查和制备（ISO 1513:1992，IDT）

3　术语和定义

本标准采用下列术语和定义：

3.1

镜面光泽　specular gloss

对于规定的光源和接收器角，从物体镜面方向反射的光通量与从折光指数为 1.567 的玻璃镜面方向反射的光通量之比。

注：为了确定镜面光泽的标度，折光指数为 1.567 的抛光黑玻璃被赋予 20°、60°和 85°几何条件时的镜面光泽值 100。

4　需要的补充资料

对于任一特定的应用而言，本标准规定的试验方法需要用补充资料来完善。补充资料的内容在附录 A 中列出。

5　仪器

普通实验室仪器和玻璃器皿及下列仪器：

5.1　**试验用底材**（供液体漆样的场合）

底材应是镜面质量的玻璃，厚度为 3 mm，尺寸为 150 mm×100 mm。玻璃最小尺寸至少应等于光

照区域的长度。

注：虽然所写的方法限于测试色漆，但使用黑玻璃或使用背面及四周边是粗糙的并涂覆黑漆的透明玻璃作为底材时，也可测试透明清漆。

5.2 漆膜涂布器

槽深为(150±2)μm 的块状涂布器，或采用其他施涂方法。

注：块状涂布器可产生约为 75 μm 厚的湿膜。

5.3 光泽计

光泽计应有光源、透镜（使平行光束射向受试表面）和接收器机体（包含透镜、视场光阑和接收所需反射光锥的光电池）所组成。光泽计应有下列特性。

a) 几何条件

入射光束的轴线对受试表面的法线成 20°±0.1°、60°±0.1°或 85°±0.1°（见表 1）。接收器的轴线应与入射光束轴线的镜像相重合，其偏差在±0.1°之内。但用一块平坦的抛光黑玻璃或正面反射镜放在试板位置时，光源的像应在接收器视场光阑（接收器窗）的中心处形成（见图 1，对必要特点的说明）。为了保证把整个表面平均起来，试板的光照区域的宽度应显著地大于可能的表面结构：通常可接受的宽度值是 10 mm。

光源像、接收器孔径和有关的容限，应如表 1 所示。接收器时视场光阑的角度尺寸应从接收器透镜来测量。

表 1 光源像和接收器孔的角度与相关尺寸

参 数	在测量平面[a]			垂直于测量平面		
	角 σ[b]	$2\tan\sigma/2$	相关尺寸	角 σ[b]	$2\tan\sigma/2$	相关尺寸
光源像孔	0.75°±0.1°	0.0131±0.0018	0.171±0.023	2.5°±0.1°	0.0436±0.0018	0.568±0.023
接收器孔（20°几何条件）	1.80°±0.05°	0.0314±0.0009	0.409±0.012	3.6°±0.1°	0.0629±0.0018	0.819±0.023
接收器孔（60°几何条件）	4.4°±0.1°	0.0768±0.0018	1.000±0.023	11.7°±0.2°	0.2049±0.0035	2.668±0.046
接收器孔（85°几何条件）	4.0°±0.3°	0.0698±0.0052	0.909±0.068	6.0°±0.3°	0.1048±0.0052	1.365±0.068

a 在 60°几何条件测量平面的接收孔径被取为 1。

b 光源像孔径角：σ_S 接收器孔径角：σ_B。

b) 接收器处的滤光

接收器处的滤光应以这样的方式进行，使得滤光器的透光度 $\tau(\lambda)$ 按下列公式给出。

$$\text{滤光器的透光度}\ \tau(\lambda) = K\frac{V(\lambda)\cdot Sc(\lambda)}{S(\lambda)\cdot Ss(\lambda)}$$

式中：

$V(\lambda)$——CIE 适光的发光效率；

$Sc(\lambda)$——CIE 标准照明体 C 的光谱功率分布；

$S(\lambda)$——接收器的光谱灵敏度；

$Ss(\lambda)$——照明光源的光谱功率分布；

K——标定常数。

注：已选定的容限，是使光源和接收器孔的误差在 100 单位标度的任一点上不会产生大于 1 个光泽单位的读数误差（见 5.4.1）。

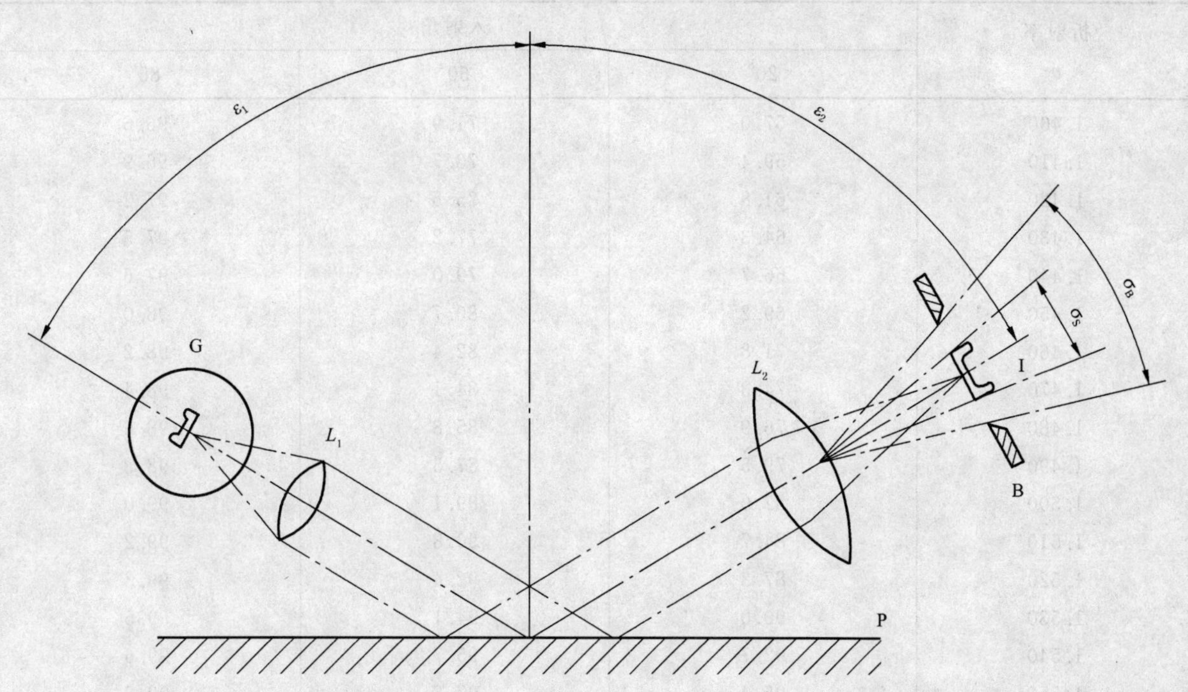

G:灯;L_1 和 L_2:透镜;B:接收器视场光阑;P:漆膜;入射角 ε_1=反射角 ε_2;σ_B:接收器孔径角;σ_S:光源像孔径角;I:灯丝像。

图 1 光泽计原理图(通过测量平面截切图)

作为过渡期,通过商定也可使用 CIE 标准照明体 A。这应在试验报告中说明。

c) 晕映

处于 5.3.a)中规定的视场角范围内应无光线的晕映。

d) 接收器计量仪

接收器计量仪应给出与通过接收器视场光阑光通量成正比的读数,误差不超过满刻度的 1%。

注:通常使用的接收器计量仪构造是用阻挡层光电池与高阻检流计连接起来的。这样存在因电流表的输出是明显非线性所造成的缺点,但是通过在光电池和检流计之间连接一个低输入阻抗的电子放大器就能克服这一缺点。

此外,仪器应当有一个能使光电池电流调节到仪器标度上任何愿望值的灵敏度控制器。

5.4 参照标准

5.4.1 原始参照标准

原始参照标准应是高度抛光的石英玻璃或黑玻璃,其上表面是平整的,用光学干涉法测量时,每厘米不能超过两个干涉条纹。

注:原始参照标准不用于光泽计的日常校准。

用波长 587.6 nm 单色光测量时折射率为 1.567 的玻璃应赋予镜面光泽值为 100。如果这种折射率的玻璃不能得到,则需进行校正。各种不同折射率的抛光石英玻璃和黑玻璃以三种入射角给出的镜面光泽值列于表 2。

原始标准可能出现老化,所以至少每年校验 1 次,这尤其适用于黑玻璃。如果出现老化破坏,通过用氧化铈进行光学抛光,可以使原始光泽恢复。

注 1:浮法玻璃最易得到所要求的平整度。但这种玻璃不适于做原始参照标准用,因为该种玻璃的整体折射率不同于其表面的折射率。最好使用其他工艺制造的光学平板玻璃,或者去除浮法玻璃的表面然后再抛光到光学的平整度。

注 2:折射率应最好用阿贝(Abbe)折射仪来测定。

注 3:如果需要原始参照标准的绝对反射率,则可利用弗莱斯纳(Fresnel)公式,将该原始标准的折射率代入公式。

表 2 抛光黑玻璃的镜面光泽值

折射率 n	入射角		
	20°	60°	85°
1.400	57.0	71.9	96.6
1.410	59.4	73.7	96.9
1.420	61.8	75.5	97.2
1.430	64.3	77.2	97.5
1.440	66.7	79.0	97.6
1.450	69.2	80.7	98.0
1.460	71.8	82.4	98.2
1.470	74.3	84.1	98.4
1.480	76.9	85.8	98.6
1.490	79.5	87.5	98.8
1.500	82.0	89.1	99.0
1.510	84.7	90.8	99.2
1.520	87.3	92.4	99.3
1.530	90.0	94.1	99.5
1.540	92.7	95.7	99.6
1.550	95.4	97.3	99.8
1.560	98.1	98.9	99.9
1.567[a]	100.0[a]	100.0[a]	100.0[a]
1.570	100.8	100.5	100.0
1.580	103.6	102.1	100.2
1.590	106.3	103.6	100.3
1.600	109.1	105.2	100.4
1.610	111.9	106.7	100.5
1.620	114.3	108.4	100.6
1.630	117.5	109.8	100.7
1.640	120.4	111.3	100.8
1.650	123.2	112.8	100.9
1.660	126.1	114.3	100.9
1.670	129.0	115.8	101.0
1.680	131.8	117.3	101.1
1.690	134.7	118.8	101.2
1.700	137.6	120.3	101.2
1.710	140.5	121.7	101.3
1.720	143.4	123.2	101.3
1.730	146.4	124.6	101.4
1.740	149.3	126.1	101.4
1.750	152.2	127.5	101.5
1.760	155.2	128.9	101.5
1.770	158.1	130.4	101.6
1.780	161.1	131.8	101.6
1.790	164.0	133.2	101.6
1.800	167.0	134.6	101.7

a 原始参照标准。

5.4.2 工作参照标准

工作参照标准可以是瓷砖、搪瓷、不透明玻璃、抛光黑玻璃或具有均匀光泽的其他材料，但它们应有良好的平整度，且已对照原始参照标准在给定区域范围和给定照光方向进行过校准。工作参照标准应该均匀、稳定，并应由计量部门校核过。具有各种几何条件的光泽计应至少配备二块工作参照标准（工作光泽板），一块为高光泽度板，另一块为中或低光泽度板。

工作参照标准应通过与原始标准比较来定期校准。

5.4.3 零参照标准

为了校验反射计的零点，应使用适当的标准（例如一个黑盒子的黑丝绒、黑毡）。

6 取样

按 GB/T 3186—2006 的规定，取受试产品（或多涂层体系中的每个产品）的代表性样品。

按 GB/T 20777—2006 的规定，检查和制备试验样品。

7 涂漆底材的取样

如果可行，取平面的涂漆底材，尺寸至少为 150 mm×100 mm。

注：用本标准中规定的方法测量光泽，只有在有良好平整度表面上进行才有意义，底材的任何弯曲或局部不平整都会影响试验的结果。

8 试板的制备

8.1 液状漆样

8.1.1 试验漆膜的制备

通过规定或商定的涂漆方法，例如刷涂、滚涂或喷涂（见第 4 章和附录 A），最好是使用该漆通常使用的一种方法来施涂试验漆膜，并制得通常使用的漆膜厚度。

如果没有规定或商定的方法，以及在有争议的情况下，按下列方式进行操作：

施涂前充分搅拌试样，以破坏任何可能的触变性结构，但不能在漆中带入空气泡。在经过脱脂处理的玻璃板的一端放上约 2 mL 漆，横铺成一道线，用漆膜涂布器（5.2）以固定的压力，约 100 mm/s 的速度进行刮涂，形成平整的漆膜。在温度为（23±2）℃和相对湿度为（50±5）%的条件下干燥（或烘干）规定的时间，测试前在同样温度和相对湿度下至少调节 16 h，而不能曝露在阳光下。

8.1.2 厚度测量

用 GB/T 13452.2 规定的一种方法测定涂层的厚度，以微米计。

8.2 在底材上的漆膜

8.2.1 总则

对于可见的刷痕、高起的木纹或类似的规则的纹理，其方向应平行于光泽计的入射和反射光构成的平面。

8.2.2 厚度测量

用 GB/T 13452.2 规定的方法之一测定涂层的厚度，以微米计。

9 光泽计的校准

9.1 仪器的准备

在每个操作周期的开始和测量操作过程中要常以足够的间隔来校准仪器，以保证仪器灵敏度基本上是恒定的。

9.2 零点校验

使用零参照标准(5.4.3)校验标度的零点。如果读数不在零的±0.1范围内,则从以后的各测量读数中减去零读数。

注:对于带自动稳零功能的光泽计,可以省略此零点校验的步骤。

9.3 校准

用镜面光泽接近于100的工作参照标准,在指针处于标度上半部时,将光泽计调节至准确值。

接着取第二个(较低的)工作参照标准,以同样的控制调节位置进行测量。如果读数在准确值的1个标度分度之内,则5.3的比例性要求被满足,可进行试验,但是如果该读数超出了规定的容限,则光泽计应由制造商进行调整,或者按制造商的说明书进行调节,并重复校准操作,直至工作参照标准能以要求的精度进行测量。但在每次测定之前都应进行校准的核定。

10 程序

10.1 对液态漆的漆膜光泽测量

光泽计校准后,对玻璃板上试验漆膜在不同位置,以平行于施涂方向取得3个读数,每一系列测试后都以较高光泽的工作参照标准进行校验,以保证校准过程中无漂移。如果各读数之差小于5个光泽单位,则记录平均值作为镜面光泽值;否则再读取另3个读数,并记录全部6个值的平均值和这6个值的范围。

对于非玻璃底材上漆膜的测量,取6个读数(在两个成直角的每一方向各取3个),并记录平均值和这些值的范围。在每3个读数取得之后都校验较高光泽的工作参照标准的读数,以保证仪器未发生漂移。

10.2 对涂漆底材光泽的测量

按10.1进行测量,在涂漆表面上的不同部位,或不同方向(漆膜有方向性纹理的情况如刷痕除外)取6个读数。在3个读数后校验较高光泽的工作参照标准的读数,以保证仪器未漂移。计算平均值。如果极大值和极小值之间的偏差小于10个单位或平均值的20%,则记录该平均值和这些值的范围。否则,应舍弃该试板。

11 精密度(只适用于玻璃板上的漆膜)

11.1 重复性

同一操作者在同一实验室内使用标准试验方法,在一个短的时间间隔里对在玻璃板上漆膜测得的两组(各3个读数的平均值)之差的绝对值低于1个单位(60°和85°几何条件)和2个单位(20°几何条件)时,可以认为有95%的置信水平。

11.2 再现性

不同操作者在不同实验室内使用标准试验方法,对在玻璃板上同一产品的漆膜测得的分别两组(各三个读数的平均值)之差的绝对值若低于6、4和7个单位(分别对20°、60°和85°几何条件),则可以认为有95%的置信水平。

某些类型的色漆,尤其是半光色漆,镜面光泽对干燥条件和漆膜制备方法的变化是敏感的。因此,对这些液态色漆进行试验得到的再现性会比上面规定的再现性要差一些。在有争议的情况下,当镜面光泽测量值之差大于10%时,则应在实验室间交换各制备的漆膜进行试验。

12 试验报告

试验报告至少应包括下列内容:

a) 识别受试产品所必要的全部细节;

b） 注明本标准编号(GB/T 9754)；

c） 附录 A 涉及的补充内容的项目；

d） 注明为提供 c)项中涉及内容而参照的国际标准、国家标准、产品规格或其他文件；

e） 所用的入射角度；

f） 按第 10 章所指出的试验结果；

g） 与规定的试验方法的任何不同之处；

h） 试验日期。

附 录 A
（资料性附录）
需要的补充资料

为了使方法能够进行，应适当提供本附录中所列补充资料的项目。

所需要的资料最好由有关方商定，可以全部或部分地取自与受试产品有关的国际标准、国家标准或其他文件。

a） 底材的材料、厚度和表面处理；

b） 试验涂料施涂于底材的方法；

注：刷涂施工能导致光泽读数的可变性。

c） 试验前，涂层干燥（或烘干）和养护（如适用）的时间和条件；

d） 干涂层的厚度（以微米计），按 GB/T 13452.2 的测量方法，以及它是单一涂层还是复合涂层体系。

附 录 B
（资料性附录）
参 考 文 献

下列标准包括了有关含金属颜料色漆漆膜材料的镜面光泽测定的有用信息。

［1］ ISO 7668:1986 阳极化铝和铝合金　20°、45°、60°或 85°角镜面反射率和镜面光泽的测量。

ICS 21.220.30
J 18

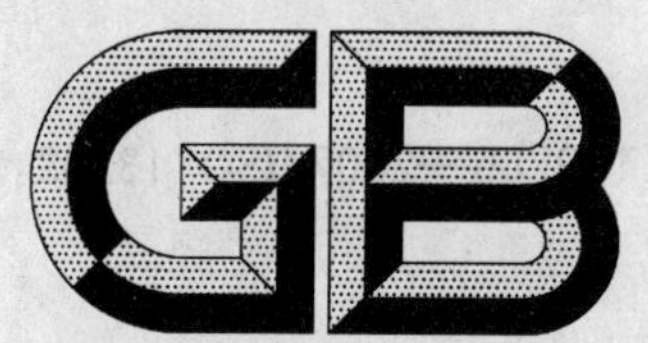

中华人民共和国国家标准

GB/T 9785—2007/ISO 13203:2005
代替 GB/T 9785—1988

链条链轮术语

Chains, sprockets and accessorie—List of equivalent terms

(ISO 13203:2005, IDT)

2007-04-18 发布　　2007-11-01 实施

中华人民共和国国家质量监督检验检疫总局
中国国家标准化管理委员会　发布

前言

本标准等同采用国际标准 ISO 13203:2005《链条链轮术语》。

为便于使用，本标准做了如下编辑性修改：

——在第 2 章术语表的“标准编号”一栏中，增加等同采用相应国际标准的我国标准编号；

——在参考文献的“标准编号”一栏中，以等同采用相应国际标准的双编号形式代替原国际标准编号。

本标准代替 GB/T 9785—1988《链条、链轮术语》。

本标准与 GB/T 9785—1988 相比主要内容变化如下：

——删除了原标准中有关学术性、理论性和概念性术语及所涉及词条的所有解释性文字；

——原标准的术语是按链条和链轮分类，本标准的术语是按链条的结构和用途、链条零件、链轮以及和链传动装置相关的辅件来分类；

——原标准的术语词条仅有中文和英文，本标准增加了法文和德文的术语词条；

——本标准增加了参考文献，以及中文(以汉语拼音为序)、英文、法文和德文的索引。

本标准由中国机械工业联合会提出。

本标准由全国链传动标准化技术委员会归口。

本标准负责起草单位：吉林大学(原吉林工业大学)。

本标准参加起草单位：杭州东华链条集团有限公司、诸暨市滚子链条制造有限公司、青岛征和工业有限公司、杭州西林链条制造有限公司、浙江八方机械有限公司。

本标准主要起草人：孟祥宾、张世强、何新德、金玉漠、马锦华、夏国利。

本标准参加起草人：叶斌、赵锡岳、付振明、田强、沈哲文。

本标准由全国链传动标准化技术委员会负责解释。

本标准所代替标准的历次版本发布情况为：

——GB/T 9785—1988。

链条链轮术语

1 范围

本标准确定了由中文、英文、法文、德文组成的链条链轮术语，术语按产品的设计和用途分类，内容涉及各类用途的机械链条、附件、辅件和链轮。对所列术语未作定义。

本标准适用于在ISO标准中规定的链条和零件，也适用于许多特殊用途的非标链条和链轮。标准中所列词汇都配以相应图形对照说明。

2 术语

2.1 链条——根据结构命名 Chains named according to their construction

2.1.1 滚子链条 Roller chains

序号	术语	标准编号	参考图
2.1.1.1	短节距滚子链条 **Short pitch roller chain** **Chaîne à rouleaux à pas court** **Kurzgliedrige Rollenkette**	GB/T 1243 ISO 606	
2.1.1.1.1	单排滚子链条 **Simplex roller chain** **Chaîne simple à rouleaux** **Einfach-Rollenkette**	GB/T 1243 ISO 606	
2.1.1.1.2	双排滚子链条 **Duplex roller chain** **Chaîne double à rouleaux** **Zweifach-Rollenkette**	GB/T 1243 ISO 606	
2.1.1.1.3	三排滚子链条 **Triplex roller chain** **Chaîne triple à rouleaux** **Dreifach-Rollenkette**	GB/T 1243 ISO 606	
2.1.1.1.4	多排滚子链条 **Multiplex roller chain** **Chaîne multiple à rouleaux** **Mehrfach-Rollenkette**	GB/T 1243 ISO 606	

序　号	术　　语	标准编号	参　考　图
2.1.1.2	双节距滚子链条 **Double pitch roller chain** **Chaîne à rouleaux à pas double** **Langgliedrige Rollenkette**	GB/T 5269 ISO 1275	
2.1.1.3	S 型和 C 型农用滚子链条 **Type S or C agricultural roller chain** **Chaîne à rouleaux type S ou C（dite chaîne agricole）** **Rollenkette Form S oder C für Landmaschinen**	GB/T 10857 ISO 487	
2.1.1.4	弯板链条 **Cranked link chain** **Chaîne à maillons coudés** **Rotarykette**	GB/T 5858 ISO 3512	
2.1.1.5	带附件滚子链条 **Roller chain with attachments** **Chaîne à rouleaux avec plaques-attaches** **Rollenkette mit Befestigungslaschen und verlängerten Bolzen**	GB/T 1243 ISO 606 GB/T 5269 ISO 1275 GB/T 10857 ISO 487	
2.1.1.6	空心销轴滚子链条 **Hollow pin roller chain** **Chaîne à rouleaux à axes creux** **Rollenkette mit Hohlbolzen**	—	
2.1.1.7	侧弯滚子链条 **Side bow roller chain** **Chaîne à rouleaux à flexion latérale** **Seitenbogenkette**	—	R

2.1.2 套筒链条 Bush chain

序 号	术 语	标准编号	参 考 图
2.1.2.1	套筒链条 **Bush chain** **Chaîne à douilles** **Buchsenkette**	GB/T 1243 ISO 606	

2.1.3 输送链条 Conveyor chain

序 号	术 语	标准编号	参 考 图
2.1.3.1	实心销轴输送链条 **Solid pin conveyor chain** **Chaîne de manutention à axes pleins** **Förderkette mit Vollbolzen**	GB/T 8350 ISO 1977	
2.1.3.2	空心销轴输送链条 **Hollow pin conveyor chain** **Chaîne de manutention à axes creux** **Förderkette mit Hohlbolzen**	GB/T 8350 ISO 1977	
2.1.3.3	双节距输送链条 **Double pitch conveyor chain** **Chaîne à pas double pour manutention** **Langgliedrige Rollenkette für Förderzwecke**	GB/T 5269 ISO 1275	
2.1.3.4	加高链板输送链条 **Deep link conveyor chain** **Chaîne de manutention à plaques déportées** **Förderkette mit Traglaschen**	GB/T 8350 ISO 1977	
2.1.3.5	并排输送链条 **Twin strand conveyor chain** **Chaîne de manutention en nappe（ou en tablier）** **Zweistrang-Förderkette**	—	

序　号	术　　语	标准编号	参　考　图
2.1.3.6	外置滚轮输送链条 **Conveyor chain with outboard rollers** **Chaîne de manutention avec galets extérieurs** **Förderkette mit AuBenrollen**	—	
2.1.3.7	组合输送链条 **Combination conveyor chain** **Chaîne de manutention à maillons intérieurs moulés** **Kette mit gegossenem Innenglied**	—	

2.1.4　多板链条　**Multiplate chains**

序　号	术　　语	标准编号	参　考　图
2.1.4.1	板式链条 **Leaf chain** **Chaîne à mailles jointives** **Flyerkette**	GB/T 6074 ISO 4347	
2.1.4.2	多板销轴链条 **Galle chain** **Chaîne galle** **Gallkette**	—	
2.1.4.3	齿形链条(无声链条) **Inverted tooth chain(silent chain)** **Chaîne à dents (chaîne ilencieuse)** **Zahnkette**	GB/T 10855	

2.1.5 其他结构链条 Other chains

序号	术语	标准编号	参考图
2.1.5.1	平顶链条 **Flat top chain** **Chaîne charnière** **Scharnierbandkette**	GB/T 4140 ISO 4348	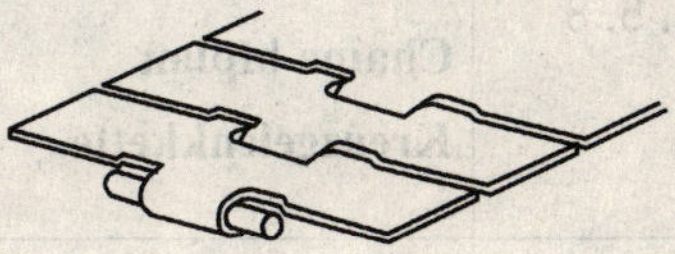
2.1.5.2	月牙板输送链条 **Crescent chain** **Chaîne à écailles de carrousel** **Rollenkette mit halbmondförmiger Tragplatte**	—	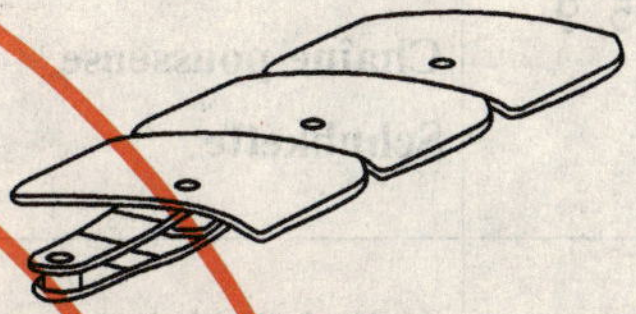
2.1.5.3	易拆方框链条 **Detachable link chain** **Chaîne à maillons détachables** **Zerlegbare Gelenkkette**	—	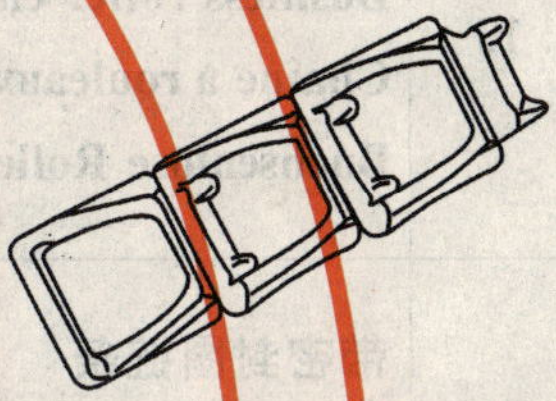
2.1.5.4	块式链条 **Block chain** **Chaîne à blocs** **Blockkette**	—	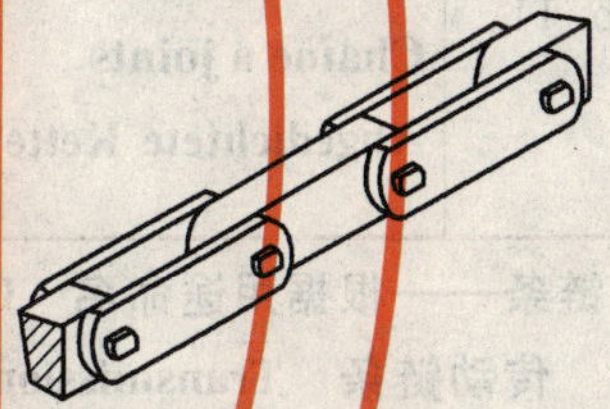
2.1.5.5	模锻易拆链条 **Drop forged rivetless chain** **Chaîne à maillons forgés non rivés** **Steckkette**	GB/T 17482 ISO 6973	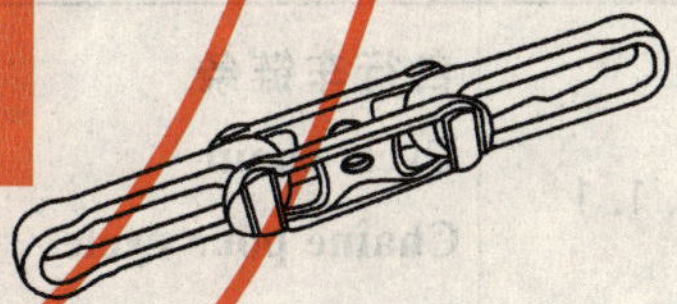
2.1.5.6	销合链条 **Pintle chain** **Chaîne à maillons moulés** **Bolzenkette**	—	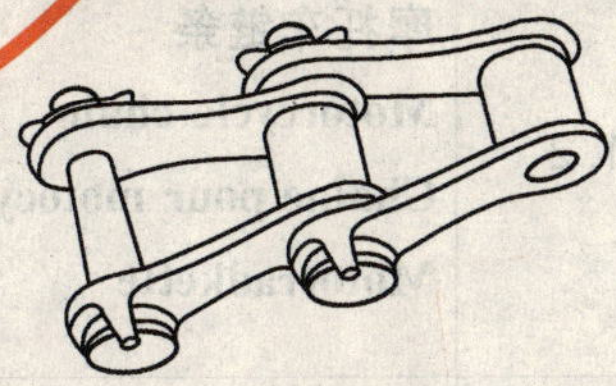
2.1.5.7	组合刮板链条 **Drag chain** **Chaîne à racloirs** **Schleppkette**	GB/T 19927 ISO 6971	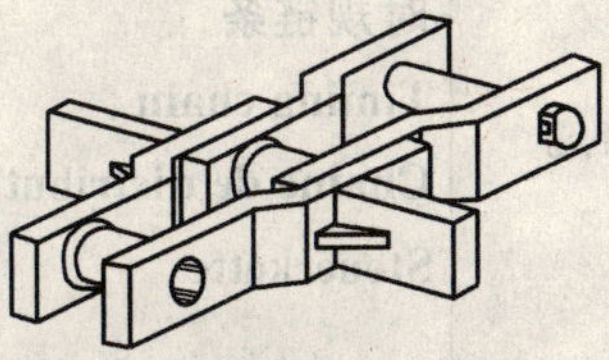

序号	术语	标准编号	参考图
2.1.5.8	十字节链条 **Biplanar chain** **Chaîne biplan** **Kreuzgelenkkette**	—	
2.1.5.9	推式链条 **Pusher chain** **Chaîne pousseuse** **Schubkette**	—	
2.1.5.10	整体内节链条 **Bushless roller chain** **Chaîne à rouleaux sans douille** **Buchsenlose Rollenkette**	—	
2.1.5.11	带密封圈链条 **Sealed chain** **Chaîne à joints** **Abgedichtete Kette**	—	

2.2 链条——根据用途命名 **Chains named according to their application**

2.2.1 传动链条 **Transmission chains**

序号	术语	标准编号	参考图
2.2.1.1	自行车链条 **Cycle chain** **Chaîne pour cycle** **Fahrradkette**	GB/T 3579 ISO 9633	
2.2.1.2	摩托车链条 **Motorcycle chain** **Chaîne pour motocycle** **Motorradkette**	GB/T 14212 ISO 10190	
2.2.1.3	时规链条 **Timing chain** **Chaîne de distribution** **Steuerkette**	—	

序 号	术 语	标准编号	参 考 图
2.2.1.4	拨块驱动链条 Caterpillar drive chain Chaîne Caterpillar Caterpillar-Antriebskette	—	
2.2.1.5	农机链条 Agricultural chain Chaîne agricole Landmaschinenkette	GB/T 10857 ISO 487	

2.2.2 输送链条 Conveyor chains

序 号	术 语	标准编号	参 考 图
2.2.2.1	自动扶梯梯级链条 Escalator step chain Chaîne pour escalier mécanique Fahrtreppenkette	—	
2.2.2.2	糖机链条(输蔗机链条) Sugar mill chain (cane carrier chain) Chaîne pour sucreries (chaîne pour transporteur de canne) Kette für die Zuckerindustrie (Zuckerrohr-Förderkette)	—	
2.2.2.3	糖机链条(榨糖机链条) Sugar mill chain (intermediate carrier chain) Chaîne pour sucreries (chaîne pour transporteur intermédiaire) Kette für die Zuckerindustrie (Kratzband-Förderkette)	—	

序　号	术　　语	标准编号	参　考　图
2.2.2.4	糖机链条(刮渣链条) Sugar mill chain (bagasse carrier chain) Chaîne pour sucreries (chaîne pour transporteur de bagasse) Kette für die Zuckerindustrie (Bagasse-Förderkette)	—	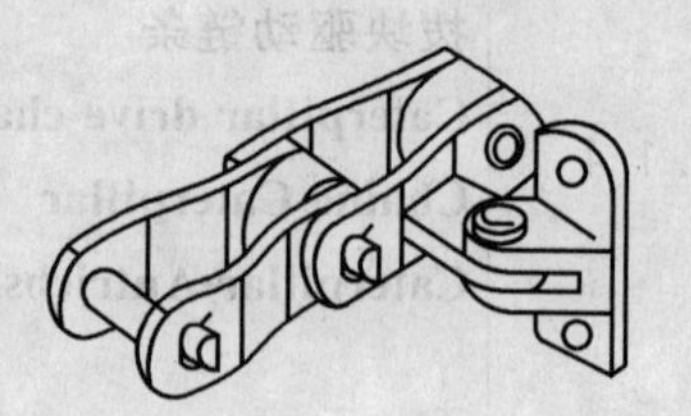
2.2.2.5	农机链条 Agricultural chain Chaîne agricole Landmaschinenkette	GB/T 10857 ISO 487	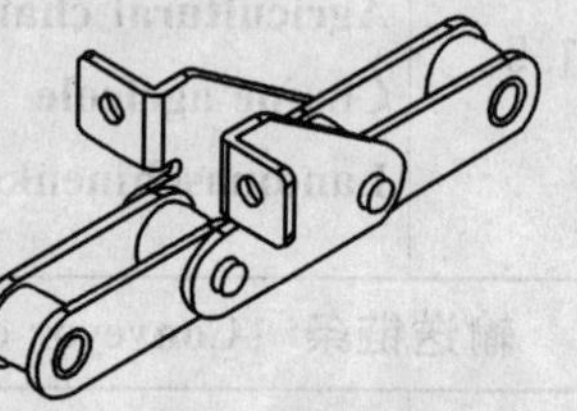
2.2.2.6	悬挂输送链条 Overhead conveyor chain Chaîne pour convoyeur aérien Überkopf-Förderkette	—	
2.2.2.7	烘箱链 Pin oven chain Chaîne d'étuve à axes débordants Kette für Trockenofen	—	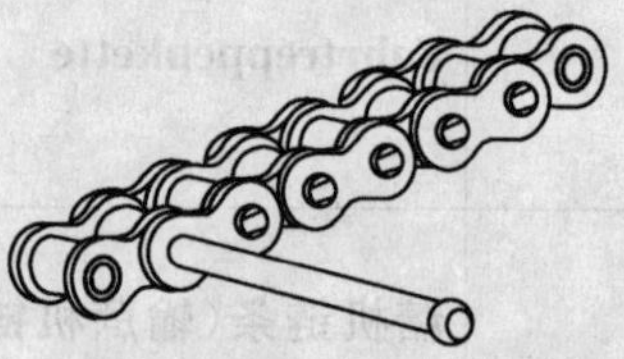
2.2.2.8	积放链条 Power and free conveyor chain Chaîne de manutention à accumulation Stauförderkette	—	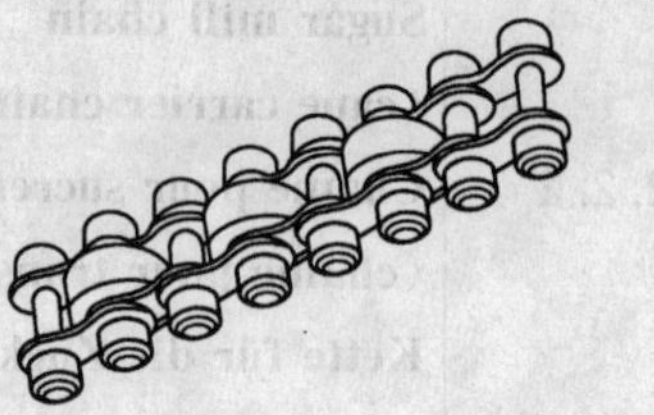

2.2.3　其他用途链条　Other chains

序　号	术　　语	标准编号	参　考　图
2.2.3.1	叉车链条 Fork lift truck chain Chaîne de levage pour chariots élévateurs Gabelstaplerkette	GB/T 6074 ISO 4347	
2.2.3.2	起重链条 Hoist chain Chaîne de traction Hebezeugkette	GB/T 6074 ISO 4347	

序 号	术 语	标准编号	参 考 图
2.2.3.3	闸门链条 **Chain for lock gates** **Chaîne pour vannes de barrage** **Kette für Wehr- und Schleusenantriebe**	—	
2.2.3.4	拉拔链条 **Draw bench chain** **Chaîne de banc d'étirage** **Ziehbankkette**	—	
2.2.3.5	扳钳链条 **Wrench chain** **Chaîne pour serre tube** **Rohrzangenkette**	—	
2.2.3.6	梳棉机链条 **Carding flat chain** **Chaîne pour cardage** **Deckelkette**	—	
2.2.3.7	联轴器链条 **Flexible coupling chain** **Chaîne pour accouplement** **Kupplungskette**	GB/T 1243 ISO 606	
2.2.3.8	升降机链条 **Elevator chain** **Chaîne pour ascenseur** **Aufzugskette**	GB/T 6074 ISO 4347	
2.2.3.9	锯链 **Saw chain** **Chaîne de tronçonneuse** **Sägekette**	—	
2.2.3.10	刀具运载链条 **Tool carrier chain** **Chaîne porte-outils** **Werkzeugwechslerkette**	—	

2.3 链条零部件 Component parts

2.3.1 基本零部件 Fundamental parts

序号	术语	标准编号	参考图
2.3.1.1	内链节 **Inner link** **Maillon intérieur** **Innenglied**	—	
2.3.1.1.1	套筒 **Bush** **Douille** **Buchse**	—	
2.3.1.1.2	滚子 **Roller** **Rouleau** **Rolle**	—	
2.3.1.1.3	内链板 **Inner plate** **Plaque intérieure** **Innenlasche**	—	
2.3.1.2	外链节 **Outer link** **Maillon extérieur** **AuBenglied**	—	
2.3.1.2.1	销轴 **Pin** **Axe** **Bolzen**	—	
2.3.1.2.2	外链板 **Outer plate** **Plaque extérieure** **AuBenlasche**	—	
2.3.1.2.3	中链板 **Intermediate plate** **Plaque intermédiaire (ou médiane)** **Zwischenlasche**	—	

2.3.2 过渡链节 Cranked links

序号	术语	标准编号	参考图
2.3.2.1	单节过渡链节 **Single cranked link** **Maillon coudé simple** **Gekröpftes Glied**	—	
2.3.2.1.1	过渡链板 **Cranked plate** **Plaque coudée** **Gekröpfte Lasche**	—	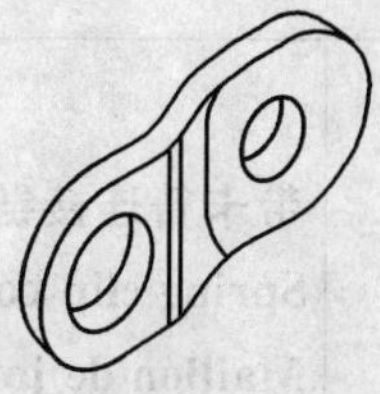
2.3.2.1.2	过渡销轴 **Cranked link pin** **Axe du maillon coudé** **Bolzen für gekröpftes Glied**	—	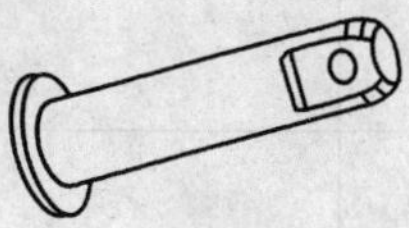
2.3.2.2	复合过渡链节 **Double cranked link** **Maillon coudé double** **Gekröpftes Doppelglied**	—	

2.3.3 连接链节 Connecting links

序号	术语	标准编号	参考图
2.3.3.1	带开口销连接链节 **Connecting link with cottered pin** **Maillon de jonction à goupille** **Verbindungsglied mit Splint**	—	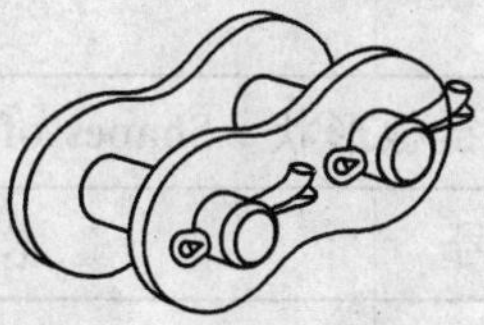
2.3.3.1.1	带孔连接销轴 **Cottered connecting pin** **Axe de jonction à goupille** **Verbindungsbolzen mit Splintloch**	—	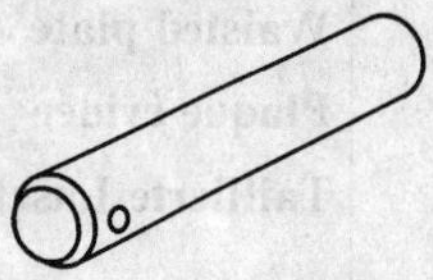
2.3.3.1.2	开口销 **Cotter** **Goupille** **Splint**	—	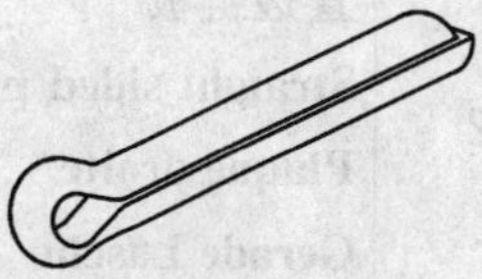

序　号	术　　语	标准编号	参　考　图
2.3.3.1.3	连接链板 Detachable plate Plaque mobile Verbindungslasche	—	
2.3.3.2	带卡簧连接链节 Spring clip connecting link Maillon de jonction à attaché rapide Verbindungsglied mit Feder	—	
2.3.3.2.1	带槽连接销轴 Spring clip connecting pin Axe de jonction à attaché rapide Verbindungsbolzen mit Nut	—	
2.3.3.2.2	卡簧片 Spring clip Ressort d'attache rapide Feder	—	

2.3.4　链板形状　Shapes of plates

序　号	术　　语	标准编号	参　考　图
2.3.4.1	∞字型链板 Waisted plate Plaque évidée Taillierte Lasche	—	
2.3.4.2	直边链板 Straight sided plate Plaque droite Gerade Lasche	—	

序号	术语	标准编号	参考图
2.3.4.3	带孔链板 Holed attachment plate Plaque à trous Lasche mit Löchern	—	
2.3.4.4	加高链板 Deep link plate Plaque déportée Traglasche	—	
2.3.4.5	F 型附板 F attachment plate Plaque-attache F Befestigungslasche F	—	
2.3.4.6	G 型附板 G attachment plate Plaque-attache G Befestigungslasche G	—	
2.3.4.7	K 型附板 K attachment plate Plaque-attache K Befestigungslasche K	—	
2.3.4.8	M 型附板 M attachment plate Plaque-attache M Befestigungslasche M	—	

序　号	术　　语	标准编号	参　考　图
2.3.4.9	**推式附板** **Pusher attachment plate** **Plaque taquet pousseur** **Schublasche**	—	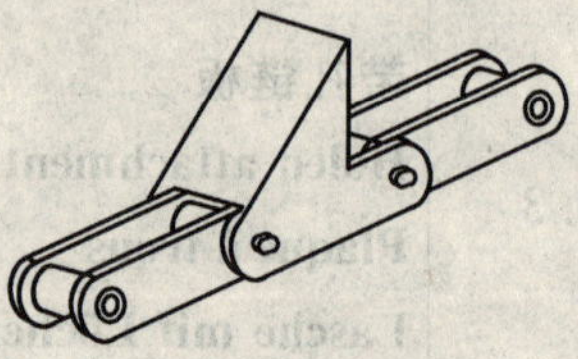
2.3.4.10	**刮式附板** **Scraper attachment plate** **Plaque racleuse** **Kratzerlasche**	—	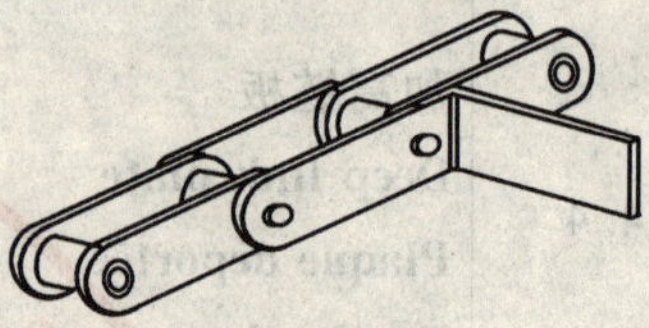
2.3.4.11	**止逆转链板** **Anti-backbend plate** **Plaque à talon** **Versteifungslasche**	—	

2.3.5　销轴形状　**Pin shapes**

序　号	术　　语	标准编号	参　考　图
2.3.5.1	**实心销轴** **Solid pin** **Axe plein** **Vollbolzen**	—	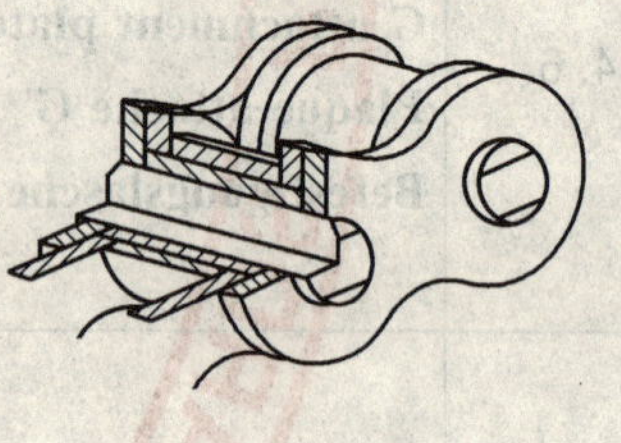
2.3.5.2	**空心销轴** **Hollow pin** **Axe creux** **Hohlbolzen**	—	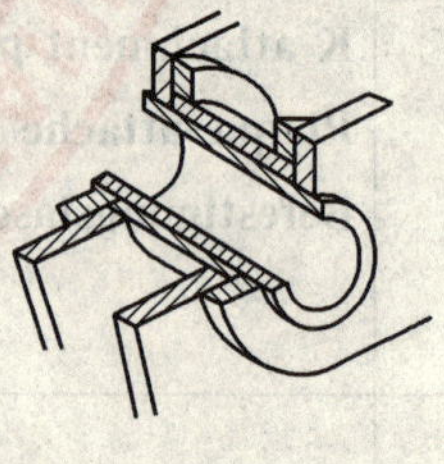
2.3.5.3	**加长销轴** **Extended pin** **Axe débordant** **verlängerter Bolzen**	—	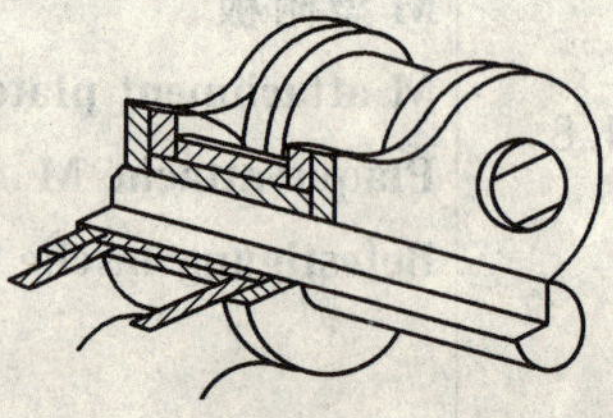

序　号	术　　语	标准编号	参　考　图
2.3.5.4	端部带螺纹销轴 **Pin with threaded end** **Axe fileté** **Bolzen mit Gewinde**	—	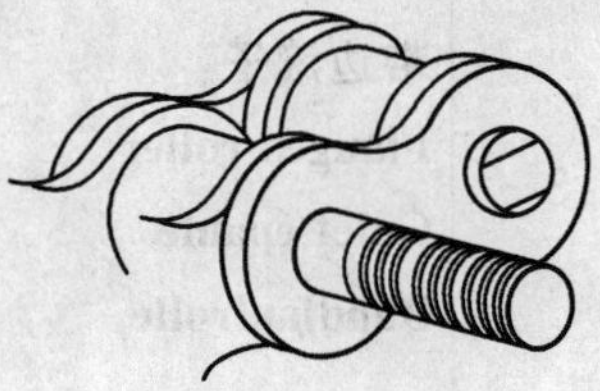
2.3.5.5	带槽销轴 **Grooved pin** **Axe à gorge** **Bolzen mit Nut**	—	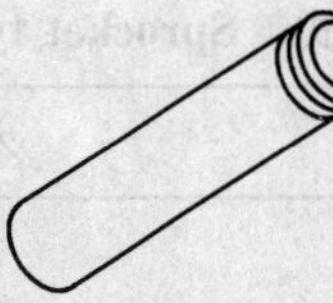
2.3.5.6	带孔销轴 **Pin with fastener hole** **Axe avec trou de goupille** **Bolzen mit Splintloch**	—	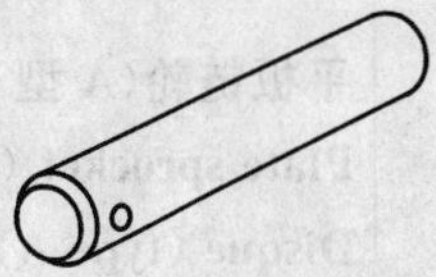

2.3.6　滚子型式　**Roller types**

序　号	术　　语	标准编号	参　考　图
2.3.6.1	小滚子 **Small roller** **Rouleau** **Schonrolle**	—	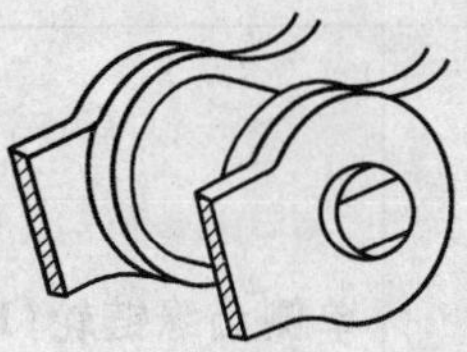
2.3.6.1.1	无缝滚子 **Seamless roller** **Rouleau tubulaire** **Nahtlose Rolle**	—	
2.3.6.1.2	卷制滚子 **Curled roller** **Rouleau roulé** **Gewickelte Rolle**	—	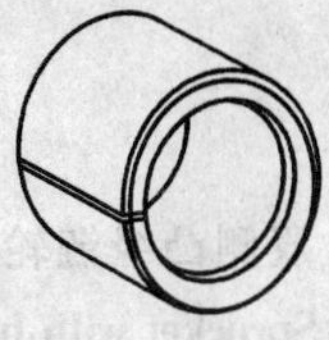
2.3.6.2	大滚子 **Large roller** **Galet** **Laufrolle**	—	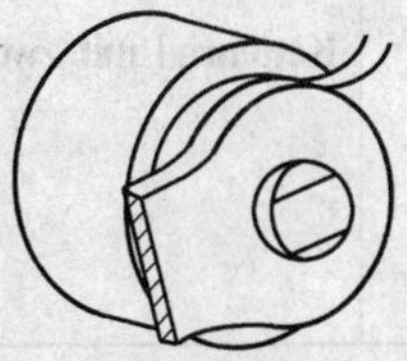

序 号	术 语	标准编号	参考图
2.3.6.3	带边滚子 **Flanged roller** **Galet épaulé** **Bundlaufrolle**	—	

2.4 链轮型式 Sprocket types

序 号	术 语	标准编号	参考图
2.4.1	平板链轮(A 型) **Plate sprocket (A type)** **Disque (type A)** **Kettenradscheibe(Form A)**	—	
2.4.2	单侧凸缘链轮(B 型) **Sprocket with hub on one side(B type)** **Pignon à moyeu d'un seul côté(type B)** **Kettenrad mit einseitiger Nabe(Form B)**	—	
2.4.3	双侧凸缘链轮(C 型) **Sprocket with hub on both sides(C type)** **Pignon à moyeu des deux côtés (type C)** **Kettenrad mit zweiseitiger Nabe(Form C)**	—	

2.5 链条辅件 Accessories for chains

序　号	术　　语	标准编号	参　考　图
2.5.1	连接环 **Clevis** **Chape** **Anschlussstück**	GB/T 6074 ISO 4347	
2.5.2	连接环销轴 **Clevis pin** **Axe de chape** **Anschlussbolzen**	—	
2.5.3	槽轮 **Sheave** **Galet de renvoi** **Umlenkrolle**	GB/T 6074 ISO 4347	
2.5.4	张紧轮 **Tensioner** **Tendeur** **Kettenspanner**	—	
2.5.5	导轨 **Guide rail** **Guide chaîne** **Kettenführung**	—	

参 考 文 献

序号	标准编号	标 准 名 称
[1]	GB/T 10857—2005/ ISO 487:1998	S型和C型钢制滚子链、附件和链轮 Steel roller chains, types S and C, attachments and sprockets Chaînes à rouleaux en acier, types S et C, plaques-attaches et roués dentées
[2]	GB/T 1243—2006/ ISO 606:2004	传动用短节距精密滚子链、套筒链、附件和链轮 Short-pitch transmission precision roller and bush chains, attachments and associated chain sprockets Chaînes de transmission de précision à rouleaux et à douilles, plaques-attaches et roues dentées correspondantes
[3]	GB/T 5269—1999/ ISO 1275:1995	传动及输送用双节距精密滚子链和链轮 Double-pitch precision roller chains and sprockets for transmission and conveyors Chaînes de précision à rouleaux à pas double et roues dentées pour transmission et manutention
[4]	GB/T 8350—2003/ ISO 1977:2000	输送链、附件和链轮 Conveyor chains, attachments and sprockets Chaînes de manutention, plaques-attaches et roues dentées
[5]	GB/T 5858—1997/ ISO 3512:1992	重载传动用弯板滚子链和链轮 Heavy-duty cranked-link transmission chains Chaînes de transmission à maillons coudés de haute résistance
[6]	GB/T 6074—2006/ ISO 4347:2004	板式链、连接环和槽轮　尺寸、测量力和抗拉强度 Leaf chains, clevises and sheaves—Dimensions, measuring forces and tensile strengths Chaînes de levage à mailles jointives, chapes et galets de renvoi —Dimensions, forces de mesurage et résistances à la traction
[7]	GB/T 4140—2003/ ISO 4348:1983	输送用平顶链和链轮 Flat-top chains and associated chain wheels for conveyors Chaînes charnières et roués pour convoyeurs
[8]	GB/T 19927—2005/ ISO 6971:2002	曳引用焊接结构弯板链、附件和链轮 Welded steel type cranked link drag chains and chain wheels Chaînes racleuses en acier, de construction soudée, à maillons coudés, plaques-attaches et roues dentées
[9]	GB/T 17482—1998/ ISO 6973:1986	输送用模锻易拆链 Drop-forged rivetless chains for conveyors Chaînes à maillons non rivés, forgés par estampage pour convoyeurs
[10]	GB/T 3579—2006/ ISO 9633:2001	自行车链条　技术条件和试验方法 Cycle chains—Characteristics and test methods Chaînes pour cycles—Caractéristiques et méthodes de contrôle
[11]	GB/T 14212—2003/ ISO 10190:1992	摩托车链条　技术条件和试验方法 Motor cycle chains—Characteristics and test methods Chaînes pour motocycles—Caractéristiques et méthodes de contrôle

中 文 索 引

（以汉语拼音为序）

英文索引

A

B

C

D

M

O

P

R

S

T

W

法 文 索 引

A

C

D

G

M

P

R

T

德文索引

A

B

C

D

E

F

W

Z

ICS 97.200.50
Y 57

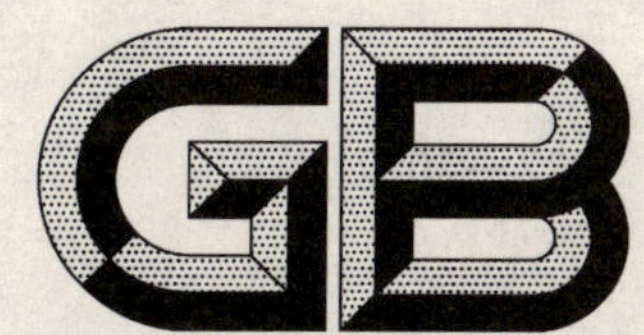

中华人民共和国国家标准

GB/T 9832—2007
代替 GB/T 9832—1993

毛绒、布制玩具

Sewed plush and cloth toys

2007-12-05 发布　　2008-09-01 实施

中华人民共和国国家质量监督检验检疫总局
中国国家标准化管理委员会　发布

前　言

本标准是对GB/T 9832—1993《毛绒、布制玩具安全与质量》的修订。

本标准自实施之日起，代替GB/T 9832—1993《毛绒、布制玩具安全与质量》。

本标准与GB/T 9832—1993相比主要变化如下：

——原GB 9832—1993《毛绒、布制玩具安全与质量》的第3章共有19项技术要求，其中5项(3.1内塞填充料卫生安全、3.2毛绒面料燃烧性能、3.3.1小零件、3.4边缘、3.5款塑料袋)是引用GB 6675—1986《玩具安全》的条款，现归入4.1条款，直接引用GB 6675—2003。对毛绒、布制玩具安全规定了总体要求，与现行玩具安全标准相统一，涉及的内容不仅是机械和物理性能，还包含原标准中毛绒面料易燃性和原标准中没有的特定元素的迁移，玩具标识和使用说明及电玩具等所有适用的相关条款。

——不可拆卸的小零件明确是塑料小物件，明确了考核内容为牢度和装配质量，其最低作用力与GB 6675相协调为70 N。

——产品的缝纫拼缝牢度补充了包含布绒材料的牢度。

——填充物填塞及重量拆为两个条款“4.10 填充物”和“4.17 质量”。

——取消发声器产品的发声要求，待有关玩具声响标准发布后予以调整。

——取消产品的造型、配色、用料、图案及零件装配位置等应符合产品封样和单项产品技术条件的规定。该条内容在本标准其他条款已经体现，而其封样和单项产品技术条件第三方一般是无法核实的。

——增加了破洞、露底布、表情装饰线、颗粒填充物内胆、功能性和尺寸5项内容。

——标准名称更改为《毛绒、布制玩具》。

本标准由中国轻工业联合会提出。

本标准由全国玩具标准化技术委员会归口。

本标准起草单位：国家玩具质量监督检验中心、北京中轻联认证中心、深圳进出口玩具检测中心、北京凯艺玩具有限责任公司、义乌玩具行业协会、义乌市晶鑫玩具有限公司、上海玩具七厂有限公司。

本标准主要起草人：俞沧罗、尹丽娟、王黎临、金忠民、陆金根、傅瑞云、张士。

本标准所代替标准的历次版本发布情况为：

——GB 9832—1988、GB/T 9832—1993。

毛绒、布制玩具

1 范围

本标准规定了毛绒、布制玩具的技术要求和测试方法。

本标准适用于以纺织品为主要面料、内含各种填充物的玩具。包括有服饰和无服饰的玩具。

2 规范性引用文件

下列文件中的条款通过本标准的引用而成为本标准的条款。凡是注日期的引用文件，其随后所有的修改单(不包括勘误的内容)或修订版均不适用于本标准，然而，鼓励根据本标准达成协议的各方研究是否可使用这些文件的最新版本。凡是不注日期的引用文件，其最新版本适用于本标准。

GB 6675—2003　国家玩具安全技术规范

GB 19865　电玩具的安全(GB 19865—2005，IEC 62115:2004，IDT)

3 术语和定义

GB 6675—2003 确立的以及下列术语和定义适用于本标准。

3.1

露底布　cloth of exposed base

因毛绒缺损导致底层基质材料的暴露。

3.2

破洞　hole

毛绒、布料本身存在的孔洞，以及缝制中没打倒针、用线过细、针距过疏、跳针、上下线不合等形成的孔洞。

4 技术要求

毛绒、布制玩具机械和物理性能、燃烧性能、特定元素的迁移、玩具标识和使用说明、电性能的安全要求，应符合 GB 6675 和 GB 19865 的规定。

4.1 不可拆卸塑料小物件牢度和装配质量

毛绒、布制玩具中的塑料小物件装配牢固。按 5.1 测试，当承受下述作用力时，不会碎裂、分离。当最大可接触尺寸小于或等于 6 mm 时，作用力为 70 N；当最大可接触尺寸大于 6 mm 时，作用力为 90 N。

4.2 活动关节的装配牢度

活动关节的装配应牢固，按 5.1 试验应能承受 90 N 的拉力，并不得出现失灵、断裂等不良现象。

4.3 活动关节功能

活动关节应转动灵活，并能固定在正常使用的任意位置上。

4.4 缝纫拼缝及布绒牢度

产品的缝纫拼缝及布绒材料应牢固。按 5.2 试验，在表 1 规定的拉力测试下不能破裂。

表 1　缝纫拼缝及布绒牢度

序号	拉力/N	说　　明
1	90	用于拼缝或材料破裂后有可能出现小零件、锐利边缘、尖端的拼缝、材料
2	50	不属于上述序号 1 的毛绒拼缝及材料
3	30	不属于上述序号 1 的布或布绒结合拼缝及材料

4.5 缝纫质量

缝纫应平服(对叠裥缝纫不作要求),针脚均匀,不得有脱线、跳针、断线等不良现象。

4.6 成品外表

成品外表应整洁,无杂质和污迹。绒毛梳理有序,无明显影响外观的线头和拼缝中的夹毛。

4.7 破洞

自然状态下,不得有明显影响外观的破洞。

4.8 露底布

毛绒布不得有明显露底。

4.9 表情装饰线

手线、嘴线、脚线等应紧贴表面并位置正确。

4.10 填充物

填充物应填塞均匀、软硬适中、无硬块、脱节等不良现象,在外观上体现必要的造型。

4.11 颗粒填充物内胆

颗粒填充物应装在内胆中。

4.12 功能性

产品应符合设计规定的外观及使用功能。

4.13 完整性

产品应完整,符合设计要求,不得有缺件和破损现象。

4.14 对称性

有对称设计要求的部位应对称。

4.15 色差

单只产品有相同配色设计要求的部位,不应有明显色差。

4.16 尺寸

实物尺寸应与明示尺寸相符,尺寸偏差不得超过明示尺寸的±5%。

4.17 质量

实物质量应与明示质量相符,质量偏差不得超过明示质量的±5%。

4.18 涂料附着牢度

各种装饰件、配件的涂料附着牢固,按5.3试验不得有明显脱落。

4.19 塑料件表面

塑料零件表面无明显色差、变形、缩痕、气泡、分层、飞边、裂纹及划痕等不良现象。

5 测试方法

5.1 拉力测试(4.1、4.2)

试验专用夹具的使用不应影响部件和玩具之间的完整结构,加载装置应是精度为±2 N的拉力计或其他适合测量仪器。用合适的夹具将试样固定在一个适宜的位置。

在5 s内,平行于测试部件的主轴,均匀施加70 N±2 N的力并保持10 s。

移去拉力夹具,装上另一个适合垂直主轴测试施加拉力负载的夹具。

在5 s内,垂直于测试部件的主轴,均匀施加70 N±2 N的力并保持10 s。

各种不可拆卸零件最大可接触尺寸大于6 mm时,作用力应是90 N±2 N。

用塑料材料制成的不可拆卸的零件在拉力试验前应进行如下预处理:试样在60℃±3℃条件下放置8 h,然后在常温下放置4 h,再在−30℃±3℃条件下放置8 h,取出试样使其恢复至室温以后再进行测试。经拉力测试后,确定玩具符合4.1要求。

5.2 拼缝拉力测试(4.4)

由柔韧材料制成、具有拼缝的(包括但不限于缝合、粘合、胶合、热封或超声波焊接的拼缝)毛绒、布制填充玩具或豆类玩具按下述方法进行拼缝拉力测试。

用于夹住材料拼缝两边的拼缝钳应附有 ϕ 19 mm 的垫圈(见图 1)。

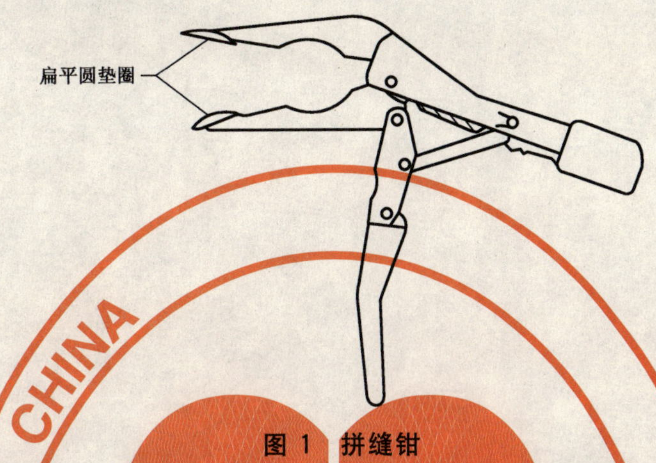

图 1 拼缝钳

拼缝钳夹住装配完整的填充玩具的表面材料,使 ϕ 19 mm 的垫圈的边缘在拼缝最近处接近拼缝线且距离不小于 13 mm。

在 5 s 内,均匀施加规定的力并保持 10 s。

如果测试人员通过拇指和食指,不能将临近拼缝的材料用 ϕ 19 mm 的垫圈的拼缝钳夹住,拼缝测试可不进行。

5.3 涂料附着牢度(4.18)

在 500 g 砝码上包裹 5 层湿润的漂白平布,以大约 30 mm/s 的速度对检查面来回摩擦 3 次,漂白布上不得有明显沾色。

5.4 尺寸、质量、外观检测

有尺寸要求的项目用钢直尺或钢卷尺检测。

有质量要求的项目用合适的器具称量。

其余项目用手感和目测检测。

ICS 01.080.10
A 22

中华人民共和国国家标准

GB/T 10001.4—2007
代替 GB/T 10001.4—2003

标志用公共信息图形符号 第4部分：运动健身符号

Public information graphical symbols for use on sign—
Part 4: Symbols for recreation sport

2007-06-29 发布 2007-11-01 实施

中华人民共和国国家质量监督检验检疫总局
中国国家标准化管理委员会 发布

前　言

GB/T 10001《标志用公共信息图形符号》分为以下部分：

——第1部分：通用符号；

——第2部分：旅游休闲符号；

——第3部分：客运与货运符号；

——第4部分：运动健身符号；

——第5部分：购物符号；

——第6部分：医疗保健符号；

……

本部分为GB/T 10001的第4部分。

本部分代替GB/T 10001.4—2003《标志用公共信息图形符号　第4部分：体育运动符号》。

本部分与GB/T 10001.4—2003的主要区别为：

——将名称改为：标志用公共信息图形符号　第4部分：运动健身符号。

——增加了21个符号：跑步、网球、壁球、高尔夫球、保龄球、门球、乒乓球、台球、健身、射击、骑马、摩托车、卡丁车、蹦极、伞类运动、坡地滑行、滑索、游泳、滑水、划船、漂流。

——移至GB/T 10001.1中2个符号：体育场、体育馆。

——修改22个符号：足球、篮球、排球、羽毛球、棒球(垒球)、沙壶球、体操、武术、拳击、射箭、飞镖、攀岩、牵引伞、轮滑、滑冰、冰球、滑雪(滑草)、潜水、跳水、冲浪、帆板、摩托艇。

——删除5个图形符号：田径、自行车、击剑、举重、跆拳道，这些符号将在其他图形符号标准中规定。

本部分由全国图形符号标准化技术委员会提出并归口。

本部分起草单位：中国标准化研究院、国家体育总局、国家旅游局、清华大学美术学院、中国人民大学徐悲鸿艺术学院。

本部分主要起草人：张亮、白殿一、张立增、何洁、安姚舜、王嵘山、陈永权、邹传瑜。

本部分于2003年首次发布，本次为第一次修订。

标志用公共信息图形符号
第4部分:运动健身符号

1 范围

GB/T 10001的本部分规定了运动健身方面的标志用公共信息图形符号(以下简称图形符号)。

本部分适用于运动场馆、健身娱乐中心、宾馆饭店、公园景点等公共场所,也适用于运输工具和其他服务设施,具体用于公共信息导向系统中的位置标志、导向标志、平面示意图、信息板、街区导向图等导向要素的设计。本部分也适用于图形标志尺寸大于10 mm×10 mm的出版物及其他信息载体。

2 规范性引用文件

下列文件中的条款通过GB/T 10001的本部分的引用而成为本部分的条款。凡是注日期的引用文件,其随后所有的修改单(不包括勘误的内容)或修订版均不适用于本部分,然而,鼓励根据本部分达成协议的各方研究是否可使用这些文件的最新版本。凡是不注日期的引用文件,其最新版本适用于本部分。

GB/T 10001(所有其余部分) 标志用公共信息图形符号

GB/T 15565 图形符号 术语

GB/T 20501(所有部分) 公共信息导向系统 要素的设计原则与要求

3 术语和定义

GB/T 15565确立的术语和定义适用于GB/T 10001的本部分。

4 图形符号

运动健身符号见表1。

5 应用

5.1 本部分应与GB/T 10001.1配合使用。应用中,如还需使用其他符号,则应从GB/T 10001的其他部分中选取。

5.2 图形符号的颜色应符合GB/T 20501.1的要求。

5.3 表1图形符号栏中的正方形边线不是图形符号的组成部分,仅是制作图形标志的依据。应用时,应使用由该符号形成的图形标志。在使用本部分的图形符号设计导向要素时,应符合GB/T 20501的要求。

5.4 本部分中图形符号的含义仅为该图形符号的广义概念。应用时,可根据所要表达的具体对象给出相应名称,如:含义为“羽毛球”的图形符号,可给出“羽毛球馆”、“羽毛球场”等具体名称。

表 1 运动健身符号

序号	图形符号	含 义	说 明
01		跑步 Running	表示跑步娱乐、比赛或训练的运动场所
02		足球 Football	表示足球娱乐、比赛或训练的运动场所 替代 GB/T 10001.4—2003(08)
03		篮球 Basketball	表示篮球娱乐、比赛或训练的运动场所 替代 GB/T 10001.4—2003(06)
04		排球 Volleyball	表示排球娱乐、比赛或训练的运动场所 替代 GB/T 10001.4—2003(07)

表 1（续）

序号	图形符号	含　义	说　明
05		羽毛球 Badminton	表示羽毛球娱乐、比赛或训练的运动场所 替代 GB/T 10001.4—2003(05)
06		网球 Tennis	表示网球娱乐、比赛或训练的运动场所
07		壁球 Squash；Racket Ball	表示壁球娱乐、比赛或训练的运动场所
08		棒球；垒球 Baseball；Softball	表示棒球或垒球娱乐、比赛或训练的运动场所 替代 GB/T 10001.4—2003(09)

表 1（续）

序号	图形符号	含　义	说　明
09		高尔夫球 Golf	表示高尔夫球娱乐、比赛或训练的运动场所
10		保龄球 Bowling	表示保龄球娱乐、比赛或训练的运动场所
11		门球 Gateball	表示门球娱乐、比赛或训练的运动场所
12		乒乓球 Table Tennis	表示乒乓球娱乐、比赛或训练的运动场所

表 1（续）

序号	图形符号	含　义	说　明
13		台球 Billiards	表示台球娱乐、比赛或训练的运动场所
14		沙壶球 Shuffleboard	表示沙壶球娱乐、比赛或训练的运动场所 替代 GB/T 10001.4—2003(21)
15		健身 Gymnasium	表示健身娱乐、比赛或训练的运动场所
16		体操 Gymnastics	表示体操娱乐、比赛或训练的运动场所 替代 GB/T 10001.4—2003(10)

表 1（续）

序号	图形符号	含　义	说　明
17		武术 Wushu	表示武术（如：中国武术、跆拳道、散打、摔跤等）娱乐、比赛或训练的运动场所 替代 GB/T 10001.4—2003(15)
18		拳击 Boxing	表示拳击娱乐、比赛或训练的运动场所 替代 GB/T 10001.4—2003(14)
19		射击 Shooting	表示射击娱乐、比赛或训练的运动场所
20		射箭 Archery	表示射箭娱乐、比赛或训练的运动场所 替代 GB/T 10001.4—2003(12)

表 1（续）

序号	图形符号	含　义	说　明
21		飞镖 Dart	表示飞镖娱乐、比赛或训练的运动场所 替代 GB/T 10001.4—2003(22)
22		骑马 Horse Riding	表示骑马娱乐、比赛或训练的运动场所
23		摩托车 Motorcycle	表示摩托车娱乐、比赛或训练的运动场所
24		卡丁车 Go-Karting	表示卡丁车娱乐、比赛或训练的运动场所

表 1（续）

序号	图形符号	含　义	说　明
25		攀岩 Rock Climbing	表示攀岩娱乐、比赛或训练的运动场所 替代 GB/T 10001.4—2003(23)
26		蹦极 Bungee Jump	表示蹦极娱乐、比赛或训练的运动场所
27		伞类运动 Paraglider Games	表示伞类运动（如滑翔伞、动力伞等）娱乐、比赛或训练的运动场所
28		牵引伞 Extraction Parachute	表示牵引伞娱乐、比赛或训练的运动场所 替代 GB/T 10001.4—2003(27)

表 1（续）

序号	图形符号	含　义	说　明
29		轮滑 Roller Skating	表示轮滑娱乐、比赛或训练的运动场所 替代 GB/T 10001.4—2003(19)
30		滑冰 Skating	表示滑冰娱乐、比赛或训练的运动场所 替代 GB/T 10001.4—2003(18)
31		冰球 Ice Hockey	表示冰球娱乐、比赛或训练的运动场所 替代 GB/T 10001.4—2003(17)
32		滑雪；滑草 Skiing; Grass Skiing	表示滑雪或滑草娱乐、比赛或训练的运动场所 替代 GB/T 10001.4—2003(20)

表 1（续）

序号	图形符号	含　义	说　明
33		坡地滑行 Slope Sliding	表示坡地滑行项目娱乐、比赛或训练的运动场所，如：滑道、滑沙、冰车等
34		滑索 Tightrope	表示滑索娱乐、比赛或训练的运动场所
35		游泳 Swimming	表示游泳娱乐、比赛或训练的运动场所
36		潜水 Diving	表示潜水娱乐、比赛或训练的运动场所 替代 GB/T 10001.4—2003(29)

表 1（续）

序号	图形符号	含　义	说　明
37		跳水 Diving	表示跳水娱乐、比赛或训练的运动场所 替代 GB/T 10001.4—2003(24)
38		滑水 Water Skiing	表示滑水娱乐、比赛或训练的运动场所
39		冲浪 Surfing	表示冲浪娱乐、比赛或训练的运动场所 替代 GB/T 10001.4—2003(28)
40		帆板 Sailboard	表示帆板娱乐、比赛或训练的运动场所 替代 GB/T 10001.4—2003(25)

表 1（续）

序号	图形符号	含　义	说　明
41		摩托艇 Motorboat	表示摩托艇娱乐、比赛或训练的运动场所 替代 GB/T 10001.4—2003(26)
42		划船 Rowing	表示划船娱乐、比赛或训练的运动场所
43		漂流 River Drifting	表示漂流娱乐、比赛或训练的运动场所

中文索引

英文索引

ICS 01.080.10
A 22

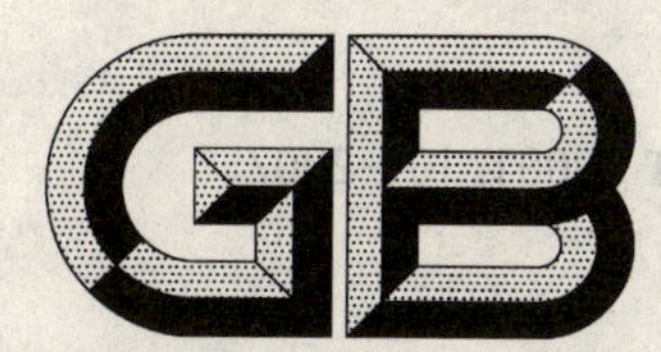

中华人民共和国国家标准

GB/T 10001.10—2007

标志用公共信息图形符号 第10部分:铁路客运符号

Public information graphical symbols for use on sign—Part 10:Symbols for railway passenger service

2007-06-29 发布　　2007-11-01 实施

中华人民共和国国家质量监督检验检疫总局
中国国家标准化管理委员会　发布

前 言

GB/T 10001《标志用公共信息图形符号》分为以下部分：

——第1部分：通用符号；

——第2部分：旅游休闲符号；

——第3部分：客运与货运符号；

——第4部分：运动健身符号；

——第5部分：购物符号；

——第6部分：医疗保健符号；

……

——第10部分：铁路客运符号。

本部分为GB/T 10001的第10部分。

本部分的附录A为规范性附录。

本部分由铁道部提出。

本部分由全国图形符号标准化技术委员会归口。

本部分起草单位：中国标准化研究院、铁道部运输局、中国人民大学徐悲鸿艺术学院。

本部分主要起草人：张亮、白殿一、陈滋顶、安姚舜、陈伟国、邹传瑜、陈永权。

标志用公共信息图形符号
第10部分：铁路客运符号

1 范围

GB/T 10001的本部分规定了铁路客运及其相关服务的标志用公共信息图形符号(以下简称图形符号)。

本部分适用于铁路旅客车站、旅客列车车厢及铁路客运的其他相关场所和设施，具体用于公共信息导向系统中的位置标志、导向标志、平面示意图、信息板、街区导向图等导向要素的设计。本部分也适用于图形标志尺寸大于10 mm×10 mm的出版物及其他信息载体。

2 规范性引用文件

下列文件中的条款通过GB/T 10001的本部分的引用而成为本部分的条款。凡是注日期的引用文件，其随后所有的修改单(不包括勘误的内容)或修订版均不适用于本部分，然而，鼓励根据本部分达成协议的各方研究是否可使用这些文件的最新版本。凡是不注日期的引用文件，其最新版本适用于本部分。

GB/T 10001(所有其余部分) 标志用公共信息图形符号

GB/T 15565 图形符号 术语

GB/T 20501(所有部分) 公共信息导向系统 要素的设计原则与要求

3 术语和定义

GB/T 15565确立的术语和定义适用于GB/T 10001的本部分。

4 图形符号

铁路客运符号见表1。铁路客运领域常用的标志见附录A。

5 应用

5.1 本部分应与GB/T 10001.1和GB/T 10001.3配合使用。应用中，如还需使用其他符号，则应从GB/T 10001的其他部分中选取。

5.2 图形符号的颜色应符合GB/T 20501.1的要求。

5.3 表1图形符号栏中的正方形边线和表A.1图形符号栏中的角标不是图形符号的组成部分，仅是制作图形标志的依据。应用时带有正方形边线的图形符号应使用由该符号形成的图形标志，带有角标的图形符号应去掉角标，但应保留图形符号与角标之间的白色衬边。在使用本部分的图形符号设计导向要素时，应符合GB/T 20501的要求。

5.4 本部分中图形符号的含义仅为该图形符号的广义概念。应用时，可根据所要表达的具体对象给出相应名称，如：含义为“自动售票”的图形符号，可给出“自动售票处”、“自动售票机”等具体名称。

表 1　铁路客运符号

序号	图形符号	含　义	说　明
01		火车 Train	表示铁路车站或提供铁路运输服务
02		高速列车 High-Speed Train	表示高速铁路车站或提供高速旅客列车运输服务
03		硬座 Hard Seat	表示该车厢为硬座车厢
04		软座 Soft Seat	表示该车厢为软座车厢

表 1（续）

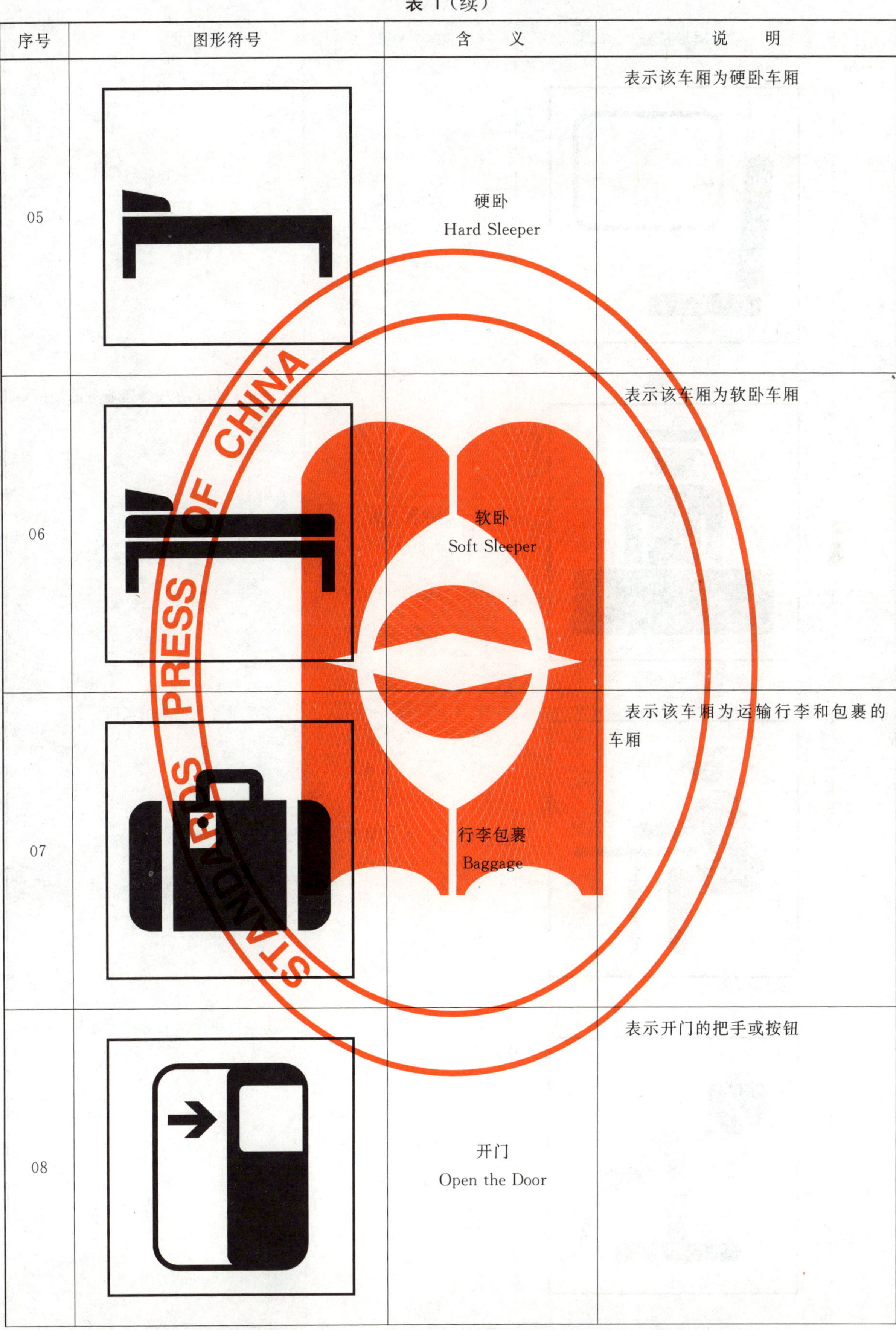

序号	图形符号	含　义	说　　明
05		硬卧 Hard Sleeper	表示该车厢为硬卧车厢
06		软卧 Soft Sleeper	表示该车厢为软卧车厢
07		行李包裹 Baggage	表示该车厢为运输行李和包裹的车厢
08		开门 Open the Door	表示开门的把手或按钮

表 1（续）

序号	图形符号	含　义	说　明
09		靠窗座椅 Window Seat	表示紧邻窗户的座椅
10		列车办公席 Conductor Office	表示列车上办理客运业务的场所
11		乘务员室；乘务员席位 Trainman Room	表示乘务员值乘的场所
12		广播 Announcer	表示提供广播服务的场所

表 1（续）

序号	图形符号	含　义	说　明
13	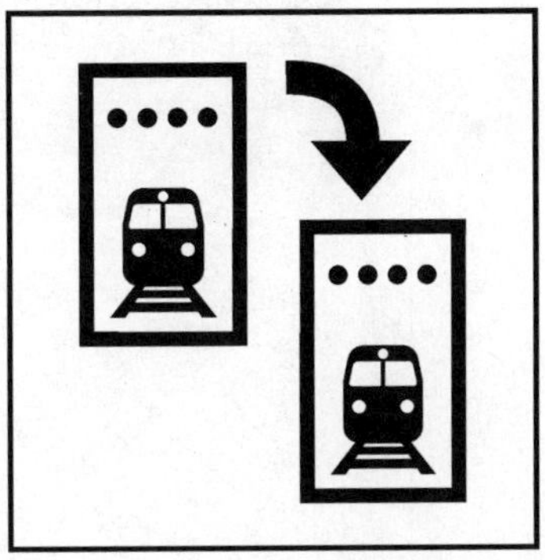	中转签证 Transfer	表示旅客办理中转签证手续的场所
14		自动售票 Automatic Ticket	表示自动售票的设备或提供自动售票服务
15		开水 Boiled Water	表示提供开水的场所，如开水间、茶炉室等
16		烟灰盒 Ash Tray	表示该设施为烟灰盒，或该处有烟灰盒

表 1（续）

序号	图形符号	含　义	说　明
17	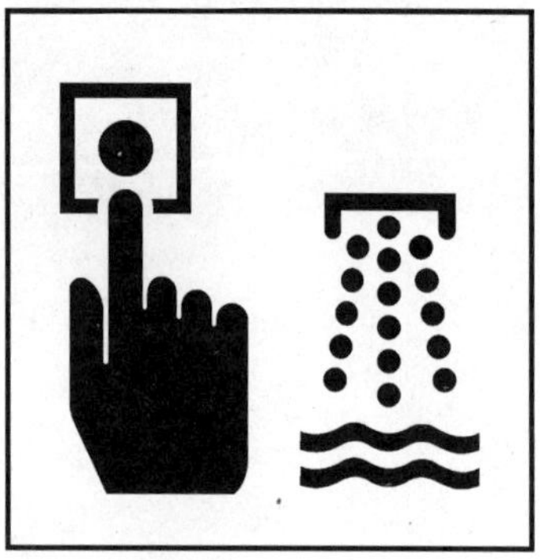	冲水按钮 Flush Button	表示该设施为冲水按钮，或该处有冲水按钮
18		盥洗间 Washroom	表示提供洗漱的场所，如盥洗间、盥洗室等
19		感应出水 Inductive Washing	表示该设施具有感应出水功能
20		洗手液 Hand Lotion	表示提供洗手液的设施，或该处有洗手液

表 1（续）

序号	图形符号	含　义	说　明
21		干手器 Hand Drier	表示该设施为干手器
22		擦手纸;纸巾纸 Facial Tissue	表示擦手纸、纸巾纸，或该处有擦手纸、纸巾纸
23		卫生纸 Toilet Paper	表示卫生纸，或该处有卫生纸
24		座便器垫圈纸 Gasket of Close Stool	表示座便器垫圈纸，或该处有座便器垫圈纸

表 1（续）

序号	图形符号	含　义	说　明
25		空调 Air Condition	表示空调设施，或该空间内有空调设施，可对空气进行调节
26		温度调节 Temperature Control	表示该设施可对温度进行调节，或该处有温度调节设施
27		风量调节 Fan Control	表示该设施可对风量进行调节，或该处有风量调节设施
28		音量调节 Volume Control	表示该设施可对音量进行调节，或该处有音量调节设施

表 1（续）

序号	图形符号	含　义	说　明
29		电灯开关 Light Switch	表示该设施为电灯开关，或该处有电灯开关
30		电源插座 Electrical Outlet	表示该设施为电源插座，或该处有电源插座
31		耳机插座 Earphone Outlet	表示耳机插座，或该处有耳机插座
32	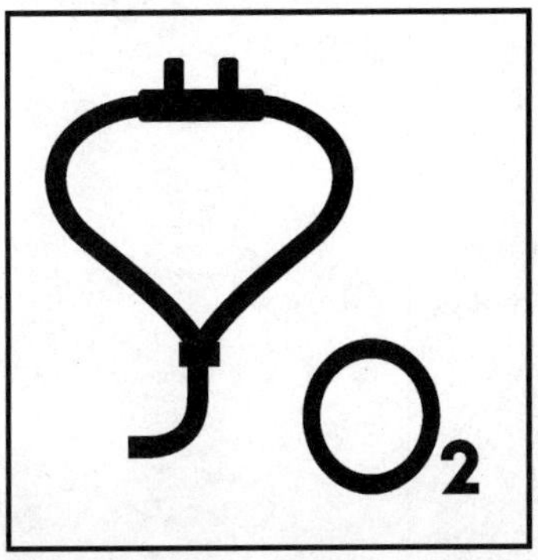	供氧 Oxygen Outlet	表示该设施可提供氧气，或该处有供氧设施

表 1(续)

序号	图形符号	含　义	说　明
33		紧急呼救 Emergency Signal	表示紧急情况下,供人们发出警报,以请求救援或帮助的设施。不用于发出特殊警报(如火情警报)的设施
34		请勿将烟头扔进容器 Do Not Throw Cigarette Into Container	表示不允许将烟头等易燃物品扔进容器
35		请勿向窗外扔东西 Do Not Throw Rubbish Outside	表示不允许向窗外扔东西,如酒瓶、易拉罐等
36		请勿开窗 Do Not Open the Window	表示该车窗不允许打开,如空调车厢的窗户等

表 1（续）

序号	图形符号	含　义	说　明
37		请勿躺卧 Do Not Lie Down	表示该处不允许躺卧，如候车室座椅等
38		请勿翻越栏杆 No Crossing	表示该处不允许翻越栏杆
39		请勿将杂物扔进容器 Do Not Throw Sundries Into Container	表示不允许将杂物扔进该容器

附 录 A
（规范性附录）
铁路客运领域常用的标志

表A.1给出了铁路客运领域中常用的标志。

表 A.1 铁路客运领域常用的标志

序号	图形符号	含 义	说 明
A-01		禁止跳下 No Jumping Down	表示该处(如站台等)禁止跳下
A-02		当心烫伤 Caution, Scald Burns	警告人们有烫伤的危险
A-03		当心碰头 Caution, Low Clearance	警告人们有碰头的危险

表 A.1(续)

序号	图形符号	含　义	说　明
A-04		医疗点 Clinic	表示提供简单医疗服务的场所，如医务室、医疗站、急救站等。 不表示医院

中文索引

英文索引

ICS 91.220
P 97

中华人民共和国国家标准

GB 10055—2007
代替 GB 10055—1996

施工升降机安全规程

Safety code for builder's hoist

2007-03-12 发布 2007-10-01 实施

中华人民共和国国家质量监督检验检疫总局
中国国家标准化管理委员会 发布

前言

本标准的3.2、8.2.8、9.2.1、9.3.6a)为推荐性的，其余为强制性的。

本标准代替GB 10055—1996《施工升降机安全规则》。

本标准与GB 10055—1996相比主要变化如下：

——标准的名称改为“施工升降机安全规程”；

——增加施工升降机导轨架轴心线对底座水平基准面的安装垂直度偏差；

——增加标准节对不同的立管壁厚要有标识的要求；

——增加当标准节立管壁厚有腐蚀或磨损时应报废或降级使用的要求；

——增加人货两用或400 kg以上的货用施工升降机应设置缓冲器；

——对在进行安装、拆卸和维修时的吊笼运行速度作出规定；

——增加编织网围栏或门的孔眼及开口尺寸的要求；

——对层门的净高度分为按全高度层门和高度降低的层门来要求；

——增加对额定提升速度超过0.7 m/s时的施工升降机设置减速开关的要求；

——删去对钢丝绳的连接方式的要求，增加在需要储存预留钢丝绳时，对所用接头或附件的要求。

本标准由中国机械工业联合会提出。

本标准由北京建筑机械化研究院归口。

本标准起草单位：中国建筑科学研究院建筑机械化研究分院、北京建筑机械化研究院、廊坊凯博建设机械科技有限公司。

本标准主要起草人：王东红、李守林、李静、李秀辉、张梅嘉。

本标准所代替标准的历次版本发布情况为：

——GB 10055—1988、GB 10055—1996。

施工升降机安全规程

1 范围

本标准规定了施工升降机在设计、制造、安装与使用等方面应遵守的安全技术要求。

本标准适用于GB/T 10054—2005所定义的施工升降机(包括齿轮齿条式和钢丝绳式)。

2 规范性引用文件

下列文件中的条款通过本标准的引用而成为本标准的条款。凡是注日期的引用文件,其随后所有的修改单(不包括勘误的内容)或修订版均不适用于本标准,然而,鼓励根据本标准达成协议的各方研究是否可使用这些文件的最新版本。凡是不注日期的引用文件,其最新版本适用于本标准。

GB/T 5972 起重机械用钢丝绳检验和报废实用规范(GB/T 5972—1986,eqv ISO 4309:1981)

GB/T 8918 制绳用钢丝(GB/T 8918—1996,eqv ISO 2232:1990)

GB/T 10054—2005 施工升降机

3 整机

3.1 施工升降机的工作条件应符合GB/T 10054—2005中5.1.1~5.1.3的要求。

3.2 施工升降机的设计计算应符合GB/T 10054—2005中5.1.4的有关规定。

3.3 施工升降机在最大独立高度时的抗倾翻力矩不应小于该工况最大倾翻力矩的1.5倍。

3.4 对垂直安装的齿轮齿条式施工升降机,导轨架轴心线对底座水平基准面的安装垂直度偏差应符合表1的规定。对倾斜式或曲线式导轨架的齿轮齿条式施工升降机,其导轨架正面的垂直度偏差应符合表1的规定。

对钢丝绳式施工升降机,导轨架轴心线对底座水平基准面的安装垂直度偏差值不应大于导轨架高度的1.5/1 000。

表 1

导轨架架设高度(h)/m	$h\leqslant70$	$70<h\leqslant100$	$100<h\leqslant150$	$150<h\leqslant200$	$h>200$
垂直度偏差/mm	不大于导轨架架设高度的1/1 000	≤70	≤90	≤110	≤130

3.5 当一台施工升降机的标准节有不同的立管壁厚时,标准节应有标识,以防标准节安装不正确。

3.6 在进行安装、拆卸和维修操作的过程中,吊笼最大速度不应大于0.7 m/s。

3.7 在进行安装、拆卸和维修时,若在吊笼顶部进行控制操作,则其他操作装置均不应起作用,但吊笼的安全装置仍起保护作用。

3.8 制造商应对施工升降机主要结构件的腐蚀、磨损极限作出规定,对于标准节立管应明确其腐蚀和磨损程度与导轨架自由端高度、导轨架全高减少量的对应关系。当立管壁厚最大减少量为出厂厚度的25%时,此标准节应予报废或按立管壁厚规格降级使用。

3.9 在操作位置上应标明控制元件的用途或动作方向。

3.10 在施工升降机底部(防护围栏)易于观察的位置固定标牌,标牌的内容应符合GB/T 10054—2005中8.1.1、8.1.2的要求。

3.11 附墙撑杆平面与附着面的法向夹角不应大于8°。

4 基础

4.1 基础的处理

4.1.1 施工升降机基础应能承受最不利工作条件下的全部载荷。

4.1.2 基础周围应有排水设施。

4.2 防护围栏

4.2.1 吊笼和对重升降通道周围应设置地面防护围栏。

4.2.2 地面防护围栏可采用实体板、冲孔板、焊接或编织网等制作。网孔的孔眼或开口应符合表2的规定。

表2 单位为毫米

与相近运动部件的间隙(a)	孔眼或开口的尺寸(b)
$a \leqslant 22$	$b \leqslant 10$
$22 < a \leqslant 50$	$b \leqslant 13$
$50 < a \leqslant 100$	$b \leqslant 25$
注:若孔眼或开口是长方形,则其宽度不应大于表内所列最大数值,其长度可大于表内最大数值。	

4.2.3 地面防护围栏的任一2 500 mm^{2}的方形或圆形面积上,应能承受350 N的水平力而不产生永久变形。

4.2.4 地面防护围栏的高度不应低于1.8 m。对于钢丝绳式的货用施工升降机,其地面防护围栏的高度不应低于1.5 m。

4.2.5 围栏登机门应装有机械锁止装置和电气安全开关,使吊笼只有位于底部规定位置时,围栏登机门才能开启,且在门开启后吊笼不能起动。

钢丝绳式货用施工升降机,围栏登机门应装有电气安全开关,使吊笼只有在围栏登机门关好后才能起动。

4.2.6 当附件或操作箱位于施工升降机防护围栏内时,应另设置隔离区域,并安装锁紧门。

5 停层

5.1 一般要求

5.1.1 各停层处应设置层门。

5.1.2 层门不应突出到吊笼的升降通道上。

5.2 层门

5.2.1 层门应保证在关闭时人员不能进出。

5.2.2 对于全高度层门,除了门下部间隙不应大于50 mm外,各门周围的间隙或门各零件间的间隙应符合表2的规定。

5.2.3 层门可采用实体板、冲孔板、焊接或编织网等制作,网孔门的孔眼或开口应符合表2的规定,其承载性能应符合4.2.3的规定。

5.2.4 层门不得向吊笼运行通道一侧开启,实体板的层门上应在视线位置设观察窗,窗的面积不应小于25 000 mm^2。

5.2.5 层门的净宽度与吊笼进出口宽度之差不得大于120 mm。

5.2.6 全高度层门开启后的净高度不应小于2.0 m。在特殊情况下,当进入建筑物的入口高度小于2.0 m时,则允许降低层门框架高度,但净高度不应小于1.8 m。

5.2.7 高度降低的层门不应小于1.1 m。层门与正常工作的吊笼运动部件的安全距离不应小于0.85 m;如果施工升降机额定提升速度不大于0.7 m/s时,则此安全距离可为0.5 m。

5.2.8 高度降低的层门两侧应设置高度不小于1.1 m的护栏,护栏的中间高度应设横杆,踢脚板高度不小于100 mm。侧面护栏与吊笼的间距应为100 mm~200 mm。

5.2.9 水平滑动层门和垂直滑动层门应在相应的上下边或两侧设置导向装置,其运动应有挡块限位。

5.2.10 垂直滑动层门至少应有两套独立的悬挂支承系统。

5.2.11 层门的平衡重必须有导向装置，并且应有防止其滑出导轨的措施。门与平衡重的重量之差不应超过5 kg，应有保护人的手指不被门压伤的措施。

5.2.12 正常工况下，关闭的吊笼门与层门间的水平距离不应大于200 mm。

5.2.13 装载和卸载时，吊笼门框外缘与登机平台边缘之间的水平距离不应大于50 mm。

5.2.14 人货两用施工升降机机械传动层门的开、关过程应由吊笼内乘员操作，不得受吊笼运动的直接控制。

5.2.15 层门应与吊笼电气或机械联锁。只有在吊笼底板离某一登机平台的垂直距离±0.25 m以内时，该平台的层门方可打开。

5.2.16 对于机械传动的垂直滑动层门，采用手动开门，其所需力大于500 N时，可不加机械锁止装置。

5.2.17 层门锁止装置应安装牢固，紧固件应有防松装置。锁止装置和紧固件在锁止位置应能承受1 kN沿开门方向的力。

5.2.18 层门锁止装置及其附件的安装位置应设在人员不易碰触之处。层门锁止装置应加防护罩，且维修方便。

5.2.19 所有锁止元件的嵌入深度不应少于7 mm。

6 吊笼

6.1 载人吊笼应封顶，且在吊笼底板与顶板之间应全高度有立面(含门)围护。立面的强度应符合GB/T 10054—2005中5.2.3.4.3的要求，网孔立面的孔眼或开口还应符合表2的规定。载人吊笼门框的净高度至少为2.0 m，净宽度至少为0.6 m。门应能完全遮蔽开口，其开启高度不应低于1.8 m。

6.2 如果吊笼顶作为安装、拆卸、维修的平台或设有天窗，则顶板应抗滑且周围应设护栏。该护栏的高度不小于1.1 m，护栏的中间高度应设横杆，踢脚板高度不小于100 mm。护栏与顶板边缘的距离不应大于100 mm。

6.3 若吊笼顶板用作安装、拆卸、维修或有紧急出口，则在任一0.1 m×0.1 m区域内应能承受不小于1.5 kN的力而无永久变形。

6.4 封闭式吊笼顶部应有紧急出口，并配有专用扶梯。出口面积不应小于0.4 m×0.6 m，出口应装有向外开启的活板门，并设有电气安全开关，当门打开时，吊笼不能启动。

6.5 若在吊笼立面上设紧急逃离门，其尺寸应是：宽度不小于0.4 m、高度不小于1.4 m，且应向吊笼内侧打开或是滑动型的门，并设有电气安全开关，当门打开时，吊笼不能启动。

6.6 货用施工升降机的吊笼也应设置顶棚，侧面围护高度不应小于1.5 m。

6.7 吊笼不允许当作对重使用。

6.8 封闭式吊笼内应有永久性的电气照明，在外接电源断电时，应有应急照明。只要施工升降机在工作，吊笼内都应有照明，在控制装置处的照度不应小于50 lx。实体板的吊笼门上应设供采光和观察用的窗口，窗口面积不应小于25 000 mm^2。

6.9 吊笼的额定乘员数为额定载重量除以80 kg，舍尾取整。吊笼底板的人均占地面积不应小于0.18 m^2；当吊笼仅用于载人的场合时，人均占用面积不应大于0.25 m^2。

6.10 吊笼底板应能防滑、排水。其强度为：在0.1 m×0.1 m区域内能承受静载1.5 kN或额定载重量的25%(取两者中较大值，但最大取3 kN)而无永久变形。

6.11 吊笼结构应能满足GB/T 10054规定的全部载荷试验要求。

6.12 当吊笼翻板门兼作跳板用时，必须具有足够的强度和刚度。

6.13 吊笼门应装有机械锁止装置和电气安全开关，只有当门完全关闭后，吊笼才能启动。

6.14 应有防止吊笼驶出导轨的设施。该设施不仅在正常工作时起作用，在安装、拆卸、维修时也应起作用。

6.15 应有防止吊笼门导向滚轮失效的设施。

7 对重及其导轨

7.1 当施工升降机有一施工空间或通道在对重下方时，则应设有防止对重坠落的安全防护措施。

7.2 当对重使用填充物时，应采取措施防止其窜动。

7.3 对重应根据有关规定的要求涂成警告色。

7.4 采用卷扬机驱动的钢丝绳式施工升降机吊笼不应使用对重。

7.5 为了防止对重从导轨上脱出，除了对重导轮或滑靴外，还应设有防脱轨保护装置。

7.6 安装、加节时应留出对重在导轨架顶部越程余量，当吊笼的额定提升速度大于 1.0 m/s 时，对重越程不应小于 2.0 m。

7.7 对重导轨可以是导轨架的一部分，柔性物体（如链条、钢丝绳）不能用作对重导轨。

8 钢丝绳、滑轮

8.1 钢丝绳

8.1.1 钢丝绳的选用应符合 GB/T 8918 的规定。钢丝绳的安装、维护、检验和报废应符合 GB/T 5972 的规定。

8.1.2 钢丝绳式人货两用施工升降机，提升吊笼的钢丝绳不得少于两根，且相互独立。每根钢丝绳的安全系数不应小于 12，直径不应小于 9 mm。

8.1.3 钢丝绳式货用施工升降机，当提升吊笼用一根钢丝绳时，其安全系数不应小于 8。对额定载重量不大于 320 kg 的，钢丝绳直径不得小于 6 mm。额定载重量大于 320 kg 的，钢丝绳直径不应小于 8 mm。

8.1.4 齿轮齿条式人货两用施工升降机悬挂对重的钢丝绳不得少于两根，且相互独立。每根钢丝绳的安全系数不应小于 6；直径不应小于 9 mm。齿轮齿条式货用施工升降机悬挂对重的钢丝绳为单绳时，安全系数不应小于 8。

8.1.5 防坠安全器上用钢丝绳的安全系数不应小于 5，直径不应小于 8 mm。

8.1.6 门悬挂装置的悬挂绳或链的安全系数不应小于 6。

8.1.7 安装吊杆用提升钢丝绳的安全系数不应小于 8，直径不应小于 5 mm。

8.1.8 钢丝绳应尽量避免反向弯曲的结构布置。需要储存预留钢丝绳时，所用接头或附件不应对以后投入使用的钢丝绳截面产生损伤。

8.2 滑轮

8.2.1 钢丝绳式人货两用施工升降机的提升滑轮名义直径与钢丝绳直径之比不应小于 30。

8.2.2 钢丝绳式货用施工升降机的提升滑轮名义直径与钢丝绳直径之比不应小于 20。

8.2.3 吊笼对重用滑轮的名义直径与钢丝绳直径之比不得小于 30。

8.2.4 平衡滑轮的名义直径不得小于 0.6 倍的提升滑轮名义直径。

8.2.5 安全器专用滑轮的名义直径与钢丝绳直径之比不应小于 15。

8.2.6 门悬挂用滑轮的名义直径与钢丝绳直径之比不应小于 15。

8.2.7 所有滑轮、滑轮组均应有钢丝绳防脱装置，该装置与滑轮外缘的间隙不应大于钢丝绳直径的 20%，且不大于 3 mm。

8.2.8 绳槽应为弧形，槽底半径 R 与钢丝绳半径 r 关系应为：$1.05\ r \leqslant R \leqslant 1.075\ r$，深度不少于 1.5 倍钢丝绳直径。

8.2.9 钢丝绳进出滑轮的允许偏角不得大于 2.5°。

9 传动系统

9.1 安全要求

9.1.1 传动系统的安装位置及安全防护应考虑到人身安全，其零部件应有防护措施。保护板上网孔及开口尺寸应符合表2的规定。

9.1.2 传动系统及其防护措施应便于维修检查,有关零部件应防止雨、雪、泥浆、灰尘等有害物质侵入。

9.2 齿轮齿条式传动系统

9.2.1 齿轮和齿条的设计计算和模数应符合 GB/T 10054—2005 中 5.2.6.3.4、5.2.6.3.5 和 5.2.6.3.7的要求。

9.2.2 齿轮和齿条的啮合条件应符合 GB/T 10054—2005 中 5.2.6.3.6 和 5.2.6.3.8 的要求。

9.2.3 标准节上的齿条联接应牢固,相邻两齿条的对接处,沿齿高方向的阶差不应大于0.3 mm。

9.3 钢丝绳式传动系统

9.3.1 卷扬机传动仅用于钢丝绳式的、无对重的货用施工升降机和吊笼额定提升速度不大于0.63 m/s的人货两用施工升降机。

9.3.2 人货两用施工升降机采用卷筒驱动时钢丝绳只允许绕一层,若使用自动绕绳系统,允许绕两层;货用施工升降机采用卷筒驱动时,允许绕多层。

9.3.3 提升钢丝绳采用多层缠绕时,应有排绳措施。

9.3.4 当吊笼停止在最低位置时,留在卷筒上的钢丝绳不应小于三圈。

9.3.5 卷筒两侧边缘大于最外层钢丝绳的高度不应小于钢丝绳直径的两倍。

9.3.6 人货两用施工升降机的驱动卷筒应开槽,卷筒绳槽应符合下列要求:

a) 绳槽轮廓应为大于120°的弧形,槽底半径 R 与钢丝绳半径 r 的关系应为 $1.05\,r \leqslant R \leqslant 1.075\,r$;

b) 绳槽的深度不小于钢丝绳直径的1/3;

c) 绳槽的节距应大于或等于1.15倍钢丝绳直径。

9.3.7 钢丝绳出绳偏角 α:有排绳器时 $\alpha \leqslant 4°$;自然排绳时 $\alpha \leqslant 2°$。

9.3.8 人货两用施工升降机的驱动卷筒节径与钢丝绳直径之比不应小于30。对于V形或底部切槽的钢丝绳曳引轮,其节径与钢丝绳直径之比不应小于31。

9.3.9 货用施工升降机的驱动卷筒节径、曳引轮节径与钢丝绳直径之比不应小于20。

9.3.10 人货两用施工升降机钢丝绳在驱动卷筒上的绳端应采用楔形装置固定,货用施工升降机钢丝绳在驱动卷筒上的绳端可采用压板固定。

9.3.11 卷筒或曳引轮应有钢丝绳防脱装置,该装置与卷筒或曳引轮外缘的间隙不应大于钢丝绳直径的20%,且不大于3 mm。

9.4 制动器

9.4.1 传动系统应设有常闭式制动器,其额定制动力矩对人货两用施工升降机不应低于作业时额定力矩的1.75倍;对于货用施工升降机不应低于作业时额定力矩的1.5倍。

9.4.2 制动器应能使装有1.25倍额定载重量、以额定提升速度运行的吊笼停止运行;也能使装有额定载重量而速度达到防坠安全器触发速度的吊笼停止运行。在任何情况下,吊笼的平均减速度都不应超过1 g_n。

9.4.3 人货两用施工升降机制动器应具有手动松闸功能,并保证手动施加的作用力一旦撤除,制动器立即恢复动作。

9.4.4 不允许采用带式制动器。

9.4.5 当采用两套或两套以上的独立传动系统时,每套传动系统均应具备各自独立的制动器。

10 导向与缓冲装置

10.1 导向装置

10.1.1 导轨架应能承受施工升降机在额定载重量偏载的情况下,以额定提升速度上、下运行和制动时的载荷,以及在此情况下防坠安全器动作时的附加载荷。偏载量应符合 GB/T 10054—2005 中6.2.4.8.1 的规定。

10.1.2 齿轮齿条式施工升降机在计算由于防坠安全器动作作用下导轨架和齿条的强度时，载荷冲击系数的取值如下：

a) 渐进式安全器为 2.5；

b) 瞬时式安全器为 5。

10.1.3 齿轮齿条式施工升降机吊笼与对重的导向应正确可靠，吊笼采用滚轮导向，对重采用滚轮或滑靴导向。

10.2 缓冲装置

10.2.1 人货两用或额定载重量 400 kg 以上的货用施工升降机，其底架上应设置吊笼和对重用的缓冲器。

10.2.2 当吊笼停在完全压缩的缓冲器上时，对重上面的越程余量不应小于 0.5 m。

10.2.3 在设计缓冲装置时，应假设吊笼装有额定载荷，并以安全器标定动作速度作用在缓冲器上，其平均加速度不应大于 1 g_n，并且以 2.5 g_n 以上的加速度作用时间不应大于 0.04 s。

11 安全装置

11.1 一般要求

11.1.1 吊笼应具有有效的装置使吊笼在导向装置失效时仍能保持在导轨上。

11.1.2 有对重的施工升降机，当对重质量大于吊笼质量时，应有双向防坠安全器或对重防坠安全装置。

11.1.3 防坠安全器在施工升降机的接高和拆卸过程中应仍起作用。

11.1.4 在非坠落试验的情况下，防坠安全器动作后，吊笼应不能运行。只有当故障排除，安全器复位后吊笼才能正常运行。

11.1.5 作用于一个以上导向杆或导向绳的安全器，工作时应同时起作用。

11.1.6 防坠安全器应防止由于外界物体侵入或因气候条件影响而不能正常工作。任何防坠安全器均不能影响施工升降机的正常运行。

11.1.7 防坠安全器试验时，吊笼不允许载人。

11.1.8 当吊笼装有两套或多套安全器时，都应采用渐进式安全器。

11.1.9 防坠安全器只能在有效的标定期限内使用，有效标定期限不应超过一年。

11.2 齿轮齿条式施工升降机

11.2.1 吊笼应设有防坠安全器和安全钩。防坠安全器应能保证当吊笼出现不正常超速运行时及时动作，将吊笼制停；安全钩应能防止吊笼脱离导轨架或防坠安全器输出端齿轮脱离齿条。

11.2.2 防坠安全器动作时，设在防坠安全器上的安全开关应将电动机电路断开，制动器制动。

11.2.3 防坠安全器的速度控制部分应具有有效的铅封或漆封。防坠安全器出厂后动作速度不得随意调整。

11.2.4 防坠安全器的动作速度及制动距离应符合 GB/T 10054—2005 中的 5.2.1.9 的要求。

11.2.5 吊笼在额定载重量工况坠落时，防坠安全器动作后，施工升降机的结构、连接部分和吊笼底板应符合 GB/T 10054—2005 中 5.2.8.13 的要求。

11.2.6 应采用渐进式安全器，不允许采用瞬时式安全器。

11.3 钢丝绳式施工升降机

11.3.1 吊笼在额定载重量工况坠落时，防坠安全器动作后，吊笼底板应符合 GB/T 10054—2005 中 5.3.7.6 的要求。

11.3.2 防坠安全器钢丝绳的张紧力应为安全装置起作用所需力的两倍，但不应小于 300 N。

11.3.3 应装有停层防坠落装置，该装置应在吊笼达到工作面后人员进入吊笼之前起作用，使吊笼固定在导轨架上。

11.3.4 对于额定提升速度不超过 0.63 m/s 的施工升降机，可采用瞬时式安全器，否则应采用渐进式安全器。

11.3.5 对于人货两用施工升降机应采用速度触发型的防坠安全器。

11.3.6 卷扬机传动的施工升降机应设防松绳和断绳保护的安全装置。

11.4 安全开关

11.4.1 一般要求

11.4.1.1 施工升降机应设有限位开关、极限开关和防松绳开关。

11.4.1.2 行程限位开关均应由吊笼或相关零件的运动直接触发。

11.4.1.3 对于额定提升速度大于 0.7 m/s 的施工升降机，还应设有吊笼上下运行减速开关，该开关的安装位置应保证在吊笼触发上下行程开关之前动作，使高速运行的吊笼提前减速。

11.4.2 限位开关

11.4.2.1 施工升降机必须设置自动复位型的上、下行程限位开关。

11.4.2.2 上、下行程限位开关的安装位置，应符合 GB/T 10054—2005 中的 5.2.11.2.1、5.2.11.2.2 的要求。

11.4.3 极限开关

11.4.3.1 齿轮齿条式施工升降机和钢丝绳式人货两用施工升降机必须设置极限开关，吊笼越程超出限位开关后，极限开关须切断总电源使吊笼停车。极限开关为非自动复位型的，其动作后必须手动复位才能使吊笼可重新启动。

11.4.3.2 极限开关不应与限位开关共用一个触发元件。

11.4.3.3 上、下极限开关的安装位置如下：

a) 在正常工作状态下，上极限开关的安装位置应保证上极限开关与上限位开关之间的越程距离：
——齿轮齿条式施工升降机为 0.15 m；
——钢丝绳式施工升降机为 0.5 m。

b) 在正常工作状态下，下极限开关的安装位置应保证吊笼碰到缓冲器之前，下极限开关首先动作。

11.4.4 防松绳开关

施工升降机的对重钢丝绳或提升钢丝绳的绳数不少于两条且相互独立时，在钢丝绳组的一端应设置张力均衡装置，并装有由相对伸长量控制的非自动复位型的防松绳开关。当其中一条钢丝绳出现的相对伸长量超过允许值或断绳时，该开关将切断控制电路，吊笼停车。

对采用单根提升钢丝绳或对重钢丝绳出现松绳时，防松绳开关立即切断控制电路，制动器制动。

11.5 超载保护装置

施工升降机应装有超载保护装置，该装置应对吊笼内载荷、吊笼顶部载荷均有效。同时对齿轮齿条式施工升降机应满足 GB/T 10054—2005 中 5.2.9 的要求；对钢丝绳式施工升降机应满足 GB/T 10054—2005中 5.3.8 的要求。

12 导轨架的附着

12.1 导轨架的高度超过最大独立高度时，应设有附着装置。

12.2 施工升降机运动部件与除登机平台以外的建筑物和固定施工设备之间的距离不应小于 0.2 m。

13 电气系统

13.1 施工升降机应有主电路各相绝缘的手动开关，该开关应设在便于操作之处。开关手柄应能单向切断主电路且在“断开”的位置上可以锁住。

13.2 电路电源中应装有保险丝或断路器。在施工升降机工作中应防止电缆和电线机械损坏，电缆在吊笼运行中应自由拖行不受阻碍。

13.3 电气设备应防止外界如雨、雪、泥浆、灰尘等造成的危害。防护等级对于便携式控制装置应为IP65;控制盒和开关、控制器、电气元件应为IP53;电动机应为IP54。在需要排水的地方应设有排水孔。

13.4 施工升降机金属结构和电气设备的金属外壳均应接地,接地电阻不超过4 Ω。

13.5 当接地出现故障时,主控制电路和其他控制电路中断路器应自动切断。

13.6 控制吊笼上、下运行的接触器应电气联锁。

13.7 吊笼顶用作安装、拆卸、维修的平台时,则应设有检修或拆装时的顶部控制装置。对多速施工升降机当在吊笼顶操作时,只允许吊笼以低速运行。控制装置应安装非自行复位的急停开关,任何时候均可切断电路停止吊笼的运行。

13.8 零线和接地线必须分开。接地线严禁作载流回路。

13.9 电气及电气元件(电子元器件部分除外)的对地绝缘电阻不应小于0.5 MΩ,电气线路的对地绝缘电阻不应小于1 MΩ。

13.10 电气线路安全触点的绝缘电压,当外壳保护等级在IP5X或以上时为250 V;当外壳保护等级小于IP5X时为500 V。

13.11 在多重触点的情况下,触点间的距离不得小于2 mm。

13.12 触点及导体材料的磨损不应导致触点短路。

13.13 电路应设有相序和断相保护器及过载保护器。

13.14 任何电气设备都不应与电气安全装置并联,且内部或外部的感应电流都不应影响电气安全装置的正常工作。

13.15 交流或直流电机的主接触器的使用类别不应低于AC-3或DC-3。

13.16 用作主接触器的继电器,对控制交流电磁铁的使用类别不应低于AC-15;对控制直流电磁铁的使用类别不应低于DC-13。它们的额定绝缘电压不应小于250 V。

ICS 29.035.99
K 15

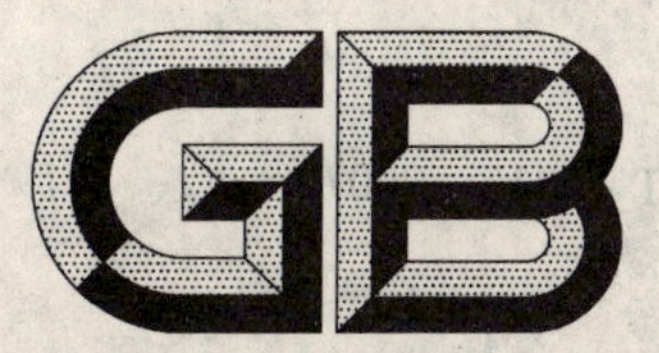

中华人民共和国国家标准

GB/T 10065—2007
代替 GB/T 10065—1988

绝缘液体在电应力和电离作用下的析气性测定方法

Gassing of insulating liquids under electrical stress and ionization

(IEC 60628:1985,MOD)

2007-12-03 发布　　　　2008-05-20 实施

中华人民共和国国家质量监督检验检疫总局
中国国家标准化管理委员会　发布

前　言

本标准修改采用 IEC 60628:1985《绝缘液体在电应力和电离作用下的析气性测定方法》(英文版)。

为便于使用,本标准做了下列修改。

a) 用小数点符号'.'代替小数点符号',';

b) 将"ISO 683/XIII"改为"ISO 683/13";

c) 增加了"规范性引用文件"一章;

d) 增加本标准章条编号与 IEC 60628:1985 章条编号对照表,见附录 A。

本标准代替 GB/T 10065—1988《绝缘液体在电应力和电离作用下的析气性测定方法》。

本标准与 GB/T 10065—1988 相比主要变化如下:

a) 增加了"规范性引用文件"一章;

b) 增加了 IEC 60628:1985 中方法 A;

c) 增加了图 1、图 2 及图 7 中标注 A、C、D、E、F。

本标准的附录 A 为资料性附录。

本标准由中国电器工业协会提出。

本标准由全国绝缘材料标准化技术委员会(SAC/TC 51)归口。

本标准起草单位:桂林电器科学研究所。

本标准主要起草人:王先锋、李学敏。

本标准代替的历次版本发布情况为:

GB/T 10065—1988。

绝缘液体在电应力和电离作用下的析气性测定方法

1 范围

本标准规定了两种各自使用不同仪器测定绝缘液体析气性的方法。在具有特殊几何形状的析气室上施加足够高的电应力，使室内的油—气界面处的气体产生放电，在放电作用下，测量绝缘液体放出或吸收气体的趋势。

本标准所规定的方法适用于商品油技术指标的测定和绝缘液体的选择，也适用于产品开发和质量保证

注：由于使用了高电压、氢气和溶剂，所以应注意国家有关的安全规定。

2 规范性引用文件

下列文件中的条款通过本标准的引用而成为本标准的条款。凡是注日期的引用文件，其随后所有的修改单（不包括勘误的内容）或修订版均不适用于本标准，然而，鼓励根据本标准达成协议的各方研究是否可使用这些文件的最新版本。凡是不注日期的引用文件，其最新版本适用于本标准。

ISO 383 实验室玻璃器皿 互换性锥形磨接口

ISO 653:1980 精密长棒式温度计

ISO 683 热处理钢、合金钢和易切钢

ISO 4803:1978 实验室玻璃器皿 硼硅酸盐玻璃管

3 一般说明

3.1 这两种方法均表示绝缘液体在试验条件下是吸收还是放出气体，任何一种绝缘液体的析气性主要是与它的化学特性有关，但在试验中改变某些参数可明显地改变试验结果。

3.2 这两种方法均可在不同的气相、温度和电场强度的条件下进行。为了制定统一的测试标准，规定了具体试验条件，多数情况这些条件代表了电器设备中液体介质可能产生游离放电。

目前，虽然人们普遍认为，浸渍剂的吸气性确有使高电场下浸渍绝缘系统的游离放电减至最小的作用，但尚不能确定析气性试验结果与电气设备运行特性之间具有相关性。因此，若说明试验结果与预期应用之间的关系，则另需技术上的判断。

3.3 所设计的这两种试验方法，最初是用于测定矿物绝缘液体的析气速度特性范围。用于其他液体时，析气室的尺寸可能需要做某些修改。

4 方法 A

4.1 方法概述

本方法测定绝缘液体在氢气气氛下析气的趋势，以在一个较短试验周期内的析气速度来表示结果。

在一个特定的小室里，经过干燥氢气饱和后的绝缘液体以及液面上的氢气，在下列试验条件下对其施加径向电应力：

a) 电压：10 kV；

b) 频率：50 Hz 或 60 Hz；

c) 温度：80℃；

d) 试验持续时间:50 Hz 时为 120 min 或 60 Hz 时为 100 min。

在油一气界面处反应所产生的放气或吸气的速率,是根据压力随时间的变化,并以单位时间的体积来进行计算的。

4.2 仪器

4.2.1 析气室和气体量管装置

析气室及其尺寸见图1和图2。它包括下列部件:

a) 析气室用硼硅玻璃做成,这种玻璃在80℃和50 Hz或60 Hz下的相对电容率为5±0.2,析气室承受电应力部分是由符合ISO 4803标准的薄壁玻璃管构成,管子的内径为(16±0.2)mm,外径为(18±0.2)mm。析气室有一个用耐溶剂银涂料做成的外电极(接地),高60 mm,电极上有一条垂直的缝,以便观察油面,另外还有一个铜带,以便接地。

b) 外径为(10±0.1)mm的空心高压电极,用符合ISO 683标准的抛光无缝11号不锈钢管做成,其中间还有1根直径为1.0 mm的不锈钢毛细管,其作用是通气。

高压电极通过一个精加工成24/29锥度的聚四氟乙烯塞子来支撑,并定位中心。

电极顶上有一个带进气口的3.0 mm针形阀(E)。

注:在80℃下重复试验后,因聚四氟乙烯塞子可能变形而不再密封,所以应经常检查。

c) 气体量管(图1)由下列部件组成:有刻度的硼硅玻璃管,其外径为7 mm;用于连接析气室的玻璃接头(G),其锥度为10/19;阀门(D)和三个玻璃泡(A、B、C),其中管子的刻度(mm)和体积(mL)之间的关系必须是已知的。

注:对于吸气趋势强的液体,就需要增大气体量管的容积。

4.2.2 加热装置

带有恒温控制和液体循环系统的透明油浴,最好充硅油,保证油浴介质温度在(80±0.5)℃范围内,油浴还应有适当的支架以固定析气室和气体量管。

注:如果油浴中的油面下降到最低允许值以下,安全开关就应自动切断高压电。油浴还可配备有效的冷却循环系统,以便在试验之后使油浴迅速冷却。

4.2.3 安全保障系统

配备电气联锁安全开关,保护操作者不接触高压部分。

4.2.4 高压变压器

变压器及其控制设备的设计要求是:在装好试样的析气室接入线路的情况下,当电压保持在(10±0.2)kV时,试验电压的峰值系数(峰值与有效值之比)与正弦波的峰值系数之差不应大于±5%。

4.2.5 温度计

可准确测量(80±0.1)℃的温度计均可使用。

4.2.6 注射器

使用方便,容积为10 mL的玻璃注射器。

4.3 试剂

4.3.1 氢气:用带有两级减压阀和精密流量调节器的钢瓶供给,其中氧含量应低于10×10^{-3} mL/L,水含量应低于2×10^{-3} mL/L。

4.3.2 邻苯二甲酸二丁酯,工业级。

4.3.3 1.1.1-三氯乙烷,工业级。

4.3.4 正庚烷,分析纯。

4.3.5 真空硅脂。

4.4 仪器的准备

由于溶剂能强烈地影响液体的析气趋势,所以在仪器清洗之后,关键是不使仪器上有任何残留的溶剂。

4.4.1 清洗玻璃析气室：先用1.1.1-三氯乙烷，再用正庚烷冲洗它的里面和外面，然后再灌满正庚烷，并用硬尼龙刷擦洗，以便除去上次试验残留下来的沉积物。

用小一点的刷子插入锥形接头(G)内，把硅脂擦洗掉，应使任何硅脂不进入析气室，再用正庚烷冲洗，最后用干燥的压缩空气吹干。

检查涂银电极，如果需要，则应补涂。

4.4.2 清洗空心电极：用干净的压缩空气吹干空心电极的毛细管，再用1.1.1-三氯乙烷把电极中心管里的油冲洗掉，并用棉纸把电极表面的沉淀物擦掉。

用合适的设备，例如抛光轮，把不锈钢电极表面抛光，然后用棉纸蘸1.1.1-三氯乙烷把抛光剂擦掉，再一次用1.1.1-三氯乙烷冲洗，接着用正庚烷冲洗，最后用干燥的压缩空气吹干，并在80℃的烘箱里彻底烘干。

4.4.3 把阀门(D)，标准锥形接头(G)都涂上一层薄薄的真空硅脂，再把玻璃析气室和气体量管组装起来，但不要把电极插入析气室里。

4.4.4 向气体量管注入邻苯二甲酸二丁酯，使其达到量管刻度的一半处。

4.4.5 用正庚烷清洗注射器，然后用干燥的压缩空气吹干。

4.5 试验程序

4.5.1 用预先干燥过的滤纸过滤大约10 mL的油样，并立即用氢气注射器把已过滤的(5±0.1)mL油样注入析气室。

4.5.2 在高压电极的聚四氟乙烯塞子表面涂上一层薄薄的试验用油(起密封气体的作用)，再把电极插进析气室。

4.5.3 查看油浴的温度，在试验期间温度必须保持(80±0.5)℃的范围内。

4.5.4 把析气室和量管装置悬挂到油浴里，使油浴中的油面在图1所示的规定水平线上，再把外电极与地线接好。

4.5.5 连接进气口和出气口，将出气口直接或经一通风烟罩通到室外。

4.5.6 关闭阀门(D)，打开针形阀(E)，使干燥过的氢气气体通过油试样和量管里的液体而鼓泡60 min，鼓泡的气流速度应稳定在3 L/h。

4.5.7 打开阀门(D)，使干燥过的氢气气体通过油样继续鼓泡5 min。

4.5.8 在总共鼓泡65 min后，先关上针形阀(E)，再关阀门(D)，一定要使量管两边的液面在同一高度上。

4.5.9 把空心电极和高电压引线连接起来。

4.5.10 查对油浴的温度后，记下量管的读数。

4.5.11 接通高压电，并调整到10 kV。

4.5.12 记下此时的时间和量管的液面，从外电极的观察缝里观察析气反应是否已经开始。

4.5.13 10 min后记下量管的液面。

4.5.14 再进行120 min(50 Hz时)或100 min(60 Hz时)后，再次记下量管的液面，然后切断高压电。

4.6 结果计算

在氢气气氛中试验时按下式计算析气趋势：

$$G = [B_{130(或110)} - B_{10}]K/t \qquad (1)$$

式中：

G——析气趋势，单位为10^{-3}毫升每分钟(10^{-3} mL/min)；

$B_{130(或110)}$——试验进行到130(或110)min时量管的读数，单位为毫米(mm)；

B_{10}——试验进行到10 min时量管的读数，单位为毫米(mm)；

K——量管常数，即量管每毫米读数所代表的容积数，单位为10^{-3}毫升(10^{-3} mL)；

t——计算析气速度的试验时间。在50 Hz时，t(min)=130 min−10 min=120 min；在60 Hz时，t(min)=110 min−10 min=100 min。

说明：G 值为正时是放气，G 值为负则是吸气。

4.7 试验数量

平行进行两个试验。

4.8 试验报告

报告应包括下列内容：

a) 本方法描述；

b) 析气趋势(10^{-3} mL/min)，取两个平行试验结果的平均值；

c) 试验电压；

d) 试验频率(50 Hz 或 60 Hz)；

e) 试验温度；

f) 试验持续时间；

g) 气相。

4.9 精确度

重复性。

如果两次平行试验所得结果之差大于 $0.3+0.26|G|$，则认为结果不可信(这里$|G|$表示两次平行试验结果的平均值的绝对值，其单位为 10^{-3} mL/min)。

注：对于那些近于中性的油来说，其重复性达不到这样的精确度。

5 方法 B

5.1 方法概述

本方法测定绝缘液体的析气性，用在规定的试验周期后气体体积变化量来表示结果。

在一个特定的析气室里，经过干燥氮气饱和后的绝缘液体以及液面上的氮气，在下列条件下对其施加径向电应力：

a) 电压：12 kV；

b) 频率：50 Hz 或 60 Hz；

c) 温度：80℃；

d) 试验持续时间：50 Hz 时为 18 h 或 60 Hz 时为 15 h。

析气室最主要的特点是油上面的气体体积是被限定的，因此，在起始试验的过程中所放出的各种气体，都能显著改变气相的化学性质，从而影响析气速度和油—气界面上反应的宏观结果。

根据观测到的气体体积变化量获得吸收或放出的气体量。

5.2 仪器

5.2.1 析气室和气体量管装置

析气室及其尺寸见图 3、图 4 和图 5，其包括下列部件：

5.2.1.1 内径精确的析气室玻璃管(见图 4)，其材料为硼硅玻璃，在 80℃和 50 Hz 下，玻璃的相对电容率为 5 ± 0.2，其尺寸如下：

a) 管长：(180 ± 1)mm；

b) 管子内径：(16 ± 0.02)mm；

c) 管子外径：(20.8 ± 0.02)mm。

管子的内表面经火焰抛光，外表面经研磨和机械抛光。管子上端熔焊着一个经机械抛光到透明的平底，底的厚度为(6 ± 0.1)mm，底的材料和管子的相同，由玻璃制成，底面垂直于管子的轴线。

管底上有一个底面直径为 4 mm 的中心小圆锥坑，圆锥顶角为 90°。

管子的开口端有一个熔接的玻璃小凸缘。

5.2.1.2 用铝箔做成的外电极(高压电极)。铝箔的尺寸如下：

a） 铝箔厚度为 0.1 mm；

b） 铝箔宽为 110 mm。

铝箔绕在管子上，其一边与管底平面边缘取齐，并用某种方便的方法（例如用合适的塑料粘带）固定。

用端部带有夹子的多股铜线把铝箔电极与高压电源连接起来。

5.2.1.3 内电极（接地）用工具钢制成（见图 5），精密加工并抛光，其尺寸见图 5。

电极上端面中间凸出的圆锥体，其底面直径为 4 mm，圆锥顶角为 90°，圆锥顶要稍微倒圆。

电极所有边缘都需稍微倒圆，要确保电极表面没有磨、擦伤痕或别的缺陷。取放电极时应十分小心，只能放置在用滤纸衬垫的平面上。

O 型密封圈用耐油的材料做成，其内径为 11.3 mm，宽度为 2.4 mm，用来密封析气室。

用一端带夹子的多股铜线把内电极接地。

注：冷拨工具钢，其允许的合金成分范围推荐如下：C 不超过 0.13%；Si 不超过 0.05%；P 不超过 0.1%；Mn 为 0.6%～1.2%；S 为 0.18%～0.25%。

5.2.1.4 气体量管是容积为 20 mL 的蚀刻量管，最小刻度为 0.1 mL。其尺寸如下：

a） 外径为 13 mm；

b） 内径为（11±0.5）mm。

5.2.1.5 联结内电极和气体量管用的软管，用不易老化且柔性好的材料做成，最好用氟橡胶。软管的尺寸如下：

a） 管长为 150 mm；

b） 内径为 6 mm；

c） 管壁厚为 2 mm。

5.2.1.6 用聚乙烯做成的毛细管将试验气体（氮气）导入析气室。毛细管的尺寸如下：

a） 管长为 750 mm；

b） 内径为 0.4 mm；

c） 外径为 1.1 mm。

5.2.1.7 玻璃注射器：容积为 5 mL。

5.2.1.8 固定实验仪器用的装置（见图 6），最好采用树脂粘合的层压纸板制成，并用尼龙螺钉或采用聚甲基丙烯酸甲酯螺钉联接：

a） 在装配和加入油样的过程中，整个装置处于倒立状态。

b） 试验时，在油浴中处于正常位置。

该固定装置应带有导入和回弹析气室的机构。另外，还装有弹性推力盘一个，和一个用来对准中心位置的导圈；以及高压和接地导线的导向机构以及插座。该装置的高压和接地插座之间必须能承受 20 kV的电压。

5.2.2 加热装置

见 4.2.2。

5.2.3 安全保障系统

见 4.2.3。

5.2.4 高压变压器

变压器及其控制设备的设计要求是：在装好试样的析气室接入线路的情况下，当电压保持在（12±0.24）kV 时，试验电压的峰值系数（电压的峰值与有效值之比）与正弦波的峰值系数相差不应大于±5%。

5.2.5 温度计

能方便测量（80±0.1）℃的温度计均可使用。

5.3 **试剂**

5.3.1 1.1.1-三氯乙烷(工业级)。

5.3.2 正庚烷(分析纯)。

5.3.3 氮气:由带有两级减压阀和精密流量调节器的钢瓶供给,其中氧含量应低于 10×10^{-3} mL/L,水含量应低于 2×10^{-3} mL/L。

5.4 **仪器的准备**

由于溶剂能强烈地影响液体的析气趋势,所以在清洗之后,关键是仪器上不应留有任何残留溶剂。

5.4.1 拆卸析气室和量管。

5.4.2 先用 1.1.1-三氯乙烷,再用正庚烷冲洗试验管、内电极、气体量管和连接管的里面和外面。

试验管内部一般要用硬尼龙刷擦洗,以便除去上次试验留下来的腊质沉积物。此外,常常先用抛光剂仔细地抛光内电极的表面,然后用棉纸蘸 1.1.1-三氯乙烷把抛光剂擦掉,这样做效果也很好。

最后,依次用 1.1.1-三氯乙烷和正庚烷把这些部件冲洗一次。

用干燥的压缩空气吹干这些部件,再放到 80℃的烘箱里彻底烘干。

5.4.3 用正庚烷清洗注射器,再用干燥的压缩空气吹干。

5.5 **操作步骤(见图 7)**

5.5.1 围绕析气室的外面包上高压电极,并用合适的粘带固定,电极必须紧密地包住析气室,电极顶端与析气室顶部圆盘的顶端平齐。

5.5.2 析气室开口向上,垂直地插入固定装置里。

5.5.3 用连接管把内电极和量管连接起来,用夹紧圈夹紧。

把毛细管插入量管,并一直向下插到使毛细管伸出内电极的油导管口外为止。

5.5.4 用预先干燥过的滤纸,过滤大约 50 mL 油样,接着立即将已过滤过的 20 mL 油样注入析气室。

5.5.5 小心地插入内电极至试管底。油样通过内电极的油导管和联接管慢慢地上升到量管里。

毛细管(见 5.5.3)应延伸到试验管的底部。

把气体量管夹在三脚架上,使整个装置处于垂直状态,其中,量管在上,析气室和电极在下。然后用注射器向量管内注入 5 mL 过滤过的油样。

5.5.6 把毛细管的自由端和氮气源联接上,在接上之前,先用氮气把连接管路彻底冲洗。

5.5.7 在室温下,用流速为 3 L/h 的干燥氮气对注入析气室里的油样饱和 1 h,然后关上氮气源,反复挤压联接软管以便除去析气室油导管和连接软管内残存的氮气泡。

5.5.8 把量管从三脚架上卸下来,但不要脱离与氮气源的联接。

用护圈把装好内电极的析气室夹在固定装置上,再转动固定装置使析气室倒置,气体量管仍保持垂直。最后把量管也夹在固定装置上。

5.5.9 记录量管内油面位置。

通过毛细管从氮气源直接向析气室注入 3 mL 氮气,记下量管所显示的氮气注入体积,去掉毛细管。

5.5.10 用多股铜导线把高压插座(在固定装置上)接到高压电极上,用同样的导线把接地插座(在固定装置上)接到内电极上,并把接地联线夹在适当位置。

5.5.11 在室温下把试验装置放进油浴(见注),并在 1 h 左右的时间内将温度上升到(80±0.5)℃。

注:不要把试验装置直接放进热油浴里,否则玻璃可能会碎。

5.5.12 在到达试验温度后 1 h 左右,当油面不再有显著变化时,记录量管里的油面位置(a,时间为 t_0)。接上高压电线和接地线,并施加 12 kV 的电压。

5.5.13 在 18 h(如果电源为 50 Hz)或 15 h(如果电源为 60 Hz)后,再一次记录量管的油面位置(b,时间为 t_1)。

5.5.14 切断试验电压，停止加热，并开动冷却循环系统。

5.5.15 使油浴冷却到40℃以下，从油浴中取出试验装置。

注：不要把试验装置直接从热油浴里拿出来，否则玻璃也会碎。

5.6 结果的计算

按下面公式计算在氮气气氛下油的析气趋势：

$$G=(a-b)\cdot\frac{p}{101.3} \quad \cdots\cdots(2)$$

式中：

G——析气趋势，单位为毫升(mL)；

a——试验开始时(时间 t_0)量管的读数，单位为毫升(mL)；

b——试验结束时(时间 t_1)量管的读数，单位为毫升(mL)；

p——气压表读数，单位为千帕(kPa)。

说明：G 值为正时表示放气，G 值为负时则表示吸气。

注：在析气室里，承受电应力的容积大约是10 mL，因此，试验结果可在−3 mL到+7 mL之间的范围内。

5.7 试验数量

平行进行两个试验。

5.8 试验报告

报告应包括下列内容：

a) 本方法描述；

b) 析气趋势(mL)，取两个平行试验结果的平均值；

c) 试验电压；

d) 试验电压的频率(50 Hz或60 Hz)；

e) 试验温度；

f) 试验持续时间；

g) 气相。

5.9 精确度

目前无适当规定。

但是可以用以下两个方面来判断结果是否可以接受。

重复性：以同一操作所得的重复结果，如果它的相差不大于0.5 mL，则认为试验结果是可接受的。

再现性：由两个试验室分别提供的数据。如果相差不大于1 mL，则认为试验是可接受的。

单位为毫米

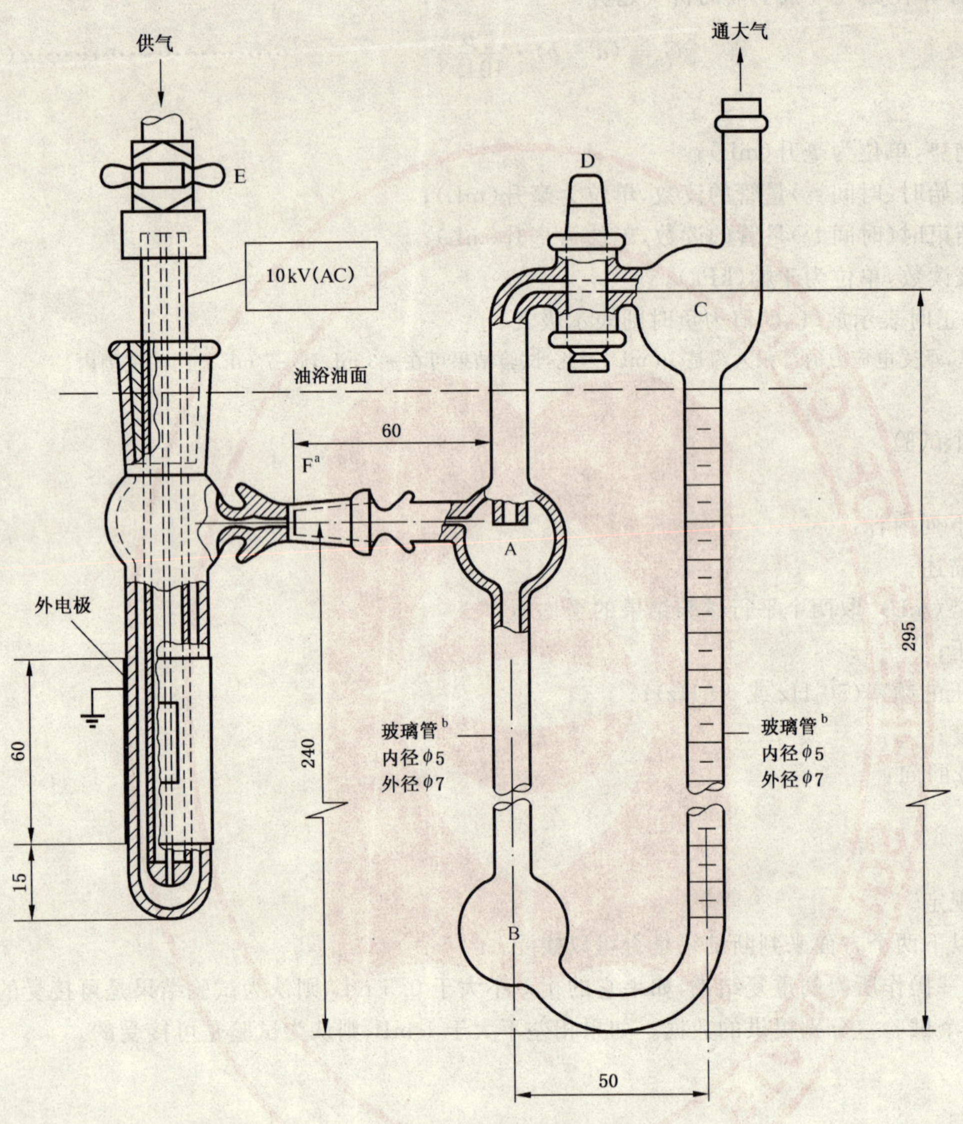

A、B、C——玻璃泡；

D——气体阀门；

E——针形阀；

F——10/19 锥形玻璃接头。

[a] 符合 ISO 383。

[b] 符合 ISO 4803 标准的薄壁管。

图 1　析气室和气体量管装置简图

单位为毫米

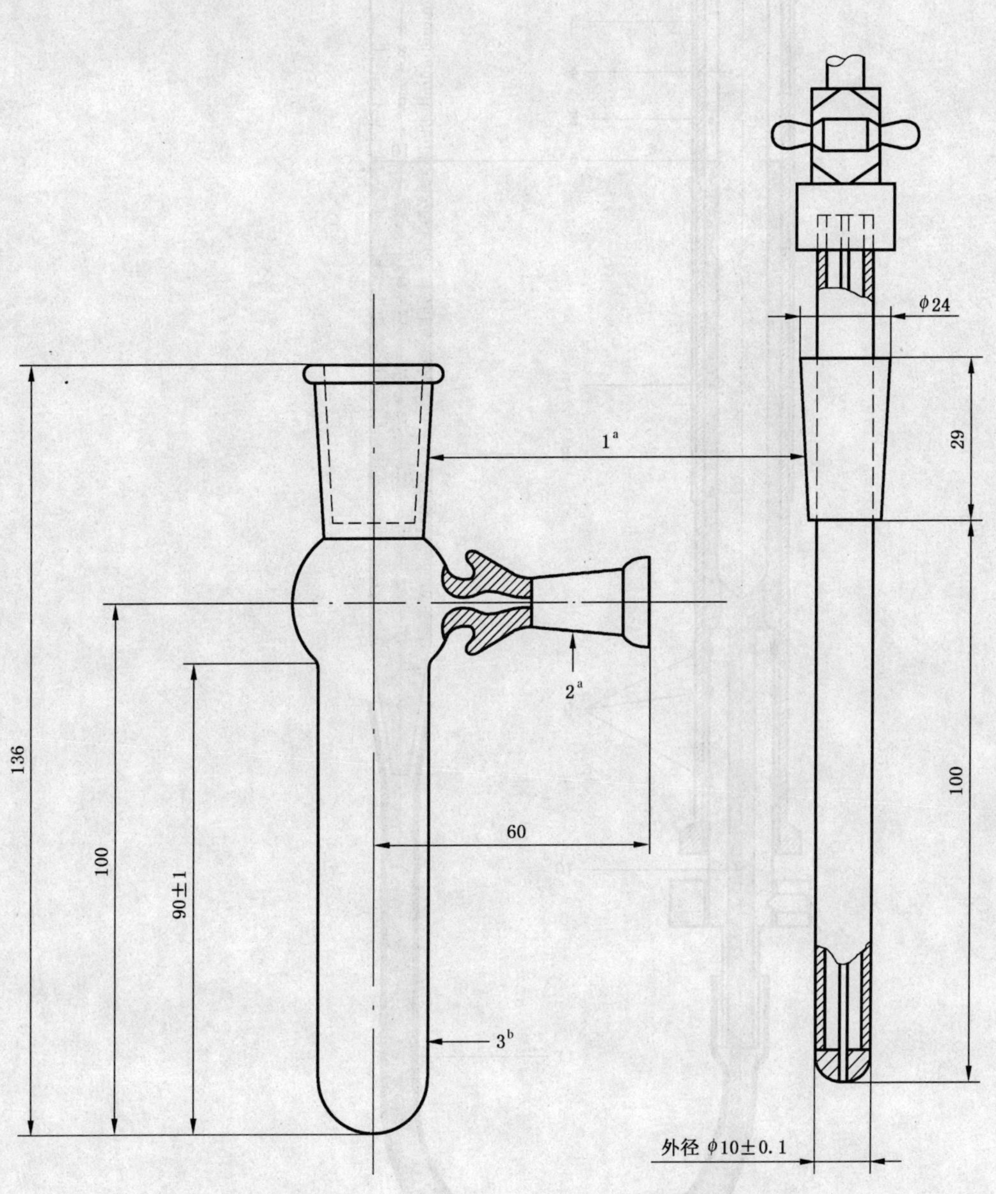

1——锥形接头 24/29；

2——锥形接头 10/19；

3——管子，内径 ϕ16±0.2；外径 ϕ18±0.2。

[a] 符合 ISO 383。

[b] 符合 ISO 4803 标准的薄壁管。

图 2 析气室和内电极(高压电极)的尺寸详图

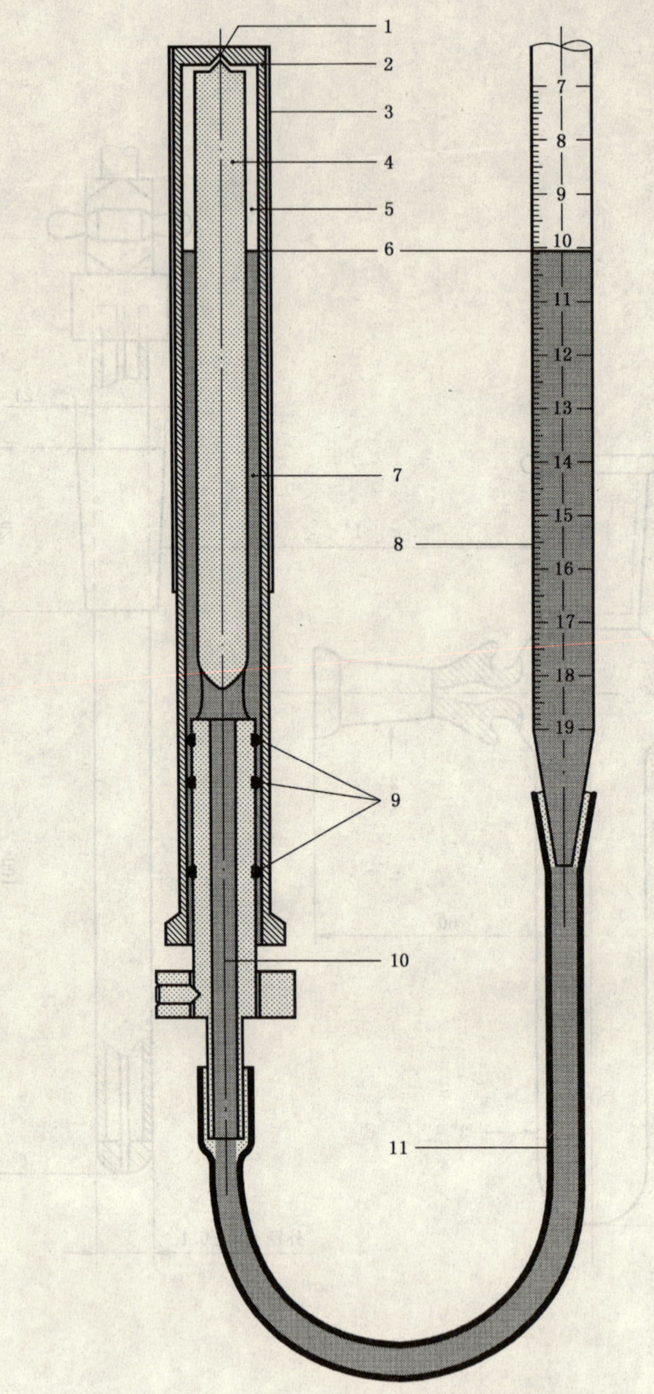

1——定心圆锥；
2——析气室；
3——外电极(铝箔)；
4——内电极；
5——气室；
6——油面；
7——油试样；
8——量管；
9——密封圈；
10——油导管；
11——联接管。

图 3　析气室和量管组装图

单位为毫米

1——外电极；

2——试验管。

图 4 析气室

单位为毫米

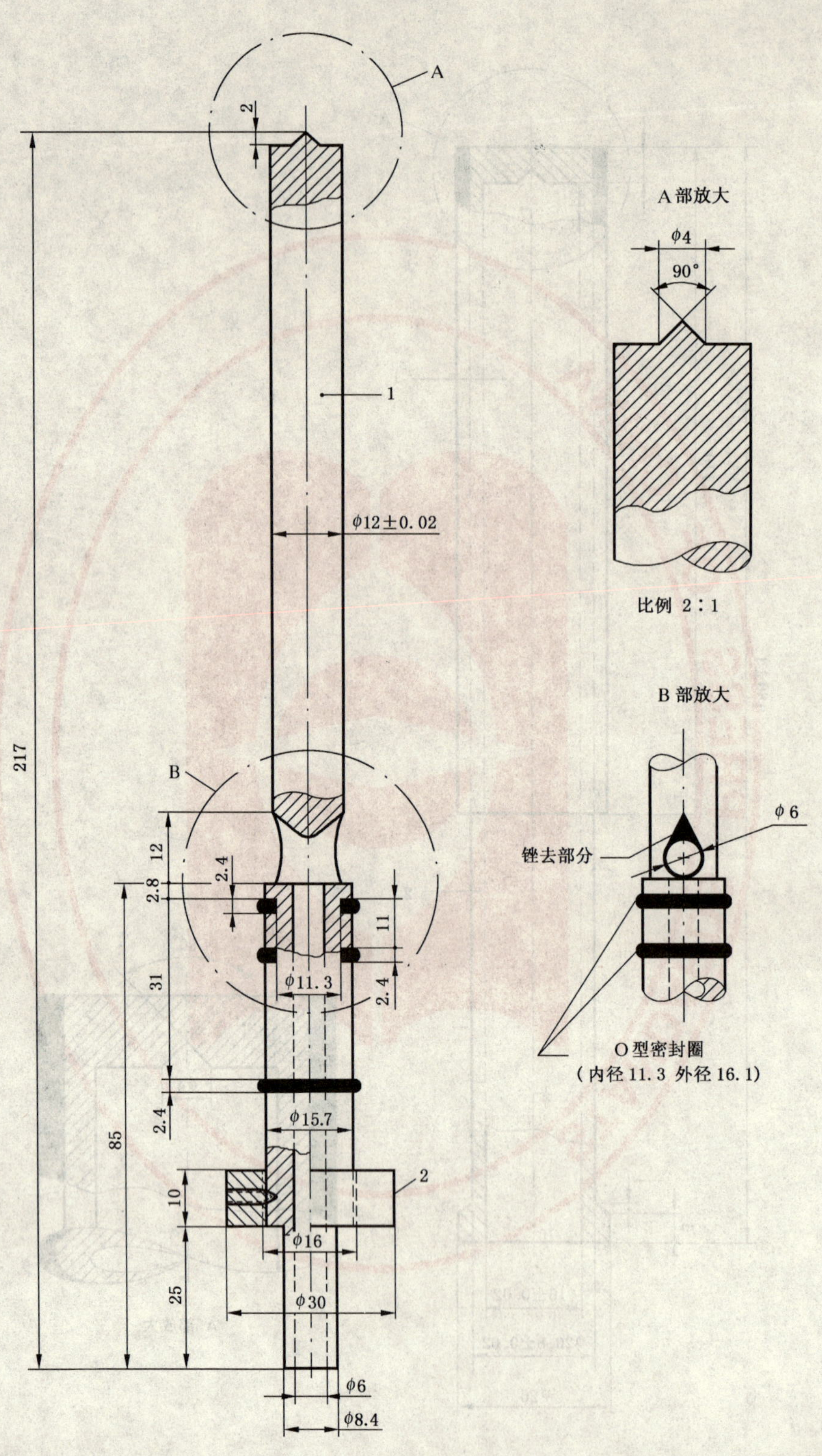

1——内电极；

2——滚花。

图5 内电极

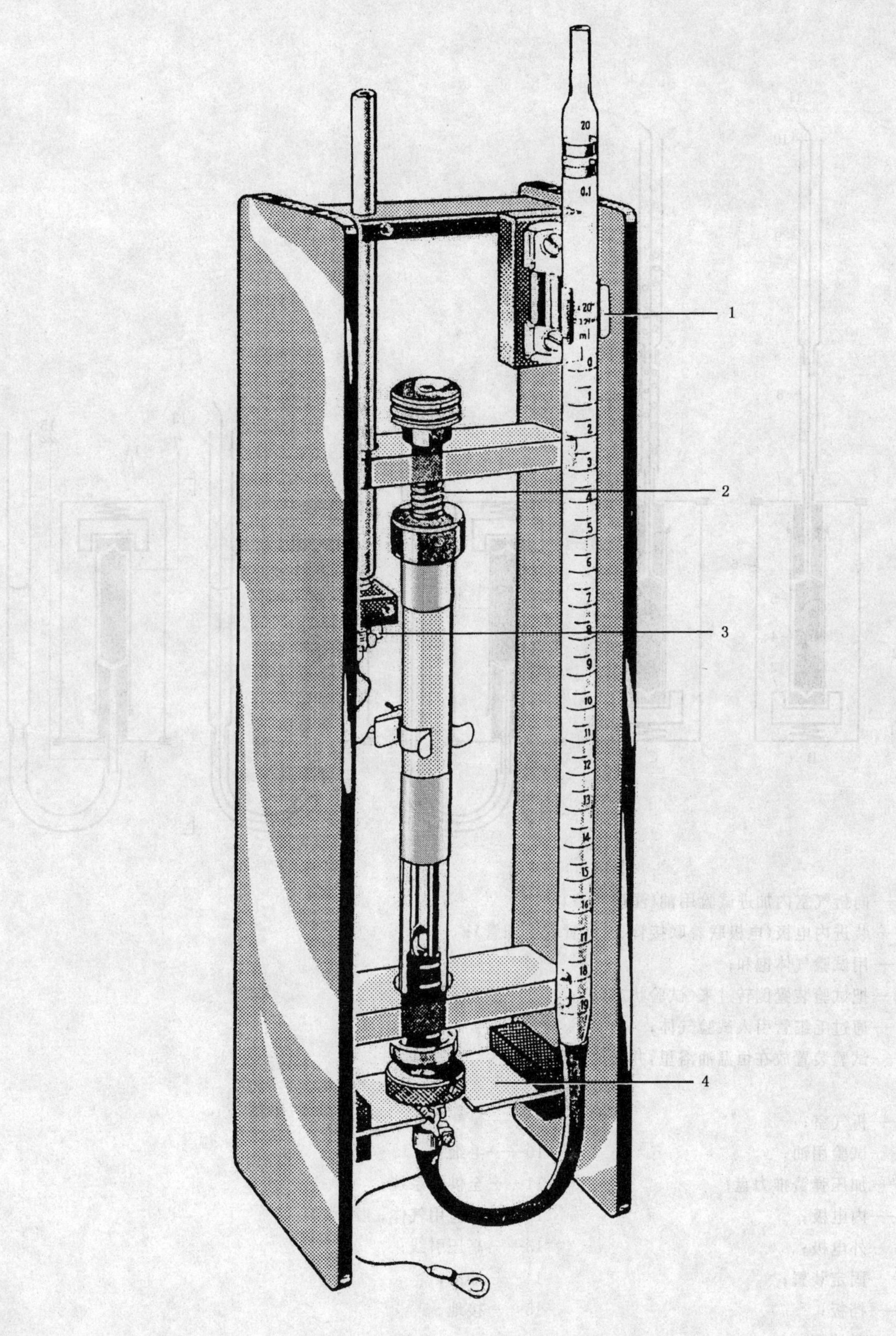

1——量气管夹子；
2——推力盘的加压弹簧；
3——带有插头的内套；
4——挡板(开槽可以插进去)。

图 6　固定装置(用树脂粘合层压纸板做成,并用尼龙沉头螺钉联接)

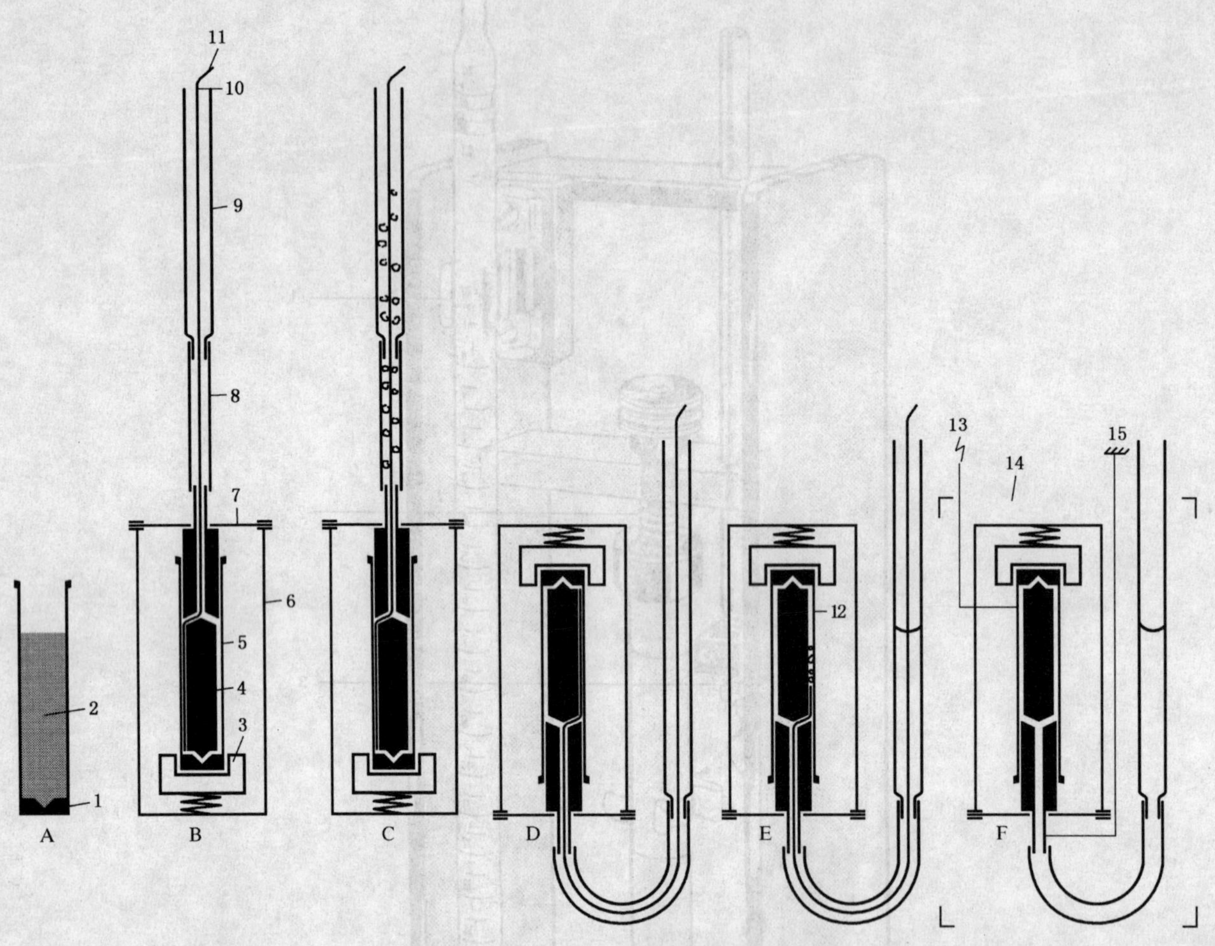

A——向析气室内加进试验用油(注油状态);
B——装进内电极(电极联着联接管、量气管和毛细管);
C——用试验气体饱和;
D——把试验装置倒转过来(试验状态);
E——通过毛细管引入试验气体;
F——试验装置放在恒温油浴里,并施加电压。

1——析气室;
2——试验用油;
3——加压弹簧推力盘;
4——内电极;
5——外电极;
6——固定装置;
7——挡板;
8——联接管;
9——量气管;
10——毛细管;
11——至供气系统;
12——试验用气体;
13——高压引线;
14——油浴;
15——接地。

图7 试验准备步骤示意图

附 录 A
（资料性附录）
本标准章条编号与 IEC 60628:1985 章条编号对照

表 A.1 给出了标准章条编号与 IEC 60628:1985 章条编号对照一览表。

表 A.1 本标准章条编号与 IEC 60628:1985 章条编号对照

本标准章条编号	对应的国际标准章条编号
1	1
2	—
3	2
3.1～3.3	2.1～2.3
4	—
4.1～4.2	3～4
4.2.1～4.2.6	4.1～4.6
4.3	5
4.3.1～4.3.5	5.1～5.5
4.4	6
4.4.1～4.4.5	6.1～6.5
4.5	7
4.5.1～4.5.14	7.1～7.14
4.6～4.9	8～11
5	—
5.1～5.2	12～13
5.2.1	13.1
5.2.1.1～5.2.1.8	13.1.1～13.1.8
5.2.2～5.2.5	13.2～13.5
5.3	14
5.3.1～5.3.3	14.1～14.3
5.4	15
5.4.1～5.4.3	15.1～15.3
5.5	16
5.5.1～5.5.15	16.1～16.15
5.6～5.9	17～20